EINFÜHRUNG IN DIE ANORGANISCHE CHEMIE

PRAKTIKUM

DES

ANORGANISCHEN CHEMIKERS.

EINFÜHRUNG IN DIE ANORGANISCHE CHEMIE
AUF EXPERIMENTELLER GRUNDLAGE

VON

DR. EMIL KNOEVENAGEL,
A. O. PROFESSOR AN DER UNIVERSITÄT HEIDELBERG.

ZWEITE, VOLLSTÄNDIG VERÄNDERTE AUFLAGE,
MITBEARBEITET VON

DR. ERICH EBLER,
PRIVATDOZENTEN AN DER UNIVERSITÄT HEIDELBERG.

MIT ZAHLREICHEN FIGUREN, VIER TABELLEN UND NEUN TAFELN.

LEIPZIG
VERLAG VON VEIT & COMP.
1909

Druck von Metzger & Wittig in Leipzig.

DEM ANDENKEN

AN

ROBERT BUNSEN

GEWIDMET

Vorwort zur ersten Auflage

Trotz der großen Zahl schon vorhandener, sowohl praktischer als auch theoretischer Unterrichtsbücher in der qualitativen chemischen Analyse habe ich mich zur Herausgabe des vorliegenden Arbeitsbuches entschlossen, welches zur Einführung in die anorganische Chemie bestimmt ist. Es soll dem Studierenden ein Wegweiser bei den ersten praktischen Arbeiten sein, in welchem er neben der Beschreibung der Arbeitsmethoden und einzelnen Versuche zugleich auch die dazu gehörigen theoretischen Erläuterungen findet, damit die einzelnen Versuche miteinander verknüpft, dem Verständnis näher gebracht und dem Gedächtnis fester eingeprägt werden. Wenn dabei oft ins einzelne gehende Beziehungen und Übergänge zwischen verschiedenen Erscheinungsformen erklärt und durch Versuche erläutert wurden, so geschah das, weil nach meiner, durch längere Erfahrung gewonnenen Überzeugung dadurch erst das richtige Verständnis geweckt — die notwendige Vertiefung in die anorganische Chemie ermöglicht wird, und der Anfänger davor bewahrt wird, sich unzureichende oder gar falsche Vorstellungen zu bilden, zu welchen einfachere, aber nicht ganz zutreffende Erklärungsweisen verleiten könnten. Dem Lehrer wird trotz der eingehenden Anleitung doch noch vieles zur persönlichen Einwirkung und Belehrung vorbehalten bleiben.

Neben der ausführlichen Behandlung der qualitativen Analyse wurde auch eine Anzahl einfacher Präparate aufgenommen, die am Schlusse der Ausbildung in der anorganischen Chemie noch durch einige schwierigere Präparate ergänzt werden könnten.

Die Errungenschaften der Theorie der Lösungen sind in einem besonderen Kapitel berücksichtigt, doch würde es mir als ein pädagogischer Fehler erschienen sein, die chemischen Vorgänge in Lösungen dem Schüler von Anfang an und ausschließlich in Ionengleichungen vorzuführen, denn die Ionengleichungen geben in gewisser Weise ein ebenso extrem einseitiges Bild von den chemischen Vorgängen als unsere älteren Molekulargleichungen, besonders dann, wenn in den in Frage kommenden Verdünnungen nur eine teilweise Ionisierung stattfindet.

Auch manches Neue, das in Gemeinschaft mit Assistenten und Schülern im Laufe mehrerer Jahre im Heidelberger Laboratorium ausprobiert wurde, ist im vorliegenden Praktikum aufgenommen worden. Besondere Sorgfalt und ausführliche Beschreibung wurde auch den Bunsenschen Flammenreaktionen zuteil und über die Spektren der Alkalien und alkalischen Erden ist ein besonderes Kapitel eingeschaltet worden.

Es war meine Absicht, das Buch, das in Heidelberg an der Arbeitsstätte Bunsens entstanden ist, und dessen Vorarbeiten noch zu Bunsens Lebzeiten begonnen wurden, dem großen Forscher zu widmen. Möge es nun seinem Andenken gewidmet sein!

Für wertvolle Hilfe, auch beim Lesen der Korrektur, spreche ich Herrn Dr. W. Strecker und Herrn E. Ebler meinen besten Dank aus.

Vorschläge zu zweckmäßigen Ergänzungen und Verbesserungen werde ich stets dankbar entgegennehmen.

Heidelberg, im Oktober 1900.

E. Knoevenagel

Vorwort zur zweiten Auflage

Die zweite Auflage des Buches ist vollständig umgeändert. Der Charakter des Buches, dem Studierenden beim ersten praktischen Arbeiten im Laboratorium gründliche experimentelle Anleitung zugleich mit den erforderlichen theoretischen Erläuterungen zu geben, ist beibehalten worden. Besonders die ersten Kapitel des Buches haben völlig veränderte Gestalt gewonnen dadurch, daß die Ionentheorie, die in der ersten Auflage im Anhang abgehandelt war, dem praktischen Unterricht von Anfang an, so viel als dienlich, zugrunde gelegt ist. Gleich in den ersten Kapiteln sind die elektrochemischen Grundgesetze: die Faradayschen Gesetze und die Leitfähigkeit von Säuren, Basen und Salzen durch einfache Experimente erläutert. Auch das Massenwirkungsgesetz, die Lehre vom chemischen Gleichgewicht, die Reaktionsgeschwindigkeit und ihre Beeinflussung durch Katalyse, sowie die Gasgesetze sind unter

Ausführung praktischer Versuche so früh wie möglich an geeigneten Stellen eingeschaltet. Hieran schließen sich an passenden Stellen Erörterungen über komplexe Ionen, amphotere Elektrolyte, über das Verdünnungsgesetz, die Hydrolyse und die Zurückdrängung der elektrolytischen Dissoziation schwacher Basen und schwacher Säuren. Auch die Phasenregel hat kurze Aufnahme gefunden. Diese Lehren sind für das Verständnis neuerer Arbeiten auf dem Gebiete der anorganischen Chemie unentbehrlich, und gerade in der hier gewählten Form der Verknüpfung von Experiment und Theorie prägen sie sich dem Lernenden am leichtesten und nachhaltigsten ein. Den ersten praktischen Unterricht in der Chemie auf rein analytische Grundlagen zu beschränken, entspricht nicht der wünschenswerten Ausbildung in der anorganischen Chemie.

Da ich selbst zurzeit dem praktischen Unterricht in der anorganischen Chemie fern stehe, hat sich zur Mitbearbeitung der neuen Auflage auf meine Bitte Herr Privatdozent Dr. Erich Ebler, Assistent an der anorganisch-chemischen Abteilung des Universitätslaboratoriums in Heidelberg, bereit gefunden, der mir schon beim Entstehen der ersten Auflage dieses Buches vortreffliche Hilfe geleistet hat. Seiner Mitwirkung verdankt die neue Auflage die Bereicherung um die schon erwähnten zahlreichen und in den letzten Jahren im Heidelberger Laboratorium vielfach erprobten Versuche, die ganz besonders der experimentellen Erläuterung wichtiger allgemeiner theoretischer Erkenntnisse dienen.

Der Erweiterung des Buches nach präparativer und theoretischer Seite entspricht eine teilweise Kürzung im systematischen Gange der Analyse. Von den in den analytischen Gruppen bekannten Trennungsmethoden sind nur die genauesten und am raschesten ausführbaren eingehend behandelt. Manche der älteren, ungenauen Trennungswege, die auch heute noch in vielen analytischen Büchern ausschließlich Anwendung finden, sind ganz fortgelassen; andere, bessere sind in Tabellenform kurz wiedergegeben. Die Reaktionen aber, die allen diesen Trennungsgängen zugrunde liegen, sind stets ausführlich behandelt, wobei auf ihre Mängel in der Anwendung im Analysengange hingewiesen wurde, so daß sich jeder auch bei diesen kurz oder gar nicht beschriebenen Trennungsgängen zurecht finden wird.

Die in der ersten Auflage zum ersten Male beschriebene Trennungsmethode der Erdalkalien und des Magnesiums, die als „Chromat-Sulfat-Oxalat-Phosphat-Methode" bezeichnet wurde, ist in die Tabellen verwiesen zugunsten eines anderen, bei richtiger Anwendung noch genaueren und viel rascher ausführbaren Ganges zum qualitativen Nachweis der Erdalkalien.

Für die Trennung der Metalle der Schwefelammoniumgruppe ist ausführlich nur die in der ersten Auflage von mir zum ersten Male beschriebene „Wasserstoffsuperoxydmethode" wiedergegeben, die von E. Ebler inzwischen noch einige Verbesserungen erfahren hat und an Schnelligkeit und Genauigkeit alle anderen Trennungsgänge weit hinter sich läßt. Es kommen dabei fast nur Trennungen zur Anwendung, die auch für quantitative Analysen ausreichen. In ihrer älteren Form hat diese Methode auch in andere analytische Arbeitsbücher Eingang gefunden.

Die eleganten, empfindlichen „Flammenreaktionen" Bunsens, die in den meisten analytischen Büchern wider Verdienst sehr knapp oder gar nicht behandelt werden, habe ich in ausführlicher Wiedergabe beibehalten, da sie für die Erlernung des Arbeitens mit kleinsten Mengen außerordentlich lehrreich sind. Aus demselben Grunde haben auch noch einige weitere empfindliche und charakteristische mikrochemische Reaktionen Aufnahme gefunden.

Von der Anordnung des Stoffes nach rein analytischen Gesichtspunkten mußte auch bei der neuen Auflage aus didaktischen Gründen abgesehen werden: z. B. sind Zink, Cadmium und Kupfer aus Rücksicht auf die Flammenreaktionen, und um aus jeder analytischen Hauptgruppe zur Erlernung des Trennungsganges frühzeitig einen Vertreter kennen gelernt zu haben, vorabbehandelt worden. Nach Möglichkeit wurde aber stets die analytische Einteilung wiederhergestellt.

Zur Erleichterung der Übersicht ist ein möglichst vollständiges Register beigegeben. Auch sind im Text überall Hinweise auf andere Stellen des Buches vorhanden, die im Zusammenhang mit dem gerade behandelten Stoffe stehen.

Um die Herstellung der vielen neu aufgenommenen Zeichnungen hat sich Herr Stud. Gustav Oelbermann verdient gemacht, wofür ich ihm auch an dieser Stelle besten Dank ausspreche.

Heidelberg, im Oktober 1908.

E. Knoevenagel

Inhalt

Register

Internationale Atomgewichte.[1]

Ag	Silber	107,93	N	Stickstoff . . .	14,01
Al	Aluminium . .	27,1	Na	Natrium . . .	23,05
Ar	Argon	39,9	Nb	Niobium . . .	94
As	Arsen	75,0	Nd	Neodymium . .	143,6
Au	Gold	197,2	Ne	Neon	20
B	Bor	11,0	Ni	Nickel	58,7
Ba	Barium	137,4	O	Sauerstoff . . .	16,00
Be	Beryllium . . .	9,1	Os	Osmium . . .	191
Bi	Wismut . . .	208,0	P	Phosphor . . .	31,0
Br	Brom	79,96	Pb	Blei	206,9
C	Kohlenstoff . .	12,00	Pd	Palladium . . .	106,5
Ca	Calcium . . .	40,1	Pr	Praseodymium .	140,5
Cd	Cadmium . . .	112,4	Pt	Platin	194,8
Ce	Cerium	140,25	Ra	Radium . . .	225
Cl	Chlor	35,45	Rb	Rubidium . . .	85,5
Co	Kobalt	59,0	Rh	Rhodium . . .	103,0
Cr	Chrom	52,1	Ru	Ruthenium . .	101,7
Cs	Cäsium	132,9	S	Schwefel . . .	32,06
Cu	Kupfer	63,6	Sb	Antimon . . .	120,2
Dy	Dysprosium . .	162,5	Sc	Scandium . . .	44,1
Er	Erbium	166	Se	Selen	79,2
Eu	Europium . . .	152	Si	Silicium . . .	28,4
F	Fluor	19,0	Sm	Samarium . . .	150,3
Fe	Eisen	55,9	Sn	Zinn	119,0
Ga	Gallium . . .	70	Sr	Strontium . . .	87,6
Gd	Gadolinium . .	156	Ta	Tantal	181
Ge	Germanium . .	72,5	Tb	Terbium . . .	159
H	Wasserstoff . .	1,008	Te	Tellur[2]	126,85
He	Helium	4,0	Th	Thor	232,5
Hg	Quecksilber . .	200,0	Ti	Titan	48,1
In	Indium	115	Tl	Thallium . . .	204,1
Ir	Iridium . . .	193,0	Tu	Thulium (?) . .	171
J	Jod	126,97	U	Uran	238,5
K	Kalium	39,15	V	Vanadium . . .	51,2
Kr	Krypton . . .	81,8	W	Wolfram . . .	184
La	Lanthan . . .	138,9	X	Xenon	128
Li	Lithium . . .	7,03	Y	Yttrium . . .	89,0
Mg	Magnesium . .	24,36	Yb	Ytterbium (?) . .	173,0
Mn	Mangan . . .	55,0	Zn	Zink	65,4
Mo	Molybdän . . .	96,0	Zr	Zirkonium . .	90,6

[1] Bericht des Internationalen Atomgewichts-Ausschusses für 1908. Berichte der Deutschen Chemischen Gesellschaft, Bd. 41, S. 1—4 (1908).

[2] W. Marckwald, Berichte der Deutschen Chemischen Gesellschaft, Bd. 40, S. 4730 (1907).

Periodisches System der chemischen Grundstoffe

(mit abgerundeten Atomgewichten O = 16).

Gruppen		0	I	II	III	IV	V	VI	VII	VIII
Perioden	Reihen	—	—	—	—	RH_4	RH_3	RH_2	RH	Höchste Wasserstoffverbind.
		R	R_2O	RO	R_2O_3	RO_2	R_2O_5	RO_3	R_2O_7	RO_4. Höchste Oxyde
Erste	1		H 1							
	2	He 4	Li 7	Be 9	B 11	C 12	N 14	O 16	F 19	
Zweite	3	Ne 20	Na 23	Mg 24,4	Al 27	Si 28,4	P 31	S 32	Cl 35,5	
Dritte	4	Ar 40	K 39	Ca 40	Sc 44	Ti 48	V 51	Cr 52	Mn 55	Fe 56 Ni 58,7 Co 59
	5		Cu 63,6	Zn 65,4	Ga 70	Ge 72	As 75	Se 79	Br 80	
Vierte	6	Kr 82	Rb 85,5	Sr 87,6	Y 89	Zr 91	Nb 94	Mo 96		Ru 102 Rh 103 Pd 106,5
	7		Ag 108	Cd 112,4	In 115	Sn 119	Sb 120	Te 126,9	J 127	
Fünfte	8	Xe 128	Cs 133	Ba 137,4	La 139	Ce 140,3	Pr 140,5	Nd 144	Sa 150,3	Eu 152
	9				Gd 156	Tb 159	Dy 162	Er 166		
Sechste	10				Yb 173		Ta 181	W 184		Os 191 Ir 193 Pt 195
	11		Au 197	Hg 200	Tl 204	Pb 207	Bi 208			
Siebente	12			Ra 225		Th 232,5		U 238,5		

Lösungen und ihre Eigenschaften.

Löslichkeit.

Man stelle mit kleinen Mengen (etwa halben Grammen) der verschiedenartigsten im Laboratorium vorhandenen Substanzen, wie Schwefel, Kohle, Zucker, Glaubersalz, Kochsalz, Bittersalz, Schwerspat, Soda, chlorsaurem Kali, kohlensaurem Kalk, Kupfervitriol, Eisenvitriol, Lösungsversuche mit kaltem, und erst wenn mit diesem keine Lösung eintritt, mit heißem Wasser an. Man stelle die erhaltenen Resultate mit der Bezeichnung leichtlöslich, schwerlöslich, unlöslich in kaltem, bzw. heißem Wasser in Form einer Tabelle zusammen. Die Substanzen sind in fein gepulvertem Zustande zu verwenden.

Eine Lösung, die bei konstanter Temperatur in inniger Berührung mit dem aufzulösenden Stoff von ihm aufnimmt, heißt eine bei dieser Temperatur „ungesättigte Lösung"; eine Lösung, aus der sich in Berührung mit dem aufgelösten Stoffe bei konstanter Temperatur davon ausscheidet, heißt eine „übersättigte Lösung", und eine Lösung endlich, die sich in inniger Berührung mit dem aufzulösenden Stoff bei konstanter Temperatur im Gleichgewicht befindet, heißt eine bei dieser Temperatur „gesättigte Lösung".

Ein Maß für die Löslichkeit eines Stoffes ist die Konzentration seiner gesättigten Lösung.

Zur Zählung der Konzentration benutzt man:

1. die in der Gewichtseinheit der Lösung enthaltene Gewichtsmenge des gelösten Stoffes,
2. die in der Gewichtseinheit des Lösungsmittels enthaltene Gewichtsmenge des gelösten Stoffes, und
3. die in der Volumeinheit der Lösung enthaltene Gewichtsmenge des gelösten Stoffes.

In der Chemie benutzt man die unter 2 angegebene Zählweise, indem man als Gewichtseinheit des Lösungsmittels 100 g desselben, und als Gewichtseinheit für den gelösten Stoff das Gramm benutzt; nicht minder häufig bedient sich der Chemiker aber auch der dritten Zählweise und benutzt dann als Volumeinheit der Lösung das Liter[1] und als Gewichtseinheit für den gelösten Stoff

[1] Das „wahre Liter", d. i. der Raum den 1 kg Wasser (im luftleeren Raum gewogen gedacht) von +4° einnimmt, wird durch einen Beschluß der Normal-Eichungskommission seit einigen Jahren der Eichung von chemischen Meßgeräten zugrunde gelegt, während früher das sog. „Mohrsche Liter" in Gebrauch war, welches das Volumen darstellte, das von 1 kg Wasser bei 17,5° mit Messinggewichten in der Luft gewogen eingenommen wird. Unter Berücksichtigung der Reduktion auf den leeren Raum und der Ausdehnung des Wassers von +4° auf 17,5° ist das „Mohrsche Liter" um 2,34 ccm zu groß.

sein chemisches Äquivalentgewicht in Grammen (vgl. weiter unten S. 12 bei Normallösungen).

Die Löslichkeit wird im allgemeinen von der Temperatur stark beeinflußt, und zwar in den meisten Fällen in der Weise, daß Temperaturerhöhung die Löslichkeit erhöht; jedoch sind auch Fälle bekannt, bei denen das Umgekehrte statt hat.

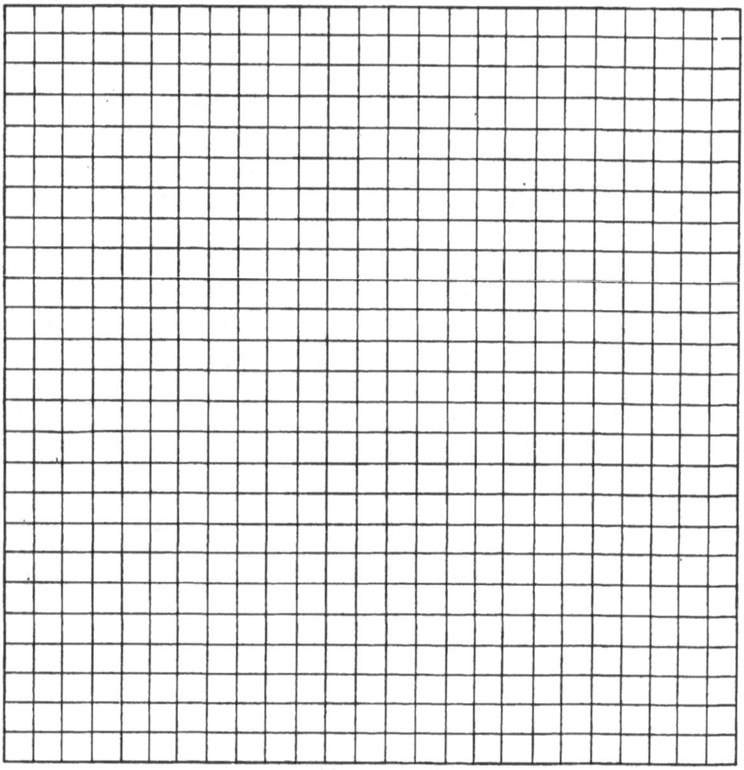

Fig. 1. Diagramm zur Darstellung der Löslichkeitskurven.

Man bereite in zwei Reagensgläsern einige Kubikzentimeter siedend heiß gesättigter Lösungen von Kochsalz und von Salpeter, gieße die heißen Lösungen von dem ungelöst gebliebenen in zwei andere Reagensgläser klar ab und lasse ruhig auf Zimmertemperatur abkühlen. Aus der Salpeterlösung werden sich dabei reichliche Mengen Salpeter in schönen Kristallen abscheiden, denn der Salpeter ist in Wasser von 100° bedeutend leichter löslich, als in Wasser von Zimmertemperatur; beim Kochsalz ist dieser Löslichkeitsunterschied verhältnismäßig klein, so daß sich aus dessen heiß gesättigter Lösung beim Abkühlen auf Zimmertemperatur nur wenig Kochsalz ausscheidet.

Zur unzweideutigen Angabe der Löslichkeit eines Stoffes (der unter der Einwirkung des Lösungsmittels keinen neuen Stoff bildet) ist außer der Angabe der Konzentration der gesättigten Lösung die Angabe der Temperatur und des Druckes, bei der die Sättigung geschah, erforderlich. Bei der Mehrzahl der festen anorganischen Substanzen übt der über einer Lösung lastende Druck nur einen geringen Einfluß auf die Löslichkeit aus, so daß man für praktische Zwecke den Druck vernachlässigen kann. Bei einer Anzahl leicht flüchtiger flüssiger, und insbesondere bei allen gasförmigen Stoffen wird die gelöste Gewichtsmenge vom Druck stark beeinflußt, so daß der Druck bei diesen Substanzen unter keinen Umständen vernachlässigt werden darf. (Vgl. dazu S. 79.)

Die Änderung der Löslichkeit mit der Temperatur pflegt man graphisch in der Weise darzustellen, daß man in einem rechtwinkligen Koordinatensystem auf der Abszisse die Temperaturen, auf der Ordinate die Konzentrationen aufträgt, und die (durch das Experiment zu ermittelnden) zusammengehörigen Temperatur-Konzentrationspunkte durch eine Linie verbindet.

Löslichkeit in 100 g Wasser.

Temperat.	g NaCl	g KNO_3	g NH_4Cl	g KCl	g $KClO_3$	g $KClO_4$
0°	35,63	13,27	29,7	28,5	3,3	0,71
10°	35,69	20,89	33,3	31,23	5,0	—
15°	—	—	—	33,00	—	1,5
20°	35,82	31,59	37,2	34,31	7,1	1,8
30°	36,03	45,85	41,4	37,28	10,1	—
40°	36,32	63,90	45,8	40,12	14,5	—
50°	36,67	85,51	50,4	42,86	19,7	5,34
60°	37,06	109,88	55,2	45,48	26,0	—
70°	37,51	138	60,2	48,3	32,5	—
80°	38,00	169	65,6	51,0	39,6	—
90°	38,52	204	71,3	53,8	47,5	—
100°	39,12	246	77,3	56,6	56,0	18,7
107,7°	39,65	—	—	58,5	—	—
110°	—	—	83,8	—	—	—
114,1°	—	311	—	—	—	—
115,6°	—	—	87,3	—	—	—
125°	—	494	—	—	—	—

Man konstruiere aus den in der vorstehenden Tabelle dargestellten Versuchsergebnissen die „Löslichkeitskurven“ von Kochsalz, Salpeter, Salmiak, Chlorkalium, Kaliumchlorat und Kaliumperchlorat in Wasser, und benutze dazu das Koordinatensystem von Figur 1.

Elektrizitätsleitung in Lösungen.

Bei einigen der erhaltenen verdünnten Lösungen (z. B. Kochsalz-, Soda-, Kupfervitriol-, Zuckerlösung) prüfe man, ob sie Leiter oder Nichtleiter des elektrischen Stromes sind, und stelle diese

Eigenschaften auch für die entsprechenden trocknen Stoffe, für reines Wasser und für einige der vorrätigen verdünnten Säuren und Laugen (z. B. verdünnte Schwefelsäure, verdünnte Salzsäure, Natronlauge) fest. Man bemühe sich festzustellen, ob die Elektrizitätsleitung mit Zersetzungserscheinungen (Auftreten von Gasblasen, Geruch oder Farbenveränderung) verknüpft ist.

Man verfahre dabei in der Weise, daß man einigen Kubikzentimetern der zu untersuchenden Substanzen vermittelst zweier, an Glasstäben oder Glasröhren angeschmolzener Platinelektroden, die sich gegenseitig nicht berühren dürfen (Tauchelektroden), einen elektrischen Strom zuführt.[1]

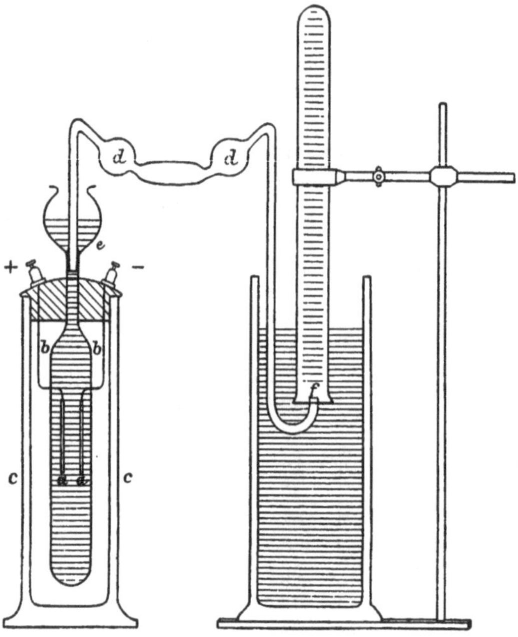

Fig. 2. Bunsens Knallgascoulombmesser.

Um zu erfahren, ob die untersuchten Substanzen Leiter oder Nichtleiter sind, schalte man in denselben Stromkreis ein Instrument, welches Stromdurchgang anzeigt. Man kann hierfür, je nach den vorhandenen Mitteln, ein Galvanometer oder Ampèremeter, ein Glühlämpchen von passenden Dimensionen oder ein Bunsensches Knallgasvoltameter,[2] in welchem Knallgasentwicklung den Stromdurchgang anzeigt, verwenden.

Der Bunsensche Knallgascoulombmesser ist in Fig. 2 abgebildet. Verbindet man die in etwa doppelt normale Schwefelsäure eintauchenden Platinplatten *a a* mittels der daran genieteten Platindrähte *b b* mit den Polen einer 3—4 paarigen Batterie, so entsteht

---

[1] Es genügt für diesen Versuch der einigen kleinen Akkumulatoren oder einer aus etwa vier Tauchelementen bestehenden Batterie entnommene Strom.

[2] R. W. Bunsen, Gasometrische Methoden, Braunschweig, 1877; siehe auch: Gesammelte Abhandlungen von Robert Bunsen, Leipzig 1904, II. Bd., S. 389.

ein regelmäßiger Strom von Knallgas (das ist ein Gemisch, welches zu $33^1/_3$ Volumprozenten aus Sauerstoff und zu $66^2/_3$ Volumprozenten aus Wasserstoff besteht, also die prozentische Zusammensetzung des Wassers hat), dessen in der Zeiteinheit entwickelte Menge ein Maß für die Stärke des durchgegangenen elektrischen Stromes ist. Der kleine eigentliche Zersetzungsapparat ist mit einem größeren Glaszylinder *cc* umgeben, welcher, um eine zu große Erhitzung der Zersetzungsflüssigkeit und der Zuleitungsdrähte zu verhindern, mit Wasser gefüllt ist. In die Kugeln *d* kommt etwas Wasser zum Waschen (event. etwas konzentrierte Schwefelsäure zum Trocknen) des Gases. Das Ableitungsrohr ist eingeschliffen, und der Schliff mit Wasser oder etwas Quecksilber bei *e* gedichtet. Das zu messende Gas wird in einer über *f* gestülpten graduierten Röhre über Wasser oder Quecksilber aufgefangen. [1]

Theorie der elektrolytischen Dissoziation (Ionentheorie).

Fast alle anorganischen Stoffe leiten in wässeriger Lösung den elektrischen Strom. Die Leitung der Elektrizität in derartigen Lösungen unterscheidet sich von der Elektrizitätsleitung in metallischen Leitern dadurch, daß die Leitung in den Lösungen (man nennt elektrizitätsleitende Lösungen Elektrolyte) mit einem Transport der leitenden Materie verknüpft ist.

Von der in Wasser gelösten Verbindung wandert bei der Elektrolyse ein Teil stromabwärts (in der Richtung des positiven Stromes, von der positiven Elektrode [Anode] zur negativen Elektrode [Kathode]), und ein anderer Teil stromaufwärts (in der Richtung des negativen Stromes, von der Kathode zur Anode).

Wir stellen uns nun vor, daß diese beiden in entgegengesetzter Richtung wandernden Bruchstücke der gelösten Verbindungen ihrerseits den Transport der Elektrizität durch die Lösung hindurch vermitteln.

Diese elektrizitätstransportierenden Bruchstücke der Verbindungen in den wässerigen Lösungen nennen wir **Ionen**, und zwar die in der Richtung des positiven Stromes (stromabwärts, nach der Kathode zu) wandernden Ionen, von denen wir deshalb annehmen, daß sie mit positiven Elektrizitätsmengen beladen sind, **Kationen**, und die in der Richtung des negativen Stromes (stromaufwärts, nach der Anode zu) wandernden Ionen, von denen wir deshalb annehmen, daß sie Träger negativer Elektrizitätsmengen sind, **Anionen**.

[1] Genauere Angaben bei: F. Kohlrausch und L. Holborn, Das Leitvermögen der Elektrolyte, Leipzig 1898.

Bei dieser Wanderung gelangen zuletzt die Kationen an die Kathode, und die Anionen an die Anode. Dort gleichen sie ihre elektrischen Ladungen mit den entgegengesetzten Ladungen der Elektroden aus, und nun, nach Abgabe ihrer Ladungen, vereinigen sich die frei werdenden Atome oder Atomgruppen entweder mit sich selbst, oder mit dem Elektrolyten, oder mit dem Elektrodenmaterial zu neuen Molekülen.

Die „Theorie der elektrolytischen Dissoziation der Lösungen" von Arrhenius[1] nimmt nun an, daß in jeder wässerigen Lösung, die den elektrischen Strom unter Transport der eigenen Materie zu leiten vermag, die Ionen schon vorgebildet sind, daß also, je nach der Natur des Stoffes und je nach der Konzentration der Lösung, die Stoffe mehr oder weniger in Atome oder Atomgruppen, die mit entgegengesetzten elektrischen Ladungen behaftet sind, zerfallen sind.

Daß eine derartige Lösung nach außen hin keine elektrische Ladung zeigt, ist so zu erklären, daß die wirr durcheinander liegenden Kationen und Anionen ihre entgegengesetzten elektrischen Ladungen nach außen hin gegenseitig aufheben.

Der Einwand gegen die Ionentheorie, daß man beispielsweise in einer derartig gespaltenen Chlornatriumlösung die Eigenschaften des metallischen Natriums (weiches Metall, das mit Wasser heftig reagiert) und die des Chlors (grüngelbes, stechend riechendes Gas) wiedererkennen müßte, ist unzutreffend; denn diese freien Elemente bestehen aus Molekülen, und nur deren Eigenschaften sind uns bekannt, nicht aber die der Atome, geschweige denn die solcher elektrisch geladener Atome.

Auf Grund der Ionentheorie kommen wir zu genauen Definitionen für Säuren und Basen in wässerigen Lösungen.

Die Theorie der elektrolytischen Dissoziation definiert uns die Säuren als Stoffe, welche infolge elektrolytischer Dissoziation den Wasserstoff in Lösung in Form von **H-Ionen**, und die Basen als Stoffe, welche die Hydroxylgruppe in Lösung in Form von **OH-Ionen** enthalten.

Die wichtigsten Eigenschaften dieser beiden Ionenarten sind:

Die H-Ionen:

1. ändern die Farbe von „Indikatoren", färben z. B. blaues Lackmus rot, gelbes Methylorange rosa, entfärben rote Phenolphtaleinlösung u. a. m.

---

[1] Untersuchungen über die galvanische Leitfähigkeit der Elektrolyte, von Svante Arrhenius. Ostwalds Klassiker der exakten Naturwissenschaften, Nr. 160.

2. wirken lösend auf viele Metalle, wobei in den meisten Fällen der Wasserstoff als solcher frei wird;
3. bedingen den sauren Geschmack;
4. vernichten alle charakteristischen Eigenschaften der OH-Ionen.

Die OH-Ionen:

1. ändern die Farben von „Indikatoren" im umgekehrten Sinne, wie die H-Ionen;
2. bedingen den alkalischen Geschmack;
3. vernichten alle charakteristischen Eigenschaften der H-Ionen.

Nach der Arrheniusschen Theorie sind nun die Säuren und Basen nicht ganz in ihre Ionen zerfallen, sondern nur zu einem bestimmten Betrage. Von der Größe dieses Betrages hängt die Stärke der Säuren und Basen ab, denn nur an die Wasserstoff- bzw. Hydroxylionen ist der saure, bzw. alkalische Charakter gebunden, während das nicht in Ionen zerfallene Molekül weder saure noch alkalische Wirkungen auszuüben vermag.

Die meisten in der anorganischen Analyse ausgeführten Reaktionen sind Ionenreaktionen. Darin liegt auch der Grund, weshalb beispielsweise das Chlor in vielen ganz verschiedenen Stoffen in Lösung immer dieselbe Reaktion, z. B. Fällung von Chlorsilber durch Silbernitratlösung, gibt; wir weisen eben immer das Chlorion nach, und die Chloranionen sind immer dieselben, und haben immer die nämlichen Eigenschaften, die unabhängig sind von denen des zugehörigen Kations.

Anderseits gibt es chlorhaltige Verbindungen, z. B. das chlorsaure Kali $KClO_3$, in denen wir das Chlor nicht auf die übliche Weise durch Fällung vermittelst Silbernitrat, $AgNO_3$, nachweisen können. Dies rührt daher, daß Silbernitrat (allgemeiner Silberion) ein Reagens auf Chlorionen ist, und daß chlorsaures Kali, $KClO_3$, gar keine Cl-Ionen enthält. Das chlorsaure Kali ist in wässeriger Lösung gespalten in K-Ionen und in ClO_3-Ionen (sog. Chlorationen), und die ClO_3-Ionen haben wieder ihre eigenen charakteristischen Reaktionen.

Chloroform, eine organische Verbindung von der Formel $CHCl_3$, gibt auch nicht die gewöhnliche Chlorreaktion mit Silbernitrat, denn Chloroform ist überhaupt nicht in Ionen gespalten (seine Lösungen leiten den elektrischen Strom nicht), und deshalb kann es auch nicht die Reaktionen auf Chlorionen zeigen.

Reines Wasser, H_2O, ist nur zu sehr geringem Betrage in Ionen gespalten und hat infolgedessen eine nur ganz minimale Leitfähigkeit für den elektrischen Strom. Aus der minimalen Leitfähigkeit berechnet man, daß die Dissoziation des reinen Wassers sehr gering ist: 1 g H-Ionen und 17 g OH-Ionen sind erst in $12^1/_2$ Millionen Litern enthalten.

Dieses Verhalten des Wassers hat seinen Grund in der äußerst starken Affinität, die das Wasserstoffion und das Hydroxylion zueinander besitzen.

Wo diese beiden Ionen zusammentreffen, z. B. bei der Reaktion zwischen Säuren und Basen (Neutralisation!), gleichen sie ihre entgegengesetzten elektrischen Ladungen aus, und das Wasserstoffatom vereinigt sich mit der Hydroxylgruppe zu nicht dissoziiertem Wasser, während das Anion der Säure und das der Kation der Base im Ionenzustande bleiben. Wir haben dann die Lösung eines neuen Stoffes, eines Salzes, das in Lösung aus Kationen, Anionen und nicht dissoziiertem Wasser besteht. Die Ionen des Salzes vereinigen sich erst dann miteinander (unter gegenseitiger Aufhebung ihrer entgegengesetzten elektrischen Ladungen), wenn ihnen das Mittel, in dem sie dissoziiert sind (das Lösungsmittel), entzogen wird. Das ist der Fall, wenn sie entweder einen unlöslichen Stoff bilden können (Niederschlagsbildung), oder wenn das Wasser verdampft wird, wodurch das nicht dissoziierte Salz auskristallisiert.

Die Neutralisation zwischen Säuren und Basen in Lösung stellt also nichts andres dar, als die Vereinigung von Wasserstoffionen und Hydroxylionen zu nicht dissoziiertem Wasser, während die übrigen in Säure und Base vorhandenen Ionen unverändert bestehen bleiben.

In Form einer Ionengleichung müßte man beispielsweise die Gleichung, die den Neutralisationsvorgang zwischen Salzsäure und Kalilauge wiedergeben soll, folgendermaßen schreiben:

H^+	+	Cl^-	+	K^+	+	OH^-	=	H_2O	+	K^+	+	Cl^-
H-Ionen	+	Cl-Ionen	+	K-Ionen	+	OH-Ionen	=	nicht dissoziiertes Wasser	+	K-Ionen	+	Cl-Ionen

Für den Vorgang bei der Neutralisation ganz anderer Säuren und Basen wird der Neutralisationsprozeß immer durch die einfache Gleichung

$$H^{\cdot} + OH' = H_2O$$

dargestellt.

Daher rührt es, daß die Wärmetönung bei der Neutralisation beliebiger in Wasser gelöster Säuren und Basen in äquivalenten Mengenverhältnissen stets den gleichen Wert hat.

Den Neutralisationsvorgang bei der Reaktion von Basen mit Säuren kann man praktisch in vielen Fällen mit Hilfe von Indikatorenflüssigkeiten (welche Lösungen organischer Farbstoffe sind) verfolgen. Die gebräuchlichsten Indikatoren sind:

1. Lackmustinktur,
2. Methylorange (Lösung in Wasser 1 : 10 000),
3. Phenolphtalein (Lösung in wässerigem Alkohol 1 : 1000),
4. Rosolsäure (Lösung in wässerigem Alkohol 1 : 1000),
5. Cochenilletinktur (Lösung von Cochenille im Gemisch von 1 Vol. Alkohol und 3 Vol. Wasser 1 : 100).

Man gebe in Reagensgläser einige Kubikzentimeter Wasser, füge 1 oder 2 Tropfen der vorrätigen Indikatorenflüssigkeiten hinzu und stelle durch tropfenweisen Zusatz von verdünnter Salzsäure (H-Ionen) und verdünnter Natronlauge (OH-Ionen) den charakteristischen Farbenumschlag der einzelnen Indikatoren fest. Man schreibe die erhaltenen Resultate in die Tabelle Fig. 3 ein.

Indikator	Färbung mit Säuren	Färbung mit Basen
Lackmus		
Methylorange		
Rosolsäure		
Cochenille		
Phenolphtalein		

Fig. 3. Formular zur Aufzeichnung des Farbenumschlags der Indikatoren.

Es ist zu bemerken, daß nicht alle Indikatoren gleichermaßen zur Erkennung der Neutralisation aller Säuren und Basen geeignet sind.

Unter einfach normalen Lösungen von Säuren oder Basen versteht man solche Lösungen, die im Liter 1 Grammäquivalent H bzw. OH als Ionen oder im ionisierbaren Zustande enthalten (also bei Säuren 1 g H-Ionen und bei Basen 17 g OH-Ionen). Die Bezeichnungen doppelt- (= 2), dreifach- (= 3), vierfach- (= 4) usw. normal und die Bezeichnungen $\frac{1}{2}$-, $\frac{1}{5}$-, $\frac{1}{10}$-, $\frac{1}{100}$- usw. normal ergeben sich ohne weiteres daraus.

Basen, Säuren und Salze.

Natriumhydroxyd.

Man überzeuge sich durch einen Reagensglasversuch von der leichten Löslichkeit des Natriumhydroxyds (Ätznatron) in Wasser.

Die Löslichkeit des Ätznatrons beträgt bei 15° $\frac{60}{100}$, bei 100° $\frac{210}{100}$. Der Gehalt einer wässerigen Natronlauge läßt sich durch das spezifische Gewicht ermitteln. Siehe Tabelle I (Anhang).

Eine Natronlauge, NaOH, von etwa

47 %	siedet bei	130°
70 %	„ „	180°
77,5 %	„ „	238°
78,5 %	„ „	243°
82,6 %	„ „	260°.

Es findet ein kontinuierlicher Übergang von siedender wässeriger Lösung zum schmelzenden Ätznatron statt.

Man prüfe das Verhalten der bereiteten Natronlauge gegen Lackmus- und Kurkumapapier. Man prüfe den Geschmack einer sehr stark verdünnten Lauge.

In Wasser lösliche Basen färben rotes Lackmuspapier blau, gelbes Kurkumapapier rotbraun und haben laugenhaften Geschmack. Natriumhydroxyd ist, wie alle Alkalihydroxyde, eine starke Base.

Man lasse ein Stückchen Natriumhydroxyd auf einem Uhrgläschen an der Luft liegen. Es zieht Wasser aus der Luft an und zerfließt. Ebenso nimmt es Kohlensäure aus der Luft auf; eine Eigenschaft aller starken Basen.

Man schmelze ein erbsengroßes Stück Ätznatron in einem Glühröhrchen. Natriumhydroxyd schmilzt bei dunkler Rotglut.

Herstellung einer doppelt-normalen Natronlauge aus Natriumhydroxyd (NaOH).

$\underset{23+16+1}{\text{Na O H}}$ enthält in 40 Gewichtsteilen 17 g OH. Um also eine doppelt normale Natronlauge herzustellen, die im Liter 2 Grammäquivalente, also 2 × 17 g OH-Ionen in Lösung enthält, muß man 2 × (23 + 16 + 1) = 2 × 40 = 80 g Natriumhydroxyd abwägen und diese Menge zu einem Liter auflösen.

Man wäge auf einer Tarierwage 8 g Natriumhydroxyd ab und löse sie in einem kleinen Erlenmeyerkölbchen in etwa 20 ccm destilliertem Wasser (nach Augenmaß oder im kleinen Maßzylinder abgemessen) unter Umschütteln und gelindem Erwärmen über kleiner Flamme. Die Lösung, Natronlauge, wird in einen Maßzylinder übergefüllt (nicht zu heiß, damit er nicht springt) und die im Kölbchen noch anhaftende Natronlauge durch mehrmaliges Nachspülen mit einigen Kubikzentimetern Wasser ebenfalls in den Maßzylinder gebracht. In diesem fülle man die Lösung bei Zimmertemperatur auf 100 ccm auf und versäume nicht, sie durch Umschütteln oder Umrühren homogen zu machen.

Salze.

Bildung von Salzen durch Neutralisation von Basen mit Säuren.

Je 20 ccm der bereiteten Natronlauge bringe man in kleine Erlenmeyerkölbchen und füge einige Tropfen einer der oben kennengelernten Indikatorenflüssigkeiten hinzu. Nun lasse man unter stetem Umschwenken des Kölbchens aus einem graduierten Gefäß (Maßzylinder oder am besten Bürette) so lange tropfenweise ein meßbares Volum der im Laboratorium vorhandenen verdünnten Säuren (mit verdünnter Salzsäure und ebenso mit verdünnter Schwefelsäure auszuführen) zufließen, bis der Indikator gerade die Umschlagsfarbe zur sauren Reaktion zeigt.

Aus der bis zu diesem Punkte verbrauchten Anzahl Kubikzentimeter verdünnter Salzsäure und verdünnter Schwefelsäure, rechne man sich die Normalität dieser vorrätigen verdünnten Säuren aus und verfahre dabei folgendermaßen:

Zunächst rechne man aus, wieviel Kubikzentimeter der Säuren man hätte zufließen lassen müssen, um gerade einen Liter (also das 50fache der angewandten Menge) doppelt-normaler Natronlauge zu neutralisieren. — Da in dem einen Liter der doppelt-normalen Lauge 2 Grammäquivalente OH enthalten sind, und sich Wasserstoff- und Hydroxylion bei der Neutralisation im Verhältnis 1 H : 1 OH verbinden, müssen in der errechneten Anzahl Kubikzentimeter Säure 2 Grammäquivalente H-Ionen enthalten sein. Es läßt sich nun leicht ausrechnen, wieviel Grammäquivalente Wasserstoff in einem Liter der Säuren enthalten sind, und diese Zahl ist die Normalität der betreffenden Säurelösung.

Beispiel: Angewandt: 20 ccm doppelt-normal NaOH;
hierfür verbraucht: 40 ccm verdünnte Säure.

Frage: Welche Normalität besitzt die Säure?

1000 ccm 2n-Natronlauge hätten verbraucht: 2000 ccm verdünnte Säure, also enthalten 2000 ccm verdünnte Säure 2 Grammäquivalente Wasserstoff. 1 l verdünnte Säure enthält demnach 1 Grammäquivalent Wasserstoff, also ist die betr. Säurelösung einfach-normal.

Um die Prozentigkeit der Säurelösungen zu erfahren, muß man das Molekulargewicht der betr. Säure berücksichtigen.

Beispiel. 1. Welches ist der Prozentgehalt einer doppelt-normalen Schwefelsäure?

1000 ccm enthalten 2 Grammäquivalente (= 2 g) Wasserstoff,

$$2\text{ g H sind enthalten in } \underbrace{\underbrace{H_2}_{2}+\underbrace{S}_{32}+\underbrace{O_4}_{4\cdot 16}}_{98} = 98\text{ g } H_2SO_4,$$

also enthält eine doppelt-normale Schwefelsäure 98 g H_2SO_4 im Liter, ist also 9,8 %ig.

2. Welches ist der Prozentgehalt einer doppelt-normalen Salzsäure?

1000 ccm enthalten 2 Grammäquivalente (= 2 g) Wasserstoff,

$$2\text{ g H sind enthalten in } 2\times\left(\underbrace{\overset{H}{1}+\overset{Cl}{35{,}5}}_{36{,}5}\right) = 73\text{ g HCl},$$

also enthält eine doppelt-normale Salzsäure 73 g HCl im Liter, ist also 7,3 %ig.

Bei den Neutralisationen sind folgende Reaktionen vor sich gegangen (vgl. S. 10):

$$Na^{\cdot} + (OH)' + H^{\cdot} + Cl' = H_2O + Na^{\cdot} + Cl'$$

und:

$$2\,Na^{\cdot} + 2(OH)' + 2\,H^{\cdot} + (SO_4)'' = 2\,H_2O + 2\,Na^{\cdot} + (SO_4)''.$$

Entfernt man nach der Neutralisation aus dem Reaktionsgemisch durch Eindampfen das Wasser, so vereinigen sich Anionen und Kationen zu festen Salzen (Chlornatrium und Natriumsulfat):

$$Na^{\cdot} + Cl' = NaCl \text{ (Chlornatrium)},$$
$$2\,Na^{\cdot} + (SO_4)'' = Na_2SO_4 \text{ (Natriumsulfat)}.$$

Unter Weglassung der bei Auflösung der Stoffe vor sich gehenden Ionenspaltung kann man beide Prozesse in eine Gleichung schreiben und erhält:

$$NaOH + HCl = H_2O + NaCl$$

und:

$$2\,NaOH + H_2SO_4 = 2\,H_2O + Na_2SO_4.$$

Die Kochsalzlösung verdampfe man in einer Porzellanschale auf Drahtnetz und Dreifuß über freier Flamme zur Trockne. Die Flammenhöhe reguliere man anfangs so, daß die Flüssigkeit in schwaches Sieden gerät; später, wenn ein stoßweises Sieden und Umherspritzen des Schaleninhaltes beginnt, rühre man mit einem Glasstabe um und bewege die Flamme unter der Schale hin und her. Man beachte gegen Ende des Eindampfens die an der Oberfläche der Flüssigkeit stattfindende Kristallbildung. Man unterscheide dieses Auskristallisieren *während des Eindampfens*, das beim Kochsalz technisch im großen Maßstabe ausgeführt wird, wobei das auskristallisierende Salz herausgeschaufelt wird („soggen"), von dem Auskristallisieren *aus erkaltender Lösung*.

Das Chlornatrium kristallisiert regulär, ohne Kristallwasser, in Würfeln, von denen gewöhnlich eine Anzahl zu hohlen treppenartigen Pyramiden zusammengelagert sind.

Löslichkeit siehe Tabelle auf S. 5.

Man bringe einen Tropfen Kochsalzlösung auf einem Uhrglase oder auf einem Objektträger zur Kristallisation und beobachte die Kristalle unter dem Mikroskop. Einmal lasse man dabei langsam verdunsten; dann sieht man die oben erwähnte Kristallerscheinung. Ein zweites Mal nehme man eine sehr verdünnte Lösung und sorge durch Erwärmen über kleiner Flamme und Daraufblasen für rasches Verdunsten des auf dem Objektträger ausgebreiteten Tropfens; dann erhält man Wachstumskristalle des regulären Systems (Fig. 4).

Man prüfe den Geschmack des Kochsalzes. Man bringe von dem lufttrocknen Salze so viel wie eine Erbse groß in ein Glühröhrchen und erhitze: Das Salz verknistert (dekrepitiert), indem mechanisch eingeschlossene Mutterlauge verdampft und den Kristall zersprengt (Eigentümlichkeit des Kochsalzes und einiger anderer ohne Kristallwasser kristallisierender Salze). Bei stärkerem Erhitzen schmilzt es bei 815° und erstarrt beim Erkalten kristallinisch. Man bringe eine Probe des verknisterten Salzes an einen Platindraht in die nichtleuchtende Flamme des Bunsenbrenners und beobachte die gelbe Färbung der Flamme.

Die bereitete Lösung von Natriumsulfat (Glaubersalz) gebe man aus dem Erlenmeyerkölbchen in eine gewogene Porzellanschale und dampfe in dieser auf dem Wasserbade bis auf 9 g ein. Sollte man zu weit abgedampft haben, so ergänze man das fehlende Wasser, erwärme damit bis auf etwa 33° (der Temperatur größter Löslichkeit) und lasse erkalten. Wenn die Schale vor Staub geschützt wird, findet das Auskristallisieren oft erst beim Kratzen der Gefäßwandung innerhalb der Flüssigkeit mit einem scharfen Glasstabe oder beim Hineinbringen eines Körnchens kristallisierten Glaubersalzes statt. Die Kristalle werden auf porösem Ton abgepreßt und trocken gewogen.

Fig. 4. Wachstumskristalle des regulären Systems.

Das Glaubersalz kristallisiert mit 10 Molekülen Kristallwasser. Man vergleiche die erhaltene Menge mit derjenigen von $Na_2SO_4 + 10 H_2O$, welche sich aus 20 ccm 2-normal Natronlauge nach der Theorie bilden muß.

Heterogene Gleichgewichte und Phasenregel.

Ein System aus einem oder mehreren Stoffen, das nicht an allen seinen Punkten gleiche Eigenschaften hat, nennt man ein inhomogenes oder heterogenes System. — Befindet sich dieses System im Gleichgewicht, so spricht man von heterogenem Gleichgewicht. Man bezeichnet in der

Lehre vom heterogenen Gleichgewicht die Anzahl der Inhomogenitäten als die Anzahl der „Phasen“ und hat von diesen streng die Anzahl der „Bestandteile“ zu unterscheiden, das sind diejenigen Stoffe, die zum Aufbau des Systems notwendig und hinreichend sind.

So ist z. B. Wasser, in dem Eisstückchen herumschwimmen und über dem sich gewisse Mengen Wasserdampf befinden, bei 0° und unter Atmosphärendruck ein im Gleichgewichte befindliches heterogenes System aus drei „Phasen“ (festes Wasser, flüssiges Wasser und Wasserdampf) und einem „Bestandteil“ (dem chemischen Stoff Wasser, H_2O).

Ferner ist z. B. eine gesättigte Kochsalzlösung, in der sich überschüssiges festes Kochsalz befindet, und über der der Dampfdruck dieser Lösung lastet, ein heterogenes System aus drei „Phasen“ (festes Salz, Lösung und Dampf) und zwei „Bestandteilen“ (Wasser, H_2O, und Kochsalz, NaCl). Kühlt man die Lösung ab, bis sich neben dem festen Kochsalz Eis ausscheidet, so besteht das System aus vier „Phasen“ (Eis, festes Kochsalz, Lösung und Dampf), aber natürlich immer noch aus den beiden Bestandteilen H_2O und NaCl.

Heterogene Systeme aus einer bestimmten Anzahl genau definierter Phasen sind nicht unter allen äußeren Bedingungen beständig (d. h. im Gleichgewicht). Man bezeichnet die Zahl der Möglichkeiten, die äußeren Bedingungen (wie Temperatur, Druck und Zusammensetzung, z. B. Prozentgehalt wässeriger Salzlösungen) willkürlich ändern zu können, ohne das Gleichgewicht des heterogenen Systems zu stören (d. h. ohne eine „Phase“ zum Verschwinden oder zum Entstehen zu zwingen), als die Anzahl der „Freiheiten“ oder „Freiheitsgrade“.

Eine Regel, die durch die oft sehr verwickelt und unübersichtlich werdenden Verhältnisse der heterogenen Gleichgewichte stets sicher hindurchführt, ist die von W. Gibbs auf thermodynamischem Wege abgeleitete „Phasenregel“, die besagt, daß bei heterogenen im Gleichgewicht befindlichen Systemen die Anzahl der Freiheitsgrade (F) gleich ist der Anzahl der Bestandteile (B) vermehrt um 2 und vermindert um die Anzahl der Phasen (P):

$$F = B + 2 - P.$$

Aus der Phasenregel folgt z. B., daß bei dem oben erwähnten dreiphasigen System: Eis, flüssiges Wasser, Wasserdampf mit dem einen Bestandteil Wasser, die Anzahl der Freiheitsgrade gleich 0 ist. Tatsächlich ist dieses System auch nur bei einer ganz bestimmten Temperatur (dem Schmelzpunkt des Eises) und einem ganz bestimmten zugehörigen Druck beständig. Allgemein ergibt sich daraus, daß jeder chemisch einheitliche Stoff bei bestimmtem Druck einen ganz bestimmten Schmelzpunkt haben muß; denn beim Schmelzpunkt eines chemisch reinen Körpers ist die Anzahl der „Phasen“ (P) gleich 3 (fest, flüssig und dampfförmig) und die Anzahl der „Bestandteile“ (B) gleich 1, also die Anzahl der „Freiheiten“ (F) gleich 0. Ist ein Körper unrein, ist also die Anzahl der Bestandteile gleich 2 oder mehr, so wird dadurch die Anzahl der Freiheiten größer als 0, und der Schmelzpunkt ist dann nicht mehr bestimmt, sondern veränderlich; selbst dann, wenn die beiden Bestandteile für sich allein den gleichen Schmelzpunkt haben sollten. Der Chemiker macht hiervon den weitgehendsten praktischen Gebrauch.[1]

---

[1] Man darf übrigens den Satz nicht umkehren und aussprechen, daß alles, was einen bestimmten Schmelz- oder auch Siedepunkt hat, eine chemisch einheit-

Ferner hat z. B. das oben erwähnte dreiphasige System (festes Kochsalz, wässerige Lösung und Wasserdampf), das aus zwei Bestandteilen besteht, gemäß der Phasenregel eine Freiheit. Man kann dieses System daher bei gleichbleibender Temperatur innerhalb weiter Druck-, und bei gleichbleibendem Druck innerhalb weiter Temperatur-Veränderungen erhalten, d. h. ohne daß die Zahl der Phasen sich ändert.

Bringt man durch Zugabe von Wasser das gesamte feste Kochsalz zur Auflösung, d. h. die feste Phase zum Verschwinden, so wird das System zweiphasig (Lösung und Dampf), und man hat, da zwei Bestandteile (H_2O und NaCl) vorhanden sind, gemäß der Phasenregel zwei Freiheiten. Tatsächlich ist ja auch eine Kochsalzlösung bei gegebenem Druck in weiten Grenzen in ihrer Temperatur und Zusammensetzung frei. Dagegen hat das vierphasige System Eis, festes Kochsalz, Lösung und Dampf gemäß der Phasenregelgleichung keine Freiheit. Tatsächlich ist dieses System auch nur bei einer ganz bestimmten Temperatur, unter ganz bestimmtem Druck und bei einer ganz bestimmten Zusammensetzung der Kochsalzlösung zu erhalten.

Wässerige Lösungen von solchen Salzen (mit überschüssigem festen Salz), die sich bei der Auflösung weder zersetzen, noch mit dem Lösungsmittel reagieren (was beides gleichbedeutend wäre mit der Bildung neuer Phasen), stellen dreiphasige Systeme (festes Salz, Lösung und Dampf) aus zwei Bestandteilen (Salz und Wasser) dar und haben als solche gemäß der Phasenregel eine Freiheit; man kann bei gegebenem Drucke entweder ihre Konzentration oder ihre Temperatur willkürlich ändern, aber niemals Temperatur und Konzentration gleichzeitig: Es ist nur eine Freiheit vorhanden; zu jeder Temperatur gehört eine ganz bestimmte Konzentration, solange noch feste Phase (ungelöstes Salz als Bodenkörper) vorhanden ist. Im Temperatur-Konzentrationsdiagramm erhält man also eine kontinuierliche Kurve, die wir früher (S. 5) als Löslichkeitskurve bezeichneten.

Bei Salzen, welche kristallinische Hydrate mit dem Lösungsmittel (Wasser) bilden können, und zu diesen gehört das oben dargestellte Natriumsulfat, wird das Temperatur-Konzentrationsdiagramm, welches die Gleichgewichte der verschiedenen möglichen Systeme angibt, dadurch komplizierter, daß es so viele Löslichkeitskurven gibt, als feste Phasen möglich sind, denn jede feste Phase (d. h. jedes Hydrat) hat ihre eigene Löslichkeitskurve, die nur so lange kontinuierlich bleibt, solange die feste Phase unverändert bleibt; bildet sich unter der Lösung ein neues Hydrat (eine neue feste Phase), so ist das System nonvariant (d. h. es ist keine Freiheit vorhanden), bis eine Phase wieder verschwunden ist, d. h. bis die Umwandlung in das neue Hydrat vollständig geworden ist.

Bei Zimmertemperatur kristallisiert Natriumsulfat aus Wasser mit 10 Molekülen Kristallwasser als sogen. Glaubersalz, $Na_2SO_4 \cdot 10aq$, aus. Ermittelt man dessen Löslichkeit, so findet man, daß sie mit steigender Temperatur zunimmt, wie es die folgende Tabelle zeigt, die angibt, wieviel Gramme Natriumsulfat, als wasserfreies Salz berechnet, sich in 100 g Wasser lösen, wenn die Lösung mit $Na_2SO_4 \cdot 10aq$ im Gleichgewicht ist.

---

liche Substanz ist; denn es gibt auch Gemische fester Substanzen (sogen. eutektische Gemische), die einen bestimmten Schmelzpunkt haben, und Flüssigkeitsgemische, die bei konstanter Temperatur sieden (siehe z. B. das Verhalten verdünnter Salzsäure beim Sieden S. 27).

Löslichkeit von $Na_2SO_4 . 10aq$.

Temperatur	Löslichkeit
0°	5,02
10°	9,00
15°	13,20
18°	16,80
20°	19,40
25°	28,00
30°	40,00
33°	50,76
34°	55,00

Man konstruiere aus diesen Tabellenwerten die Löslichkeitskurve des Natriumsulfatdekahydrats und bezeichne sie mit $Na_2SO_4 . 10aq$.

Verfolgte man die Löslichkeit des Natriumsulfatdekahydrats auf höhere Temperaturen, so zeigte sich, daß die Löslichkeit nicht weiter zunahm, sondern mit steigender Temperatur abnahm, und gleichzeitig machte man die Beobachtung, daß die feste am Boden liegende Phase jetzt verschieden war von der, die bei Temperaturen unter 33° mit der Lösung in Berührung stand; das wasserfreie Natriumsulfat Na_2SO_4 bildete jetzt den Bodenkörper, und dieses hat als neue Phase eine ganz andere Löslichkeitskurve. Man konstruiere auch diese aus den Werten der folgenden Tabelle und bezeichne sie mit Na_2SO_4.

Löslichkeit des wasserfreien Natriumsulfats.

Temperatur	Löslichkeit
18°	53,25
20°	52,76
25°	51,53
30°	50,37
33°	49,71
34°	49,53
36°	49,27
40,15°	48,78
50,40°	46,82

Beim Durchschnittspunkt der Löslichkeitskurven des wasserfreien Natriumsulfats und des Natriumsulfatdekahydrats muß die Lösung in bezug auf diese beiden Substanzen gesättigt sein. Ein System aus zwei Bestandteilen (Na_2SO_4 und H_2O) und vier Phasen (wasserfreies Natriumsulfat, Natriumsulfatdekahydrat, Lösung und Dampf) hat gemäß der Phasenregel keinen Freiheitsgrad und kann daher, wenn der Druck als Atmosphärendruck gegeben ist, nur bei einer bestimmten Temperatur existieren, und wenn die Lösung eine ganz bestimmte

Zusammensetzung hat. Die Temperatur dieses Punktes ist, mit einem Quecksilberthermometer gemessen, 32,48°. [1]

Wenn man eine Lösung von Glaubersalz, die bei einer Temperatur von ungefähr 33° gesättigt wurde, auf eine Temperatur unter 17° abkühlt und peinlichst dafür Sorge trägt, daß keine festen Teilchen des Dekahydrats (Glaubersalz) in die Lösung geraten, so scheiden sich Kristalle eines zweiten Hydrats von der Zusammensetzung eines Natriumsulfatheptahydrats, $Na_2SO_4 . 7\,aq$ ab. Auch dieses Hydrat hat seine eigene Löslichkeitskurve, die man aus den in der folgenden Tabelle gegebenen Werten konstruiere und mit $Na_2SO_4 . 7\,aq$ bezeichne.

Die Löslichkeitszahlen geben auch hier an, wieviel Gramme Natriumsulfat, als wasserfreies Salz berechnet, sich in 100 g Wasser lösen, wenn die Lösung mit $Na_2SO_4 . 7\,aq$ im Gleichgewicht ist.

Löslichkeit von $Na_2SO_4 . 7\,aq$

Temperatur	Löslichkeit
0°	19,62
10°	30,49
15°	37,43
18°	41,63
20°	44,73
25°	52,94
26°	54,97

Aus den dargestellten Kurven ersehe man, daß die Löslichkeit des Natriumsulfat-dekahydrats **oberhalb** 32,5 größer ist, als die des wasserfreien Salzes, also in bezug auf dieses unbeständig, übersättigt ist.

Eine solche Lösung ist deshalb nur bei peinlichstem Ausschluß aller Keime des wasserfreien Salzes realisierbar, und scheidet sofort wasserfreies Salz aus, wenn man die Lösung mit einer Spur des letzteren in Berührung bringt (impft). Man nennt diesen unbeständigen Zustand einer Phase den **metastabilen** Zustand, im Gegensatz zum **stabilen** Zustand, wie ihn z. B. eine gesättigte Glaubersalzlösung unterhalb 32,5° darstellt.

In ähnlicher Weise kann man durch peinlichsten Ausschluß aller Keime des Dekahydrats die Löslichkeitskurve des wasserfreien Salzes **unterhalb** 32,5° verfolgen, in welchem Temperaturgebiete, wie aus den Diagrammen ersichtlich ist, die Lösung des wasserfreien Salzes die metastabile, dagegen die des Dekahydrats die stabile ist. Impft man eine unterhalb 32,5° in bezug auf das wasserfreie Salz gesättigte Lösung mit einem „Dekahydratkeim", so kristallisiert Dekahydrat aus, denn dieses ist unterhalb 32,5° weniger löslich, als das wasserfreie Salz.

Hieraus ist ersichtlich, daß bei Temperaturen über 32,5° das wasserfreie

---

[1] Diese Temperatur ist nicht genau dieselbe, wie die des vierfachen Punktes bei welchem sich das System unter seinem eigenen Drucke befindet, während im obigen Beispiel Atmosphärendruck angenommen wurde, weil man ja Löslichkeiten immer in offenen Gefäßen, also unter Atmosphärendruck bestimmt. Da der Einfluß des Druckes auf die Löslichkeit nur sehr gering ist (siehe S. 5) ist die Lage der beiden Punkte nur wenig verschieden.

Salz die stabile Form, das Dekahydrat dagegen die instabile (metastabile) Form ist. Diese Temperatur ist also die Umwandlungstemperatur für das Dekahydrat und das wasserfreie Salz.

Aus den Diagrammen ersehe man ferner, daß die Löslichkeitskurve des wasserfreien Salzes, auch von der Löslichkeitskurve des Heptahydrats, $Na_2SO_4 . 7aq$, geschnitten wird, in einem Punkte, welcher bei 24,2° liegt und natürlich der Umwandlungspunkt für das Heptahydrat und das wasserfreie Salz sein muß. Da aber, wie aus den Diagrammen leicht zu ersehen ist, bei allen Temperaturen die Löslichkeit des Heptahydrats größer ist, als die des Dekahydrats, so muß jede in bezug auf das Heptahydrat gesättigte Lösung in bezug auf das Dekahydrat übersättigt sein. Das Heptahydrat ist also in bezug auf das Dekahydrat instabil, und die Löslichkeitskurve des Heptahydrats repräsentiert in ihrem ganzen Verlaufe nur unbeständige Zustände.

Natriumsulfat bildet demnach nur ein stabiles Hydrat, nämlich das Natriumsulfatdekahydrat, $Na_2SO_4 . 10aq$.

Das Beispiel des Natriumsulfats zeigt, wie wichtig die genaue Kenntnis der festen Phase ist. Bei etwa 20° sind drei verschiedene und gesättigte Lösungen von Natriumsulfat möglich, je nachdem, was leicht aus den Diagrammen zu ersehen ist, das wasserfreie Salz, das Heptahydrat oder das Dekahydrat als feste Phase anwesend ist. Zwei von diesen Lösungen sind jedoch in bezug auf das Dekahydrat übersättigt.

Das Verhalten des Natriumsulfats gegen Wasser zeigt ferner, daß nur dann in den Löslichkeitskurven ein Knick vorkommt, wenn die am Boden liegende feste Phase sich ändert.

Die Phasenlehre sagt absolut nichts aus über chemische Konstitution und molekularen Aufbau; aber sie ist ein unentbehrlicher Führer durch das Gebiet der Doppelsalze (und basischen Salze) und der Metallegierungen.[1]

Das Glaubersalz verwittert (verliert Kristallwasser) beim Liegen an trockner Luft.

Wird davon eine kleine Menge im Glühröhrchen zunächst ganz schwach erwärmt (ungefähr auf 33°), so schmilzt es im Kristallwasser. Beim stärkeren Erhitzen verflüchtigt sich Kristallwasser, das Salz scheidet sich fest im wasserfreien Zustande ab, und beim Glühen schmilzt es bei 863°, nunmehr wasserfrei, zum zweiten Male.

Wir bildeten Kochsalz oder Glaubersalz, indem wir Säure (Chlorwasserstoff oder Schwefelsäure) mit Base (Natriumhydroxyd) zusammentreten ließen:

$$NaOH + HCl = NaCl + H_2O,$$
$$2 NaOH + H_2SO_4 = Na_2SO_4 + 2 H_2O.$$

Bei der Salzbildung kann auch Baseanhydrid mit Säure unter Wasseraustritt reagieren:

$$MgO + 2 HCl = H_2O + MgCl_2,$$
$$MgO + H_2SO_4 = H_2O + MgSO_4.$$

---

[1] Genaueres siehe bei: A. FINDLAY, Einführung in die Phasenlehre und ihre Anwendungen. Leipzig 1907. (Diesem Werk sind die obigen Angaben zum Teil entnommen.)

Oder es kann Baseanhydrid mit Säureanhydrid (z. B. $H_2SO_4 - H_2O = SO_3$) zusammentreten:

$$MgO + SO_3 = MgSO_4.$$

Die Salzsäure als sauerstofffreie Säure kann kein Anhydrid bilden.

Bildung von Salzen durch Auflösen von Metallen in Säuren.

Der Wasserstoff der Salzsäure ist wie bei allen Säuren durch Metalle vertretbar. Die Salzsäure löst viele Metalle unter Wasserstoffentwicklung, z. B. das Zink, das als zweiwertiges Metall dabei 2 H ersetzt:

$$Zn + 2\,HCl = ZnCl_2 + 2\,H,$$

oder allgemeiner in Ionenform:

$$[Zn] + 2\,H^{\cdot} = [H_2] + Zn^{\cdot\cdot}.$$

So löst sie Alkalimetalle, Erdalkalimetalle, Erdmetalle, Magnesium, Eisen, Kobalt, Nickel, Mangan, Cadmium, Zinn. Dagegen nicht oder sehr schwer Silber, Platinmetalle, Gold, Quecksilber, Arsen, Antimon, Wismut, Kupfer, Blei.

Man übergieße einige Stückchen Zinkblech oder granuliertes Zink im Reagensrohr mit verdünnter Salzsäure. Das Zink löst sich unter Wasserstoffentwicklung. Der entweichende Wasserstoff kann entzündet werden und brennt mit kaum sichtbarer Flamme. (Man kann die Flamme besser sichtbar machen, wenn man etwas Kochsalzlösung an den Rand des Reagensrohres streicht.) Es bildet sich ein Salz des Zinks: salzsaures Zink oder Zinkchlorid.

Nach dieser Salzbildung definiert man **Säuren** auch als Körper, die Wasserstoff enthalten und diesen ganz oder (bei Säuren, die mehrere Wasserstoffatome enthalten) auch teilweise durch Metalle austauschen können. (Definition auf Grund der Theorie der elektrolytischen Dissoziation in Lösungen vgl. S. 8.) Danach unterscheidet man dann die Säuren je nach der Anzahl der vertretbaren Wasserstoffatome als **einbasische** oder **mehrbasische Säuren**. Die Salzsäure ist eine einbasische Säure, weil sie nur **ein** durch Metalle vertretbares Wasserstoffatom enthält.

Salze definiert man danach zweckmäßig als Säuren, deren Wasserstoff ganz oder teilweise durch Metalle vertreten ist.

Ist in der Säure der vertretbare Wasserstoff ganz durch Metallatome ersetzt, so spricht man von **neutralen Salzen** (Na_2SO_4). Ist er nur teilweise ersetzt, so spricht man von **sauren Salzen** ($NaHSO_4$). Einbasische Säuren bilden nur neutrale Salze. In den sauren Salzen ist entweder noch **ein** durch Metall vertretbares Wasserstoffatom vorhanden (wie in $NaHSO_4$), dann spricht man von **einfach sauren oder einbasischen Salzen**, oder es sind noch **zwei** Wasserstoffatome durch Metalle vertretbar (wie in NaH_2PO_4), dann spricht man von **zweifach sauren oder zweibasischen Salzen** usw.

Man bezeichnet die Salze auch nach der Zahl der in **einem** Säuremolekül ersetzten Wasserstoffatome als Mono-, Di- und Trisalze oder primäre, sekundäre, tertiäre Salze. Z. B.:

Zweifach saures Salz:

Primäres, Mono-(NaH_2PO_4) Natriumphosphat ($Ca(H_2PO_4)_2$) Calciumphosphat.

Einfach saures Salz:

Sekundäres, Di-(Na_2HPO_4) Natriumphosphat ($Ca_2(HPO_4)_2$) Calciumphosphat.

Neutrales Salz:

Tertiäres, Tri-(Na_3PO_4) Natriumphosphat ($Ca_3(PO_4)_2$) Calciumphosphat.

$NaHSO_4$ Mononatriumsulfat; daneben gebräuchlich: Natriumbisulfat, einfach saures schwefelsaures Natrium

Na_2SO_4 Dinatriumsulfat; daneben gebräuchlich: Natriumsulfat, neutrales schwefelsaures Natrium.

Bildung von Salzen durch Umsetzung von Salzen mit Säuren.

Salze können auch dadurch gebildet werden, daß eine Säure eine flüchtigere Säure aus ihrem Salze verdrängt. So verdrängt z. B. die Schwefelsäure die flüchtigere Salzsäure aus ihrem Natriumsalze

$$NaCl + H_2SO_4 = NaHSO_4 + HCl,$$

obwohl die Salzsäure nach den heutigen Begriffen über die Stärke der Säuren in verdünnten wässerigen Lösungen als die stärkere von beiden gelten muß. (Näheres siehe weiter unten S. 54.)

Eine in verdünnter wässeriger Lösung sehr schwache und sehr leicht Anhydrid bildende flüchtige Säure ist die Kohlensäure; sie wird daher durch die meisten anderen Säuren aus ihren Salzen verdrängt. Man benutzt infolgedessen kohlensaure Salze oft zur Erkennung des sauren Charakters eines Körpers, da sie beim Zusammenbringen mit Säuren oder sauren Salzen aufbrausen.

Man bringe ein kleines Stückchen Soda in ein Reagensrohr und gieße verdünnte Salzsäure darauf. Es findet heftiges Aufbrausen unter Kohlensäureentwicklung statt. Reaktionsgleichung?

Bildung von Salzen durch doppelte Umsetzung von Salzen mit Salzen.

Schließlich können Salze auch durch doppelte Umsetzung gebildet werden, z. B. wird aus Kochsalz und Silbernitrat Chlorsilber und Natriumnitrat gebildet:

$$NaCl + AgNO_3 = AgCl + NaNO_3.$$

(Versuch siehe S. 28.)

Saures schwefelsaures Natrium.

Man versetze die gleiche Menge (20 ccm) der oben bereiteten Natronlauge mit doppelt so viel Kubikzentimeter derselben verdünnten Schwefelsäure, die zum vorigen Versuch gebraucht wurde, und dampfe auf dem Wasserbade ein. Während des Eindampfens bilden sich Kristalle von $NaHSO_4$, die kein Kristallwasser enthalten und bei 315° schmelzen.

Salzsäure.

Man gebe in ein Reagensrohr etwa eine Messerspitze Kochsalz und bringe $^1/_2$ ccm konzentrierte Schwefelsäure hinzu. Das Salz braust auf. Es entwickelt sich Salzsäure als ein farbloses, stechend riechendes Gas, das an feuchter Luft stark raucht, weil es sich mit dem Wasserdampf der Luft zu sichtbarem Nebel verdünnter Salzsäure verdichtet.

Man halte ein mit Wasser befeuchtetes blaues Lackmuspapier so über das Reagensglas, daß etwa abtropfendes Wasser nicht in das Reagensrohr fließt; das Lackmuspapier wird durch die Säuredämpfe rot gefärbt.

Man bringe einen mit Ammoniakwasser benetzten Glasstab in die Nähe des sich entwickelnden Gases; es treten dicke weiße Salmiaknebel auf. Reaktionsgleichung?

Man führe einen Glasstab mit einem Tropfen Silbernitratlösung in das Reagensrohr, ohne mit dem Glasstabe die Wandung des Reagensglases zu berühren; es bildet sich in dem Tropfen am Glasstabe ein weißer Niederschlag von Chlorsilber. Reaktionsgleichung?

Massenwirkungsgesetz.

(Guldberg und Waage 1867.)

Beim Vermischen von Kochsalz mit Schwefelsäure geht folgende Reaktion vor sich:

$$1)\quad NaCl + H_2SO_4 = NaHSO_4 + HCl.$$

Da man jedoch umgekehrt aus Chlorwasserstoff und saurem Natriumsulfat unter geeigneten Bedingungen Schwefelsäure und Chlornatrium erhält im Sinne der Gleichung

$$2)\quad NaHSO_4 + HCl = NaCl + H_2SO_4,$$

so stellen beide Gleichungen nur einen Gleichgewichtszustand dar, den man sich so zustande gekommen denkt, daß die Geschwindigkeit der Reaktionen 1 und 2 gleich groß ist, was man in folgender Weise „hin und her“ auszudrücken pflegt:

$$NaCl + H_2SO_4 \rightleftarrows NaHSO_4 + HCl.$$

Es herrscht ein dynamisches Gleichgewicht dadurch, daß die Geschwindigkeit (V_1), mit der die Stoffe im Sinne des oberen Pfeiles reagieren, gleich ist der Geschwindigkeit (V_2), mit der die Reaktionsprodukte im Sinne des unteren Pfeiles reagieren; es ist also:

$$V_1 = V_2.$$

Nun ist aber nach dem Gesetz der chemischen Massenwirkung die Reaktionsgeschwindigkeit in jedem Augenblicke den in diesem Momente vorhandenen aktiven Mengen der reagierenden Stoffe (d. i. den Konzentrationen der vorhandenen Stoffe) proportional. Setzen wir im obigen Beispiel

die Konzentration des NaCl $= C_{NaCl}$
„ „ der $H_2SO_4 = C_{H_2SO_4}$
„ „ des $NaHSO_4 = C_{NaHSO_4}$
„ „ der HCl $= C_{HCl}$

so ist:

$$V_1 = K_1 . C_{NaCl} . C_{H_2SO_4}$$

und:

$$V_2 = K_2 . C_{NaHSO_4} . C_{HCl},$$

wobei K_1 und K_2 die Geschwindigkeitskonstanten sind. Da nun im Gleichgewichtszustande $V_1 = V_2$ ist, kann man setzen:

$$K_1 . C_{NaCl} . C_{H_2SO_4} = K_2 . C_{NaHSO_4} . C_{HCl},$$

oder das Produkt der aktiven Mengen der Stoffe auf der einen Seite der Gleichung dividiert durch das Produkt der aktiven Mengen auf der anderen Seite ist eine konstante Größe:[1]

$$\frac{C_{NaCl} . C_{H_2SO_4}}{C_{NaHSO_4} . C_{HCl}} = \frac{K_2}{K_1} = \text{Konstant.}$$

Vermindert man die Konzentration der Salzsäure (C_{HCl}), was im vorliegenden Falle sehr einfach ist, indem man den leicht flüchtigen Chlorwasserstoff durch Abdestillieren aus dem Reaktionsgemisch entfernt, so wird in der letzten Gleichung durch Verkleinerung von C_{HCl} der Nenner des Bruches $\frac{C_{NaCl} . C_{H_2SO_4}}{C_{NaHSO_4} . C_{HCl}}$ kleiner; um den konstanten Wert des Bruches zu erhalten, wird gleichzeitig auch der Zähler $C_{NaCl} . C_{H_2SO_4}$ dieses Bruches kleiner, dadurch daß neue Mengen NaCl und H_2SO_4 aufeinander wirken. So kann man durch Entfernung des einen Reaktionsproduktes eine umkehrbare, unvollständig verlaufende Reaktion zu einer praktisch recht vollständigen gestalten.

Darstellung von Salzsäure aus Kochsalz und Schwefelsäure.

Man rechne zunächst nach den in der Tabelle auf S. 1 angegebenen Atomgewichten aus, in welchen Mengenverhältnissen Kochsalz und Schwefelsäure auf einander einwirken nach der Gleichung

$$NaCl + H_2SO_4 = NaHSO_4 + HCl.$$

Wieviel Schwefelsäure braucht man danach auf 30 g Kochsalz?

Man prüfe zunächst das Kochsalz in seinem Verhalten gegen konzentrierte Schwefelsäure mit einer kleinen Menge in der oben angegebenen Weise.[2]

Zur Darstellung der Salzsäure verdünnt man die konzentrierte Schwefelsäure zweckmäßig mit $^1/_4$ ihres Gewichtes an Wasser. Dann

[1] Beteiligt sich ein Stoff mit mehreren Molekeln am Gleichgewicht, so ist (der aktiven Menge wegen) in der Gleichgewichtsgleichung die Konzentration des Stoffes mit der Molekelzahl zu potenzieren.

[2] Solche Materialproben führe man, um sich vor Verwechselungen und Gefahren zu schützen, auch in anderen Fällen stets erst im kleinen aus, wenn man Versuche mit größeren Mengen anstellen will.

entwickelt sie mit Kochsalz in der Kälte kaum Salzsäuregas, und man kann durch gelindes Erwärmen mit ganz kleiner Flamme die Entwicklung bequem regulieren.

Um die Schwefelsäure zu verdünnen, mißt man in eine Porzellanschale 15 ccm Wasser, wägt auf der Tarierwage im kleinen Bechergläschen 60 g konzentrierte Schwefelsäure ab und läßt sie unter Umrühren mit einem Glasstabe in langsamem Strome in das Wasser fließen (nicht umgekehrt). Beim Mischen von Wasser und Schwefelsäure findet starke Erwärmung statt; man muß die Mischung erkalten lassen, ehe man sie auf das Kochsalz gibt. Inzwischen richtet man den zur Entwicklung des Salzsäuregases erforderlichen Apparat her bestehend aus einem etwa 300 ccm fassenden Kolben (Fig. 5), am besten Rundkolben, versehen mit einem einfach durchbohrten, gut schließenden Stopfen und einem rechtwinklig gebogenen Glasrohr, an das man mittels eines zweimal rechtwinklig gebogenen Rohres und kurzer Kautschukschläuche eine Waschflasche fügt, so daß im Schlauch Glas an Glas stößt. Die Waschflasche wird soweit mit konzentrierter Schwefelsäure gefüllt, daß das Ende des Rohres in die Flüssigkeit ein wenig eintaucht. Aus der Waschflasche führt ein rechtwinklig gebogenes, durch einen Kautschukschlauch verbundenes Rohr das Gas bis über das Wasser, das die gasförmige Salzsäure aufnehmen soll.

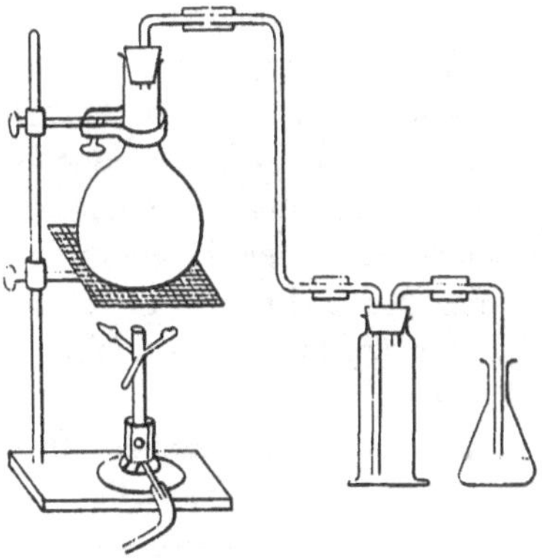

Fig. 5. Apparat zur Darstellung von Chlorwasserstoffsäure.

Der Kolben (Fig. 5) steht mittels Stativ, Ring und Klammer auf einem Drahtnetz, wie aus der Zeichnung ersichtlich, und wird so hoch aufgestellt, daß ein Bunsenbrenner mit Schornstein noch bequem unter dem Entwicklungskolben stehen kann.

In den Kolben gibt man dann 30 g Kochsalz in grobkörnigem Zustande, gießt die vorher verdünnte und völlig erkaltete Schwefelsäure hinzu, wobei man die Säure zweckmäßig unter Anwendung eines Trichters oder an einem Glasstabe herunter in den Kolben fließen läßt, und bringt die Entwicklung mit ganz kleiner Flamme in Gang. Das entweichende Salzsäuregas leitet man dicht über 100 g destilliertes Wasser, die sich in einem Erlenmeyerschen Kölbchen befinden.

Das Wasser absorbiert das Salzsäuregas außerordentlich leicht, und würde man das Gas nicht über, sondern in das Wasser leiten, so könnte das Wasser leicht bis in die Waschflasche zurücksteigen.

1 l Wasser löst bei 0° 825 g oder 503 l HCl
„ 20° 721 g
„ 40° 633 g
„ 60° 561 g

Eigenschaften der Salzsäure.

Den Gehalt der dargestellten Salzsäure bestimme man dadurch, daß man das spezifische Gewicht mittels eines Pyknometers[1] ermittelt; in der im Anhang befindlichen Tabelle der Volumgewichte der Salzsäure liest man den dem spezifischen Gewicht entsprechenden Gehalt ab.

Man wäge das Pyknometer zunächst leer in vollkommen trocknem Zustande (1), dann mit destilliertem Wasser bis zur Marke gefüllt unter Beobachtung der Temperatur (2), und zuletzt unter Beobachtung der Temperatur mit der zu untersuchenden Substanz bis zur Marke gefüllt (3). Die Differenz der Wägung (1) und (2) ergibt den Wassergewichtsinhalt des Pyknometers, aus welchem man sich unter Berücksichtigung der Temperatur mit Hilfe der folgenden Tabelle das Volum des Pyknometers ableitet. Die Differenz der (3) und (1) Wägung ergibt das Gewicht eines bestimmten Volums verdünnter Salzsäure, woraus man sich leicht das Gewicht eines Kubikzentimeters ausrechnen kann. Das Gewicht der Volumeinheit (1 ccm) ist das spezifische Gewicht.

Temperatur	Scheinbares Gewicht eines Kubikzentimeters Wasser	Volum eines scheinbaren Grammes Wasser
10°	0,9986	1,0014
11°	0,9985	1,0015
12°	0,9984	1,0016
13°	0,9983	1,0017
14°	0,9982	1,0018
15°	0,9981	1,0019
16°	0,9979	1,0021
17°	0,9977	1,0023
18°	0,9976	1,0024
19°	0,9974	1,0026
20°	0,9972	1,0028
21°	0,9970	1,0030
22°	0,9967	1,0033
23°	0,9965	1,0035
24°	0,9963	1,0037
25°	0,9960	1,0040

[1] Für rasch auszuführende angenäherte Bestimmungen bedient man sich der Aräometer. Ein Instrument für genaue Messungen ist auch die Mohrsche Wage.

Die vorstehende Tabelle enthält die scheinbaren Gewichte (d. h. gewogen mit Messinggewichten in Luft von mittlerer Feuchtigkeit) eines Kubikzentimeters destillierten (lufthaltigen) Wassers, sowie die Volumina eines scheinbaren Gramms Wasser bei Zimmertemperaturen.

Man überlege übrigens, wie genau die Wägungen sein müßten, damit eine Korrektion nach der gegebenen Tabelle einen Zweck hat.

Man prüfe die Reaktion der verdünnten Salzsäure gegen blaues Lackmuspapier.

Man verdünne eine kleine Menge dieser Säure sehr stark und prüfe den Geschmack derselben.

Man bestimme das spezifische Gewicht der vorrätigen konzentrierten und der verdünnten Salzsäure durch Aräometer und ermittle durch die Tabelle I den Gehalt der Säuren an Chlorwasserstoff.

Man koche je etwa 200 ccm der vorrätigen konzentrierten und verdünnten Salzsäure etwa $^1/_4$ bis $^1/_2$ Stunde heftig in Erlenmeyerkolben unter dem Abzuge unter Zugabe von Siedesteinen und ermittle nach dem vollständigen Erkalten abermals durch aräometrische Bestimmung des spezifischen Gewichtes den Gehalt der beiden Flüssigkeiten.

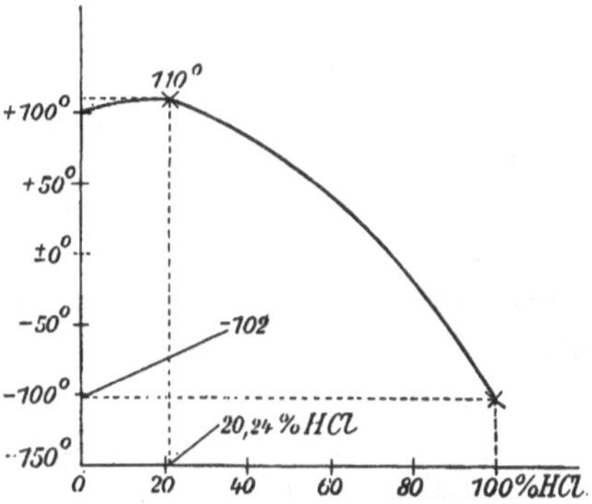

Fig. 6. Temperatur-Konzentrations-Diagramm für wässerige Salzsäure.

Der Salzsäuregehalt stellt sich sowohl beim Kochen der konzentrierten als auch der verdünnten Säure jedesmal unter Ansteigen des Thermometers bis 110° auf 20,24 % HCl-Gehalt ein, wenn der Atmosphärendruck 760 mm Quecksilber beträgt. Der Grund dafür liegt in folgendem:

Im allgemeinen lösen sich Gase im Wasser viel weniger reichlich als der Chlorwasserstoff; und sie befolgen dabei das Henrysche Gesetz (S. 79), nach dem die gelöste Gasmenge dem Drucke proportional ist, wenn nicht das Gas bei dem Lösungsvorgange in einen anderen Zustand übergeht. Letzteres ist nun hier der Fall.

Chlorwasserstoff löst sich nur zu einem Teil als solcher in Wasser. Ein anderer Teil, der um so größer wird, je verdünnter die Lösung ist, geht in den Ionenzustand über.[1] Nur der erste Teil folgt dem Henryschen Gesetz;

---

[1] Oft spielen auch Hydratationsvorgänge bei solchen Zustandsänderungen eine große Rolle. Durch solche „Zustandsänderungen" werden neue Stoffe mit neuen Eigenschaften gebildet; auch die Ionenspaltung ist in diesem weiteren Sinne als eine stoffliche Veränderung aufzufassen.

daher nimmt die gelöste Menge Chlorwasserstoff viel langsamer zu als der Druck.

Hiermit hängt auch das Verhalten wässeriger Chlorwasserstoffsäuren beim Sieden zusammen. Bei jeder Destillation ist dasjenige Produkt, welches am höchsten siedet, also den niedrigsten Dampfdruck zeigt, bestrebt, den Rückstand zu bilden. Reiner Chlorwasserstoff siedet unter Atmosphärendruck bei -102°; Wasser bei $+100^{\circ}$. Die Siedepunkte wässeriger Lösungen liegen aber nur für sehr konzentrierte Lösungen zwischen beiden Temperaturen; verdünntere Lösungen sieden aber höher als Wasser. Unter 760 mm Quecksilberdruck siedet eine 20,24% enthaltende Säure am höchsten, nämlich bei 110°. Die Abhängigkeit von HCl-Gehalt und Siedepunkt läßt sich durch eine Linie in Fig. 6 wiedergeben, wenn in der Horizontalen die Prozente HCl und in der Vertikalen die Siedepunkte bei 760 mm Quecksilberdruck[1] angegeben sind.

Eine wässerige Salzsäure von 20,24% HCl-Gehalt wird bei der Destillation sowohl von konzentrierter (unter Entweichen von wesentlich HCl-Gas) als auch von verdünnter Salzsäure (unter Entweichen von wesentlich Wasser) den Rückstand bilden, der dann konstant bei 110° siedet.

Reaktionen der Salzsäure.

Silbernitrat. Man versetze ungefähr 1 ccm verdünnte Salzsäure oder Kochsalzlösung mit einer Lösung von salpetersaurem Silber. Es entsteht ein weißer, am Lichte violett werdender, käsiger Niederschlag von Chlorsilber (AgCl), der die charakteristische Eigenschaft hat, sich beim Schütteln in der darüberstehenden Flüssigkeit zu Flocken zusammenzuballen. Reaktionsgleichung?

Man verteile den Niederschlag mit darüberstehender Flüssigkeit auf zwei Reagensgläser. Man versetze den einen Teil mit verdünnter Salpetersäure: der Niederschlag bleibt ungelöst. Man versetze den anderen Teil mit Ammoniak: es findet Auflösung statt, indem sich lösliche Verbindungen des Chlorsilbers mit Ammoniak bilden, die aber je nach der Temperatur wechselnde Zusammensetzung haben ($2\,AgCl, 3\,NH_3$ wenn man über 20°, $AgCl, 3\,NH_3$ wenn man unter 15° zur Kristallisation bringt). Aus der Lösung in Ammoniak wird durch Zusatz von Salpetersäure das Chlorsilber wieder abgeschieden.

Infolge der großen Unlöslichkeit des Chlorsilbers ist die Reaktion *sehr empfindlich*, d. h. *sie kann zum Nachweis auch sehr kleiner Mengen Salzsäure dienen.*

Auch muß man die Reaktion — wenn man noch bestimmte Proben hinzunimmt — als charakteristisch bezeichnen, d. h. *sie kann nicht leicht mit anderen verwechselt werden.* Zwar gibt es viele Stoffe, die mit Silbernitrat *weiße Niederschläge* bilden; aber nur wenige dieser Niederschläge haben die Eigenschaft, beim *Schütteln zusammenzuballen* und damit *Lichtempfindlichkeit, Unlöslichkeit in Salpetersäure* und Lös-

[1] Mit den Schwankungen des Atmosphärendruckes ändern sich die Verhältnisse etwas.

lichkeit in Ammoniak zu vereinigen. Diese Merkmale zusammen machen die Erkennung erst charakteristisch. Wir werden später noch manche charakteristische Reaktion kennen lernen, die dabei nicht immer gleichzeitig auch empfindlich ist.

Man prüfe das Brunnenwasser auf einen Gehalt an salzsauren Salzen.

Quecksilberoxydulnitrat. Man versetze eine Lösung von Chlornatrium mit Quecksilberoxydulnitrat ($Hg_2(NO_3)_2$). Es entsteht ein weißer Niederschlag (Reaktionsgleichung?) von Quecksilberchlorür (Hg_2Cl_2), der in Wasser und in verdünnten Säuren unlöslich ist. Er entsteht daher auch, wenn man freie Salzsäure mit Quecksilberoxydulnitrat versetzt (Reaktionsgleichung?); nur kann dann, besonders in der Wärme, die dabei frei werdende Salpetersäure auf das unlösliche Quecksilberchlorür zum Teil oxydierend wirken und in Wasser lösliches Quecksilberchlorid ($HgCl_2$) bilden.

Quecksilberchlorür wird durch Ammoniak schwarz gefärbt, indem dabei schwarzer Präzipitat entsteht, ein Gemisch von metallischem Quecksilber und Mercuriamidochlorid $Hg<^{Cl}_{NH_2}$. Reaktionsgleichung?

Bleiacetat. Versetzt man verdünnte Salzsäure oder die Lösung eines Chlormetalls mit Bleiacetatlösung $Pb(C_2H_3O_2)_2$, so entsteht ein Niederschlag von Chlorblei ($PbCl_2$). Reaktionsgleichung?

Die Löslichkeit des Chlorbleis in 100 Teilen Wasser oder Salzsäure ist folgende:

Temperatur	20°	80°
in Wasser	1,18	3,1
„ 10% Salzsäure	0,14	1,2
„ 31,5% Salzsäure	1,4	3,8

Aus der Tabelle ist zu ersehen, daß die Löslichkeit des Chlorbleis in verdünnter Salzsäure viel geringer ist, als in reinem Wasser oder in konzentrierter Salzsäure, und daß Chlorblei aus heißem Wasser und auch aus heißer Salzsäure kristallisieren muß.

Man koche etwas von dem auf glattem Filter abfiltrierten, ausgewaschenen Niederschlage einige Zeit im Reagensrohre mit Wasser, halte dabei das Reagensrohr mit der Reagensglasklammer oder mit einem vielfach gefalteten schmalen Papier, das man darum legt, filtriere heiß durch ein kleines Faltenfilter und lasse erkalten. Man betrachte die Kristalle von Chlorblei auf einem Uhrgläschen oder Objektträger unter dem Mikroskop. Es erscheinen (Fig. 7) länglichsechsseitige oder rhombische Täfelchen. Recht charakteristisch ist, daß die langen Tafeln oft an jedem Ende ein Loch zeigen. Filtriert man die vollständig erkaltete Probe vom auskristallisierten Chlorblei ab, so kann man in dem Filtrat durch Hinzufügen von wenig konzentrierter Salzsäure zunächst noch Chlorblei zur Ausfällung bringen, das aber bei Zusatz von mehr konzentrierter Salzsäure wieder in Lösung geht.

Fig. 7. Chlorbleikristalle.

Die Unlöslichkeit des Chlorbleis ist aber selbst in 10 % Salzsäure noch nicht groß genug, um die Reaktion empfindlich zu machen. Man benutzt die Reaktion daher auch nicht zum Nachweis kleiner Mengen Salzsäure, sondern verwendet dafür stets die höchst empfindliche Fällung mit Silbersalzen.

Schwefelsäure H_2SO_4; $SO_2<^{OH}_{OH}$.

Die Konstitutionsformel der Schwefelsäure ist mit Sicherheit nur soweit bekannt, als in ihr zwei direkt an Schwefel gebundene Hydroxylgruppen (—OH) vorhanden sind, wie es die an zweiter Stelle gegebene Formel zum Ausdruck bringt; ob in ihr der Schwefel vierwertig und folglich ihre Konstitutionsformel:

$$S\begin{array}{l} / OH \\ <^{O}_{O}> \\ \backslash OH \end{array}$$

, oder sechswertig, wie meist angenommen wird, und ihre Konstitution

$$S\begin{array}{l} / OH \\ <^{O}_{O} \\ \backslash OH \end{array}$$

ist, ließ sich bisher nicht sicher entscheiden.

Die Schwefelsäure ist eine geruchlose, wasserhelle, schwere, ölige Flüssigkeit, welche in reinem Zustande gegen 338° unter geringer Zersetzung siedet, begierig Wasser aus der Luft anzieht und auf viele organische Substanzen zerstörend einwirkt.

Man bringe etwas Fließpapier in ein Reagensrohr und gieße konzentrierte Schwefelsäure darauf. Es findet Verkohlung statt infolge Wasserentziehung und Oxydation, besonders beim Erwärmen.

Wenn die Schwefelsäure oxydierend wirkt, tritt Geruch nach schwefliger Säure auf, indem ein Teil der Schwefelsäure Sauerstoff abgibt nach der Gleichung:

$$H_2SO_4 = O + H_2O + SO_2 .$$

Bringt man konzentrierte Schwefelsäure mit Wasser zusammen, so findet starke Erwärmung statt. Um ein Umherspritzen der ätzenden Säure zu vermeiden, ist es erforderlich, beim Verdünnen der konzentrierten Schwefelsäure stets die Säure unter Umrühren in das Wasser einfließen zu lassen und nicht umgekehrt (vgl. S. 25).

Die Siedepunkte der Schwefelsäuren verschiedener Verdünnungsgrade liegen sämtlich zwischen dem des Wassers 100° und dem der 98,5%igen Schwefelsäure 338° und steigen mit dem Gehalt an Schwefelsäure regelmäßig, also anders als bei der Salzsäure (vgl. S. 27).

Gehalt der Schwefelsäure in Prozenten:

10	20	30	40	50	60	70	80	90	95	98,5
102	105	108	114	124	141,5	170	207	262,5	295	338

Siedepunkte in Graden Celsius.

Beim Sieden verdünnter wässeriger Schwefelsäuren nimmt daher die Konzentration der zurückbleibenden Säure stetig zu und der Siedepunkt steigt: Wasser oder mehr oder weniger verdünnte Säure geht über und konzentriertere bleibt im Rückstand. Wenn dabei nicht zum Sieden erhitzt wird, so geht die Konzentrierung der Schwefelsäure bis zu ungefähr 79% Gehalt ohne merklichen Schwefelsäureverlust vor sich. Bei höherem Gehalt an Schwefelsäure verflüchtigt sich, auch wenn dabei kein Sieden stattfindet, eine verdünnte Schwefelsäure.

Die konzentrierteste Säure, die durch Eindampfen oder Destillieren bei Atmosphärendruck überhaupt gewonnen werden kann, enthält 98,5% H_2SO_4. Die letzten Mengen Wasser können durch Eindampfen oder Destillation nicht daraus entfernt werden. Wohl aber kann man durch Abkühlen der Schwefelsäure von mindestens 97% H_2SO_4-Gehalt unter 0° Schwefelsäure-Monohydrat (technische Bezeichnung für 100% Schwefelsäure) vom Schmelzpunkt + 10,5° zum Ausfrieren bringen. Noch leichter erhält man dieses Monohydrat durch Zumischen einer bestimmten Menge Schwefelsäureanhydrid (in Form von rauchender Schwefelsäure) zur wasserhaltigen Säure, der das Wasser alsdann nach der Gleichung:

$$SO_3 + H_2O = H_2SO_4$$

entzogen wird.

Erhitzt man 100%ige Schwefelsäure, so beginnt sie schon um 40° zu rauchen; es entweicht SO_3 und es bleibt Säure von 98,5% zurück, die bei 338° unter 760 mm Druck konstant siedet.

Aus dem spezifischen Gewicht reiner verdünnter Schwefelsäuren läßt sich auch hier der Gehalt an H_2SO_4 feststellen. (Siehe Tabelle I im Anhang.) Den genauen Gehalt an H_2SO_4 zwischen 99% und 100% findet man zweckmäßig durch Bestimmung der Geschwindigkeit, mit der eine solche Schwefelsäure wasserfreie Oxalsäure im Sinne der Gleichung:

$$\begin{array}{l}COOH\\ |\\ COOH\end{array} = CO_2 + CO + H_2O$$

zersetzt.

Die Geschwindigkeit, mit der diese Reaktion verläuft, wird durch Spuren von Wasser in bestimmter Weise stark verzögert, so daß man aus dem Grade der Verzögerung auf die Menge vorhandenen Wassers schließen kann.[1]

Man bestimme das spezifische Gewicht der vorrätigen reinen

---

[1] Bredig, Zeitschrift für angewandte Chemie, Bd. 19 (1906), S. 367.

konzentrierten und verdünnten Schwefelsäure mittels Aräometer oder Mohrscher Wage und daraus mit Hilfe der Tabelle I (im Anhang) den Gehalt der Säuren an H_2SO_4-Prozenten.

Die rohe konzentrierte Schwefelsäure enthält meist Arsen, Blei und Stickstoff in Form von Nitrosylschwefelsäure, oft auch Eisen. Die nach den neueren Kontaktverfahren hergestellte Säure enthält oft auch Schwefeldioxyd. Sind viel Verunreinigungen in der Schwefelsäure, so ist die Bestimmung ihres Gehaltes durch das spezifische Gewicht ungenau.

Im Handel befindet sich reine konzentrierte Schwefelsäure, die 95—98% enthält, ebenso Schwefelsäuremonohydrat von 99,5—100% H_2SO_4.

Die rohe konzentrierte Säure kommt als Säure von 66° Bé (95—96%) in den Handel. Verdünnte Säuren von 60° Bé (79%) oder 50—55° Bé (63—70%) werden in der Technik vorwiegend gebraucht, aber der größeren Transportkosten wegen auf weite Strecken nicht versandt.

Die Schwefelsäure ist eine zweibasische Säure. Was heißt das? (Vgl. S. 21.)

Sie bildet daher zwei Reihen von Salzen, z. B.: $SO_2{<}^{ONa}_{OH}$ saures schwefelsaures Natrium und $SO_2{<}^{ONa}_{ONa}$ neutrales schwefelsaures Natrium (Glaubersalz).

Salze der Schwefelsäure (Sulfate).

Die Salze der Schwefelsäure sind zu allermeist in Wasser löslich. Schwerlöslich sind nur Calcium-, Strontium- und Bleisulfat; fast ganz unlöslich ist Bariumsulfat.

Man versetze im Reagensrohr je eine geringe Menge eines löslichen Calcium-, Strontium-, Barium- und Bleisalzes mit der Lösung eines Sulfats (z. B. Natriumsulfat) oder auch mit freier verdünnter Schwefelsäure. Es entstehen weiße Niederschläge. Reaktionsgleichungen?

Reaktionen der Schwefelsäure.

Zum analytischen Nachweis der Schwefelsäure benutzt man vor allem die oben ausgeführte Reaktion der Fällung der Schwefelsäure oder ihrer Salze mit löslichen Bariumsalzen, gewöhnlich mit Chlorbarium oder salpetersaurem Barium.

Der gefällte weiße, feinpulverige Niederschlag von $BaSO_4$ ist in Wasser ungefähr im Verhältnis $\frac{1}{400000}$ löslich, ist also so gut wie unlöslich. Er ist in Mineralsäuren (Salzsäure, Salpetersäure, Schwefelsäure) unlöslich. Von der Unlöslichkeit des schwefelsauren Bariums in Säuren (Salzsäure) muß man sich beim Nachweis der Schwefelsäure stets überzeugen, um Verwechselungen mit andren in Wasser unlöslichen aber in Salzsäure löslichen weißen Bariumsalzen (z. B. kohlensaurem Barium, oxalsaurem Barium) zu vermeiden.

Außerdem muß man beachten, daß auch das Chlorbarium von einigermaßen konzentrierter Salzsäure oder Salpetersäure gefällt wird. In sehr stark sauren Lösungen können daher Niederschläge von Chlorbarium oder von dem noch etwas schwerer löslichen Bariumnitrat entstehen. Diese Niederschläge sind aber abweichend vom Bariumsulfat deutlich kristallinisch.

Man versetze etwas Chlorbariumlösung im Reagensrohr mit wenig konzentrierter Salzsäure und ebenso eine zweite Probe mit konzentrierter Salpetersäure. Es entstehen Niederschläge, welche auf Zusatz von viel Wasser leicht wieder gelöst werden. Der mit Salpetersäure erzeugte Niederschlag wird etwas schwerer gelöst.

Schließlich hüte man sich vor Verwechselung schwefelsauren Bariums mit Kieselfluorbarium, da es gleichfalls in Wasser und Säuren sehr schwer löslich ist, aber unterschiedlich von schwefelsaurem Barium körnig kristallinisch ausfällt, und an seiner Kristallform unter dem Mikroskop leicht zu erkennen ist (vgl. S. 305).

Löslichkeitsprodukt.

Bariumsulfat ist, wie wir sahen, nicht absolut unlöslich, und in der allerdings äußerst verdünnten Bariumsulfatlösung muß bei Gegenwart des entstandenen Niederschlages nach dem Massenwirkungsgesetz (S. 23) folgendes Gleichgewicht herrschen:

$$C_{Ba^{\cdot\cdot}} . C_{SO_4''} = K . C_{[BaSO_4]} ,$$

worin K eine konstante Größe bedeutet:

In einer gesättigten Lösung mit ungelöstem $BaSO_4$ steht nicht nur der feste Körper im Lösungsgleichgewicht mit dem nicht dissoziierten Anteil des gelösten gleichen Stoffes, sondern auch der in Lösung befindliche nicht dissoziierte Anteil befindet sich im Bildungsgleichgewicht mit dem dissoziierten Teil oder den Ionen des gleichen Stoffes, da sich die Ionen auch wie selbständige Stoffe verhalten. Da es sich um einen Stoff handelt, der bei einer bestimmten Temperatur eine ganz bestimmte Löslichkeit hat, so ist auch der Ausdruck $K . C_{[BaSO_4]}$ bei bestimmter Temperatur eine konstante Zahl, so daß man, wenn diese mit L bezeichnet wird, schreiben kann:

$$(Ba^{\cdot\cdot}) . (SO_4'') = L,$$

worin der Einfachheit halber statt der Ionenkonzentrationen die Ionen selbst geschrieben sind.

Da diese Betrachtung für alle Niederschlagsbildungen gilt, kann man ganz allgemein sagen, daß bei Gegenwart eines Niederschlages das Produkt der Ionenkonzentrationen in der darüberstehenden Lösung bei bestimmter Temperatur eine konstante Größe ist.

Diese nennen wir das Löslichkeitsprodukt eines Stoffes.

Weiter folgt hieraus, daß die Bildung eines Niederschlages nur möglich ist, wenn die zur Erzeugung des Niederschlages erforderlichen Ionen in solcher Menge zusammentreffen, daß das Löslichkeitsprodukt überschritten wird.

Setzen wir zu verdünnter Schwefelsäure genau die dem (SO_4'') äquivalente Menge Bariumchlorid ($Ba^{\cdot\cdot}$) hinzu, so bildet sich nahezu unlösliches $BaSO_4$; aber es bleibt etwas (SO_4'') gelöst, und zwar so viel, daß die Menge (SO_4'')-Ionen mit den gleichfalls noch vorhandenen $Ba^{\cdot\cdot}$-Ionen gerade das Löslichkeitsprodukt des Bariumsulfats ergibt. — Fügt man nun noch mehr Bariumsalz hinzu, vermehrt man also die Menge der $Ba^{\cdot\cdot}$-Ionen in der Lösung, so muß die Menge der SO_4''-Ionen kleiner werden, damit das Produkt

$$(Ba^{\cdot\cdot}).(SO_4'')$$

konstant bleibt. Es fällt also noch etwas Bariumsulfat aus; die Fällung wird vollständiger. Daraus ergibt sich die Regel: Fällungen mit einem Überschuß des Fällungsmittels vorzunehmen,[1] und der Satz, daß die Löslichkeit eines Elektrolyten durch Zusatz eines anderen Elektrolyten mit gleichem Ion vermindert wird.

Komplexe Ionen.

In den Fällen, in denen das Umgekehrte statt hat, geht stets eine zweite chemische Reaktion vor sich, die mit der Bildung neuer Ionen verknüpft ist.

Man bezeichnet diesen Vorgang als Komplexbildung:

Es gibt Doppelsalze wie

$K_2Mg(SO_4)_2$, $6H_2O$ und die Isomorphen (Schönite),
$KAl(SO_4)_2$, $12H_2O$ und die Isomorphen (Alaune),

die in wässerigen Lösungen die Reaktionen der SO_4''-Anionen und daneben die Reaktionen der $Mg^{\cdot\cdot}$- bzw. $Al^{\cdot\cdot\cdot}$-Kationen zugleich neben denen der $K^{\cdot}$-Kationen zeigen.

Dagegen andere Doppelsalze, wie

Na_2PtCl_6 Natriumplatinchlorid,
$K_2Cu_2Cy_4$ Kaliumkupfercyanür,

in denen die Reaktionen der Natrium- bzw. Kaliumkationen auftreten, das andere Metall (Pt und Cu) dagegen mit Chlor oder Cyan einen festen Komplex bildet, der in wässeriger Lösung ein komplexes metallhaltiges Anion $PtCl_6''$ bzw. Cu_2Cy_4'' liefert, das besondere, von Platin- oder Kupferion abweichende Reaktionen zeigt. Platin- oder Kupferreaktionen geben die beiden Salze nicht, solange das komplexe Anion unzerstört bleibt.

Solche Salze werden wir in großer Zahl kennen lernen; sie spielen in der analytischen Chemie ihrer besonderen Reaktionen wegen eine bedeutsame Rolle. Man nennt sie ihrer komplexen Ionen wegen auch komplexe Salze und unterscheidet sie von den eigentlichen Doppelsalzen. Eine scharfe Grenze zwischen Doppelsalzen und komplexen Salzen gibt es aber nicht. Die in den komplexen Salzen enthaltenen Komplexionen erleiden nämlich selbst wieder geringe Dissoziation, die einen mehr, die anderen weniger und geben daher, dem Grade ihrer Spaltung in die Einzelionen entsprechend, unter gewissen Bedingungen und mit bestimmten Reagenzien wieder die Reaktionen der Einzelionen. Die Eigenschaften jedes einzelnen Komplexions muß man daher durch besonderes Studium kennen lernen. Die Verhältnisse sind oft recht verwickelt und keineswegs in allen Fällen bis in die Einzelheiten bekannt.

[1] Wenn das Fällungsmittel durch sekundäre Reaktionen nicht lösend auf den Niederschlag einwirkt.

Von den hierher gehörenden Komplexionen seien die wichtigsten aufgezählt.

Komplexanionen:

$FeCy_6''''$, $FeCy_6'''$, $CoCy_6''''$, $CoCy_6'''$
$NiCy_4''$, $AgCy_2'$, $CuCy_4''$, $CdCy_4''$, $Hg(Cy)_4''$
AgJ_2', CdJ_4'', $HgCl_4''$, $HgBr_4''$, HgJ_4''
$PtCl_6''$, SiF_6'', AgS_2O_3'

Außerdem gehören zu den Komplexanionen diejenigen von Pb, Bi, Cu, Al, Fe, Sb mit organischen Hydroxylverbindungen, in denen die Hydroxylwasserstoffatome durch das betreffende Metall ersetzt sind, so zwar, daß der organische Rest mit dem Metall zusammen ein Komplexanion bildet.

Komplexkationen:

$Co(NH_3)_n^{\cdot\cdot\cdot}$, $Co(NH_3)_n^{\cdot\cdot}$, $Ni(NH_3)_n^{\cdot\cdot}$
$Cd(NH_3)_n^{\cdot\cdot}$, $Zn(NH_3)_n^{\cdot\cdot}$, $Cu(NH_3)_n^{\cdot\cdot}$
$Ag(NH_3)_n^{\cdot}$

Sie zeigen sehr verschiedene Beständigkeit, d. h. sehr verschiedenes eigenes Dissoziationsvermögen in Einzelionen, was an den betreffenden Orten durch Reaktionen erläutert werden wird. Vgl. z. B. die Reaktionen auf Silberionen bei den Komplexionen $(AgS_2O_3)'$, $(AgCy_2)''$ und $(Ag(NH_3)_n)^{\cdot}$ miteinander.

Verdünnte Schwefelsäure und Metalle.

Die verdünnte Schwefelsäure löst viele Metalle unter Wasserstoffentwicklung, so das Magnesium, Aluminium, Zink, Eisen, Kobalt, Nickel, Cadmium usw.

Man löse Zink und Eisen in Reagensgläsern in verdünnter Schwefelsäure.

Zur Darstellung größerer Mengen Wasserstoff bedient man sich eines „Kippschen" Apparates, den man mit reinem stangenförmigen Zink und verdünnter Salz- oder Schwefelsäure beschickt.

$$Zn + 2HCl = ZnCl_2 + H_2$$

und

$$Zn + H_2SO_4 = ZnSO_4 + H_2$$

oder beide Gleichungen in Ionenform:

$$[Zn] + 2H^{\cdot} = Zn^{\cdot\cdot} + [H_2].$$

Man merke sich, daß 1 l Wasserstoff unter Normaltemperatur (0°) und Normaldruck (760 mm Quecksilbersäule) unter 45° (Normalbreite) 0,089872 g = 1 Krith (vom griechischen κριθή = Gerstenkorn oder kleines Gewicht) wiegt. Für Deutschlands Breite beträgt die Zahl schon etwas über 0,09 g, welche freilich mit der Erhebung über die Meeresfläche infolge Abnahme der Anziehungskraft der Erde wieder kleiner wird.

Für die Rechnung benutzt man zweckmäßig die Zahl 0,09 und für Überschlagsrechnungen auch wohl die Zahl 0,1.

Gasgesetze.

1. Boylesches Gesetz.[1]

Boyles Gesetz besagt, daß mit wachsendem Druck das Volum aller Gase im umgekehrten Verhältnis des Druckes abnimmt. Sind v und p, und v_0 und p_0 zwei zusammengehörige Paare von Volum und Druck, die einer und derselben Gasmasse bei derselben Temperatur zukommen, so gilt:

$$v : v_0 = p_0 : p$$

oder

$$v \cdot p = v_0 \cdot p_0 .$$

Man fülle eine Gasbürette einmal zur Hälfte mit Luft und ein zweites Mal zur Hälfte mit Wasserstoff, lese das jeweilige Volum unter Atmosphärendruck (Quecksilber in beiden Röhren gleich hoch) und den gerade herrschenden Luftdruck am Barometer ab. Nun bilde man durch Heben und Senken des Einstellrohres für beide Gase die Produkte $v \cdot p$, und überzeuge sich, daß diese Produkte für beide Gase einen konstanten Wert haben. Die Volumina v_1, v_2 und v_3 werden an der graduierten Meßröhre direkt abgelesen; die zugehörigen Drucke ermittelt man durch Messung des Höhenunterschiedes der Quecksilberkuppen in Millimetern (h_1, h_2). Steht das zu messende Gasvolum unter größerem als Atmosphärendruck (v_2), so ist diese Differenz in Millimetern zum Atmosphärendruck zu addieren; steht das zu messende Gasvolum unter geringerem als Atmosphärendruck (v_3), so ist diese Differenz in Abzug zu bringen:

$$p_1 \cdot v_1 = (p_1 + h_1) \cdot v_2 = (p_1 - h_2) \cdot v_3 .$$

2. Gesetz von Gay-Lussac.

Gay-Lussacs Gesetz besagt, daß sich alle Gase bei gleichen Temperaturänderungen in gleichem Maße ausdehnen. Der Bruchteil der Volumzunahme ist für jeden Temperaturgrad gleich; er beträgt für einen Grad Celsius 0,003 6618 oder $^1/_{273,09}$ des Raumes bei 0° und wird Ausdehnungskoeffizient genannt.

Bezeichnet v den Raum eines Gases bei der Temperatur t, v_0 den Raum des Gases bei 0°, und α den Ausdehnungskoeffizienten, so gilt:

$$v = v_0 (1 + \alpha t) \text{ und } p = p_0 (1 + \alpha t).$$

Man versehe einen etwa 300 ccm fassenden Kolben in der aus der Fig. 8 ersichtlichen Weise vermittelst eines gut schließenden,

---

[1] Dieses Gesetz ist 1662 von R. Boyle und erst 1679 von Mariotte mitgeteilt worden; es liegt also kein Grund vor, es Boyle-Mariottesches Gesetz zu nennen.

einfach durchbohrten Gummistopfens mit einem dicht unter dem Stopfen endenden engen Glasrohr mit gut schließendem Glashahn. Man drücke den Stopfen gut in den Hals des Kolbens ein, mache da, wo er endet, mit der Feile eine Marke an den Hals des Kolbens und trage Sorge, daß der Gummistopfen immer genau bis zu dieser Marke eingesetzt wird. Nun ermittelt man das Gewicht (a) des vollkommen trocknen Apparates, einschließlich Gummistopfen und Rohr. Darauf faßt man den Kolben mit einer Klammer am Halse, hält ihn aufrecht bei geöffnetem Hahn bis über den Gummistopfen einige Minuten lang in lebhaft siedendes Wasser, dessen Temperatur t_1 zu messen ist, und schließt in dieser Stellung den Hahn, wenn man denkt, daß der Kolben samt Inhalt die Temperatur des siedenden Wassers angenommen hat. Nun taucht man den Kolben, mit dem Hals nach unten, in ein tiefes Gefäß mit Wasser von Zimmertemperatur, öffnet den Hahn unter Wasser, läßt Wasser eindringen und die Temperatur sich ausgleichen, notiert die Temperatur des Wassers (t_2), bringt dann durch Heben oder Senken des Kolbens den Wasserspiegel innen und außen auf die gleiche Höhe und schließt in dieser Stellung den Hahn. Der Kolben wird jetzt gut abgetrocknet, alles Wasser aus dem Rohrstück oberhalb des Hahnes durch Austupfen mit Filtrierpapier sorgfältig entfernt, und das Gewicht des Kolbens einschließlich des eingedrungenen Wassers ermittelt. (Dies Gewicht sei b.)

Fig. 8. Zur Erläuterung des GAY-LUSSAC-Gesetzes.

Schließlich füllt man den Kolben vollständig (bis in die Hahnbohrung) mit Wasser an, trocknet äußerlich (auch das Rohrstück oberhalb des Hahnes) sorgfältig ab und ermittelt nun das Gewicht des mit Wasser ganz angefüllten Kolbens. (Dies Gewicht sei c.)

Es ist $c - a$ das Volum der Luft bei $t_1{}^0$ und $b - a$ das Volum der Luft bei $t_2{}^0$.

Man errechne hieraus in Form eines gemeinen Bruches, um welchen Bruchteil sich 1 ccm der eingeschlossenen Luft beim Erwärmen um 1° ausgedehnt hat. Man vergleiche die erhaltene Zahl mit der oben als richtig angegebenen.

Man wiederhole nun den Versuch mit trocknem Wasserstoff, den man einem Kippschen Wasserstoffentwickler entnimmt, den man mit Wasser wäscht und mit Schwefelsäure trocknet. Dabei bediene man sich des gleichen Kolbens wie oben, der aber zum Füllen mit Wasserstoff durch Luftverdrängung mit zwei Hahnröhren versehen wird, von denen die zweite Röhre bis auf den Boden des Kolbens reicht.

3. Hypothese von Avogadro.

Avogadros Hypothese nimmt an, daß die gleiche Anzahl von Gasmolekeln, gleichen Druck und gleiche Temperatur vorausgesetzt, stets den gleichen Raum einnehmen.

Die erwähnten Gasgesetze 1 und 2 sind nicht absolut genau, sondern sind Grenzgesetze, die uns das wirkliche Verhalten in großen Zügen darstellen, und sich der Wirklichkeit um so mehr nähern, je geringer der Druck und je höher die Temperatur wird.

Durch Kombination des Boyleschen mit dem Gay-Lussacschen Gesetz erhält man:

$$p \cdot v = p_0 \cdot v_0 (1 + \alpha \cdot t)$$

für $\alpha = \frac{1}{273}$:

$$p \cdot v = p_0 \cdot v_0 (1 + \frac{1}{273} \cdot t)$$

oder:

$$p \cdot v = \frac{p_0 \cdot v_0}{273} \cdot (273 + t).$$

Wählt man als Einheit der Masse das Grammolekül, und bezeichnet die auf diese Einheit bezogenen Drucke und Volumina mit P und V, sowie P_0 und V_0, so ist in der Gleichung:

$$P \cdot V = \frac{P_0 \cdot V_0}{273} \cdot (273 + t)$$

nach der Avogadroschen Hypothese der Ausdruck: $\frac{P_0 \cdot V_0}{273}$ für alle Gase innerhalb der Gültigkeit der Gasgesetze eine konstante Zahl, die man mit R bezeichnet, und die Gaskonstante nennt. Mißt man nun noch die Temperaturen vom absoluten Nullpunkt (-273^0) an, und setzt für $t + 273 = T$, so erhält die Gasgleichung die einfache Form:

$$P \cdot V = R \cdot T.$$

Ein Grammolekulargewicht eines jeden Gases nimmt bei 0^0 und 760 mm Druck den Raum von 22412 ccm ein (Molvolum).[1]

Man stelle hierzu folgende Versuche mit dem Apparat Fig. 9 an. A ist eine 200 ccm fassende gewöhnliche Pulverflasche, in die ein etwa 20 ccm fassendes zylindrisches Präparatenglas B eingestellt ist. Durch den sehr gut schließenden Gummistopfen D geht das Hahnrohr C, das kurz oberhalb des Hahnes mit der viermal gebogenen dickwandigen Kapillare F durch einen Gummischlauch ver-

[1] Da die Gasgesetze nur Grenzgesetze sind, ist diese Zahl nicht absolut genau, sondern die einzelnen Gase zeigen geringe Abweichungen. Die Zahl 22412 bezieht sich auf ein hypothetisches Normalgas.

Das Molvolum des Sauerstoffs ist 22393 ccm, des Wasserstoffs 22432, des Stickstoffs 22396.

bunden ist. Über den Schenkel *U* des Kapillarrohres ist ein 250 ccm fassendes graduiertes Gasmeßrohr *E* gestülpt. Meßrohr samt Schenkel *U* und *V* der Kapillare befinden sich in einem großen Zylinder, der mit Wasser gefüllt ist, dessen Temperatur an dem Thermometer *T* abgelesen wird.

Das Gefäß *A* und die nicht kapillaren Teile des Rohres befinden sich ebenfalls in einem größeren Gefäß mit Wasser derselben Temperatur wie das Wasser im großen Zylinder (Zimmertemperatur).

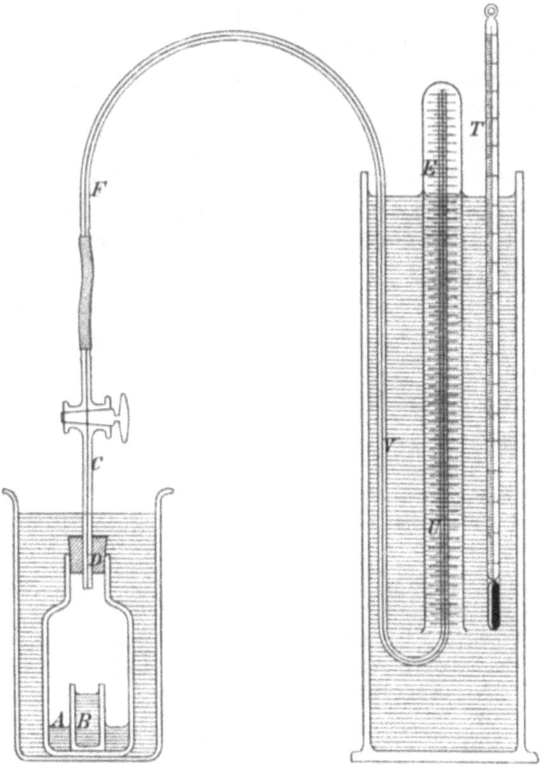

Fig. 9. Gasvolumeter.

In das Glas *A* bringt man $^1/_{100}$ Grammatom Zink, und in einem zweiten Versuche $^1/_{100}$ Grammolekül fein gepulverten Kalkspat. In das Röhrchen *B* bringt man bei beiden Versuchen unter Vermeidung des Danebenschüttens etwa 15—20 ccm verdünnte Salzsäure.[1] Nun verschließt man das Gefäß *A* gut mit dem Gummistopfen, setzt es bis fast an die Hahnbohrung in Wasser von Zimmertemperatur, entfernt den Hahneinsatz, so daß die Luft im Apparat mit der äußeren Luft kommunizieren kann, und überläßt das Ganze zum Temperaturausgleich etwa eine Viertelstunde sich selbst. Nach Ablauf dieser Zeit setzt man den Hahneinsatz ein, und liest bei geöffnetem Hahn die Temperatur des Wassers im

[1] Man ermittle durch eine kleine Überschlagsrechnung, ob die angewandte Menge Salzsäure auch genügt, um das Zink bzw. das Calciumcarbonat vollständig zu zersetzen.

großen Zylinder, den gerade herrschenden Luftdruck und das Luftvolum unter Atmosphärendruck in der Gasmeßröhre ab.

Sodann läßt man durch Neigen des Glases *A* die verdünnte Salzsäure zum Zink bzw. Kalkspat fließen, wodurch sich im ersten Falle Wasserstoff und im zweiten Falle Kohlendioxyd entwickelt, welche Gase das Volum in der Gasmeßröhre entsprechend vergrößern. Nach Beendigung der Gasentwicklung wartet man etwa eine Viertelstunde, liest wieder die Temperatur des Wassers im Zylinder, den Barometerstand und den Stand des Gases unter atmosphärischem Druck (Sperrwasser innen und außen gleich hoch! Erwärmung durch Anfassen mit den Händen vermeiden!) in der Gasmeßröhre ab.

Die End- und Anfangsvolumina werden auf gleichen Druck und Temperatur umgerechnet (mit Hilfe des Boyleschen und des Gay-Lussacschen Gesetzes) und voneinander subtrahiert. Die Differenz ist das Volum des entstandenen Wasserstoffes, bzw. der entstandenen Kohlensäure.

Wieviel Grammoleküle Wasserstoff und Kohlensäure entwickelten sich, und wie groß ergibt sich aus der gemessenen Zahl das Volum von einem Grammolekül Wasserstoff, bzw. Kohlensäure? Vergleiche die erhaltenen Zahlen mit der oben als richtig angegebenen.

Der Quecksilberdruck von 760 mm entspricht einem Druck von 1033,6 g pro Quadratzentimeter; und 0° C entspricht 273,09 absoluten Temperaturgraden. Setzt man diese Werte in die Gleichung (S. 38) ein, so erhält man für die Gaskonstante:

$$R = \frac{P \cdot V}{T} = \frac{1033,6 \cdot 22412}{273,09} = 84824\,[1]$$

in Zentimeter-Gramm-Einheiten. — Wird das Volum in Litern, der Druck in Atmosphären gemessen, so ist $R = 22,412 \cdot 1/273,09 = 0,08207$.

Man merke sich, daß alle Gase bei einer Atmosphäre Druck und bei 0° eine $\frac{1}{22,4}$-molare, bei Zimmertemperatur eine etwa $\frac{1}{24}$-molare Konzentration haben.

Man kann mit diesen Zahlen ein bestimmtes Volum jedes Gases in dessen Gewicht umrechnen und umgekehrt für ein bestimmtes Gewicht eines Gases ausrechnen, welches Volum es einnimmt, wenn man sein Molekulargewicht kennt. (Vgl. „Krith“, S. 35.)

Als Basis der Molekulargewichte dient ein imaginäres Gas, dessen Dichte man sich, unter Vernachlässigung der geringen Abweichung des Sauerstoffs vom Boyleschen Gesetz, 32mal so klein als die des Sauerstoffs vorstellt. Dadurch wird das Molekulargewicht des Sauerstoffs selbst = 32, und der Sauerstoff dient als praktische Grundlage für die Bestimmung der Molekulargewichte.

[1] Über den wahrscheinlichsten Wert von *R* siehe Daniel Berthelot, Zeitschrift für Elektrochemie. Bd. 10 (1904), S. 621—629.

32 g Sauerstoff nehmen also unter Normalbedingungen (0° und 760 mm Druck) den Raum von 22412 ccm ein.

Bei den obigen Gasmessungen wurde nicht berücksichtigt, daß man die Gase über Wasser aufgefangen hatte, also über einer Flüssigkeit, die merkliche Mengen Dampf an den Gasraum abgibt, wodurch man ein zu großes Volum erhält. Die erwähnten Messungen waren Differenzmessungen, man hat denselben Fehler zweimal im umgekehrten Sinne gemacht, ihn teilweise (abgesehen von der Verschiedenheit der Volumina) aufgehoben. Bei genauen Messungen muß man eine Korrektur anbringen, wozu man sich des Daltonschen Gesetzes bedient, welches aussagt, daß der Druck eines Gasgemisches so groß ist, wie die Summe der Drucke, welche die einzelnen Gase ausüben würden, wenn sie das Gefäß allein ausfüllten. Es ist also bei derartigen Korrektionen die Tension des Wasserdampfes bei einer bestimmten Temperatur von dem bei derselben Temperatur gemessenen Gasdruck in Abzug zu bringen. Über die Tension des Wasserdampfes bei verschiedenen Temperaturen gibt die Tabelle IV (im Anhang) Auskunft.

Konzentrierte Schwefelsäure und Metalle.

Die oben S. 35 erwähnten Metalle, die von verdünnter Schwefelsäure leicht unter Wasserstoffentwicklung angegriffen werden, wirken auf konzentrierte oder nur mäßig verdünnte Schwefelsäure mehr oder weniger stark reduzierend, indem dabei folgende Reaktionen vor sich gehen:

$$H_2SO_4 + 2H = 2H_2O + SO_2$$
$$SO_2 + 4H = 2H_2O + S$$
$$S + 2H = SH_2.$$

Ein Stückchen granuliertes Zink oder Stangenzink übergieße man mit wenig konzentrierter Schwefelsäure und erwärme vorsichtig unter dem Abzuge. Es werden schweflige Säure, erkenntlich am Geruch, Schwefel, erkenntlich am gelben Niederschlag, und später Schwefelwasserstoff, erkenntlich am Geruch und durch Bleipapier, gebildet.

Metalle wie Kupfer, Silber, Quecksilber, Wismut, Antimon, Zinn, welche von verdünnter Schwefelsäure überhaupt nicht gelöst werden, werden von konzentrierter Schwefelsäure angegriffen. Dabei findet wie beim Zink und konzentrierter Schwefelsäure keine Wasserstoffentwicklung statt, sondern der Wasserstoff wirkt auch hier weiter reduzierend auf die Schwefelsäure, aber die Reduktionswirkung geht bei diesen Metallen nur selten und dann in untergeordnetem Maße über die schweflige Säure hinaus, so daß in der Regel nur schweflige Säure aber kein Schwefel und Schwefelwasserstoff auftreten (vgl. später beim Kupfervitriol).

Man bringe einige Kupferspäne in ein Reagensglas und übergieße sie mit wenig konzentrierter Schwefelsäure. Bei niedrer Temperatur findet keine Einwirkung statt; erst bei stärkerem Erwärmen entwickelt sich schweflige Säure, kenntlich am Geruch, und Kupfer geht als $CuSO_4$ in Lösung.

Reaktionsgleichung? Auf diese Weise kann man im Laboratorium schweflige Säure bereiten (siehe später).

Einige Metalle schließlich, wie Platin und Gold, werden von konzentrierter Schwefelsäure nicht angegriffen. Auch das Blei wird von verdünnter bis zu etwa 79% H_2SO_4 haltender Säure kaum gelöst; konzentrierte Schwefelsäure greift es stärker an.

Bereitung von Eisenvitriol, $FeSO_4$, $7 H_2O$.

In einen Erlenmeyerkolben bringe man ein nach S. 25 bereitetes Gemisch von 80—100 ccm destilliertem Wasser und 15 g roher konzentrierter Schwefelsäure und trage unter dem Abzuge 10 g Eisen (Späne oder Nägel) allmählich ein. Was für ein Gas entweicht? Reaktionsgleichung? Ist Eisen oder Schwefelsäure im Überschuß?

Wenn die Gasentwicklung nachläßt, erwärmt man auf dem Drahtnetz mit freier Flamme. Sollte sich dabei alles Eisen auflösen, so muß noch etwas Eisen hinzugegeben werden, bis selbst beim Sieden keine weitere Auflösung erfolgt.

Man berechne, wieviel $FeSO_4$, $7 H_2O$ aus 15 g der verwandten rohen konzentrierten Schwefelsäure, deren Gehalt man aräometrisch bestimme, entstehen muß, und wieviel Wasser diese Menge Eisenvitriol zum Lösen bedarf, um eine heiß gesättigte Lösung zu bilden, wenn 1 Teil kristallisierter Eisenvitriol in der Siedhitze in 0,36 Teilen Wasser löslich ist.

Man dampfe nach dieser Rechnung auf das richtige Gewicht ein, filtriere alsdann die heiße Flüssigkeit durch ein Faltenfilter, versetze mit einigen Tropfen verdünnter Schwefelsäure und lasse durch Erkalten auskristallisieren.

Wieviel Eisenvitriol kristallisiert bei 20° aus, wenn 1 Teil wasserhaltiger Eisenvitriol sich bei 20° in 1,21 Teilen Wasser auflöst?

Die Kristalle werden auf einer Nutsche abgesaugt, mit wenig Wasser gewaschen, auf Fließpapier an einem mäßig warmen Orte getrocknet und in einem Präparatenglase für spätere Versuche aufgehoben.

Trotz der Anwendung roher Schwefelsäure, die in der Regel schwefelsaures Blei und arsenige Säure enthält, erhält man einen ziemlich reinen Eisenvitriol, wenn man einige Zeit mit überschüssigem Eisen kocht; denn Blei wird durch das Eisen aus seiner Lösung ausgefällt, Arsen entweicht als Arsenwasserstoff. Des giftigen Arsenwasserstoffs wegen muß die Auflösung unter dem Abzuge vorgenommen werden.

Bestimmung des Eisengehaltes im Eisenvitriol ($FeSO_4$, $7 H_2O$).

Man wäge etwa 2 g des soeben bereiteten trocknen Eisenvitriols auf einem tarierten Uhrgläschen mittels einer Handwage möglichst genau ab, und spüle diese Salzmenge mit der Spritzflasche unter Vermeidung von Verlusten in eine saubere tiefe Porzellanschale oder in ein Becherglas. Nachdem völlige Lösung eingetreten ist, oxydiere man das Ferrosulfat in schwefelsaurer Lösung durch gelindes Erwärmen unter Zusatz von Salpetersäure zu Ferrisulfat im Sinne der Gleichung:

$$2\,FeO + O = Fe_2O_3 \text{ (Gesamtgleichung entwickeln).}$$

Man gibt zunächst die aus der Gesamtgleichung zu errechnende Menge verdünnte Schwefelsäure und dann die ebenfalls aus der Gleichung sich ergebende Menge konzentrierte Salpetersäure hinzu.

Nach erfolgter Oxydation fällt man aus der gelbbraunen Ferrisulfatlösung alles Eisen als rotbraunes Ferrihydroxyd durch einen Überschuß von Ammoniak (erkenntlich am Geruch) aus:

$$Fe_2(SO_4)_3 + 6\,NH_4OH = 3(NH_4)_2SO_4 + 2\,Fe(OH)_3$$

und filtriert den Niederschlag auf einem quantitativen Filter unter Vermeidung von Verlusten ab, wäscht ihn mit heißem Wasser bis zum Verschwinden der ammoniakalischen Reaktion im Waschwasser aus und bringt sodann den Niederschlag samt Filter in einen vollkommen trocknen vorher auf der Handwage möglichst genau gewogenen Porzellantiegel. Nun trocknet man Niederschlag und Filter durch ganz vorsichtiges, allmähliches Erwärmen mit einem kleinen untergestellten Flämmchen. Nach dem Trocknen verascht man das Filter, glüht später stärker, und zuletzt heftig mit voller Bunsenflamme bei aufgesetztem Schornstein. Dadurch geht das Ferrihydroxyd in Ferrioxyd über:

$$2\,Fe(OH)_3 = Fe_2O_3 + 3\,H_2O.$$

Das Filtrierpapier verbrennt zu einer fast unwägbaren Menge Asche, deren Gewicht man im vorliegenden Falle vernachlässigen kann. Wenn alle aus dem Papier entstandenen kohligen Substanzen vollständig verbrannt sind, läßt man vollkommen abkühlen und wägt abermals auf der Handwage möglichst genau. Die Gewichtszunahme ist die Menge des vorhandenen Eisenoxyds (Fe_2O_3). Man rechne vermittelst der Proportion $Fe_2O_3 : Fe_2$ aus, wieviel metallisches Eisen in der gefundenen Menge Eisenoxyd enthalten ist.

Diese Menge Eisen muß natürlich im ursprünglichen Eisenvitriol enthalten gewesen sein, und aus der einfachen Proportion:

$$\frac{\text{angewandte Menge Eisenvitriol}}{\text{gefundene Menge Eisen}} = \frac{100}{x},$$

ergibt x den Prozentgehalt des untersuchten Eisenvitriols an Eisen.

Man rechne sich nun nach der Proportion:

$$\frac{\text{Molekulargewicht von } FeSO_4 + 7\,H_2O}{\text{Atomgewicht von Fe}} = \frac{100}{y}$$

den von der Theorie geforderten Prozentgehalt y des reinen Eisenvitriols an Eisen aus, und vergleiche die praktisch gefundene Zahl (x) mit der errechneten Zahl (y).

Filtrieren und Auswaschen von Niederschlägen.

An dieser Stelle seien einige allgemeinere Bemerkungen über die in der Analyse so wichtigen Operationen des Filtrierens und Auswaschens eingeschaltet.

Niederschläge, die ausgewaschen werden sollen, um sie von Mutterlauge zu befreien, filtriert man stets auf einem glatten Filter ab, das in den Trichter gut eingepaßt werden muß. Die Größe des Filters bemißt man nach der Menge des Niederschlages und nicht nach der Menge der abzufiltrierenden Flüssigkeit. Weicht der Winkel des Trichters von 60° ab, so kniffe man das Filter anstatt im rechten in einem stumpfen oder spitzen Winkel. Das Filter setze man stets trocken in den Trichter ein, so daß es überall glatt anliegt, feuchte, während man es mit dem Zeigefinger in den Trichter eindrückt, mit der Spritzflasche mit Wasser an, und drücke nun das Filter rund herum an die Trichterwand an. Nur wenn das Filter überall gleichmäßig anliegt, werden die Niederschläge auch an allen Stellen gleichmäßig ausgewaschen. Das Filter rage niemals über den Trichterrand heraus und werde beim Auswaschen immer erst dann mit Waschflüssigkeit angefüllt, wenn der letzte Aufguß vollständig durchfiltriert ist. Auch ist es zweckmäßiger, mehrere Male mit kleinen Mengen Flüssigkeit, als wenige Male mit entsprechend größeren Mengen auszuwaschen. Man sorge ferner dafür, daß beim Filtrieren die Trichterröhre sich möglichst mit Flüssigkeit anfüllt, wodurch schwache Saugwirkung stattfindet, was nur dann erreicht wird, wenn das Filter in den Trichter gut eingesetzt wurde. Stärkere Saugwirkung unter Mitbenutzung des Luftdruckes ist nur in vereinzelten Fällen mit Vorteil verknüpft; nachteilig ist dieses Verfahren bei allen gallertartigen und amorphen Niederschlägen, weil unter dem hohen Druck nur um so leichter ein vollständiges Verstopfen der Filterporen stattfindet, und geradezu fehlerhaft ist es, durch Luftsauerstoff oxydierbare Niederschläge, wie die meisten Schwefelmetalle, unter Luftdruck zu filtrieren. Will man Niederschläge, die in viel Flüssigkeit aufgeschlämmt sind, auf einem Filter sammeln, so lasse man den Niederschlag vor dem Filtrieren möglichst absitzen und gieße, um rascher filtrieren zu können, die klare Flüssigkeit durch das Filter, übergieße den Niederschlag von neuem mit Waschflüssigkeit, lasse absitzen, filtriere, und erst nach öfterem Wiederholen dieses Dekantierverfahrens spüle man schließlich den Niederschlag mit Hilfe einer Spritzflasche aufs Filter. Dafür, wie oft man einen Niederschlag auszuwaschen hat, lassen sich keine bestimmten Regeln angeben, da die einzelnen Niederschläge sehr verschieden behandelt werden müssen. Gallertartige, flockige Niederschläge sind sehr viel schwerer auszuwaschen als kristallinische Niederschläge. Da im allgemeinen die Niederschläge bei höheren Temperaturen und längerem Verweilen in der Flüssigkeit ein gröberes Korn annehmen, so fällt man sie möglichst in warmen Lösungen, und da warme Flüssigkeiten rascher filtrieren als kalte, so filtriert man gern heiß ab. Es gibt indessen viele Fälle, in denen man wegen der größeren Löslichkeit der Niederschläge in der Wärme, erst nach dem völligen Erkalten und womöglich erst nach längerem Stehenlassen über dem Niederschlage, um die Übersättigung aufzuheben, abfiltrieren kann. Stoffe, welche Neigung haben, in den kolloidalen Zustand, den einer unbestimmten Löslichkeit überzugehen, sucht man durch Zusatz geeigneter Salze auch während des Auswaschens an dem Übergang in die lösliche Form zu hindern (siehe später).

Über den Verlauf des Auswaschens unterrichtet man sich am besten durch passende Reaktionen. Hat man z. B. eine saure Flüssigkeit von einem Niederschlage abfiltriert, so wäscht man so lange aus, bis das Waschwasser keine saure Reaktion mehr zeigt. Filtriert man einen Niederschlag von anderen gelösten festen Stoffen ab, so kann man ganz allgemein prüfen, ob durch das Waschwasser der gelöste Stoff vollständig weggeführt wurde, dadurch, daß man einen Tropfen des Waschwassers auf einem Platinblech unter gelindem Erwärmen, so daß kein Sieden und Verspritzen stattfindet, verdunsten läßt und beobachtet, ob ein Rückstand hinterbleibt.

Hat man den Niederschlag nicht auszuwaschen, oder will man nur das Filtrat verwenden, so filtriert man rascher durch ein Faltenfilter ab.

Da nach dem auf S. 34 Gesagten die Löslichkeit von Elektrolyten durch Zusatz eines anderen Elektrolyten mit gleichem Ion vermindert wird, ist es bei Niederschlägen, die in reinem Wasser merklich löslich sind, oft zweckmäßig, sie mit einer Lösung auszuwaschen, welche ein Ion des Niederschlages enthält. So wäscht man Bleisulfat besser mit verdünnter Schwefelsäure, als mit reinem Wasser aus. Diese Waschflüssigkeiten sind oft am einfachsten verdünnte Lösungen der Fällungsmittel.

Schwefeltrioxyd (Schwefelsäureanhydrid) und Pyroschwefelsäure (rauchende Schwefelsäure).

Sauerstoffsäuren können anhydrische Verbindungen liefern. Der Wasserverlust kann bei mehrbasischen Säuren in zweierlei Weise eintreten.

1. Tritt innerhalb eines und desselben Moleküls (intramolekular) Wasser aus, so bildet sich z. B. aus Schwefelsäure nach der Gleichung

$$SO_2\begin{matrix}\diagup OH\\ \diagdown OH\end{matrix} = H_2O + SO_3$$

Schwefelsäureanhydrid. Es entsteht in geringer Menge, wenn man Schwefelsäuremonohydrid (100% Schwefelsäure) erhitzt. Dargestellt wird es durch Vereinigung von Schwefligsäureanhydrid und Sauerstoff beim Überleiten über verschiedene Sauerstoffüberträger (Platinmohr, Eisenoxyd) bei bestimmten Temperaturen.

Es raucht an der Luft stark, schmilzt bei 16° und siedet bei 46°, polymerisiert sich aber außerordentlich leicht zu einer Masse, die bis 50° fest bleibt, aber durch Destillieren wieder in gewöhnliches Trioxyd zurückverwandelt werden kann.

Phosphorpentoxyd, P_2O_5, eine heftig wasserentziehende Substanz reagiert mit Schwefelsäure im Sinne der Gleichung:

$$H_2SO_4 + P_2O_5 = 2\,HPO_3 + SO_3$$

und mit Wasser im Sinne der Gleichung:

$$H_2O + P_2O_5 = 2\,HPO_3.$$

Man ermittle zunächst durch aräometrische spezifische Gewichtsbestimmung den Gehalt der vorrätigen konzentrierten Schwefelsäure, und rechne sodann aus, wieviel Phosphorpentoxyd notwendig ist, um 10 g der vorrätigen konzentrierten Schwefelsäure im Sinne der obigen Gleichungen vollständig zu entwässern.

In einem vollkommen trocknen Erlenmeyerkölbchen wäge man die ausgerechnete Menge P_2O_5 ab, füge vorsichtig 10 g der konzen-

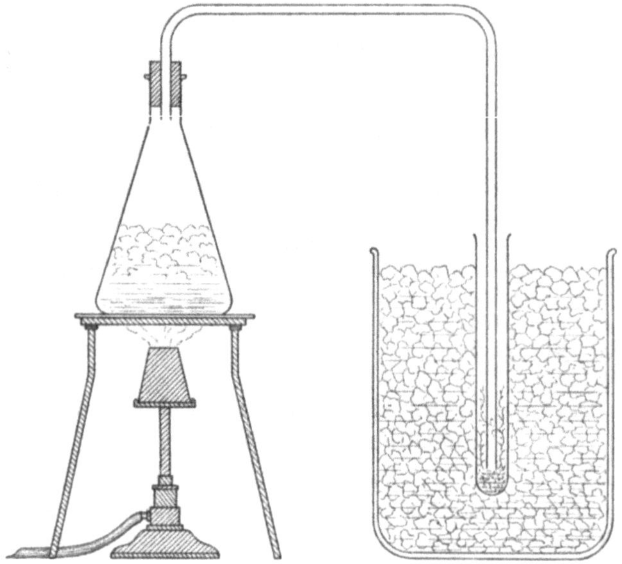

Fig. 10. Darstellung von Schwefeltrioxyd.

trierten Schwefelsäure hinzu und verschließe das Kölbchen sofort mit einem Korken, in dem sich unter Vermeidung jeglicher Schlauchverbindungen ein zweimal rechtwinklig gebogenes, nicht zu enges Glasrohr befindet, dessen anderes Ende bis zur Hälfte in ein ebenfalls vollkommen trocknes Reagensglas reicht, das durch Kältemischung von außen gut gekühlt wird (Fig. 10).

Bei gelinder Erwärmung der Mischung entweicht SO_3, das sich in dem kalt gehaltenen Reagensglase zunächst zu einer asbestartigen Masse (α-SO_3) verdichtet.

Hat sich einiges SO_3 angesammelt, so nimmt man das Glas aus der Kältemischung heraus, wischt es trocken und schmilzt es vor dem Gebläse rasch zu. Nach einigen Tagen beginnt die Umwandlung des α-SO_3 in die β-Modifikation, die bald in seidenglänzenden langen Nadeln das ganze Rohr erfüllt und im eingeschmolzenen Zustande unbegrenzt lange haltbar ist.

2. Tritt Wasser zwischen zwei verschiedenen Molekülen Säure (intermolekular) aus, so entsteht z. B. aus der Schwefelsäure

$$2\,SO_2\begin{matrix}\diagup OH\\ \diagdown OH\end{matrix} = H_2O + \begin{matrix}SO_2\diagup OH\\ >O\\ SO_2\diagdown OH\end{matrix} \quad \text{oder } S_2O_7H_2$$

Pyroschwefelsäure oder rauchende Schwefelsäure. Man kann sie auffassen als eine gleichmolekulare Vereinigung von Schwefelsäure mit Schwefelsäureanhydrid, in welche sie beim Erhitzen zerfällt. Reaktionsgleichung? Den Namen Pyroschwefelsäure hat sie vom griechischen $\pi\tilde{\upsilon}\varrho$ = Feuer, weil ihre Salze beim Erhitzen saurer schwefelsaurer Alkalien zur Rotglut entstehen.

$$2\,NaHSO_4 = H_2O + Na_2S_2O_7.$$

Man glühe etwas saures schwefelsaures Natrium im Reagensrohr. Es entweicht Wasser unter Bildung von $Na_2S_2O_7$, welches bei noch höheren Temperaturen zerfällt unter SO_3-Entwicklung.

$$Na_2S_2O_7 = Na_2SO_4 + SO_3.$$

Technisch wichtig ist besonders eine rauchende Schwefelsäure, die weit mehr Schwefeltrioxyd als die Pyroschwefelsäure enthält, nämlich von etwa 80 % SO_3-Gehalt. Sie zeichnet sich durch niedrigen Schmelzpunkt aus. Schwefeltrioxyd kann aus ihr leicht abdestilliert werden.

Überschwefelsäure ($H_2S_2O_8$) und Persulfate.

Stark verdünnte Schwefelsäure ist in die Ionen $2\,H^{\cdot}$ und (SO_4'') zerfallen. Unterwirft man eine solche Lösung der Elektrolyse (z. B. im Bunsenschen Coulombmesser oder dem Zersetzungsapparat von Fig. 12), so werden an der Kathode die Wasserstoffionen unter Freiwerden von elementarem Wasserstoff und an der Anode das Anion (SO_4'') entladen, wobei sich infolge weiterer Einwirkung des freigewordenen SO_4 auf Wasser im Sinne der Gleichung:

$$SO_4 + H_2O = H_2SO_4 + {}^1/_2\,O_2$$

Schwefelsäure zurückbildet und freier Sauerstoff entsteht, und zwar dem Volum nach gerade halb so viel, als an der Kathode Wasserstoff frei wird.

In konzentrierten wässerigen Lösungen von Schwefelsäure und von Alkalisulfaten findet vorwiegend partielle Dissoziation:

$$HHSO_4 \rightleftarrows H^{\cdot} + (HSO_4')$$

bzw.

$$KKSO_4 \rightleftarrows K^{\cdot} + (KSO_4')$$

statt, gegenüber der vollständigen Dissoziation in Wasserstoff- (bzw. Kalium-) Kationen und (SO_4'')-Anionen. Unterwirft man daher derartige konzentrierte

Lösungen von Schwefelsäure oder Sulfaten der Elektrolyse, so entsteht an der Kathode nach Entladung der Wasserstoff-(bzw. Kalium-)Kationen auch in diesem Falle Wasserstoff, aber die an der Anode entladenen (HSO_4')-(bzw. KSO_4')-Anionen vereinigen sich nach der Entladung, namentlich bei hoher Anodenstromdichte und tiefer Temperatur zu freier Überschwefelsäure, bzw. Kaliumpersulfat im Sinne der Gleichungen:

$$(SO_4H) + (SO_4H) = \begin{array}{c} SO_4H \\ | \\ SO_4H \end{array} \text{(Überschwefelsäure)}$$

bzw.

$$(SO_4K) + (SO_4K) = \begin{array}{c} SO_4K \\ | \\ SO_4K \end{array} \text{(Kaliumpersulfat).}$$

Man stelle auf folgende Weise Überschwefelsäure und Kaliumpersulfat her.[1]

Ein weites Probierglas *P* (ca. 14 cm lang und 6 cm weit) enthält den Elektrolyten (Fig. 11). Die Anode *A* besteht aus einem Platindraht, welcher bis auf das $1^1/_2$ bis 2 cm herausragende Ende von einem ausgezogenen Glasrohr umschlossen ist und sich unten befindet, während die Kathode *K* aus einer nahe der Flüssigkeitsoberfläche befindlichen Platindrahtschlinge besteht. Damit die an der Anode sich entwickelnden Gasblasen die Flüssigkeit aus der Umgebung der Anode nicht zur Kathode fortführen können, werden sie von dem trichterförmig erweiterten Glasrohre *R* (etwa 11 cm lang, 2,7 cm weit) aufgefangen und nach oben geleitet. Zur Kühlung wird der ganze Apparat in ein Becherglas mit Eiswasser getaucht. Als geeignete Stromdichte an der Anode eignen sich 1 Ampère auf 1 qcm.

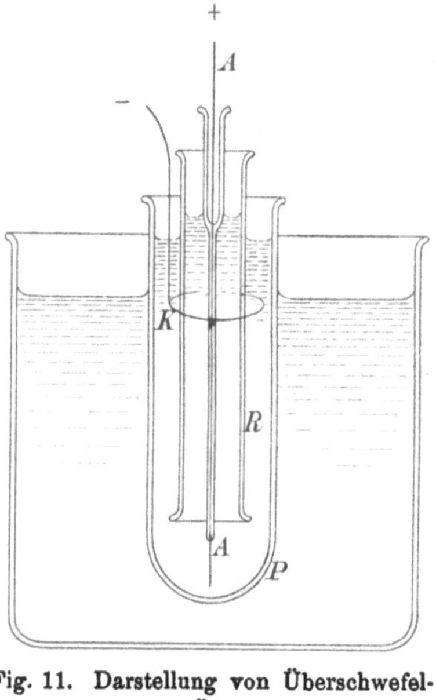

Fig. 11. Darstellung von Überschwefelsäure.

Man messe die Dicke des Anodenplatindrahtes und die herausragende Länge, und berechne daraus die Oberfläche des herausragenden Zylinders.

a) **Freie Überschwefelsäure** ist nur in wässeriger Lösung bekannt und sehr unbeständig. Man beschicke den Apparat mit verdünnter Schwefelsäure vom spezifischen Gewicht 1,4 und elektrolysiere

[1] Elbs, Zeitschrift für Elektrochemie, Bd. II, S. 162 (1895/96).

5—10 Minuten. Die Anodenflüssigkeit enthält dann neben Schwefelsäure freie Überschwefelsäure.

Man füge eine Probe der Anodenflüssigkeit zu angesäuerter Jodkaliumlösung; es findet Ausscheidung von Jod statt:

$$H_2S_2O_8 + 2HJ = 2H_2SO_4 + J_2.$$

Eine andere Probe der elektrolysierten Flüssigkeit mache man ammoniakalisch und füge Bleinitratlösung hinzu; es entsteht zunächst ein weißer Niederschlag, der sich namentlich beim Erwärmen unter Bildung von Bleisuperoxyd bräunt. Ferrosalze werden von Überschwefelsäure zu Ferrisalzen, und Zinnchlorür zu Zinnchlorid oxydiert. Man führe die Oxydationen mit angesäuerten Lösungen von Eisenvitriol und Zinnchlorür aus, und überzeuge sich von den eingetretenen Oxydationen beim Eisen durch Blutlaugensalz und beim Zinn durch Schwefelwasserstoff (Reaktionsgleichungen).

Neben der Bildung der Überschwefelsäure findet an der Anode auch im geringen Maße Bildung von Ozon statt, durch Einwirkung der entladenen Anionen (HSO_4) auf das Wasser:

$$6(HSO_4) + 3H_2O = 6H_2SO_4 + O_3.$$

Auch etwas Wasserstoffsuperoxyd entsteht an der Anode, weil freie Überschwefelsäure in wässeriger Lösung leicht zerfällt im Sinne der Gleichung:

$$H_2S_2O_8 + 2H_2O = 2H_2SO_4 + H_2O_2.$$

b) **Kaliumpersulfat, $K_2S_2O_8$.** Man beschicke den Apparat mit einer kalt gesättigten Lösung von Kaliumsulfat und elektrolysiere etwa 10 Minuten; es bildet sich ein dichtes Haufwerk von Kristallen des schwer löslichen Kaliumpersulfats. Man sauge die Kristalle ab, wasche sie mit eiskaltem Wasser aus, und trockne sie auf Ton oder zwischen Filtrierpapier.

Kaliumpersulfat ist schwer löslich in Wasser (100 Teile Wasser von 0° lösen 1,77 Teile $K_2S_2O_8$); das Ammoniumsalz ist viel leichter löslich (100 Teile Wasser von 0° lösen 58,2 Teile $(NH_4)_2S_2O_8$).

Bariumpersulfat, $BaS_2O_8 + 3H_2O$ ist leicht löslich in Wasser, deshalb geben Persulfate mit Chlorbarium keinen Niederschlag (Unterschied von Sulfaten).

Man löse etwas Kaliumpersulfat in Wasser auf und füge einige Tropfen Chlorbariumlösung hinzu; es entsteht kein Niederschlag. Man mache die Lösung salzsauer und koche; es entsteht ein Niederschlag von Bariumsulfat:

$$BaS_2O_8 + H_2O = BaSO_4 + H_2SO_4 + O.$$

Man überzeuge sich, daß angesäuerte Lösungen von Kaliumpersulfat dieselben Reaktionen geben, wie oben die freie Überschwefelsäure. In warmer alkalischer Lösung zeigen Persulfate die Reaktionen des Wasserstoffsuperoxyds, weil Zersetzung eintritt im Sinne der Gleichung:

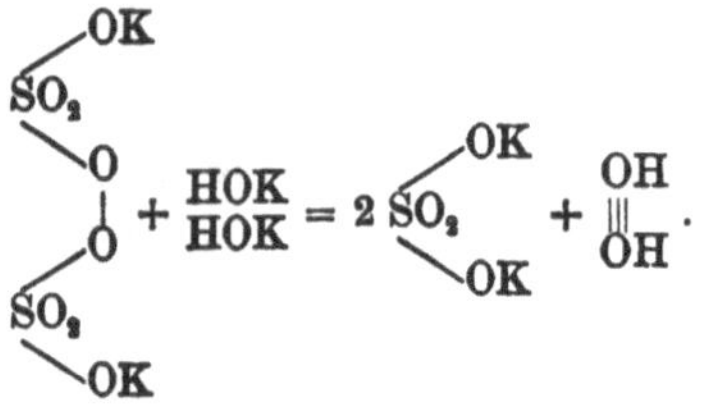

Mit konzentrierter Schwefelsäure in starker Kälte bilden Persulfate, die sehr unbeständige aber kräftig oxydierend wirkende Sulfomonopersäure (Carosche Säure):

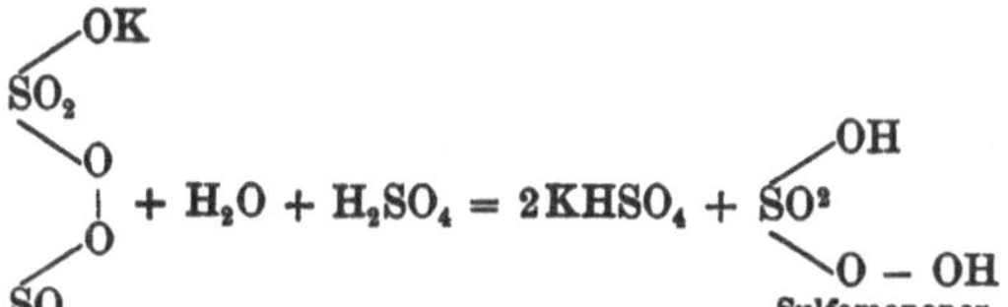

Sulfomonopersäure

Wasserstoffsuperoxyd, H_2O_2. (Hydroperoxyd.)

Die Sulfomonopersäure (Carosche Säure) ist wie alle Persäuren ein Derivat des Wasserstoffsuperoxyds, H_2O_2. — Dieses selbst entsteht aus seinen Salzen, den Peroxydaten, durch Zersetzung mit Säuren, wozu man praktisch das Bariumsuperoxyd (Bariumperoxydat, BaO_2) mit verdünnter Schwefelsäure schüttelt:

$$BaO_2 + H_2SO_4 = BaSO_4 + H_2O_2.$$

Man suspendiere etwas Bariumsuperoxyd in Wasser, schüttle mit verdünnter Schwefelsäure und filtriere ab; das Filtrat enthält Wasserstoffsuperoxyd.

Man versetze eine Probe des Filtrates mit verdünnter Kaliumpermanganatlösung. Unter heftigem Aufschäumen findet Reduktion (Entfärbung) der Permanganatlösung statt. — Man überzeuge sich durch Einhalten eines glimmenden Spanes, daß das entweichende Gas Sauerstoff ist:

$$2KMnO_4 + 5H_2O_2 + 3H_2SO_4 = K_2SO_4 + 2MnSO_4 + 8H_2O + 5O_2.$$

Diese Reaktion dient zur gasvolumetrischen Gehaltsbestimmung des Wasserstoffsuperoxyds (siehe S. 277) und zur Unterscheidung des Wasserstoffsuperoxyds von Überschwefelsäure und Caroscher Säure.

Man überzeuge sich mit einer Probe der oben dargestellten Überschwefelsäure oder einer angesäuerten Lösung überschwefelsauren Kalis, daß in der Kälte mit Permanganat keine Reaktion statt hat.

Eine andere Probe des Filtrates gieße man zu (mit Essigsäure) angesäuerter Jodkaliumlösung. Es findet Jodausscheidung statt:

$$H_2O_2 + 2HJ = J_2 + 2H_2O.$$

Einen dritten Teil des Filtrates schüttle man mit Äther und füge dann einen Tropfen Kaliumpyrochromatlösung hinzu; es bildet sich eine tiefblaue ätherische Schicht von Überchromsäure (siehe S. 226).

Nicht alle Superoxyde, sondern nur die echten Salze des Wasserstoffsuperoxyds, die Peroxydate, geben mit Säuren Wasserstoffsuperoxyd. Man schüttle in Wasser suspendiertes Bleisuperoxyd und Mangansuperoxyd mit verdünnter Schwefelsäure und stelle in den Filtraten die soeben geschilderten Reaktionen des Wasserstoffsuperoxyds an. Die Reaktionen bleiben aus.

Wasserstoffsuperoxyd ist eine zweibasische schwache Säure, deren wässerige Lösung unter dem Namen Perhydrol in den Handel kommt. Reines Wasserstoffsuperoxyd ist explosiv. Seine und seiner Salze (Peroxydate) Konstitution ist noch nicht sichergestellt. Man hat die Wahl zwischen folgenden Formeln:

$$\begin{array}{l} O\cdot H \\ | \\ O\cdot H \end{array};\quad \begin{array}{l} O\cdot H \\ \| \\ O\cdot H \end{array};\quad O{=}O{<}\begin{array}{l} H \\ H \end{array}.$$

Reaktionsgeschwindigkeit und Katalyse.

Die erwähnte Reaktion zwischen Wasserstoffsuperoxyd und angesäuerter Jodkaliumlösung verläuft im Gegensatz zu der Mehrzahl der Fällungsreaktionen mit meßbar langsamer Geschwindigkeit.

Unter chemischer Reaktionsgeschwindigkeit versteht man die Geschwindigkeit, mit der bei einer Reaktion die reagierenden Stoffe verschwinden, oder, was dasselbe ist, die Reaktionsprodukte sich bilden.

Nach ihrer Geschwindigkeit unterscheidet der Chemiker Reaktionen erster, zweiter, dritter usf. bis $n$ter Ordnung, je nachdem die Geschwindigkeit einer Reaktion in jedem Augenblick proportional ist der ersten, zweiten, dritten usf. bis $n$ten Potenz der in jedem Augenblick noch vorhandenen Stoffmenge (vgl. Massenwirkungsgesetz, S. 23).

Bei einer Reaktion erster Ordnung ist die Geschwindigkeit, mit der ein Stoff zerfällt (oder, was dasselbe ist, die Geschwindigkeit, mit der sich aus dem zerfallenden Stoff ein oder mehrere neue Stoffe bilden), in jedem Zeitpunkt proportional der zu dieser Zeit noch vorhandenen „aktive" Menge (d. i. Konzentration) des zerfallenden Stoffes.

Bezeichnen wir also mit dC die in einem kleinen Zeitabschnitt dt eingetretene Konzentrationsänderung und die während des Zeitabschnittes dt herrschende mittlere Konzentration mit C, so können wir bei einer Reaktion erster Ordnung für die Konzentrationsänderung dC eines verschwindenden Stoffes schreiben:

$$-\frac{dC}{dt} = K \cdot C,$$

während für die Konzentrationszunahme dC' eines gleichzeitig entstehenden Stoffes entsprechend zu schreiben ist:

$$+\frac{dC'}{dt} = K \cdot C'.$$

In diesen Gleichungen nennt man die Konstante K die Geschwindigkeitskonstante der Reaktion, welche (in der Regel auf molare Mengen bezogen) für jede Reaktion unter bestimmten äußeren Umständen einen bestimmten Wert hat. Für Reaktionen 2ter, 3ter usf. nter Ordnung lautet die kinetische Gleichung:

$$-\frac{dC}{dt} = K \cdot C^2 \quad . \; . \; . \quad \text{Reaktion 2ter Ordnung,}$$

$$-\frac{dC}{dt} = K \cdot C^3 \quad . \; . \; . \quad \text{„ 3ter „}$$

$$-\frac{dC}{dt} = K \cdot C^n \quad . \; . \; . \quad \text{„ nter „}$$

Betrachtet man den Verlauf einer Reaktion erster Ordnung in einem Zeitintervall zwischen den Zeitpunkten t_1 und t_2 und nennt man die zu diesen Zeiten vorhandenen Konzentrationen C_{t_1} und C_{t_2}, so erhält man aus der kinetischen Gleichung der Reaktion erster Ordnung nach den Regeln der Mathematik zuletzt:

$$\ln \frac{C_{t_1}}{C_{t_2}} = K \cdot (t_2 - t_1);$$

woraus folgt:

$$K = \frac{1}{(t_2 - t_1)} \cdot \ln \frac{C_{t_1}}{C_{t_2}}.$$

Durch Konzentrationsbestimmungen irgend eines an einer Reaktion beteiligten Stoffes zu verschiedenen Zeiten und Messung dieses Zeitintervalles läßt sich also die Geschwindigkeitskonstante einer Reaktion ermitteln.

Die Geschwindigkeit chemischer Reaktionen ist ungeheuer abhängig von der Temperatur, derart, daß in den meisten Fällen bei einer Erhöhung der Temperatur um 10° sich die Geschwindigkeit mindestens verdoppelt, so daß also eine Reaktion, die bei Zimmertemperatur ein Jahr gebraucht, auf dem Wasserbade in etwa einem Tage beendigt ist.

Außer von der Temperatur (und bei Reaktionen in heterogenen Systemen von den Oberflächenverhältnissen) ist die Geschwindigkeit vieler chemischer Reaktionen von Zusätzen abhängig, die sich an der Reaktion scheinbar nicht beteiligen, aber die Geschwindigkeitskonstanten oft enorm vergrößern oder verkleinern. Solche Stoffe nennt man Katalysatoren, die beschleunigenden positive und die verzögernden negative Katalysatoren.

Das Wesen eines Katalysators besteht darin, daß seine Menge zu der Menge der anderen an der Reaktion beteiligten Stoffe in keinem einfachen stöchiometrischen Verhältnis steht.

Positive Katalysatoren für die oben erwähnte Reaktion zwischen angesäuerter Jodkaliumlösung und Wasserstoffsuperoxyd sind z. B. Ferrosulfat oder Molybdänsäure.

Man gebe in drei Gläser der Reihe nach 1. je 20 ccm $\frac{1}{100}$-normal Jodkaliumlösung, 2. je 20 ccm $\frac{1}{100}$-normal Schwefelsäure und 3. je 2 ccm Stärkelösung, ferner in das zweite Glas 2 Tropfen $\frac{1}{10}$-normal $FeSO_4$-Lösung und in das dritte Glas 2 Tropfen $\frac{1}{10}$-normal $(NH_4)_2MoO_4$-Lösung, und füge dann zu allen drei Flüssigkeiten rasch hintereinander je 20 ccm $\frac{1}{100}$-normal H_2O_2-Lösung.

Man beobachte sodann, daß die an der Blaufärbung (durch die Stärkelösung) erkenntliche Jodausscheidung:

$$H_2O_2 + 2HJ = 2H_2O + J_2$$

in den mit Ferrosulfat und Molybdänsäure versetzten Lösungen verhältnismäßig rasch eintritt und auch rasch intensiver wird. Im Glas 1 bleibt jedoch die Reaktion nicht etwa aus; sie tritt nur viel langsamer ein und schreitet viel langsamer fort.

In vielen Fällen beruht die Wirkung der Katalysatoren auf Zwischenreaktionen, bei denen im ersten Vorgange der Katalysator zur Bildung eines unbeständigen Zwischenproduktes verbraucht, durch dessen Zersetzung in einem zweiten Vorgange unter Bildung des schließlichen Endproduktes aber wieder regeneriert wird. Die beschleunigende Wirkung erklärt sich dann dadurch, daß die Summe der Geschwindigkeiten der Teilvorgänge größer ist, als die Geschwindigkeit des ohne Katalysator verlaufenden Gesamtvorganges. So beruht im obigen Versuch die katalytische, d. h. beschleunigende Wirkung der Molybdänsäure für die Oxydationsgeschwindigkeit des Jodwasserstoffs durch Wasserstoffsuperoxyd darauf, daß sich in erster Stufe (Gleichung I) aus Wasserstoffsuperoxyd und Molybdänsäure Permolybdänsäure bildet, die in zweiter Stufe unter Rückbildung von Molybdänsäure den Jodwasserstoff zu Jod oxydiert (Gleichung II):

$$\text{I.}\quad MoO_2{<}^{OH}_{OH} + H_2O_2 = MoO_2{<}^{OH}_{O-OH} + H_2O$$

$$\text{II.}\quad MoO_2{<}^{OH}_{O-OH} + 2HJ = H_2O + J_2 + H_2MoO_4$$

$$\text{I. + II.}\quad H_2O_2 + 2HJ = 2H_2O + J_2.$$

Stärke der Säuren und Basen.

Nach der Theorie der elektrolytischen Dissoziation in wässerigen Lösungen (siehe S. 9) sind die relativen Mengen der in gleichen Räumen äquivalenter Lösungen von Säuren und Basen enthaltenen Wasserstoff-, bzw. Hydroxylionen, ein Maß für die relative Stärke der verschiedenen Säuren und Basen; d. h. je größer von einer Anzahl aufgelöster Moleküle der Prozentsatz der elektrolytisch-dissoziierten Moleküle ist, um so stärker ist die betreffende Säure bzw. Base. — Zur Bestimmung dieser dissoziierten Anteile benutzt man in erster Linie die Ermittelung der elektrischen Leitfähigkeit, die naturgemäß direkt proportional ist, der Menge der vorhandenen elektrizitätstransportierenden Teilchen (Ionen).

Dann kann man aber auch zur Bestimmung des Dissoziationsgrades alle Eigenschaften benutzen, die lediglich an das Vorhandensein von Wasserstoff- bzw. Hydroxyl-ionen gebunden sind. Hierher gehört in erster Linie die Beschleunigung, welche gewisse organische Prozesse, durch Wasserstoff- bzw. Hydroxyl-ionen erfahren.

Solche Prozesse sind die Verseifung von Estern:

$$\underset{\text{Methylacetat}}{CH_3\text{-}COOCH_3} + H_2O = \underset{\text{Essigsäure}}{CH_3\text{-}COOH} + \underset{\text{+ Methylalkohol}}{CH_3\text{-}OH}$$

die Inversion des Rohrzuckers:

$$\underset{\text{Rohrzucker}}{C_{12}H_{22}O_{11}} + H_2O = \underset{\text{Traubenzucker}}{C_6H_{12}O_6} + \underset{\text{+ Fruchtzucker}}{C_6H_{12}O_6}$$

und die Zersetzung des Diazoessigesters:

$$\underset{\text{Diazoessigester}}{N_2{=}HC.COOC_2H_5} + H_2O = N_2 + \underset{\text{Glykolsäureester}}{{}^{HO}_{H_2}{>}C.COOC_2H_5}$$

Sie verlaufen ohne Zusatz von H-Ionen unendlich langsam, nehmen dagegen bei Zusatz von H-Ionen eine meßbare Geschwindigkeit an, die direkt proportional der Konzentration der H-Ionen ist. — Man überlege, wie man in den erwähnten drei Beispielen die Geschwindigkeit der betreffenden Reaktionen messen könnte.

Vergleich der relativen Stärke (des Dissoziationsgrades) von Salz- und Schwefelsäure in einfach normalen Lösungen auf elektrischem Wege.

Man bereite sich zunächst durch geeignete Verdünnung der vorrätigen verdünnten Salzsäure und verdünnten Schwefelsäure zwei einfach normale Lösungen von Salzsäure und Schwefelsäure, und unterwerfe diese Lösungen in einem **U**-Rohr mit eingeschmolzenen Elektroden der Elektrolyse mit einer Stromquelle von konstanter Spannung.[1] In denselben Stromkreis schalte man zwecks Ermittelung der durchgegangenen Elektrizitätsmenge das weiter oben (S. 6) schon beschriebene Bunsensche Knallgas-Coulometer ein, und fange die während des Stromdurchganges im Coulometer entwickelte Knall-

[1] Es genügt für diesen Versuch eine 4—5 zellige kleine Akkumulatorenbatterie, die sich nicht im Zustande frischer Aufladung und auch nicht am Ende der Entladung befinden soll, weil in diesen Zuständen die Spannung während der Versuchsdauer nicht konstant ist.

gasmenge über Wasser in einer graduierten Meßröhre auf (Fig. 12). Man lasse den Strom eine ganz bestimmte meßbare Zeit durch das System hindurchgehen, was sich mit Hilfe eines Ausschalters und einer Sekundenuhr leicht bewerkstelligen läßt.

Der Dissoziationsgrad, d. i. die relativen Mengen der in den beiden Säuren vorhandenen Ionen ist direkt proportional der durchgegangenen Elektrizitätsmenge, und diese wieder ist proportional der entwickelten Menge Knallgas. Die relativen Volumina der in den beiden Versuchen (in gleichen Zeiten unter gleichen Bedingungen) entwickelten Knallgasmengen geben also direkt die relative Stärke der beiden Säuren an.

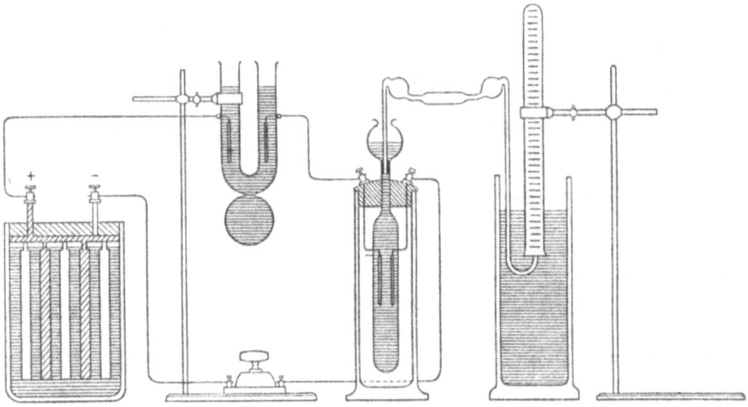

Fig. 12. Apparat zur Bestimmung der elektrischen Leitfähigkeit.

Man prüfe in derselben Weise das Verhalten der vorrätigen konzentrierten Salz- und Salpetersäure und vergleiche die erhaltenen Resultate mit der Tabelle III im Anhang, die auf Grund der elektrischen Leitfähigkeit angibt, wieviel Prozente des gelösten Stoffes bei 18^0 in Form von Ionen in der Lösung vorhanden sind.

Man rechne aus der entwickelten Knallgasmenge und der beobachteten Zeitdauer der Elektrolyse unter Benutzung der auf S. 172 gegebenen Zahlenwerte die in den Versuchen angewandte Elektrizitätsmengen in Coulombs und die Stromstärken in Ampère aus.

Verdünnungsgesetz.

Durch Messung der elektrischen Leitfähigkeit der Lösung eines Elektrolyten erhält man, bei gegebener, prozentisch oder in Molen ausgedrückter Konzentration c, den Dissoziationsgrad, d. h. den pro Zent oder pro Mol in Ionen zerfallenen Anteil; bezeichnet man diesen Wert mit α, so ist die Gesamtkonzentration jedes der einzelnen Ionen $= \alpha \cdot c$, und die Konzentration des undissoziierten Restes ist $= (1 - \alpha) \cdot c$. Nach dem Massenwirkungsgesetz ist sodann für einen binären Elektrolyten:

$$\frac{(\alpha \cdot c)(\alpha \cdot c)}{(1-\alpha) \cdot c} = K \quad \text{oder:} \quad K = \frac{\alpha^2}{1-\alpha} \cdot c.$$

Die Gleichgewichtskonstante K nennt man in diesem Fall „Dissoziationskonstante“ des Elektrolyten. Ergibt sie sich unabhängig von der Verdünnung des Elektrolyten, so zeigt dies, daß derjenige Verdünnungsgrad erreicht ist, bei welchem der betreffende Elektrolyt bis zum möglichen Maximum dissoziiert ist. Man gelangt zu diesem Maximum bei starken Elektrolyten schon bei mäßiger Verdünnung, bei schwachen Elektrolyten aber erst in ganz verdünnten Lösungen.

Da der Dissoziationsgrad (α) bei schwach dissoziierenden Elektrolyten nur 1 % oder noch weniger der Gesamtkonzentration ausmacht, kann man wegen dieser Kleinheit von α für $(1 - \alpha) = 1$ setzen, und erhält dann für die Dissoziationskonstante:

$$K = \alpha^2 \cdot c.$$

Da für ein und denselben Elektrolyten der Dissoziationsgrad $\alpha = \frac{\chi}{c}$ ist, worin χ die spezifische Leitfähigkeit bedeutet, so kann man durch Einsetzen dieses Wertes in die letzte Gleichung schreiben:

$$\chi^2 = K \cdot c \text{ oder: } \chi = \text{Konst. } \sqrt{c},$$

was besagt, daß die Leitfähigkeit von Lösungen schwach dissoziierter binärer Elektrolyte bei wechselnder Konzentration der Wurzel aus dieser Konzentration proportional ist. Es wird also beim Verdünnen einer solchen Lösung auf das vierfache Volum ihre Leitfähigkeit angenähert nur auf die Hälfte abnehmen usf.

Salpetersäure.

HNO_3; $NO_2.OH$; $\mathrm{N}\begin{smallmatrix}\nearrow O\\ \Leftarrow O\\ \searrow OH\end{smallmatrix}$; $\mathrm{N}{<}\begin{smallmatrix}O\\ O\text{-}O\text{-}H\end{smallmatrix}$; $\mathrm{N}\begin{smallmatrix}\nearrow O\searrow\\ \leftarrow O\swarrow\\ \searrow O\text{-}H\end{smallmatrix}$.

Salpetersäure ist im reinsten Zustande eine farblose Flüssigkeit vom spezifischen Gewicht 1,53 bei 15°, die bei 86° siedet, dabei aber in geringem Grade nach der Gleichung:

$$2\,HNO_3 = N_2O_4 + H_2O + O$$

zerfällt. Der destillierten Säure ist daher immer etwas Stickstofftetroxyd beigemischt. Wird Salpetersäure oftmals destilliert oder längere Zeit unter Rückfluß im Sieden erhalten, so findet der Zerfall in stärkerem Maße statt und die rückständige Salpetersäure wird durch das mehr und mehr gebildete Wasser verdünnt (siehe unten). Unter etwas vermindertem Druck destilliert die Salpetersäure bei niedrigerer Temperatur unzersetzt.

Die Salpetersäure ist mit Wasser in allen Verhältnissen mischbar. Aus der Dichte der Mischungen läßt sich der Gehalt an Salpetersäure nach der Tabelle I (im Anhang) bestimmen.

Um danach x g einer konzentrierteren Säure von y % HNO_3-Gehalt annähernd auf den Gehalt von z % HNO_3 zu verdünnen, muß man w g Wasser hinzufügen, wobei

$$w = \frac{x \cdot y}{z} - x.$$

Will man x g einer verdünnteren Säure von z % HNO_3-Gehalt aus konzentrierter von y % HNO_3 bereiten, so hat man s g konzentrierte Säure zu nehmen, die man findet nach

$$s = \frac{x \cdot z}{y}, \text{ und mit } x - s$$

Gramm Wasser zu verdünnen.

Bemerkenswert ist das Verhalten verdünnter Salpetersäuren beim Sieden, welches dem bei der Salzsäure kennengelernten Verhalten analog ist. Auch hier siedet ein Gemisch von bei 100° siedendem Wasser und bei 86° siedender Salpetersäure, das ungefähr 68% Salpetersäure enthält, am höchsten, nämlich bei 120,5° unter 735 mm Druck.

Dieses Gemisch wird daher beim Destillieren von Salpetersäure bestrebt sein den Rückstand zu bilden. Aus einer Salpetersäure, welche mehr als 68% HNO_3 enthält, entweicht daher zunächst fast wasserfreie Säure, und aus wässerigen Lösungen von Salpetersäure, die schwächer sind als 68% HNO_3, entweicht zunächst Wasser und verdünntere Salpetersäure, und in beiden Fällen stellt sich der Rückstand auf annähernd 68% ein und destilliert dann konstant bei 120,5°.

Der Siedepunkt und der Gehalt dieser den Rückstand bildenden Salpetersäure schwankt etwas mit dem Atmosphärendruck und ebenso durch einen etwaigen Salzgehalt der Lösung. Diese Erscheinung beim Destillieren von wässerigen Lösungen der Salpetersäure muß man kennen, um nicht in den Glauben zu verfallen, daß die bei 86°, also niedriger als Wasser siedende Salpetersäure auch leichter als das Wasser abzudestillieren sei. Analoges ist auch bei der Salzsäure besprochen.

Eine Säure von ähnlichem Gehalt, nämlich von 64% Salpetersäure, bildet auch den Rückstand, wenn man einen trocknen Luftstrom durch Salpetersäure verschiedener Konzentration schickt.

Die konstant bei etwa 120° siedende wasserhaltige Salpetersäure ist am leichtesten zu erhalten und kommt als konzentrierte Salpetersäure von ungefähr 41° Bé., spezifisches Gewicht 1,4, Gehalt 65% in den Handel. Seit Fabrikation der rauchlosen Schießpulver wird die Salpetersäure auch in einer Stärke von 48° Bé., spezifisches Gewicht 1,5, entsprechend einem Gehalt von 94% und noch höher prozentig bis zu 98% im Großen dargestellt.

Die Darstellung absolut reiner Salpetersäure, die vollkommen frei von Wasser und Oxyden des Stickstoffs ist, gelingt nur durch ein fraktioniertes Ausfrieren aus einer 98%igen Säure, wobei man die absolut reine HNO_3 als schneeweiße bei $-41{,}3°$ schmelzende Krystalle erhält. Schon beim Schmelzen färbt sich diese Substanz gelblich unter teilweiser Spaltung in H_2O, N_2O_4 und O_2, und bei Zimmertemperatur entweichen langsam die Stickstoffoxyde und der Sauerstoff unter Entfärbung; eine so dargestellte Salpetersäure enthält nur noch 98,62% HNO_3. 100%ige flüssige Salpetersäure existiert also nur sehr vorübergehend.

Salpetersäure vermag, entgegen früheren Ansichten, mit Wasser nur die beiden Hydrate $HNO_3 + H_2O$ (Schmelzpunkt bei $-38°$) und $HNO_3 + 3H_2O$

(Schmelzpunkt bei $-18{,}5^0$) zu bilden, welche zum Teil auch wohl in den wässerigen Salpetersäurelösungen vorhanden sind.

Rote rauchende Salpetersäure ist eine Lösung von Stickstoffdioxyd, NO_2 in konzentrierter Salpetersäure, und stellt eine ätzende rotgelbe, an der Luft rauchende Flüssigkeit von etwa dem spezifischen Gewicht 1,5 dar, welche beim Verdünnen mit Wasser erst grün, dann blau und zuletzt farblos wird. Ihre Zusammensetzung ist, weil sie ein Gemisch darstellt, nicht ganz konstant; reine Salpetersäure vermag bis zu $50\,^0/_0$ ihres Gewichtes an Stickstoffdioxyd aufzunehmen, wobei eine bedeutende Erhöhung des spezifischen Gewichtes stattfindet.

Königswasser nennt man eine Mischung von 1 Teil Salpetersäure (vom spezifischen Gewicht 1,2) und 3 Teilen Salzsäure (vom spezifischen Gewicht 1,12). Es stellt eine gelbrot gefärbte Flüssigkeit von intensivem Geruch dar, welche starke Wirkungen auszuüben vermag, die weder der Salzsäure noch der Salpetersäure allein zukommen. Diese Wirkungen beruhen zum großen Teil auf dem Gehalt der Mischung an freiem Chlor, welches sich durch das Gleichgewicht:

$$NO_3H + 3\,ClH \rightleftarrows 2\,H_2O + NOCl + Cl_2$$

in dem Maße bildet, in dem es verbraucht wird (siehe Massenwirkungsgesetz auf S. 23).

Darstellung der Salpetersäure.

Die Darstellung der Salpetersäure geschieht durch Zersetzung von Kali- oder Natronsalpeter (Chilesalpeter) mit Schwefelsäure und nachheriges Abdestillieren der gebildeten Salpetersäure.

Die Reaktion kann in zwei Phasen erfolgen:

$$1.\quad NaNO_3 + H_2SO_4 = NaHSO_4 + HNO_3;$$
$$2.\quad NaNO_3 + NaHSO_4 = Na_2SO_4 + HNO_3.$$

Reaktion 1. verläuft schon bei gewöhnlicher Temperatur, Reaktion 2. dagegen erst bei einer so hohen Temperatur, daß die entstehende Salpetersäure bereits eine merkliche Zersetzung (in N_2O_4, H_2O und O_2) erleidet. Die für den Verlauf der zweiten Reaktion notwendige Temperatur ist bei Anwendung von Kalisalpeter noch höher, als bei Natronsalpeter. Reine, nicht rauchende Salpetersäure stellt man nach Phase 1. dar. Man bringe in eine völlig trockne Retorte (Fig. 13) durch den Tubus[1] mit Hilfe eines Trichters 60 g

[1] Bei Anwendung einer nicht tubulierten Retorte muß der Retortenhals sorgfältig wieder gesäubert und die Schwefelsäure durch ein Trichterrohr eingegossen werden. Kommt beim Herausziehen des Trichterrohres etwas Schwefelsäure in den Hals der Retorte, so tupft man sie mit einem Glasstab, um den Fließpapier gewickelt ist, wiederholt auf und gibt zweckmäßig die ersten Tropfen überdestillierender Salpetersäure, die dann mit Schwefelsäure verunreinigt sind, verloren. Zur Entfernung aller die Salpetersäure zersetzenden Staubteilchen spüle man Retorte und Vorlagen zuerst mit Kaliumpyrochromat-Schwefelsäuremischung und dann mit Wasser aus, und trockne sodann Retorte und Vorlagen vollkommen durch Hindurchsaugen eines warmen Luftstromes.

konzentrierte Schwefelsäure und trage mittels Kartenblatts 60 g pulverisierten Kalisalpeter allmählich und unter Kühlung mit Wasser ein. Nach einigen Stunden, wenn die Umsetzung zu Kaliumbisulfat und Salpetersäure bei niedriger Temperatur stattgefunden hat, wird die Retorte in ein Sandbad auf eine dünne Lage trocknen Sand gesetzt und oben der Sand möglichst hoch angeschüttet. Alsdann destilliert man den Retorteninhalt unter vorsichtigem Anwärmen mit kleiner Flamme ohne Schornstein und reguliert die Flamme so, daß ein langsames Überdestillieren stattfindet. Die ersten durch Stickstoffdioxyd gefärbten Tropfen fange man in einem Reagensrohr auf, das spätere schwach gelbliche bis farblose Destillat in einem Kölbchen, das in der aus der Zeichnung ersichtlichen Weise in einem Trichter durch auffließendes Wasser gekühlt wird, für dessen gleichmäßige Verteilung auf dem Kolben durch Auflegen von Fließpapier gesorgt ist. Zum Zusammenhalten der Wärme stülpe man über die Retorte einen Hut aus Asbestpapier.

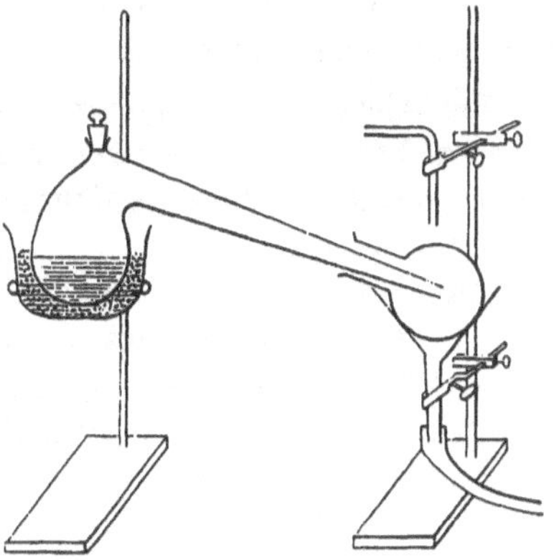

Fig. 13. Darstellung von Salpetersäure.

Zuerst destilliert etwas gefärbte Salpetersäure, da die im Anfang der Reaktion zum Teil noch ungebundene konzentrierte Schwefelsäure einen kleinen Teil der Salpetersäure in Salpetersäureanhydrid (N_2O_5) verwandelt, das noch leichter als die Salpetersäure selbst zerfällt ($N_2O_5 = N_2O_4 + O$); auch in Retorte und Vorlage befindliche Staubteilchen wirken in ähnlicher Weise zersetzend auf die Salpetersäure. Gegen Ende der Reaktion steigt die Temperatur etwas und dann treten wiederum infolge teilweiser Zersetzung der Salpetersäure rote Dämpfe von Stickstoffdioxyd auf, welches sich in der destillierten Salpetersäure mit gelber bis rotbrauner Farbe auflöst. Man fängt diesen Nachlauf zweckmäßig wieder getrennt von dem Hauptdestillat in einem Reagensrohre auf.

Wenn der Salpeter völlig rein und trocken, die Schwefelsäure konzentriert (womöglich 100 %) war, und wenn außerdem die Temperatur beim Zusammenbringen und bei der Destillation möglichst niedrig gehalten wurde, erhält man eine schwach gelbe, konzentrierte Salpetersäure von mindestens 93 % Gehalt. — Man ermittle den Gehalt durch Bestimmung des spezifischen Gewichtes im Pyknometer.

Prüfung der Salpetersäure. Von den drei Fraktionen der überdestillierten Salpetersäure verdünne man je einige Tropfen im Reagensrohre mit viel Wasser und prüfe, ob sie Verunreinigungen von Schwefelsäure, von Stickstoffdioxyd und von Chlor enthalten.

Ein Gehalt an Stickstoffdioxyd wird erkannt durch Zusatz von wenigen Tropfen Jodkaliumlösung, die man zweckmäßig zuvor mit etwas verdünnter Essigsäure ansäuert. Stickstoffdioxyd macht Jod aus Jodwasserstoffsäure frei, welches die wässerige Lösung gelb bis braun färbt und sich in wenig Schwefelkohlenstoff beim Schütteln mit violetter Farbe löst.

Ein Gehalt von Chlor wird nachgewiesen mit Silbernitrat (vgl. S. 28), von Schwefelsäure mit Chlorbarium (vgl. S. 32).

In gleicher Weise prüfe man auch die im Laboratorium vorrätig gehaltenen Salpetersäuren von verschiedener Konzentration.

Reaktionen der Salpetersäure. Man verdünne einige Tropfen Salpetersäure mit viel Wasser und tauche ein blaues Lackmuspapier hinein; selbst in stark verdünntem Zustande findet deutliche Rotfärbung statt.

Man versetze ein Nitrat im trocknen Reagensglas mit wenig konzentrierter Schwefelsäure und erwärme; es treten allmählich gelbbraune Dämpfe auf, die namentlich in der Längsdurchsicht gut zu sehen sind. Durch Zusatz eines Körnchens Kupfer kann man die Reaktion empfindlicher gestalten. (Vorprobe auf Nitrate bei Abwesenheit von Nitriten.)

In einer Reibschale pulverisiere man eine kleine Menge klarer Eisenvitriolkristalle, bringe sie in ein Reagensrohr und gebe so viel Wasser hinzu, daß eine kalt gesättigte Eisenvitriollösung entsteht, in der noch Eisenvitriol ungelöst am Boden bleibt. Zu dieser Lösung gebe man mit einem Glasstabe einen Tropfen stark verdünnter Salpetersäure oder einer Lösung eines salpetersauren Salzes. Alsdann lasse man unter Schräghalten des Reagensglases an seiner Wandung 1—2 ccm konzentrierter Schwefelsäure vorsichtig hinabfließen, und zwar so, daß sich die Schwefelsäure mit der Eisenvitriollösung nicht mischt, sondern darunter schichtet. An der Berührungsstelle zwischen Schwefelsäure und Eisenvitriollösung entsteht ein amethystfarbener bis brauner Ring. (Empfindliche Reaktion.)

Die Reaktion beruht auf einer oxydierenden Wirkung der Salpetersäure. Die Braunfärbung des Eisenvitriol beruht darauf, daß durch die Salpetersäure ein Teil des Eisenoxydulsulfats

$$\underset{\text{Eisenoxydul}}{FeO} + H_2SO_4 = H_2O + \underset{\text{Eisenoxydulsulfat}}{FeSO_4}$$

zu Eisenoxydsulfat oxydiert wird.

$$2\,FeO + O = Fe_2O_3$$

$$\underset{\text{Eisenoxyd}}{Fe_2O_3} + 3\,H_2SO_4 = 3\,H_2O + \underset{\text{Eisenoxydsulfat.}}{Fe_2(SO_4)_3}$$

Die Salpetersäure liefert den Sauerstoff und wird dabei zu Stickoxyd reduziert, welches sich in dem übrigen Eisenvitriol mit brauner Farbe auflöst. Die Oxydationsgleichung ist folgende:

$$6\,FeSO_4 + 2\,HNO_3 + 3\,H_2SO_4 = 3\,Fe_2(SO_4)_3 + 2\,NO + 4\,H_2O.$$

Die Braunfärbung beruht auf der Bildung des zersetzlichen in Lösung braun gefärbten Eisenoxydulsalzes der Nitrosisulfosäure $\left(O{=}N{<}^{OH}_{SO_3H}\right)$:[1]

$$NO + FeSO_4 = ON{<}^{O}_{SO_3}{>}Fe.$$

Salpetrige Säure und Nitrite geben dieselbe Reaktion.

Da unlösliche anorganische Nitrate nicht bekannt sind, ist die Salpetersäure arm an Fällungsreaktionen.

Das (in verdünnter Essigsäure) schwer lösliche Nitrat einer kompliziert zusammengesetzten organischen Base[2] ist zur Abscheidung und Bestimmung der Salpetersäure recht geeignet. Die freie Base kommt unter dem Namen „Nitron" als Fällungsreagens für Salpetersäure in den Handel. Geeignet ist eine 10%ige Lösung von Nitron in 5%iger Essigsäure, von welcher Lösung man tropfenweise der zu untersuchenden schwach sauren Flüssigkeit zufügt, wodurch selbst bei Anwesenheit geringer Mengen Nitrationen ein kristallinischer Niederschlag des namentlich in eiskaltem Wasser schwer löslichen Nitronnitrats entsteht.

Man verdünne einen Tropfen der vorrätigen verdünnten Salpetersäure stark mit Wasser und führe die Fällung mit Nitron aus.

Salpetrige Säure, Bromwasserstoff, Jodwasserstoff, Chromsäure, Chlorsäure, Überchlorsäure, Oxalsäure, Rhodanwasserstoffsäure, Ferro- und Ferriwasserstoffsäure, geben in Wasser ebenfalls schwer lösliche Salze mit Nitron, und müssen deshalb vor der Prüfung auf Salpetersäure entfernt werden.

Charakter der Salpetersäure. Die Salpetersäure ist eine einbasische Säure; sie kann daher nur neutrale, keine sauren Salze bilden (vgl. S. 21). Ihren besonderen Charakter erhält sie durch die außerordentliche Leichtigkeit, mit der sie Sauerstoff abzugeben vermag und ihn auf andere Körper überträgt: sie ist eine stark oxydierend wirkende Säure.

---

[1] Raschig, Zeitschrift für angewandte Chemie, Bd. 18 (1905) S. 1310.

[2] Diphenyl-endanilo-dihydrotriazol:

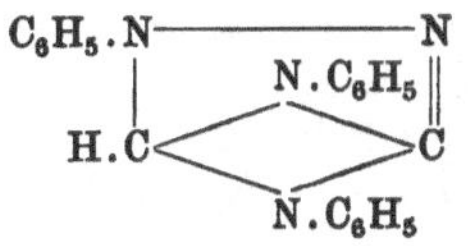

Busch, Berichte der Deutschen Chemischen Gesellschaft, Bd. 38 (1905) S. 861.

Oxydation.

Unter Oxydation im engeren Sinne versteht man Zuführung von Sauerstoff zu einem Elemente oder zu einer Verbindung des Elementes, wobei entweder der Sauerstoff direkt aufgenommen wird:

$$Mg + O = MgO$$
$$2FeO + O = Fe_2O_3,$$

oder eine Vereinigung des Sauerstoffs mit einem Bestandteil der Verbindung stattfindet:

$$Hg_2O + O = 2HgO$$
$$2HJ + O = H_2O + 2J.$$

Diese Zuführung von Sauerstoff kann unter Mitwirkung von Wasser sogar durch Stoffe geschehen, die selbst keinen Sauerstoff enthalten, wie z. B. durch die Halogene ($2Br + H_2O = 2HBr + O$):

$$Mn(C_2H_3O_2)_2 + 2H_2O + 2Br = MnO_2 + 2HBr + 2C_2H_4O_2.$$

Im weiteren Sinne versteht man unter Oxydation jede Anreicherung von Metalloiden gegenüber den Metallen in einem Stoff, wobei der Wasserstoff zu den Metallen gerechnet wird:

$$FeCl_2 + Cl = FeCl_3$$
$$SnS + S = SnS_2.$$

In der Regel geht bei der Oxydation eins von den Elementen der Verbindung aus einer niedrigeren in eine höhere Wertigkeitsstufe über.

Alle Körper, die Sauerstoff abzugeben vermögen, können auch oxydierend wirken. Die Stärke dieser oxydierenden Wirkung hängt aber wesentlich ab von der Leichtigkeit, mit der die verschiedenen Körper den Sauerstoff abspalten und übertragen. Selbst der Sauerstoff kann seine oxydierende Wirkung erst dann entfalten, wenn die Trennung der zwei Sauerstoffatome, die im Molekül zusammenhängen, erfolgt ist:

$$O{=}O \quad \text{oder} \quad O_2 = 2O.$$

Diese Loslösung der Sauerstoffatome voneinander erfolgt beim Sauerstoff schwerer als die Abtrennung von Sauerstoffatomen aus den meisten Oxydationsmitteln. Daher erklärt sich die stärker oxydierende Wirkung solcher Oxydationsmittel im Vergleich zum Sauerstoff selbst.

Da im Sinne der Ionentheorie (S. 7) eine Änderung der Wertigkeit nichts anderes ist, als eine Änderung der Zahl der mit den Atomen verbundenen Elementarquanten der Elektrizität, so sind Oxydations- und Reduktionsvorgänge in der anorganischen Chemie am allgemeinsten so definiert:

Oxydationsprozesse sind solche, bei denen positive Ladungen zu- (oder was das nämliche ist, negative Ladungen weg-) geführt werden, und Reduktionsvorgänge sind solche, bei denen negative Ladungen zu- (oder was das nämliche ist, positive Ladungen weg-) geführt werden.

Deshalb sind bei elektrolytischen Prozessen die Vorgänge an der Anode Oxydations- und die Vorgänge an der Kathode Reduktions-vorgänge.

Die Salpetersäure kann bei Oxydationswirkungen ihren Sauerstoff nach und nach abgeben, und dabei zu Stickstofftetroxyd N_2O_4, Stickoxyd NO, Stickoxydul N_2O, salpetriger Säure HNO_2, untersalpetriger Säure $(NOH)_2$, Hydroxylamin H_3NO, Stickstoff N_2 und zu Ammoniak NH_3 reduziert werden. Den frei werdenden Sauerstoff überträgt sie dabei auf die Stoffe, welche der Oxydation unterliegen.

$$\begin{array}{lllll}
1. & 2\,HNO_3 = H_2O + [N_2O_5 =] & N_2O_4 + O \\
2. & 2\,HNO_3 & = 2\,HNO_2 + 2\,O \\
3. & 2\,HNO_3 = H_2O + [N_2O_5 =] & 2\,NO + 3\,O \\
4. & 2\,HNO_3 = H_2O + [N_2O_5 =] & N_2O + 4\,O \\
5. & 2\,HNO_3 & = (NOH)_2 + 4\,O \\
6. & 2\,HNO_3 = H_2O + [N_2O_5 =] & N_2 + 5\,O \\
7. & 2\,HNO_3 \quad + 2\,H_2O & = 2\,H_3NO + 6\,O \\
8. & 2\,HNO_3 \quad + 2\,H_2O & = 2\,NH_3 + 8\,O.
\end{array}$$

Die elektrochemisch durch Abgabe positiver Ladungen gekennzeichnete Oxydationswirkung kann man durch die Formeln:

$$NO_3H \longrightarrow (NO_2)^{\cdot} + (OH') \longrightarrow NO_2 + (OH') + \oplus$$

$$NO(OH)_3 \begin{cases} (NO\cdot OH)^{\cdot\cdot} + 2(OH') \longrightarrow NO_2H + 2(OH') + 2\oplus \\ (NO)^{\cdot\cdot\cdot} + 3(OH') \longrightarrow NO + 3(OH') + 3\oplus \end{cases}$$

$$N(OH)_5 \begin{cases} (NOH)^{\cdot\cdot\cdot\cdot} + 4(OH') \longrightarrow {}^1/_2(NOH)_2 + 4(OH') + 4\oplus \\ (N)^{\cdot\cdot\cdot\cdot\cdot} + 5(OH') \longrightarrow {}^1/_2(N)_2 + 5(OH') + 5\oplus \end{cases}$$

wiedergeben, wobei man mit OSTWALD[1] die — formal zulässige — Annahme macht, daß die (in Hydratform gedachte) Salpetersäure auch unter Abspaltung von OH-Ionen dissoziieren könne.

Wieviel Sauerstoff die Salpetersäure in jedem einzelnen Falle abgibt und welche niedere Stickstoffverbindung folglich bei ihrer Oxydationswirkung entsteht, hängt davon ab, ob die Salpetersäure konzentriert oder verdünnt angewandt wird, ob sie bei höheren oder bei niederen Temperaturen zur Einwirkung gelangt, und ob die Stoffe, auf welche sie wirkt, sich schwerer oder leichter mit Sauerstoff vereinigen.

Diejenigen Metalle, die schon mit verdünnter Salzsäure oder verdünnter Schwefelsäure Wasserstoff entwickeln, wirken energischer als die durch diese Säuren nicht angreifbaren Metalle auf Salpetersäure ein. Bei den Metallen, die aus verdünnter Salzsäure oder Schwefelsäure Wasserstoff entwickeln, erfolgt die Reduktion der Salpetersäure nicht selten bis zum Stickoxydul und Stickstoff; unter Umständen findet sogar noch eine Reduktion des Stickstoffs bis zum Ammoniak statt.

Die in verdünnter Salzsäure und Schwefelsäure unlöslichen Metalle (mit Ausnahme einiger Edelmetalle, die sich sehr schwer mit Sauerstoff verbinden und daher überhaupt nicht auf Salpetersäure einwirken) pflegen im allgemeinen mit verdünnten Salpetersäuren und bei niedriger Temperatur Stickoxyd zu bilden (Zersetzungsgleichung 3), mit konzentrierten Salpetersäuren und bei höheren Temperaturen Stickstofftetroxyd (Zersetzungsgleichung 1) und mit Säuren mittlerer Konzentration und bei mittleren Temperaturen tritt ein Gemisch von Stickstoffdioxyd und Stickoxyd auf (Zersetzungsgleichung 2).

In jedem besonderen Falle muß für die verschiedenen Stoffe ermittelt

---

[1] W. OSTWALD, Grundriß der allgemeinen Chemie, 3. Aufl. (1899) S. 440.

werden, in welcher Richtung der Zerfall einer Salpetersäure von bestimmter Konzentration bei bestimmter Temperatur verläuft.

Die Geschwindigkeit, mit der Salpetersäure die Metalle angreift, hängt sehr von der Menge der in der Salpetersäure vorhandenen niedrigen Oxyde des Stickstoffs (namentlich der salpetrigen Säure) ab: Absolut salpetrigsäurefreie Salpetersäure wirkt auf die elektronegativeren Metalle, wie Hg, Ag, Cu, Pb, Bi usw. nur äußerst langsam ein; Spuren von salpetriger Säure, die sich im Verlauf der Reaktion mit diesen Metallen bilden, beschleunigen die Reaktion durch katalytische Wirkung.

Man übergieße in zwei Reagensgläsern je ein blankes Kupferstückchen mit etwa 3%iger möglichst reiner Salpetersäure und beobachte, daß die Reaktion in beiden Gläsern recht träge einsetzt. Nun füge man zu dem Gemisch in dem einen Glase ein winziges Körnchen Nitrit und stelle fest, daß durch diesen Zusatz die Einwirkung der Säure auf das Metall sofort lebhafter wird. Hierauf beruht zum Teil die kräftigere Wirkung der rauchenden, NO_2-haltigen Salpetersäure.

Reines Eisen geht durch Salpetersäure in den passiven Zustand über, d. h. es geht oberflächlich in den (übrigens sehr unbeständigen) Zustand eines edleren Metalles über, in dem es beispielsweise aus Kupfersalzlösungen kein Kupfer frei macht, was das gewöhnliche Eisen stets tut.

Man tauche ein an einem dünnen Platindrahte befestigtes Stück vollkommen blankes Eisen (etwa einen Nagel) nacheinander in konzentrierte Salpetersäure, Wasser und Kupfervitriollösung, wobei ein Anstoßen des Eisenstückes streng zu vermeiden ist, und beobachte, daß, trotzdem das Eisenstück mit reichlichen Mengen der blauen Kupferlösung benetzt ist, die graue Eisenfarbe bestehen bleibt, und keine Ausscheidung von metallischem Kupfer auf dem Eisen stattfindet. Nun gebe man dem Eisenstück einen kräftigen Schlag (mit einem Glasstab); dadurch wird der labile, passive Zustand des Eisens gestört, und es beginnt eine plötzliche Ausscheidung von rotem, metallischem Kupfer auf dem Eisenstück.

Übergang der Salpetersäure in Stickoxyd (NO) **und Bereitung von Kupfernitrat.** Kupfer löst sich in Salpetersäure von 1,20 spezifischem Gewicht (ungefähr 32% HNO_3) besonders bei niedrigen Temperaturen unter Stickoxydentwicklung auf.

Man stelle den bei der Darstellung von Salzsäure benutzten Apparat (S. 25) zusammen und fülle die Waschflasche mit verdünnter Essigsäure, in der gelbes Blutlaugensalz bis zur Sättigung gelöst wurde. Beim Passieren der Waschflasche wird dann das in geringer Menge im farblosen Stickoxyd enthaltene braune Stickstoffdioxyd (NO_2) in Stickoxyd übergeführt:

$$2K_4FeCy_6 + NO_2 + 2C_2H_4O_2 = 2K_3FeCy_6 + 2KC_2H_3O_2 + H_2O + NO.$$

In den Entwicklungskolben bringe man 5 g Kupfer in Stücken oder Spänen und 40 g reine Salpetersäure vom spezifischen Gewicht 1,20 (bereitet nach S. 57). Schon bei Zimmertemperatur findet nach der Gleichung:

$$3\,Cu + 8\,HNO_3 = 3\,Cu(NO_3)_2 + 4\,H_2O + 2\,NO$$

unter allmählicher Erwärmung, Auflösung des Kupfers und Entwicklung von farblosem Stickoxyd statt, welches aber zunächst durch den Sauerstoff der im Kolben befindlichen Luft zu rotbraunem Stickstoffdioxyd (NO_2), bzw. Stickstofftetroxyd (N_2O_4) oxydiert wird (siehe später).

Erst wenn die Luft aus dem Kolben verdrängt ist, bleibt das Stickoxyd im Kolben farblos, wird aber beim Austritt aus dem Gasleitungsrohr an der Luft sofort rotbraun.

Man leite das NO in eine mit Schwefelsäure angesäuerte Lösung von Eisenvitriol, welche sich in einem Reagensglase befindet. Es bildet sich die schon früher (S. 61) erwähnte sehr lockere Verbindung des Stickoxyds mit Ferrosulfat, das Eisenoxydulsalz der Nitrosisulfosäure, $O{=}N{<}^{O}_{SO_3}{>}Fe$.

Erwärmt man die braune Lösung, so zerfällt die Verbindung leicht: Stickoxyd entweicht und hell gefärbte Ferrosalzlösung bleibt zurück:

$$O{=}N{<}^{O}_{SO_3}{>}Fe \rightleftarrows N{=}O + FeSO_4.$$

Man benutzt die leichte Zersetzlichkeit dieser Verbindung, um absolut reines NO herzustellen.

Reaktionen des Stickoxyds. Das Stickoxyd ist im reinen Zustande ein farbloses, neutrales Gas, das weder rotes Lackmuspapier blau, noch blaues Lackmuspapier rot färbt. Es verflüssigt sich unter 1 Atmosphäre Druck erst bei $-153{,}6^0$. Die kritische Temperatur liegt bei $-93{,}5^0$. Ihr entspricht ein Druck von 71,2 Atmosphären. Bei -167^0 erstarrt Stickoxyd zu einer schneeartigen Masse. Ferner macht es aus Jodkaliumlösung, die mit Essigsäure oder Schwefelsäure angesäuert wurde, kein Jod frei. Kommt das Stickoxyd mit Luft zusammen, so färbt es sich braun (charakteristische Reaktion) und dann wirkt es auf Lackmuspapier und auf angesäuerte Jodkaliumlösung, indem es die Reaktionen des Stickstoffdioxyds gibt (siehe später). Man leite das Stickoxyd bis auf den Boden eines Reagensglases, das mit einer durch verdünnte Essigsäure angesäuerten, schwachen Jodkaliumlösung ganz angefüllt ist. Auf dem Boden des Gefäßes findet keine Jodausscheidung statt, dagegen an der Oberfläche der Flüssigkeit, an der das Stickoxyd durch Luftzutritt in Stickstoffdioxyd übergeht.

Stickoxyd wird in der Technik in großem Maßstabe als Zwischenprodukt bei der Darstellung der Salpetersäure aus Luft gewonnen.

Die Hauptbestandteile der atmosphärischen Luft, Stickstoff und Sauerstoff, stellen sich bei der Temperatur des elektrischen Lichtbogens zu einem Gleichgewicht (vgl. Massenwirkungsgesetz, S. 23) im Sinne der Formel:

$$N_2 + O_2 \rightleftarrows 2\,NO$$

ein, das sich mit steigender Temperatur nach rechts verschiebt, d. h. die Gleichgewichtskonstante:

$$K = \frac{(C_{NO})^2}{C_{N_2} . C_{O_2}}$$

und mit ihr der Gehalt an NO im Gasgemisch wird mit steigender Temperatur immer größer. Bei rascher Abkühlung in Gegenwart eines Überschusses an Sauerstoff geht dann das gebildete Stickoxyd in höhere Stickstoffoxyde über, die auf Salpetersäure weiter verarbeitet werden können.

Wenn bei der Einwirkung der Salpetersäure auf das Kupfer zu starke Erwärmung eintritt, so mischen sich den farblosen Gasen gefärbte (NO_2) bei, deren Auftreten man durch Abkühlen des Entwicklungskolbens oder allein schon durch die essigsaure Lösung des gelben Blutlaugensalzes beseitigen kann.

Wird die Entwicklung träge, so nehme man den Entwicklungskolben von den übrigen Apparatteilen ab und erwärme ihn durch Unterstellen einer kleinen Flamme event. unter Hinzufügen von etwas Salpetersäure, bis das Kupfer vollständig gelöst ist.

Die Lösung wird durch ein Faltenfilter in eine gewogene Porzellanschale filtriert, und das Filtrat auf dem Wasserbade vollständig eingedampft.

Das rückständige Kupfernitrat wird in der Wärme bis zur völligen Lösung mit Wasser versetzt und auf ungefähr 25 g Gewicht eingedampft. Alsdann lasse man an einem kühlen Orte kristallisieren. Findet Kristallbildung unter 20° statt, so kristallisiert das Salz mit 6 Molekülen Kristallwasser, während es bei Temperaturen über 20° mit 3 Molekülen Kristallwasser herauskommt.

Die erhaltenen dunkelblauen durchsichtigen Kristalle werden abgesaugt, auf einem Tonteller abgepreßt, und in einem gut verkorkten (sie zerfließen an der Luft) Präparatenglas für spätere Versuche aufbewahrt.

Entwicklung der Gleichung. Um die Reaktionsgleichung für einen chemischen Prozeß zu entwickeln, muß man zunächst wissen, welche Körper aus den beteiligten Stoffen entstehen.

In unserem Falle wirken Kupfer und Salpetersäure in wässeriger Lösung aufeinander, und es entsteht $Cu(NO_3)_2$ neben NO.

Überall wo Salpetersäure in Stickoxyd übergeht, zerfällt sie nach der Gleichung:

$$1.\quad 2\,HNO_3 = H_2O + 2\,NO + 3\,O.$$

Der Sauerstoff entweicht hier indessen nicht als solcher, sondern unterstützt die Auflösung des Kupfers in Salpetersäure. Man kann sich für die Ableitung der Reaktionsgleichung vorstellen, daß er das Kupfer oxydiert. Aus Cu wird dadurch Kupferoxyd (CuO). Für die 3O werden daher 3Cu gebraucht:

$$2.\quad 3\,Cu + 3\,O = 3\,CuO.$$

Dieses CuO löst sich (wie jedes basische Oxyd in Säuren) in der noch übrigen Salpetersäure zu $Cu(NO_3)_2$ unter Bildung von Wasser. Zur Lösung von 1 CuO sind $2\,HNO_3$ erforderlich, folglich lautet die Gleichung:

$$3.\quad 3\,CuO + 6\,HNO_3 = 3\,H_2O + 3\,Cu(NO_3)_2.$$

Die Gesamtgleichung durch Addition von 1., 2. und 3. ergibt:

$$3\,Cu + 8\,HNO_3 = 3\,Cu(NO_3)_2 + 2\,NO + 4\,H_2O.$$

Diese Zerlegung der Prozesse in verschiedene Phasen ist der sicherste Weg, um verwickeltere chemische Gleichungen leicht und richtig abzuleiten. Er darf zum Zwecke der Ableitung von Gleichungen immer betreten werden, selbst wenn die in den Gleichungen benutzten Phasen bei der Reaktion nicht getrennt verwirklicht werden können (wie in dem hier behandelten Falle), und selbst wenn man die Ableitung mit hypothetischen Zwischenprodukten (wie manchmal bei Anhydriden von Säuren und Basen) vornehmen muß.

Im Sinne der elektrochemischen Oxydationstheorie kann man sich obigen Prozeß nach Ostwald (vgl. S. 63) in folgender Weise ableiten:

Die Salpetersäure kann man sich im Sinne folgender Gleichung dissoziiert denken:

$$1.\quad [NO(OH)_3 = (NO^{\cdots}) + 3(OH') = NO + 3(OH') + 3\oplus] \times 2.$$

Nun wird das elementare Kupfer durch Hinzutritt zweier positiver Ladungen zu Cupriion oxydiert; um keinen Rest zu erhalten, nimmt man die Gleichung 1. zweimal. Man kann dann mit 6 positiven Ladungen drei Kupfer oxydieren:

$$2.\quad 3[Cu] + 6\oplus = 3\,Cu^{\cdot\cdot}.$$

Nun bringt man die in der Gleichung 1 (theoretisch!) entstandenen 6 Hydroxylionen durch 6 Wasserstoffionen (solche sind in der verdünnten Säurelösung stets vorhanden) zum Verschwinden:

$$3.\quad 6(OH') + 6\,H^{\cdot} + 6(NO_3') = 6\,H_2O + 6(NO_3').$$

Durch Addieren von Gleichung 1., 2. und 3. erhält man:

$$2\,NO(OH)_3 + 3\,Cu + 6\,H^{\cdot} = 2\,NO + 3\,Cu^{\cdot\cdot} + 6\,H_2O$$

die Gesamtgleichung des Prozesses in Ionengleichungsform.

Übergang der Salpetersäure in Stickstofftrioxyd (N_2O_3) **durch Arsentrioxyd** (As_2O_3), das dabei in Arsenpentoxyd (As_2O_5) übergeht.

Läßt man Arsenigsäureanhydrid auf Salpetersäure vom spezifischen Gewicht 1,20 einwirken, so entwickelt sich, ähnlich wie beim Kupfer, fast nur NO neben wenig höheren Oxyden des Stickstoffs.

Salpetersäure von 1,30 spezifischem Gewicht entwickelt mit Arsentrioxyd noch etwas NO, daneben aber vorwiegend braune Gase von der Zusammensetzung ($NO + NO_2$).

Bei Salpetersäure von 1,33—1,35 spezifischem Gewicht tritt die NO-Entwicklung noch mehr zurück, und es entsteht fast ausschließlich dieses Gasgemisch, das bei Zimmertemperatur und darüber nicht N_2O_3, sondern ein molekulares Gemenge von NO und NO_2 ist. Kühlt man aber ein solches Gemenge mittels einer Kältemischung stark ab, dann verbinden sich NO und NO_2 zu flüssigem Stickstofftrioxyd, N_2O_3, das eine blaue Flüssigkeit darstellt, die unterhalb -21^0 ziemlich homogenes N_2O_3 ist und bei -103^0 zu einer blauen Kristallmasse erstarrt.

Man übergieße in dem zur Salzsäureentwicklung gebrauchten Apparate 40 g Arsentrioxyd, die man in der Reibschale in erbsengroße Stücke zerschlagen hat (wegen der außerordentlichen Giftigkeit und des Verstaubens der arsenigen Säure mit Vorsicht unter dem Abzuge auszuführen) mit der nach der Gleichung:

$$2HNO_3 + As_2O_3 = H_2O + As_2O_5 + \underbrace{(NO + NO_2)}_{N_2O_3}$$

berechneten Menge Salpetersäure vom spezifischen Gewicht 1,33 (ungefähr 52 %), die man nach S. 57 bereitet, und erwärme unter dem Abzuge mit kleiner Flamme. Das sich entwickelnde, rotbraune Gas leitet man zunächst durch eine leere Waschflasche,[1] um die Hauptmenge mitgerissener Salpetersäure und überdestillierten Wassers zurückzuhalten, dann durch zwei Waschflaschen, die mit stangenförmigem Nitrit (Kalium- oder Natriumnitrit) beschickt sind, und zuletzt durch eine kleine, leere und trockne Waschflasche, in der durch Einstellen in eine gute Kältemischung (durch inniges Vermischen von Viehsalz mit zermahlenem Eis zu bereiten) das Stickstofftrioxyd zu einer blauen, niedrig siedenden Flüssigkeit verdichtet wird. Das Nitrit hat den Zweck, die letzten Spuren Salpetersäuredampf zurückzuhalten, mit dem es im Sinne der Gleichung:

$$2NaNO_2 + 2NHO_3 = 2NaNO_3 + H_2O + N_2O_3$$

reagiert. Da die Alkalinitrite hygroskopisch sind, halten sie auch die größte Menge des Wassers zurück.

Einen Tropfen der erhaltenen blauen Flüssigkeit gebe man in

[1] Da die höheren Stickstoffoxyde auf organische Substanzen, wie Kautschuk und Kork, heftig einwirken, verwende man für diesen Versuch Waschflaschen mit eingeschliffenen Stöpselrohren und achte besonders darauf, daß bei den Verbindungen der Glasrohre durch Schlauchstücke Glas an Glas stößt.

ein trocknes Reagensglas. Schon wenig oberhalb -21^0 beginnt das N_2O_3 unter Ausstoßung brauner Dämpfe (N_2O_4) allmählich zu zerfallen:

$$2N_2O_3 = 2NO + N_2O_4,$$

und schon bei $+3{,}5^0$ beginnt heftiges Sieden unter völliger Zersetzung.

Salpetrige Säure.

Einige Tropfen des blauen Stickstofftrioxyds schüttle man im Reagensglase mit etlichen Kubikzentimetern Eiswasser; es entsteht eine hellblaue Lösung, die den elektrischen Strom leitet, also die freie salpetrige Säure HNO_2, in Lösung enthält:

$$N_2O_3 + H_2O = 2HNO_2.$$

Wegen dieses Verhaltens bezeichnet man das Stickstofftrioxyd auch als Salpetrigsäureanhydrid. Eine Lösung von salpetriger Säure entsteht auch, wenn man ein molekulares Gemenge von NO und NO_2 in Eiswasser einleitet. Man erhitze die Lösung von freier salpetriger Säure; es tritt unter Bildung brauner Gase Zersetzung ein:

$$2HNO_2 = H_2O + NO + NO_2.$$

Auch beim Stehenlassen der Salpetrigsäurelösung tritt Zersetzung ein, indem sich durch Selbstoxydation Salpetersäure bildet:

$$3HNO_2 = HNO_3 + 2NO + H_2O.$$

Wegen dieser geringen Beständigkeit der freien salpetrigen Säure kann man salpetrigsaure Salze, Nitrite, auch nicht einmal vorübergehend ansäuern, ohne daß sich dabei geringe Mengen von Salpetersäure bilden.

Man übergieße eine Messerspitze Alkalinitrit mit verdünnter und auch mit konzentrierter Schwefelsäure, und beobachte die Zersetzungserscheinungen.

Die oben gewonnene, wässerige salpetrige Säure färbt blaues Lackmuspapier rot. Man führe mit der Salpetrigsäurelösung die Reaktionen der Salpetersäure mit Nitron und Eisenvitriol aus, die sie ebenso gut, zum Teil noch leichter als Salpetersäure gibt.

Gibt man in ein Reagensrohr wenig einer mit verdünnter Essigsäure angesäuerten, verdünnten Jodkaliumlösung und setzt einen Tropfen salpetriger Säure oder deren Salzlösung hinzu, so scheidet sich Jod ab, das die Flüssigkeit gelb bis braun färbt. Beim Schütteln mit einigen Tropfen Schwefelkohlenstoff oder Chloroform wird das abgeschiedene Jod von diesen mit schön violetter Farbe gelöst. Beim Zusatz von etwas Stärkelösung zu dem durch Jod ganz schwach gefärbten Wasser (man verdünne stark durch Zusatz von viel Wasser) entsteht intensiv blaue Jodstärke (empfindliche Reaktion auf freies Jod). Die blaue Jodstärke ist nur bei niedrigen Temperaturen beständig. Kocht man die blaue Lösung, so wird sie entfärbt, um beim Erkalten wieder blau zu werden. Die gleiche blaue Färbung tritt auch ein, wenn man gasförmiges Salpetrigsäureanhydrid gegen Jodkaliumstärkepapier (siehe Reagenzien im Anhang), das mit Wasser angefeuchtet wurde, strömen läßt.

Wie die salpetrige Säure verhält sich auch das Stickstoffdioxyd (Stickstofftetroxyd) gegen angesäuerte Jodkaliumlösung. Dagegen macht reine verdünnte Salpetersäure aus angesäuerter Jodkaliumlösung kein Jod frei, so daß dies zur Unterscheidung der salpetrigen Säure und des Stickstoffdioxyds (Stickstofftetroxyds) von der Salpetersäure dienen kann.

Man überzeuge sich, daß beim Hinzubringen eines Tropfens reiner verdünnter Salpetersäure zu einem Gemenge von Jodkaliumlösung, verdünnter Essigsäure und Stärkelösung keine Blaufärbung entsteht. Erst nach längerem Stehenlassen tritt durch Zersetzung der Jodwasserstoffsäure an Licht und Luft (auch ohne Zusatz von Nitrat) schwache Blaufärbung ein. Bringt man aber in die frisch bereitete, noch farblose Lösung ein Körnchen Zink, so wird die Salpetersäure teilweise zu salpetriger Säure reduziert, und es tritt sofort Blaufärbung auf; ein charakteristischer und empfindlicher Nachweis für Salpetersäure, der noch in $^1/_{20}\,\%$ Lösung von Kalisalpeter die Salpetersäure mit Sicherheit nachzuweisen erlaubt, und der gleichzeitig die Abwesenheit der salpetrigen Säure beweist.

Die salpetrigsauren Salze, Nitrite, sind recht beständige Körper und entstehen aus den Nitraten.

Alkalinitrite entstehen aus den Alkalinitraten bei hoher Temperatur unter Sauerstoffabgabe, namentlich leicht dann, wenn oxydierbare Substanzen wie Blei, Kupfer, Kohle u. a. m. zugegen sind.

Man schmelze in einem trocknen am Stativ senkrecht eingeklammerten Reagensglase Kalisalpeter bis zur heftigen Gasentwicklung, und überzeuge sich vermittelst eines glimmenden Spans, daß das entwickelte farblose Gas Sauerstoff ist. Die erkaltete Schmelze löse man in Wasser und stelle in der oben angegebenen Weise durch eine mit Essigsäure angesäuerte Jodkaliumlösung fest, daß sich Nitrit gebildet hat:

$$KNO_3 = KNO_2 + O.$$

Ammoniumnitrit ist sehr unbeständig und wird abweichend vom Ammoniumnitrat schon beim Kochen in wässeriger Lösung in Stickstoff und Wasser zersetzt:

$$NH_4\text{-}NO_2 = N_2 + 2H_2O.$$

Man bereite sich durch Neutralisation verdünnter Lösungen von salpetriger und Salpetersäure mit Ammoniak Lösungen von Ammoniumnitrit und Ammoniumnitrat und koche diese unter Zusatz von Siedesteinen in geräumigen Erlenmeyerkolben mit aufgesetzten Luftkühlern (mindestens 1 m lange und etwa 1 cm weite Glasrohre, um zu vermeiden, daß während des Kochens das Wasser wegdampft). Der Nitritlösung entnehme man von Zeit zu Zeit kleine Proben und prüfe wie oben in essigsaurer Lösung mit Jodkalium, ob noch salpetrige Säure vorhanden ist. Man setze das Kochen beider Lösungen so lange fort, bis in der Nitritlösung keine salpetrige Säure mehr nachzuweisen ist. Sodann prüfe man beide Lösungen mit Ferrosulfat auf Nitrat.

Während der Nachweis geringer Mengen salpetriger Säure neben Salpetersäure direkt, ohne Schwierigkeit erreicht werden kann (mit essigsaurer Jodkaliumlösung), ist der Nachweis geringer Mengen Salpetersäure neben salpetriger Säure erst möglich, wenn die salpetrige Säure aus der Lösung herausgeschafft wurde.

Liegen, was bei Analysen meistens der Fall ist, nicht die freien Säuren, sondern deren Salze vor, so kocht man deren Lösung in derselben Weise mit einem Überschuß [1] von Chlorammonium bis zur völligen Zerstörung des Nitrits. Es bildet sich intermediär in der Lösung Ammoniumnitrit:

$$NaNO_2 + NH_4Cl = NaCl + NH_4\text{-}NO_2,$$

das in der angegebenen Weise zerfällt.

Aus dem bei der N_2O_3-Darstellung gebliebenen flüssigen Rückstande gewinne man die Arsensäure, indem man vom ungelöst gebliebenen Arsentrioxyd in eine Porzellanschale abgießt und die Salpetersäure durch Abdampfen auf freiem Feuer verjagt. Die Reaktionen der Arsensäure folgen später beim Arsen.

---

[1] Wenn das Natriumnitrit völlig frei von Nitrat ist, kann man zeigen, daß nach dieser Reaktion das Nitrit durch etwa die fünffache Menge Salmiak in neutraler Lösung bei einstündigem Kochen (in ammoniakalischer Lösung in etwa der doppelten Zeit) vollständig zerstört wird, ohne daß nachweisbare Mengen Salpetersäure entstünden, einerlei ob man in 2 oder 30% Nitritlösung kocht. Erst 50% Nitritlösungen scheinen sehr geringe Mengen Nitrat beim Kochen zu bilden.

Stickstofftetroxyd, N_2O_4, und Stickstoffdioxyd, NO_2.

Erwärmt man Arsenigsäureanhydrid mit Salpetersäure von 1,40 spezifischem Gewicht, so entwickelt sich noch etwa 40 % Salpetrigsäureanhydrid neben 60 % Stickstofftetroxyd.

Ist das spezifische Gewicht der Salpetersäure 1,50, so entwickelt sich Stickstofftetroxyd, dem nur noch 8—9 % Salpetrigsäureanhydrid beigemengt sind.

Man übergieße in einem Reagensglase etwas Arsentrioxyd mit Salpetersäure vom spezifischen Gewicht 1,50 (enthaltend 94 % HNO_3). Es entweichen dicke braune Dämpfe. Bringt man ein angefeuchtetes Jodkaliumstärkepapier in die Nähe, so findet Bildung blauer Jodstärke statt, genau wie bei der salpetrigen Säure.

Das Stickstofftetroxyd ist eine in reinem Zustande bei − 10,1° schmelzende farblose Kristallmasse und eine bei 0° nahezu farblose Flüssigkeit. Bei höherer Temperatur wird sie hellgelb, schließlich dunkelgelb, bei 26° kommt sie ins Sieden; der Dampf ist rotbraun gefärbt Mit dieser Farbenveränderung geht eine allmähliche Dissoziation des farblosen Stickstofftetroxyds (N_2O_4) vor sich, indem es sich zum Teil in rotbraun gefärbtes Stickstoffdioxyd (NO_2) verwandelt. Das Gleichgewicht:

$$N_2O_4 \rightleftarrows 2\,NO_2$$

verschiebt sich mit steigender Temperatur nach rechts, und die Gleichgewichtskonstante:

$$K = \frac{C_{N_2O_4}}{(C_{NO_2})^2}$$

wird demnach mit steigender Temperatur kleiner. Sie läßt sich aus der Volumvergrößerung, die beim Übergang von N_2O_4 in $2\,NO_2$ statt hat, bestimmen. Beim Siedepunkt von N_2O_4 beträgt der Gehalt an NO_2 noch nicht ganz 20 Volumprozente; unter atmosphärischem Druck ist bei 64° die Hälfte als N_2O_4 und die Hälfte als NO_2 vorhanden. Bei 150° ist ein praktisch vollständiger Zerfall der N_2O_4-Moleküle eingetreten. Bei noch höheren Temperaturen erfolgt Dissoziation in NO und O, entsprechend dem Gleichgewicht:

$$2\,NO_2 \rightleftarrows 2\,NO + O_2,$$

dessen Konstante:

$$K_1 = \frac{(C_{NO_2})^2}{(C_{NO})^2 . C_{O_2}}$$

in derselben Weise aus Volum- bzw. Druckmessungen ermittelt werden kann.

Derartige Messungen haben ergeben, daß schon etwas oberhalb 150° die Dissoziation des NO_2 in NO und O_2 merklich zu werden beginnt, und daß oberhalb 620° unter gewöhnlichem Druck NO_2 in nachweisbarer Menge nicht mehr existenzfähig ist.

Der Zerfall von Molekülen N_2O_4 in Moleküle NO_2 erinnert an den Zerfall der Moleküle Jod (J_2) in Atome Jod (J) bei hohen Temperaturen.

Man nannte die Verbindung N_2O_4 früher Untersalpetersäure. Diese Bezeichnung ist unzweckmäßig, weil der Körper weder eine Säure noch ein selbständiges Säureanhydrid ist.

Man leite in das oben dargestellte, in der Waschflasche befindliche Stickstofftrioxyd unter mäßiger Eiskühlung Sauerstoff, bis die Farbe rein gelb geworden ist ($N_2O_3 + O = N_2O_4$) und kühle eine Probe des erhaltenen Produktes im trocknen Reagensglas vermittelst einer guten Kältemischung stark ab, wodurch die Masse zu gelblichen Kristallen erstarrt. Beim gelinden Anwärmen (durch die Handwärme) schmilzt die Masse, färbt sich dunkel, und gibt dicke braune Dämpfe ab.

Man verschließe das Einleitungsrohr der Waschflasche durch einen kleinen Stopfen, versehe das andere Rohr mit einem rechtwinklig gebogenen Ableitungsrohr, stelle die Waschflasche in warmes Wasser und leite die sich entwickelnden braunen Gase (N_2O_4) in kaltes Wasser.

Dabei findet Zerfall in salpetrige und Salpetersäure statt. (Reaktionsgleichung.) Diese beiden Säuren sind in der oben beschriebenen Weise nebeneinander festzustellen.

Ammoniumnitrat. Wie oben erwähnt, lassen sich Lösungen von Ammoniumnitrat kochen, ohne dabei Zersetzung zu erleiden; beim Schmelzen dagegen zerfällt auch das Ammoniumnitrat, und zwar der Hauptsache nach im Sinne der Gleichung:

$$NH_4\text{-}NO_3 = 2H_2O + N_2O.$$

Bereitung von Ammoniumnitrat. In eine Porzellanschale gebe man gewöhnliche konzentrierte reine Salpetersäure, verdünne mit ungefähr ebensoviel Wasser und trage zerstoßenes Ammoniumcarbonat mit einem Spatel ein, solange noch Aufbrausen stattfindet. Schließlich setze man noch einen geringen Überschuß von Ammoniumcarbonat hinzu und dampfe ein, bis ein am Glasstabe herausgenommener Tropfen auf einer kalten Glasplatte erstarrt.

Darstellung von Stickoxydul. Man erhitze etwas trocknes Ammoniumnitrat im Reagensrohr.

Das Stickoxydul hat die Eigenschaft, wie Sauerstoff die Verbrennung zu unterhalten. Führt man aber einen glimmenden Span in das Entwicklungsgefäß ein, so erlischt er, anstatt sich zu entzünden, weil das Stickoxydul mit Wasserdampf gemischt ist. Man setze deshalb vermittelst eines einfach durchbohrten Stopfens ein Rohr auf (sogenannte Chlorcalciumröhre), das zur Hälfte mit gekörntem Chlorcalcium zwischen Wattebäuschen gefüllt ist. Das Chlorcalcium hält den Wasserdampf zurück. Führt man nun einen glimmenden Span in den oberen Teil des Chlorcalciumrohres ein, so entzündet er sich, genau wie im Sauerstoff.

Vom Sauerstoff unterscheidet das Stickoxydul sich dadurch, daß beim Zusammenbringen mit Stickoxyd keine roten Dämpfe wie beim Zusammenbringen von Stickoxyd und Sauerstoff entstehen, und daß beim Verbrennen von Metallen (wie z. B. Kupfer und Natrium) in Stickoxydul keine Kontraktion eintritt:

$$N_2O + Na_2 = Na_2O + N_2.$$

Das Volum des entstandenen Stickstoffs (1 Molekül) ist dasselbe wie das Volum des zuerst vorhanden gewesenen Stickoxyduls (1 Molekül).

Im übrigen ist das Stickoxydul, auch Lachgas genannt, ein farbloses, süßlich schmeckendes und betäubend wirkendes Gas, das sich bei 0° unter einem Druck von 30 Atmosphären zu einer farblosen Flüssigkeit verdichten läßt, die unter einer Atmosphäre Druck bei − 87,2° siedet; die kritische Temperatur des Stickoxyduls liegt bei + 38,8°.

Vollständige Reduktion der Salpetersäure. Wie bei der Schwefelsäure durch starke Reduktionsmittel der Schwefel in sein letztes Reduktionsprodukt, den Schwefelwasserstoff SH_2 übergeführt wird, so kann auch der Stickstoff der Salpetersäure durch Reduktion unter besonderen Bedingungen in sein letztes Reduktionsprodukt, das Ammoniak NH_3 übergehen. Diese Reduktion tritt z. B. ein, wenn man Zink mit sehr stark verdünnter Salpetersäure zusammenbringt. Dann löst es sich darin ohne jede Gasentwicklung.

Entwicklung der Gleichung. Zink sollte zunächst mit der stark verdünnten Salpetersäure Wasserstoff entwickeln:

$$1.\quad [Zn + 2HNO_3 = Zn(NO_3)_2 + 2H] \times 4$$

(weil nach Gleichung 2. 4 × 2H erforderlich sind).

Der Wasserstoff wird aber nicht als solcher frei, sondern wirkt in statu nascendi reduzierend auf die überschüssige Salpetersäure, sie unter diesen besonderen Reduktionsbedingungen in Ammoniak überführend:

$$2.\quad HNO_3 + 8H = 3H_2O + NH_3.$$

Das Ammoniak wird von der überschüssigen Salpetersäure sofort zu salpetersaurem Ammoniak gebunden:

$$3.\quad HNO_3 + NH_3 = NH_4NO_3.$$

Zieht man die drei Gleichungen unter Berücksichtigung der erforderlichen Menge Wasserstoff zusammen, so erhält man die Endgleichung:

$$4Zn + 10HNO_3 = 4Zn(NO_3)_2 + 3H_2O + NH_4NO_3.$$

Man übergieße einige Stückchen Zink mit so stark verdünnter kalter Salpetersäure, daß keine Gasentwicklung zu beobachten ist und lasse eine halbe bis eine Stunde damit stehen. Alsdann gieße man die Salpetersäure von dem Zink ab in ein kleines Erlenmeyerkölbchen und füge Natronlauge allmählich hinzu.

Die Natronlauge neutralisiert zunächst die überschüssige Salpetersäure. Dann wird das gebildete Zinknitrat zerlegt nach der Gleichung:

$$Zn(NO_3)_2 + 2\,NaOH = 2\,NaNO_3 + Zn{<}^{OH}_{OH}$$

(weißer Niederschlag von Zinkhydroxyd) und dann macht die Natronlauge aus Ammoniumnitrat Ammoniak frei:

$$NH_4NO_3 + NaOH = NaNO_3 + NH_3 + H_2O$$

und gleichzeitig wird das Zinkhydroxyd zu Natriumzinkat gelöst:

$$Zn(OH)_2 + 2\,NaOH = Zn(ONa)_2 + 2\,H_2O.$$

Kocht man nun die durch Zusatz von genügend Natronlauge wieder klar gewordene Lösung, so entweicht mit den Wasserdämpfen das flüchtige Ammoniak, das am Geruch und an dem Blaufärben eines angefeuchteten roten Streifens Lackmuspapier erkannt wird.

Auch durch elektrolytische Reduktion an der Kathode läßt sich Salpetersäure in saurer Lösung bis zum Ammoniak reduzieren.

Hydroxylamin. Unter geeigneten Versuchsbedingungen und unter Anwendung von Quecksilber als Kathodenmaterial wird hierbei die Salpetersäure nur bis zum Hydroxylamin, H_3NO, reduziert, einer Substanz, die auch durch Reduktion des Stickoxyds mit Zinn und Salzsäure entsteht:

$$ON + 3\,H = ONH_3$$

und der man meistens die Formel eines Hydroxyl-substituierten Ammoniaks $^{H}_{H}{>}N{-}OH$ gibt, woher auch ihr Name kommt. Das Hydroxylamin ist eine amphotere Substanz, d. h. es hat Doppelcharakter, indem es sich starken Säuren gegenüber wie eine Basis verhält, und die beständigen Hydroxylaminsalze z. B. Hydroxylaminchlorid ($NH_3O.HCl$), Hydroxylaminsulfat ($(NH_3O)_2.H_2SO_4$), Hydroxylaminphosphat ($(NH_3O)_3.H_3PO_4$) bildet, während es starken Basen gegenüber die Rolle einer Säure spielt und die viel weniger beständigen Salze vom Typus H_2N-O-Na bildet.

Die Hydroxylaminsalze können unter einem komplizierten Zerfall des Hydroxylaminmoleküls oxydierende und reduzierende Wirkungen ausüben; von den letzteren Eigenschaften machen wir in der Analyse Gebrauch, denn es ist ähnlich wie das später (S. 284) zu behandelnde Hydrazin, H_2N-NH_2, ein Reduktionsmittel, durch das nichts Feuerbeständiges, Fixes, in die Analysen hineingebracht wird, da sich Hydroxylaminsalze genau wie Ammoniumsalze durch gelindes Glühen vertreiben lassen.

Man koche Ferrichloridlösung in stark mineralsaurer Lösung mit Hydroxylaminchlorid; unter Entweichen von Stickoxydul findet Reduktion zu hellgrün gefärbtem Ferrosalz statt:

$$4\,FeCl_3 + 2\,NH_3O = 4\,FeCl_2 + N_2O + H_2O + 4\,HCl.$$

Man prüfe ferner das Reduktionsvermögen der Hydroxylaminsalze durch Zugabe von etwas Hydroxylaminchloridlösung zu alkalischer Quecksilberoxydemulsion, zu Fehlingscher Lösung (siehe S. 156) und zu Jodlösung. Im ersten Falle findet Reduktion des gelben Quecksilberoxyds zu grauem, metallischen Quecksilber, im zweiten Falle Abscheidung von rotem Kupferoxydul (in der Kälte gelbem Cuprohydroxyd) und im letzten Falle Entfärbung der Jodlösung statt, indem das braune Jod zu farbloser Jodwasserstoffsäure reduziert wird.

Durch trockne Destillation des tertiären Hydroxylaminphosphats im Vakuum entsteht das freie Hydroxylamin als farblose, bei + 33° schmelzende explosive Substanz:

$$(NH_3O)_3 . H_3PO_4 \rightleftarrows 3 NH_3O + H_3PO_4 .$$

Salpetersaure Salze.

Sämtliche Salze der Salpetersäure sind in Wasser löslich. Sie besitzen bei niederen Temperaturen nicht so stark oxydierende Wirkung wie die Salpetersäure selbst.

Salpetersaure Salze wirken erst bei weit höheren Temperaturen wieder oxydierend:

$$KNO_3 = KNO_2 + O.$$

Bei Gegenwart von metallischem Blei, Eisen oder von Kohle geht die Sauerstoffabgabe leichter und vollständiger vor sich. (Darstellung von Natriumnitrit.)

Werden leicht verbrennliche Substanzen, wie Schwefel oder Holzkohle, mit hocherhitztem, geschmolzenem Salpeter zusammengebracht, so findet Entflammung und Verbrennung unter lebhaftem Glanze statt. Dabei wird der Sauerstoff des Salpeters vollständiger als beim Erhitzen des Salpeters allein zur Oxydation verbraucht:

$$2 KNO_3 = K_2O + 2 N + 5 O.$$

Das Kaliumoxyd tritt nicht als solches auf, sondern vereinigt sich mit den Verbrennungsprodukten (von Schwefel oder Holzkohle) zu Salzen.

Man erhitze unter dem Abzuge in einem am Stativ durch eine Klammer gehaltenen Reagensrohre eine Messerspitze Salpeter bis zu lebhafter Gasentwicklung und werfe ein Stück Schwefel von der Größe einer Erbse hinein. Den Versuch stellt man zweckmäßig über einer mit wenig Wasser gefüllten Porzellanschale an, in welche die Schmelze fließen kann, falls das Reagensglas bei der entstehenden hohen Temperatur durchschmilzt. Der Schwefel verbrennt unter lebhafter Lichterscheinung zu Schwefligsäureanhydrid (SO_2) und Schwefelsäureanhydrid (SO_3). Die schweflige Säure entweicht teilweise (Geruch), die Schwefelsäure ist in der Schmelze als schwefelsaures Kalium enthalten:

$$2 KNO_3 + 2 S = K_2SO_4 + SO_2 + N_2 .$$

Man weise die Schwefelsäure durch die bekannten Reaktionen in der Schmelze nach.

Man erhitze unter denselben Vorsichtsmaßregeln wie beim vorigen Versuche etwas Salpeter im Reagensrohre stark und werfe ein erbsengroßes Stück Holzkohle hinein, das man, mit einer Tiegelzange gefaßt, zuvor zum Glühen erhitzt hat. Es brennt im Salpeter lebhaft weiter unter Bildung von Kohlensäure, die zum Teil entweicht, zum Teil als Pottasche (K_2CO_3) in der Schmelze zurückgehalten wird (Reaktionsgleichung). Wird dabei verhältnismäßig viel Kohle angewandt, so kann neben Kohlensäure auch Kohlenoxyd (CO) auftreten (Reaktionsgleichung).

Man unterlasse es, Salpeter mit verbrennlichen Substanzen innig gemischt zu erhitzen; es können dabei heftige Explosionen eintreten.

Schießpulver ist eine innige Mischung von Salpeter (durchschnittlich 75%) mit Kohle (durchschnittlich 13%) und Schwefel (durchschnittlich 12%), die beim Explodieren annähernd nach folgender Gleichung aufeinander einwirken:

$$2KNO_3 + S + 3C = K_2S + 2N + 3CO_2.$$

Den dabei auftretenden Gasen verdankt das Schießpulver seine Wirkung.

Man rechne das prozentische Verhältnis der in der Gleichung angegebenen Mengen Salpeter, Schwefel und Kohle aus und vergleiche es mit den obigen Zahlen.

Reduktion der Salpetersäure im Salpeter zu Ammoniak. Auch salpetersaure Salze können auf nassem Wege durch energische Reduktion bis zu dem letzten Reduktionsprodukt der Salpetersäure, dem Ammoniak, reduziert werden.

Die Reduktion kann in stark alkalischer Lösung durch solche Metalle herbeigeführt werden, die sich in Natronlauge unter Wasserstoffentwicklung lösen, so durch Zinkstaub:

$$2NaOH + Zn = Zn(ONa)_2 + 2H,$$

und noch besser durch Aluminiumfeile:

$$3NaOH + Al = Al(ONa)_3 + 3H$$

oder durch die auch in schwach alkalischer Lösung stark reduzierend wirkende, leicht zu pulverisierende, spröde Devardasche Legierung (aus 50 Kupfer, 5 Zink, 45 Aluminium durch Glühen im Chamottetiegel unter möglichstem Luftabschluß zu bereiten).

Man koche in einem geräumigen Kolben, der auf Drahtnetz und Dreifuß sich befindet, wenig Salpeterlösung bei Gegenwart überschüssiger Natronlauge mit Aluminiumfeile. Will man den Versuch mit Zinkstaub anstellen, so ist es zum guten Gelingen erforderlich, daß man ziemlich konzentrierte Natronlauge anwendet. Die gesamte Salpetersäure wird durch Aluminium vollständig in Ammoniak übergeführt (quantitative Bestimmungsmethode der Salpetersäure), das durch Geruch und Reaktion auf Lackmus nachgewiesen werde.

Stickstoffpentoxyd (Salpetersäureanhydrid). Auch die Salpetersäure kann unter Wasserverlust, wie die Schwefelsäure in ein Anhydrid übergehen. Die Wasserabspaltung muß aber hier, weil die Salpetersäure nur ein Wasserstoffatom im Molekül enthält, zwischen 2 Molekülen vor sich gehen:

$$2NO_2OH = H_2O + \begin{matrix}NO_2\\NO_2\end{matrix}\!\!>\!O.$$

Salpetersäureanhydrid kann dargestellt werden, indem man in konzentrierte Salpetersäure bei starker Abkühlung mit Kältemischung etwas mehr als die gleiche Menge Phosphorpentoxyd einträgt und das Gemisch bei möglichst niederer Temperatur destilliert.

Das Salpetersäureanhydrid ist ein farbloser kristallinischer Körper vom Schmelzpunkt 29—30°, der bei 45—50° bereits unter Entwicklung brauner Dämpfe (NO_2) siedet. Es läßt sich nicht für längere Zeit aufbewahren, da auch bei Zimmertemperatur schon allmähliche Zersetzung eintritt. Nur unterhalb +8° ist es einige Zeit haltbar.

Schwefeleisen und Schwefelwasserstoff.

In einer trocknen Porzellanschale mische man 11 g Eisenfeile mit etwas mehr als der nach der Gleichung:

$$Fe + S = FeS$$

berechneten Menge Schwefelblumen (6,5 g) mittels einer Federfahne innig durcheinander. Mit dieser Mischung fülle man ein trocknes Reagensrohr zu $^1/_3$—$^1/_2$ an, fasse es oben mit einer Reagensglasklammer und erhitze unter dem Abzuge mit der Flamme an einer Stelle, bis die Reaktion beginnt. Von der Erhitzungsstelle pflanzt sich die Reaktion durch die ganze Mischung fort. Da das Reagensrohr dabei manchmal durchschmilzt, halte man es über eine Eisen- oder Steinplatte, sobald die Reaktion eintritt.

Wenn das gebildete Schwefeleisen erkaltet ist, zerschlägt man es samt Reagensrohr im Mörser zu groben Stücken und übergießt einige davon im Reagensglas mit verdünnter Schwefelsäure und mit verdünnter Salzsäure. Der Versuch muß im Schwefelwasserstoffraume und unter einem gut ziehenden Abzuge vorgenommen werden.

Sofort beginnt eine lebhafte Entwicklung des widerwärtig riechenden und stark giftigen Schwefelwasserstoffgases (H_2S), während Eisenoxydulsulfat bzw. Ferrochlorid in Lösung geht (Reaktionsgleichungen).

Die folgenden Versuche stelle man mit Schwefelwasserstoffgas an, das man einem der im Laboratorium vorhandenen Schwefelwasserstoffentwickler entnimmt.

Man leite das Gas zunächst durch eine Waschflasche mit wenig Wasser und dann in das Schwefelwasserstoffstandgefäß, das man zur Hälfte mit destilliertem Wasser angefüllt hat. Das Schwefelwasserstoffgas ist in Wasser etwas löslich, aber bei weitem schwerer und viel weniger reichlich als z. B. Salzsäuregas. Ein Teil des Schwefelwasserstoffgases entweicht dabei unabsorbiert, besonders dann, wenn das Gas in lebhaftem Strome und in großen Blasen durchstreicht; man leite daher das Gas in langsamem Strom und in kleinen

Blasen ein. Will man rasch gesättigtes Schwefelwasserstoffwasser haben, so ziehe man von Zeit zu Zeit (jedesmal wenn sich der Raum über dem Wasser mit Schwefelwasserstoffgas angefüllt hat) das Einleitungsrohr heraus, verschließe die Flasche mit dem Daumen und schüttele kräftig durch. Dabei wird das in der Flasche befindliche Gas vom Wasser absorbiert, es entsteht ein Vakuum, so daß die Flasche am Daumen hängen bleibt. Bei dieser Operation arbeitet man zweckmäßig mit zwei Flaschen abwechselnd; während man die eine schüttelt, leitet man in die andere das Gas ein. Man wiederholt das Einleiten und Schütteln so lange, bis der Daumen beim Umschütteln nicht mehr angepreßt wird; alsdann ist das Schwefelwasserstoffwasser gesättigt. Es enthält dann auf 1 Volum Wasser bei 15° 3,2326 und bei 30° 2,3290 Volumina (auf 0° und 760 mm Druck reduziert) Schwefelwasserstoffgas.

Man bezeichnet das auf 0° und 760 mm Druck reduzierte, von einem Volum Wasser absorbierte Gasvolum als den Absorptionskoeffizienten des Gases.

Man berechne daraus mit Hilfe der auf S. 40 gegebenen Konstanten, wieviel Gewichtsprozente Schwefelwasserstoff sich in Lösung befinden.

Mißt man die elektrische Leitfähigkeit wässeriger Schwefelwasserstofflösungen, so findet man sehr kleine Werte (vgl. Tabelle III), die darauf schließen lassen, daß nur ein sehr kleiner Bruchteil des Schwefelwasserstoffs beim Lösungsvorgange Ionenspaltung erlitt. Nahezu der gesamte Schwefelwasserstoff ist daher in der Lösung als solcher vorhanden.

Löslichkeit der Gase.

Schon bei der Salzsäure lernten wir die Auflösung von Salzsäuregas in Wasser kennen. Während aber dort bei dem Lösungsvorgange eine erhebliche chemische Zustandsänderung (weitgehende Ionenspaltung) eintrat, haben wir es bei der Auflösung von Schwefelwasserstoff in Wasser aus dem oben genannten Grunde nahezu ausschließlich mit einem reinen Lösungsvorgange zu tun.

In solchen Fällen ist das Henrysche Gesetz gültig, wonach die in einer Flüssigkeit gelöste Gewichtsmenge eines Gases sich proportional mit dem Drucke verändert.

Da die Gewichtsmenge eines Gases in der Raumeinheit dem Drucke ebenfalls proportional ist und außerdem das Volum von Flüssigkeiten durch Druckänderungen kaum geändert wird, so kann man das Henrysche Gesetz auch in der Form aussprechen, daß eine Flüssigkeit stets das gleiche Volum eines gegebenen Gases unabhängig vom Druck auflöst.

Das Verhältnis des Volums eines Gases (Vg) zum Volum der aufnehmenden Flüssigkeit (Vf) ist danach konstant. Dieser Quotient wird zweckmäßig zur einfachen Definition der Löslichkeit (l) eines Gases benutzt:

$$l = \frac{Vg}{Vf}.$$

Die Löslichkeit ist dann unabhängig vom Druck. Sie ist aber außer von der Natur des Gases, sowie der der Flüssigkeit, abhängig von Temperatur, und zwar so, daß mit steigender Temperatur die Löslichkeit abnimmt. Hervorzuheben ist noch, daß das HENRYsche Gesetz mit derselben Annäherung gilt wie die Gasgesetze. Je löslicher die Gase werden (d. h. je höher ihre Konzentration), um so größer werden die Abweichungen. Bemerkenswerte Abweichungen treten aber erst bei Löslichkeiten über 100 ein.

Vielfach wird noch die Löslichkeit der Gase in Flüssigkeiten nach „Absorptionskoeffizienten" angegeben. Diese bezeichnen das auf 0° und 760 mm Druck reduzierte Gasvolum, das sich in der Volumeinheit einer Flüssigkeit bei gegebener Temperatur auflöst. Die Beziehung zwischen „Löslichkeit" (l) und „Absorptionskoeffizient" (a) eines Gases ist danach:

$$l = \frac{a}{1 + \alpha \cdot t}$$

wobei α den Ausdehnungskoeffizienten der Gase (siehe S. 36) und t die Temperatur bedeutet.

Verteilungsgesetz.

Man kann das HENRYsche Gesetz schließlich auch so aussprechen, daß das Verhältnis der Konzentration eines Gases im Gasraum (Cg) und der Konzentration des Gases in der damit in Berührung befindlichen Flüssigkeit (Cf) einen konstanten Wert hat, der gleich der oben gekennzeichneten Löslichkeit des Gases (l) ist.

$$l = \frac{Cg}{Cf}.$$

Dies ergibt sich, wenn man bedenkt, daß sowohl der Wert (Cg), d. i. das Verhältnis von Gasmenge zum Gasvolum, als auch die Größe (Cf), d. i. das Verhältnis von Gasmenge zur Flüssigkeit gleichfalls proportional dem Drucke ist. Gasraum und Lösungsmittel werden dadurch miteinander vergleichbar.

Hierdurch ergeben sich Beziehungen zur Verteilung von gelösten Stoffen zwischen zwei miteinander nicht mischbaren Lösungsmitteln. Das Verteilungsgesetz, nach dem ein Stoff sich zwischen zwei Lösungsmitteln so teilt, daß das Verhältnis seiner Konzentrationen in beiden konstant ist, erscheint als eine Folge des HENRYschen Gesetzes, da bei dem HENRYschen Gesetz nach der Seite der kleinen Drucke keinerlei Beschränkung vorhanden ist, und alle Stoffe stets einen, wenn auch noch so kleinen Dampfdruck besitzen. Voraussetzung ist nur, wie auch bei dem HENRYschen Gesetz, daß der verteilte Stoff keine chemische Änderung in den Lösungsmitteln erleidet.

Eigenschaften des Schwefelwasserstoffs. Durch den Sauerstoff der Luft wird Schwefelwasserstoff besonders im Lichte rasch oxydiert. Schwefelwasserstoffwasser scheidet daher beim Stehen an Licht und Luft sehr bald Schwefel aus. Reaktionsgleichung? Dabei verliert es den Geruch nach und nach ganz und ist dann zu Reaktionen unbrauchbar.

Um das Schwefelwasserstoffgas außer durch den Geruch nachzuweisen, lasse man es auf einen Streifen Filtrierpapier, den man mit einer Lösung von essigsaurem Blei getränkt hat (siehe Reagenzien im Anhang), einwirken. Es findet Bildung von schwarzem Schwefelblei (PbS) statt. Reaktionsgleichung?

Ebenso lasse man das Gas auf einen Streifen Filtrierpapier wirken, der mit einer äußerst verdünnten (kaum gefärbten), in der Kälte frisch bereiteten Lösung von Nitroprussidnatrium Na_2FeCy_5NO getränkt ist und direkt vor dem Gebrauch Ammoniakdämpfen dadurch ausgesetzt wurde, daß man ihn über die Öffnung einer mit konzentriertem Ammoniak gefüllten Flasche hielt. Der Schwefelwasserstoff ruft purpurrote Färbung auf dem Reagenzpapier hervor.

Dieselben Reaktionen stelle man mit kleinen Mengen Schwefelwasserstoffwasser und den Lösungen von essigsaurem Blei und Nitroprussidnatrium (bei letzterem Versuch ist etwas Ammoniak zuzusetzen) in Reagensgläsern an.

Man leite Schwefelwasserstoffgas durch etwas konzentrierte Schwefelsäure, die sich in einem Reagensrohre befindet. Es tritt Zersetzung der Schwefelsäure ein:

$$H_2SO_4 + H_2S = 2H_2O + S + SO_2$$
$$SO_2 + 2H_2S = 2H_2O + 3S.$$

Beide Prozesse verlaufen nebeneinander:

$$H_2SO_4 + 3H_2S = 4H_2O + 4S.$$

Schwefelwasserstoff kann also nicht durch konzentrierte Schwefelsäure getrocknet werden.

Schwefelsäure unter ungefähr 50° Bé (63 %) zersetzt den Schwefelwasserstoff nicht mehr. Will man Schwefelwasserstoffgas trocknen, so leitet man es über wasserfreies Chlorcalcium oder Phosphorsäureanhydrid oder über beide hintereinander.

Man leite Schwefelwasserstoffgas in konzentrierte Salpetersäure. Es findet Zersetzung statt.

Schon etwa 10 %ige Salpetersäure wirkt in der Wärme stark zersetzend auf Schwefelwasserstoff (5 %ige Salpetersäure schon nicht mehr).

$$2HNO_3 + H_2S = 2H_2O + S + 2NO_2.$$

Daneben kann durch weitergehende Einwirkung des Schwefelwasserstoffs auf Stickstoffdioxyd auch Stickoxyd und Stickstoff entstehen. Reaktionsgleichungen? Ebenso kann der Schwefel durch Salpetersäure und Stickstoffdioxyd weiter oxydiert werden zu schwefliger Säure und zu Schwefelsäure. Reaktionsgleichungen?

Der Schwefelwasserstoff ist als sauerstofffreie Säure der Chlorwasserstoffsäure vergleichbar; nur ist er bedeutend schwächer sauer als Chlorwasserstoff.

Blaues Lackmuspapier wird nach dem Anfeuchten nur schwach gerötet.

Der Schwefelwasserstoff vermag mit Basen Salze zu bilden. Z. B.:

$S<^{H}_{Na}$, saures schwefelwasserstoffsaures Natrium, Natriumsulfhydrat, oder:

$S<^{H}_{NH_4}$, saures schwefelwasserstoffsaures Ammonium, Ammoniumsulfhydrat, und:

$S<^{Na}_{Na}$, neutrales schwefelwasserstoffsaures Natrium, Natriumsulfid, Schwefelnatrium, oder:

$S<^{NH_4}_{NH_4}$, neutrales schwefelwasserstoffsaures Ammonium, Ammoniumsulfid, Schwefelammonium.

Ammoniumsulfhydrat und Ammoniumsulfid.

Man entnehme dem im Laboratorium vorrätigen Schwefelwasserstoffentwickler Schwefelwasserstoffgas und leite es unter Zwischenschaltung einer mit Wasser beschickten Waschflasche in 50 ccm verdünntes Ammoniakwasser bis zur vollständigen Sättigung. Das Gas wird begierig aufgenommen unter Bildung von Ammoniumsulfhydrat:

$$NH_3 + H_2S = NH_4.SH.$$

Man versetze die Lösung mit ebensoviel Ammoniakwasser (50 ccm), als man vorher mit Schwefelwasserstoff sättigte. Es bildet sich Ammoniumsulfid:

$$NH_4.SH + NH_3 = NH_4.S.NH_4.$$

Läßt man die farblosen Lösungen von Ammoniumsulfhydrat und Ammoniumsulfid an der Luft stehen, so oxydieren sie sich unter Bildung von sogenannten Polysulfiden, welche gelb gefärbt sind.

$$2NH_4SH + O = H_2O + (NH_4)_2S_2 \text{ bis } (NH_4)_2S_5,$$
$$2(NH_4)_2S + O = H_2O + 2NH_3 + (NH_4)_2S_2 \text{ bis } (NH_4)_2S_5.$$

Wenn Ammoniumsulfid bis Ammoniumpentasulfid gebildet ist, geht gleichzeitig die Oxydation in zweiter Richtung weiter bis zum Ammoniumthiosulfat $(NH_4)_2S_2O_3$.

$$(NH_4)_2S_2 + 3O = (NH_4)_2S_2O_3,$$
$$(NH_4)_2S_5 + 3O = (NH_4)_2S_2O_3 + 3S.$$

Dabei scheidet sich Schwefel ab und die gelbe Farbe des mehrfach Schwefelammoniums wird allmählich immer heller, bis eine vollständig farblose Lösung von Ammoniumthiosulfat mit Schwefel am Boden vorliegt.

Ob einfach Schwefelammonium oder mehrfach Schwefelammonium vorliegt, erkennt man nicht nur an der Farbe der Lösung, sondern auch an dem Verhalten gegen Säuren.

Man versetze eine kleine Probe der frisch bereiteten noch kaum gelb gefärbten Lösung von Schwefelammonium mit etwas verdünnter Salzsäure. Es findet Schwefelwasserstoffentwicklung statt, während eine milchige Abscheidung von Schwefel kaum zu bemerken ist. Reaktionsgleichung?

Man wiederhole den gleichen Versuch mit einem älteren bereits gelbgefärbten Präparat von Schwefelammonium. Reaktionsgleichung?

Man gebe zu einer Probe der bereiteten einfach Schwefelammoniumlösung im Reagensrohre wenig Schwefelblumen und erwärme gelinde. Es findet Auflösung unter Bildung von gelbem, mehrfach Schwefelammonium statt.

Sulfide (schwefelwasserstoffsaure Salze).

Sulfide sind von allen Basen bekannt; sie haben aber sehr verschiedene Eigenschaften.

In Wasser leicht löslich sind die **Sulfide der Alkalimetalle** und des Ammoniums: Na_2S, K_2S, $(NH_4)_2S$.

Mit Wasser zum Teil leicht zersetzlich sind die **Sulfide der Erdalkalimetalle**: CaS, SrS, BaS und des Magnesiums MgS.

Diese sind daher nur auf trocknem Wege darstellbar und zerfallen unter dem Einfluß von Wasser in Hydroxyde und in wasserlösliche Sulfhydrate. Z. B.:

$$2\,CaS + 2\,H_2O = Ca(OH)_2 + Ca(SH)_2.$$

Die Salze der Alkali- und Erdalkali-metalle werden aus ihren wässerigen Lösungen daher weder durch Schwefelwasserstoff noch durch Schwefelammonium gefällt.

Man versetze etwas Chlorkalium- und Chlorcalcium-lösung im Reagensrohre mit Schwefelwasserstoffwasser und mit Schwefelammonium: es findet keine Fällung statt.

Die **Sulfide der Erdmetalle** werden vollständig durch Wasser zersetzt in Schwefelwasserstoff und Hydroxyde und sind daher ebenfalls nur bei Ausschluß von Wasser darstellbar.

Darstellung von Aluminiumsulfid (Al_2S_3).

In einem kleinen bedeckten Porzellantiegel, der sich auf Tondreieck und Stativ über einer Asbestunterlage befindet, erhitze man mit dem Gebläse unter einem gut ziehenden Abzuge 1,5—2 g Aluminiumspäne. Wenn man hoch genug erhitzt hat, dreht man die Gebläseflamme aus und wirft sofort (ehe Abkühlung erfolgt) ein haselnußgroßes Stück Schwefel hinein. Ist das Aluminium genügend erhitzt, so vereinigt es sich unter lebhaftem Weißglühen der Masse (wobei der Tiegel manchmal durchschmilzt) mit dem Schwefel zu Aluminiumsulfid Al_2S_3. Sollte die Reaktion ausbleiben, so war das Aluminium entweder nicht hoch genug erhitzt (in dem Falle muß man nach dem Herausbrennen des Schwefels den Tiegel nochmals mit dem Gebläse erhitzen und von neuem ein Stück Schwefel eintragen) oder das Aluminium hat sich mit einer zu dichten Oxydschicht überzogen, die man vor Wiederholung des Versuches erst entferne durch Anätzen mit Säure oder Natronlauge. Darauf wasche man mit

Wasser und Alkohol und trockne die Späne. Tritt die Reaktion ein, so werden so lange erbsengroße Stücke Schwefel eingeworfen, als das Weißglühen andauert.

Nach dem Erkalten zerschlage man den Tiegel, gebe etwas der grauen Masse von Aluminiumsulfid in ein Reagensglas mit Wasser und prüfe das sich entwickelnde Gas nach den auf S. 80 angeführten Reaktionen.

Das so entwickelte Schwefelwasserstoffgas ist frei von Wasserstoff und Arsenwasserstoff, während das aus Schwefeleisen mit Säure entwickelte Gas leicht mit diesen Gasen und Kohlenwasserstoffen verunreinigt ist.

Man versetze etwas Aluminiumsulfat ($Al_2(SO_4)_3$) oder Alaunlösung ($Al_2(SO_4)_3$, K_2SO_4, $24H_2O$) mit Schwefelwasserstoff: es findet keine Fällung statt. Mit Schwefelammonium degegen erhält man einen weißen Niederschlag von Aluminiumhydroxyd.

Es sollte Aluminiumsulfid entstehen nach der Gleichung:

$$Al_2(SO_4)_3 + 3(NH_4)_2S = 3(NH_4)_2SO_4 + Al_2S_3.$$

Aber das Aluminiumsulfid ist gegen Wasser unbeständig und wird sofort zersetzt nach der Gleichung:

$$Al_2S_3 + 6H_2O = 2Al(OH)_3 + 3H_2S.$$

Die **Sulfide der Schwermetalle** sind in Wasser unlöslich und gegen Wasser beständig. Aber nur ein Teil von ihnen ist auch in verdünnten Mineralsäuren unlöslich. Dies sind die Sulfide:

$$Ag_2S,\ HgS,\ PbS,\ Bi_2S_3,\ Cu_2S,\ CuS,\ CdS,\ As_2S_3,\ As_2S_5,\ Sb_2S_3,\ Sb_2S_5,\ SnS,\ SnS_2.$$

Diese können daher aus ihren in Wasser löslichen Salzen, selbst wenn die Lösungen verdünnte freie Mineralsäuren enthalten, durch Schwefelwasserstoff gefällt werden.

Man löse in einem Reagensglas ein klein wenig von dem früher bereiteten Kupfernitrat, versetze mit einigen Tropfen verdünnter Salzsäure und gebe Schwefelwasserstoffwasser hinzu: es entsteht ein schwarzer Niederschlag von Schwefelkupfer (CuS), der in der zugefügten Salzsäure und in der bei dem Prozeß freiwerdenden Salpetersäure vollständig unlöslich ist, wenn man in verdünnter Lösung gefällt hat. Reaktionsgleichung?

Ein zweiter Teil der Sulfide der Schwermetalle ist in verdünnten Mineralsäuren leicht löslich unter Entwicklung von Schwefelwasserstoff. (Vgl. das Verhalten des Schwefeleisens bei der Darstellung von Schwefelwasserstoff S. 78.)

Dies sind die Sulfide:

$$CoS,\ NiS,\ FeS,\ MnS,\ ZnS.$$

Diese werden daher aus ihren in Wasser löslichen neutralen Salzen durch Schwefelwasserstoff nur zum geringen Teil, und bei Gegenwart von freier Mineralsäure überhaupt nicht gefällt. Durch Schwefelammonium können sie dagegen aus ihren neutralen Lösungen gefällt werden.

Man stelle verdünnte Lösungen von Zinkvitriol und Eisenvitriol her, säure sie mit etwas verdünnter Salzsäure an und füge Schwefelwasserstoffwasser hinzu: es entsteht kein Niederschlag.

Wird die zugesetzte Säure durch Hinzufügen von Ammoniak neutralisiert, so entsteht ein weißer (ZnS) bzw. schwarzer (FeS) Niederschlag der Schwefelmetalle.

Man versetze die neutralen Salzlösungen des Zinks und Eisens mit Schwefelwasserstoffwasser: es entstehen dieselben Niederschläge, die Fällungen sind aber unvollständig. Reaktionsgleichungen?

Analytische Einteilung der Metalle.

Aufgabe der qualitativen chemischen Analyse ist es, die Bestandteile der Stoffe nach ihrer Art und Zahl zu erkennen.

Zu diesem Zwecke werden die Stoffe bestimmten Veränderungen: **Reaktionen** unterworfen. Diejenigen Körper, mit deren Hilfe solche Veränderungen hervorgerufen werden, nennt man **Reagenzien.**

Die Veränderungen selbst können dabei mannigfaltiger Art sein: es können Niederschläge entstehen, Lösungen erfolgen, Farbenveränderungen eintreten, oder es können sich Gase entwickeln. Die entstandenen Niederschläge, Lösungen, Farben oder Gase werden dann meist noch auf ihr Verhalten gegen andere Reagenzien geprüft.

Bei der Untersuchung von Mischungen ist nun die Erkennung dadurch erschwert, daß die Reaktionen der einzelnen Bestandteile sich oft gegenseitig verdecken.

Man ist deshalb genötigt, bei der Untersuchung zusammengesetzter Stoffe dem Erkennen zunächst ein Trennen in die Bestandteile vorausgehen zu lassen.

Zu solchen Trennungen benutzt man Fällungsreaktionen, und zwar erreicht man die Trennung am sichersten dadurch, daß man zuerst möglichst allgemeine Fällungsreaktionen zur Anwendung bringt, vermittelst derer man immer eine bestimmte Gruppe von Stoffen gleichzeitig ausfällt und die Glieder solcher Gruppen dann weiter nach besonderen Reaktionen trennt.

Dieser Trennung der Stoffe in Gruppen hat man, um keinen Stoff zu übersehen (wenigstens bei der Untersuchung auf Basen), systematische Bahnen gewiesen.

Dem systematischen Gange der Analyse wurde bei den Basen, auf den Vorschlag des Schweden Bergman seit der zweiten Hälfte des 18. Jahrhunderts, das Verhalten der Metallsalzlösungen gegen Schwefelwasserstoff in schwach mineralsaurer, besonders salzsaurer Lösung (Wirkung von H_2S) und in alkalischer, besonders ammoniakalischer Lösung (Wirkung von $(NH_4)_2S$) zugrunde gelegt.[1]

Danach unterscheidet man drei Hauptgruppen (I, II und III), welche in sechs Untergruppen (1—6) zerfallen.

Diese Einteilung in Hauptgruppen und Untergruppen deckt sich nicht überall mit der in der allgemeinen Chemie üblichen Einteilung in natürliche Familien nach dem periodischen System der Elemente (S. 2), ist aber für analytische Zwecke aus rein praktischen Gründen vollauf berechtigt.

[1] Über einen Trennungsgang ohne H_2S vgl. Ebler, Ztschr. f. anorg. Ch. Bd. 48, S. 61.

Hauptgruppe I

enthält diejenigen Metalle, welche durch Schwefelwasserstoff aus 2—3 % freie Mineralsäure enthaltenden Lösungen gefällt werden:

1. **Metalle der Kupfergruppe:** Silber Ag, Blei Pb, Quecksilber Hg, Kupfer Cu, Wismut Bi, Cadmium Cd.

2. **Die Metalle der Arsengruppe:** Germanium Ge, Zinn Sn, Arsen As, Antimon Sb, Molybdän Mo, Wolfram W, Gold Au und die Platinmetalle: Ruthenium Ru, Rhodium Rh, Palladium Pd, Osmium Os, Iridium Ir, Platin Pt.

Hauptgruppe II

enthält diejenigen Metalle, welche durch Schwefelwasserstoff in saurer Lösung nicht gefällt werden, wohl aber durch Schwefelammonium aus neutraler oder ammoniakalischer Lösung.

3. **Gruppe der Erdmetalle:** Chrom Cr, Aluminium Al, Beryllium Be, Scandium Sc, Yttrium Y, Ytterbium Yb, Erbium Er, Samarium Sa, Thor Th, Titan Ti, Zirkon Zr, Niob Nb, Tantal Ta, Cer Ce, Lanthan La, Praseodym Pr, Neodym Nd.

4. **Metalle der Eisengruppe:** Kobalt Co, Nickel Ni, Eisen Fe, Mangan Mn, Zink Zn, Uran U, Indium In, Thallium Tl.

Hauptgruppe III

enthält diejenigen Metalle, welche durch Schwefelwasserstoff weder in saurer noch in alkalischer Lösung gefällt werden.

5. **Gruppe der Erdalkalimetalle:** Barium Ba, Strontium Sr, Calcium Ca, Magnesium Mg.

6. **Gruppe der Alkalimetalle:** Natrium Na, Kalium K, Rubidium Rb, Cäsium Cs, Lithium Li, Ammonium NH_4.

Gang der Trennung der drei analytischen Hauptgruppen der Metalle.

Man wäge als Vertreter jeder Hauptgruppe ungefähr je 0,5 g Kochsalz, Kupfernitrat und Zinkvitriol ab und löse sie zusammen in etwa 100 ccm Wasser, versetze die Lösung mit so viel (ca. 6 ccm konzentrierter) Salzsäure, daß sie etwa 2 % freie Säure enthält, erwärme die Lösung auf etwa 80° und leite in die heiße Lösung im Schwefelwasserstoffraume unter einem gut ziehenden Abzuge einen langsamen Strom nicht zu großer Blasen Schwefelwasserstoff aus einem regulierbaren Gasentwickler.

Man kann auf diese Weise das Einleiten des Schwefelwasserstoffs aber kaum so langsam vornehmen, daß nicht ein Teil des giftigen, übelriechenden Gases ungenutzt entweicht; stellt man den Gasstrom sehr langsam, so passiert es oft, daß er versagt, wenn man den Rücken kehrt. Deshalb empfiehlt es sich, das Einleiten im geschlossenen Erlenmeyerkolben (Fig. 14) unter dem Druck des Gasentwicklers vorzunehmen. Zwischen Waschflasche und Glaskolben schaltet man einen längeren Schlauch ein, um den Glaskolben von Zeit zu Zeit kräftig schütteln zu können. Beim Beginn des Einleitens von Schwefelwasserstoff läßt man den Stopfen des Kolbens geöffnet, bis die Luft durch Schwefelwasserstoff verdrängt ist. Alsdann schließt man den Stopfen, öffnet den Hahn zum Gasentwickler vollständig und leitet nun so lange Schwefelwasserstoff ein, bis die Gasblasen durch kräftiges Umschütteln des Kolbens in der Waschflasche nicht mehr zahlreicher werden. Auch Schwefelwasserstoffwasser (vgl. S. 79) kann man zweckmäßig in dem beschriebenen Apparate bereiten.

Schwefelwasserstoff fällt die Schwefelmetalle der Hauptgruppe I aus, in diesem Falle nur schwarzes Schwefelkupfer (CuS). Reaktionsgleichung?

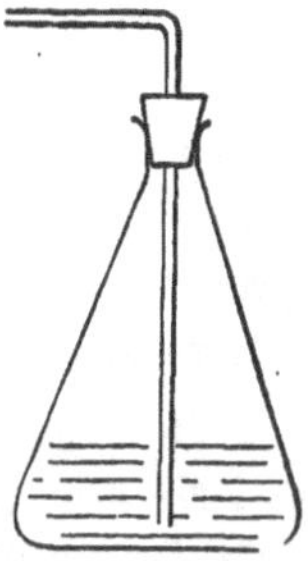

Fig. 14. Fällen durch H_2S-Gas.

Die Salzlösung soll beim Einleiten von Schwefelwasserstoff nur etwa 2 bis höchstens 4 % freie Säure enthalten. Ist erheblich mehr freie Säure vorhanden, so ist die Fällung der in die Gruppe I gehörigen Metalle unvollständig; besonders Kadmium und Zinn werden dann leicht unvollständig gefällt.

Aus demselben Grunde ist es auch nötig, die Salzlösung stark verdünnt, etwa nur 1—2 % zu wählen, da bei der Umsetzung mit Schwefelwasserstoff Säure frei wird (siehe die Reaktionsgleichungen), die den Prozentgehalt der Lösung an freier Säure erhöht, ihn aber nur unwesentlich erhöhen kann, wenn die Salzlösung in der angegebenen Verdünnung angewandt wurde.

Man rechne aus, auf welchen Wert der Prozentgehalt an freier Mineralsäure in einer ursprünglich 2 % freie Salzsäure enthaltenden Kupferchloridlösung steigt, wenn man aus einer 2 %igen und einer 10 %igen Kupferchloridlösung Kupfersulfid durch Schwefelwasserstoff vollständig ausfällt.

Sind beim Einleiten von Schwefelwasserstoff erheblich weniger als 2 % freie Mineralsäure vorhanden, so werden leicht Schwefelmetalle der Eisengruppe, besonders Schwefelzink, auch Schwefelkobalt und Schwefelnickel ausgefällt, oder doch mit den Schwefelmetallen der Schwefelwasserstoffgruppe niedergerissen.

Zur Prüfung, ob alle Metalle dieser Gruppe vollständig ausgefallen sind, beachte man folgendes: Hat man das Einleiten des Schwefelwasserstoffgases unterbrochen, so lasse man vor dem Abfiltrieren des gebildeten Niederschlages noch einige Zeit (bei Gegenwart von Arsen womöglich 12—24 Stunden) im bedeckten Gefäße stehen. Verschwindet während dieser Zeit der Schwefelwasserstoffgeruch, so reichte der vorhandene Schwefelwasserstoff nicht aus, und es muß von neuem Schwefelwasserstoff eingeleitet werden.

Aber selbst wenn der Geruch noch deutlich vorhanden ist, empfiehlt es sich zunächst, nur eine kleine Probe abzufiltrieren und zu prüfen, ob diese durch Hinzufügen von gutem Schwefelwasserstoffwasser noch einen Niederschlag entstehen läßt. Bildet sich hierbei noch ein Niederschlag, so war die Lösung von Anfang an beim Einleiten von Schwefelwasserstoff zu sauer oder ist es während des Einleitens geworden, und muß alsdann nach dem Verdünnen mit Wasser noch einmal mit Schwefelwasserstoff gesättigt werden.

Erst wenn bei diesen Proben keine Fällungen mehr entstehen, filtriert man den Niederschlag durch ein glattes Filter von der Lösung ab. Das Filtrat (F_1) sammelt man in einem Erlenmeyerkolben und behandelt es weiter wie unten angegeben.

Den Niederschlag muß man nun, ehe er weiter untersucht wird, von der anhaftenden Lösung der nichtgefällten Stoffe durch Auswaschen nach S. 44 sorgfältig befreien. Der genügend ausgewaschene Niederschlag wird im allgemeinen nach später zu besprechenden Methoden auf Metalle der Schwefelwasserstoffgruppe weiter untersucht. In diesem Falle enthält er nur Schwefelkupfer.

Die beim Auswaschen erhaltenen Waschwässer gießt man, wenn es sich nur um qualitative und nicht quantitative Analyse handelt, stets fort und verdünnt mit ihnen nicht etwa das nun weiter zu untersuchende Filtrat.

Von dem mit F_1 bezeichneten Filtrat, das noch die Elemente der Gruppen II und III enthalten kann, wird zunächst eine Probe im Reagensrohr mit kohlensäurefreiem Ammoniak bis zum deutlichen Geruch und dann mit wenig kohlensäurefreiem Schwefelammonium[1] versetzt. Nur wenn hierbei ein Niederschlag entsteht, behandelt man das gesamte Filtrat F_1 in der gleichen Weise, gibt aber in der Wärme nur so viel Schwefelammonium tropfenweise hinzu, bis gerade ein Überschuß davon vorhanden ist. Zu diesem Zweck gibt man einen Tropfen der Flüssigkeit mit einem Glasstabe auf Filtrierpapier und bringt einen Tropfen Bleiacetatlösung in solche Entfernung neben den ersten Tropfen, daß sich die Ränder der beiden Tropfen beim Ausbreiten auf dem Papier berühren. Entsteht an der Berührungslinie der beiden Tropfen ein schwarzer Fleck (von Schwefelblei), so ist dies ein Zeichen, daß ein Überschuß von Schwefelammonium vorhanden war; anderenfalls muß man noch mehr Schwefelammonium tropfenweise zugeben und die Probe wiederholen. Alsdann erwärmt man noch einige Minuten und

---

[1] Ammoniak und Schwefelammonium müssen kohlensäurefrei sein, weil sonst im Gange der Analyse durch den Gehalt an Ammoniumcarbonat an dieser Stelle Erdalkalicarbonate ausfallen würden. Man prüfe beide Reagenzien auf Kohlensäure, dadurch daß man Proben derselben mit Chlorbariumlösung versetzt und erwärmt. Schwefelammonium enthält oft Thiosulfat, welches zugleich thioschwefelsaures Barium bildet, das aber in der Wärme in Wasser löslich ist.

wiederholt die Probe nochmals. Entsteht diesmal wieder ein schwarzer Rand, so ist genügend Schwefelammonium hinzugefügt. Ein größerer Überschuß von Schwefelammonium würde schädlich sein, weil die Schwefelmetalle der Gruppe II zum Teil nicht vollständig unlöslich in überschüssigem Schwefelammonium sind, und weil ein größerer Überschuß auch bei der weiteren Untersuchung auf Stoffe der Gruppe I störend wirkt. Den erhaltenen Niederschlag, der in dem vorliegenden besonderen Falle aus weißem Schwefelzink (ZnS) besteht, sammelt man auf einem glatten Filter in der oben beschriebenen Weise und wäscht ihn aus, wobei man die Waschwässer ebenfalls nicht zum Filtrat F_2 fließen läßt, das jetzt nur noch die Metalle der Gruppe III enthält.

Reduktionswirkung des Schwefelwasserstoffs.

Bei allen Fällungen mit Schwefelwasserstoff oder Schwefelammonium ist zu beachten, daß beide Reagenzien Reduktionsmittel sind, welche anderen Körpern oft den Sauerstoff entziehen unter Abscheidung von Schwefel:

$$H_2S + O = H_2O + S$$
$$(NH_4)_2S + O = H_2O + S + 2NH_3.$$

(Vgl. auch S. 82.)

Reduktion.

Reduktionsprozesse sind denjenigen der Oxydation (vgl. S. 62) entgegengesetzt. Unter Reduktionen im engeren Sinne versteht man die Zuführung von Wasserstoff oder die Entziehung von Sauerstoff:

$$As + 3H = AsH_3$$
$$Fe_2O_3 - O = 2FeO.$$

Im weiteren Sinne versteht man unter Reduktion jede Anreicherung von Metallen gegenüber den Metalloiden, wobei der Wasserstoff zu den Metallen zählt.

$$FeCl_3 = FeCl_2 + Cl$$
$$SnS_2 = SnS + S.$$

Bei den Prozessen der Oxydation nimmt im allgemeinen der zu oxydierende Körper eine höhere Wertigkeit an, während bei den Reduktionsprozessen der der Reduktion unterliegende Körper aus einer höheren Wertigkeit in eine niedere übergeführt wird.

Ganz allgemein konnten wir im Sinne der Ionentheorie als Reduktionsprozesse solche anorganische Vorgänge bezeichnen, bei denen einem Stoffe negative Ladungen zugeführt oder, was dasselbe ist, positive Ladungen entzogen werden.

Will man Reduktionsprozesse durch Formeln ausdrücken, so ist es zweckmäßig (wie bei den Oxydationsgleichungen) zunächst den Vorgang der Reduktion bei den Oxyden, nicht aber bei deren Derivaten, den Hydraten und Salzen ins Auge zu fassen, die den zu reduzierenden Stoffen zugrunde liegen; dann erst formuliere man die übrigen in Frage kommenden Phasen und stelle schließlich die Phasengleichungen zu einer Endgleichung zusammen.

Vorausgesetzt ist dabei, daß man sich Kenntnis verschafft hat, bis zu welcher Stufe der Oxydation das in Frage stehende Reduktionsmittel die Verbindung des betreffenden Elementes reduziert.

Für die Wirkung des Schwefelwasserstoffs auf die bekannten Verbindungsstufen einiger Metalle gibt die Tabelle auf S. 91 durch einen Pfeil an, bis zu welcher Oxydationsstufe erfahrungsgemäß die Reduktion aller höheren Oxyde und ihrer Derivate sowohl in saurer als auch alkalischer Lösung erfolgt. Die in manchen Fällen bewiesene, in anderen nur mit Wahrscheinlichkeit anzugebende Wertigkeit der verschiedenen Oxydationsstufen ist in der Tabelle durch die darüber stehenden römischen Ziffern angegeben.[1]

Wie man sieht, führt die reduzierende Wirkung des Schwefelwasserstoffs die Metalle in vielen Fällen in ihre niedrigste Oxydationsstufe über. Eine Ausnahme davon macht unter den angeführten nur das Chrom, welches durch Schwefelwasserstoff nicht bis zum Chromoxydul reduziert werden kann. Das hat seinen Grund darin, daß die Chromoxydulverbindungen selbst sehr gern Sauerstoff aufnehmen und in Verbindungen der Chromoxydreihe übergehen, also selbst Reduktionsmittel sind.

In ähnlicher Weise vermag der Schwefelwasserstoff Verbindungen der Reihe

SnO_2 Zinnsäureanhydrid od. Zinndioxyd	nicht in Verbindungen der Reihe	SnO Zinnoxydul
CuO Kupferoxyd	„ „ „ „ „	Cu_2O Kupferoxydul[2]
HgO Quecksilberoxyd	„ „ „ „ „	Hg_2O Quecksilberoxydul[3]

überzuführen.

Man versetze im Reagensglase einige Kubikzentimeter einer stark verdünnten, ziemlich durchsichtigen Lösung von übermangansaurem Kali ($KMnO_4$) mit überschüssiger verdünnter Schwefelsäure und füge der Lösung Schwefelwasserstoffwasser hinzu. Es findet Entfärbung unter Abscheidung von Schwefel statt. Die Übermangansäure wird durch Schwefelwasserstoff nach der Tabelle auf S. 91 in Manganoxydul übergeführt, das als Base mit der überschüssigen Schwefelsäure schwach rosagefärbtes Manganoxydulsulfat $MnSO_4$ bildet. Man entwickle die Teilgleichungen und stelle die Endgleichung des Prozesses auch im Sinne der elektrochemischen Anschauungsweise auf.

---

[1] Ähnliche Tabellen stelle man bei später zu besprechenden Reduktionsmitteln (und ebenso auch bei Oxydationsmitteln) selbst auf.

[2] Nur bedingt; vgl. Kupfersulfid.

[3] Vgl. Quecksilbersulfide.

VII	VI	V	IV	III	III u. II	II
Mn_2O_7 Übermangan-säureanhydrid	MnO_3 Mangansäure-anhydrid	—	MnO_2 Mangan-superoxyd	Mn_2O_3 Manganoxyd	Mn_3O_4 Manganoxydul-oxyd	⟶ MnO Manganoxydul
—	FeO_3 Eisensäure-anhydrid	—	—	Fe_2O_3 Eisenoxyd	Fe_3O_4 Eisenoxyduloxyd	⟶ FeO Eisenoxydul
—	—	—	—	Co_2O_3 Kobaltoxyd	Co_3O_4 Kobaltoxydul-oxyd	⟶ CoO Kobaltoxydul
H_3CrO_8 Überchromsäure	CrO_3 Chromsäure-anhydrid	—	—	⟶ Cr_2O_3 Chromoxyd	—	CrO Chromoxydul
—	—	Sb_2O_5 [1] Antimonsäurean-hydrid od. Anti-monpentoxyd	—	⟶ Sb_2O_3 Antimonigsäure-anhydrid oder Antimontrioxyd	—	—
—	—	As_2O_5 [1] Arsensäureanhy-drid oder Arsen-pentoxyd	—	⟶ As_2O_3 Arsenigsäure-anhydrid oder Arsentrioxyd	—	—
—	—	—	PbO_2 Bleisuperoxyd	Pb_3O_4 Mennige	—	⟶ PbO Bleioxyd

[1] Beim Antimon findet die Reduktion in saurer Lösung schwerer statt als beim Arsen; in alkalischer Lösung werden beide nicht reduziert.

Kohlensäure.

25 g Marmor (kohlensaures Calcium, $CaCO_3$) werden in etwa haselnußgroßen Stücken in einen etwa 300 ccm fassenden Kolben (Fig. 15) gebracht, mit ungefähr ebenso viel Wasser übergossen und aus einem Tropftrichter 50 g reine konzentrierte Salzsäure in dem Maße allmählich eingetropft, daß langsame Gasentwicklung eintritt. Dabei muß man Sorge tragen, daß die Tropftrichterröhre stets vollständig mit Flüssigkeit angefüllt ist. Es bildet sich Chlorcalcium, das unter Entweichen von Kohlendioxyd in Lösung geht. Reaktionsgleichung? Wenn alle Salzsäure eingetropft ist, und die Entwicklung sich verlangsamt, erwärme man den Kolben nach dem Auseinandernehmen des Apparates über freier Flamme. Die Verarbeitung der Lösung auf Chlorcalcium siehe weiter unten S. 97.

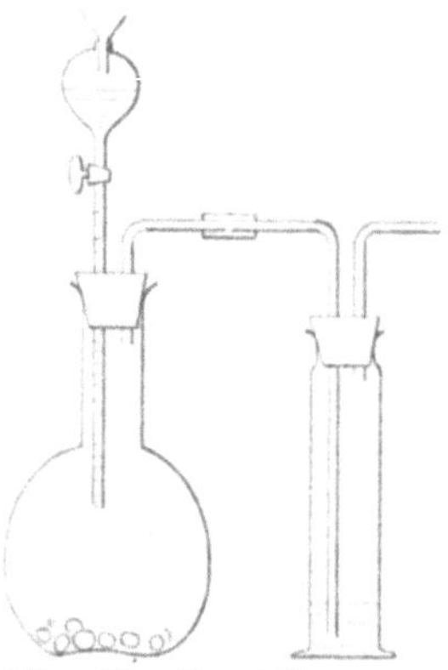
Fig. 15. Darstellung von Kohlendioxyd.

Das entweichende Kohlendioxyd leite man zunächst, zur Entfernung geringer Mengen mitgerissener Salzsäure, durch eine Waschflasche mit wenig Wasser und stelle mit dem Gase die folgenden Versuche an.

Das Gas leite man mittels eines rechtwinklig gebogenen Glasrohres durch eine geringe Menge Barytwasser, das sich in einem Reagensglase befindet. Es wird kohlensaures Barium ($BaCO_3$) gebildet, ein weißer, in Wasser unlöslicher, aber in verdünnter Säure (schon in Essigsäure) löslicher Niederschlag. (Reaktion auf Kohlensäure.) Reaktionsgleichung?

In gleicher Weise leite man das Gas mittels eines reinen trocknen Glasrohres auf den Boden eines trocknen Reagensglases. Die Kohlensäure ist etwa 1,5mal so schwer wie Luft, verdrängt daher die Luft und füllt das Reagensglas allmählich an. Man prüfe, ob das Röhrchen mit Kohlendioxyd gefüllt ist dadurch, daß man einen brennenden Span in den oberen Teil einführt. Kohlendioxyd ist weder brennbar noch unterhält es die Verbrennung. Der Span erlischt, sobald er in das Kohlendioxyd eingetaucht wird. Man ziehe das Einleitungsrohr langsam heraus, oder das Reagensglas nach unten ab und verschließe das Reagensglas mit dem Daumen.

Man leite Kohlendioxyd in ein mit Wasser gefülltes, in einer größeren Schale umgestülptes Reagensrohr, so daß das Wasser aus dem Reagensrohre nur zur Hälfte verdrängt wird, verschließe das Rohr unter Wasser mit dem Daumen und schüttele kräftig um.

Alsdann öffne man das Rohr wieder unter Wasser und beobachte am Hineinsteigen des Wassers, daß etwas Kohlendioxyd im Wasser gelöst wurde. Wiederholt man das Umschütteln mit Wasser und Öffnen unter Wasser einige Male, so kann man das im Glase befindliche Kohlendioxyd vollständig zur Absorption bringen. Der Absorptionskoeffizient (vgl. S. 80) von Kohlendioxyd in Wasser beträgt bei 0° 1,7967, bei 15° 1,0020, bei 20° 0,9014, ist also kleiner als beim Schwefelwasserstoff (vgl. auch mit Salzsäure, S. 26).

In einem zweiten Versuche stelle man das mit Kohlendioxyd gefüllte Rohr mit der Öffnung nach unten in eine Schale oder ein Becherglas mit etwas Kali- oder Natronlauge. Es findet infolge Bildung von Natriumcarbonat rasche Absorption statt:

$$CO_2 + 2\,NaOH = H_2O + Na_2CO_3.$$

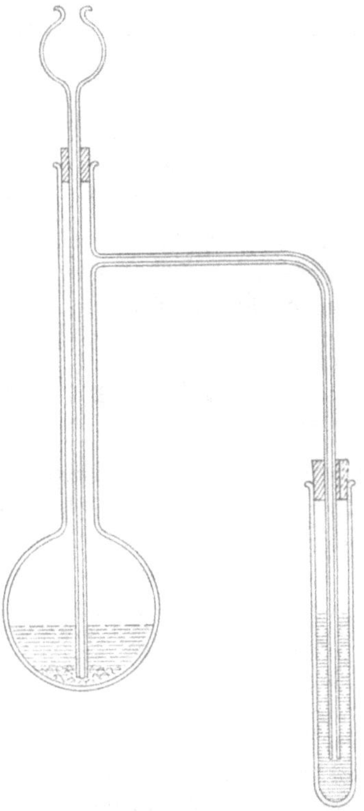

Fig. 16. Nachweis der Kohlensäure.

Man entwickle Kohlensäure in einem Reagensglase durch Versetzen eines kleinen Sodakristalls mit verdünnter Salzsäure und gieße die Kohlensäure in ein Reagensglas mit Barytwasser, aber so, daß die Flüssigkeit nicht mit hineinfließt. Beim Umschütteln wird das Barytwasser durch Abscheidung von Bariumcarbonat stark getrübt. (Nachweis von Kohlendioxyd.) Entwickelt sich nur sehr wenig Kohlendioxyd, so kann man es nicht gut umgießen, sondern weist es zweckmäßiger dadurch nach, daß man einen Tropfen Barytwasser, der an einem Glasstabe hängt, in das Rohr mit dem entwickelten Kohlendioxyd hineinführt, ohne dabei die Glaswandung zu berühren. Es bildet sich kohlensaures Barium am Glasstabe. Dabei muß man sich aber vor Täuschung durch den Kohlendioxydgehalt der Luft und besonders der Atemluft hüten.

Am sichersten verfährt man zum Nachweis kleiner Mengen Kohlensäure so, daß man die Entwicklung des Kohlendioxyds in einem Fraktionierkölbchen mit verdünnter Salzsäure unter Erhitzen vornimmt, und das Gas mittels des senkrecht nach unten gebogenen Rohres in ein Reagensglas, das etwas Barytwasser enthält, durch Wasserdämpfe hinübertreibt. Das Reagensrohr mit Barytwasser wird dabei zweckmäßig an dem Glasrohre mit Hilfe eines einfach durchbohrten Korkes befestigt, an dem man mit der dreikantigen Feile seitlich einige Schlitze anbringt. Um durch den Kohlensäuregehalt der Luft (der im Durchschnitt etwa 0,05 Gew.-% oder 0,03 Vol.-% beträgt) keine Trübung des Barytwassers zu erhalten, gibt man durch die Trichterröhre zunächst etwas Wasser in das Kölbchen, erhitzt unter Zugabe einiger Siedesteinchen zum Sieden und vertreibt so, zunächst ohne Barytwasser vorzulegen, die Luft aus dem Kölbchen. Nun gibt man durch die Trichterröhre etwas der zu prüfenden Substanz und dann erst verdünnte Salzsäure hinzu, setzt das Röhrchen mit Barytwasser an, und treibt die Kohlensäure durch gelindes Kochen über (siehe Fig. 16).

Man leite Kohlensäure in einige Kubikzentimeter Kalkwasser. Zunächst findet Trübung durch abgeschiedenes Calciumcarbonat statt:

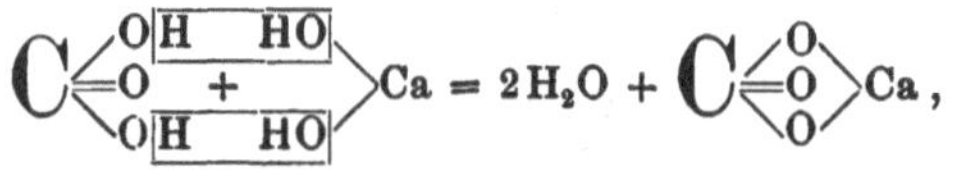

das sich aber beim längeren Einleiten von Kohlensäure unter Bildung des in Wasser löslichen sauren Calciumcarbonates wieder auflöst:

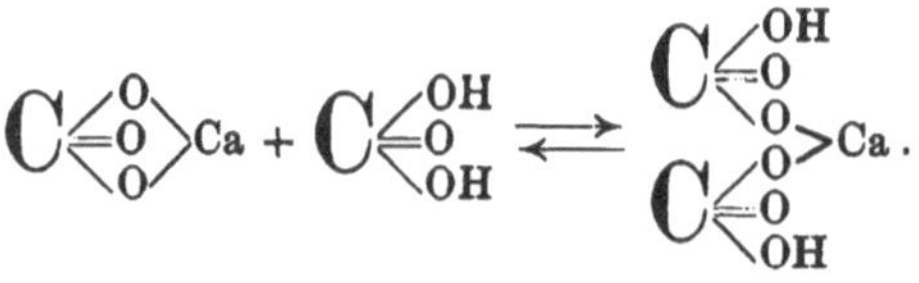

Kocht man die klar gewordene Lösung, so scheidet sich neutrales kohlensaures Calcium unter Entweichen von Kohlendioxyd wieder ab. Reaktionsgleichung?

Die Kohlensäure ist im freien Zustande in Form ihres Anhydrides, Kohlendioxyd $C\lessdot{}^{O}_{O}$ bekannt, das bei 0° unter 36 Atmosphären Druck flüssig wird. (Kritische Temperatur 31,35° und zugehöriger Druck 72,9 Atmosphären.)

Die wässerige Lösung des Kohlendioxyds enthält das Hydrat: die Kohlensäure, $C\begin{smallmatrix}\diagup OH\\ = O\\ \diagdown OH\end{smallmatrix}$, eine zweibasische Säure, deren Salze beständig sind.

Als zweibasische Säure vermag sie zwei Reihen von Salzen zu bilden. Neutrale Salze z. B.:

$C\begin{smallmatrix}\diagup ONa\\ = O\\ \diagdown ONa\end{smallmatrix}$ Soda, neutrales kohlensaures Natrium, Natriumcarbonat.

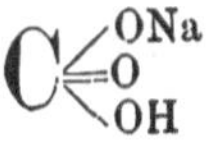 saures kohlensaures Natrium, Natriumbicarbonat.

Man schreibe die Konstitutionsformeln für Calciumcarbonat und Calciumbicarbonat.

Saure Salze der Kohlensäure sind nur von den stärkeren Basen bekannt. Die schwächeren mehrsäurigen Basen bilden mit Kohlensäure gern basische Salze, z. B. das Zinkhydroxyd; noch schwächere Basen vermögen mit der Kohlensäure und in ähnlicher Weise mit anderen schwachen Säuren (Schwefelwasserstoffsäure, schweflige Säure) überhaupt keine Salze mehr zu bilden, wie z. B. das Aluminiumhydroxyd.

Löslich in Wasser sind von den Salzen der Kohlensäure nur die der Alkalimetalle, des Ammoniums und die sauren Salze zweiwertiger Metalle. Alle übrigen bekannten neutralen und basischen Salze der Kohlensäure sind in Wasser unlöslich.

Eines der wichtigsten Salze der Kohlensäure ist die

Soda. Sie kristallisiert aus kaltem Wasser (unter 34°) mit 10 Molekülen Wasser (Na_2CO_3, $10\,H_2O$) als klares, durchsichtiges Salz, dass an der Luft allmählich Wasser verliert (verwittert).

Aus Wasser von 34—50° scheiden sich je nach der Konzentration zwei verschiedene Salze von der Zusammensetzung Na_2CO_3, $7\,H_2O$ aus.

Ein Salz Na_2CO_3, H_2O entsteht beim Abscheiden aus siedender Lösung und beim Verwittern aller wasserreicheren Salze an der Luft.

Man erwärme ein kleines Stückchen Kristallsoda in einem Reagensglase ganz schwach auf etwa 34°. Es findet fast vollständiges Schmelzen statt und bei stärkerem Erwärmen nach einiger Zeit Abscheidung des einfach gewässerten Salzes.

Erhitzt man auf höhere Temperaturen, so entweicht das Kristallwasser und verdichtet sich in dem oberen Teile des Reagensglases. Man halte das Reagensrohr fast wagerecht, damit das kondensierte Wasser nicht zurückfließt und sauge es mit Fließpapier, das man um einen Glasstab gewickelt hat, auf. Zuletzt bleibt wasserfreie, „kalzinierte Soda“ zurück, die bei 849° schmilzt und beim Erkalten kristallinisch erstarrt.

Beim Glühen sind nur die Carbonate der Alkalien völlig beständig. Von den Carbonaten der Erdalkalien zerfällt der kohlensaure Kalk beim Glühen leicht in Kohlensäure und Calciumoxyd, kohlensaures Strontium schwerer und kohlensaures Barium noch schwerer. Die Carbonate und basischen Carbonate aller anderen Metalle verlieren beim Glühen Kohlensäure und gehen in die Oxyde über.

Soda ist leicht löslich in Wasser.

In 100 Wasser lösen sich von:

	20°	38°	104°
Na_2CO_3	21,5	51,7	45,5
Na_2CO_3, $10\,H_2O$	92,8	1142,2	539,6

Man prüfe den Geschmack und das Verhalten der Sodalösung gegen Lackmuspapier.

Sodalösung schmeckt und reagiert alkalisch, eine Eigenschaft, die auch bei anderen Salzen schwacher Säuren mit starken Basen zu beobachten ist. Das deutet auf eine zum Teil vor sich gehende hydrolytische Spaltung der Soda in wässeriger Lösung:

$$Na_2CO_3 + H_2O = NaOH + NaHCO_3,$$

oder in Ionengleichungsform:

$$\underbrace{2\,Na^{\cdot} + (CO_3'')}_{\text{Soda}} + H_2O = \underbrace{2\,Na^{\cdot} + (HCO_3') + (OH')}_{\text{Natriumbicarbonat + Natronlauge.}}$$

Diese hydrolytische Spaltung geht bei Salzen schwacher Säuren mit schwachen Basen noch weiter (vgl. unten beim Zn und Al, vgl. auch S. 95).

Hydrolyse.

Wasser ist sehr wenig dissoziiert; sein Dissoziationsgrad beträgt bei 25° 1,05 × 10^{-7} (siehe Tabelle III im Anhang), so daß ein Mol seiner Ionen erst in $12^1/_2$ Millionen Litern Wasser enthalten ist. — Der auf S. 13 u. f. ausgeführte Neutralisationsprozeß verläuft deshalb nie vollständig, sondern es bleiben so viel $H^{\cdot}$- und (OH')-Ionen unverbunden zurück, als dieser geringen Eigendissoziation des Wassers entspricht. Bei Salzen, deren Säure oder Base (oder Säure und Base) schwach ist (wie z. B. beim kohlensauren Natron die Kohlensäure), verbinden sich die Ionen des Wassers mit dem Anion der schwachen Säure, bzw. dem Kation der schwachen Base zu undissoziierter schwacher Säure, bzw. schwacher Base, und je nachdem $H^{\cdot}$- oder (OH')-Ionen übrig bleiben, reagiert die Lösung solcher Salze sauer oder alkalisch. Für die Soda gilt folgendes Schema:

$$Na_2CO_3 = 2\,Na^{\cdot} + (CO_3'')$$
$$\underbrace{2\,H^{\cdot} + 2(OH')}_{\text{Wasser}} + (CO_3'') = \underset{\substack{\text{undissoz.}\\ \text{Kohlensäure}}}{[H_2CO_3]} + 2(OH').$$

Bei der Hydrolyse des Natriumcarbonats bleiben also Hydroxylionen übrig, während die Wasserstoffionen (des Wassers) durch Bildung undissoziierter Kohlensäure verschwinden. Die Lösung des Salzes reagiert daher alkalisch.

Der Grad der Hydrolyse ist durch folgende Beziehung gegeben:

$$\text{Hydrolysenkonstante} = \frac{(\text{Konz. d. Säure})\ (\text{Konz. d. Base})}{(\text{Konz. d. unhydrolys. Salzes})}$$

gerade wie die

$$\text{Dissoziationskonstante} = \frac{(\text{Konz. d. Anionen})\ (\text{Konz. d. Kationen})}{(\text{Konz. d. undissoziierten Salzes})}$$

war.

Die Hydrolysenkonstante läßt sich aus den Dissoziationskonstanten der am Salz beteiligten Säure und Base und der Dissoziationskonstante des Wassers für eine gegebene Konzentration und Temperatur berechnen. (Vgl. Nernst, Theoretische Chemie, 5. Aufl., S. 522.) So sind z. B. folgende Salzlösungen in $\frac{1}{10}$-normaler Lösung bei 25°

Natriumacetat	zu	0,008 %	hydrolytisch gespalten.
Borax	„	0,5 %	
Cyankalium	„	1,12 %	
Soda	„	3,17 %	

Da die Dissoziationskonstante des reinen Wassers mit Erhöhung der Temperatur stark steigt, nimmt nach dem Vorhergehenden auch der Grad der hydrolytischen Spaltung mit steigender Temperatur zu.

Ammoniumcarbonat. Das Ammoniumcarbonat des Handels (Hirschhornsalz) besteht gar nicht aus neutralem kohlensauren Ammoniak [$(NH_4)_2CO_3$], sondern enthält saures kohlensaures Ammoniak $(NH_4)HCO_3$ und carbaminsaures Ammoniak $(NH_4)(NH_2)CO_2$ annähernd zu gleichen Molekülen.

In der Analyse braucht man Ammoniumcarbonat oft an Stelle der Soda zur Fällung mancher unlöslichen Carbonate, besonders der der Erdalkalimetalle.

Dabei ist aber zu beachten, daß, infolge des Gehaltes an saurem kohlensauren Ammoniak, in der Kälte saure kohlensaure Erdalkalien entstehen, die in Wasser löslich sind. Die Fällung ist daher in der Kälte unvollständig, wird aber beim Kochen der wässerigen Lösung vollständig (vgl. S. 94). Ebenso sind die carbaminsauren Erdalkalisalze in Wasser löslich; aber auch sie geben beim Kochen ihrer wässerigen Lösung unter Wasseraufnahme neutrale kohlensaure Salze. Reaktionsgleichung?

Der Ammoniumcarbonatlösung, die im Laboratorium als Reagens dient, ist in der Regel zur Neutralisierung des sauren kohlensauren Ammoniaks die entsprechende Menge Ammoniak zugemischt. Wegen des noch darin bleibenden carbaminsauren Ammoniaks darf man aber zur vollständigen Fällung der kohlensauren Erdalkalien das Erhitzen zum Sieden niemals unterlassen, ganz abgesehen davon, daß der Niederschlag dadurch auch kristallinischer und folglich leichter filtrierbar und auswaschbar wird.

Bereitung von Chlorcalcium. Die oben S. 92 aus Marmor und Salzsäure gewonnene Lösung verarbeitet man in folgender Weise auf reines kristallisiertes Chlorcalcium.

Man gieße die Chlorcalciumlösung, nachdem man noch einige Zeit gekocht hat, von dem ungelösten Marmor ab. Sollte der Marmor vollständig gelöst sein, so kocht man zweckmäßig noch mit einigen frischen Stücken, gibt alsdann zur Befreiung der Lösung von Mangan, Eisen und Magnesium eine Messerspitze gelöschten Kalk hinzu und erwärmt, während man so lange kleine (etwa linsengroße) Mengen Chlorkalk einträgt, bis eine Probe der Flüssigkeit auf einem mit Manganosalzlösung getränkten Papier einen braunen Fleck (Mangansuperoxydhydrat) erzeugt und dadurch einen Überschuß an Chlorkalk anzeigt.

Der Kalkstein, und in weniger starkem Maße auch der Marmor, ist fast stets verunreinigt durch Eisenoxydul-, Manganoxydul- und Magnesiumcarbonat, kieselsaures Aluminium (Ton) und Kieselsäure (Quarz).

Die letzten beiden bleiben bei der Behandlung des Marmors mit Salzsäure ungelöst zurück; Eisenoxydul-, Manganoxydul- und Magnesiumsalz sind in Lösung gegangen und werden durch Chlorkalk und Ätzkalk als Hydroxyde gefällt:

$$Fe{<}^{Cl}_{Cl} + Ca{<}^{OH}_{OH} = Ca{<}^{Cl}_{Cl} + Fe{<}^{OH}_{OH}$$

$$2\,Fe{<}^{OH}_{OH} + H_2O + CaOCl_2 = CaCl_2 + 2\,Fe(OH)_3$$

$$Mn{<}^{Cl}_{Cl} + Ca{<}^{OH}_{OH} = Ca{<}^{Cl}_{Cl} + Mn{<}^{OH}_{OH}$$

$$Mn{<}^{OH}_{OH} + CaOCl_2 = CaCl_2 + Mn{\leqslant}^{OH}_{=O}{}_{OH}$$

$$Mg{<}^{Cl}_{Cl} + Ca{<}^{OH}_{OH} = Ca{<}^{Cl}_{Cl} + Mg{<}^{OH}_{OH}$$

Die von Mangan, Eisen und Magnesium befreite Flüssigkeit filtriere man von dem Ungelösten ab und prüfe eine kleine Probe im Reagensrohr auf einen Eisengehalt dadurch, daß man zunächst mit etwas reiner Salzsäure kocht, um den überschüssigen Chlorkalk zu zerstören, dann wieder ammoniakalisch macht und nun Schwefelammonium hinzugibt und beobachtet, ob eine grüne Färbung bis schwarze Fällung stattfindet. Wenn das der Fall ist, muß die Behandlung mit Ätzkalk und Chlorkalk wiederholt werden, im anderen Falle versetzt man das klare Filtrat zur Zersetzung von Chlorkalk und Calciumhydroxyd mit Salzsäure bis zur sauren Reaktion.

Nach der Berechnung, wieviel Chlorcalcium das Salz $CaCl_2, 6\,H_2O$ auf 100 g Wasser enthält (102,7 g $CaCl_2$), kann man nun das Eindampfen der Chlorcalciumlösung bis zur Zusammensetzung des Hexahydrats, $CaCl_2, 6\,H_2O$, durch Temperaturbestimmung regeln (siehe folgende Siedepunktstabelle), nämlich durch Eindampfen bis auf 128° (höchstens 130,5°) Siedetemperatur. Wenn man so verfährt, verwandelt sich die Lösung beim Abkühlen vollständig in eine Kristallmasse des 6fach gewässerten Salzes, das bei 30,2° schmilzt.[1]

Die nach einiger Zeit gebildeten Kristalle von $CaCl_2, 6\,H_2O$ werden gesammelt, auf porösem Ton abgepreßt, und wegen ihrer Zerfließlichkeit an feuchter Luft sofort in einem Präparatengläschen gut verschlossen für spätere Versuche aufbewahrt.

Die Löslichkeit des wasserfreien Chlorcalciums ist bei 20° $\frac{74}{100}$, bei 99° $\frac{154}{100}$.

Siedepunkte von Calciumchloridlösung verschiedener Konzentration:

Gramm Calciumchlorid auf 100 g Wasser	25,0	41,5	69,0	101	137,5
Siedepunkte in Graden C	105	110	120	130	140

Gramm Calciumchlorid auf 100 g Wasser	178	222	268	292	305
Siedepunkte in Graden C	150	160	170	175	178

[1] Über die Bildungs- und Existenzbedingungen der Calciumchloridhydrate vgl. Roozeboom, Zeitschrift für physikalische Chemie, Bd. 4 S. 31 (1889).

Phosphorsäure.

Die gewöhnliche Phosphorsäure oder Orthophosphorsäure PO_4H_3 leitet sich vom fünfwertigen Phosphor ab und hat die Konstitutionsformel:

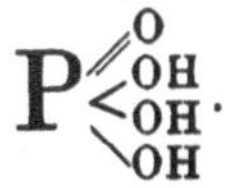

Sie ist eine in Wasser äußerst leicht lösliche Säure, die im konzentrierten Zustande eine sirupartige Flüssigkeit vom spezifischen Gewicht 1,88 vorstellt, die zuweilen kristallisiert. Sie ist sowohl gegen Oxydations- als auch gegen Reduktionsmittel außerordentlich beständig.

Beim Erhitzen auf höhere Temperatur vermag sie in wasserärmere Säuren überzugehen. Erhitzt man sie längere Zeit auf 213°, so entsteht Pyrophosphorsäure, indem zwischen zwei Molekülen Orthophosphorsäure ein Molekül Wasser austritt:

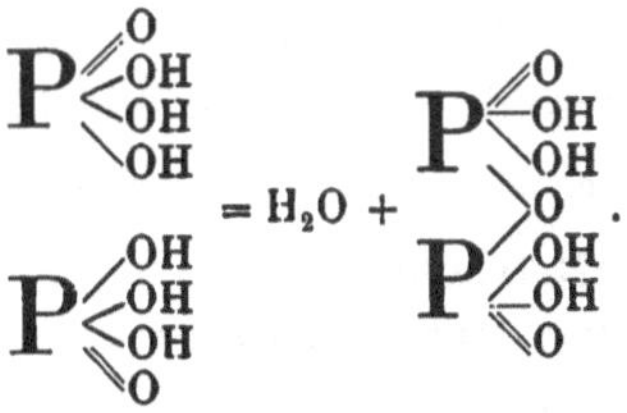

Sie ist, wie die Orthophosphorsäure, in Wasser leicht löslich und geht in wässeriger Lösung langsam, rascher beim Kochen unter Zusatz einer starken Säure oder beim Schmelzen mit Alkalien in gewöhnliche Phosphorsäure über.

Wird Pyrophosphorsäure geglüht, so entsteht daraus unter nochmaligem Wasseraustritt Metaphosphorsäure, die in einer größeren Zahl von Modifikationen bekannt ist,[1] der man gewöhnlich die Formel:

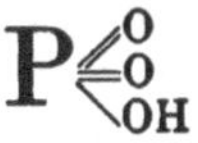

erteilt, deren Molekül aber schon nach ihrer Entstehung aus Pyrophosphorsäure größer, also zu $(PO_3H)_x$ anzunehmen ist. Sie gibt auch bei starker Glühhitze kein Wasser mehr ab, sondern verdampft als solche, kann also nicht in das durch Verbrennen von Phosphor an trockner Luft darstellbare Phosphorsäureanhydrid P_2O_5 übergeführt werden.

Umgekehrt erhält man aber zunächst Metaphosphorsäure, wenn man Phosphorsäureanhydrid in Wasser löst. Die Metaphosphorsäure ist in Wasser leicht löslich und geht mit viel Wasser in der Kälte allmählich, beim Erwärmen rascher, und sonderbarerweise ohne dabei die Pyrophosphorsäure als Zwischenprodukt zu liefern, in Orthophosphorsäure über.

Die Phosphorsäuren sind in verdünnter wässeriger Lösung nur schwache Säuren, bei hohen Temperaturen verdrängen sie aber, ihrer großen

[1] Zeitschrift für anorganische Chemie, Bd. 28 S. 177.

Feuerbeständigkeit wegen, flüchtigere Säuren, wie Salzsäure, Salpetersäure, Schwefelsäure usw., die in wässeriger Lösung viel stärker saure Eigenschaften als die Phosphorsäuren äußern.

Die Salze der Phosphorsäure heißen Phosphate.

Die Orthophosphorsäure ist eine dreibasische Säure. Sie vermag drei Reihen von Salzen zu bilden (vgl. S. 21).

Das gewöhnliche im Handel befindliche Natriumsalz ist das Dinatriumphosphat Na_2HPO_4, das bei Zimmertemperatur mit 12 Molekülen Kristallwasser kristallisiert und an der Luft verwittert unter Verlust von 5 Molekülen Wasser.

Aus Lösungen, die über 33° warm sind, kristallisiert es in luftbeständigen Kristallen, die 7 Moleküle Wasser enthalten.

Man bringe eine kleine Menge des Dinatriumphosphats in ein Reagensrohr und erhitze schwach. Es schmilzt zunächst in seinem Kristallwasser.

Beim Erhitzen auf etwa 300° entweicht das Kristallwasser vollständig und Na_2HPO_4 bleibt zurück.

Phosphorsaures Natrium löst sich leicht in Wasser. Die Löslichkeit beträgt, auf wasserfreies Salz berechnet, bei 20° $\frac{9,3}{100}$, bei 100° $\frac{99}{100}$.

Man löse etwas Natriumphosphat im Reagensglase in wenig heißem Wasser und lasse durch Erkalten kristallisieren.

Man bereite eine verdünnte Lösung von Natriumphosphat und prüfe die Reaktion gegen Lackmuspapier. Das Dinatriumphosphat reagiert alkalisch, obwohl es ein saures Salz ist. Vgl. unter Hydrolyse S. 96.

Von den Salzen der Phosphorsäure sind diejenigen der Alkalien und des Ammoniums in Wasser löslich. Von den Salzen der Erdalkalien sind die zweifach sauren Salze in Wasser löslich, die einfach sauren und neutralen Salze dagegen in Wasser unlöslich. Die Salze der Erden sind in Wasser unlöslich und die Salze der Schwermetalle sind in Wasser und zum Teil auch in Säuren unlöslich. Bei den Salzen der Erd- und Schwermetalle besteht die Neigung, tertiäre Salze zu bilden; saure Salze sind bei ihnen so gut wie gar nicht bekannt.

Formeln von Salzen mehrbasischer Säuren.

Die Salze der dreibasischen Phosphorsäure mit den mehrsäurigen Basen sind oft sehr verschiedenartig, zum Teil kompliziert zusammengesetzt.

Z. B. hat:

zweifach	saures phosphorsaures	Calcium	die	Zusammensetzung	$Ca(H_2PO_4)_2$
einfach	„ „	„	„	„	$CaHPO_4$
neutrales	phosphorsaures	„	„	„	$Ca_3(PO_4)_2$
„	„	Zinnoxyd	„	„	$Sn_3(PO_4)_4$.

Zur richtigen Ableitung solcher Formeln hat man zu beachten, daß die Salze aus den Säuren hervorgehen durch Ersatz der vertretbaren Wasserstoffatome, und zwar ersetzt

1 einwertiges	Metallatom	1 Atom H
1 zweiwertiges	„	2 Atome H
1 dreiwertiges	„	3 „ H

Sollen saure Salze formuliert werden, so ist zu beachten, daß z. B. bei *einfach* sauren Phosphaten von jedem Phosphorsäure-Molekül 1 H-Atom *unersetzt bleiben muß*,
zweifach sauren Phosphaten von jedem Phosphorsäure-Molekül 2 H-Atome *unersetzt bleiben müssen.*

Will man z. B. die Formel des zweifach phosphorsauren Calciums ableiten, so darf im Phosphorsäuremolekül nur *ein* Wasserstoffatom vertreten werden. Das zweiwertige Calcium, das an die Stelle von 2H tritt, muß daher das zweite Wasserstoffatom in einem zweiten Molekül Phosphorsäure ersetzen:

$$\begin{matrix}(PO_4H_2)\\(PO_4H_2)\end{matrix}>Ca.$$

Reaktionen der Orthophosphorsäure.

Magnesiumsalze. Man versetze im Reagensglase etwas einer konzentrierten Lösung von Natriumphosphat (erkaltete Lösung von

Fig. 17. Wachstumsformen.

Fig. 18. Ausgebildete Kristalle.

Ammoniummagnesiumphosphat.

dem oben ausgeführten Kristallisationsversuch) mit Magnesiumsalzlösung: es entsteht ein Niederschlag von einfach saurem Magnesiumphosphat Reaktionsgleichung? Der Niederschlag ist in viel Wasser löslich.

Gibt man zu der verdünnten Lösung des einfach sauren Magnesiumphosphats eine Lösung von Salmiak und soviel Ammoniak, daß die Flüssigkeit deutlich danach riecht, so entsteht ein weißer, kristallinischer Niederschlag des in Wasser so gut wie unlöslichen Doppelsalzes Ammoniummagnesiumphosphat:

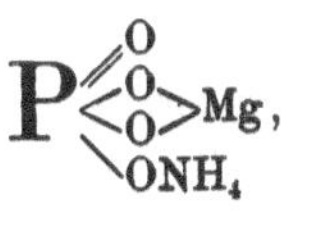

das 6 Moleküle Kristallwasser enthält und unter dem Mikroskop fünf-, sechs- und mehrstrahlige, schneeflockenähnliche Sterne (Wachstumsformen von Zwillings- und Drillingsgestalten, Fig. 17) zeigt. Gut ausgebildete Kristalle (Fig. 18), besonders scherenförmige und sargähnliche Formen erhält man in ganz schwach ammoniakalischer, neutraler oder schwach saurer und so stark verdünnter Lösung, daß der Niederschlag erst nach einigen Minuten sichtbar wird. Bei größerem Überschuß von Ammoniak bilden sich in der Regel die sternförmigen Kristalle.

Das Ammoniummagnesiumphosphat löst sich in Wasser bei 15° im Verhältnis $\frac{1}{15\,300}$ und ist in ammoniakalischem Wasser noch viel schwerer löslich, nämlich je nach dem Ammoniakgehalt $\frac{1}{45\,000} - \frac{1}{61\,000}$.

Man versetze die Fällung mit Essigsäure: es findet Auflösung statt. In Säuren, selbst in schwachen Säuren ist der Niederschlag leicht löslich.

Wegen der hervorragenden Unlöslichkeit in ammoniakhaltigem Wasser benutzt man das Ammoniummagnesiumphosphat sowohl zur Abscheidung des Magnesiums, als auch der Phosphorsäure aus alkalischen Lösungen.

Will man Phosphorsäure aus einer Lösung in Form von Ammoniummagnesiumphosphat abscheiden, so bereitet man zunächst eine Mischung eines Magnesiumsalzes mit Chlorammonium und Ammoniak (Magnesiamixtur). Zur Bereitung der Magnesiamixtur versetze man etwas Magnesiumchloridlösung mit Ammoniak. Es entsteht eine weiße Fällung von Magnesiumhydroxyd. Gibt man nun Chlorammonium hinzu, so findet Wiederauflösung des Magnesiumhydroxyds statt. Man nehme nicht viel mehr Chlorammonium, als zur Wiederauflösung des Magnesiumhydroxyds eben erforderlich ist.

Versetzt man diese Magnesiamixtur mit phosphorsaurem Natrium, so entsteht das Ammoniummagnesiumphosphat:

$$MgCl_2 + NH_3 + Na_2HPO_4 = 2\,NaCl + Mg(NH_4)PO_4.$$

In der Reaktionsgleichung tritt der hinzugefügte Salmiak gar nicht auf. Er ist aber erforderlich, um die oben erwähnte Fällung von Magnesiumhydroxyd zu verhindern, da sie sonst diejenige des Magnesiumammoniumphosphats verdecken würde.

Calciumsalze. Man versetze etwas Chlorcalciumlösung mit phosphorsaurem Natrium: es entsteht ein weißer, in Wasser unlöslicher, aber in Säuren (selbst in Essigsäure) löslicher Niederschlag von einfach saurem phosphorsaurem Calcium, $CaHPO_4$. Reaktionsgleichung?

In wenig Salzsäure löst er sich zunächst zu dem in Wasser löslichen, zweifach sauren phosphorsauren Kalk, $Ca(H_2PO_4)_2$. Reaktionsgleichung?

Bei Zusatz von mehr Säure wird auch dem zweifach sauren phosphorsaurem Salz Calcium entzogen, und es entsteht freie Phosphorsäure neben Chlorcalcium. Reaktionsgleichung?

Fällt man Chlorcalciumlösung mit phosphorsaurem Natrium bei Gegenwart von Ammoniak oder Natronlauge (überhaupt in stark alkalischer Lösung), so entsteht das in Wasser unlösliche Tricalciumphosphat, $Ca_3(PO_4)_2$, das auch in einem Überschuß von Ammoniak oder Natronlauge unlöslich ist. Reaktionsgleichung?

Durch Salzsäure und auch durch Essigsäure (Unterschied von Aluminiumphosphat und Ferriphosphat) wird das Tricalciumphosphat stufenweise zerlegt, zunächst in einfach saures, unlösliches Salz (Reaktionsgleichung?) und dann weiter wie oben.

Aus allen Lösungen von phosphorsaurem Calcium in Säuren fällt durch einen Überschuß von Ammoniak oder Natronlauge oder ihrer Carbonate immer Tricalciumphosphat.

Aluminiumphosphat. Man versetze eine Natriumphosphatlösung mit Aluminiumsulfat- oder mit Alaun-lösung: es entsteht ein weißer Niederschlag von tertiärem Aluminiumphosphat, $AlPO_4$. Reaktionsgleichung?

Der Niederschlag ist sowohl in Mineralsäuren als auch in Natronlauge löslich, dagegen unlöslich in Essigsäure und in Ammoniak.

Man verteile den Niederschlag von Aluminiumphosphat mit Flüssigkeit auf zwei Reagensröhren, versetze den einen Teil mit Salzsäure: es findet Auflösung statt:

$$AlPO_4 + 3HCl = AlCl_3 + H_3PO_4.$$

Zum anderen Teil gebe man Natronlauge: es findet ebenfalls Lösung statt unter Bildung von phosphorsaurem Natrium und löslichem Natriumaluminat:

$$AlPO_4 + 6NaOH = 3H_2O + Na_3PO_4 + Al(ONa)_3.$$

Zur Lösung des Aluminiumphosphats in Salzsäure gebe man essigsaures Natrium: es findet wieder Ausfällung des Aluminiumphosphats im umgekehrten Sinne obiger Gleichung statt, indem die dabei freiwerdende Salzsäure sofort durch Natriumacetat unwirksam gemacht wird:

$$HCl + NaC_2H_3O_2 = NaCl + C_2H_4O_2.$$

Die H'-Ionenkonzentration der Salzsäure geht auf diejenige der Essigsäure zurück, die nicht lösend auf Aluminiumphosphat wirkt. (Unterschied von Erdalkaliphosphaten.)

Zur Lösung des Aluminiumphosphats in Natronlauge gebe man Chlorammonium; es findet ebenfalls Wiederausfällung des Aluminiumphosphats statt im umgekehrten Sinne, in welchem die Auflösung in Natronlauge vor sich ging, indem die dabei freiwerdende Natronlauge sofort durch das zugesetzte Chlorammonium unwirksam gemacht wird:

$$NaOH + NH_4Cl = NaCl + H_2O + NH_3.$$

Die (OH')-Ionenkonzentration der Natronlauge geht auf diejenige des Ammoniumhydroxyds zurück, das nicht lösend auf Aluminiumphosphat wirkt.

Ferriphosphat. Ähnlich dem Aluminiumphosphat verhält sich auch das Eisenphosphat, $FePO_4$, nur ist es auch unlöslich in Natronlauge.

Man versetze Natriumphosphat mit Eisenchlorid: es entsteht ein schwach gelbgefärbter Niederschlag von Eisenphosphat. Reaktionsgleichung? Man prüfe sein Verhalten gegen Salzsäure, Essigsäure, Natronlauge und Ammoniak und stelle die Gleichungen für die stattfindenden Reaktionen auf.

Phosphormolybdänsaures Ammonium. 1—2 ccm einer Lösung von molybdänsaurem Ammonium versetze man mit Salpetersäure: es entsteht zunächst ein weißer Niederschlag von Molybdänsäure (MoO_3), der sich in überschüssiger Salpetersäure klar löst. Versetzt man diese Lösung von Molybdänsäure in Salpetersäure mit Natriumphosphatlösung und erwärmt gelinde, so färbt sich die Flüssigkeit gelb und scheidet nach einiger Zeit einen gelben Niederschlag von phosphormolybdänsaurem Ammoniak aus, der je nach den Fällungsbedingungen wechselnde Zusammensetzung besitzt:

$$(NH_4)_3PO_4(MoO_3)_{10} \text{ bis } (NH_4)_3PO_4(MoO_3)_{12}$$

mit wechselnden Mengen Kristallwasser. Er ist in Wasser und starken Säuren vollkommen unlöslich, dagegen löslich in Ammoniak und fällbar aus dieser Lösung in Gegenwart von Salmiak durch Magnesiumsalze als phosphorsaure Ammoniakmagnesia.

Phosphormolybdänsaures Ammoniak ist farblos löslich in überschüssigen phosphorsauren Salzen. Man muß daher zur Fällung immer wenig phosphorsaures Salz und verhältnismäßig viel Molybdänflüssigkeit nehmen. (Man gebe die phosphorsäurehaltige Lösung stets tropfenweise in überschüssige Molybdänlösung.) Die Reaktion dient zum Nachweis und zur Abscheidung der Phosphorsäure in sauren Lösungen, wie die Magnesiamixtur zur Abscheidung in alkalischen Lösungen.

Phosphorsaures Silber. Man versetze wenig des alkalisch reagierenden phosphorsauren Natriums mit neutral reagierender Lösung von salpetersaurem Silber: es entsteht ein gelber Niederschlag von neutralem phosphorsaurem Silber, Ag_3PO_4, während die Flüssigkeit saure Reaktion annimmt. Reaktionsgleichung? Der Niederschlag ist löslich in Salpetersäure und auch löslich in Ammoniak.

Phosphorsäure und Eiweiß. Man bereite eine klare Lösung von Hühnereiweiß, indem man Eiweiß in einer Reibschale durch Verrühren mit Glasscherben zerschneidet, dann in Wasser löst und die Lösung durch ein Faltenfilter filtriert. Versetzt man diese klare Lösung mit Natriumphosphat und Essigsäure, so findet keine Gerinnung des Eiweißes statt.

Reaktionen der Pyrophosphorsäure.

Pyrophosphorsaures Natrium. Man glühe etwas Dinatriumphosphat am Öhr eines Platindrahtes: es findet Wasserabspaltung unter Bildung von Natriumpyrophosphat statt:

$$2\,Na_2HPO_4 = H_2O + Na_4P_2O_7.$$

Die Pyrophosphorsäure ist eine vierbasische Säure. Man kennt von ihr bisher aber nur zwei Reihen von Salzen, die neutralen Salze und die zweifach sauren Salze.

Pyrophosphorsäure und Eiweiß. Man löse das Natriumpyrophosphat in Wasser und versetze einen Teil der Lösung mit Eiweiß und Essigsäure: es tritt keine Gerinnung des Eiweißes ein.

Pyrophosphorsaures Silber. Den anderen Teil der Lösung versetze man mit Silbernitrat: es entsteht ein weißer Niederschlag von pyrophosphorsaurem Silber, $Ag_4P_2O_7$. Reaktionsgleichung?

Die Reaktion, welche die Orthophosphorsäure mit Magnesiamixtur und mit Molybdänsäure gibt, zeigt die Pyrophosphorsäure nicht direkt, sondern erst nachdem sie durch längeres Kochen mit Wasser oder Säure, oder durch Schmelzen mit Alkalien in Orthophosphorsäure übergegangen ist.

„Phosphorsalz", Natriumammoniumphosphat.

$$P \begin{cases} {/\!\!/}O \\ -ONa \\ -ONH_4 \\ \backslash OH \end{cases} + 4\,H_2O.$$

Bereitung des Phosphorsalzes. 30 g gewöhnliches kristallisiertes phosphorsaures Natrium und 5 g Salmiak werden in einer Porzellanschale mit 10 g Wasser übergossen und bis zur Lösung erhitzt. Sollte die Lösung nicht klar sein, so filtriere man sie siedend heiß durch ein Faltenfilter und lasse erkalten. Die Kristalle des Phosphorsalzes sammle man auf einem Trichter. Man schreibe die Umsetzungsgleichung.

Den Kristallen hängt noch etwas Kochsalz an, das sich im übrigen in der Mutterlauge befindet. Man reinige die Kristalle durch Umkristallisieren.

Zu dem Zwecke bringe man die Kristalle in einen Erlenmeyerkolben, erwärme zunächst mit ganz wenig Wasser und gebe so viel Wasser und Ammoniak (um den geringen Ammoniakverlust, der beim Erwärmen stattgefunden hat, zu ersetzen) hinzu, daß eben Lösung erfolgt. Die Lösung lasse man kristallisieren, behandle die abgeschiedenen Kristalle wie oben, trockne sie auf porösem Ton und hebe sie nach dem Trocknen in einem Präparatenglase zu den folgenden und späteren Versuchen auf.

Man erhitze eine kleine Probe des Salzes im Glühröhrchen. Zunächst entweicht das Kristallwasser, dann spaltet das Salz Ammoniak ab, das man durch den Geruch und die Reaktion auf Lackmuspapier nachweisen kann, und es bleibt zweifach saures Natriumphosphat NaH_2PO_4 zurück, das bei weiterem Erhöhen der Temperatur nochmals Wasser verliert und metaphosphorsaures Natrium $NaPO_3$ hinterläßt. Man schreibe die Gleichungen für die Ammoniak- und Wasserabspaltung.

Reaktionen der Metaphosphorsäure.

Man schmelze etwas Phosphorsalz an das Öhr eines Platindrahtes durch Eintauchen des reinen heißen Drahtes in das Salz und erhitze die angeschmolzene Probe in der Flamme des Bunsenbrenners zunächst ganz schwach, damit die Perle nicht herunterschmilzt, später stärker. Die Perle vergrößere man durch wiederholtes Eintauchen und Anschmelzen bis sie beim Glühen das Öhr vollständig ausfüllt und erhitze sie, bis keine Gasbläschen mehr entwickelt werden.

Nach dem Erkalten zerdrücke man die aus Natriummetaphosphat bestehende Perle und löse sie in kaltem Wasser.

Metaphosphorsäure und Eiweiß. Eine Probe der Lösung des metaphosphorsauren Natriums versetze man mit Essigsäure und Eiweißlösung: es findet Gerinnen des Eiweißes statt.

Metaphosphorsaures Silber. Eine zweite Probe versetze man mit salpetersaurem Silber: es bildet sich weißes, metaphosphorsaures Silber. Reaktionsgleichung?

Gegen Magnesiamixtur und Molybdänsäure verhält sich die Metaphosphorsäure ähnlich wie die Pyrophosphorsäure (S. 105). Metaphosphorsäure geht aber leichter als die Pyrophosphorsäure (ohne Pyrophosphorsäure als Zwischenstufe zu bilden) in Orthophosphorsäure über.

Phosphorsalzperlen.

Das beim Schmelzen des Phosphorsalzes entstehende Natriummetaphosphat hat die Eigenschaft, Metalloxyde in der Glühhitze zu lösen. Dabei wird das Metalloxyd dem Natriummetaphosphat addiert unter Bildung von Orthophosphaten.

Z. B. wird das Oxyd des zweiwertigen Eisens, das Eisenoxydul, nach folgender Gleichung aufgenommen:

$$\mathrm{P}\begin{cases}=\mathrm{O}\\ =\mathrm{O}\\ -\mathrm{ONa}\end{cases} + \mathrm{FeO} = \mathrm{P}\begin{cases}=\mathrm{O}\\ -\mathrm{O}\\ -\mathrm{O}\\ -\mathrm{ONa}\end{cases}\!\!>\mathrm{Fe}$$

oder, wenn man es in getrennten Salzen schreibt:

$$3\,\mathrm{PO_3Na} + 3\,\mathrm{FeO} = \mathrm{PO_4Na_3} + (\mathrm{PO_4})_2\mathrm{Fe_3}.$$

Ähnlich ist der Vorgang beim Lösen des Oxyds eines dreiwertigen Elementes, z. B. des Chromoxyds, nur daß die Gleichung dann den Valenzverhältnissen entsprechend abgeändert werden muß:

$$3\,\mathrm{PO_3Na} + \mathrm{Cr_2O_3} = \mathrm{PO_4Na_3} + 2\,\mathrm{PO_4Cr}.$$

Wendet man die Oxyde in Form ihrer Salze an, so entweicht dabei die Säure entweder direkt (z. B. $\mathrm{FeCO_3} = \mathrm{FeO} + \mathrm{CO_2}$) oder unter Mitwirkung des Wasserdampfes in der Flamme ($\mathrm{FeCl_2} + \mathrm{H_2O} = \mathrm{FeO} + 2\,\mathrm{HCl}$) und oft in Gestalt ihrer Zersetzungsprodukte (z. B. $\mathrm{FeSO_4} = \mathrm{FeO} + \mathrm{SO_2} + \mathrm{O}$). Die nichtflüchtige Kieselsäure wird dabei in vielen Fällen nicht gelöst, sondern schwimmt als sogenanntes Kieselskelett in der Perle. Bei sehr langem Erhitzen mit genügenden Mengen Natriummetaphosphat kann man aber die Kieselsäure unter langsamem Verflüchtigen von Phosphorsäure als Natriumsilikat stets in Lösung bringen. Die Auflösung wird besonders erleichtert durch hohen Alkaligehalt der Silikate.

Manche Metalloxyde lösen sich mit charakteristischen Färbungen im Natriummetaphosphat, eine Erscheinung, die man zur Erkennung dieser Metalloxyde benutzt. Man erhitzt dabei die Metalloxyde oder ihre Salze in der Perle des Natriummetaphosphats am Platindraht in der Bunsenflamme oder der Lötrohrflamme in der später zu besprechenden und auszuführenden Weise.

Borsäure.

Die Borsäure oder Orthoborsäure leitet sich vom dreiwertigen Bor ab und hat die Formel $\mathrm{B}\begin{cases}-\mathrm{OH}\\ -\mathrm{OH}\\ -\mathrm{OH}\end{cases}$. Sie geht bei höherer Temperatur unter Wasserabspaltung in Metaborsäure $\mathrm{B}\begin{cases}=\mathrm{O}\\ -\mathrm{OH}\end{cases}$ über und beim Glühen in Borsäureanhydrid.

Außerdem existieren aber noch sogenannte Polyborsäuren oder kondensierte Borsäuren, die durch Wasserabspaltung zwischen mehreren Molekülen Orthoborsäure gebildet werden (vgl. Metaphosphorsäure, S. 99). Von ihnen ist die wichtigste die zweibasische Tetraborsäure, deren Bildung folgendem Kondensationsvorgange entspricht:

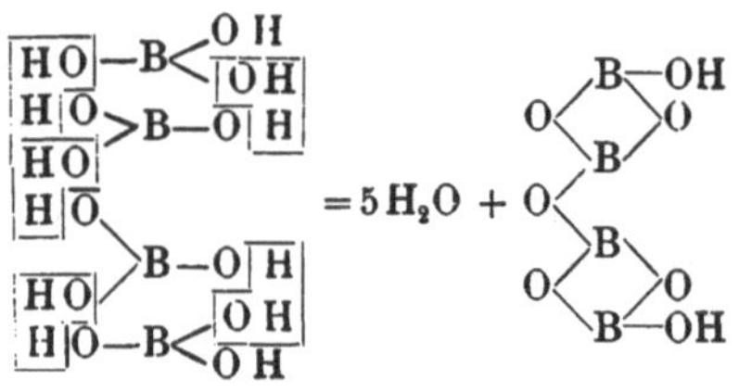

Die Salze (Borate) leiten sich von der Metaborsäure und vor allem von der Tetraborsäure ab; von der Orthoborsäure ist nur das Magnesiumsalz $Mg_3(BO_3)_2$ bekannt.

Der Borax,

das wichtigste Salz der Borsäure, ist ein neutrales Natriumtetraborat von der Zusammensetzung $Na_2B_4O_7$, das mit 10 Molekülen Kristallwasser kristallisiert und an der Luft nicht verwittert. Bei 20° ist seine Löslichkeit $\frac{7,8}{100}$, bei 100° $\frac{201,4}{100}$. In Alkohol ist er unlöslich. Infolge des großen Lösungsunterschiedes in Wasser bei niederer und hoher Temperatur läßt sich Borax aus heißem Wasser leicht umkristallisieren.

Man kristallisiere im Reagensrohr etwas Borax aus heißem Wasser.

Die Borsäure ist in wässeriger Lösung eine sehr schwache Säure. Man prüfe die Reaktion einer Boraxlösung gegen Lackmuspapier.

Borsaure Alkalien werden durch Wasser teilweise hydrolysiert; sie reagieren (als Salze einer schwachen Säure mit einer starken Basen) alkalisch (vgl. S. 96). Noch mehr hydrolysiert werden die borsauren Salze der schwächeren Basen die im Wasser schwer löslich sind, aber nicht so schwer löslich, daß durch sie die Borsäure aus den wasserlöslichen Boraten vollständig gefällt werden könnte. Die aus wässerigen Lösungen gefällten **borsauren Salze der Schwermetalle** haben infolge der durch Wasser stattfindenden Hydrolyse auch keine konstante Zusammensetzung mehr, sondern es wird ihnen je nach der Menge des Wassers und der Temperatur der Lösung mehr oder weniger Borsäure entzogen.

Man versetze eine konzentrierte Boraxlösung mit salpetersaurem Silber: es entsteht ein weißer, in Salpetersäure löslicher Niederschlag, der beim Verdünnen mit Wasser gelbbraun wird. Die Zusammensetzung des aus konzentrierter Boraxlösung ausfallenden Niederschlages ist annähernd $3\,Ag_2O,\ 4\,B_2O_3$. Durch viel Wasser wird er borsäureärmer, bis schließlich reines gelbbraunes Silberoxyd (Ag_2O) zurückbleibt.

Beim Erhitzen bläht sich der Borax unter Wasserverlust stark auf und gibt bei stärkerem Erhitzen eine klare, zähflüssige Masse.

Man erhitze etwas Borax am Öhr eines Platindrahtes.

Boraxperlen.

Der geschmolzene Borax hat wie das Natriummetaphosphat (vgl. S. 107) die Eigenschaft, Metalloxyde aufzulösen. Dabei werden Metaborate gebildet.

Z. B. wird Eisenoxydul FeO gelöst nach der Gleichung:

$$Na_2B_4O_7 + FeO = (BO_2)_2Fe + 2\,BO_2Na,$$

und Eisenoxyd Fe_2O_3 wird gelöst nach der Gleichung:

$$3\,Na_2B_4O_7 + Fe_2O_3 = 2(BO_2)_3Fe + 6\,BO_2Na.$$

Wendet man die Oxyde in Form ihrer Salze an, so entweichen auch hier, wie beim Phosphorsalz, die flüchtigen Säuren. Die nichtflüchtige Kieselsäure wird dabei stets leicht und klar gelöst. Unterschied von Phosphorsalz (vgl. S. 107).

Viele Metalloxyde geben dabei, wie in der Phosphorsalzperle, charakteristische, in der Reduktions- und Oxydationsflamme verschiedene Färbungen, die in Boraxperlen am Platindraht durch Schmelzen in der Bunsenflamme oder mit dem Lötrohr in der später auszuführenden Weise hergestellt und zur Erkennung gewisser Metalloxyde verwertet werden.

Borax- und Phosphorsalzperlen zeigen dabei mit den gleichen Metalloxyden nicht immer Übereinstimmung in der Färbung oder in den Farbtönen. In manchen Fällen sind die Färbungen in der Boraxperle, in anderen die in der Phosphorsalzperle zur Erkennung besser geeignet.

Borsäure.

Borsäure kann man aus Boraxlösung leicht durch eine stärkere Säure frei machen und, da sie in kaltem Wasser verhältnismäßig schwer löslich ist, abscheiden.

Man löse unter Erwärmen 19 g Borax in seinem vierfachen Gewicht Wasser und versetze die heiße Lösung mit etwas mehr als der berechneten Menge konzentrierter reiner Salzsäure. Beim Erkalten kristallisiert die Borsäure $B(OH)_3$ (nicht Tetraborsäure) in perlmutterglänzenden Blättchen. Reaktionsgleichung? Sie wird abfiltriert, zwischen Fließpapier abgepreßt und aus heißem Wasser umkristallisiert, um sie von dem noch anhaftenden Kochsalz zu befreien.

Man beachte bei der zum Umkristallisieren zu wählenden Menge Wasser die Löslichkeit der Borsäure: bei 15^0 $\frac{1}{25{,}6}$ und bei 100^0 $\frac{1}{2{,}9}$. Auch in Alkohol ist die Borsäure löslich.

Beim Sieden der wässerigen oder alkoholischen Lösung verflüchtigt sich die Borsäure sonderbarerweise zum Teil mit den

Wasser- oder Alkoholdämpfen; im trocknen Zustande dagegen ist sie selbst bei Glühhitze schwer flüchtig, verwandelt sich dabei aber (schon bei 100°) in Metaborsäure BO.OH und schließlich in Borsäureanhydrid B_2O_3. Unterschied von Phosphorsäure vgl. S. 99.

Reaktionen der Borsäure.

Man löse etwas Borsäure in Wasser und prüfe die Reaktion der Borsäure gegen Lackmuspapier: die Borsäure reagiert schwach sauer.

Sie hat die Eigenschaft Kurkumapapier in ähnlicher Weise wie die Alkalien zu bräunen. Man führe die Probe mit der Borsäurelösung oder mit einer mit Salzsäure versetzten Lösung von Borax aus. Nach dem Trocknen erscheint das Kurkumapapier rotbraun, auf Zusatz von Alkalien färbt es sich blau bis schwarzgrün.

Borsäure und alle flüchtigen Borverbindungen haben die Eigenschaft, die nicht leuchtende Flamme grün zu färben.

Man schmelze ein borsaures Salz (etwas Borax) an das Öhr eines Platindrahtes, tauche die Perle in einen Tropfen konzentrierte Schwefelsäure, der sich auf einem Uhrglase befindet, und bringe die Perle nun tief unten an den Saum *α* der Bunsenflamme (siehe Fig. 28 *α* S. 146).

Die Gegenwart von Natriumsalzen und anderen die Flamme färbenden Substanzen stört die Reaktion nicht, wenn man sie in dem angegebenen, verhältnismäßig kalten Teil der Flamme ausführt; nur Kupfer, Barium und andere die Flamme grün färbende Körper müssen zuvor entfernt sein.

Man mische den Borax (oder die auf Borsäure zu prüfende Substanz) mit einem Gemenge von ungefähr 4 Teilen saurem schwefelsauren Kalium oder noch besser Ammoniumsulfat (wegen Flammenfärbung durch Alkalien) und 1 Teil Fluorcalcium und führe dann dieselbe Probe aus. Es bildet sich zunächst Borfluorwasserstoffsäure (HBF_4), welche bei höherer Temperatur leicht gasförmiges Fluorbor (BF_3) liefert, das die Flamme noch leichter und intensiver grün färbt als die Borsäure. (Empfindliche Reaktion auf Bor.)

Man übergieße in einem Reagensrohre eine Messerspitze voll Borax mit 1—2 ccm Methylalkohol, füge einige Tropfen konzentrierte Schwefelsäure hinzu, erhitze zum Sieden und zünde die Dämpfe an; sie brennen mit intensiv grüner Flamme, weil den Alkoholdämpfen der leicht flüchtige Borsäuremethylester beigemischt ist. (Empfindliche und praktische Reaktion auf Bor.)

$$B\begin{cases} O|H & HO|CH_3 \\ O|H + & HO|CH_3 \\ O|H & HO|CH_3 \end{cases} \rightleftarrows 3\,H_2O + B\begin{cases} OCH_3 \\ OCH_3 \\ OCH_3 \end{cases}.$$

Die Alkalimetalle.

Natrium, Kalium, Rubidium, Cäsium, Ammonium, Lithium.

Kalium, Rubidium und Cäsium sind die eigentlichen Alkalimetalle und zeigen die größte Ähnlichkeit untereinander. Das Natrium hat etwas selbständigere Eigenschaften. Das Ammonium ist in seinen Verbindungen denen der eigentlichen Alkalimetalle sehr ähnlich. Das Lithium bildet seinen Eigenschaften zufolge schon den Übergang zum Magnesium und zu den alkalischen Erden.

Sämtliche Metalle dieser Gruppe, deren Zusammenfassung in eine Gruppe sowohl der analytischen Einteilung als auch derjenigen in natürliche Gruppen des periodischen Systems entspricht, werden in allen ihren Verbindungen einwertig angenommen; direkt bewiesen ist die Einwertigkeit des Kaliums durch Dampfdichtebestimmung des Jodkaliums.

Es sind die am stärksten elektropositiven Elemente. Sie haben große Neigung sich mit Sauerstoff, Chlor usw. zu verbinden. Sie zersetzen Wasser bei gewöhnlicher Temperatur. Ihre Verbindungen mit Sauerstoff und Wasserstoff — ihre Hydroxyde, welche das einwertige Radikal Hydroxyl(-OH) enthalten, sind die stärksten Basen, die wir kennen.

Die Mehrzahl ihrer Salze ist in Wasser leicht löslich. Wir haben uns daher in dieser Gruppe nur mit wenig Fällungsreaktionen zu beschäftigen. Ihre Salze sind vornehmlich farblos, sofern die betreffende Säure, die das Salz bildet, nicht selbst gefärbt ist.

Sie geben mit Schwefelwasserstoff, Schwefelammonium, löslichen kohlensauren und phosphorsauren Salzen keine Fällungen (vgl. auch unter Lithium).

Kalium.

Man versetze in Reagensgläsern je ganz wenig einer Kaliumsalzlösung mit wässerigen Lösungen von

1. Salzsäure und Schwefelwasserstoff,
2. Ammoniak und Schwefelammonium,
3. kohlensaurem Ammonium,
4. phosphorsaurem Natrium.

Es entstehen keine Fällungen. Schwefelwasserstoffsaures, kohlensaures und phosphorsaures Kalium sind in Wasser leicht löslich.

Saures weinsaures Kalium (Weinstein). Weinsäure, $C_4H_6O_6$, ist eine zweibasische organische Säure. Sie enthält wie die Schwefelsäure zwei Hydroxyl(OH)-Gruppen, in denen der Wasserstoff durch Metalle vertreten werden kann. Man schreibe sie daher analog der Schwefelsäure $SO_2{<}{OH \atop OH}$

$$(C_4H_4O_4){<}{OH \atop OH}$$

und lasse den Rest $(C_4H_4O_4)$ hier außer Betracht, da Genaueres über ihn in die organische Chemie gehört.

Als zweibasische Säure vermag die Weinsäure zwei Kaliumsalze zu bilden:

$$C_4H_4O_4{<}^{OK}_{OH} \qquad \text{und} \qquad C_4H_4O_4{<}^{OK}_{OK}$$

saures weinsaures Kalium (Weinstein) — neutrales weinsaures Kalium

Löslichkeit in Wasser $\frac{1}{222}$ (bei 15°) — $\frac{1}{0,66}$ (bei 15°).

Man versetze im Reagensrohr etwa 1 ccm Weinsäurelösung mit einigen Tropfen Chlorkalium: es scheidet sich Weinstein in kristallinischer Form ab. Der Niederschlag entsteht nicht sofort (übersättigte Lösung); man kann seine Abscheidung dadurch befördern, daß man mit einem scharfen Glasstabe die Wandung des Reagensglases innerhalb der Flüssigkeit kratzt.

$$C_4H_4O_4{<}^{OH}_{OH} + KCl = C_4H_4O_4{<}^{OK}_{OH} + HCl.$$

Nimmt man im Verhältnis zur Weinsäure mehr Chlorkalium, so entsteht der Niederschlag schlechter, weil nach

$$C_4H_4O_4{<}^{OH}_{OH} + 2\,KCl = C_4H_4O_4{<}^{OK}_{OK} + 2\,HCl,$$

Gelegenheit zur Bildung des in Wasser sehr leicht löslichen neutralen weinsauren Kaliums gegeben ist.

Man versetze etwa 1 ccm Chlorkaliumlösung mit einigen Tropfen Weinsäure: es entsteht kein Niederschlag.

Man verteile den erhaltenen Niederschlag von Weinstein auf drei Reagensgläser und versetze den einen Teil mit Kalilauge. Es findet Auflösung unter Bildung des neutralen weinsauren Kaliums statt. Reaktionsgleichung?

Den zweiten Teil versetze man mit Sodalösung. Unter Kohlendioxydentwicklung tritt Auflösung zu weinsaurem Kalium-Natrium (Seignettesalz) ein, dessen Löslichkeit im Wasser nicht ganz so groß wie beim neutralen weinsauren Kalium ist, aber doch groß genug, nämlich bei 15° $\frac{1}{1,5}$, um leichte Auflösung eintreten zu lassen. Reaktionsgleichung?

Den dritten Teil versetze man mit einigen Tropfen konzentrierter Salzsäure: es findet ebenfalls Auflösung statt. Weinstein ist in Salzsäure löslich.

Da bei der oben ausgeführten Fällung des Weinsteins Salzsäure frei wird (s. Reaktionsgleichung), so ist die Fällung unvollständig (umkehrbare Reaktion). Die entstehende Menge Salzsäure ist nicht hinreichend, um allen Weinstein in Lösung zu halten, aber die Empfindlichkeit der Fällung, die ohnehin bei dem Grade der Löslichkeit des Weinsteins nicht sehr groß ist, wird dadurch noch herabgesetzt.

Man kann die Reaktion aber bis zu der durch die Löslichkeit des Weinsteins in Wasser gegebenen Grenze der Empfindlichkeit steigern, wenn man die Salzsäure unschädlich macht.

Dies kann man dadurch erreichen, daß man die H'-Ionenkonzentration der Salzsäure auf diejenige einer schwächeren Säure bringt, die geringeres Lösungsvermögen auf den Weinstein ausübt.

Man fälle wieder etwas Weinsäure mit wenigen Tropfen Chlorkalium. Fügt man zu dem erhaltenen Niederschlage wenige Tropfen einer konzentrierten Lösung von essigsaurem Natrium, so wird die Fällung reichlicher.

Noch besser hebt man die fällungschädliche Wirkung der Salzsäure dadurch auf, daß man nicht mit Weinsäure, sondern mit saurem weinsauren Natrium, das abweichend vom sauren weinsauren Kalium in Wasser leicht löslich ist, die Fällung vornimmt:

$$C_4H_4O_4<^{ONa}_{OH} + KCl = C_4H_4O_4<^{OK}_{OH} + NaCl.$$

In diesem Falle entsteht überhaupt keine Salzsäure, sondern Chlornatrium, das der Fällung des Weinsteins nicht hinderlich ist.

Bereitung von saurem weinsauren Natrium. Man messe im kleinen Maßzylinder 10 ccm der Weinsäurelösung ab, gebe sie in einen Erlenmeyerkolben und erwärme sie darin auf dem Drahtnetze mit kleiner Flamme bis zum Sieden. Alsdann neutralisiere man diese Weinsäure mit der vorrätigen Sodalösung, indem man Sodalösung in kleinen Mengen unter stetem Umschütteln des Kölbchens aus einem Maßzylinder hinzugibt und von Zeit zu Zeit einen Tropfen der zu neutralisierenden Lösung mit dem Glasstabe auf rotes Lackmuspapier bringt oder besser ein Stückchen Lackmuspapier in die Lösung hineinwirft. Man gebe von der Sodalösung so lange — zuletzt (nach dem Verbrauch von etwa 9 ccm) tropfenweise – hinzu, bis das Lackmuspapier schwach gebläut wird. In der Lösung befindet sich jetzt neutrales weinsaures Natrium. Reaktionsgleichung?

Man gebe nun noch ebensoviel von der gleichen Weinsäurelösung hinzu, als zur Neutralisation mit Soda verwandt wurde (10 ccm). Es bildet sich saures weinsaures Natrium. Reaktionsgleichung?

Die so bereitete Lösung hebe man als Reagens auf Kaliumsalze in einer Flasche auf.

Man versetze eine Kaliumsalzlösung mit der bereiteten Lösung von saurem weinsauren Natrium. Es entsteht ein Niederschlag von Weinstein, der noch vollständiger ausfällt, wenn man einen Überschuß von saurem weinsauren Natrium hinzugibt.

Den Niederschlag sammle man auf einem glatten Filter. Nachdem die Flüssigkeit abgetropft ist, wird er zweimal mit kaltem Wasser und zweimal mit Alkohol ausgewaschen. Alsdann wird das Filter mit dem Niederschlag auf Fließpapier ausgebreitet und mit Fließpapier abgepreßt. Darauf bringe man den Niederschlag in eine kleine Porzellanschale und erhitze ihn über einer ganz kleinen und ziemlich weit entfernten Flamme unter Umrühren mit einem Porzellanspatel, bis er trocken geworden ist.

Den Weinstein bringe man in einen kleinen Porzellantiegel, der sich auf einem Tondreieck und Stativring befindet, und erhitze ihn mit kleiner Flamme, so daß ganz langsame Verkohlung stattfindet. Nach einiger Zeit entzünden sich die aus dem Tiegel entweichenden Dämpfe.[1] Wenn sie zu brennen aufhören, erhitze man mit voller Brennerflamme. Stellt man dabei den Tiegel schräg, so daß die Luft hineinstreicht, so kann man das gebildete mit Kohle durchsetzte kohlensaure Kalium vollständig weiß brennen. Bei der Verbrennung aller kalihaltigen organischen Substanzen bleibt kohlensaures Kalium zurück.

Sollte das kohlensaure Kalium noch etwas Kohle enthalten, so löse man es in wenig Wasser, filtriere die Lösung durch ein Faltenfilter und verdampfe sie in einer kleinen Porzellanschale zur Trockne. Auf diese Weise erhält man das Salz frei von Kohle.

Fig. 19. Kaliumplatinchlorid.

Man führe mit dem kohlensauren Kalium die früher beschriebenen Reaktionen auf Kohlensäure aus (vgl. S. 93) und fälle aus seiner Lösung Weinstein.

Platinchlorwasserstoffsaures Kalium (Kaliumplatinchlorid). Platinchlorwasserstoffsäure (H_2PtCl_6) gibt mit Chlorkaliumlösung einen gelben Niederschlag von platinchlorwasserstoffsaurem Kalium, K_2PtCl_6, der auch in verdünnten Säuren unlöslich ist. Seine Löslichkeit in Wasser von 15° beträgt ungefähr $\frac{1}{100}$, in Wasser von 100° ungefähr $\frac{1}{20}$.

In 80%igem Alkohol ist das Kaliumplatinchlorid praktisch so gut wie unlöslich (siehe weiter unten S. 130 „Trennung von Kalium und Natrium“).

Man versetze auf einem Objektträger einen Tropfen einer verdünnten Kaliumchloridlösung mit einem Tropfen Platinchlorwasserstoffsäure (1 : 10) und betrachte den entstehenden Niederschlag

[1] Je später Entzündung eintritt, mit anderen Worten, bei je niedrigerer Temperatur man verkohlt, desto leichter verbrennlich pflegt die gebildete Kohle zu sein.

unter dem Mikroskop. Er besteht aus gelben, regulären Oktaedern, bisweilen mit Würfel- und anderen Flächen vereinigt (Fig. 19).

Sollten die Kristalle nicht deutlich genug ausgebildet sein, so erwärme man Niederschlag und Flüssigkeit auf dem Objektträger, event. unter Zusatz von etwas Wasser, über einer ganz kleinen Flamme zur Auflösung und lasse langsam erkalten; es findet alsdann deutliche Kristallbildung statt.

Man dampfe eine etwas größere Menge Niederschlag samt Flüssigkeit in einem halbkugelförmigen Glasschälchen auf dem Wasserbade zur Trockne und prüfe den Rückstand auf seine Löslichkeit in 80 $^0/_0$ igem Alkohol.

Überchlorsaures Kalium (vgl. S. 288). Auch mit Überchlorsäure, $HClO_4$, geben Kaliumsalze in nicht zu verdünnten Lösungen einen Niederschlag von überchlorsaurem Kalium $KClO_4$, das auch von verdünnten Säuren nicht gelöst wird. Reaktionsgleichung? Löslichkeit bei 10° ungefähr $\frac{1}{88}$, bei 100° ungefähr $\frac{1}{5}$.

Kieselfluorwasserstoffsaures Kalium K_2SiF_6 (vgl. S. 304) ist ebenfalls in kaltem Wasser und verdünnten Säuren schwer löslich. Man kann daher Kieselfluorwasserstoffsäure (H_2SiF_6) zur Fällung von Kaliumsalzen benutzen.

Alle bisher gefällten Kaliumverbindungen sind aber in Wasser immer noch viel zu leicht löslich, als daß sie zum empfindlichen Nachweis von Kalium in Lösungen dienen könnten.

Der empfindlichste Nachweis von Kalium in wässerigen Lösungen wird ermöglicht durch Natriumkobaltinitrit, das man früher als Natriumkobaltdoppelsalz der salpetrigen Säure ansah:

$$Co(NO_2)_3 + 3\,NaNO_2.$$

Heute faßt man es als Natriumsalz einer Kobaltihexanitrowasserstoffsäure, $Co^{III}(NO_2)_6H_3$, auf, die das komplexe dreiwertige Anion $[Co^{III}(NO_2)_6]'''$ enthält, und deren Natriumsalz in Wasser leicht löslich ist, während das Kaliumsalz sich in Wasser und auch in verdünnten Säuren schwer löst.

Bereitung des kobaltihexanitrowasserstoffsauren Natriums (Kobaltinatriumnitrit). Man löse 5 g kristallisiertes Kobaltoxydulnitrat $Co(NO_3)_2$, $6\,H_2O$ in ungefähr 15 ccm Wasser, ferner 10 g Natriumnitrit in ungefähr 15 ccm Wasser, tropfe zu dem Gemisch der beiden Lösungen langsam 3 g Eisessig und lasse einige Zeit stehen. Sollte sich, infolge eines geringen Kaliumgehaltes des salpetrigsauren Natriums, etwas eines gelben Niederschlages von Kobaltikaliumnitrit absetzen, so filtriere man die gelbbraune Flüssigkeit davon ab und hebe die klare Lösung des Kobaltinatriumnitrits in einer gut verschlossenen Flasche zum Gebrauch beim Nachweis des Kaliums auf.

Die Bildung des kobaltihexanitrowasserstoffsauren Natriums (vgl. auch S. 256) findet nach der Gleichung statt:

$$Co^{II}(NO_3)_2 + 7\,NaNO_2 + 2\,C_2H_4O_2 = Co^{III}(NO_2)_6Na_3 + 2\,NaNO_3 + 2\,NaC_2H_3O_2 + H_2O + NO.$$

Man versetze eine Chlorkaliumlösung mit einigen Tropfen des so bereiteten Reagens. Es entsteht ein dicker gelber, feinkörniger Niederschlag von kobaltihexanitrowasserstoffsaurem Kalium, dessen Löslichkeit in Wasser bei Zimmertemperatur ungefähr $\frac{1}{1100}$ ist (vgl. die Löslichkeit mit der des Weinsteins und des platinchlorwasserstoffsauren Kaliums, aber auch mit der des Bariumsulfats in Wasser).

Man verteile den Niederschlag auf 2 Reagensgläser, gebe zu dem einen verdünnte Essigsäure: es findet keine Auflösung statt; darauf füge man verdünnte Salzsäure hinzu: es findet nur schwer in sehr viel Salzsäure Auflösung statt.

Den anderen Teil versetze man mit Natronlauge und koche: es bildet sich schwarzes Kobaltihydroxyd.

Um die Empfindlichkeit des Reagens zu prüfen, gebe man in ein kleines Bechergläschen 20—30 ccm Wasser, füge dazu 2 bis 3 Tropfen Chlorkaliumlösung und versetze diese Lösung mit Natriumkobaltinitrit. Nach kurzer Zeit entsteht eine deutlich zu beobachtende Fällung des gelben Kaliumsalzes, das nach einiger Zeit sich absetzt. $^1/_{20}\,\%$ kaliumhaltige Lösung gibt die Reaktion noch sehr deutlich.

Die besprochenen Fällungsreaktionen des Kaliums sind nur dann eindeutig, wenn außer Natrium und Lithium keine anderen Metalle vorhanden sind. Auch Ammoniumsalze verdecken die Fällungsreaktionen des Kaliums (siehe beim Ammonium S. 125 und 126).

Flammenfärbung. Viel empfindlicher noch als die zuletzt besprochene Fällungsreaktion der Kaliumsalze ist der Nachweis des Kaliums auf trocknem Wege durch Flammenfärbung und Spektralanalyse (siehe später).

Bringt man eine Kaliumverbindung, die man an das Öhr eines Platindrahtes angeschmolzen hat, in die Flamme des nichtleuchtenden Bunsenbrenners, so erteilt sie der Flamme eine violettrote Färbung.

Um solche Flammenfärbungen, die zur Erkennung der Alkalien und Erdalkalien eine bedeutsame Rolle spielen, stets leicht anstellen zu können, halte man sich etwa sechs in Glasröhrchen eingeschmolzene Platindrähte vorrätig (Fig. 20 in natürlicher Größe), die man zur sorgfältigen Reinhaltung sofort nach dem jedesmaligen Gebrauch zweckmäßig in je ein dickwandiges Glas mit $20\,\%$iger

Salzsäure bringt, das mit einem Kork versehen ist, in dessen Durchbohrung Glasröhrchen mit Platindraht gehalten wird (Fig. 21).

Will man einen solchen Draht gebrauchen, so spritze man ihn mit destilliertem Wasser ab, biege ein kleines Öhr daran und prüfe durch Hineinbringen in die Flamme, ob er sauber ist und der Flamme keine Färbung erteilt. Im ersten Augenblick wird er der Flamme eine schwache Gelbfärbung stets erteilen, die von Spuren von Natrium (vgl. bei Natrium) herrührt, die aber nach kurzem Glühen wieder verschwindet. Den nun die Flamme nicht mehr färbenden Draht tauche man alsdann in wenige Tropfen konzentrierter Salzsäure, die sich auf einem Uhrglase befinden, und führe ihn salzsäure-befeuchtet nochmals in die Flamme; zeigt sich auch jetzt keine andere als gelbe, nur kurze Zeit anhaltende Flammenfärbung, so ist der Draht für den Versuch rein.

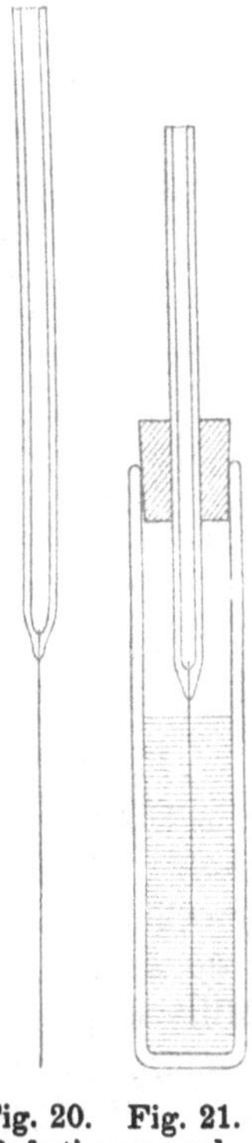

Fig. 20. Fig. 21. Befestigung und Aufbewahrung von Platindrähten.

An das Öhr eines solchen Platindrahtes schmelze man etwas Chlorkalium. Da das Chlorkalium, infolge seiner Eigenschaft, beim Erhitzen zu dekrepitieren, schwer ohne weiteres an den Draht angeschmolzen werden kann, so erhitze man das Salz im Glühröhrchen bis zum Aufhören des Dekrepitierens. Das so präparierte Chlorkalium gebe man auf ein Uhrglas, von dem man es mit dem Platindraht, der aus einer Spritzflasche mit einem Tropfen Wasser befeuchtet wurde, auftupft. Die am Platindraht haftende Probe nähert man der Flamme anfangs vorsichtig, bis sie vollständig angetrocknet ist und nun angeschmolzen werden kann. Bei anderen, besonders kristallwasserhaltigen Substanzen, welche die Eigenschaft des Dekrepitierens nicht zeigen, ist es zweckmäßig, das Anschmelzen dadurch zu bewirken, daß man mit dem glühenden Draht in die Substanzprobe hineinfährt. Das angeschmolzene Chlorkalium ruft in der Flamme violettrote Färbung hervor. $^1/_{1000}$ mg Chlorkalium ist nach KIRCHHOFF und BUNSEN auf diese Weise noch wahrnehmbar.

Man führe den gleichen Versuch mit einer Probe Kalisalpeter an einem sauberen Drahte aus. Man beobachtet eine ein wenig andere, mehr blauviolette Färbung der Flamme als beim Chlorkalium. Das rührt daher, daß der Sauerstoff der Salpetersäure die Temperatur der Flamme des Bunsenbrenners erhöht, und bei höherer

Temperatur andersartiges, besonders blaues Licht sich dem bereits vorhandenen in geringem Maße zugesellt.

Man betrachte die Kaliumflamme durch ein Kobaltglas oder Indigoprisma; die violettrote Flamme erscheint alsdann noch mehr rot, weil Kobaltglas und Indigoprisma vorwiegend die roten Strahlen hindurchlassen. (Kann zur Unterscheidung vom Natrium dienen; siehe später.)

Natrium.

Man versetze in Reagensgläsern je ganz wenig einer Natriumsalzlösung:

1. in salzsaurer Lösung mit Schwefelwasserstoff;
2. in ammoniakalischer Lösung mit Schwefelammonium;
3. mit kohlensaurem Ammoniak;
4. mit phosphorsaurem Natrium.

Es entstehen keine Fällungen. Schwefelwasserstoffsaures, kohlensaures, phosphorsaures Natrium sind in Wasser leicht löslich.

Fast alle Salze des Natriums sind in Wasser leicht löslich. Wie wir beim Kalium schon gesehen haben, sind auch das saure weinsaure Natrium und das kobaltihexanitrowasserstoffsaure Natrium (Kobaltinatriumnitrit) in Wasser leicht löslich.

Auch das überchlorsaure Natrium und das platinchlorwasserstoffsaure Natrium sind in Wasser und auch in Alkohol leicht löslich.

Platinchlorwasserstoffsaures Natrium. Man versetze auf einem Objektträger einen Tropfen Natriumchlorid mit Platinchlorwasserstoffsäure, dampfe vorsichtig über ganz kleiner Flamme bis fast zur Trockne und lasse erkalten. Es kristallisiert orangegelbes platinchlorwasserstoffsaures Natrium ($Na_2PtCl_6, 6H_2O$), das unter dem Mikroskop in langen prismatischen Nadeln erscheint, während das entsprechende Kaliumsalz kleine Oktaeder zeigte und schwer löslich war. Man füge etwas Alkohol zu: es findet Auflösung statt. Nur das kristallwasserhaltige Salz ist in Alkohol leicht löslich, nicht das bei 100° völlig getrocknete wasserfreie Salz.

Platinchlorwasserstoffsaures Kalium ist in Alkohol unlöslich.

Das im Überschuß zugesetzte Platinchlorid kristallisiert auch in Nadeln, ist aber zum Unterschiede von Natriumplatinchlorid an der Luft zerfließlich.

Kieselfluorwasserstoffsaures Natrium. Das Kieselfluornatrium ist in Übereinstimmung mit dem entsprechenden Kaliumsalz schwer löslich in Wasser und in verdünnten Säuren, und unlöslich in Alkohol.

Saures pyroantimonsaures Natrium. Im Gegensatz zueinander stehen beim Kalium und Natrium die Löslichkeit des sauren antimonsauren Kaliums ($K_2H_2Sb_2O_7$) und die Schwerlöslichkeit des entsprechenden Natriumsalzes ($Na_2H_2Sb_2O_7$), so daß man eine Lösung des ersteren als Reagens auf Natriumsalze anwenden kann; besonders empfindlich ist dieser Nachweis des Natriums indessen nicht. Später beim Antimon wird das Salz bereitet werden, und dann kann auch die besprochene Fällungsreaktion mit Natriumsalzen ausgeführt werden.

Flammenfärbung. Der empfindlichste Nachweis des Natriums beruht auf der intensiv gelben Färbung, welche die Natriumverbindungen der Flamme erteilen. Nach KIRCHHOFF und BUNSEN kann noch $^1/_{3\,000\,000}$ mg durch Flammenfärbung wahrgenommen werden. Solche Spuren von Natrium, die überall in der Luft und an allen mit Luft in Berührung stehenden Gegenständen sich finden, geben nur eine kurz andauernde Färbung, wägbare Mengen dagegen zeigen die Flammenfärbung in der Probe am Platindraht minutenlang. Man muß daher auf die Dauer der Reaktion achten, wenn man vermeiden will, daß Spuren von Natrium mit wägbaren Mengen verwechselt werden.

Man schmelze etwas eines Natriumsalzes an das Öhr eines Platindrahtes (auszuführen nach S. 117) und bringe die Probe in die nicht leuchtende Flamme des Bunsenbrenners. Man beobachtet gelbe Flammenfärbung. Die gelbe Flamme wird unsichtbar beim Hindurchblicken durch Kobaltglas oder ein Indigoprisma von genügender Schichtdicke.

Eine Kaliumflamme erscheint unter denselben Bedingungen rotviolett (vgl. S. 118); das kann zum Nachweis des Kaliums neben dem Natrium dienen.

Man bringe an einen Platindraht ein Gemenge eines Natrium- und Kaliumsalzes und beobachte die Flammenfärbung. Selbst wenn nur verhältnismäßig wenig Natriumsalz dem Kaliumsalze zugesetzt wurde, wird die violette Kaliumfärbung vollständig verdeckt und es erscheint nur die gelbe Natriumfärbung. Natriumsalze färben die Flamme sehr viel stärker als die Kaliumsalze (vgl. S. 117), bei denen die Reaktion nur den 3000sten Teil der Empfindlichkeit der Natriumflammenfärbung ausmacht.

Betrachtet man die Flamme durch ein Kobaltglas oder Indigoprisma, so gibt sich darin sofort das Kalium durch rotviolett erscheinende Flamme zu erkennen. Die Reaktion ist aber nur genau, wenn man sich überzeugt, daß eine reine Natriumflamme unter denselben Bedingungen durch das blaue Glas oder die Lösung nicht sichtbar ist, was bei schwacher Blaufärbung von Glas und Indigolösung nicht immer zutrifft. Auch ist zu beachten, daß die Flammenfärbungen, die manche andere Stoffe (wie z. B. das Rubidium und die Erdalkalimetalle) hervorrufen, durch ein Kobaltglas nicht zum Verschwinden gebracht werden. Solche Stoffe dürfen bei Anstellung der Probe nicht vorhanden sein.

Die Reaktion beruht auf folgendem: Natriumsalze senden im wesentlichen nur gelbes Licht, Kaliumsalze dagegen viel rotes und etwas violettes Licht aus. Indigolösung geeigneter Konzentration absorbiert alles gelbe Licht, läßt dagegen das rote Licht der Wellenlänge, wie es Kaliumsalze aussenden, hindurch (vgl. später bei Spektralanalyse auf S. 194). Es erscheint deshalb eine nur durch Natriumverbindungen gefärbte Flamme durch eine Indigolösung farblos, und eine durch Kaliumverbindungen gefärbte Flamme rot.

Nicht alle Kobaltgläser des Handels lassen gerade das rote Kaliumlicht hindurch, weshalb stets das Absorptionsspektrum dieser Gläser untersucht werden muß. Indigolösung hat immer dasselbe Absorptionsspektrum und ist deshalb den Kobaltgläsern vorzuziehen. Man verwendet zweckmäßig eine verdünnte wässerige Lösung des leicht löslichen indigoschwefelsauren Natriums. In Ermangelung eines prismatischen Glasgefäßes füllt man diese Lösung in eine Flasche von rechteckigem Querschnitt, durch die man dann zwei Schichtdicken der Indigolösung verwenden kann.

Lithium.

Das Lithium unterscheidet sich von den übrigen Alkalimetallen durch die Schwerlöslichkeit seines Carbonats und Phosphats in Wasser.

Man versetze sehr konzentrierte Lösungen von Lithiumchlorid mit Natriumcarbonat und Natriumphosphat. Es entstehen weiße Niederschläge von Lithiumcarbonat und Lithiumphosphat:

$$2\,LiCl + Na_2CO_3 = 2\,NaCl + Li_2CO_3,$$
$$3\,LiCl + Na_2HPO_4 = 2\,NaCl + HCl + Li_3PO_4.$$

Da bei der letzteren Reaktion Säure entsteht, und Lithiumphosphat von Säuren leicht gelöst wird, bleibt die Ausfällung unvollständig, wenn die entstandene Säure nicht neutralisiert wird. Man setze deshalb Ammoniak hinzu, bis die über dem Niederschlage stehende Flüssigkeit schwach alkalisch reagiert.

Lithiumchlorid ist in absolutem Alkohol und Äther leicht löslich (Unterschied von Kalium, Natrium, Rubidium und Cäsium). Man übergieße im trocknen Reagensglase etwas trocknes Lithiumchlorid mit absolutem Alkohol oder einem aus gleichen Teilen bestehenden Gemenge von Alkohol und Äther; es tritt nach kurzem Umschütteln Auflösung ein.

Lithiumsalze erteilen der nichtleuchtenden Gasflamme eine intensiv karminrote Färbung (empfindliche Reaktion). Das Lithiumspektrum ist äußerst charakteristisch (siehe Spektralanalyse auf S. 195).

Man bringe eine Spur einer Lithiumverbindung am Öhr eines Platindrahtes in die Flamme.

Ammonium.

Das Ammonium NH_4 ist ein einwertiges Radikal, das sich vom fünfwertigen Stickstoff ableitet:

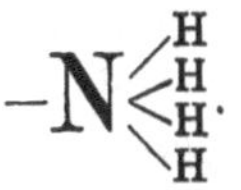

Es ist im freien Zustande nicht bekannt, besitzt aber metallische Eigenschaften, wie aus der großen Analogie seiner Verbindungen mit denen des Kaliums (Rubidiums und Cäsiums) hervorgeht. Es ist auch in Form seines Ammoniumamalgams dargestellt, das aber fortdauernd in Ammoniak, Wasserstoff und Quecksilber zerfällt. Dagegen sind die Salze des Ammoniums: Ammoniumchlorid NH_4Cl, Ammoniumsulfat $(NH_4)_2SO_4$, Ammoniumnitrat NH_4NO_3 usw. relativ beständig, erreichen aber die Beständigkeit der Salze der Alkalien bei weitem nicht. In den meisten Ammoniumsalzen zeigt der Stickstoff bei höheren Temperaturen Neigung von der Fünfwertigkeit zur Dreiwertigkeit überzugehen und gasförmiges Ammoniak  abzuspalten.

Die meisten Ammoniumsalze werden daher beim Erhitzen auf höhere Temperatur in Säure und Ammoniak gespalten (dissoziiert): das gasförmige Ammoniak entweicht aus dem Salz; ist die Säure des Salzes nicht flüchtig, so bleibt sie dabei zurück, ist sie flüchtig, so entweicht sie mit dem Ammoniak, um sich mit ihm beim Abkühlen wieder zu Salz zu vereinigen, soweit nicht durch die verschiedenartige Diffusionsgeschwindigkeit des Ammoniaks gegenüber der flüchtigen Säure die molekulare Mischung beider aufgehoben wurde. Infolge dieser Flüchtigkeit unterscheidet man die Verbindungen des Ammoniums als Verbindungen des „flüchtigen Alkalis“ von denen des Kaliums und Natriums der feuerbeständigen „fixen Alkalien“.

Man bringe etwas Salmiak in ein Reagensglas und erhitze: der Salmiak verflüchtigt sich unter Dissoziation in Salzsäure und Ammoniak. Die Bestandteile vereinigen sich in dem kälteren Teile des Glases wieder zu Salmiak; der Salmiak sublimiert scheinbar unzersetzt.

Man erhitze etwas Salmiak auf dem Platinblech: er verflüchtigt sich vollständig.

Beim Erhitzen von Ammoniumphosphat entweicht Ammoniak, und die äußerst schwerflüchtige Phosphorsäure bleibt zurück.

Ammoniak aus Chlorammonium. Um Ammoniakwasser darzustellen, entwickelt man Ammoniakgas aus Chlorammonium (Salmiak) und überschüssigem Kalkhydrat $Ca(OH)_2$ (mehr als das Doppelte der theoretisch nötigen Menge) und leitet das Gas in Wasser ein. Reaktionsgleichung? Der dazu erforderliche Apparat ist der in Fig. 5 S. 25 abgebildet. Nur lasse man die Waschflasche leer und ersetze das Drahtnetz unter dem Kolben durch ein Sandbad.

In eine Porzellanschale wäge man zunächst 37 g gebrannten Kalk in groben Stücken und übergieße ihn in der Schale nach und nach gleichmäßig mit ungefähr 15 ccm Wasser (Löschen des Kalks). Dabei findet starke Erwärmung und Raumvergrößerung statt, und die Kalkstücke zerfallen zu einem feinen Pulver. Nach dem Erkalten bringt man das trockne Pulver in den 300 ccm fassenden Entwicklungskolben, gibt 30 g gepulverten oder feinkörnigen Salmiak hinzu, schüttelt gut durcheinander, gießt 30 g Wasser hinzu, rührt nochmals durch Schütteln rasch durcheinander, verbindet den Kolben sofort mit dem Gasentwicklungsrohr und leitet das sich entwickelnde Gas wie bei der Darstellung wässeriger Salzsäure dicht über 50 ccm Wasser, die sich in einem Kölbchen oder Präparatengläschen befinden. Die Gasentwicklung unterstütze man, besonders gegen Ende, durch mäßiges Erwärmen auf dem Sandbade, bis sie fast vollständig aufhört. Die Stärke des Gasstromes überwache man dabei durch zeitweises kurzes Eintauchen des Gasleitungsrohres in das vorgelegte Wasser; wenn der Gasstrom zu langsam wird, macht sich Neigung zum Zurücksteigen des Wassers bemerkbar, da das Ammoniakgas begierig vom Wasser absorbiert wird.

Ein Reagensglas fülle man, wenn die Entwicklung voll im Gange ist, mittels eines trocknen nach aufwärts gerichteten Gasleitungsrohres mit Ammoniakgas, das bedeutend leichter als Luft ist, an. Wenn das Reagensrohr gefüllt ist (zu prüfen mit einem glimmenden Span, der im Ammoniakgase erlischt), ziehe man es von der Röhre ab, verschließe es rasch mit dem Daumen, und tauche es in eine bereit gehaltene Schale mit Wasser. Das Wasser steigt rasch unter Absorption des Gases im Reagensrohre hoch.

Die im Entwicklungskolben zurückbleibende harte Masse stoße man nicht gewaltsam heraus, da sonst der Glaskolben leicht zerspringt, sondern übergieße sie mit Wasser und lasse damit bis zum völligen Erweichen stehen, ehe man den Kolbeninhalt ausspült.

Wasser löst bei 0° mehr als 1000 Volumina Ammoniakgas; das Volum des Wassers wird dabei mehr als verdoppelt.

Die spezifischen Gewichte und den Gehalt wässeriger Ammoniaklösungen siehe im Anhang Tabelle I.

Das Ammoniakwasser (von Laien „Salmiakgeist“, auch wohl fälschlich „Salmiak“ genannt) enthält das Ammoniak zum Teil als Ammoniumhydroxyd:

$$NH_3 + H_2O = NH_4OH.$$

Nur zu einem geringen Teile ist es in seine Ionen $(NH_4)^{\cdot}$ und $(OH)'$ gespalten. Die Lösung besitzt dementsprechend sehr viel schwächer basische Eigenschaften als z. B. KOH. Der größere Teil ist als NH_3 gelöst, verwandelt sich aber in dem Maße in NH_4OH und seine Ionen, als diese durch irgendwelche Reaktionen, z. B. durch Salzbildung aufgebraucht werden. Vgl. S. 23.

Der Zerfall des in geringer Menge im Wasser vorhandenen NH_4OH in Ammoniak und Wasser findet sehr leicht statt. Das geht daraus hervor, daß das Wasser beim Kochen leicht und vollständig alles Ammoniak abgibt. (Vgl. dieses Verhalten mit dem der Salzsäure S. 27 und Salpetersäure S. 57.)

Man koche 1—2 ccm Ammoniakwasser im Reagensrohr. Es entweicht Ammoniak, wahrzunehmen durch seinen charakteristischen Geruch und durch seine Eigenschaft, rotes angefeuchtetes Lackmuspapier blau und angefeuchtetes Kurkumapapier braun zu färben.

Ammoniakwasser benutzt man stets dann zum Neutralisieren von Säuren oder zum Zersetzen von Salzen, wenn in die Lösung kein feuerbeständiges Alkali (vgl. S. 121) kommen soll.

In einer wässerigen Ammoniaklösung herrscht das Gleichgewicht:

$$\underset{c_1}{NH_3} + \underset{c_2}{H_2O} \rightleftarrows \underset{c_3}{NH_4.OH};$$

bezeichnet man mit c_1, c_2 und c_3 die Konzentrationen der beteiligten Stoffe, so ist nach dem Massenwirkungsgesetz (S. 23):

$$\frac{c_1 \cdot c_2}{c_3} = K.$$

Da es sich um sehr verdünnte Lösungen handelt, folglich bei einer Änderung der Konzentrationen die des Wassers praktisch nicht geändert wird, kann man c_2 und K zu einer neuen Konstanten K_1 vereinigen, und schreiben:

$$\frac{c_1}{c_3} = K_1,$$

was besagt, daß die Konzentration des NH_3 stets proportional ist der Konzentration des NH_4OH in der wässerigen Lösung, womit nach dem Henryschen Gesetze (vgl. S. 79) auch im Gasraum die Konzentration des NH_3 sich proportional ändert.

Vermehrt man die Konzentration des NH_4OH in der Lösung durch einen Überschuß von NaOH oder $Ca(OH)_2$ (siehe im folgenden), so wird die Verflüchtigung von NH_3 aus der wässerigen Lösung erleichtert.

Elektrolytische Dissoziation schwacher Basen und schwacher Säuren.

In einer wässerigen Ammoniaklösung herrscht im Sinne der Ionentheorie auch das Gleichgewicht:

$$\underset{c_3}{NH_4OH} \rightleftarrows \underset{c_4}{(NH_4^{\cdot})} + \underset{c_5}{(OH')};$$

bezeichnet man hier die zugehörigen Konzentrationen der am Gleichgewicht beteiligten Stoffe mit C_3, C_4 und C_5, so ist:

$$\frac{c_3}{c_4 \cdot c_5} = K_2.$$

Eine Vergrößerung der NH_4OH-Konzentration (c_3), d. h. eine Verminderung der Dissoziation des Ammoniumhydroxyds in wässeriger Lösung kann also erreicht werden durch Vergrößerung von (c_4 oder c_5), d. h. durch Erhöhung der ($NH_4^{\cdot}$)- oder (OH')-Konzentration, also durch Zusatz eines *Ammoniumsalzes* (Erhöhung von c_4) oder einer *starken* Base (Erhöhung von C_5); ganz allgemein kann man sagen:

Die Dissoziation einer schwachen Base wird zurückgedrängt (die Base wird also noch schwächer) durch Zusatz eines Neutralsalzes der betreffenden Base oder durch Zusatz einer starken Base.

Eine einfache Betrachtung lehrt, daß für *schwache Säuren* in wässeriger Lösung das Analoge gilt:

Die Dissoziation einer schwachen Säure wird zurückgedrängt (die Säure wird also noch schwächer) durch Zusatz eines Neutralsalzes der betreffenden Säure, oder durch Zusatz einer starken Säure.

Wenn wir aus dem (stark dissoziierten) Salze einer schwachen Base durch usatz von (stark dissoziiertem) Alkalihydroxyd (z. B. aus Chlorammon durch Kalilauge) die Base (Ammoniak) „entwickeln“, oder wenn wir aus dem (stark dissoziierten) Salz einer schwachen Säure und (stark dissoziierter) Salzsäure eine Säure „entwickeln“ (z. B. Kohlensäure aus Soda und Salzsäure), so tun wir nichts anderes, als daß wir den Ionen dieser schwach dissoziierenden Elektrolyte (der *schwachen* Base, oder der *schwachen* Säure) Gelegenheit geben, sich zu undissoziierten Elektrolyten zu verbinden, und wenn wir die Gleichung eines solchen Vorganges schreiben, z. B.:

$$\underbrace{2Na^{\cdot} + (CO_3'')}_{\text{Soda}} + \underbrace{2H^{\cdot} + 2Cl'}_{\text{Salzsäure}} = \underbrace{2Na^{\cdot} + 2Cl'}_{\text{Kochsalz}} + \underset{H_2O\quad CO_2}{[H_2CO_3]},$$

so sehen wir daraus die auffallende Analogie zwischen diesem Vorgang und der früher beschriebenen Neutralisation (S. 10), die auch in nichts weiter bestand, als daß sich aus Wasserstoffionen und Hydroxylionen das wenig dissoziierte Wasser bildete.

Reaktionen des Ammoniaks.

Salzsäure. Man halte in sich entwickelnde Ammoniakdämpfe einen am Glasstabe hängenden Tropfen konzentrierte Salzsäure; es findet Bildung von Salmiak statt unter Entstehung dichter, weißer Nebel. Reaktionsgleichung?

Quecksilberoxydulnitrat. Man lasse Ammoniakgas gegen ein Fließpapier, das mit einer Lösung von Quecksilberoxydulnitrat getränkt wurde, strömen; es findet Schwarzfärbung statt unter Bildung eines Gemisches von metallischem Quecksilber und Amidomerkurinitrat.

Man stelle die gleiche Reaktion im Reagensglase mit Quecksilberoxydulnitrat und Ammoniakwasser an: es entsteht ein schwarzer Niederschlag desselben Körpers. Reaktionsgleichung? *Ammoniumsalze* geben keine Fällung. Die Reaktion ist nur zum Nachweis von freiem Ammoniak zu gebrauchen; aus Ammoniumsalzen kann man nicht etwa das Ammoniak durch Zusatz von Natronlauge frei machen wollen, da Natronlauge selbst mit Quecksilberoxydulnitrat eine schwarze Fällung von Quecksilberoxydul gibt.

Nesslers Reagens. Zur Erkennung kleinster Mengen Ammoniak auch in Ammoniumsalzen dient Nesslers Reagens, eine Lösung von Kaliumjodmerkurat HgJ_4K_2 (früher als Quecksilberjodidjodkalium HgJ_2, 2 KJ aufgefaßt) mit viel überschüssiger Kalilauge.

Mit Ammoniak erzeugt dieses Reagens eine braune Fällung von Dimerkurammoniumjodid NHg_2J, H_2O, dessen Konstitution nicht genau bekannt ist.

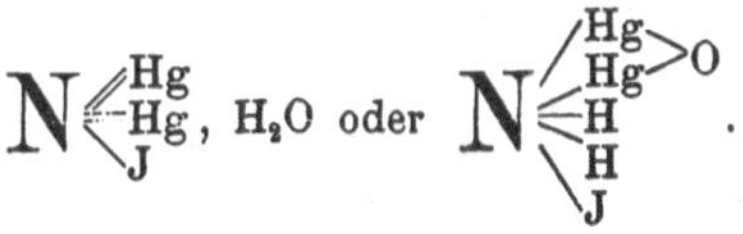

Vielleicht liegt auch ein basisches Amidomerkurijodid vor:

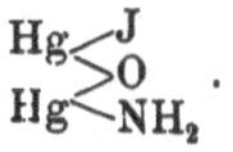

Mit Ammoniumsalzen tritt die Reaktion ebenfalls ein (Reaktionsgleichung?), nur muß alsdann genügend Kalilauge zugegen sein, da der Niederschlag in Ammoniumsalzen löslich ist.

Außerdem muß Nesslers Reagens im Überschuß angewandt werden, sonst bilden sich leicht quecksilberärmere, löslichere Ammoniumverbindungen. Die Reaktion erfolgt nicht augenblicklich, sondern bedarf einiger Zeit. Mit sehr geringen Mengen Ammoniak beobachtet man zunächst nur eine Braunfärbung und erst nach einiger Zeit Abscheidung des braunen Niederschlages.

Um sich von der Empfindlichkeit der Reaktion zu überzeugen, versetze man ein Becherglas voll Wasser mit Nesslers Reagens und gebe einen Tropfen Ammoniak hinzu.

Die beim Kalium kennen gelernten Fällungsreaktionen mit Weinsäure, Platinchlorwasserstoffsäure und kobaltihexanitrowasserstoffsaurem Natrium zeigen auch die Ammoniumverbindungen. Selbst wenn diese Reaktionen zur Erkennung des Ammoniums gegenüber den oben erwähnten empfindlichen Reaktionen keine Bedeutung besitzen, so muß man sie doch kennen, um sich vor Verwechslung des Kaliums mit dem Ammonium zu hüten.

Saures weinsaures Natrium. Man versetze saures weinsaures Natrium mit Salmiaklösung: es entsteht nach kurzer Zeit, rascher beim Kratzen ein Niederschlag von saurem weinsaurem Ammonium (Reaktionsgleichung?), dessen Löslichkeit in Wasser bei 15° $\frac{1}{45,6}$ ist, so daß die Reaktion keineswegs zum empfindlichen Nachweis von Ammonium brauchbar ist. Die Bedingungen der Entstehung und das Verhalten des Niederschlages sind denen beim Weinstein ähnlich. (Vgl. S. 111.)

Platinchlorwasserstoffsäure. Man versetze auf einem Uhrglase einige Tropfen Salmiaklösung mit Platinchlorwasserstoffsäure: es entsteht ein gelber Niederschlag (Reaktionsgleichung?), der unter dem Mikroskop deutliche, reguläre Oktaeder zeigt und in Alkohol und Wasser schwer löslich ist, genau wie Kaliumplatinchlorid. Beim Glühen verhalten sich Kalium- und Ammoniumplatinchlorid verschieden. Ersteres läßt unter Chlorentwicklung Chlorkalium und metallisches Platin zurück und letzteres nur metallisches Platin. Reaktionsgleichungen?

Kobaltinatriumnitrit. Man versetze eine verdünnte Lösung von Salmiak mit Kobaltinatriumnitrit: es ensteht ein gelber Niederschlag von Kobaltiammoniumnitrit. Reaktionsgleichung? Die Reaktion ist lange nicht so empfindlich, wie die entsprechende beim Kalium und steht auch den oben empfohlenen Reaktionen zum Nachweis des Ammoniaks bei weitem nach. Sie erheischt aber, wie die beiden vorhergehenden, daß beim Prüfen einer Lösung auf Kaliumsalze Ammoniumsalze nicht zugegen sind.

Nachweis von Ammonium.

Da man im Gange der Analyse auf nassem Wege Ammoniumsalze zusetzt, weil man sie als Reagenzien nicht entbehren kann, so muß man auf Ammoniumverbindungen in der ursprünglichen Substanz prüfen.

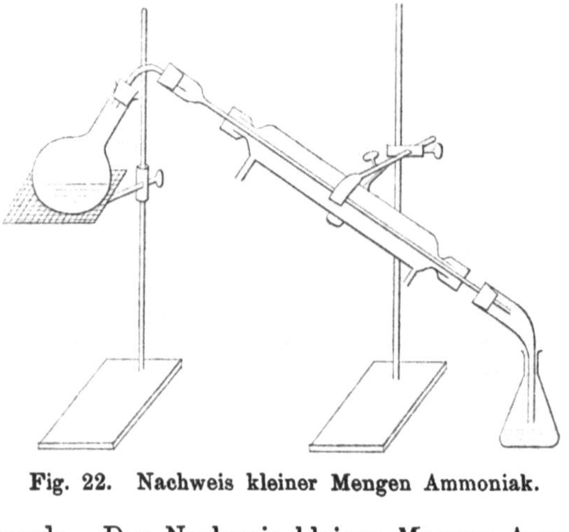

Fig. 22. Nachweis kleiner Mengen Ammoniak.

Man kocht eine Probe der ursprünglichen Substanz mit Natronlauge und prüft auf Geruch und auf Reaktion der Dämpfe gegen Lackmuspapier, Kurkumapapier oder gegen ein Papier, das mit Quecksilberoxydulnitratlösung getränkt wurde. Der Nachweis kleiner Mengen Ammoniak gelingt aber auf diese Weise oft nicht mit voller Schärfe.

Kleine Mengen Ammoniak weist man dadurch nach, daß eine Probe der Substanz mit viel überschüssigem Calciumhydroxyd und wenigen Tropfen Wasser in einem ganz kleinen Bechergläschen zu einem pulvrigen Gemenge angerührt, auf das Gläschen ein angefeuchteter Streifen rotes Lackmus- oder Kurkumapapier gelegt und ein Uhrgläschen darüber gedeckt wird.

Die kleinsten Mengen Ammoniak aber werden mit Sicherheit nachgewiesen, wenn man einen Teil der Substanz mit überschüssiger Natronlauge aus einem schräg gestellten Kölbchen, am besten unter Anwendung eines Kühlers (s. Fig. 22), in einen Kolben mit vorgelegter Säure (Salzsäure oder Schwefelsäure) destilliert, so daß das Gasleitungsrohr eben in die Säure eintaucht. Das Destillat übersättigt man mit Natronlauge und prüft mit NESSLERS Reagens auf Ammoniak.

Für den analytischen Nachweis des Ammoniaks kommen die oben schon besprochenen Gleichgewichte:

$$(NH_4)^{\cdot} + (OH)' \rightleftarrows NH_4OH \rightleftarrows NH_3 + H_2O$$

in Betracht. (Vgl. S. 123 und 124.)

Durch Zusatz der starken Basen (NaOH oder $Ca(OH)_2$) wird die Dissoziation in Ammoniumionen $(NH_4)^{\cdot}$ und Hydroxylionen $(OH)'$ zurückgedrängt, wobei undissoziiertes NH_4OH gebildet wird. Dadurch nimmt die Konzentration des NH_4OH in der Lösung zu und weiter wird infolgedessen die NH_3-Konzentration in der Lösung und im Gasraume (HENRYsches Gesetz) vergrößert.

Trennung der Alkalimetalle, Kalium, Natrium und Lithium voneinander und von den übrigen Metallen.

Zur Einübung dieser Trennung mische man sich je 0,1 g Chlorkalium, Chlornatrium, Chlorlithium, Chlorcalcium, Kupfervitriol, Zinkvitriol und Eisenvitriol.

Die Trennung des Kaliums und Natriums einerseits, vom Lithium andererseits, beruht auf der Unlöslichkeit des Kalium- und Natriumchlorids in Alkohol, während Lithiumchlorid leicht darin löslich ist. Die weitere Trennung des Kaliums vom Natrium beruht auf der Überführung beider Alkalimetalle in die Hexachlorplateate, K_2PtCl_6 und $Na_2PtCl_6, 6H_2O$, von denen sich das Kaliumsalz in $80\,^0/_0$igem Alkohol nicht auflöst, während das kristallwasserhaltige Natriumsalz leicht darin löslich ist.

Die zu trennenden Alkalimetalle müssen als Chloride vorliegen; Ammoniumverbindungen, Erdalkalimetalle und Schwermetalle dürfen nicht zugegen sein. Die Ammoniumverbindungen werden durch Glühen entfernt. Die Abscheidung der Schwermetalle, der Erdalkalien und des Magnesiums könnte auf die im Gange der qualitativen Analyse übliche Weise durch nacheinander vorgenommene Ausfällung mit Schwefelwasserstoff in saurer, Schwefelammonium in ammoniakalischer Lösung und durch Ammoniumcarbonat und Ammoniumphosphat erfolgen, wobei zuletzt die Alkalimetallsalze zurückbleiben.

Durch die große Zahl aufzuwendender Reagenzien und auszuführender Operationen schleppt man jedoch hierbei aus den Reagenzien und den Porzellan- und Glasgefäßen eine nicht unbeträchtliche Menge von Alkalimetallen (Kalium und Natrium) ein, so daß es zweckmäßiger ist, die Alkalimetalle in einer gesonderten, abzuwägenden Substanzprobe zu bestimmen, und diese Probe von den störenden Schwermetallen und störenden Säuren (Phosphorsäure, Borsäure usw.) dadurch zu befreien, daß man sie mit einem Überschuß von Barytwasser in einem Nickelgefäß kocht. Dadurch fallen die Schwer- und Erdmetalle als Hydroxyde und die Phosphorsäure, Borsäure usw. als Bariumsalze aus.

Sind in einer Analysensubstanz Ammoniumsalze oder komplexe Cyanide zugegen, so sind diese vor dem Kochen mit Barytwasser durch gelindes Glühen der Substanzprobe (am besten im Nickeltiegel) zu zerstören, weil die komplexen Ammoniak- und Cyanverbindungen vieler Metalle durch Barytwasser nicht zerstört werden und Erdalkaliborate im Ammoniak löslich sind. Nach genügendem Kochen mit Barytwasser läßt man die Masse in der Nickelschale völlig erkalten und filtriert sodann kalt durch ein Faltenfilter in eine Porzellanschale.[1] Nun übersättigt man zur Ausfällung der Erdalkalisalze und des überschüssigen Baryts in der Kälte mit Ammoniumcarbonat, erhitzt sodann zum gelinden Sieden und filtriert durch ein Faltenfilter. Im erhaltenen Filtrat überzeugt man sich zunächst durch Zugabe einer kleinen Menge Ammoniumcarbonatlösung, daß kein Niederschlag mehr entsteht, macht sodann salzsauer, dampft ein und vertreibt durch Glühen[2] des Eindampfrückstandes in einem Porzellantiegel die Ammoniumsalze. Von deren vollständiger Entfernung überzeugt man sich durch Nesslers Reagens.

Der erhaltene Glührückstand besteht nur aus Kalium-, Natrium- und Lithiumchlorid, und ist seiner Menge nach, event. durch Wägung zu beurteilen.

Eine kleine Probe dieses Rückstandes wird durch Flammenfärbung oder noch besser durch die Spektralreaktion auf Lithium geprüft. Ist kein Lithium zugegen, so geht man direkt zur Kalium-Natriumtrennung über.

Ist Lithium zugegen, so schüttelt man den Rückstand im kleinen Erlenmeyerkölbchen mit einigen Kubikzentimetern absolutem Alkohol, dem man einen Tropfen konzentrierte Salzsäure zusetzt.[3] Sodann wird abfiltriert und mit absolutem Alkohol ausgewaschen.

Den Rückstand verwendet man zur Kalium-Natriumtrennung.

Die alkoholischen Filtrate werden auf dem Wasserbad eingedampft. Der hierbei bleibende Rückstand besteht aus Lithiumchlorid und wird durch die Lithiumreaktionen (S. 120) als solches nachgewiesen.

Nachweis von Kalium und Natrium.

Vorprüfungen: Den Rückstand prüft man zunächst am Platindraht auf Flammenfärbung (S. 116 und 119) unter Zuhilfenahme von Kobaltglas oder Indigoprisma und noch besser des Spektroskops (siehe später).

[1] Das Filtrieren in der Kälte ist wesentlich, weil heißes Barytwasser aus Porzellan und Glas Kali und Natron herauslösen würde.

[2] Man muß schwach glühen, sonst verdampfen Chlorkalium, Chlornatrium und Chlorlithium mit.

[3] Um Spuren von Lithiumhydroxyd, das sich beim Glühen von Lithiumchlorid an feuchter Luft leicht bildet, in Lithiumchlorid überzuführen.

Um zu verhüten, daß man infolge der Flammenfärbung Spuren von Natrium, die kaum wägbar sind, mit vorhandenen größeren Mengen verwechselt, achte man auf die Dauer der Flammenfärbung (S. 119). Alsdann löse man eine Probe des Rückstandes in Wasser und weise das Kalium durch kobaltihexanitrowasserstoffsaures Natrium nach (S. 115).

Trennung: Man löse eine kleine abgewogene Menge (ca. 0,1 g) des aus Kalium- und Natriumchlorid bestehenden Rückstandes in einem halbkugelförmigen Glasschälchen in wenig Wasser, versetze die Lösung mit einem Überschuß 10%iger Platinchloridlösung (1 Mol. NaCl [= 58,5 g] braucht 1 Mol. $PtCl_4$ [= 340 g]) und dampfe sodann ohne Rücksicht auf einen sich etwa bildenden Niederschlag (K_2PtCl_6) auf dem Wasserbade bis zur Sirupkonsistenz ein.[1] Den Rückstand erwärme man unter häufigem Umrühren mit wenig 80%igem Alkohol, filtriere sodann durch ein ganz kleines Filter in einen sauberen Porzellantiegel und dampfe in diesem das gelb gefärbte[2] Filtrat zur Trockne.

Der erhaltene Rückstand wird mäßig geglüht. Enthielt er Natrium, so besteht der Glührückstand aus einem Gemenge von Platin und Chornatrium:

$$Na_2PtCl_6 = Pt + 2NaCl + 4Cl,$$

sonst nur aus Platin:

$$H_2PtCl_6 = Pt + 2HCl + 4Cl.$$

Zur Probe auf Chlornatrium verrühre man den Glührückstand mit etwas Wasser, filtriere vom ungelöst gebliebenen Platin ab, verdampfe das Filtrat in einem Glasschälchen zur Trockne und beobachte, ob und wieviel Chlornatrium zurückbleibt. (Betrachtung der Chlornatriumkristalle unter dem Mikroskop und Prüfung mit hexanitrokobaltiwasserstoffsaurem Natrium, wodurch kein Niederschlag entstehen darf.)

---

[1] Dieser Eindampfrückstand muß rein gelb gefärbt sein; zeigen sich weiße Ränder (von KCl oder NaCl), so mangelte es an dem nötigen Überschuß von Platinchlorid. In diesem Falle füge man wieder Wasser und noch etwas Platinchloridlösung zu.

[2] Ist das Filtrat farblos, so war kein Überschuß von Platinchlorid vorhanden.

Zink und Cadmium.

Zink.

Zink ist in allen seinen Verbindungen ein zweiwertiges Element. Die Zweiwertigkeit des Zinks ist durch Molekulargewichtsbestimmung flüchtiger Zinkverbindungen sicher gestellt. So führte z. B. die Dampfdichte des Chlorzinks zu der Molekülgröße $ZnCl_2$.

Die Verbindung des Zinks mit Sauerstoff ZnO nennt man Zinkoxyd; $Zn{<}^{OH}_{OH}$ ist das zugehörige Hydroxyd, das basischen Charakter hat.

Es ist aber viel schwächer basisch als die Alkalihydroxyde und die Erdalkalihydroxyde. Daher bildet es mit schwachen Säuren, z. B. mit Kohlensäure, sehr unbeständige Salze, die leicht in Oxyd und Säureanhydrid zerfallen. (Siehe auch Kapitel „Hydrolyse" auf S. 96.)

Es besitzt neben den basischen auch schwach saure Eigenschaften — ein Doppelcharakter, der bei manchen schwachen Basen, aber niemals bei den stärkeren Basen hervortritt. Das Zinkhydroxyd bildet daher mit den Alkalien Salze, Zinkate, die in Wasser löslich sind, in denen der Wasserstoff des Zinkhydroxyds wie in einer Säure durch Metall vertreten ist. Z. B. $Zn{<}^{O-Na}_{O-Na}$ Natriumzinkat.

Auch mit schwächeren Basen scheint es sich unter besonderen Umständen, bei hohen Temperaturen und bei Abwesenheit von Wasser, vereinigen zu können; so entsteht beim Glühen von Zinkoxyd mit Kobaltoxydul eine Verbindung ZnO, CoO, die wahrscheinlich als Kobaltozinkat $Zn{<}^{O}_{O}{>}Co$ aufzufassen ist.

Das zweiwertige Zn-Kation ist im hohen Maße befähigt, komplexe Kationen zu bilden, deren wichtigste die Zinkammoniumkomplexe sind; ferner existiert eine Anzahl mehr oder weniger komplexer Zink-Anionen, von denen ZnO_2'' und $ZnCy_4''$ die wichtigsten sind. Mit anderen Worten:

Zinkverbindungen haben die Eigenschaft bei Gegenwart von Ammonium- oder Cyan-verbindungen oft abnorme Fällungsreaktionen zu zeigen (siehe weiter unten), die auf dem Zusammentreten des Zinks mit Ammoniak oder Cyan zu beständigen in den besonderen Ionen auftretbaren Komplexen beruhen. Durch manche Reaktionen lassen sich aber diese Komplexe wieder zersetzen und dann treten normale Fällungsreaktionen ein.

Zink schmilzt bei 419°, siedet bei 930° und verbrennt dabei, wenn Luft hinzutritt, mit bläulichweißer Flamme zu Zinkoxyd, das weiße Flocken bildet (lana philosophica), die in der Hitze gelb aussehen.

Reines Zink hat bei 20° das spezifische Gewicht 6,9.

Die Zinksalze sind farblos und diejenigen mit starken Mineralsäuren reagieren in wässerigen Lösungen sauer (vgl. S. 96, Hydrolyse).

Man koche etwas Zinkvitriollösung, um jede Spur freier Säure zu entfernen, noch einige Zeit mit einem Stückchen Zink im Reagensrohr und prüfe die Reaktion der Lösung mit Lackmuspapier. Zink löst sich unter Wasserstoffentwicklung in verdünnter Salz- oder Schwefelsäure; in Salpetersäure löst es sich je nach Konzentration und Temperatur unter Wasserstoff-, Stickoxyd-, Stickstoffdioxyd- oder Ammoniak-bildung (vgl. S. 74).

Reines Zink löst sich in Säuren sehr viel schwerer als unreines.

Man übergieße ein Stückchen reines Zink mit verdünnter Schwefelsäure: es findet fast keine Gasentwicklung statt. Nur eine geringe Menge Zink geht in Lösung, dabei wird das Zink negativ-, die Lösung positiv-elektrisch. Ein Ausgleich der Elektrizitäten findet am Zink nicht statt und der Spannungsunterschied zwischen Lösung und Zink hindert weitere Teile des Zinks in Lösung zu gehen. Berührt man das Zink aber mit einem Kupfer- oder Platindraht, so wird die negative Elektrizität des Zinks abgeleitet, gleicht sich an dem Draht mit der positiven Elektrizität der Lösung aus, und es findet Wasserstoffentwicklung statt. Der Wasserstoff entweicht am Kupfer- oder Platindraht, nicht am Zink. Durch den Ausgleich der Elektrizitäten wird der Spannungsunterschied aufgehoben, und der weiteren Auflösung des Zinks steht kein Hindernis mehr entgegen. Das fremde Metall, das den Ausgleich der Elektrizitäten ermöglicht, kann auch im Zink selbst enthalten sein. Ferner kann man den Ausgleich dadurch bewirken, daß man fremde Metalle auf dem Zink niederschlägt.

Man übergieße kleine Stückchen reines Zink in drei Reagensgläsern mit verdünnter Schwefelsäure, setze zu dem einen eine Lösung von Kupfervitriol, zu dem anderen essigsaures oder salpetersaures Blei und zu dem dritten einige Tropfen Platinchlorid: die vorher nur schwache Gasentwicklung wird lebhafter.

Zink löst sich auch in Alkalihydroxyden.

Man versetze eine Messerspitze voll Zinkstaub im Reagensrohr mit starker Natronlauge und erwärme: es entwickelt sich Wasserstoff, den man oben am Rohr entzünden kann. Reaktionsgleichung? Die Gasentwicklung wird beschleunigt, wenn man etwas Eisenfeile hinzufügt.

Man nehme eine Zinksalzlösung und prüfe mit kleinen Mengen das Verhalten gegen folgende Reagenzien:

Natronlauge. Versetzt man Zinksulfatlösung mit wenig Natronlauge (tropfenweise), so entsteht zunächst eine Fällung von weißem Zinkhydroxyd:

$$ZnSO_4 + 2\,NaOH = Na_2SO_4 + Zn(OH)_2$$

oder:

$$Zn^{\cdot\cdot} + 2(OH') = [Zn(OH)_2].$$

Gibt man einen Überschuß von Natronlauge hinzu, so findet Wiederauflösung zu Natriumzinkat statt:

$$Zn(OH)_2 + 2\,NaOH = 2\,H_2O + Zn(ONa)_2$$

oder:

$$[Zn(OH)_2] + 2(OH') = 2\,H_2O + (ZnO_2'').$$

Wenn genug überschüssige Natronlauge angewandt wurde, bleibt die Lösung auch beim Kochen klar.

Man wiederhole den Versuch und setze zur Zinksulfatlösung, so wenig kalte Natronlauge tropfenweise, daß nur eben Auflösung des Zinkhydroxyds stattfindet, verdünne die Lösung stark mit Wasser und erhitze zum Sieden: es findet Wiederausfällung eines großen Teiles des Zinkhydroxyds statt.

Das Natriumzinkat ist als Salz einer schwachen Säure so unbeständig, daß es, falls nicht viel überschüssige Natronlauge vorhanden ist, durch viel Wasser in der Siedhitze hydrolysiert wird:

$$Zn(ONa)_2 + 2\,H_2O = 2\,NaOH + Zn(OH)_2.$$

Man beachte, daß die Reaktion in umgekehrter Richtung wie vorhin verläuft. (Umkehrbare Reaktion.)

$$Zn(ONa)_2 + 2\,H_2O \rightleftarrows 2\,NaOH + Zn(OH)_2$$

oder:

$$(ZnO_2'') + 2\,H_2O \rightleftarrows 2(OH') + [Zn(OH)_2].$$

Den Auflösungsvorgang des Zinkhydroxyds in verdünnten Säuren (und überhaupt die Auflösung in Wasser schwer löslicher Hydroxyde in verdünnten Säuren) kann man sich nach der Ionentheorie folgendermaßen vorstellen:

Zinkhydroxyd ist nicht vollkommen unlöslich in Wasser, und in seiner allerdings ungeheuer verdünnten Lösung herrscht, wenn man die Ionen als selbständige Stoffe betrachtet, nach dem Massenwirkungsgesetz das Gleichgewicht:

$$(Zn^{\cdot\cdot}) \times 2(OH') = K \times Zn(OH)_2.$$

Hierin ist K die Gleichgewichtskonstante, die noch von der Temperatur abhängig ist.

Gibt man nun zu der gesättigten Lösung bei Gegenwart überschüssigen Niederschlages eine Säure (Wasserstoffionen), so vereinigen sich die Wasserstoffionen der Säure mit den vom Hydroxyd in Lösung geschickten Hydroxylionen zu Wasser. Die Folge davon ist, daß sich neues Hydroxyd wieder auflöst, bis das Löslichkeitsprodukt (L) (siehe S. 33):

$$(Zn^{\cdot\cdot}) \times 2(OH') = L$$

wieder erreicht ist, und die Wirkung der Säure von neuem einsetzt. Wenn genug Säure vorhanden ist, wird sich schließlich alles Hydroxyd auflösen. Wir benutzen die Auflösbarkeit eines in Wasser unlöslichen Niederschlages in verdünnten Säuren zur Erkennung seiner basischen Natur. Wir haben hierin ein viel schärferes und eindeutigeres Mittel als die Reaktion auf Lackmuspapier, die ja im vorliegenden Falle des Zinkhydroxyds vollkommen versagt.

Durch die oben festgestellte Löslichkeit des Zinkhydroxyds in Alkalihydroxydlösungen, müssen wir aber den Schluß ziehen, daß das Zinkhydroxyd auch Wasserstoffionen in Lösung sendet, die sich bei Zugabe von starken Basen mit deren Hydroxylionen zu wenig dissoziiertem Wasser verbinden, wodurch von neuem Zinkhydroxyd in Lösung gehen muß, bis das Löslichkeitsprodukt:

$$(ZnO_2'') \times 2(H^{\cdot}) = K \cdot [Zn(OH)_2] = L$$

erreicht ist.

Wir haben in der Auflösbarkeit eines in Wasser schwer löslichen Niederschlages in verdünnten starken Basenlösungen ein Erkennungsmittel für die saure Natur eines Stoffes.

Wir nennen Stoffe, die wie Zinkhydroxyd einen doppelsinnigen Charakter haben, indem sie Wasserstoffionen und Hydroxylionen in Lösung senden können, also gleichzeitig Säure und Basis sind, amphotere Elektrolyte.

Auf dieser amphoteren Eigenschaft des Zinkhydroxyds beruht auch die oben festgestellte Tatsache, daß sich metallisches Zink nicht nur in verdünnten Säuren, sondern auch in den Lösungen starker Basen unter Wasserstoffentwicklung auflöst.

Die Auflösung des Zinks in Säuren wird wiedergegeben durch die Gleichung:

$$[Zn] + 2(H^{\cdot}) = Zn^{\cdot\cdot} + (H_2)$$

und die Auflösung in Basen durch die Gleichung:

$$[Zn] + 2(OH') = (ZnO_2'') + (H_2);$$

die letztere Reaktion beruht also auf der Bildung desselben Anions (ZnO_2''), das sich auch bei der Auflösung des Zinkhydroxyds in Basen bildet.

Ammoniak. Durch wenig Ammoniak fällt aus einer Zinkvitriollösung ein Teil des Zinks als Zinkhydroxyd:

$$ZnSO_4 + 2\,NH_4OH = (NH_4)_2SO_4 + Zn(OH)_2$$

oder:

$$Zn^{\cdot\cdot} + 2(OH') = Zn(OH)_2.$$

Durch das gebildete Ammoniumsulfat wird aber der Fällung sehr bald eine Grenze gesetzt. Fügt man noch mehr Ammoniumsulfat oder Chlorammonium oder irgend ein Ammoniumsalz hinzu, so findet Wiederauflösung des Niederschlages statt, indem dann die Reaktion vollends in umgekehrter Richtung verläuft. Setzt man Ammoniumsalze von vornherein zu einer Zinksalzlösung, so findet durch Ammoniak überhaupt keine Fällung statt.

Nach dem beim Ammoniak auf S. 123 Gesagten wird die Dissoziation des Ammoniumhydroxyds durch die Zugabe von Ammoniumsalzen verringert; dadurch nimmt die Konzentration der Hydroxylionen in der Lösung ab, und es muß so lange Zinkhydroxyd in Lösung gehen, bis das Löslichkeitsprodukt:

$$Zn^{\cdot\cdot} \times 2(OH') = L$$

wieder erreicht ist.

Neben dieser Auflösung des Zinkhydroxyds durch Ammoniumsalze findet noch eine zweite Art Lösungsvorgang statt, der auf der Eigenschaft des Zinks beruht, mit Ammoniak zu einem zweiwertigen Rest, Zinkammonium-Kation, $(Zn(NH_3)_2^{\cdot\cdot})$, zusammenzutreten im Sinne der Gleichung:

$$Zn(OH)_2 + 2NH_3 = (Zn(NH_3)_2^{\cdot\cdot}) + 2(OH').$$

Solche Ionen nennt man, wie früher schon erwähnt, „komplexe Ionen“ und die Salze „komplexe Salze“ (vgl. S. 34).

Man fälle wie oben etwas Zinkvitriollösung mit Ammoniak und gebe nun einen Überschuß von Ammoniak hinzu. Durch den Einfluß des Ammoniaküberschusses findet dann ebenfalls Wiederauflösung des Zinkhydroxyds statt, diesmal hauptsächlich unter Bildung des komplexen Salzes:

$$Zn(NH_3)_2SO_4,$$

nach der Gleichung:

$$Zn(OH)_2 + (NH_4)_2SO_4 = Zn(NH_3)_2SO_4 + 2H_2O.$$

Auch Salze, die $4NH_3$ anstatt $2NH_3$ enthalten, scheinen beim Zink zu bestehen.

Natriumcarbonat. Man versetze Zinkvitriollösung mit Natriumcarbonatlösung; es entsteht unter Kohlensäureentwicklung ein weißer Niederschlag, der sehr unlöslich ist und vollständige Abscheidung des Zinks ermöglicht. Durch Umsetzung sollte Zinkcarbonat entstehen:

$$ZnSO_4 + Na_2CO_3 = Na_2SO_4 + ZnCO_3.$$

Als Salz aus schwacher Base und schwacher Säure ist es aber unbeständig und erleidet, je nach den Versuchsbedingungen (Temperatur, Konzentration der Lösung) mehr oder weniger hydrolytische Spaltung:

$$ZnCO_3 + H_2O = CO_2 + Zn{<}^{OH}_{OH},$$

so daß der Niederschlag wechselnde Zusammensetzung zeigt, aus $xZnCO_3$, $yZn(OH)_2$ besteht, basische Salze bildend.

Ist Ammoniak oder ein Salz des Ammoniums zugegen, so tritt die Fällung infolge Bildung komplexer Salze unter Umständen in der Kälte nicht ein, sondern erst beim Kochen. Das Natriumcarbonat muß das komplexe Salz erst allmählich, am besten in der Wärme zerlegen. Um das Zink vollständig zu fällen, ist es nötig, daß man kocht, bis alles Ammoniak ausgetrieben ist:

$$Zn(NH_3)_2SO_4 + Na_2CO_3 = ZnCO_3 + Na_2SO_4 + 2NH_3.$$

An dieser Stelle mögen zum besseren Verständnis einige Bemerkungen über basische Salze und ihre zweckmäßige Ableitung eingeschaltet werden.

Basische Salze.

Basische Salze sind solche, in denen noch basische (an Metallatome gebundene) Hydroxylgruppen, oder in wässeriger Lösung als (OH')-Ionen abspaltbare Hydroxyle vorhanden sind.

Man leitet die basischen Salze am besten ab, indem man an den Basen die Salzbildung mit unzureichenden Molekülen Säure formuliert. So geht aus Zinkhydroxyd mit einem anstatt mit zwei Molekülen Salzsäure ein basisches Salz, das Zinkoxychlorid, hervor:

$$Zn{<}\begin{matrix}OH\\ \boxed{OH + H}Cl\end{matrix} = H_2O + Zn{<}\begin{matrix}OH\\ Cl\end{matrix}.$$

Mit zweibasischen Säuren verfährt man ähnlich, indem man nicht alle basischen Hydroxylgruppen aufbraucht. Z. B. beim basischen Zinkcarbonat:

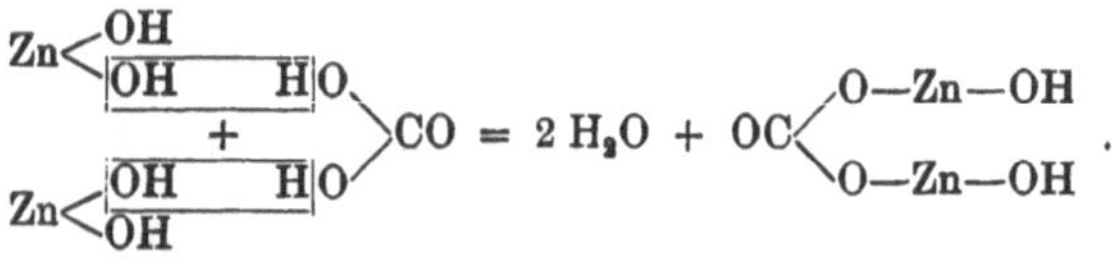

Bei dreisäurigen Basen, wie Aluminiumhydroxyd, sind natürlich zwei Reihen basischer Salze möglich, die man als einfach und zweifach basische Salze unterscheidet:

zweifach basisches, einfach basisches Aluminiumchlorid.

Die entsprechenden Sulfate sind:

$$SO_4(Al(OH)_2)_2 \quad \text{und} \quad SO_4AlOH.$$

Einsäurige Basen, wie die Alkalihydroxyde können solche basische Salze nicht bilden.

Die basischen Salze erscheinen als Vereinigung neutraler Salze mit Base, z. B.:

$$3\,Al{\lessdot}\begin{matrix}OH\\ OH\\ Cl\end{matrix} \text{ als } AlCl_3 + 2\,Al(OH)_3,$$

$$3\,Al{\lessdot}\begin{matrix}OH\\ Cl\\ Cl\end{matrix} \text{ als } 2\,AlCl_3 + Al(OH)_3,$$

$$CO{<}\begin{matrix}OZnOH\\ OZnOH\end{matrix} \text{ als } ZnCO_3 + Zn(OH)_2.$$

Die basischen Salze treten sehr oft auch in anhydrischen Formen auf, in denen die basischen Hydroxylgruppen unter Wasseraustritt miteinander reagierten. Z. B.:

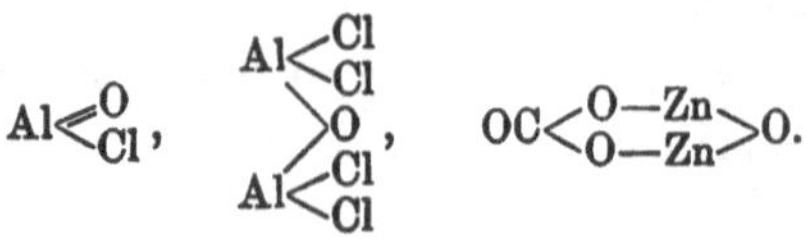

Solche anhydrische Basenreste sind da, wo die ihnen entsprechenden Salze Bedeutung besitzen, meist mit besonderen Namen belegt:

$-Sb{\equiv}O$ Antimonyl, $-Bi{\equiv}O$ Bismutyl, $-Al{\equiv}O$ Aluminyl, $=U{<}^{O}_{O}$ Uranyl.

$Cl-Sb{\equiv}O$	$\frac{NO_3O}{NO_2O}{>}U{<}^{O}_{O}$	UO_2S
Antimonylchlorid,	Uranylnitrat,	Uranylsulfid.

Ammoniumcarbonat. Man versetze Zinkvitriollösung mit etwas Ammoniumcarbonat: es entsteht ein unvollständiger Niederschlag von basischem Zinkcarbonat, der im Überschuß von Ammoniumcarbonat, in anderen Ammoniumsalzen und auch in Ammoniak löslich ist.

Bariumcarbonat im aufgeschlämmten Zustande fällt Zinksalze (mit Ausnahme der Sulfate) nicht.

Natriumacetat fällt Zinksalze auch in der Siedhitze nicht.

Schwefelwasserstoff. Man füge zu einer kleinen Probe Zinkvitriollösung, die keine freie Säure enthält, gutes Schwefelwasserstoffwasser oder leite Schwefelwasserstoffgas (unter dem Abzuge im Schwefelwasserstoffraume) ein. Das Zink fällt teilweise als weißes Schwefelzink heraus. Die Reaktion geht infolge Freiwerdens von Säure nur bis zu einer bestimmten Grenze (umkehrbare Reaktion):

$$ZnSO_4 + H_2S \rightleftarrows ZnS + H_2SO_4.$$

Die Fällung ist um so stärker, je schwächer die frei werdende Säure ist. Man gebe zu dem gefällten Schwefelzink ein wenig freie Mineralsäure (Schwefelsäure oder Salzsäure): es findet schon in der Kälte durch verdünnte (etwa 3 %) Mineralsäure Wiederauflösung des Schwefelzinks in umgekehrter Gleichungsrichtung statt.

Man versetze die jetzt erhaltene Lösung mit essigsaurem Natrium. Der Säuregrad der Schwefelsäure oder Salzsäure wird auf den der Essigsäure zurückgedrängt, der besonders bei Gegenwart von überschüssigem Natriumacetat so gering ist (vgl. S. 124), daß Fällung von Schwefelzink eintritt.

Essigsaures Zink (zu bereiten durch Auflösen von Zinkstaub in Essigsäure und Abfiltrieren der Lösung vom ungelösten Zink) wird selbst bei Gegenwart von viel freier Essigsäure durch Schwefelwasserstoff teilweise aus seiner Lösung gefällt und vollständig in schwach essigsaurer Lösung bei Gegenwart von viel Natriumacetat.

Man versetze eine verdünnte Lösung von schwefelsaurem Zink mit so viel Salzsäure, daß sie etwa 2 % freie Säure enthält. Alsdann entsteht durch Schwefelwasserstoff auch beim längeren Einleiten des Gases kein Niederschlag. Das Zink gehört in die Gruppe der durch Schwefelwasserstoff in mineralsaurer Lösung nicht fällbaren Metalle.

Schwefelammonium. Man versetze in einem kleinen Erlenmeyerkolben etwa 10 ccm verdünnte ungefähr 2 %ige Zinkvitriollösung so lange tropfenweise mit Schwefelammonium, bis ein Tropfen, am Glasstabe auf Bleipapier gebracht, einen schwarzen Fleck erzeugt. Reaktionsgleichung?

Die Gegenwart von Chlorammonium befördert die Fällung. Den Niederschlag von Schwefelzink sammle man auf einem glatten Filter, wasche ihn aus und benutze ihn zu den unten folgenden Lötrohr- und Beschlagschalreaktionen.

Cyankalium. Versetzt man eine Zinkvitriollösung mit Cyankalium, so entsteht zunächst ein weißer Niederschlag von Zinkcyanid $ZnCy_2$ (Reaktionsgleichung?), das durch mehr Cyankalium unter Bildung des komplexen Salzes $ZnCy_4K_2$ farblos gelöst wird.

Diese Lösung wird durch Ammoniak, Natronlauge, Schwefelwasserstoff und Schwefelammonium selbst beim Erwärmen nicht gefällt. (Unterschied von Mangan.)

Leitet man dagegen in die stark natronalkalische Lösung des komplexen Salzes Schwefelwasserstoff, so wird das Salz zersetzt unter Abscheidung von Schwefelzink. (Unterschied von Eisen, Kobalt und Nickel.) Ebenso tritt diese Fällung von Schwefelzink ein, wenn man die natronalkalische Lösung mit Schwefelammonium kocht bis das Ammoniak entwichen ist.

Versetzt man die Zinkcyankaliumlösung mit Schwefelammonium, so wird selbst beim Erwärmen kein ZnS gefällt. Wenn gelbes Schwefelammonium genommen wurde, tritt dabei Entfärbung ein, indem der Schwefel des mehrfach Schwefelammoniums vom Cyankalium zu Rhodankalium gelöst wird: $KCN + S = KSCN$. Wird die Schwefelammonium enthaltende Lösung aber nach Zusatz von viel Natriumacetat mit hinreichend Essigsäure versetzt, so fällt Schwefelzink vollständig aus. (Unterschied von Eisen, Kobalt und Nickel, die aus cyankalischer Lösung bei Gegenwart von Essigsäure und Natriumacetat durch Schwefelammonium oder Schwefelwasserstoff nicht gefällt werden.)

Cadmium.

Cadmium ist ein Element, das mit dem Zink große Ähnlichkeit hat. In seinen Verbindungen nimmt man daher auch das Cadmium aus Analogie mit dem Zink zweiwertig an, obwohl der direkte Beweis hierfür durch Dampfdichtebestimmungen nicht geliefert wurde. Cadmium findet sich fast in allen in der Natur vorkommenden Zinkerzen in kleinen Mengen, ist aber trotzdem in den Zinksalzen nur selten als Verunreinigung vorhanden, da es stärker elektronegativ ist als das Zink und durch Zink aus seinen Lösungen abgeschieden wird. (Man vgl. beim Kupfer S. 154.)

Es unterscheidet sich von dem Zink vor allem durch die viel geringere Löslichkeit seines Sulfides: Cadmiumsulfid fällt bereits aus schwach sauren Lösungen durch Schwefelwasserstoff; es gehört also in analytischer Hinsicht in die Schwefelwasserstoffgruppe und wird dadurch von dem Zink getrennt, das in die Schwefelammoniumgruppe gehört. Von allen Sulfiden der Schwefelwasserstoffgruppe ist es aber das am leichtesten in Säuren lösliche, bildet also gewissermaßen den Übergang von der Schwefelammonium- zur Schwefelwasserstoffgruppe und wird daher aus Lösungen, die zu stark sauer sind, durch Schwefelwasserstoff gar nicht oder unvollständig gefällt.

Cadmiumhydroxyd hat stärker basische Eigenschaften als Zinkhydroxyd. Es verhält sich starken Alkalien gegenüber schon nicht mehr, wie das Zinkhydroxyd, als Säure, löst sich also nicht in überschüssiger Natronlauge.

Seine basischen Eigenschaften sind aber noch nicht stark genug, um mit der schwachen Kohlensäure ein in wässerigen Lösungen beständiges, neutrales Salz zu liefern; es bildet wie das Zink nur ein basisches Carbonat. Die Cadmiumsalze starker Mineralsäuren reagieren sauer. Die Salze des Cadmiums sind ungefärbt, wenn nicht die Säure gefärbt ist.

Bei Gegenwart von Ammoniak oder Cyan geben die Cadmiumverbindungen abnorme Fällungsreaktionen, ähnlich wie die Zinkverbindungen, nur sind die gebildeten „Komplexe" beim Cadmium noch weniger beständig als beim Zink.

Cadmium ist, wie das Zink, löslich in verdünnter Salzsäure und in verdünnter Schwefelsäure, leicht löslich in Salpetersäure und in Königswasser.

Cadmium schmilzt bei 321,7°, siedet gegen 780° und verbrennt beim Erhitzen unter Luftzutritt zu Cadmiumoxyd von wechselnder gelbbrauner, rotbrauner, brauner und braunschwarzer Farbe.

Reines Cadmium hat bei 20° das spezifische Gewicht 8,65.

Mit der Lösung eines Cadmiumsalzes in Wasser, z. B. Cadmiumsulfatlösung, führe man folgende Reaktionen aus.

Man prüfe die Reaktion der Lösung gegen Lackmuspapier.

Natronlauge fällt aus Cadmiumlösungen weißes Cadmiumhydroxyd. Reaktionsgleichung? Cadmiumhydroxyd ist selbst in einem großen Überschuß der Natronlauge unlöslich. Unterschied vom Zink (S. 132).

Ammoniak fällt zunächst Cadmiumhydroxyd (Reaktionsgleichung?), das aber durch überschüssiges Ammoniak wieder gelöst wird. Das Verhalten ist dem der Zinksalze völlig analog (S. 134).

Natriumcarbonat fällt weißes basisches Carbonat ($x Cd(OH)_2 + y CdCO_3$), das in kohlensaurem Ammoniak und auch in Chlorammonium fast unlöslich ist, dagegen durch Ammoniak noch gelöst wird, aber schon schwerer als beim Zink.

Ammoniumcarbonat fällt die Cadmiumsalze vollständiger als die Zinksalze als basisches Carbonat, auch bei Gegenwart von viel Salmiaklösung und überschüssigem Ammoniumcarbonat, aber nicht bei Gegenwart von Ammoniak.

Schwefelwasserstoff fällt aus neutralen oder schwach (2—3 $^0/_0$igen) mineralsauren Lösungen citronengelbes Cadmiumsulfid. Reaktionsgleichung? Den Niederschlag von Schwefelcadmium sammle man auf einen glatten Filter und stelle mit ihm auch die unten beschriebenen Lötrohr- und Beschlagschalreaktionen an.

Durch 8—10 $^0/_0$ige heiße Salzsäure, durch ungefähr 15 $^0/_0$ige heiße Schwefelsäure und auch durch Salpetersäure ähnlicher Stärke wird das Sulfid dagegen unter Schwefelwasserstoffentwicklung gelöst. In Cyankalium ist das Schwefelcadmium unlöslich.

Schwefelammonium fällt ebenfalls Schwefelcadmium, das in viel überschüssigem Schwefelammonium besonders in der Wärme etwas löslich ist.

Cyankalium fällt aus Cadmiumlösungen zunächst weißes Cadmiumcyanid (Reaktionsgleichung?), das im Überschuß von Cyankalium zu dem Salz K_2CdCy_4 löslich ist.

Aus der Lösung des Cyancadmiumkaliums fällt durch Einleiten von Schwefelwasserstoff oder durch Schwefelammonium alles Cadmium als Schwefelcadmium heraus. (Wichtig zur Trennung von Kupfer, siehe später.)

Lötrohrreaktionen.

Zur Ausführung von Lötrohrreaktionen auf Kohle zersäge man einen verkohlten Holzast von etwa Armesdicke in 10—15 cm lange Stücke, die man dann noch der Länge nach in zwei Hälften zersägt. Die gerade Fläche der so erhaltenen Holzkohlen schleift man mit grobem Schmirgel- oder Sandpapier glatt. Die Versuchsprobe erhitzt man mit Hilfe des Lötrohres (siehe unten) in einer möglichst kleinen, flachen Grube, die man mit der Ecke des Lötrohrwindkastens *c* (siehe Fig. 23) oder mit einem besonderen Bohrer (siehe S. 143, Anm. 2) eingräbt.

Das Lötrohr (Fig. 23) besteht aus dem Trompetenmundstück *a*, der Röhre *b*, dem Windkasten *c* und der Spitze *d* und ist leicht in diese Teile zerlegbar. Es ist zweckmäßig, die Röhre *b* nicht zu starkwandig zu wählen, da sie sonst beim Gebrauch leicht zu heiß wird. Den Windkasten *c* muß man von Rohr und Spitze abnehmen können zur zeitweisen Entleerung des darin sich ansammelnden Wassers aus der durchgeblasenen feuchten Luft.

Man gebraucht das Lötrohr, um mit dem Munde Luft quer durch eine Flamme zu blasen und dadurch hohe Temperaturen zu erzeugen, die man bei Schmelzproben benutzt, bei Perlreaktionen und überhaupt zum Erhitzen kleiner Mengen Substanz im Oxydations- oder Reduktionsfeuer mit oder ohne Zusatz gewisser Reagenzien. Dabei verwendet man als Unterlage nach obigen Angaben präparierte Holzkohle, oder als Träger der Substanz das Öhr eines Platindrahtes.

Im Laboratorium gebraucht man das Lötrohr gewöhnlich mit der Gasflamme; es ist aber auch, und das ist besonders für Mineralogen und Geologen auf Reisen von großem Wert, mit jeder Öllampe und dickeren Kerzenflamme zu gebrauchen.

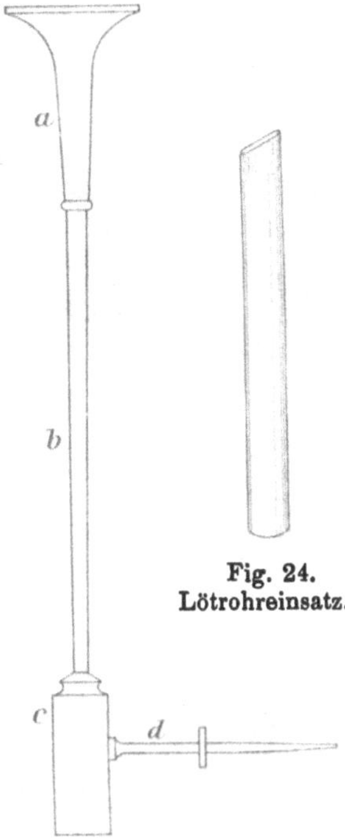

Fig. 23. Lötrohr.

Fig. 24. Lötrohreinsatz.

Wird Leuchtgas als Heizquelle verwandt, so pflegt man zu Lötrohrversuchen in die Röhre des Bunsenbrenners nach dem Schließen der Luftlöcher eine Metallröhre einzusetzen, die oben in einen schräg abwärts gerichteten, schmalen Spalt ausläuft (Fig. 24).

Zur Erzeugung des Oxydationsfeuers stellt man die Flamme des Bunsenbrenners ungefähr auf halbe Höhe und schiebt die Lötrohrspitze bis in die Mitte der Flamme vor, oder wenn man eine besonders kleine Stichflamme erhalten will, noch darüber hinaus (Fig. 25). Man bläst einen kräftigen Luftstrom in die Flamme und hält die Substanzprobe dabei fast an die äußerste Spitze (*a*—*b*) der Stichflamme. Man übe sich, mit aufgeblasenen Backen Luft durch die Nase ein- und auszuatmen, ohne beim Blasen abzusetzen. Nur so ist es möglich, eine für längere Zeit andauernde gleichmäßige Stichflamme zu erzeugen.

Zur Erzeugung des Reduktionsfeuers läßt man die Flamme ebenso hoch wie beim Oxydationsfeuer oder — wenn man mit der Reduktionsflamme eine größere Fläche bedecken will — auch etwas höher brennen, zieht aber die Lötrohrspitze bis an den Anfang des Brennereinsatzes zurück (Fig. 26), so daß dieselbe Luftmenge jetzt mehr Leuchtgas zu verbrennen hat und daher nicht im Überschuß bleibt und Oxydationswirkung hervorbringen kann.

Die Luft blase man nur so stark in die Flamme, daß diese dadurch eben entleuchtet wird. Die Substanzprobe halte man in die viel gleichmäßiger aussehende Flamme so, daß sie im innern Raum der Flamme ungefähr bei *a* (Fig. 26) sich befindet und von der Flamme ganz umspült wird, damit von außen keine Luft zur Probe tritt.

Man erhitze in einer kleinen Grube auf Holzkohle ein Korn metallisches Cadmium, und in einem zweiten Versuch etwas metallisches Zink mit der Lötrohr-Oxydationsflamme. Die beiden Metalle verflüchtigen sich, und die Metalldämpfe verbrennen mit bläulicher Flamme zu den entsprechenden Oxyden CdO und ZnO, die sich als „Beschläge" auf den benachbarten Teilen der Kohle absetzen.

Der Zinkoxydbeschlag ist in der Kälte weiß und in der Hitze gelb gefärbt, während der Cadmiumbeschlag eine wechselnd gelbbraune, braune bis braunschwarze Farbe mit äußerem weißen Anflug zeigt.

Hat man irgendwelche Cadmium- oder Zinkverbindungen unbekannter Zusammensetzung, so führt man die Versuche unter Zusatz von etwas wasserfreier Soda aus, weil manche Cadmium- und Zinkverbindungen, besonders die schwer reduzierbaren und die, welche nichtflüchtige Säuren enthalten, erst nach ihrer mit Soda erfolgten Umsetzung zu Carbonaten beim Erhitzen auf Kohle die flüchtigen Metalle oder Oxyde liefern.

Die Mischung mit Soda drückt man, damit sie nicht fortgeblasen wird, ein wenig angefeuchtet in die Grube der Holzkohle.

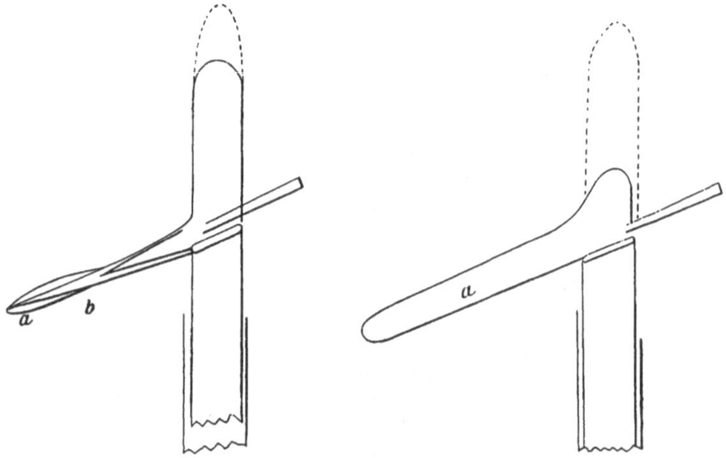

Fig. 25. bei Oxydationen. Lötrohrstellung Fig. 26. bei Reduktionen.

Cadmium- und Zinkverbinduugen geben dabei auch in der Reduktionsflamme keine Metallkörner, weil diese beiden Metalle sich bei der zur Reduktion aus ihren Verbindungen nötigen Temperatur schon in Dampf verwandeln, von den Flammengasen mit fortgeführt, und in Dampfform an den äußeren Teilen der Flamme wieder zu Oxyden oxydiert werden. Man überzeuge sich davon durch Versuche im Reduktionsfeuer.

Glasbeschläge.

Oxydbeschläge, die man bei Lötrohruntersuchungen auf Kohle erzeugt, lassen sich schlecht untersuchen. Nach V. Goldschmidt[1] kann man ihre chemische und mikrochemische Untersuchung leicht ermöglichen, wenn

[1] Zeitschrift für Kristallographie und Mineralogie Bd. 21, S. 329.

man einen unbekanteten Objektträger oder sonst eine dünne Glasplatte[1] zuvor schwach anwärmt (um Springen des Glases zu verhüten) und auf die Stelle der Kohle legt, wo der Oxydbeschlag sich absetzt.

Alsdann erhält man den betreffenden Oxydbeschlag auf Glas und kann ihn in jedem Falle bequem nach später zu beschreibenden Proben weiter untersuchen.

Zur leichten Erzeugung solcher Gasbeschläge hat GOLDSCHMIDT einen handlichen, kleinen Apparat (Kohlehalter) konstruiert, der — wie die Reaktionen selbst, zu denen er dient — zu Lötrohruntersuchungen allgemein bekannt und benutzt zu werden verdient.

Kohlehalter. Fig. 27. Eine prismatische Holzkohle *K* wird in den Halter zwischen die Backen *M M* und die Schraube *S* festgeklemmt. Dagegen wird ein kurzes Stück Holzkohle *k*[2] mittels des Hakens *h* angepreßt. *h* wird durch die Feder *f* angezogen und durch Druck auf den Knopf *N* gelöst. *k* hat eine schiefe Fläche, die man durch Reiben auf Schmirgel- oder Glaspapier anschleift. In diese schiefe Fläche macht man eine kleine Vertiefung *v* zum Einlegen der Probe.

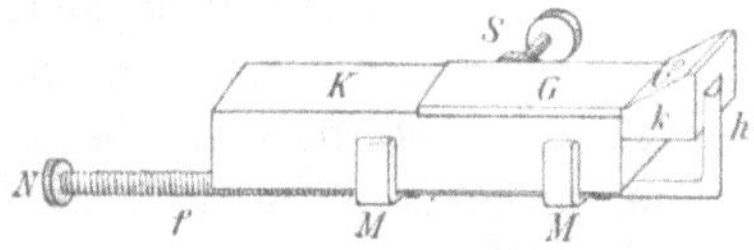

Fig. 27. Kohlehalter.

Die Kohle *k* klemmt man so hoch ein, daß ihre Kante in gleiche Höhe mit der Oberfläche des daranstoßenden Glasplättchens *G* zu liegen kommt (siehe Fig. 27). Kurz bevor man die Substanzprobe in der Grube *v* erhitzt, wärmt man die Glasplatte an, und nun bläst man den Beschlag so, daß er sich auf das Glas legt. Nach dem Gebrauch reinigt man das Kohlestückchen *k* durch Reiben auf Schmirgelpapier.

Man stelle mit Schwefelcadmium und Schwefelzink oder metallischem Cadmium und metallischem Zink auf Glasplättchen mehrere Beschläge her, beobachte ihr Aussehen gegen helle und dunkle Unterlagen. Mit dem Zinkoxydbeschlag stelle man folgende Versuche an:

Man bringe zu dem Beschlag auf dem Objektträger mit einem Glasstabe oder auch mit einem Kapillarfaden (deren man sich eine große Zahl aus einem Reagensglase oder einem ebenso weiten, dünnwandigen Glasrohre vor dem Gebläse mit Leichtigkeit ausziehen kann) einen Tropfen Salzsäure, verteile ihn gleichmäßig bis zur völligen Lösung des Zinkoxyds und verdunste über kleiner Flamme zur Trockne. Es kristallisiert Chlorzink in Nadeln und radialstengligen Aggregaten, die an der Luft zerfließen.

---

[1] Die im Handel befindlichen Objektträger pflegen, obwohl sie recht dünn sind, das Erhitzen schlechter zu vertragen als gewöhnliche nicht zu dicke Glasplättchen.

[2] Die prismatischen und kurzen Holzkohlen werden mit Säge und Schmirgelpapier hergerichtet. Den Kohlehalter liefert der Mechaniker P. Stoe in Heidelberg, welcher auch die dazu gehörigen Holzkohlen und Glasplättchen (unbekantete Objektträger oder gewöhnliche Glasplättchen in geeigneter Größe), sowie einen kleinen Bohrer zum Anbringen der Vertiefung für die Substanz liefert.

Man löse das Chlorzink auf dem Objektträger in ganz wenig Wasser und erzeuge mit einem Tropfen Sodalösung weißes basischkohlensaures Zink und mit Schwefelammonium weißes Schwefelzink usw.

Mit einem zweiten Beschlag des Zinkoxyds auf dem Objektträger führe man RINMANNS Grünprobe aus. Man löse den Beschlag in einem mit wenig verdünnter Salpetersäure getränkten quadratzentimetergroßen Stückchen Fließpapier,[1] das man auf dem Beschlage hin- und herschiebt, bis er vollständig in der Salpetersäure gelöst und vom Fließpapier aufgenommen ist. Alsdann faltet man das Papier vierfach zusammen, so daß der Beschlag nach innen kommt, wickelt einen dünnen Platindraht in mehrfacher Lage darum, befeuchtet es mit ganz wenig einer stark verdünnten Lösung von Kobaltnitrat, erhitzt bis zur Trockne, verkohlt es bei möglichst niedriger Temperatur (so daß es sich nicht entflammt), und glüht es bis zum Veraschen der entstandenen — bei langsamem Verkohlen leicht verbrennlichen — Kohle. Die Asche ist durch RINMANNS Grün gefärbt, was in der kleinen Probe nötigenfalls mit der Lupe erkannt wird.

RINMANNS Grün ist Kobaltozinkat ZnO_2Co, das sich beim Glühen von Zinkoxyd, oder von in der Hitze unbeständigen Zinksalzen, z. B. Zinknitrat, mit Kobaltnitrat bildet:

$$Zn(NO_3)_2 + Co(NO_3)_2 = ZnO_2Co + 4NO_2 + O_2.$$

Ist mehr Kobaltnitrat als der Gleichung entspricht zugegen, so bildet sich daneben schwarzes Kobaltoxydoxydul:

$$3Co(NO_3)_2 = Co_3O_4 + 6NO_2 + O_2,$$

das die grüne Farbe verdeckt.

Der Cadmiumoxydbeschlag hat die oben erwähnte braune Farbe und am Rande einen weißen Anflug.

Man betupfe den weißen Anflug auf dem Objektglase mit neutraler Silbernitratlösung; er wird blauschwarz und verschwindet nicht, wenn man Ammoniakgas darauf bläst oder mit dem Glasstab Ammoniakwasser darauf streicht. Sehr charakteristische und zur Erkennung des Cadmiums selbst in kleinen Mengen geeignete Reaktion.

Der weiße Anflug besteht wahrscheinlich aus Cadmiumsuperoxyd CdO_2, welches mit Silberlösung und Ammoniak Silber bildet:

$$CdO_2 + Ag_2O = CdO + 2Ag + O_2,$$

das in Ammoniak unlöslich ist.

---

[1] Man verwendet am besten mit Säure ausgewaschenes (quantitatives) Filtrierpapier, da das gewöhnliche sehr häufig etwas Eisen enthält, das die Probe beeinträchtigt.

Beschlagschalproben.

Nach BUNSEN[1] kann man die Beschläge (in dünneren Schichten „Anflüge“ genannt) von flüchtigen Metalloxyden mit viel geringeren Mengen als auf Kohle oder Glasplättchen auf einer außen glasierten Porzellanschale von 10 bis 12 cm Durchmesser mit Hilfe des Bunsenbrenners erzeugen und kann solche Beschläge auf der Schale nach bestimmten, näher zu besprechenden Methoden in Jodide, Sulfide und andere Verbindungen überführen, die charakteristische und wertvolle Merkmale zur Erkennung abgeben. Wenn die Reaktionen auf dem Objektträger infolge der Anwendbarkeit des Mikroskopes sich mannigfaltiger gestalten lassen, so empfehlen sich diese Beschlagschalproben durch ihre größere Empfindlichkeit. Auch lassen sich auf diese Weise anstatt der Oxydbeschläge Metallbeschläge herstellen, die man mit dem Lötrohr nur schwer erhalten kann, welche in manchen Fällen aber ebenso wertvolle Erkennungsmerkmale abgeben als die Oxydbeschläge.

Zur Ausführung der Beschlagproben ist Leuchtgas und ein Bunsenbrenner mit seinen verschiedenen Flammenteilen, die man zur Hervorrufung von Oxydations- und Reduktionswirkungen ebenso wie bei der Lötrohrflamme benutzen kann, unentbehrlich.

Der Bunsenbrenner. Der zu Reaktionsversuchen dienende Bunsenbrenner mit nichtleuchtender Flamme muß in richtigen Dimensionen konstruiert und namentlich mit einer drehbaren Hülse zum Verschließen und Öffnen der Zuglöcher versehen sein, um für jede Größe der Flamme den Luftzutritt beliebig regulieren zu können. Ebenso nötig ist es, den konischen Schornstein *d d d d* (Fig. 28), aus welchem die Flamme hervorbrennt, von solchen Dimensionen zu wählen, daß die Flamme vollkommen ruhig und ohne flackernde Bewegung brennt. Fig. 28 zeigt diese Flamme in halber natürlicher Größe. Sie setzt sich aus folgenden Hauptteilen zusammen:

a) dem dunklen Kegel $a_1\,a\,a\,a_1$, welcher die kalten, mit etwa 62% atmosphärischer Luft gemengten Leuchtgase enthält;

b) dem Flammenmantel $a_1\,c\,a_1\,b$, der von dem brennenden mit Luft gemengten Leuchtgase gebildet wird;

c) der leuchtenden Spitze $a\,b\,a$, welche die normal (bei geöffneten Zuglöchern) brennende Flamme nicht zeigt und welche jedesmal, wenn sie zu Reaktionen benutzt werden soll, durch teilweises Zudrehen der Zuglöcher in erforderlicher Größe hergestellt wird.

In diesen drei Hauptteilen der Flamme finden sich folgende sechs Reaktionsräume:

1. Die Flammenbasis. Sie liegt bei a. Ihre Temperatur ist eine verhältnismäßig sehr niedrige, da das hier brennende Gas durch die unten zuströmende kalte Luft abgekühlt wird, und die Metallröhre des Brenners eine erhebliche Wärmemenge abführt. Werden Gemenge von flammenfärbenden Substanzen in diesen Teil der Flamme gebracht, so gelingt es oft, die leichter flüchtigen auf Augenblicke für sich zu verdampfen und dadurch Flammenfärbungen zu erhalten, die bei höheren Temperaturen nicht zum Vorschein

[1] R. BUNSEN, Flammenreaktionen. 2. Aufl. Heidelberg 1886. Vgl. R. BUNSEN, Gesammelte Abhandlungen, Bd. III, S. 386—421.

kommen, weil sie durch Flammenfärbung anderer mitverdampfender Stoffe verdeckt werden (vgl. S. 110, unter Borsäurenachweis).

2. **Der Schmelzraum** liegt bei β etwas oberhalb des ersten Drittels der ganzen Flammenhöhe, gleichweit von der äußeren und inneren Begrenzung des Flammenmantels entfernt, wo dessen Dicke am beträchtlichsten ist. Da in diesem Raum der Flamme die höchste Temperatur herrscht, so benutzt man ihn zur Prüfung der Stoffe auf Schmelzbarkeit, Flüchtigkeit, Emissionsvermögen und zu Schmelzprozessen in höherer Temperatur.

3. **Der untere Oxydationsraum** liegt im äußeren Rande des Schmelzraumes bei γ und eignet sich besonders zur Oxydation der in Glasflüssen aufgelösten Oxyde.

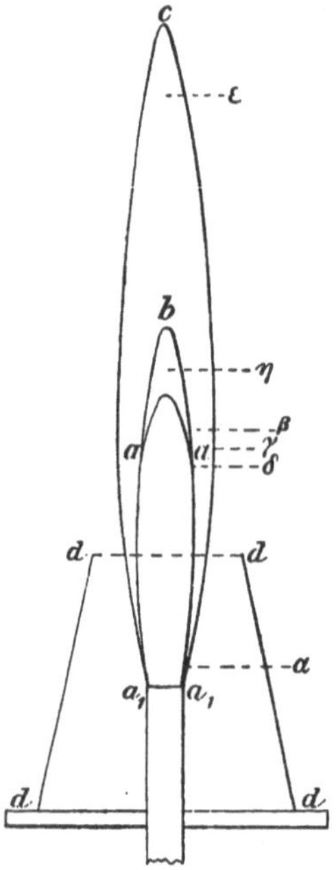

Fig. 28. Flamme des Bunsenbrenners.

4. **Der obere Oxydationsraum** bei ε wird durch die obere nicht mehr sichtbare Flamme gebildet und wirkt am kräftigsten bei völlig geöffneten Zuglöchern der Lampe. Man nimmt in ihm die Oxydation umfangreicherer Proben, das Abrösten flüchtiger Oxydationsprodukte und überhaupt alle Operationen vor, für welche viel Luftzutritt und nicht allzuhohe Temperatur erforderlich ist.

5. **Der untere Reduktionsraum** liegt bei δ im Inneren, an dem dem dunklen Kegel zugekehrten Rande des Schmelzraumes. Da die reduzierenden Gase an dieser Stelle noch mit unverbrauchtem, atmosphärischem Sauerstoff gemengt sind, so bleiben hier manche Substanzen, die in der oberen Reduktionsflamme desoxydiert werden, unverändert. Er ist besonders geeignet zu Reduktionen auf Kohle (am Kohlesodastäbchen) und in Glasflüssen (zu Borax und Phosphorsalzperlreaktionen).

6. **Der obere Reduktionsraum** wird durch die leuchtende Spitze η gebildet, welche über dem dunklen Flammenkegel entsteht, wenn man den Luftzutritt durch allmähliches Schließen der Zuglöcher des Brenners verringert. Hat man die leuchtende Spitze zu groß gemacht, so bedeckt sich ein in dieselbe gehaltenes, mit kaltem Wasser gefülltes Proberöhrchen mit einer Schicht von Kohlenruß, was niemals der Fall sein darf. Sie enthält keinen freien Sauerstoff, ist reich an abgeschiedener glühender Kohle und besitzt daher stärker reduzierende Eigenschaften als die untere Reduktionsflamme, aber eine viel niedrigere Temperatur als diese. Man benutzt sie besonders zur Reduktion von Metallen, die man in Gestalt von Beschlägen auffangen will.

Oxydbeschläge auf der Porzellanschale. Um Oxydbeschläge auf der Porzellanschale zu erzeugen, stellt man zunächst die Flamme des Brenners auf die halbe Höhe ein — und noch kleiner, wenn man nur Stäubchen der Probe anwendet, damit sich die Verflüchtigungsprodukte nicht zu weit über die Porzellanfläche verbreiten.

Die Substanz bringt man an Asbeststäbchen (die man in größerer Zahl von höchstens Streichholzbreite und von $^1/_4$ Streichholzdicke aus einem steifen, faserigen Asbest abspaltet), in den oberen Reduktionsraum der Flamme und hält die mit Wasser kalt gehaltene, auf der Außenseite glasierte Schale von 10 bis 12 cm oberem Durchmesser in 1—1$^1/_2$ cm Abstand darüber, wie aus Fig. 29 ersichtlich. Das flüchtige Oxyd setzt sich als Beschlag und Anflug außen auf der Porzellanschale ab.

Solche Oxydbeschläge können mit allen Substanzen hervorgebracht werden, die bei hohen Temperaturen in der Oxydationsflamme flüchtige Oxyde liefern. So z. B. auch mit allen Schwefelverbindungen flüchtiger Metalloxyde. Man braucht die Schwefelverbindungen zunächst nur in dem oberen Oxydationsraume bei so niedrig wie möglich gewählter Temperatur am Asbestfaden zu rösten, um dann mit der Röstprobe den Oxydbeschlag herstellen zu können. Wie wir später sehen werden, schaltet man solche Beschlagschalproben während der Ausführung der systematischen Analyse bei den Schwefelmetallen ein.

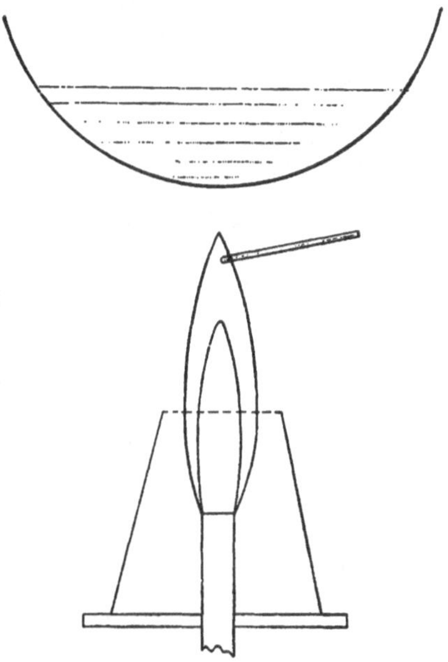

Fig. 29. Herstellung von Oxydbeschlägen.

Man bringe etwas Schwefelcadmium an ein Asbeststäbchen, röste das Sulfid durch gelindes Erhitzen im Oxydationsfeuer:

$$CdS + 3O = CdO + SO_2$$

und bilde den Oxydationsbeschlag in der oben angegebenen Weise. Der charakteristische Cadmiumoxydbeschlag wird auch hier als brauner bis rotbrauner bis gelbbrauner Beschlag mit weißem Anflug erhalten. Der weiße Anflug wird beim Bestreichen mit salpetersaurem Silber blauschwarz; die blauschwarze Farbe bleibt beim Beblasen oder Betropfen mit Ammoniak. In dieser Ausführung auf der Beschlagschale ist die oben schon auf dem Objektträger ausgeführte charakteristische Reaktion für Cadmium noch dazu recht empfindlich und dient als beste Probe zur Erkennung des Cadmiums.

Mit Zinnchlorür oder mit Zinnchlorür und Natronlauge gibt der weiße Anflug keine Veränderung.

Mit Schwefelzink stelle man, ebenso wie mit Schwefelcadmium, einen Oxydbeschlag her.

Um den Zinkoxydbeschlag einigermaßen dicht zu bekommen, muß man die Probe am Asbeststäbchen etwa $^1/_2$ Minute in die Flamme unter die Schale halten. Bei manchen flüchtigeren Oxyden genügen dazu schon wenige Sekunden.

Mit dem Zinkoxydbeschlage stelle man die Rinmannsche Grünprobe, wie beim Glasbeschlage S. 144 beschrieben, an.

Reaktionen mit Oxydbeschlägen. Im allgemeinen beobachtet man bei Oxydbeschlägen nach dem Ausgießen des Kühlwassers die Farbe des Beschlages und des Anfluges und stellt mit ihnen folgende Reaktionen am besten in der angegebenen Reihenfolge an. (Siehe Tafel III im Anhang.)

1. Man überzeugt sich, ob ein Tropfen Zinnchlorür, den man an einem Glasstabe gleichmäßig über den Beschlag verteilt, Reduktion (Schwarzfärbung durch Tellur oder Rotfärbung durch Selen) bewirkt.

2. Erfolgte keine Reduktion, so fügt man zu dem mit Zinnchlorür benetzten Oxydbeschlage ebenfalls mit einem Glasstabe verdünnte Natronlauge, bis das

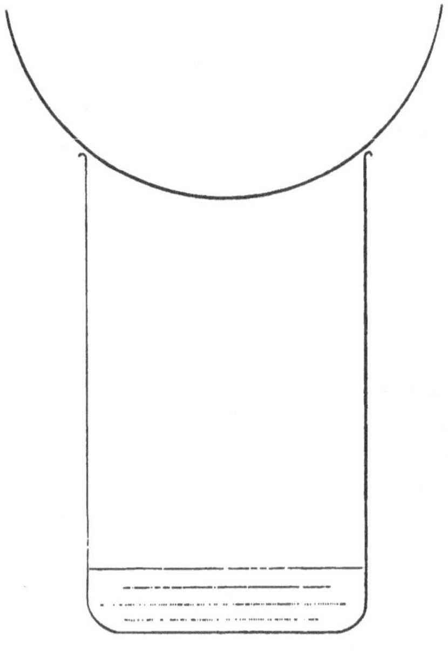

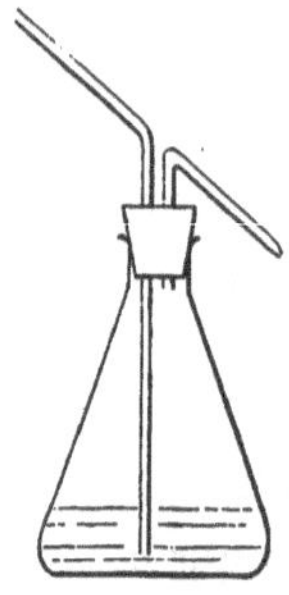

Fig. 30. Ammoniakbläser.

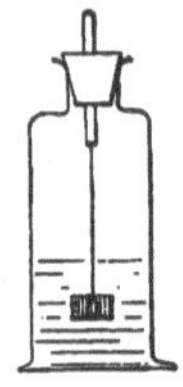

Fig. 31. Ammoniak- oder Schwefelwasserstoff-entwickler.

Fig. 32. Jodwasserstoffentwickler.

sich ausscheidende weiße Zinnhydroxydul wieder gelöst ist, und beobachtet, ob dadurch Reduktion (Schwarzfärbung beim Wismut) eintritt.

3. Man erzeugt einen neuen Oxydbeschlag, breitet mit Hilfe eines Glasstabes einen Tropfen völlig neutrales salpetersaures Silber auf dem Beschlage aus und richtet einen ammoniakalischen Luftstrom darauf, indem man Luft über den mit Ammoniakflüssigkeit benetzten Glasstöpsel oder durch eine mit starkem Ammoniakwasser gefüllte umgekehrte kleine Spritzflasche (Ammoniakbläser, Fig. 30) gegen den Beschlag bläst, oder schließlich am besten, indem man die Schale kurze Zeit unter steter Beobachtung auf ein Becherglas setzt, dessen Boden mit Ammoniakwasser bedeckt ist (Fig. 31); event. erwärmt man das Ammoniakwasser gelinde. Entsteht ein Niederschlag, so beobachtet man dessen Farbe und überzeugt sich durch längeres Anblasen mit ammoniakalischer Luft — oder besser, indem man einen Tropfen Ammoniak am Glasstabe darauf verteilt —, ob derselbe sich löst oder welche Veränderung er sonst erleidet.

4. Jodidbeschlag. Man erzeugt einen neuen Oxydbeschlag und führt ihn in Jodid über, dadurch, daß man die mit Wasser gekühlte Schale mit einer Jod und Jodwasserstoffsäure liefernden Flamme beraucht.

Diese Flamme erhält man durch Entzünden einer Lösung von Jod in Alkohol an einem Asbestschwamm, die man mit dem am Platindraht, Glasrohr und Kork befestigten Schwamm einer Vorratsflasche (Fig. 32) entnimmt. Nach dem jedesmaligen Gebrauch setzt man den Draht mit dem Asbestbündel mittels Glasrohr und Kork als Verschluß auf die Flasche.

Beim Berauchen des Oxydbeschlages mit der Jodtinkturflamme pflegt sich etwas wässerige, von Jod gebräunte Jodwasserstoffsäure mit auf der Schale niederzuschlagen. Das Jod auf der Schale verflüchtigt man am besten durch gelindes Erwärmen, indem man nach dem Ausgießen des Kühlwassers die Innenseite der Porzellanschale in einiger Entfernung über die Flamme hält und dabei die Außenseite anbläst.

Anstatt den Oxydbeschlag mit den Dämpfen der brennenden Jodtinktur zu behandeln, kann man ihn dadurch in den Jodidbeschlag überführen, daß man ihn den Dämpfen rauchender Jodwasserstoffsäure aussetzt, ähnlich wie oben Fig. 31 den Ammoniakdämpfen. Für diesen Zweck hält man sich rauchende Jodwasserstoffsäure zweckmäßig am Boden eines Glasglockenexsikkators solcher Größe vorrätig, daß man ihn zum Daraufsetzen der Porzellanschale (wie beim Becherglase Fig. 31) benutzen kann. In die Jodwasserstoffsäure gibt man etwas Phosphor, um Jod zu beseitigen und von Zeit zu Zeit etwas Phosphorpentoxyd, um das Rauchen zu verstärken.

Den Jodidbeschlag untersucht man nach dem Wiedererkalten der Schale (was man durch zeitweises Füllen der Schale mit kaltem Wasser beschleunigen kann),

a) auf seine Löslichkeit in Wasser, dadurch, daß man ihn anhaucht, wobei seine Farbe sich verändert oder ganz verschwindet, indem der Jodidbeschlag sich in dem daraufgehauchten Wasser löst. Erwärmt man darauf die Schale gelinde in der oben angegebenen Weise von innen, oder bläst man auch nur, ohne zu erwärmen, aus einiger Entfernung darauf, so kommt der Beschlag durch Verdampfung des darauf niedergeschlagenen Wassers wieder zum Vorschein.

b) auf sein Verhalten gegen Ammoniakgas, das man mit dem Ammoniakbläser oder Ammoniakbecherglas darauf bringt und sieht, ob dabei die Farbe des Jodidbeschlages oder Anfluges rasch, langsam oder gar nicht verschwindet, oder ob Farbenveränderung dadurch herbeigeführt wird.

5. Sulfidbeschlag. Er wird aus dem Jodidbeschlage dadurch erzeugt, daß man einen schwefelammoniumhaltigen Luftstrom mit dem mit Schwefelammonium gefüllten Bläser (Fig. 30) darauf bläst, oder besser dadurch, daß man ihn über ein mit wenig Schwefelammonium gefülltes Becherglas stellt (Fig. 31), oder endlich dadurch, daß man mit einem Glasstabe wenig Schwefelammonium darauf streicht und den Überschuß durch gelindes Erwärmen der umgekehrten Porzellanschale von innen und Anblasen des Beschlages wieder entfernt. Stellt man den Sulfidbeschlag mit dem Schwefelammoniumbläser oder über dem Becherglase her, so ist es zweckmäßig, den sich bildenden Sulfidbeschlag von Zeit zu Zeit zu behauchen.

Man prüfe den Sulfidbeschlag:

a) ob er durch Anhauchen oder Bestreichen mit einem Tropfen Wasser löslich ist. Oft haben die Sulfidbeschläge ganz gleiche Farbe mit den entsprechenden Jodidbeschlägen. Sie unterscheiden sich dann aber gewöhnlich von diesen durch ihre Unlöslichkeit im Wasser;

b) auf seine Löslichkeit in überschüssigem Schwefelammonium, das man mit einem Glasstabe im Überschuß darauf tropft.

Man stelle mit den Cadmium- und Zinkoxydbeschlägen die unter 1. bis 5. angegebenen Reaktionen an. Charakteristisch für Zink ist es, daß bei sämtlichen Reaktionen keinerlei Farbenveränderungen eintreten.

Beim Cadmium dagegen sind außer den schon kennen gelernten noch folgende charakteristischen Beschläge zu beobachten:

Jodidbeschlag. Behandelt man den braunen, auf der mit Wasser gefüllten Schale befindlichen Oxydbeschlag mit Jodwasserstoffdämpfen, so erhält man (nach dem Verflüchtigen des mitabgesetzten braunen Jods) weißes Jodid, das beim Behandeln mit Ammoniakgas weiß bleibt. (Bildung von weißem Cadmiumhydroxyd.)

Sulfidbeschlag. Bebläst man den mit Ammoniak behandelten Jodidbeschlag mit Schwefelammonium oder tropft etwas Schwefelammonium mit dem Glasstabe darauf und verflüchtigt den Überschuß, so bildet sich citronengelbes Cadmiumsulfid.

Metallbeschläge auf der Porzellanschale. Aus oben erwähnten Gründen läßt sich vor dem Lötrohr auf Kohle aus Zink- und ebenso aus Cadmiumverbindungen das Metall nicht abscheiden. Man kann beide Metalle aber auf der Porzellanschale in Form von Beschlägen erhalten. Die Metallbeschläge haben bei beiden Elementen indessen keine besondere Bedeutung zur Erkennung; wohl aber sind die Metallbeschläge bei anderen, später zu behandelnden Elementen zur Erkennung verwertbar. Hier möge die allgemeine Methode zur Herstellung solcher Metallbeschläge schon beschrieben werden.

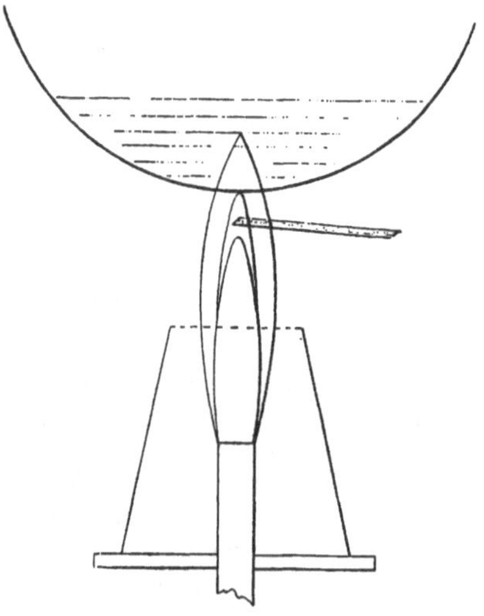

Fig. 33.
Herstellung von Metallbeschlägen.

Man benutzt zur Erzeugung der Metallbeschläge den oberen Reduktionsraum η der Bunsenflamme (Fig. 28), den man mit halbgroßer oder noch kleinerer Flamme durch Schließen der Zuglöcher des Brenners in dem Maße leuchtend herstellt, daß eine mit Wasser gefüllte Beschlagschale, die man direkt in die leuchtende Flamme hineinhält, nicht berußt wird. (Stets auszuführende Kontrollprobe.)

In den unteren Teil dieses Raumes der Flamme bringt man am Asbeststäbchen eine kleine Probe der Substanz, die auf einen Metallbeschlag untersucht werden soll, und hält die mit Wasser gefüllte Beschlagschale so darüber, daß sie noch in den oberen Teil des leuchtenden Kegels hineinragt (Fig. 33). Durch die glühende Kohle im oberen Reduktionsraum findet Reduktion zu Metall statt, das sich auf der kalten Schale als Beschlag absetzt, ehe es die oxydierend wirkenden Teile der Flamme erreicht.

Die Metallbeschläge werden mit einem Glasstabe mit verdünnter, ungefähr 20%iger Salpetersäure betupft und zeigen dann verschieden leichte Löslichkeit, was als Erkennungsmerkmal benutzt werden kann (vgl. Tafel III); in manchen Fällen werden sie auf besondere, später zu beschreibende Weise untersucht.

Man stelle einen Metallbeschlag mit etwas Schwefelzink her, das man zuvor am Asbeststäbchen röstete. Man erhält beim Zink nur schwierig einen schwarzen, glänzenden Metallbeschlag mit braunem Anflug, der in 20%iger Salpetersäure sehr leicht löslich ist.

Kupfer.

Kupfer hat das spezifische Gewicht 8,94 und schmilzt bei 1045°. In ihm beschäftigt uns zum erstenmal ein Metall, das zwei Oxyde bildet: CuO Kupferoxyd (schwarz) und Cu_2O Kupferoxydul (rot), die beide als Anhydride schwacher Basen sich erweisen, deren Hydrate: $Cu(OH)_2$ Kupferoxydhydrat (blaugrün) und $Cu_2(OH)_2$, Kupferoxydulhydrat (gelb), nur bei niedrigen Temperaturen bestehen. Schon bei Wasserbadtemperatur spalten sie im feuchten Zustande teilweise Wasser ab und liefern die entsprechenden Anhydride. Mit der oben gebrauchten Bezeichnung „Basen" ist schon ausgedrückt, daß beide Oxyde der Salzbildung fähig sind, also mit Säuren unter Wasserbildung reagieren. Z. B.:

$$CuO + 2HCl = H_2O + CuCl_2,$$
$$Cu_2O + 2HCl = H_2O + Cu_2Cl_2.$$

Bei allen Elementen, bei denen zwei salzbildende Oxyde vorhanden sind, bezeichnet man stets die sauerstoffreichere Verbindung als Oxyd, z. B. CuO Kupferoxyd, die sauerstoffärmere als Oxydul (Oxydulum, das kleine Oxyd), z. B. Cu_2O Kupferoxydul, und nennt danach auch die Salze Oxyd- und Oxydulsalze.

Bei den Salzen sauerstofffreier Säuren wird dem Säurerest (Säure weniger Wasserstoff) die Endung id zur Bezeichnung der Oxydreihe und ür zur Bezeichnung der Oxydulreihe angehängt. Man unterscheidet danach z. B.:

Kupferchlorid $CuCl_2$, Kupferchlorür Cu_2Cl_2,
Kupfercyanid $Cu(CN)_2$, Kupfercyanür $Cu_2(CN)_2$,
Kupfersulfid CuS, Kupfersulfür Cu_2S.

Am meisten gebräuchlich und aus internationalen Rücksichten am zweckmäßigsten ist die Bezeichnung, die von den lateinischen Benennungen der Metalle ausgeht und den Stamm des Wortes auf i endigen läßt zur Bezeichnung der Oxydreihe, z. B. in der Cuprireihe:

Cuprioxyd CuO,
Cuprichlorid $CuCl_2$,
Cuprisulfid CuS,
Cuprisulfat $CuSO_4$

und auf o zur Bezeichnung der Oxydulreihe, z. B. in der Cuproreihe:

Cuprooxyd Cu_2O,
Cuprochlorid Cu_2Cl_2,
Cuprosulfid Cu_2S.

Man nimmt das Kupfer in der Cuprireihe aus Analogiegründen zweiwertig an, ohne direkte Beweise dafür zu haben. Beim Kupferchlorür wäre der Zusammensetzung nach die einfachste Formel Cu-Cl mit einwertigem Kupfer zu schreiben. Dem widerspricht aber die Dampfdichtebestimmung, die bis zu den höchsten Temperaturen der Molekulargröße Cu_2Cl_2 entspricht, was man durch die Konstitutionsformel:

Cu—Cl
|
Cu—Cl

zum Ausdrucke bringt, der zufolge man in den Cuproverbindungen ein zweiwertiges Doppelatom ($Cu_2=$) annimmt.

Von den beiden Reihen der Kupferverbindungen sind die Oxydverbindungen im allgemeinen beständiger als die Oxydulverbindungen, welche durch Oxydation in der Regel leicht in die Oxydverbindungen überführbar sind, in dem Maße sogar, daß die Oxydulsalze der Sauerstoffsäuren kaum bekannt sind. Doch gibt es beim Kupfer auch Fälle, in denen gerade das Umgekehrte stattfindet, besonders bei seinen Verbindungen mit Jod, mit Cyan, auch mit Rhodan und mit Schwefel, bei denen die stets wasserunlöslichen Oxydulverbindungen die beständigeren sind.

Beim Kupfer werden in der Oxyd- und ganz besonders in der Oxydulreihe bei gewissen Ammoniak-, Cyan- und organischen und anorganischen Hydroxyl-Verbindungen abnorme Fällungsreaktionen erhalten, die ähnlich wie beim Zink auf das Zusammentreten des Kupfers mit Ammoniak und Cyan usw. zu komplexen Resten zurückzuführen sind, die wie das Element selbst in Ionen (Komplexionen vgl. S. 34) auftreten können. Sie zeigen dann so lange nicht die normalen Kupferreaktionen als die Komplexionen unzersetzt bleiben. Beim Kupfer sind die Komplexionen schon weit beständiger als beim Zink (vgl. S. 135 und 138), zeigen beim Kupfer untereinander aber mancherlei graduelle Unterschiede in der Beständigkeit: So können z. B. die Cupriammonium- und Cuproammonium-ionen sehr viel leichter wieder zersetzt werden, als die Cuprocyanionen.

Kupfer ist leicht löslich in verdünnter Salpetersäure und in konzentrierter heißer Schwefelsäure (vgl. S. 41). In Salzsäure und verdünnter Schwefelsäure ist es unter Luftzutritt allmählich löslich, bei Luftabschluß unlöslich. Die Kupferoxydsalze sind in wasserhaltigem Zustande grün oder blau gefärbt, im wasserfreien Zustande farblos. Die Kupferoxydulsalze sind farblos.

Bereitung von Kupfervitriol. In einem Entwicklungskölbchen (Fig. 34) von ungefähr 100 ccm Inhalt, das mit Sicherheits- und Gasleitungsrohr versehen ist, werden 10 g Kupfer in Gestalt von Drehspänen oder dünnem Blech mit 20 g konzentrierter Schwefelsäure übergossen und auf dem Sandbade erhitzt. Das Kupfer geht in Lösung nach der Gleichung:

$$Cu + 2H_2SO_4 = CuSO_4 + SO_2 + 2H_2O.$$

Ein kleiner Teil der Schwefelsäure nur wird weiter reduziert unter Bildung von Schwefelkupfer (Vgl. das Verhalten von Zink zu konzentrierter Schwefelsäure S. 41).

Das sich entwickelnde Schwefligsäureanhydrid (SO_2) leitet man zunächst durch eine Sicherheitswaschflasche (Fig. 34) mit wenig Wasser oder konzentrierter Schwefelsäure, um die bei der er-

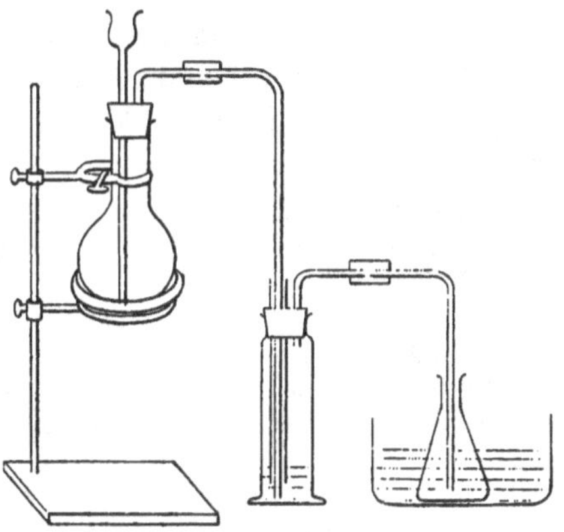

Fig. 34. Entwicklung von Schwefeldioxyd.

forderlichen hohen Temperatur mitgerissene Schwefelsäure aufzunehmen. Das gereinigte Gas leite man dann in ein Gefäß mit etwa 50 ccm Wasser, das durch Einstellen in eine Schale mit kaltem Wasser oder besser mit Eis gekühlt wird. Das Schwefligsäureanhydrid wird vom Wasser absorbiert. Die Schwefligsäurelösung hebe man gut verkorkt für die im späteren Abschnitt beschriebenen Versuche auf.

Das Cuprisulfat scheidet sich während des Erhitzens im Entwicklungskolben in der starken Schwefelsäurelösung in fast wasserfreien, nahezu weißen Kristallen ab, die aber stets mit etwas schwarzem Schwefelkupfer gemengt sind.

Man erhitze den Kolben schließlich, wenn die Gasentwicklung nachgelassen hat, nach dem Auseinandernehmen des Apparates noch so lange auf dem Sandbade als Geruch nach schwefliger Säure wahrzunehmen ist. Darauf wird die im Entwicklungskolben befindliche Masse nach völligem Erkalten mit Wasser verdünnt und vorsichtig angewärmt bis die Kristalle sich vom Boden gelöst haben. Alsdann wird der Inhalt zum Sieden erhitzt, heiß durch ein Filter in eine Porzellanschale filtriert, bis zur Kristallisation (Probe mit einem Tropfen auf dem Uhrglase) eingedampft, vor Staub geschützt zum Kristallisieren hingestellt und die Kristalle von dunkelblauem Kupfervitriol:

$$CuSO_4, 5H_2O$$

gesammelt. Die Löslichkeit des kristallisierten wasserhaltigen Kupfervitriols beträgt bei 20° $\frac{42,31}{100}$, bei 100° $\frac{203,32}{100}$. Erhitzt man Kupfervitriol auf 100°, so verliert er 4 Mol. Wasser, und erst zwischen 220 und 240° entweicht das letzte Mol. Wasser.

Reaktionen der Cuprisalze.

Zink, Eisen und andere Metalle scheiden aus Kupfersalzen, am besten bei Gegenwart einer kleinen Menge freier Säure metallisches Kupfer ab.

Dieses Verhalten kann man direkt einer elektrischen Spannungsreihe der wichtigsten Metalle K, Na, Li, Ba, Sr, Ca, Mg, Al, Mn, Zn, Cd, Sn, Fe, Co, Ni, H, Pb, Cu, Sb, Bi, Ag, Hg, Pd, Pt, Au entnehmen, die man erhält, wenn zwei miteinander leitend verbundene Metalle in verdünnte Schwefelsäure getaucht werden, und dabei jedesmal das negativ elektrisch werdende Metall dem positive Elektrizität annehmenden in der Reihe vorangestellt wird. Dieser Reihe zufolge vermag jedes vorhergehende Element die folgenden aus der Lösung auszuscheiden, wenigstens im allgemeinen, in Salzlösungen starker Sauerstoffsäuren und vorausgesetzt, daß „komplexe“ Reaktionen ausgeschlossen sind. Das fällende Metall geht dabei als Ion in Lösung. Dieser Reihe kann man auch das Verhalten der Metalle gegen Säuren entnehmen: Wasserstoff wird aus Säuren nur durch die links vom H stehenden Metalle entwickelt. Die rechts vom H stehenden lösen sich in Säuren nur, wenn der Wasserstoff gleichzeitig oxydiert wird (vgl. beim Kupfer: Luftzutritt, Salpetersäure, konzentrierte heiße Schwefelsäure) und lösen sich im allgemeinen um so schwerer, je weiter sie in der Reihe von H abstehen.

Jedes voranstehende Element dieser Reihe ist elektropositiver (unedler) als jedes nachfolgende Element, das also elektronegativer (edler) ist. Diese Reihe illustriert übrigens das Verhalten eines Metalles gegenüber den Lösungen der Salze anderer Metalle nicht unter allen Umständen. Ob ein Ion durch ein anderes Metall gefällt wird, hängt nicht nur von der Natur des fällenden Metalles, sondern auch von der Konzentration der zu fällenden Ionen und der in Lösung gehenden Ionen ab, derart, daß sich das Verhalten benachbarter Metalle direkt umkehren kann, wenn die Konzentration des zu fällenden Ions sehr klein, oder die Konzentration des in Lösung gehenden Ions sehr groß ist.

Ferner können gewisse Metalle durch geeignete Oberflächenbehandlung in einen edleren Zustand übergehen. (Siehe die „Passivität des Eisen" auf S. 64). Endlich gibt es Metalle, die in zwei allotropen Modifikationen bekannt sind, die sich dann auch durch Verschiedenheit im elektrochemischen Verhalten unterscheiden. So kennt man z. B. vom Zinn außer der gewöhnlichen Form eine oberhalb 20° unbeständige Form, das graue Zinn, die sog. Zinnpest.

Endlich beanspruchen Metalle mit verschiedenen Wertigkeitsstufen mehrere Stellen in der Spannungsreihe. So fällt z. B. Zink, entsprechend seiner Stellung in der Spannungsreihe aus Stannisalzlösungen metallisches Zinn aus; durch Eisen dagegen werden Stannisalze nur zu Stannosalzen reduziert, ohne daß eine Abscheidung von metallischem Zinn statt hat. Der Vorgang ist der folgende:

$$Fe + Sn^{\cdot\cdot\cdot\cdot} = Fe^{\cdot\cdot} + Sn^{\cdot\cdot}.$$

Bei der Fällung der Ionen eines edleren Metalles durch ein unedleres werden die Ionen des edleren reduziert (Wegnahme positiver Ladungen!), die Ionen des unedleren oxydiert (Aufnahme positiver Ladungen!). Bei einem Metall, welches wie das Zinn zwei- und vierwertige Ionen zu bilden vermag, findet durch das Eisen nur die Wegnahme von zwei Ladungen statt: Stanniion geht in Stannoion über.

Man bringe einige Tropfen einer verdünnten Kupfervitriollösung auf ein Platinblech, das durch Andrücken an ein Uhrglas mit einer schwachen Wölbung zur Aufnahme der Flüssigkeit versehen wurde, und halte einen Zinkstab so in die Lösung, daß er das Platinblech berührt: Kupfer scheidet sich als roter Überzug auf dem Platin ab. Reaktionsgleichung?

Natronlauge fällt aus gewöhnlichen Kupfersalzlösungen blaugrünes Hydroxyd. Reaktionsgleichung?

Man koche einen Teil des Niederschlages in der Flüssigkeit: er wird schwarz unter Bildung von $3CuO,H_2O$. Reaktionsgleichung? Erst beim Glühen entweicht auch das letzte Wasser aus dem Hydroxyd unter Zurücklassung von schwarzem Kupferoxyd. Reaktionsgleichung?

Einen anderen Teil des Hydroxyds versetze man mit viel überschüssiger s t a r k e r Natronlauge; ein kleiner Teil löst sich mit blauer

Farbe auf, fällt aber beim Verdünnen der Lösung mit Wasser zum Teil wieder heraus. Die Lösung beruht wahrscheinlich auf geringer Bildung von $Cu<{}^{ONa}_{ONa}$, das aber schon durch viel Wasser zerlegt wird.

Man versetze etwas Kupfersalzlösung zunächst mit Hydrazinsulfat oder mit Hydroxylaminchlorid und dann mit Natronlauge. Es fällt in der Kälte gelbes Kupferhydroxydul $Cu_2(OH)_2$, in der Hitze rotes Kupferoxydul Cu_2O. Die Fällung ist vollständig auch bei Gegenwart von viel überschüssiger starker Natronlauge.

Die Fällung durch Natronlauge wird bei Gegenwart von Weinsäure, Glycerin und vielen anderen organischen Hydroxylverbindungen verhindert (auch bei Gegenwart von arseniger Säure, siehe Arsen). Es entstehen tiefblaue komplexe Weinsäure- usw. Verbindungen der Cuprireihe, die aber in der Cuproreihe nicht beständig sind. Durch reduzierende Substanzen (Traubenzucker, Hydroxylamin, Hydrazin) wird daher aus alkalischen Cupri-Weinsäure- usw. Lösungen in der Kälte gelbes Cuprohydroxyd $Cu_2(OH)_2$, in der Hitze rotes Cuprooxyd Cu_2O gefällt. Hydrazin reduziert in der Wärme sogar bis zum Metall.

Man versetze eine Kupfersalzlösung mit etwas Weinsäurelösung und gebe viel Natronlauge hinzu: es tritt keine Fällung, sondern Dunkelblaufärbung ein (Fehlingsche Lösung). Man setze zu dieser Lösung ganz wenig einer Lösung von salzsaurem Hydroxylamin: es scheidet sich gelbes Kupferoxydulhydrat ab. Erwärmt man die Lösung, so verwandelt sich der gelbe Niederschlag unter Wasserabspaltung in einen roten von Kupferoxydul.

Dieselbe Reduktion gelingt mit Traubenzucker in der Kälte nicht ganz so leicht, aber schon bei gelindem Erwärmen. Man führe den Versuch mit etwas Traubenzucker aus. Die Reaktion dient zum Nachweis und zur quantitativen Bestimmung des Traubenzuckers.

Darstellung von Kupferoxydul aus Fehlingscher Lösung.

Man löse 50 g Kupfervitriol, 75 g Seignettesalz (Kaliumnatriumtartrat) und 75 g Natriumhydroxyd unter mäßigem Erwärmen in 600 g Wasser auf; zu der erhaltenen dunkelblauen Lösung (Fehlingsche Lösung) füge eine konzentrierte, klare Lösung von 100 g Traubenzucker und erhitze so lange zum Sieden, bis die blaue Farbe fast vollständig verschwunden ist, und der schwere dunkelrote Niederschlag von Cuprooxyd sich abgesetzt hat. Durch mehrmaliges Dekantieren und Nachspülen mit Wasser wird er von der anhaftenden alkalischen Flüssigkeit möglichst befreit, auf einem glatten Filter filtriert, mit heißem Wasser bis zum Verschwinden der alkalischen Reaktion und zuletzt mit Alkohol ausgewaschen und bei 100° getrocknet. Man wäge die zuletzt erhaltene Menge, ermittle die Ausbeute (in Prozenten der Theorie anzugeben) und verwahre das Präparat im gut verschlossenen Glase für einen späteren Versuch. (S. 169.)

Ammoniak fällt aus Kupfersalzlösungen, wenn man nur eine geringe Menge hinzusetzt, zunächst blaues, basisches Salz:

$$2\,CuSO_4 + 2\,NH_4OH = SO_4(CuOH)_2 + (NH_4)_2SO_4.$$

Auf Zusatz von mehr Ammoniak löst sich der Niederschlag mit dunkelblauer Farbe nach der Gleichung:

$$SO_4(CuOH)_2 + (NH_4)_2SO_4 + (2n\text{-}2)NH_3 = 2\,H_2O + 2[Cu(NH_3)_nSO_4],$$

worin n, je nach der Menge des Ammoniaks gleich 2 bis 6 sein kann.

Diese Farbenreaktion dient zum empfindlichen Nachweis von Kupfer. Sie läßt es noch in Lösungen von $^1/_{1000}\,\%$ Gehalt erkennen. Aus Lösungen mit überschüssigem Ammoniak fällt durch Alkohol oder beim Einengen Tetramincuprisulfat: $[Cu(NH_3)_4]SO_4 + H_2O$, das nicht sehr beständig ist. Es verliert schon beim Erhitzen auf 150° Wasser und 2 Moleküle Ammoniak unter Zurücklassung eines anderen komplexen Salzes von der Zusammensetzung $[Cu(NH_3)_2]SO_4$ (Diamincuprisulfat), das dem früher kennen gelernten Zinkammoniumsalz (S. 135) analog ist.

Man versetze etwas der stark ammoniakalischen, dunkelblauen Lösung des Cupritetrammoniumsalzes mit Hydroxylaminchlorid und desgleichen mit Hydrazinsulfat. Bei beiden Versuchen tritt Entfärbung der tiefblauen Lösung ein, dadurch daß das Cupriammoniumsalz zu Cuproammoniumsalz reduziert wird:

$$4[Cu(NH_3)_n]^{\cdot\cdot} + \underset{\text{Hydroxylaminion}}{2(NH_4O)^{\cdot}} = N_2O + H_2O + 2[Cu_2(NH_3)_n]^{\cdot\cdot} + 4(NH_4)^{\cdot} + 2H^{\cdot}$$

$$4[Cu(NH_3)_n]^{\cdot\cdot} + \underset{\text{Hydrazinion}}{(N_2H_5)^{\cdot}} = N_2 + 2[Cu_2(NH_3)_n]^{\cdot\cdot} + 4(NH_4)^{\cdot} + 2H^{\cdot}.$$

Ein Niederschlag wird in beiden Fällen nicht gebildet.

Beim Ansäuern dieser reduzierten ammoniakalischen Lösungen gehen die Cuproammoniumionen in Cuproionen über. Man versetze die entfärbten Lösungen mit Salzsäure und dann mit Rhodankalium; es entsteht weißes Cuprorhodanid.

Natriumcarbonat fällt blaugrünes basisches Carbonat (Mineralgrün).

$$2\,CuSO_4 + 2\,Na_2CO_3 + H_2O = CO_3(CuOH)_2 + CO_2 + 2\,Na_2SO_4.$$

Beim Kochen in wässeriger Lösung wird der Niederschlag unter Wasserverlust schwarzbraun. Reaktionsgleichung? (Vgl. dazu S. 136.)

Beim Glühen des blaugrünen Niederschlages wird unter Kohlensäure und Wasserverlust schwarzes Kupferoxyd daraus. Reaktionsgleichung?

Ein basisches Cupricarbonat von der in der Gleichung angegebenen Zusammensetzung findet sich in der Natur als Malachit.

Ein anderes kohlensäurereicheres Mineral, Kupferlasur, hat die Zusammensetzung

$$2\,CuCO_3,\ Cu(OH)_2 \text{ und die Konstitution}$$
$$HOCu{-}O{\cdot}CO{\cdot}O{-}Cu{-}O{\cdot}CO{\cdot}O{-}CuOH.$$

Die sogenannte Patina, auch wohl fälschlich Grünspan genannt, die sich beim Liegen von Kupfer oder Kupferlegierungen an feuchter Luft bildet, hat wahrscheinlich die Zusammensetzung des Malachits.

Schwefelwasserstoff. Man füge zu einer kleinen Menge einer verdünnten mit Salzsäure angesäuerten Kupfersalzlösung im Reagensglase gutes Schwefelwasserstoffwasser: es fällt schwarzes Cuprisulfid CuS. Reaktionsgleichung?

Das Cuprisulfid hat Neigung in Cuprosulfid Cu_2S unter Schwefelabscheidung überzugehen. Der Niederschlag enthält daher geringe Mengen von Cu_2S und S gebildet nach der Gleichung:

$$2\,CuS = Cu_2S + S$$

und kann deshalb zur quantitativen Bestimmung des Kupfers nicht direkt gewogen werden. Durch Glühen im Wasserstoffstrome geht er vollständig in Cuprosulfid über, das ist die Form, in der er zur quantitativen Bestimmung des Kupfers gewogen wird.

Läßt man feuchtes Cuprisulfid an der Luft liegen, so oxydiert es sich z. T. zu in Wasser löslichem Cuprisulfat. Reaktionsgleichung?

Schwefelammonium. Man versetze eine neutrale Lösung eines Kupfersalzes im Reagensglase mit Schwefelammonium: es entsteht schwarzes Cuprisulfid. Reaktionsgleichung?

Das Cuprisulfid ist in Schwefelammonium und in Alkalipolysulfiden ein wenig löslich; dagegen unlöslich in einfach Schwefelalkalien. Eine genügende Erklärung für dieses Verhalten hat man nicht; sie ist wahrscheinlich in mehreren Eigenarten des Kupfers zu suchen: in der großen Verwandtschaft des Kupfers zum Schwefel, in seiner Neigung Cupriammoniumkomplexe, deren Schwefelverbindung wasserlöslich sein könnte, zu bilden, und vielleicht auch mit in der im folgenden Absatz besprochenen Eigenschaft des Schwefelkupfers kolloidale Lösungen zu bilden.

Das Cuprisulfid hat die Eigenschaft, bei Abwesenheit von Salzen und Säuren durch Wasser oder schwefelwasserstoffhaltiges Wasser in geringer Menge mit brauner Farbe gelöst zu werden. Es bildet sich eine kolloidale Lösung (vgl. später, beim Arsen). Die Lösung kann gekocht werden, ohne Zersetzung zu erleiden; durch geringe Mengen irgend welcher Elektrolyte wird aus ihr aber das Schwefelkupfer wieder unlöslich abgeschieden.

Cyankalium fällt aus Kupferoxydsalzen, wenn es in geringer Menge zugesetzt wird, zunächst gelbbraunes Cupricyanid:

$$CuSO_4 + 2KCN = K_2SO_4 + Cu(CN)_2,$$

das aber sehr unbeständig ist. Schon nach kurzem Stehen verändert es die Farbe und geht beim Erwärmen unter Cyanentwicklung (die Versuche sind wegen der Giftigkeit des Cyans unter dem Abzuge auszuführen) in weißes Cuprocyanid über:

$$2Cu(CN)_2 = Cu_2(CN)_2 + (CN)_2.$$

Das Cuprocyanid löst sich in überschüssigem Cyankalium zu einer farblosen Flüssigkeit eines sehr beständigen komplexen Salzes, das die meisten Reaktionen des Kupfers nicht mehr zeigt:

$$Cu_2(CN)_2 + 2KCN = [Cu_2(CN)_4]K_2.$$

Früher wurde es als $Cu_2(CN)_2.2KCN$ aufgefaßt.

Gibt man zu einer Kupfersalzlösung sogleich einen großen Überschuß von Cyankalium, so löst sich das im Anfang gebildete Cupricyanid im überschüssigen Cyankalium unter Cyanentwicklung zu demselben Cuprocyansalz auf:

$$2Cu(CN)_2 + 2KCN = [Cu_2(CN)_4]K_2 + (CN)_2.$$

Aus den Lösungen des Cuprocyankaliums fällt Natronlauge kein Kupferoxydul, ferner fällt sogar Schwefelwasserstoff oder Schwefelammonium kein Schwefelkupfer. Dies Verhalten läßt auf eine große Beständigkeit der Cuprocyanionen im Vergleich zu den durch Schwefelwasserstoff zersetzlichen Cupri- und Cuproammoniumionen oder Zinkammoniumionen schließen.

Durch Kochen mit Mineralsäuren dagegen, z. B. mit Salpetersäure, findet allmähliche Zerstörung der Cuprocyanionen unter Entwicklung von Blausäure (unter einem gut ziehenden Abzuge auszuführen) statt:

$$[Cu_2(CN)_4]'' + 4H^{\cdot} = 4HCN + (Cu_2)^{\cdot\cdot}.$$

Das Cuprosalz wird alsdann — wenn Salpetersäure angewandt wurde — in Cuprisalz übergeführt:

$$3(Cu_2)^{\cdot\cdot} + 8H^{\cdot} + 2NO_3' = 4H_2O + 2NO + 6Cu^{\cdot\cdot}.$$

Nachdem das Cuprocyansalz mit Salpetersäure gekocht wurde, fälle man einen Teil durch Natronlauge.

Dasselbe komplexe Cuprocyankalium entsteht auch, wenn man die oben bereitete tiefblaue Lösung von Cupriammoniumsulfat mit überschüssigem Cyankalium behandelt. Die Cupriammoniumverbindungen sind tiefblau gefärbt, das sich bildende Cuprocyankalium ist als Salz der Cuproreihe farblos. Es findet also Entfärbung bei dem Vorgange statt. Man setze zu der blauen ammoniakalischen Lösung so viel Cyankalium, bis Entfärbung eingetreten ist:

$$2(CuSO_4.4NH_3) + 6KCy + 2H_2O =$$
$$(Cu_2Cy_4)K_2 + 2K_2SO_4 + 6NH_3 + NH_4Cy + NH_4OCy.$$

Das komplexe Cupriammoniumsulfat wird schon, wie oben erwähnt, durch Schwefelwasserstoff wieder zerlegt.

Man versetze eine Probe der tiefblauen Lösung mit Schwefelammonium: es findet Fällung von Cuprisulfid statt.

Nach dem Entfärben der blauen Lösung durch Hydrazinsulfat findet durch Schwefelammonium ebenfalls Fällung, aber von Cuprosulfid statt. Das Cuproammoniumsalz ist also auch durch Schwefelwasserstoff fällbar.

Durch Natronlauge werden Cupri- und Cuproammoniumsalze nicht gefällt, oder doch nur bei längerem Kochen in dem Maße als Ammoniak entweicht.

Nach dem Entfärben der blauen Cupriammoniumsalzlösung durch Cyankalium fällt Schwefelammonium kein Schwefelkupfer mehr aus. Dient zur Trennung von Kupfer und Cadmium (vgl. später).

Infolge dieser Neigung, ein komplexes Cuprocyansalz zu bilden, vermag Cyankalium sogar Schwefelkupfer wieder aufzulösen. Man fälle ein wenig Cuprisulfid und füge Cyankaliumlösung hinzu: es findet Wiederauflösung statt:

$$2\,CuS + 5\,KCy = (Cu_2Cy_4)K_2 + K_2S + KSCy.$$

Rhodankalium fällt in konzentrierter Lösung schwarzes Cuprirhodanid:

$$CuSO_4 + 2\,KSCN = K_2SO_4 + Cu(SCN)_2,$$

das schon durch viel Wasser unter Bildung von weißem Cuprorhodanid zersetzt wird. Fällt man in verdünnter Lösung, so erhält man direkt einen grauen Niederschlag, der beim längeren Stehen unter Wasser oder rascher beim Erwärmen weiß wird. Setzt man ein Reduktionsmittel, z. B. schweflige Säure hinzu, so daß die abgespaltenen Rhodangruppen zu Rhodanwasserstoff HSCN reduziert werden, während sie sonst kompliziertere Zersetzung erleiden, so erhält man das weiße Rhodanür sofort:

$$2\,Cu(SCN)_2 + SO_2 + 2\,H_2O = Cu_2(SCN)_2 + 2\,HSCN + H_2SO_4.$$

Noch leichter bildet sich das Kupferrhodanür, wenn man die Kupfersalzlösung erst mit schwefliger Säure versetzt, ehe man Rhodankalium hinzugibt; es entsteht direkt ein weißer Niederschlag:

$$2\,CuSO_4 + 2\,KSCN + SO_2 + 2\,H_2O = Cu_2(SCN)_2 + 2\,KHSO_4 + H_2SO_4.$$

Jodkalium fällt aus Cuprisalzlösung weißes Cuprojodid unter Abscheidung von Jod:

$$2\,CuSO_4 + 4\,KJ = Cu_2J_2 + J_2 + 2\,K_2SO_4.$$

Die braune Farbe des in fein verteiltem Zustande abgeschiedenen

Jods verdeckt die weiße Farbe des Cuprojodids. Außerdem ist die Reaktion nicht vollständig, wenn das Jod in der Flüssigkeit bleibt:

$$2\,CuJ_2 \rightleftarrows Cu_2J_2 + J_2$$

Setzt man schweflige Säure hinzu, so wird Jod entfärbt; indem es in Jodwasserstoffsäure übergeht:

$$J_2 + 2\,H_2O + SO_2 = 2\,HJ + H_2SO_4$$

und das weiße Cuprojodid kann dann wahrgenommen werden. Außerdem verläuft die Reaktion nun vollständig, da kein Jod mehr vorhanden ist, das zur Reaktion im umgekehrten Sinne Anlaß gäbe.

Da das Kupferjodür in Wasser und verdünnten Säuren schwer löslich ist, kann man die Reaktion in der letzten Form zur Abscheidung des Kupfers gebrauchen.

Kupferbromür ist löslicher und Kupferchlorür noch löslicher als das Jodür. Auch geht die Reduktion der Cuprihalogenverbindungen zu den entsprechenden Cuproverbindungen mit fallendem Atomgewicht vom Jod zum Brom zum Chlor schwerer.

Ferrocyankalium fällt aus Cuprisalzlösungen rotbraunes Ferrocyankupfer:

$$2\,CuSO_4 + K_4(FeCy_6) = 2\,K_2SO_4 + Cu_2(FeCy_6).$$

Ganz verdünnte Lösungen färben sich nur rötlich. Die Reaktion wird als empfindliche Kupferreaktion zum Nachweis des Kupfers mit Vorliebe benutzt.

Flammenfärbung der Kupferverbindungen. Alle flüchtigen Kupferverbindungen haben die Eigenschaft, der Flamme eine grüne bis blaue Färbung zu erteilen. Aber nur wenige Kupferverbindungen werden bei der Temperatur der Bunsenflamme verflüchtigt und zeigen direkt Flammenfärbung; die nichtflüchtigen müssen erst in flüchtige Verbindungen übergeführt werden.

Man umwickle ein kleines Stückchen Kupferoxyd mit einem Platindraht und halte es in die Flamme. Es zeigt zunächst Gelbfärbung von Spuren Kochsalz herrührend, das durch den Staub der Luft oder durch Anfassen daran kam; daneben macht sich schwache Grünfärbung bemerkbar, indem das Chlor des Kochsalzes etwas Kupferchlorür erzeugt, das in der Flamme flüchtig ist. Diese Färbungen verschwinden aber sehr bald. Reines Kupferoxyd erteilt der Bunsenflamme keine grüne Farbe. Ebenso färbt das Kupfer selbst die Bunsenflamme nicht, wohl aber Flammen von höheren Temperaturen z. B. die Knallgasflamme und die Flamme des elektrischen Flammenbogens.

Nach dem Ausglühen und Erkalten tauche man das am Platindraht befindliche Stückchen Kupferoxyd in etwas konzentrierte

Salpetersäure, die sich auf einem Uhrglase befindet, und führe es wieder in die Flamme. Kupfernitrat ist bei hoher Temperatur sehr unbeständig, verwandelt sich in Kupferoxyd, und durch den Sauerstoff der Salpetersäure erhöht sich die Temperatur der Flamme so sehr, daß jetzt das Kupferoxyd zum Teil vergast und die Flamme rein grün färbt (Kupferoxydfärbung). Wenn die Salpetersäure verbraucht ist, hört die Färbung nach kurzer Zeit wieder auf.

Man tauche nun das Kupferoxyd in einen Tropfen konzentrierter Salzsäure auf einem Uhrglase und führe es in die Flamme. Das Kupferchlorid ist bei hoher Temperatur ebenfalls unbeständig, verwandelt sich unter Chlorabspaltung zunächst in Kupferchlorür:

$$2\,CuCl_2 = Cl_2 + Cu_2Cl_2,$$

das besonders bei dem Chlorgehalt in der Flamme verhältnismäßig beständig bleibt, als solches verdampft und im glühenden Zustande blaues Licht aussendet. Der innere Teil der Flamme erscheint schön blau (Kupferchlorürfärbung). In dem äußeren Teile der Flamme geht aber die Zersetzung des Kupferchlorürs weiter; es bildet sich Kupferoxyd, das die Flamme wieder rein grün färbt.

Aus diesen und aus ähnlichen später zu besprechenden Erscheinungen (siehe Spektralabschnitt) ist zu entnehmen, daß nicht nur verschiedenartige Metalle der Flamme beim Vergasen und Glühen verschiedene Färbung erteilen, sondern daß auch Verbindungen ein und desselben Metalles verschiedene Flammenfärbungen hervorrufen können, wenn nur diese Verbindungen noch unzersetzt in glühende Gase übergeführt werden können.

Jedem Stoff, einerlei ob Element oder Verbindung, kommt, wenn er unzersetzt vergast und bis zum Lichtaussenden erhitzt werden kann, eine besondere nur für ihn charakteristische Flammenfärbung zu. (Näheres im Spektralabschnitt.)

Perlreaktionen.

Wie schon beim Phosphorsalz (S. 107) und beim Borax (S. 109) hervorgehoben wurde, lösen sich manche Metalle und ihre Verbindungen in Natriummetaphosphat und in tetraborsaurem Natrium beim Schmelzen mit charakteristischen Färbungen, die man zur Erkennung der Stoffe benutzt. Man bezeichnet sie als Phosphorsalz- und Borax-perlproben und führt sie in Perlen der beiden Salze aus, die an Platindrähte angeschmolzen sind.

Die 6—7 cm langen Platindrähte werden entweder wie zu den Flammenfärbungen zur besseren Handhabung in Glasröhren eingeschmolzen (vgl. S. 116) oder man faßt sie mit einem Halter, ähnlich einem Bleistifthalter,[1] was den Vorzug hat, daß man die Drähte sofort nach dem Gebrauch zur Reinigung direkt in ein Reagensglas mit 20% Salzsäure werfen kann, während die im

[1] Solche Halter liefert Mechaniker P. Stoe in Heidelberg.

Glasröhrchen eingeschmolzenen Drähte wie früher beschrieben (S. 117) gereinigt und aufgehoben werden.

Die Perlen werden sowohl im Oxydations- als auch im Reduktionsfeuer erhitzt, und die dabei oft auftretenden Verschiedenheiten beobachtet. Die auf Perlfärbungen zu untersuchende Substanz bringt man dadurch an den Draht, daß man mit der heißen oder aber ein wenig angefeuchteten Perle ganz kleine Proben der Substanz auftupft, erhitzt, und in der gleichen Weise allmählich mehr Substanz daranbringt, bis die Färbung deutlich zu sehen ist. Zufällig zu dicht gefärbte Perlen drückt man, solange sie heiß und weich sind, auf einer geeigneten Unterlage mit einem Pistill zur besseren Durchsicht platt, wenn man nicht vorzieht eine neue weniger dicht gefärbte Perle herzustellen.

Die Herstellung der Perlproben geschieht aber auf zweierlei Weise, je nachdem man zum Erhitzen die Lötrohrflamme oder die verschiedenen Teile der Flamme des Bunsenbrenners benutzt.

a) **Mit der Lötrohrflamme.** Den Platindraht wählt man hier 0,2 bis 0,3 mm dick (10 cm Draht im Gewicht von ungefähr 60—140 mg), macht an das obere Ende des Drahtes durch Umbiegen ein Öhr, welches 2—3 mm im Durchmesser hat, und bringt in der früher schon beschriebenen Weise soviel Phosphorsalz oder Borax daran, daß die Perle das Öhr vollständig ausfüllt. Für Oxydationsperlen erzeugt man die Oxydationsflamme, für Reduktionsperlen die reduzierende Flamme wie früher beschrieben (S. 141).

Fig. 35.

b) **Mit der Bunsenflamme.** Den Platindraht darf man nicht stärker als 0,1 mm (bei Dezimeter Länge nicht viel mehr als 16 mg wiegend) wählen, da man bei Verwendung dickerer Drähte infolge Ableitung der Wärme die zu den Prozessen nötigen Temperaturen nicht erreicht. Auch macht man aus demselben Grunde — um das die Wärme gutleitende Platin nicht anzuhäufen — kein Öhr an den Draht, muß aber, damit die Perle beim Erhitzen nicht an dem Draht entlang kriecht, einen kleinen Knick an das Ende machen (Fig. 35), in dessen Knie man die Perle bringt, deren Dicke, wiederum des stärkeren Erhitzens wegen, nicht viel mehr als 1 mm im Durchmesser betragen soll.

Mit dickeren Drähten und größeren Perlen ist es oft unmöglich, die Perlproben richtig zu erhalten.

Um Oxydationsperlen herzustellen, erhitzt man in dem unteren Oxydationsraum γ und zu Reduktionsperlen in dem unteren Reduktionsraum δ der Bunsenflamme (S. 146).

Bemerkt muß noch werden, daß die zu erreichenden Oxydations- und ganz besonders die Reduktionswirkungen bei den beiden Verfahren nicht stets übereinstimmende Resultate geben. Beim Gebrauch des Lötrohrs ist die zu erreichende Reduktionswirkung im allgemeinen stärker als bei Benutzung der Bunsenflamme. Aber selbst beim Lötrohrverfahren noch ist zu unterscheiden, ob man die Flamme mit Leuchtgas erzeugte oder mit einer viel kohlenstoffreicheren Plattnerschen Rüböllampe, mit der die Reduktionswirkungen viel leichter und stärker als mit Leuchtgas zu erzielen sind.

Zu beachten ist ferner, daß auch die Reduktionswirkungen in Phosphorsalzperlen gegenüber denjenigen in Boraxperlen oft verschieden sind. Im allgemeinen sind Reduktionswirkungen in der Boraxperle leichter zu erzielen, als in der Phosphorsalzperle.

Schließlich sind in den Boraxperlen die Farben oft — und die Nuancen der Farben kann man sagen stets — verschieden von denen in der Phosphorsalzperle.[1]

Man stelle mit Kupferverbindungen (Kupfernitrat oder -sulfat) Oxydations- und Reduktions- sowohl Borax- als Phosphorsalz-perlen nach beiden Verfahren dar und beobachte die eintretenden Farben in der Hitze und in der Kälte und in stark und weniger stark gefärbten Perlen.

Phosphorsalzperlen werden durch die gleiche Menge Kupfer weniger stark gefärbt als Boraxperlen.

Phosphorsalzperlen.

Oxydationswirkung: heiß gelbgrün, *kalt blaugrün.

Reduktionswirkung: unverändert.

Beim Glühen mit einer Spur Zinn oder Zinnchlorür:

heiß farblos.

*kalt rot (durch Kupferoxydul getrübt oder, bei öfter wechselnder Oxydation und Reduktion, durchsichtig rubinrot).

Boraxperlen.

Oxydationswirkung: heiß gelbgrün bis blaugrün, *kalt blau.

Reduktionswirkung: mit der Bunsenflamme nicht, mit der Lötrohr-Gasflamme schwer, mit der Lötrohr-Ölflamme leichter, rotes, glänzendes Metall abscheidend.

Beim Glühen mit einer Spur Zinn oder Zinnchlorür:

heiß farblos.

*kalt rot (durch Kupferoxydul getrübt oder, bei öfter wechselnder Oxydation und Reduktion, durchsichtig rubinrot).

Die mit einem Stern * bezeichneten Erscheinungen sind die, welche zur Erkennung von Kupferverbindungen benutzt werden, wozu sich beim Kupfer Phosphorsalz und Borax gleich gut eignen. Erforderlich ist es aber beim Kupfer, die Oxydations- und Reduktionsperle stets gemeinschaftlich zur Erkennung zu benutzen; die Oxydationsperle allein würde noch Verwechslung mit Chrom- und ebenfalls auch mit Kobaltperlen zulassen (siehe später).

Reduktion der Kupferverbindungen durch Kohle und Soda.

Kupferverbindungen werden zum Teil schon durch Kohle allein, zum Teil erst bei Gegenwart von Soda bei hohen Temperaturen zu Metall reduziert. Sie geben aber beim Erhitzen im Bunsenbrenner oder mit der Lötrohrflamme keinen Beschlag (Metall ohne Beschlag), weil das Kupfer, selbst mit der Lötrohrflamme noch nicht verflüchtigt

---

[1] Es empfiehlt sich, fertige Reduktions- und Oxydations-, Borax- und Phosphorsalz-perlen von den verschieden färbenden Stoffen in verschiedener Intensität der Färbung in Glasröhren eingeschmolzen im Laboratorium zum Vergleich vorrätig zu halten.

werden kann. Bei etwa 1600° ist es noch kaum flüchtig; erst im Knallgasgebläse kann es zum Verdampfen gebracht werden.

Die Reduzierbarkeit der Kupferverbindungen beim Glühen mit Kohle und Soda benutzt man zur Abscheidung des Metalles zum Zwecke der Erkennung der Kupferverbindungen.

Man führt die Reduktion entweder auf der Kohle vor dem Lötrohr oder am Kohlesodastäbchen aus.

a) **Auf Kohle vor dem Lötrohr.** Man erhitze etwas Kupfersulfat mit etwa der doppelten Menge wasserfreier Soda auf der Kohle vor dem Lötrohr im Reduktionsfeuer; es scheidet sich rotes, metallisches Kupfer ab, aber es bildet sich kein Beschlag.

b) **Am Kohlesodastäbchen.** Das dazu erforderliche Kohlesodastäbchen wird mit Hilfe von 5—7 cm langem Holzdraht hergestellt, wie er zur Fabrikation der gewöhnlichen Schwefelhölzchen dient. Man kann ihn sich leicht aus einer Zündholzfabrik in beliebiger Zahl beschaffen. Sonst benutzt man auch wohl gewöhnliche runde Schwefelhölzchen, nachdem zuvor der Schwefel- und Phosphorkopf entfernt wurde.

Ein solches Stäbchen wird mit Soda wie unten beschrieben imprägniert und verkohlt (Kohlesodastäbchen), wobei die Soda das Stäbchen inkrustiert und vor dem vollständigen Verbrennen schützt.

Zur Inkrustierung und Verbrennung von Holzdraht verfährt man nach Bunsen so, daß man einen größeren, nicht verwitterten Sodakristall der Flamme seitlich nähert (nicht in die Flamme hineinhält) und mit dem daran entstehenden Tropfen von im Kristallwasser geschmolzener Soda den Holzdraht bis zu $^3/_4$ seiner Länge bestreicht. Wird derselbe alsdann in horizontaler Lage langsam in der Flamme um seine Achse gedreht, so bildet sich um das verkohlende Holz eine Kruste von fester Soda und schützt es vor dem Verbrennen.

Bei dieser Art das Hölzchen zu inkrustieren wird der Brenner leicht durch Soda, die vom Kristall beim Erwärmen abtropft, verunreinigt, besonders wenn man den Kristall nicht von der Seite, sondern von oben in die Flamme hält.

Man verfährt deshalb noch zweckmäßiger so, daß man den Holzdraht in der Flamme unter Drehen um seine Achse und Hin- und Herziehen durch die Flamme bis zum Entzünden erhitzt und dann rasch auf einer geraden Fläche eines nicht verwitterten Sodakristalls durch Drehen und Hin- und Herschieben auslöscht. Der heiße Holzdraht schmilzt die Soda beim Berühren, bildet auf der Soda eine Rinne und wird von der Sodalösung in dünner Schicht überzogen. Alsdann erhitzt man den Draht von neuem wie oben in der Flamme; wenn dabei noch eine Entzündung desselben stattfindet, so inkrustiert man ihn noch ein zweites und, wenn nötig, ein drittes Mal, am besten in der auf der Soda beim ersten Male gebildeten Rinne. Selbst bei nur geringer Übung erhält man auf diese Weise ein dünn und gleichmäßig inkrustiertes Kohlesodastäbchen.

Erwähnt sei noch, daß man die Inkrustierung mit Soda ganz umgehen kann, wenn man Graphitstäbchen, wie sie zu Bleistiften gebraucht werden, anstatt des Holzdrahtes benutzt. Nur darf der Graphit nicht zu hart (mit zu viel Ton gemengt) sein, da er dann an reduzierender Wirkung zu sehr einbüßt, und ohnehin schon schwerer reduziert als die leichter verbrennliche lockere Kohle des Kohlestäbchens. Andererseits haben die Graphitstäbchen den Vorzug, daß sie bei den Versuchen nur sehr wenig abgenutzt werden und an einem Stäbchen eine große Zahl von Reduktionen ausgeführt werden können.

An einem solchen Kohlesoda- oder Graphitstäbchen führe man die Reduktion von Kupfervitriol in folgender Weise aus:

Man bringe eine linsengroße Probe von zerriebenem Kupfervitriol in die unter dem kleinen Finger befindliche Falte des Handtellers, schmelze an einem Sodakristall in der vorher beschriebenen Weise einen Tropfen, den man neben dem Kupfervitriol in die Hand tupft. Mit Hilfe eines Federmessers mengt man alsdann in der Handfalte den Kupfervitriol mit ungefähr der doppelten Menge von der daneben befindlichen Soda. Sollte dabei die Soda durch Erkalten wieder fest werden, so mischt man mit schwach erwärmter Messerklinge, wodurch die Masse sofort wieder dünnbreiig wird. Von dem mit Soda gemengten Kupfervitriol bringt man mit dem Federmesser eine Probe von der Größe eines Gerstenkorns in dünnbreiigem Zustande an die Spitze des Stäbchens, behält den Rest des Gemenges, für den Fall, daß Wiederholung der Probe erforderlich sein sollte, in der geschlossenen Handfalte und schmilzt nun die Probe, indem man sie vorsichtig der Flamme nähert, zunächst unter Verdampfen des Kristallwassers am Stäbchen fest. Darauf erhitzt man sie im heißesten Teil der Flamme β (S. 146) bis zum Schmelzen und führt sie dann in den unteren Reduktionsraum δ (S. 146), in welchem sich der Zeitpunkt der vor sich gehenden Reduktion durch häufiges Aufwallen der Soda zu erkennen gibt. Nach einigen Augenblicken führt man alsdann die Probe in den dunklen Raum der Flamme ($a\ a\ a_1\ a_1$), in welchem man sie, vor Oxydation geschützt, erkalten läßt. Das reduzierte Metall ist am Kopfe des Stäbchens gewöhnlich schon mit bloßem Auge oder mit der Lupe zu erkennen.

Zur genaueren Erkennung isoliert man es in folgender Weise, und ebenso kann auch die bei der Lötrohrprobe auf Kohle erhaltene Schmelze mit Metallkorn weiter untersucht werden:

Das die Probe enthaltende Ende des Kohlestäbchens wird mit den Fingern abgekniffen (oder die auf der Kohle vor dem Lötrohr erhaltene Schmelze mit dem Messer herausgehoben), mit einigen Tropfen Wasser in einem glatten Achatmörser zerrieben, wobei das dehnbare Kupfer zu Metallflitterchen breit gedrückt wird. Zur weiteren Untersuchung wird die beigemengte Kohle wiederholt mit Wasser abgeschlämmt, und nun bringt man die von Kohle befreiten Metallflitterchen mit Hilfe der Spritzflasche auf ein Uhrglas,[1] gießt

[1] Anstatt der leicht springenden Uhrgläser verwendet man zweckmäßig Gläschen, die man aus einem dünnwandigen größeren zerbrochenen Rundkolben aussprengt. Das Aussprengen geschieht mit Hilfe eines ganz winzigen Flämmchens, das man erhält, wenn man das Lötrohr nach Abnehmen des Mundstückes mit einem Gasschlauch

das Wasser ab und löst das Metall auf dem Uhrglase in wenigen Tropfen 20%iger Salpetersäure unter dem Abzuge durch gelindes Erwärmen mit ganz kleiner Flamme. Die überschüssige Salpetersäure verdampft man vorsichtig durch Erwärmen über kleinster Flamme unter fortwährendem Daraufblasen. Das gebildete Kupfernitrat löst man in wenigen Tropfen Wasser und kann mit dieser Lösung nun noch Reaktionen ausführen.

In der Regel genügt es, damit die charakteristischen Reaktionen des Kupfers: das Verhalten gegen überschüssiges Ammoniak (S. 156) und gegen Ferrocyankalium (S. 161) auszuführen.

Zur Übung im Arbeiten mit ganz kleinen Substanzmengen verteile man die Kupfernitratlösung mit einem Glasstabe oder Kapillarfaden in Tropfen auf Glasplatten oder Uhrgläschen und prüfe außer den genannten beiden Reaktionen auch noch das Verhalten gegen Natronlauge, Schwefelwasserstoff, Rhodankalium und Jodkalium, indem man die Reagenzien mit sauberen dünnen Glasstäben oder mit Kapillarfäden zutropft. Die Niederschläge beobachte man auf hellem und dunklem Untergrunde wenn nötig mit Lupe oder Mikroskop.

Heparprobe.

Die Heparprobe beruht auf der Überführung des Schwefels irgend welcher Schwefel und Sauerstoff zugleich enthaltenden Salze durch Reduktion mit Kohle bzw. mit Kohle und Soda zu Schwefelnatrium Na_2S, das dann leicht nachgewiesen werden kann durch Auflösen desselben in wenig Wasser und Einwirkung dieser Lösung auf eine Silbermünze, auf der ein schwarzer Fleck von Schwefelsilber entsteht unter Mitwirkung der Luft:

$$Na_2S + 2Ag + H_2O + O \text{ (aus der Luft)} = Ag_2S + 2NaOH$$

und bei Ausschluß der Luft unter Entwicklung von Wasserstoff:

$$Na_2S + 2Ag + 2H_2O = Ag_2S + 2NaOH + 2H.$$

Die Probe wird häufig mit den (beim Zink) besprochenen Lötrohrreaktionen oder den (beim Kupfer) behandelten Reduktionen zu Metall zugleich angestellt und soll deshalb an dieser Stelle Platz finden.

Die Überführung in Schwefelalkalien geschieht bei Schwefelsauerstoffsalzen der **Alkalien** durch Glühen mit **Kohle allein**, wobei der Reduktionsprozeß je nach den Mengen der einwirkenden Kohle und je nach der Temperatur entweder unter Kohlenoxyd- oder unter Kohlendioxydentwicklung vor sich geht:

$$Na_2SO_4 + 4C = Na_2S + 4CO$$
$$Na_2SO_4 + 2C = Na_2S + 2CO_2.$$

---

verbindet und an der Spitze des Lötrohres ein Flämmchen entzündet. Mit dieser kleinen Flamme kann man einen Sprung im Glase, den man durch Auftropfen von Wasser auf eine erhitzte Stelle erzeugte, in beliebiger Richtung weiter führen; man braucht die Flamme nur von dem Sprunge ausgehend langsam über das Glas fortzuführen, um zu erreichen, daß der Sprung ihr gewissermaßen nachläuft. Mit einem Fettstift oder mit Tinte zeichnet man auf dem Kolben die Bahn für die auszusprengenden Uhrgläschen vor.

Bei Salzen der Erdalkali-, Erd- oder Schwermetalle entstehen durch Glühen mit Kohle allein in Wasser schwer- oder unlösliche Schwefelmetalle, mit denen die Reaktion auf der Silbermünze schwer oder nicht ausgeführt werden kann. Man führt bei diesen die Reaktion durch Schmelzen mit Kohle und Soda aus. Das zunächst entstehende Schwefelmetall setzt sich dann mit Soda zu Schwefelnatrium um:

$$MeS + Na_2CO_3 = MeCO_3 + Na_2S.$$

Durch diese Operation des Schmelzens mit Kohle oder mit Kohle und Soda werden aber nicht nur alle schwefelsauren Salze in Schwefelalkali, sondern auch die Schwefelmetalle selbst, die schwefligsauren Salze, die unterschwefligsauren — kurz alle Schwefelsauerstoffsalze — in Schwefelalkalien übergeführt.

Mit dieser Reaktion kann daher der Schwefel in jeglicher Verbindungsform nachgewiesen werden. Zum Nachweis der einzelnen Säuren muß diese Heparprobe daher noch durch besondere Reaktionen ergänzt werden.

Die Heparprobe kann auf verschiedene Weise ausgeführt werden.

a) **Am Öhr eines Platindrahtes.** Eine kleine Menge Glaubersalz werde an das Öhr eines Platindrahtes angeschmolzen, in dem oberen Reduktionsraum η (vgl. S. 146) einige Zeit geglüht. Das gebildete Schwefelnatrium weise man dadurch nach, daß man auf eine Silbermünze einen Tropfen Wasser bringt, die Perle am Draht hineinbringt und nötigenfalls zerdrückt.

Auch mit Schwermetallen läßt sich diese Probe am Platindraht unter Zusatz von Soda ausführen, nur wird dabei der Platindraht durch gewisse Schwermetalle leicht zerstört.

Eine kleine Menge Zinksulfat oder Kupfersulfat werde mit etwas Soda verrieben, das Gemenge an das Öhr eines Platindrahtes geschmolzen und ebenso wie vorhin geglüht und das gebildete Schwefelnatrium nachgewiesen.

Bei diesen Versuchen muß natürlich die Soda frei von Schwefelverbindungen (Schwefelnatrium, schwefelsaurem Natrium usw.) sein, die oftmals in der Leblancsoda als Verunreinigung enthalten sind. Außerdem darf das Leuchtgas keinen Schwefel (Schwefelwasserstoff, Schwefelkohlenstoff) enthalten. Beides prüfe man durch einen blinden Versuch, indem man etwas von der zu den obigen Versuchen gebrauchten Soda an einem Platindraht schmilzt, wie oben glüht, und die Schmelze auf eine Silbermünze bringt.

Ist das Leuchtgas nicht schwefelfrei, so führt man die Probe in einer Spiritusflamme aus, indem man die Substanzprobe mit Soda und Rohrzucker (zur Erzielung besserer Reduktion) glüht.

b) **Vor dem Lötrohr.** Man bringe erstens Glaubersalz, zweitens ein Gemenge von Zinksulfat oder Kupfersulfat und Soda in eine kleine Grube auf Holzkohle und erhitze mit dem Lötrohr reduzierend. Die gebildete Schmelze hebe man mit dem Messer heraus und prüfe in der oben angegebenen Weise auf Schwefelnatrium.

Die Probe ist besonders auf einer porösen Kohle unsicher, da die geschmolzenen Salze leicht in die Kohle hineinsickern.

Auch hier ist ein blinder Versuch um so mehr angebracht, als die Kohle schwefelsaure Salze enthalten kann.

c) **Am Kohlesodastäbchen.** An die Spitze eines nach S. 165 präparierten Kohlesodastäbchens bringe man kleine Proben von Glaubersalz, bzw. des Gemisches von Zinksulfat und Soda, erhitze im unteren Reduktionsraum der Bunsenflamme und führe mit der Schmelze die Probe auf der Silbermünze aus.

Bestimmung des Kupfergehaltes in Kupferoxyd und in Kupferoxydul.

(Reduktion von Metalloxyden durch Wasserstoff.)

Mit dem früher dargestellten Kupferoxydul (S. 156) und dem im Laboratorium vorrätigen pulvrigen Kupferoxyd stelle man folgenden Versuch an (siehe Fig. 36):

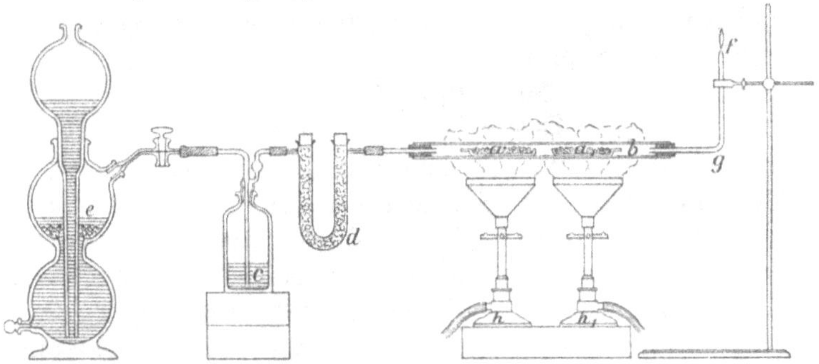

Fig. 36. Reduktion von Metalloxyden durch Wasserstoff.

Zwei gewogene Porzellanschiffchen *a* und a_1 fülle man mit je etwa 8 g der vollkommen trocknen und auf einer guten Handwage möglichst genau gewogenen Oxyde, schiebe sodann die beiden Schiffchen in die etwa 40 cm lange und etwa 1 cm weite Röhre *b* aus schwer schmelzbarem Glase, und verbinde diese in der aus der Figur ersichtlichen Weise, unter Zwischenschaltung der mit Wasser beschickten Waschflasche *c* und des mit Chlorcalcium gefüllten Trockenrohres *d* mit dem Kippschen Wasserstoffentwickler *e*. — Am anderen Ende des Rohres *b* befestige man vermittelst eines einfach durchbohrten Stopfens das rechtwinklig gebogene und bei *f* zu einer Spitze ausgezogene Glasrohr *g*. Bei Beginn des Versuches stülpe man über die Öffnung des nach oben gerichteten Glasrohres *g* ein Reagensglas, ziehe dasselbe, nachdem man durch Öffnen des Hahnes am Gasentwickler den Wasserstoff eine Zeitlang in langsamen Blasen durch den Apparat streichen ließ, langsam hoch, verschließe es beim Abnehmen von der Glasröhre — bei stets nach unten gekehrter Mündung — sofort mit dem Daumen.

Diese im Reagensglas enthaltene kleine Menge Gas kann man durch Entzünden gefahrlos auf Explodierbarkeit prüfen. Findet Verbrennung unter Knall statt, so wiederholt man die Probe in der gleichen Weise; nur überzeuge man sich, daß im Reagensglas keine Flamme vom brennenden Wasserstoff mehr vorhanden ist, ehe man es wieder über das Glasrohr stülpt. Findet beim Entzünden des Wasserstoffs im Reagensglase, auch bei wiederholten Malen, Entzündung ohne stärkeren (pfeifenden) Knall, unter ruhigem Abbrennen des Wasserstoffs statt, so kann man den aus der Glasröhre entweichenden Wasserstoff gefahrlos anzünden. Der Wasserstoff brennt mit kaum sichtbarer Flamme.

Nun erst beginne man die beiden Oxyde durch untergestellte Flammen h und h_1 zunächst gelinde und zuletzt stärker zu erhitzen. Unter lebhaftem Erglühen findet Reduktion der beiden Oxyde zu metallischem Kupfer statt:

$$CuO + H_2 = H_2O + Cu$$
$$Cu_2O + H_2 = H_2O + 2Cu.$$

Das entstehende Wasser entweicht in Dampfform bei f; man vermeide durch allseitiges Erhitzen der Röhre mit einer großen Flamme, daß sich Wasser in ihren kälteren Teilen verdichtet, glühe die Metalle stark, lasse sodann im Wasserstoffstrome erkalten und wäge zuletzt die beiden Schiffchen mit dem metallischen Kupfer. Aus den gewonnenen Wägungszahlen errechne man, wieviel Gramme Kupfer im Kupferoxyd und im Kupferoxydul mit je 16 g Sauerstoff verbunden sind und ermittle hieraus die Formeln für Kupferoxydul und Kupferoxyd, unter Berücksichtigung der Tatsache, daß 16 g Sauerstoff die kleinste Gewichtsmenge Sauerstoff ist, die sich mit anderen Grammatomen verbinden kann.

Bestimmung des Äquivalentgewichtes des Kupfers in Cuprisalzen.

Faradaysche Gesetze.

1. Scheidet ein elektrischer Strom beim Durchgang durch einen Elektrolyten an jeder Elektrode nur ein einziges Zersetzungsprodukt ab, so sind die in gleichen Zeiten erzeugten Mengen desselben proportional der Stromstärke des angewandten Stromes, und die überhaupt abgeschiedenen Stoffmengen sind proportional der Elektrizitätsmenge (d. i. Stromstärke $\times$ Zeit), die während der Abscheidung den Elektrolyten durchflossen hat.

2. Fließt ein elektrischer Strom durch mehrere hintereinander geschaltete Lösungen verschiedener Elektrolyte, so stehen die Mengen der aus ihnen durch gleiche Elektrizitätsmengen abgeschiedenen Produkte im Verhältnis ihrer chemischen Äquivalentgewichte.

Ebenso sind die von einem Strom in einer Zelle an Anode und Kathode abgeschiedenen Stoffmengen einander äquivalent.

Die Gesetze von FARADAY haben sich im Laufe der Zeit in unzähligen Fällen als streng gültige Naturgesetze erwiesen, ähnlich wie die Gesetze der einfachen und multiplen Proportionen, so daß man äquivalente Mengen der Stoffe direkt als solche Mengen definieren kann, die mit gleichen Elektrizitätsmengen wandern.

Versuch (siehe Fig. 37): Den einer etwa fünfzelligen Akkumulatorenbatterie *a* zu entnehmenden elektrischen Strom leite man hintereinander durch ein Ampèremeter *b*, welches $^1/_{10}$ Ampère abzulesen gestattet, durch die mit Kupfersulfatlösung[1] beschickte und

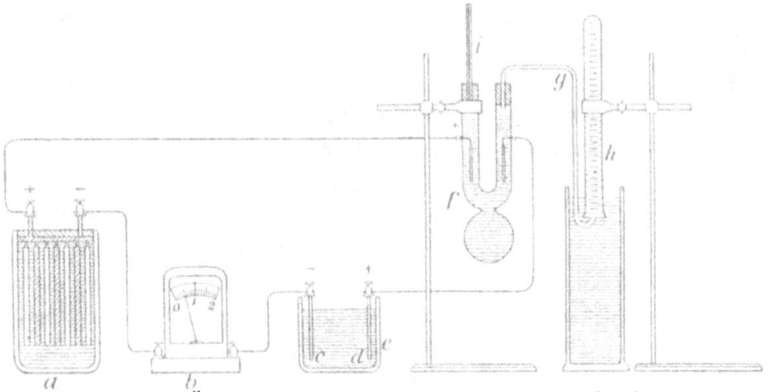

Fig. 37. Äquivalentgewichtsbestimmung durch Elektrolyse.

mit zwei Kupferelektroden *c* und *d* versehene Zersetzungszelle *e* (Akkumulatorenglas) und zuletzt durch den schon früher (S. 55) benutzten **U**-förmigen Zersetzungsapparat *f*, der mit normaler Schwefelsäure beschickt wird. Die eine der Kupferelektroden, und zwar die Kathode *c*, sei aus ganz dünnem Kupferblech (Schablonenblech). An dem Rohrteil der Zersetzungszelle *f*, der über der Kathode liegt, bringt man zur Ableitung des entstehenden Wasserstoffs in der aus der Zeichnung ersichtlichen Weise ein gebogenes Gasableitungsrohr *g* an, das unter der mit Wasser gefüllten Gasmeßröhre *h* endet; die Gasmeßröhre soll 250—300 ccm Inhalt haben. Am anderen Schenkel des **U**-Rohres ist zum Ausgleich des Druckes eine aus einem Glasrohr ausgezogene Kapillare angebracht, deren Länge man so reguliert, daß beim Stromdurchgang die Flüssigkeit in beiden Schenkeln des **U**-Rohres gleich hoch steht. Vor Beginn des eigentlichen Versuches schaltet man den Strom kurze Zeit ein, um

[1] Zur elektrolytischen Abscheidung des Kupfers verwende man die Öttelsche Kupferlösung, die 125 g $CuSO_4 . 5H_2O$, 50 g H_2SO_4 und 50 g Alkohol in 1000 ccm Lösung enthält.

die Kathode *c* im Troge *e* mit einer dünnen frischen Kupferschicht zu versehen. Man beobachte die Stromstärke und reguliere sie durch Veränderung der Entfernung und Eintauchtiefe der Elektroden im Troge *e* derart, daß die Stromdichte an der Kathode nicht unter 2 und nicht über 20 Milliampère pro Quadratzentimeter wirksame (eintauchende) Kathodenoberfläche beträgt, weil sich sonst das Kupfer schwammig abscheiden würde.

Vor Beginn des nun anzustellenden Hauptversuches spüle man die Kupferkathode *c* erst mit Wasser, dann mit Alkohol gut ab, trockne sie bei 100° und wäge sie im trocknen Zustande auf einer guten Handwage möglichst genau und notiere ihr Gewicht. Nun setze man die gewogene Kathode wieder in den Trog *e* ein, schalte den Strom ein und notiere genau den Zeitpunkt des Einschaltens, ebenso wie den Zeitpunkt des Ausschaltens des Stromes, wenn sich die Gasmeßröhre *h* mit Wasserstoff gefüllt hat. — Während der Elektrolyse beobachte man die Stromstärke am Ampèremeter *b*, die während der Dauer des Versuches konstant sein soll.

Nach beendeter Elektrolyse ermittle man die Gewichtszunahme der Kathode *c*, indem man sie nach dem Waschen mit destilliertem Wasser und Alkohol in getrocknetem Zustande abermals wägt. Das Volum des im Meßrohr *h* gesammelten Wasserstoffs wird in der üblichen Weise gemessen und auf 0° und 760 mm Druck reduziert.

Die Menge des Wasserstoffs ist nach dem zweiten FARADAYschen Gesetz äquivalent der an der Kathode *c* abgeschiedenen Kupfermenge. Man rechne aus den Versuchsergebnissen aus, wieviel Gramme Kupfer sich pro 1 g Wasserstoff (genauer 1,008 g = 1 Äquival. Wasserstoff) abgeschieden haben. Diese Zahl ist das Äquivalentgewicht des Kupfers in Cuprisalzen.

Man ermittle die zur Abscheidung des gewogenen Kupfers bzw. gemessenen Wasserstoffs notwendig gewesene Elektrizitätsmenge in Coulombs, indem man die während der Elektrolyse herrschende Stromstärke in Ampères mit der Dauer des Stromdurchganges in Sekunden multipliziert; denn Elektrizitätsmenge (Coulomb) ist gleich Stromstärke × Zeit. Aus den erhaltenen Zahlen errechne man, wieviel Coulombs zur Abscheidung eines Äquivalents Wasserstoff, Kupfer, also überhaupt eines Äquivalents nötig sind. Man nennt diese Anzahl Coulombs 1 Faraday = 1 *F*.

$$1\ F = 96580 \text{ Coulombs}$$

$$1 \text{ Coulomb} = 1 \text{ Ampèresekunde.}$$

Ein Coulomb ist praktisch dadurch definiert, daß es aus einer Silbernitratlösung = 1,1175 mg Silber abscheidet.

Man rechne hiernach aus, wieviel Gramme Silber, Kupfer, Zink, Nickel, Wasserstoff, Kaliumhydroxyd, Natriumhydroxyd an der Kathode, und wieviel Chlor, Brom, Jod, Sauerstoff und Kaliumchlorat an der Anode von einer Ampèrestunde theoretisch im besten Falle abgeschieden werden können.[1]

[1] Vgl. zu diesem Kapitel: RICHARDS, COLLINS und HEIMROD, Zeitschrift für physikalische Chemie, Bd. 32, S. 321 (1900). ABEL, Zeitschrift für anorganische Chemie, Bd. 26, S. 414 (1901).

Schweflige Säure und hydroschweflige Säure.

Schweflige Säure.

Im Schwefligsäureanhydrid, SO_2, pflegt man den Schwefel gewöhnlich vierwertig anzunehmen, was man durch die Formel $S{<}^{O}_{O}$ zum Ausdruck bringt, ohne indes direkte Beweise für diese Annahme zu haben; die Möglichkeit ist nicht ausgeschlossen, daß der Schwefel darin zweiwertig ist $S{<}^{O}_{O}{\big|}$.

Mit dieser Unsicherheit sind auch die Annahmen über die Konstitution des Schwefligsäurehydrats H_2SO_3 behaftet, für das außerdem auch in bezug auf die Bindung der zwei Wasserstoffatome verschiedene Möglichkeiten bestehen. Es ist wahrscheinlich, daß die schweflige Säure im Sinne folgenden Gleichgewichtes:

$$SO_2{<}^{H}_{OH} \rightleftarrows SO{<}^{OH}_{OH}$$

tautomer ist.

Im freien Zustand ist die schweflige Säure, ähnlich wie die Kohlensäure, nur in wässeriger Lösung bekannt; beim Erwärmen entweicht sie daraus vollständig unter Zerfall in Wasser und Säureanhydrid:

$$H_2SO_3 = H_2O + SO_2 .$$

Die Salze der schwefligen Säure sind beständig. Man nennt sie Sulfite und kennt zwei Reihen derselben: neutrale Sulfite z. B. Na_2SO_3 und saure Sulfite z. B. $NaHSO_3$.

Die Sulfite der Alkalien sind in Wasser löslich, die der übrigen Metalle schwer oder nicht löslich. Als Salze einer unbeständigen Säure mit flüchtigem Anhydrid werden sie sämtlich durch starke Säuren zersetzt.

Die schweflige Säure hat einen doppelten Charakter: Vorwiegend ist sie befähigt, anderen Körpern Sauerstoff zu entziehen, wirkt also reduzierend, indem sie dabei in Schwefelsäure übergeht:

$$H_2SO_3 + O = H_2SO_4 .$$

Sie kann gewissen Körpern gegenüber unter geeigneten Bedingungen aber auch oxydierend wirken unter Schwefelabscheidung:

$$H_2SO_3 = H_2O + S + 2O .$$

Natriumsulfit Na_2SO_3 kristallisiert mit 7 Molekülen Kristallwasser. Man erwärme eine Messerspitze des Salzes im kleinen Porzellantiegel; das Kristallwasser entweicht.

Man bringe etwas des entwässerten Salzes in ein kleines Glühröhrchen und erhitze stärker. Das Salz färbt sich dabei dunkel und sieht nach dem Erkalten gelblich aus. Die erkaltete Schmelze zerdrücke man in einer Reibschale, löse sie in wenig Wasser und prüfe das Verhalten je einiger Tropfen auf Uhrgläsern gegen Säure, Bleilösung, Nitroprussidnatriumlösung und gegen blankes Silber. Ebenso gegen Chlorbariumlösung unter Zusatz von Salzsäure.

Die Alkalisalze der schwefligen Säure erleiden beim Glühen Selbstoxydation; ein Teil des Salzes zerfällt nach der Gleichung:

$$Na_2SO_3 = Na_2S + 3O$$

und der freiwerdende Sauerstoff oxydiert einen anderen Teil zu schwefelsaurem Salz:

$$3Na_2SO_3 + 3O = 3Na_2SO_4 .$$

Man schreibe die Gesamtgleichung des Glühprozesses.

Die Sulfite der Erdalkalien, Erden und Schwermetalle zerfallen beim Glühen im wesentlichen in Metalloxyd und Schwefligsäureanhydrid:

$$BaSO_3 = BaO + SO_2 ,$$

wenn nicht das Oxyd durch Glühhitze noch weiter zersetzlich ist, wie z. B. bei den Edelmetallen.

Sämtliche Sulfite geben Heparreaktion (vgl. S. 167). Man führe die Reaktion mit etwas schwefligsaurem Natrium aus.

Man löse etwas schwefligsaures Natrium in Wasser und prüfe die Reaktion der Lösung mit Lackmuspapier. Das Salz reagiert alkalisch. (Vgl. unter Hydrolyse S. 96.)

Man versetze etwas Natriumsulfitlösung mit Salz- oder Schwefelsäure. Unter Aufbrausen entweicht Schwefeldioxyd, kenntlich am Geruch. Ist die Lösung sehr verdünnt, so entweicht das Gas erst beim Erwärmen, da es in Wasser löslich ist.

1 Volum Wasser löst bei 15° etwa 44 Volumina
1 „ „ „ „ 20° „ 36 „
Schwefeldioxyd.

Schwefeldioxyd entsteht bei der Reduktion von Schwefelsäure durch Metalle (vgl. S. 41), auch beim Erhitzen von Kohle oder von Schwefel mit konzentrierter Schwefelsäure.

Man erhitze im Reagensrohr etwas konzentrierte Schwefelsäure mit einem Stück Holzkohle oder mit Zucker:

$$2H_2SO_4 + C = CO_2 + 2H_2O + 2SO_2 .$$

Reduktionswirkungen der schwefligen Säure. Man fälle etwas Mangansuperoxyd durch Erwärmen einer Permanganatlösung mit Alkohol. Der entstehende braune Niederschlag von MnO_2 löst sich in schwefliger Säure entweder zu Mangansulfat $MnSO_4$ oder zu Mangandithionat MnS_2O_6. In der Wärme entsteht vorwiegend schwefelsaures, in der Kälte mehr dithionsaures Manganoxydul. Man schreibe die Gleichungen für die beiden Vorgänge.

Man versetze eine verdünnte (durchsichtige) Lösung von übermangansaurem Kali ($KMnO_4$) mit schwefliger Säure. Es tritt Entfärbung ein unter Bildung von Manganoxydulsalz.

Auch hierbei geht die Oxydation der schwefligen Säure in zweierlei Richtung vor sich, einmal wie gewöhnlich unter Bildung von Schwefelsäure und zweitens unter Bildung von Dithionsäure. Beide Prozesse, deren Gleichungen man ableite unter Berücksichtigung des früher S. 66 u. 89 Mitgeteilten, verlaufen in der Regel nebeneinander, und es hängt lediglich von der Konzentration und der Temperatur ab, welcher der beiden Prozesse vorwaltet.

Man versetze etwas Eisenchlorid ($FeCl_3$)-Lösung mit wässeriger Lösung von schwefliger Säure. Die Lösung wird beim gelinden Erwärmen heller unter Bildung von Eisenoxydulsalz, das auf Zusatz von Rhodankalium keine Veränderung zeigt, während Eisenchlorid damit braunrot gefällt oder in verdünnter Lösung blutrot gefärbt wird. Reaktionsgleichung?

Eine gelbrote Lösung von Kaliumpyrochromat wird durch schweflige Säure unter Bildung von Chromisulfat $Cr_2(SO_4)_3$ grün gefärbt. Reaktionsgleichung?

Man fälle etwas essigsaures Blei nach Zusatz von Natriumacetat in der Wärme mit einigen Tropfen Brom oder mit viel Bromwasser. Es fällt Bleisuperoxyd PbO_2, das auf Zusatz von schwefliger Säure weiß gefärbt wird unter Bildung von unlöslichem Bleisulfat $PbSO_4$. Reaktionsgleichung?

Eine Lösung von Quecksilberchlorid scheidet durch schweflige Säure beim gelinden Erwärmen weißes Quecksilberchlorür (Hg_2Cl_2) ab. Selbst durch viel schweflige Säure und bei längerem Erwärmen geht die Reduktion nur schwierig bis zur Abscheidung von grauem metallischem Quecksilber (vgl. unter Quecksilber). Reaktionsgleichung?

Man versetze Quecksilberoxydulnitrat mit schwefliger Säure. Es scheidet sich sofort graues metallisches Quecksilber ab.

Die Reduktion des Quecksilberoxydulnitrats kann man zum Nachweis gasförmiger schwefliger Säure benutzen, indem man das Gas gegen einen Papierstreifen strömen läßt, der mit einer Quecksilberoxydulnitratlösung getränkt ist.

Quecksilberoxydulnitrat wird auch durch Alkalisulfitlösung sofort zu Quecksilber reduziert.

Versetzt man Bromwasser mit schwefliger Säure, so wird es entfärbt unter Bildung von Bromwasserstoff und Schwefelsäure. Reaktionsgleichung?

Versetzt man schweflige Säure mit einer Lösung von Jod in Jodkalium, so tritt Entfärbung des Jods ein:

$$SO_2 + 2H_2O + J_2 = H_2SO_4 + 2HJ.$$

Versetzt man wässerige schweflige Säure mit Wasserstoffsuperoxyd (H_2O_2), so wird es unter Bildung von Schwefelsäure zu Wasser reduziert. Reaktionsgleichung?

Oxydationswirkungen der schwefligen Säure. Außer diesen reduzierenden Wirkungen kann die schweflige Säure unter Umständen auch oxydierende Wirkung äußern, freilich nur gegen solche Körper, die selbst gern Sauerstoff aufnehmen, also selbst starke Reduktionsmittel sind, wie die folgenden Beispiele zeigen.

Man versetze Schwefelwasserstoffwasser mit wässeriger schwefliger Säure. Es entsteht eine milchige Trübung von ausgeschiedenem fein verteilten Schwefel. Die schweflige Säure oxydiert dabei den Schwefelwasserstoff, indem beide zu Schwefel werden. Reaktionsgleichung?

Man versetze Zinnchlorür ($SnCl_2$)-Lösung mit wenig Salzsäure und darauf mit etwas schwefliger Säure und erwärme. Die schweflige Säure oxydiert das Zinnchlorür zu Zinnchlorid ($SnCl_4$), indem sie selbst zu Schwefelwasserstoff reduziert wird. Der Schwefelwasserstoff wirkt weiter auf das gebildete Zinnchlorid ein und gibt gelbes Zinnsulfid (SnS_2). Man schreibe die Teilgleichungen und stelle die Gesamtgleichung des Prozesses auf.

Auch durch naszierenden Wasserstoff wird die schweflige Säure reduziert bis zu Schwefelwasserstoff.

Entwickelt man aus Zink und Salzsäure Wasserstoffgas und gibt in das Entwicklungsgefäß etwas schweflige Säure, so mischt sich dem Wasserstoff Schwefelwasserstoff bei, kenntlich am Geruch und an seiner Wirkung auf Bleipapier. Auch in der Entwicklungsflüssigkeit kann man den Schwefelwasserstoff nachweisen durch Zusatz einiger Tropfen Kupfersalzlösung. Es bildet sich schwarzes Kupfersulfid. Reaktionsgleichung?

Silbernitrat gibt mit schwefligsaurem Natrium und auch mit freier schwefliger Säure einen weißen, kristallinischen Niederschlag von Silbersulfit (Ag_2SO_3). Reaktionsgleichung? Der Niederschlag ist in Ammoniak und auch in Salpetersäure löslich.

Man erwärme etwas des Silbersulfits für sich oder unter Wasser. Dabei erleidet es Zersetzung zu Silbersulfat (Ag_2SO_4) und grauem metallischen Silber. Reaktionsgleichung?

Einen anderen Teil des Salzes versetze man mit einem Überschuß von Natriumsulfit, wodurch Lösung zu Silbernatriumsulfit ($NaAgSO_3$) stattfindet.

Man erwärme die Lösung des Silbersulfitnatriums. Das Silber scheidet sich vollständig ab unter Bildung von Natriumsulfat und Entwicklung von schwefliger Säure. Reaktionsgleichung?

Chlorbarium gibt mit einer Lösung von schwefligsaurem Natrium einen weißen Niederschlag von Bariumsulfit $BaSO_3$ (Reaktionsgleichung?), der von verdünnter Salzsäure leicht gelöst wird (Reaktionsgleichung?), falls das schwefligsaure Natrium nicht schwefelsaures Salz enthielt.

Eine wässerige Lösung von schwefliger Säure gibt mit Chlorbarium keinen Niederschlag, vorausgesetzt, daß die Lösung frei von Schwefelsäure ist.

Am Licht unter Luftzutritt wird ein Teil der schwefligen Säure sehr bald zu Schwefelsäure oxydiert, und dann entsteht mit Chlorbarium in Salzsäure unlösliches schwefelsaures Barium.

Man prüfe in dieser Weise die selbstbereitete wässerige schweflige Säure auf einen Gehalt an Schwefelsäure.

Auch Natriumsulfit geht in wässeriger Lösung an Luft und Licht sehr leicht in Natriumsulfat über. Man prüfe die zur Verfügung stehende Lösung auf einen Gehalt an Schwefelsäure.

Nachweis von schwefliger Säure neben Schwefelsäure. Will man schweflige Säure neben Schwefelsäure nachweisen, so fällt man mit Chlorbarium in salzsaurer Lösung die Schwefelsäure als schwefelsaures Barium aus, filtriert den gebildeten Niederschlag ab und prüft nun im Filtrat nach einer der schon angeführten Methoden auf schweflige Säure. Sehr leicht und in äußerst kleinen Mengen läßt sich die schweflige Säure in diesen Fällen dadurch nachweisen, daß man sie mit Bromwasser, oder schwefelsäurefreiem Wasserstoffsuperoxyd, oder auch mit Salpetersäure zu Schwefelsäure oxydiert. Das im Überschuß vorhandene Chlorbarium läßt dann sofort einen Niederschlag von schwefelsaurem Baryt entstehen.

Chlorstrontium und Chlorcalcium verhalten sich ebenso wie das Chlorbarium gegen schweflige Säure und ihre in Wasser löslichen Salze; nur ist der Grad der Löslichkeit der Niederschläge verschieden.

Die Löslichkeiten in Wasser von 18° sind folgende:

Bariumsulfit $\frac{1}{46000}$, Strontiumsulfit $\frac{1}{30000}$ (vgl. später Strontiumthiosulfat), Calciumsulfit $\frac{1}{800}$.

Farbenreaktion der schwefligen Säure. Sulfite geben mit Nitroprussidnatrium bei Gegenwart von Chlorzink und Soda eine intensiv erdbeerrote Färbung. (Empfindlicher Nachweis von Sulfiten neben Sulfaten und Thiosulfaten.) Schwefelwasserstoff verdeckt die Reaktion (vgl. später auf S. 302).

Hydroschweflige Säure, $H_2S_2O_4$.

Beim Auflösen von Zink in wässeriger schwefliger Säure bildet sich neben saurem Zinksulfit auch hydroschweflige Säure, $H_2S_2O_4$, die im freien Zustande nur in wässeriger Lösung bekannt und äußerst unbeständig ist. Natriumhydrosulfit erhält man als farbloses, beständiges Salz durch Einwirkung von Zink auf Lösungen von saurem Natriumsulfit bei Gegenwart von freier schwefliger Säure im Sinne der Gleichung:

$$2\,NaHSO_3 + Zn + SO_2 = ZnSO_3 + H_2O + Na_2S_2O_4$$

und nachheriges Aussalzen des Natriumhydrosulfits durch Kochsalz oder andere geeignete Salze.

Natriumhydrosulfit ist ein starkes Reduktionsmittel, verbindet sich direkt mit dem Sauerstoff der Luft zu Sulfit und Sulfat:

$$2\,Na_2S_2O_4 + 3\,O = Na_2SO_3 + Na_2SO_4\,.$$

Es findet in der Technik der Indigofärberei und in der Gasanalyse Anwendung.

Man löse im Reagensglase einige Gramm Natriumhydrosulfit in Wasser, mache schwach alkalisch, verschließe das Reagensglas dicht mit dem Daumen, schüttle tüchtig um, entferne den Daumen unter Wasser und beobachte, daß etwa $^1/_5$ des ursprünglichen Luftvolums verschwunden und die entsprechende Menge Wasser eingetreten ist.

Auf die meisten Schwermetallsalze wirken Hydrosulfite reduzierend ein, wobei in den meisten Fällen wechselnde Gemische von Metallen und Metallsulfiden entstehen.

Man versetze die Lösungen von Blei, Kupfer, Platin, Quecksilber und anderen Metallsalzen mit Lösungen von Natriumhydrosulfit und beobachte die entstehenden Fällungen.

Die Erdalkalimetalle.

Hierher gehören Barium, Strontium, Calcium. Den Übergang zu den Erdmetallen bildet das Magnesium.

Die Erdalkalimetalle werden als zweiwertig angenommen und stehen, wie der Name schon sagt, ihren chemischen Eigenschaften nach zwischen den Alkalimetallen und den Erdmetallen. Mit den Alkalimetallen teilen sie die Eigenschaft, sich sehr leicht, wenn auch nicht mehr ganz so leicht wie die Alkalimetalle, zu oxydieren, Wasser zu zerlegen und stark basische Hydroxyde zu bilden. Mit den Erdmetallen teilen sie die Neigung, eine größere Zahl schwer oder nicht löslicher Salze zu bilden.

Man übergieße einige Späne metallisches Calcium im Reagensglase mit Wasser. Es findet sofort stürmische Wasserstoffentwicklung statt. Die Lösung enthält Calciumhydroxyd:

$$Ca + 2H_2O = Ca(OH)_2 + H_2.$$

Man prüfe das Verhalten der Lösung gegen Indikatoren (Lackmus, Phenolphtalein usw.

Der basische Charakter der Erdalkalihydroxyde ist gegenüber dem der Alkalien schon etwas geschwächt, und da die Löslichkeit der Erdalkalien

	$Ba(OH)_2$	$Sr(OH)_2$	$Ca(OH)_2$	$Mg(OH)_2$
ungefähr	$\frac{1}{25}\left(\text{heiß } \frac{1}{1}\right)$	$\frac{1}{120}\left(\text{heiß } \frac{1}{3{,}5}\right)$	$\frac{1}{600}\left(\text{heiß } \frac{1}{1000}\right)$	$\frac{1}{10000}$

derjenigen der Alkalien bei weitem nachsteht, so werden sie aus wässerigen Lösungen durch Alkalien unvollständig (Ba, Sr, Ca) bzw. vollständig (Mg) gefällt.

Die Chloride, Nitrate, Nitrite, Acetate der eigentlichen Erdalkalien (Ba, Sr, Ca) sind in Wasser leicht löslich; sehr schwer löslich oder unlöslich sind ihre neutralen Carbonate (die sauren Carbonate sind in Wasser löslich), Oxalate und Sulfate. Nach Bestimmung der elektrolytischen Leitfähigkeit ihrer bei 18° gesättigten Lösungen enthält 1 l Wasser beim

	Barium	Strontium	Calcium
von den Carbonaten $R^{II}CO_3$	0,024 g $\left(\text{ca.} \frac{1}{42000}\right)$	0,011 g $\left(\text{ca.} \frac{1}{91000}\right)$	0,013 g $\left(\text{ca.} \frac{1}{77000}\right)$
von den Oxalaten $R^{II}C_2O_4$	0,074 g $\left(\text{ca.} \frac{1}{14000}\right)$	0,045 g $\left(\text{ca.} \frac{1}{22000}\right)$	0,0059 g $\left(\text{ca.} \frac{1}{170000}\right)$
von den Sulfaten $R^{II}SO_4$	0,0026 g $\left(\text{ca.} \frac{1}{385000}\right)$	0,107 g $\left(\text{ca.} \frac{1}{9300}\right)$	2,07 g $\left(\text{ca.} \frac{1}{480}\right)$.

Über die Phosphate des Calciums, denen die des Strontiums und Bariums ganz analog sind, ebenso über die Phosphate des Magnesiums vgl. S. 102. Über das Verhalten der schwefelwasserstoffsauren Salze der Erdalkalien vgl. S. 83.

Von den Chromaten $R^{II}CrO_4$ und den Kieselfluoriden $R^{II}SiF_6$ sind nur die Bariumsalze in Wasser unlöslich bzw. schwer löslich. Löslichkeit des $BaCrO_4$

12*

ca. $\frac{1}{265000}$ (1 l enthält 0,0038 g), Löslichkeit des $BaSiF_6$ $\frac{1}{3500}$, während die Strontium- und Calcium-salze der Chromsäure und der Kieselfluorwasserstoffsäure in Wasser löslich sind.

Die Kenntnis dieser Löslichkeitszahlen erleichtert die Beurteilung der Empfindlichkeit der betreffenden Fällungsreaktionen, freilich immer nur, wenn man gleichzeitig auch den Einfluß anderer Stoffe auf die Löslichkeit mit berücksichtigt. Das Verhalten der Niederschläge gegen Alkalien oder Säuren wird bei den einzelnen Reaktionen besprochen werden; ebenso soll dort der oft recht erhebliche Einfluß von gewissen Salzen auf die Löslichkeit in den bemerkenswerten Fällen hervorgehoben werden.

Sulfat, Chromat und Kieselfluorid des Magnesiums sind in Wasser löslich im Gegensatz zu den betreffenden Salzen der eigentlichen Erdalkalien. Magnesiumcarbonat dagegen ist in Wasser unlöslich, und das Magnesiumoxalat hat eine Löslichkeit von ungefähr $\frac{1}{1500}$, fällt also aus der Reihe der übrigen Oxalate, die mit fallendem Atomgewicht unlöslicher werden, heraus.

Bezüglich der Carbonate der Erdalkalien und des Magnesiums sei noch bemerkt, daß bei hohen Temperaturen $BaCO_3$ am beständigsten ist, dann folgt $SrCO_3$, $CaCO_3$, und $MgCO_3$ ist am unbeständigsten.

Beim Glühen verliert daher das Bariumcarbonat die Kohlensäure nur schwer ($BaCO_3 = BaO + CO_2$), das Calcium- und Magnesiumcarbonat dagegen leichter, während die Abspaltbarkeit der Kohlensäure aus Strontiumcarbonat in der Mitte steht.

Chlorbarium aus Schwerspat. 50 g Schwerspat ($BaSO_4$) und 20 g Holzkohle werden jedes für sich in einer Reibschale äußerst fein pulverisiert und dann innig gemengt. Das Gemenge wird in einen hessischen Tiegel fest eingepreßt und $^1/_2$ cm hoch mit Holzkohlenpulver überschichtet. Der Tiegel wird mit einem Deckel bedeckt und in einem Ofen (Gasofen oder Kohlenfeuer) 1—2 Stunden auf Rotglut erhitzt. Durch Reduktion entsteht Schwefelbarium. Reaktionsgleichung? Nach dem Erkalten wird der Tiegelinhalt in der Reibschale, zuletzt unter Zusatz von etwa 100 ccm Wasser, fein gerieben. Von dem zerriebenen Brei werden nach und nach kleine Mengen in eine Mischung von etwa 100 g Wasser und 40 g roher konzentrierter Salzsäure (vom spezifischen Gewicht 1,15, ca. 30 % HCl enthaltend), die in einer Porzellanschale unter dem Abzug zum Sieden erhitzt wurden, so lange eingetragen und dabei zum Entweichen des Schwefelwasserstoffs gekocht (Reaktionsgleichung?), bis die Reaktion in alkalisch umschlägt. Geschieht das sehr bald, so werden noch kleine Mengen konzentrierter Salzsäure zugesetzt, aber immer nur so viel, daß die Flüssigkeit nach dem Eintragen des Restes des Schwefelbariums deutlich alkalisch reagiert. Ist sie sauer, so bleiben die Verunreinigungen der rohen Salzsäure und des Schwerspats, insbesondere Eisen und Arsen gelöst, die bei schwefelalkalischer Reaktion als Ferrosulfid und sulfarsenigsaures

Barium gefällt werden. Die Flüssigkeit wird noch heiß durch ein Faltenfilter filtriert, und das Filtrat, unter Erhitzen bis zum Sieden, so lange mit kleinen Mengen reiner konzentrierter Salzsäure versetzt, bis es schwach sauer reagiert. Nun wird es so weit eingedampft, bis ein mit dem Glasstabe herausgenommener Tropfen beim Erkalten auf einem Uhrglase Kristalle absetzt. Alsdann füllt man die Lösung in einen Erlenmeyerkolben und läßt erkalten. Die abgeschiedenen Kristalle sammle man auf einem Trichter, lasse sie gut abtropfen und auf porösem Ton ausgebreitet an der Luft trocknen. Aus der Mutterlauge gewinnt man durch Einengen noch einen zweiten Teil Chlorbarium, den man in gleicher Weise behandelt und mit dem ersten vereinigt.

Das Chlorbarium bildet luftbeständige, glänzende Blättchen oder vierseitige Tafeln des rhombischen Systems von der Zusammensetzung $BaCl_2, 2H_2O$.

Seine Löslichkeit im Wasser ist $\frac{34,5}{100}$ (15°), $\frac{58,8}{100}$ (100°).

Man erhitze eine kleine Probe des kristallisierten Salzes im Glühröhrchen: es entweicht Wasser, das sich an den kälteren Teilen des Röhrchens verdichtet.

Man übergieße im Reagensrohr etwas Chlorbarium mit Alkohol, schüttele längere Zeit damit, filtriere die Lösung durch ein kleines Filter und verdunste sie in einer kleinen Schale. Es hinterbleibt kein Rückstand.

Chlorbarium ist in Alkohol unlöslich $\left(\text{Löslichkeit ungefähr } \frac{1}{7500}\right)$ zum Unterschiede von Chlorstrontium und Chlorcalcium.

Flammenfärbung. Man schmelze etwas Chlorbarium an einen haarfeinen Platindraht (0,1 mm dick, vgl. S. 195), dadurch, daß man mit dem glühenden Draht ein Kriställchen von einem Uhrglase auftupft. Die kleine Probe bringe man in den heißesten Teil der Flamme. Die in der Bunsenflamme flüchtigen Bariumsalze erteilen der Flamme eine gelbgrüne Färbung. (Näheres im Spektralabschnitt.)

Strontiumchlorid kristallisiert mit 6 Molekülen Wasser $SrCl_2, 6H_2O$, während das entsprechende Bariumsalz nur 2 Moleküle Kristallwasser enthält. Bei einer Temperatur über 60° und auch aus stark salzsaurer Lösung kristallisiert das Salz $SrCl_2, 2H_2O$. Seine Löslichkeit in Wasser ist bei 20° $\frac{53,9}{100}$; bei 100° $\frac{101,9}{100}$.

Das Salz $SrCl_2, 6H_2O$ löst sich in absolutem Alkohol kalt ungefähr $\frac{1}{120}$, in der Siedhitze ungefähr $\frac{1}{260}$; das wasserfreie Salz ist in Alkohol sehr viel schwerer löslich.

Flammenfärbung. Strontiumchlorid und ebenso alle in der

Bunsenflamme flüchtigen Strontiumsalze erteilen der Flamme eine karminrote Färbung.

Calciumchlorid (wurde oben S. 97 bereitet).

Das wasserhaltige Salz $CaCl_2$, $6H_2O$ löst sich in Wasser unter beträchtlicher Abkühlung auf. Werden 2,5 Teile Salz in 1 Teil Wasser gelöst, so erniedrigt sich die Temperatur um etwa 23°.

Erhitzt man etwas von dem Salze in einer Porzellanschale, so entweichen beim Erhitzen auf 200° 4 Moleküle Kristallwasser; bei stärkerem Erhitzen entweichen auch die letzten beiden Wassermoleküle. Es bleibt wasserfreies Chlorcalcium als poröse, weiße Masse zurück. Zum geringen Teil verwandelt es sich beim Entwässern, besonders in der Hitze in basisches Salz:

$$CaCl_2 + H_2O = HCl + Ca\begin{smallmatrix}Cl\\OH\end{smallmatrix}.$$

Selbst das wasserfreie Calciumchlorid ist in absolutem Alkohol in der Wärme etwa $^7/_{10}$ löslich. Beim Erkalten kristallisiert daraus $CaCl_2$, $4C_2H_6O$. Übergießt man das entwässerte Salz mit Wasser, so findet starke Erwärmung statt. Das Salz löst sich, wenn es basisches Salz enthält nicht ganz klar in reinem Wasser, sondern erst auf Zusatz einiger Tropfen Salzsäure. Will man ein von basischem Salz freies, entwässertes Calciumchlorid haben (wie zur organischen Elementaranalyse), so entwässert man es zweckmäßig im Vakuum bei Wasserbadtemperatur. Schon bei 80° wird es im Vakuum wasserfrei.

Die Löslichkeit des Chlorcalciums im Wasser siehe S. 98.

In konzentrierter Salzsäure ist das Chlorcalcium viel weniger löslich als in reinem Wasser und kristallisiert daraus als $CaCl_2$, $2H_2O$. Die verschiedenen Salze des Chlorcalciums zerfließen an der Luft.

Flammenfärbung. Alle in der Bunsenflamme flüchtigen Calciumverbindungen färben die Flamme intensiv rotgelb.

Die folgenden Reaktionen der Barium-, Strontium- und Calciumsalze stelle man nebeneinander mit den wässerigen Lösungen der Chloride an.

Salzsäure. Aus Chlorbariumlösungen fällt Chlorbarium durch Zusatz etwa der 10fachen Menge konzentrierter Salzsäure vollständig aus.

Man versetze wässerige Lösungen von Barium-, Strontium- und Calciumchlorid mit etwa dem 10fachen Volum konzentrierter Salzsäure. Es entsteht nur in der Bariumchloridlösung sofort ein Niederschlag von $BaCl_2$. Man filtriere ihn auf einem gehärteten mit konzentrierter Salzsäure befeuchteten Filter sofort ab und überzeuge sich im Filtrat nach dem Verdünnen durch Zugabe von Schwefelsäure von der Vollständigkeit der Fällung.

Natrium- oder Kaliumhydroxyd fällt die Hydroxyde von Barium, Strontium und Calcium.

Bariumhydroxyd, $Ba(OH)_2$, bildet sich, wenn die Lösungen nicht zu verdünnt sind, als weißer Niederschlag. Reaktionsgleichung? Beim

Erhitzen löst sich der Niederschlag (aber nicht ganz klar, weil Natronlauge in der Regel etwas kohlensaures Natrium enthält, das unlösliches $BaCO_3$ bildet). Man filtriere die heiße Lösung und lasse erkalten. Es scheidet sich $Ba(OH)_2$, $8\,H_2O$ aus.

Die Löslichkeit des $Ba(OH)_2$ in Wasser beträgt ungefähr (20°) $\frac{1}{25,5}$, (80°) $\frac{1}{0,88}$.

Das kristallwasserfreie Bariumhydroxyd schmilzt bei Rotglut, ohne dabei Wasser zu verlieren. Die wässerige Lösung besitzt stark basische Eigenschaften.

Man benutzt das Bariumhydroxyd als in Wasser leicht lösliche starke Base, welche aus ihren Lösungen und löslichen Salzen in Form vieler unlöslicher Salze, die das Barium bildet, leicht wieder entfernt werden kann.

Selbst durch längeres Glühen kann man Barythydrat $Ba(OH)_2$ nur schwer in Bariumoxyd BaO verwandeln. Bariumoxyd erhält man durch Glühen von Bariumnitrat:

$$Ba(NO_3)_2 = BaO + O + 2\,NO_2.$$

Eine wässerige Lösung des Bariumhydroxyds (Barytwasser) benutzt man zum Nachweis von Kohlensäure (S. 93).

Strontiumhydroxyd, $Sr(OH)_2$. Der Niederschlag ist in Wasser schwerer löslich als Bariumhydroxyd. Löslichkeit des $Sr(OH_2)$ bei 20° $\frac{1}{120}$; bei 100° $\frac{1}{3,5}$. Die Fällung erfolgt daher schon aus verdünnterer Lösung, als die des Bariumhydroxyds, und Barytwasser ruft in einigermaßen konzentrierten Lösungen von Strontiumchlorid einen Niederschlag von Strontiumhydroxyd hervor, der sich in viel Wasser, besonders beim Erwärmen, leicht löst. Strontiumhydroxyd kristallisiert aus Wasser ähnlich dem Bariumhydroxyd mit 8 Molekülen Kristallwasser.

Beim längeren Glühen verliert Strontiumhydroxyd Wasser unter Zurücklassung von Strontiumoxyd.

Calciumhydroxyd, $Ca(OH)_2$. Löslichkeit kalt $\frac{1}{600}$; heiß $\frac{1}{1000}$. Aus der Löslichkeit ist zu entnehmen, daß Fällung in noch verdünnterer Lösung als beim Strontium erfolgen kann.

Man glühe ein Stückchen Marmor im Reagensglase bis zum Erweichen des Glases oder mit der Gebläseflamme auf Kohle. Es entweicht ein wenig Wasser und Kohlendioxyd. (Nachzuweisen nach S. 93.) Im Reagensrohr oder auf der Kohle bleibt Calciumoxyd (Ätzkalk) zurück. Reaktionsgleichung?

Nach dem Erkalten durchtränke man den Ätzkalk mit wenig Wasser. Es findet starke Erwärmung unter Bildung von Calciumhydroxyd (Kalkhydrat, gelöschter Kalk) statt, wobei die Masse zu einem lockeren Pulver zerfällt. Reaktionsgleichung?

Man schüttele das Calciumhydroxyd mit viel kaltem Wasser und filtriere nach einiger Zeit. Die klare Lösung (Kalkwasser) benutzt man in der Analyse manchmal an Stelle des Barytwassers. In der Regel zieht man das Barytwasser seiner stärkeren Konzentration wegen dem Kalkwasser vor. Barytwasser und etwas weniger gut auch Strontianwasser fällen nicht zu verdünnte Lösungen der Calciumsalze.

Durch Glühen verliert Calciumhydroxyd das Hydratwasser.

Verdünnte Schwefelsäure und lösliche Sulfate fällen aus Lösungen von Barium-, Strontium- und Calciumsalzen die schwer löslichen Erdalkalisulfate, von denen das Bariumsulfat am schwersten löslich ist, weshalb es auch in der größten Verdünnung noch ausgefällt wird. Aus ganz verdünnten Strontiumsalzlösungen fällt das Strontiumsulfat erst nach längerem Stehen aus. Das Calciumsulfat fällt nur aus konzentrierten Lösungen und mit 2 Molekülen Kristallwasser aus (Gips). Reaktionsgleichungen?

Um unlösliches Bariumsulfat in eine lösliche Verbindung überzuführen (aufzuschließen), schmilzt man es mit Alkalicarbonaten.

$$BaSO_4 + K_2CO_3 = K_2SO_4 + BaCO_3.$$

Dadurch entsteht Bariumcarbonat, das in verdünnter Salzsäure leicht löslich ist:

$$BaCO_3 + 2HCl = H_2O + CO_2 + BaCl_2.$$

Man erhitze in einem Becherglase Chlorbariumlösung und in einem Reagensglase verdünnte Schwefelsäure zum Sieden und vermische die beiden siedenden Lösungen. Dadurch fällt das Bariumsulfat grobkörnig aus und setzt sich rasch zu Boden. Man dekantiert das Bariumsulfat und filtriert es alsdann auf einem glatten Filter ab. Den Niederschlag wäscht man einige Male durch Aufgießen von heißem Wasser aus, klatscht ihn dann in ein Porzellanschälchen ab und trocknet ihn durch gelindes Erwärmen auf freier Flamme. Das so erhaltene trockne Bariumsulfat vermischt man in einer Reibschale innig mit der etwa 4—5fachen Menge eines Gemisches, das aus 5 Gewichtsteilen calc. Soda und 7 Gewichtsteilen calc. Pottasche besteht;[1] dieses Gemenge erhitzt man im Porzellantiegel (auf Tondreieck und mit verschiebbarem Ring am Stativ) vor der Gebläseflamme, bis die Masse zu einer klaren Flüssigkeit geschmolzen ist. Die erkaltete Schmelze laugt man im Porzellantiegel mit heißem Wasser aus, filtriert vom unlöslichen Rückstand ab und wäscht diesen auf dem Filter so lange mit heißem Wasser

[1] Ein solches Gemenge schmilzt leichter, als Soda oder Pottasche allein.

aus, bis das ablaufende Waschwasser mit Chlorbariumlösung keine Reaktion auf Sulfat mehr gibt. Erst dann löst sich der Rückstand in verdünnter Salzsäure klar auf.[1]

Man erzeuge die Erdalkalisulfate auf dem Objektträger, indem man zu einem Tropfen der stark verdünnten Erdalkalichloridlösungen je einen Tropfen verdünnte Schwefelsäure fließen läßt und betrachte die entstandenen Niederschläge unter dem Mikroskop. Barium- und Strontiumsulfat fallen unter den gewählten Bedingungen unkenntlich kryptokristallinisch aus, während das Calciumsulfat in langen Nadeln kristallisiert, die so charakteristisch aussehen, daß man sie unter dem Mikroskop leicht von Barium- und Strontiumsulfat unterscheiden kann (empfindliche und charakteristische mikrochemische Reaktion auf Calcium).

Aus neutralen und aus schwach angesäuerten Lösungen kristallisiert der Gips stets in dünnen monoklinen Prismen (15—90 μ), deren schiefe Endflächen einen Winkel von ca. 65° bilden. Zwillinge mit einspringendem Winkel (Schwalbenschwanzzwillinge) sind charakteristisch für Calciumsulfat (siehe Fig. 38).

Fig. 38. Gipskristalle.

Natriumcarbonat, Ammoniumcarbonat und überhaupt lösliche Carbonate fällen aus Lösungen von Barium-, Strontium- und Calciumsalzen die in Wasser unlöslichen Erdalkalicarbonate. Reaktionsgleichung?

Die Carbonate der Erdalkalien lösen sich in verdünnten Säuren unter Kohlensäureentwicklung auf. Man prüfe das Verhalten der Fällungen gegen verdünnte Salzsäure und verdünnte Essigsäure. Reaktionsgleichungen?

Man leite aus einem Gasentwicklungsapparat Kohlensäuregas, das man zur Reinigung durch eine Waschflasche mit Wasser schickt, in einige Kubikzentimeter Kalk- oder Barytwasser. Es entsteht zunächst ein weißer Niederschlag von neutralem Carbonat. Reaktionsgleichung?

Beim längeren Einleiten der Kohlensäure tritt Wieder-

[1] Die Schmelze enthält wasserlösliches Kaliumsulfat und Natriumsulfat und säurelösliches Bariumcarbonat (vgl. die Gleichung). Würde man die Schmelze sogleich mit verdünnter Salzsäure behandeln, bevor das wasserlösliche Kalium- und Natriumsulfat vollständig durch Auswaschen mit heißem Wasser extrahiert ist, so würde aus dem entstandenen Bariumchlorid und den gelösten Sulfaten wieder Bariumsulfat entstehen, von dem man ausgegangen ist.

auflösung ein, indem sich wasserlösliches, saures Erdalkalicarbonat bildet. Reaktionsgleichung?

Man koche diese Lösung; dadurch tritt Zersetzung ein. Es entwickelt sich Kohlensäure, und es entsteht wieder unlösliches neutrales Carbonat. Reaktionsgleichung?

Die Carbonate des Calciums spielen im Haushalte der Natur eine große Rolle. Calciumcarbonat findet sich gesteinsbildend in großen Massen als Kalkstein, Marmor und Kreide; die Mineralien Calcit (Kalkspat oder isländischer Doppelspat) und Aragonit bestehen aus Calciumcarbonat. Der Dolomit, der ebenfalls gesteinsbildend auftritt, ist Magnesiumcalciumcarbonat.

Der Kalkstein wird in großem Maßstabe durch Brennen in gebrannten Kalk und dieser in gelöschten Kalk übergeführt, der mit Sand und Wasser vermischt, den Mörtel, das Bindematerial für die Steine unserer Bauten liefert.

Die natürlichen Gewässer nehmen aus der Luft Kohlensäure auf, und lösen dann, wenn sie über calciumcarbonathaltiges Gestein fließen, den Kalk in Form von saurem Calciumcarbonat. So führen sie dem Ackerboden das Calcium, einen wichtigen Nahrungsbestandteil der Pflanzen zu.

Kalkhaltige Wässer geben mit Seife keinen Schaum; man nennt sie harte Wässer. Harte Wässer, die das Calcium in Form von saurem Calciumcarbonat enthalten, werden durch Kochen weich, weil das Calcium dabei als neutrales Carbonat ausfällt; man nennt sie deshalb vorübergehend harte Wässer im Gegensatz zu den bleibend harten Wässern, deren Härte durch die Gegenwart von Gips (Calciumsulfat) bedingt ist. Beim immerwährenden Heizen von Dampfkesseln, die mit hartem Wasser gespeist sind, scheidet sich das neutrale Calciumcarbonat event. mit Calciumsulfat in Krusten als sogen. Kesselstein, der mitunter zu Dampfkesselexplosionen Anlaß gibt, ab.

Phosphate der Erdalkalien.

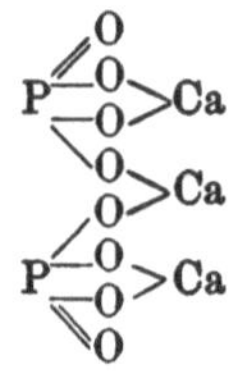

neutrales Calciumorthophosphat
oder
Tricalciumphosphat
(unlöslich in Wasser)

einfach saures Calciumorthophosphat
oder
Dicalciumphosphat
(unlöslich in Wasser)

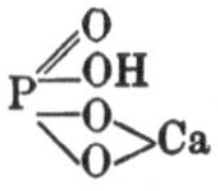

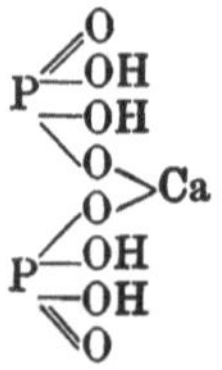

zweifach saures Calciumorthophosphat
oder
Monocalciumphosphat
(löslich in Wasser)

Man gebe zu Barium-, Strontium- und Calciumchloridlösung einige Tropfen Natriumphosphatlösung; es entsteht ein gallertiger Niederschlag von einfach saurem Phosphat:

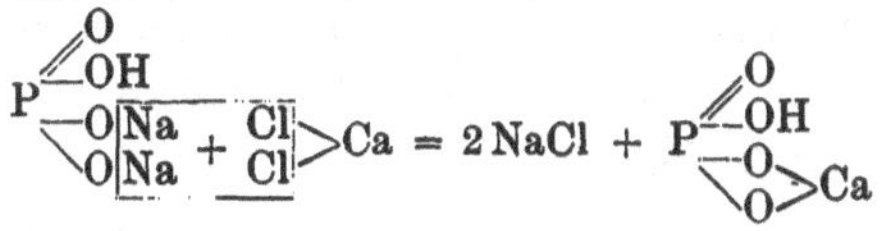

In wenig verdünnter Salzsäure löst sich der Niederschlag zu in Wasser löslichem zweifach saurem Calciumorthophosphat:

$$2\,CaHPO_4 + 2\,HCl = CaCl_2 + CaH_4(PO_4)_2.$$

Mit mehr Salzsäure entsteht freie Phosphorsäure:

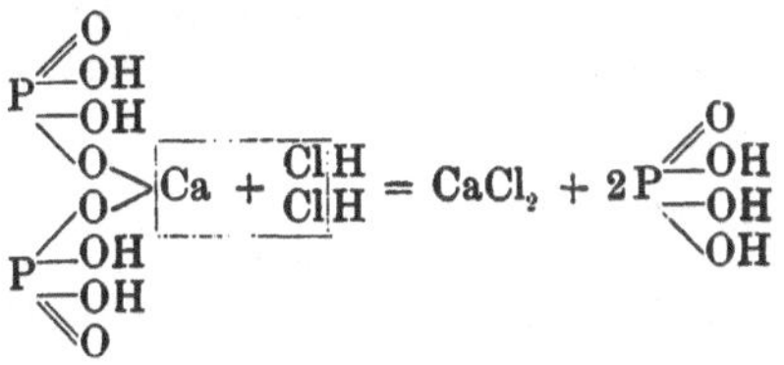

Nimmt man die Fällung bei Gegenwart von Alkalien oder Ammoniak vor, so entsteht neutrales Calciumorthophosphat als unlöslicher Niederschlag:

1.

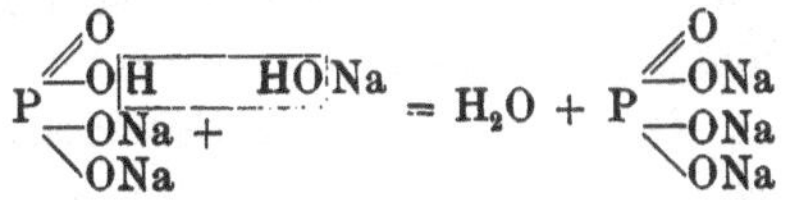

2.

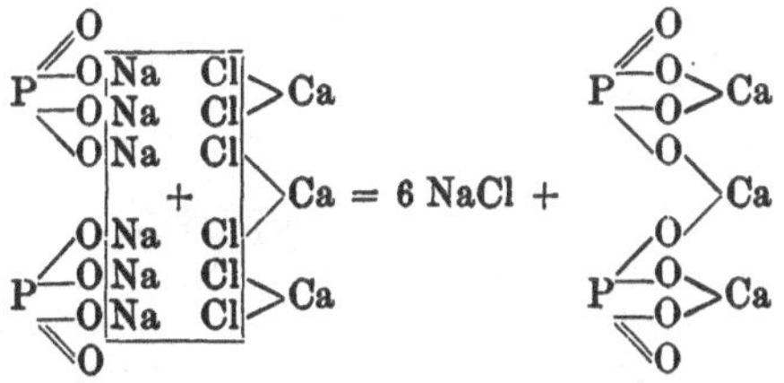

Die Monocalciumphosphate sind wichtige künstliche Düngemittel. Da die Pflanzen nur in Wasser gelöste Nahrung aufnehmen können, so beruht der Wert eines künstlichen Düngers auf dem Gehalt an wasserlöslichem, zweifach saurem Calciumorthophosphat. Zur Bereitung der Düngemittel werden verwandt: Knochenasche, natürlich vorkommender phosphorsaurer Kalk (Phosphorit und Apatit) und die beim Thomas-Eisenprozeß abfallende phosphorreiche Schlacke (Thomasmehl).

Chromate der Erdalkalien. Man gebe zu Lösungen von Barium-, Strontium- und Calciumchlorid etwas Natriumacetatlösung und einige Tropfen Kaliumpyrochromatlösung. Nur in der Bariumsalzlösung entsteht ein gelber, in verdünnter Essigsäure unlöslicher, in Salz-, Salpeter- und Chromsäure dagegen löslicher Niederschlag von neutralem Bariumchromat:

$$BaCl_2 + K_2Cr_2O_7 + H_2O = 2\,KCl + BaCrO_4 + H_2CrO_4.$$

Das Natriumacetat dient dazu, die freiwerdende Chromsäure unwirksam zu machen. Die H˙-Ionenkonzentration der Chromsäure geht auf diejenige der Essigsäure zurück:

$$H_2CrO_4 + 2\,NaOOC{-}CH_3 = Na_2CrO_4 + 2\,CH_3{-}COOH.$$

Man benutzt dieses Verhalten zur Trennung des Bariums vom Strontium und Calcium.

Oxalsaures Calcium C_2O_4Ca ist analytisch wichtig.

Man verdünne eine Chlorcalciumlösung stark mit Wasser, mache ammoniakalisch und gebe einen Überschuß Ammonoxalatlösung hinzu. Es entsteht, selbst in großer Verdünnung, eine weiße Fällung von Calciumoxalat:

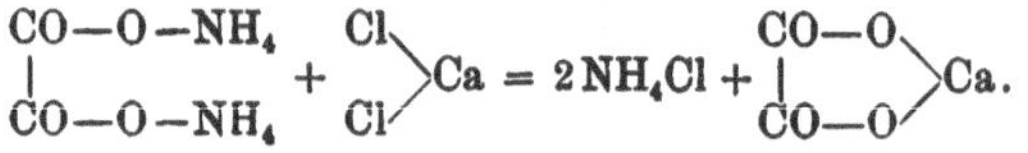

Das Calciumoxalat ist so gut wie unlöslich in ammoniakhaltigem Wasser (etwa 1 : 170000) und auch in verdünnter Essigsäure (Unterschied von Calciumcarbonat!). Es dient deshalb zur qualitativen und quantitativen Abscheidung des Calciums und der Oxalsäure. Beim Glühen geht das Calciumoxalat zuerst in Calciumcarbonat, und dieses dann unter Kohlensäureabgabe in Calciumoxyd über. In Form von Calciumoxyd kann es genau gewogen werden:

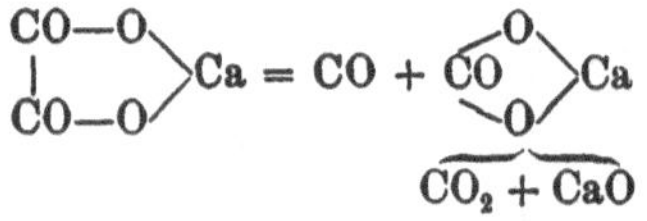

In pflanzlichen Geweben finden sich oft kristallinische Abscheidungen von Calciumoxalat, sowohl in Drusen, in stengligen Aggregaten (Raphiden), als auch in wohl ausgebildeten Einzelkristallen.

Kieselfluorwasserstoffsäure fällt Bariumsalze (im Gegensatz zu Strontium- und Calciumsalzen) als weißes, auch in Säuren unlösliches $BaSiF_6$. Reaktionsgleichung? Zum Unterschied von $BaSO_4$ ist das $BaSiF_6$ unter dem Mikroskop charakteristisch kristallinisch.

Spektralanalyse.

Werden Körper erhitzt, so geraten, wie wir uns vorstellen, ihre Moleküle, und die Atome innerhalb der Moleküle, in immer lebhaftere Schwingungen, und der Größe der Geschwindigkeit dieser Schwingungen entspricht der Wärmegrad des Körpers. Die Schwingungen der Moleküle und der Atome teilen sich, wie wir annehmen, aber auch den sie umgebenden Ätherteilchen mit; die Schwingungen dieser Ätherteilchen pflanzen sich durch Wellenbewegung fort und werden von uns als Wärme und Licht empfunden.

Werden feste oder flüssige Stoffe erhitzt, so beginnen sie bei einer gewissen Temperatur, deren Höhe bei den verschiedenen Stoffen nur kleine Abweichungen zeigt, Licht auszusenden. Dabei entstehen zunächst langsam schwingende, lange Ätherwellen (rotes Licht), denen sich bei allmählicher Erhöhung der Temperatur nach und nach schneller schwingende, kürzere Wellen hinzugesellen (der Reihe nach orange, gelb, grün, blau, indigo, violett). Alle festen und flüssigen Körper zeigen zuerst nebelgraue Glut, dann Rotglut, Gelbglut und schließlich Weißglut und senden im weißglühenden Zustande Strahlen von allen Wellenlängen (weißes Licht) aus. Beim Zerlegen dieses weißen Lichtes mittels eines Glasprismas erhält man ein Spektrum, welches kontinuierlich ist, das heißt: welches alle Regenbogenfarben von rot bis violett in ununterbrochener Reihenfolge enthält. Dies ist im allgemeinen das Verhalten aller glühenden Körper, wenn sie sich im festen oder flüssigen Zustande befinden: ihre Spektren bieten keinerlei Merkmale zur Unterscheidung dieser glühenden Stoffe.

Ganz anders verhalten sich die gasförmigen Stoffe. Gase, die bis zum Selbstleuchten erhitzt werden, senden bei keiner noch so hohen Temperatur weißes Licht aus, sondern jedes Gas, das, ohne Zersetzung zu erleiden, bis zum Lichtaussenden erhitzt werden kann, gibt dabei einzelne ganz bestimmte, bei verschiedenen Gasen untereinander abweichende Lichtarten. Das Spektrum glühender Gase ist daher diskontinuierlich, d. h. es enthält nur einzelne Lichtarten, und kann deshalb zur Unterscheidung der ins Glühen gebrachten Gase dienen. Auf die Untersuchung glühender Gase durch das Spektrum gründeten BUNSEN und KIRCHHOFF (1865)[1] die Emissions-Spektralanalyse.

Die Perle mit Chlorkalium, die wir am Platindraht in die Flamme führen, schmilzt und kann wohl zur Gelbglut und Weißglut erhitzt werden (glühender flüssiger Körper), aber der aus ihr sich erhebende Chlorkaliumdampf, oder vielmehr sein in der hohen Temperatur entstehendes Zersetzungsprodukt, der glühende Kaliumdampf, zeigt ein ganz bestimmtes, rotviolettes (und bei noch so hohen Temperaturen niemals weißes) Licht. Freilich ganz unverändert läßt die Temperaturerhöhung den Farbton der Flamme auch bei glühenden Gasen nicht, sondern durch neu hinzutretende Ätherschwingungen

[1] Chemische Analyse durch Spektralbeobachtungen von G. KIRCHHOFF und R. BUNSEN. OSTWALDs Klassiker der exakten Naturwissenschaften Nr. 72.

werden auch einzelne neue Farben hervorgerufen, aber bei weitem nicht in dem Maße, daß weißes Licht entsteht.

Zerlegt man das von dem Bunsenbrenner ausgehende Licht des Kaliumdampfes im Spektralapparat, so beobachtet man im erhaltenen Spektrum zwei verschiedene Linien, eine rote, bei starker Dispersion doppelt erscheinende, und eine violette Linie.

Natriumdampf erzeugt sogar in der Bunsenflamme nur eine einzige gelbe (bei starker Dispersion doppelt erscheinende) Linie.

Bei den höchsten uns zu Gebote stehenden Temperaturen (im elektrischen Flammenbogen und Funken) sind aber die Spektren des Kaliums und Natriums komplizierter. Man beobachtet alsdann außer den zwei Kaliumlinien noch etwa 15, außer der einen doppelten Natriumlinie noch etwa 14 andere Linien.

Selbst bei den höchsten Temperaturen werden also bei glühenden **Gasen** keine kontinuierlichen Spektra erzeugt, sondern sie bleiben diskontinuierlich und zeigen für jedes glühende Gas andere Farben und Linien.

Zur Erkennung des Kaliums oder Natriums genügt es, wenn nur einzelne der charakteristischen, durch die niedrigen Temperaturen des Bunsenbrenners schon hervorgerufenen Linien herausgegriffen und nach ihrer Lage im Spektrum bestimmt werden. Man vergleicht sie auf einer gleichzeitig mit dem Spektrum im Gesichtsfelde gesehenen Skala mit den vorher auf derselben Skala ermittelten Lagen der Linien von reinem Kalium und Natrium.

Da die Spektren glühender Gase, wie oben erwähnt, von der Höhe der Temperatur eine gewisse Abhängigkeit zeigen, ist es nötig, bei der Beschreibung von Spektren hinzuzufügen, bei welchen Temperaturen, oder wenigstens mit was für Wärmequellen sie erzeugt wurden.

Die in der qualitativen Analyse zur Erkennung der Alkalien und Erdalkalien benutzten Spektra werden in der Regel mit der Flamme des Bunsenbrenners erzeugt und werden schlechtweg als Flammenspektren bezeichnet.

Zur Zerlegung des Lichtes in sein Spektrum dient der

Spektralapparat (Fig. 39).

Er besteht aus dem Glasprisma *P*, das zur Zerlegung des Lichtes dient, dem Kollimatorrohr (Spaltrohr) *C*, welches das Licht der glühenden Gase durch eine Spaltvorrichtung *a* und Linse parallel auf das Prisma lenkt; dem Fernrohr *F*, das die aus dem Prisma parallel austretenden, in die einzelnen Farben zerlegten Lichtstrahlen zu nebeneinander liegenden Spaltbildern vereinigt und in vergrößertem Maßstabe zu betrachten erlaubt; dem Skalenrohr *S*, welches in das Gesichtsfeld des Spektrums eine Millimeterskala *b* hineinspiegelt, so daß die nebeneinander liegenden Orte des Spektrums durch die gleichzeitig mit dem Spektrum zu sehende Skala ermittelt werden können.

Beim Gebrauch des Spektralapparates muß man wissen:

Erstens, daß benachbarte Teile des Spektrums nur dann gleichzeitig deutlich erscheinen, wenn das Licht das Prisma im Minimum der Ablenkung passiert. Zweitens, daß das Spektrum um so reiner und schärfer ist, je weiter der Spalt vom Prisma entfernt ist. Man legt ihn deshalb in unendliche Entfernung, dadurch, daß man den Spalt *a* in den Brennpunkt der Linse des Kollimatorrohres *C* bringt: dann fallen die Strahlen parallel auf das Prisma, also so, als kämen sie aus unendlicher Entfernung.

Ferner ist das Spektrum um so reiner und schärfer, je enger der Spalt ist. Da aber mit der Verengung des Spaltes die Helligkeit des Spektrums abnimmt, muß in jedem einzelnen Falle selbst entschieden werden, inwieweit man zugunsten der Schärfe des Spektrums auf die Helligkeit verzichten kann.

Bei den im Laboratorium gebräuchlichen einfacheren Spektroskopen pflegt das Prisma zum Kollimatorrohr in fester Stellung sich zu befinden, so zwar, daß ein Lichtstrahl von mittlerer Wellenlänge, der durch das Kollimatorrohr auf das Prisma fällt, dieses im Minimum der Ablenkung passiert.

Für die anderen Bedingungen hat man aber, falls nicht Spalt und Skala des Apparates fest und unverschiebbar in den Brennpunkten der Linsen von Kollimator- und Skalenrohr angebracht sind, in der Regel selbst zu sorgen: man muß das Spektroskop vor dem Gebrauch justieren.

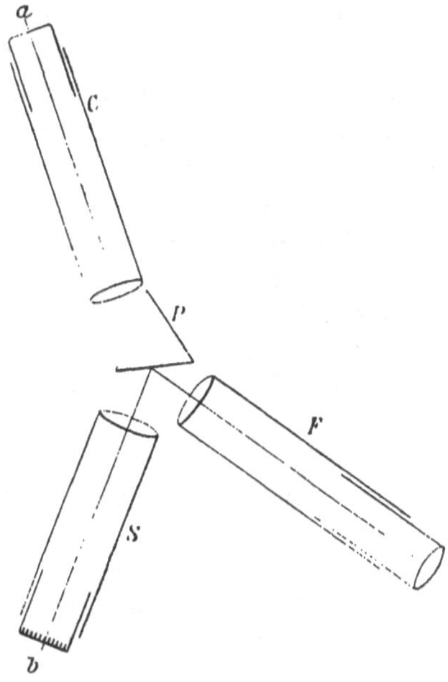

Fig. 39. Spektralapparat.

Die Justierung des Spektralapparates beginne man stets mit der Einstellung des Fernrohres *F* auf parallele Strahlen, also auf Licht, das aus unendlicher Ferne kommt. Praktisch genügt es, wenn man das Fernrohr auf einen einige 100 m entfernten Gegenstand (Baum oder Haus) scharf einstellt. Dazu muß man, je nach der Konstruktion des Apparates, entweder das Fernrohr *F* abschrauben, oder das Prisma *P* aus seiner markierten Stellung herausnehmen. Hat man das Fernrohr auf parallele Strahlen eingestellt, so wird es, bzw. das Prisma, wieder in das Spektroskop eingefügt, und nun Spalt *a* und Skala *b* auf das für parallele Strahlen gerichtete Fernrohr eingestellt. Dazu beleuchte man den Spalt mit Natriumlicht (Bunsenflamme, Boraxperle am Platindraht), bringe den Spektralapparat durch Drehen, indem man ihn dabei am Fuße faßt und gleichzeitig durch das Fernrohr hindurchblickt, vor die Flamme (die Flamme selbst mit der Perle läßt man am Orte). Alsdann verschiebe man den Spalt *a* in der Hülse des Kollimatorrohres bis man seine Ränder durch das Fernrohr, an dessen Stellung nichts mehr geändert werden darf, scharf begrenzt sieht. Ebenso verfahre man mit der durch eine kleine Gasflamme beleuchteten Skala *b*, bis ihre Zahlen im Fernrohr scharf zu sehen sind. Die Flammen müssen dabei mindestens 10 cm vom Spalt und der Skala entfernt bleiben, damit der Apparat durch sie nicht beschädigt wird.

Dann stelle man den Spalt unter fortgesetzter Beleuchtung mit Natriumlicht auf die gewünschte Breite der Natriumlinie, in der Regel etwa 1 Skalenteilbreite. Man achte beim Verändern der Breite des Spaltes gleichzeitig darauf, welche Spaltschneide — die rechte, die linke oder beide gleichzeitig — sich dabei bewegen.

Schließlich stellt man bei Natriumlicht, je nach der Konstruktion des Spaltes, entweder die feststehende Schneide, oder wenn beide Schneiden sich gleichzeitig bewegen, die Mitte zwischen beiden auf einen bestimmten Punkt der Skala ein, bei den alten Apparaten in der Regel auf 50 (5), bei den neueren meist auf 100 (10).

Alsdann ist der Apparat zum Gebrauch fertig. An der Stellung von Skalenrohr und Spaltrohr wird nun nichts mehr geändert. Nur kleine Verschiebungen am Fernrohr sind erlaubt, um es den Augen anderer Beobachter anzupassen, falls kein Ausgleich durch Augenglas stattfindet.

Man schmelze etwas Chlorbarium an einen haarfeinen Platindraht und beobachte das Spektrum. Die auftretenden Spektrallinien erscheinen viel breiter und die Spaltränder nicht mehr so scharf begrenzt als beim Natrium. Natriumsalze und allgemein die Alkalisalze geben Linienspektren (scharf begrenzt). Bariumsalze und allgemein diejenigen der Erdalkalimetalle zeigen Bandenspektren (unscharf begrenzt).

Bei der Beobachtung solcher Spektren beachte man:

1. Die relative Lage der Linien oder Banden auf der Skala, bezogen auf die Lage der Natriumlinie, die zuvor auf den Skalenteil 50 oder 100 eingestellt wurde.

2. Die Art der Begrenzung: ob scharf begrenzt (Linien) oder allmählich auslaufend (Banden).

3. Die Breite der Linien oder Banden auf der Skala.

4. Den Grad der Helligkeit der Linien oder Banden des Spektrums untereinander.

5. Die oft, wenn auch untergeordnet auftretenden Andeutungen von kontinuierlichen Spektren.

Perle und Draht müssen so tief in die Flamme gebracht werden, daß sie sich nicht in der Höhe des Spaltes befinden, sonst würde ein kontinuierliches Spektrum durch das von Draht und Perle ausgehende weiße Licht erzeugt werden. Außerdem achte man darauf, daß der im Inneren sich abzeichnende Kegel der Bunsenflamme nicht in die Höhe des Spaltes kommt, da er selbst ein, wenn auch nur sehr schwaches Spektrum liefert. Unter diesen Umständen kann man die Perle am Draht bei schwer flüchtigen Stoffen auch stets in den heißesten Teil β der Flamme (Fig. 28, S. 146) bringen.

Die oben aufgezählten Erscheinungen bei der Beobachtung von Spektren kann man in einer Zeichnungsweise nach Bunsen (siehe Spektraltafel am Schluß) recht anschaulich und bei einigem Vertrautsein mit der Methode wahrheitsgetreuer als durch die üblichen farbigen Spektralzeichnungen wiedergeben. Danach zeichnet man die Spektren auf sogenanntes Millimeterpapier (Papier, das nach zwei senkrecht aufeinander stehenden Richtungen in Millimeter geteilt ist), und zwar zeichnet man die Linien oder Banden auf das Millimeterpapier:

1) an die Stelle, die der Beobachtungsstelle auf der Skala im Spektralapparat entspricht;

2) so breit, als sie im Apparat erscheinen;

3) um so höher, je lichtstärker sie sind (dabei wird die hellste Linie des betreffenden Spektrums zur Norm gewählt, ihre Lichtstärke zur Natriumlinie, die man etwa 10 mm hoch zeichnet, annähernd geschätzt, und dann auch die Lichtstärke der anderen Linien des fraglichen Spektrums danach beurteilt);

4) mit vertikalem Abfall bei scharfer Begrenzung (Linien) und mit schrägem Abfall bei unscharfer Begrenzung (Banden);

5) die Andeutung kontinuierlicher Spektren unterhalb der Zeichnung durch eine Kurve, die sich so weit erstreckt als das kontinuierliche Spektrum auf der Skala beobachtet wird, und deren Ordinaten das Verhältnis der Lichtstärke wiedergeben.

Will man in solchen Spektralzeichnungen auch die Wellenlängen wiedergeben, die — im Gegensatz zu den stets nur für ein und denselben Spektralapparat benutzbaren Skalenteilen — ganz allgemein gültige Maße für die Spektrallinien sind, so trägt man senkrecht zu den Skalenteilen die Wellenlängen auf (siehe Spektraltafel) und stellt die für die einzelnen Linien bekannten Wellenlängen graphisch zu einer Kurve zusammen. Mit Hilfe einer solchen für jeden Spektralapparat erst zu ermittelnden Kurve kann man alsdann aus den Skalenteilen beliebiger Linien die zugehörigen Wellenlängen erfahren, und zwar um so genauer, je mehr Linien von bekannter Wellenlänge zur Konstruktion der Kurve benutzt wurden.

Zu einer solchen Eichung willkürlicher Skalen auf Wellenlängen verwendet man nach Möglichkeit Spektren, deren Linien völlig scharf und deren Wellenlängen genau bekannt sind. Praktisch benutzt man hierfür die Linien von Gasen, die bei geringem Druck durch elektrische Entladungen (in Plückerschen Röhren) zum Leuchten gebracht werden. Plückersche Röhren, die Wasserstoff, Helium und Quecksilber gleichzeitig enthalten, sind zu solchen Eichungen käuflich.

Die Wellenlängen der Linien in diesem Spektrum sind:

Rot	Helium	706,548 $\mu\mu$	Grün	Helium	501,573 $\mu\mu$
„	„	667,837 „	„	„	492,210 „
„	Wasserstoff	656,304 „	Blau	Wasserstoff	486,149 „
Orange	Quecksilber	615,23 „	„	Helium	471,325 „
Gelb	Helium	587,587 „	Violett	„	447,165 „
„	Quecksilber	579,05 „	„	Quecksilber	435,86 „
„	„	576,95 „	„	Wasserstoff	434,066 „
Grün	„	546,10 „			

Die Flammenspektren der Alkalimetalle.

Alle Verbindungen der Alkalien — selbst die der schwerer flüchtigen Salze, wie z. B. die kieselsauren, phosphorsauren, borsauren Salze — erteilen der Flamme des Bunsenbrenners charakteristische Färbungen und geben Linienspektren, die dem Lichte des glühenden Metalldampfes angehören (Metallspektren). Es findet also bei der Temperatur der Flamme und den kleinen Mengen des erhitzten Dampfes vollständige Dissoziation der Verbindung bis zum Metall statt. Der Dampf der Alkalimetalle wird durch die Flamme bis zum Leuchten erhitzt; für die übrigen gasförmigen Dissoziationsprodukte der Metallsalze, sowie auch für die umgebende Luft genügt die Temperatur der Bunsenflamme nicht,[1] um sie zum Leuchten zu erhitzen.

Man beobachte die Spektren der Alkalien, notiere sich die Skalenteile, auf denen die Linien erscheinen, und zeichne die Linien nach der Bunsenschen Methode auf Millimeterpapier (siehe die Spektraltafel).

Natriumflammenspektrum. Zu seiner Erzeugung bringe man Chlornatrium am Öhr eines Platindrahtes in die Flamme.

Im Spektrum beobachtet man bei Spektroskopen mit mäßiger Dispersion eine einzige Linie in Gelb von der Wellenlänge $\lambda = 589{,}3$, die bei starker Dispersion und ganz engem Spalt in zwei mit den Fraunhoferschen Sonnenlinien D_1 und D_2 zusammenfallende Linien 589,6 und 589,0 zerfällt. Um sie herum sind Andeutungen eines lichtschwachen, wenig ausgedehnten kontinuierlichen Spektrums zu sehen. (Siehe Darstellung nach Bunsen auf der Spektraltafel.)

Die Reaktion ist von allen Flammenreaktionen am empfindlichsten und erlaubt noch $^1/_{14000000}$ mg Natrium nachzuweisen.

Man erzeuge das Natriumspektrum mit Borax anstatt Chlornatrium und beobachte die schwach auftretenden, von der Borsäure herrührenden grünen Linien.

Kaliumflammenspektrum. Man bringe Chlorkalium am Öhr eines Platindrahtes in die Bunsenflamme und beobachte das Spektrum.

Am leichtesten ist die rote α-Linie ($\lambda = 768$) zu erkennen, die bei starker Dispersion in die beiden Linien von der Wellenlänge 769,9 und 766,5 zerfällt. Daneben tritt eine violette β-Linie von der Wellenlänge 404,4 und ein ziemlich lichtstarkes, ausgedehntes kontinuierliches Spektrum auf (siehe Zeichnung).

Die β-Linie ist oft nur sicher zu beobachten, wenn man eine sehr gut brennende Flamme oder ein Gasgebläse benutzt, oder wenn man anstatt Chlorkalium, Kalisalpeter oder chlorsaures Kali anwendet, die beide die Temperatur der Flamme durch den Sauerstoff, welchen sie abgeben, erhöhen. Man beobachte die Lage der β-Linie mit Kalisalpeter und chlorsaurem Kali.

Zur Erkennung von Kalium genügt allein schon die Beobachtung

[1] Nur sehr selten werden schwache Spektren auch dieser Stoffe wahrgenommen, wie beim Borax z. B. einige schwache, nicht gerade leicht zu beobachtende grüne Linien, die dem glühenden Borsäuredampf angehören.

der α-Linie. Die Empfindlichkeit des Nachweises beträgt nur noch $\frac{1}{3000}$ von der des Natriums.

Lithiumflammenspektrum. Man bringe ein Lithiumsalz am Öhr eines Platindrahtes in die Bunsenflamme und beobachte das Spektrum.

Man beobachtet zwei Linien; eine intensive rote *Li* α, von der Wellenlänge 670,8, die vornehmlich zur Erkennung des Lithiums dient, und eine schwächere orangegelbe Linie *Li* β (610,3), die jedoch nur bei lichtstarken Apparaten, bei Verwendung einer größeren Stoffmenge und bei höherer Temperatur erscheint.

Man untersuche das Absorptionsspektrum des Kobaltglases und der Indigolösung, indem man diese Absorptionsmittel zwischen eine weiße Lichtquelle und den Spalt des Spektroskops bringt.

Die Flammenspektren der Erdalkaliverbindungen.

Bei den Alkaliverbindungen sind die Flammenspektren ausschließlich Metallspektra; anders dagegen bei den Spektren der alkalischen Erden. Bringt man z. B. ein Erdalkalichlorid in die Flamme, so verdampft es im ersten Augenblick als solches und liefert alsdann das Chloridspektrum. Sehr rasch aber wird das Chlorid durch den Wasserdampf der Flamme bei der hohen Temperatur größtenteils in Oxyd und Salzsäure umgesetzt, und das Spektrum des Chlorids geht in das ganz andersartige Spektrum des Oxyds über. Schließlich wird auch das Oxyd, in ganz geringem Maße wenigstens, in Metall und Sauerstoff dissoziiert, so daß neben den Oxydlinien in untergeordnetem Maße auch Metallinien auftreten. Die Folge davon ist, daß die Flammenspektren der Erdalkaliverbindungen in der Regel gemischte Spektren (bei Chloriden aus Chlorid-, Oxyd- und Metallspektren bestehend) geben, in denen aber das Oxydspektrum vorwaltet. Sie werden daher auch schlechtweg als Oxydspektren bezeichnet zum Unterschiede von Metallspektren, welche die Alkaliverbindungen geben. Erst bei der Temperatur des elektrischen Funkens geben auch die Erdalkaliverbindungen reine Metallspektren.

Die Erdalkaliverbindungen werden danach viel schwerer dissoziiert als die Alkaliverbindungen; auch verflüchtigen sich Erdalkaliverbindungen viel schwerer als Alkaliverbindungen. Zur Hervorbringung deutlicher Spektren muß man daher einen gut brennenden Bunsenbrenner wählen und haarfeine 0,1 mm dicke Platindrähte (ca. 1,6 mg auf 10 cm Länge wiegend) verwenden, damit nicht zu viel Wärme abgeleitet wird.

Aber selbst unter Beobachtung dieser Vorsichtsmaßregeln färben die Erdalkalisalze nicht flüchtiger Säuren (wie Kieselsäure, Phosphorsäure, Borsäure usw.) die Flamme des Bunsenbrenners sehr schwer oder überhaupt nicht mehr und müssen hierzu erst in leichter flüchtige, zersetzliche Verbindungen (besonders Chloride) übergeführt (aufgeschlossen) werden.[1]

[1] Bei den schwer flüchtigen Sulfaten erhält man die Färbung sofort nach dem Befeuchten mit Salzsäure oder besser durch Mischen der Sulfate mit Zucker, Glühen einer gemischten Probe am Platindraht in der Reduktionsflamme, worauf erst mit Salzsäure befeuchtet wird. Andere solche Salze führt man zweckmäßig in die Chloride über. Die Überführung in die Chloride erfolgt am besten durch Mischen einer

Oxydspektren der Erdalkalien. Man beobachte die im folgenden beschriebenen Spektren der Erdalkalien, notiere die Skalenteile, auf denen die Banden erscheinen, zeichne sie nach Bunsens Methode auf Millimeterpapier und kontrolliere für den betreffenden Spektralapparat (nach den beobachteten Skalenteilen und der vorgenommenen Eichung auf Wellenlängen) die Wellenlängen von Na, Kα, Kβ, Caα, Caβ, Srα, Srβ.

Calciumoxydspektrum. Man bringe etwas Chlorcalcium an das Öhr eines haarfeinen Platindrahtes, führe die Probe in den heißesten Teil der aus einem Schornsteine herausbrennenden Flamme des Bunsenbrenners und beobachte das Spektrum.[1] (Bandenspektrum; vgl. Spektralzeichnung.)

Die charakteristischsten Kalkbanden sind die rote Bande α ($\lambda = 622$), und die grüne Bande β ($\lambda = 555$), die stets gleichzeitig auftreten. Die übrigen spielen zum Nachweis des Calciums nur eine untergeordnete Rolle. Die Linie im Blau von der Wellenlänge 423 gehört dem Metalldampf (daher Linie) an und ist nur bei sehr heißer Flamme und dünnem Platindraht zu sehen.

Strontiumoxydspektrum. In gleicher Weise wie beim Calciumchlorid beobachte man auch mit Strontiumchlorid das Spektrum. Es besteht im wesentlichen aus 5—6 roten Banden (je nach der Breite des Spaltes und der Dispersion des Apparates) einer orangefarbenen Bande und einer blauen Linie.

Zur Erkennung wichtig ist nur die orange Bande α ($\lambda = 602$) und daneben die blaue Linie β ($\lambda = 461$); bei geringen Mengen Strontium erscheint nur α.

Bariumoxydspektrum. Das Bariumoxydspektrum erzeuge man mit Bariumchlorid, ähnlich wie beim Calcium. Es braucht zur vollen Entwicklung noch höhere Temperatur als das Calcium- und Strontium-Oxydspektrum. Man nehme daher nur wenig Substanz an den haarfeinen Platindraht.

Das Spektrum besteht aus einer Anzahl grüner, blaugrüner und daneben untergeordneter roter Banden. Die grünen Banden

---

Probe der Substanz mit der vierfachen Menge wasserfreier Soda und Glühen dieser Mischung in einer engen konischen Platinspirale. Das so gebildete Erdalkalicarbonat wird mit Wasser wiederholt ausgewaschen und abdekantiert und alsdann entweder direkt am Draht unter Anfeuchten mit Salzsäure geprüft, oder erst auf einem Uhrgläschen in das Chlorid übergeführt.

[1] Ein Platindraht, womit früher schon Flammenfärbungen der Erdalkalien beobachtet wurden, muß vor dem jedesmaligen Gebrauch erst durch längeres Verweilen in 20%iger Salzsäure in der früher S. 117 angegebenen Weise gereinigt werden.

erscheinen ziemlich konstant und gehören dem Oxyd an, bis auf die α-Linie von der Wellenlänge 554, die dem Metall zukommt und daher scharf begrenzt ist. Zur Erkennung charakteristisch sind die 4 grünen Banden α, β, γ, δ innerhalb der Wellenlängen 554—510, die fast stets (wenn nicht allzu kleine Mengen Barium vorliegen) zusammen erscheinen.

Andere bezeichnen die 4 grünen Banden der Reihe nach mit γ, δ, α, β, wonach also die dritte von links als hellste aufgefaßt ist. Das hängt damit zusammen, daß die Helligkeit der Banden ebenso wie ihre Lage mit der eingeführten Substanzmenge, besonders im Anfange wechselt, indem bei größeren Substanzmengen das Chlorid entsprechend langsamer in das Oxyd verwandelt wird. (Vgl. später beim Chloridspektrum.) Nach längerem Glühen erscheinen die 4 Banden aber ziemlich konstant.

Erkennung der Erdalkalien mit Hilfe ihrer Spektren. Liegen reine Salze der Erdalkalien vor, so ist ihre Erkennung und Unterscheidung außerordentlich einfach. Schon die Flammenfärbung gibt mit Sicherheit und am leichtesten über die Bariumsalze Auskunft. Die Calcium- und Strontiumsalze sind für ein geübtes Auge im reinem Zustande auch zu unterscheiden, aber schon nicht mit derselben Sicherheit und Leichtigkeit. Ein Blick durch das Spektroskop gewährt ein untrügliches Hilfsmittel.

Viel schwerer wird aber die Aufgabe, wenn Gemenge der Erdalkalien vorliegen. Man darf nicht glauben, daß hier ein Blick durch das Spektroskop genügt, um sofort mit Sicherheit über die An- und Abwesenheit der einzelnen entscheiden zu können. Vielmehr ist es Regel, daß der spektroskopischen Entscheidung eine Trennung oder wenigstens Anreicherung der einzelnen Stoffe nach chemischen Fällungs- und Trennungsmethoden, die später besprochen werden, vorausgehen muß.

Ist die Trennung einigermaßen erreicht, dann ist die Entscheidung über An- und Abwesenheit des einen oder anderen Metalles meist leicht. Sie wird aber wesentlich noch erleichtert, wenn man außer den Oxydspektren noch die ganz anders aussehenden Chloridspektren der Erdalkalimetalle zu Hilfe nimmt. Die Chloridspektren verglichen mit den Oxydspektren des gleichen Elementes bieten zugleich ein schönes Beispiel für den Fundamentalsatz der Spektralanalyse: daß jeder Körper, der im Gaszustand unzersetzt zum Selbstleuchten gebracht werden kann, auch eine eigenartige Flammenfärbung und ein besonderes, nur ihm eigenes Spektrum zeigt. Die Chloridspektren kann man dauernd nur dadurch erzeugen, daß man in die Bunsenflamme Salzsäuregas einleitet.

Die durch den Wasserdampf der Flamme erfolgte Zersetzung der Chloride in Oxyd und Salzsäure entspricht dem Gleichgewichte:

$$R^{II}Cl_2 + H_2O \rightleftarrows 2\,HCl + R^{II}O,$$

wofür, wie wir sahen (S. 23), gilt:

$$\frac{C_{RCl_2} \cdot C_{H_2O}}{(C_{HCl})^2 \cdot C_{RO}} = K.$$

Erhöhen wir also die Konzentration der Salzsäure in der Flamme, vergrößern also den Nenner im obigen Ausdruck, so muß, damit der Bruch seinen konstanten Wert nicht ändert, die Konzentration des Chloriddampfes (C_{RCl_2}) wachsen; das Gleichgewicht verschiebt sich in der Richtung des unteren Pfeiles der Gleichung, das unzersetzte Chlorid wird zum Selbstleuchten gebracht und gibt dann ein eigenes Spektrum.

Bei dem gewöhnlichen Brenner kann man Salzsäuregas nicht einleiten; er müßte dazu aus Glas mit Platinmündung hergestellt werden.

Vorübergehend erreicht man dieselbe Wirkung mit etwa bleistiftdicken Stäben von Salmiak, die man aus dem für die Kippschen Salzsäureentwickler dienenden, geschmolzenen Salmiak leicht abspalten kann. Der Salmiak verflüchtigt sich in der Flamme, dissoziiert:

$$NH_4Cl = NH_3 + HCl,$$

und die so gebildete Salzsäure führt das Erdalkalioxyd in das Chlorid über, und zwar so lange, als man in der Flamme Salmiak zur Verdampfung bringt. Nimmt man den Salmiak aus der Flamme, so geht das gebildete Chlorid sehr rasch wieder in das Oxyd über. Man beachte, daß diese Überführung der Erdalkalioxyde in die Chloride schon eine für das bloße Auge sichtbare Veränderung des Farbentones in der Flamme hervorruft.

Bariumchloridspektrum. Man bringe eine Probe Chlorbarium am haarfeinen Platindraht in den heißesten Teil der Flamme: Flammenfärbung gelbgrün und Oxydspektrum.

Man verdampfe nun unter der Perle etwas Salmiak, indem man einen Salmiakstab in den Saum der Flamme einführt. Die gelbgrüne Färbung geht in rein smaragdgrün über, und das Spektrum in das Chloridspektrum. (Siehe Spektraltafel.)

Im Bariumchloridspektrum, das auf diesem Wege sehr leicht und gut erzeugt werden kann, erscheinen, wenn die Überführung durch hinreichend Salmiak vollständig gelungen ist,[1] nur die drei grünen Linien α ($\lambda = 524$), β ($\lambda = 514$), γ ($\lambda = 531$). Das Chloridspektrum ist nur so lange zu beobachten, als der Salmiak in der

[1] Zuviel Salmiak kühlt die Flamme zu sehr ab, und die Flammenfärbung verschwindet dann ganz.

Flamme verdampft wird; nimmt man den Salmiak aus der Flamme, so erscheint sehr rasch das Oxydspektrum. Charakteristisch für Barium ist es, daß die roten Linien des Bariumoxydspektrums im Chloridspektrum vollständig verschwinden. Das dient bei dem Barium zum Nachweis geringer Verunreinigung durch Strontium- oder Calciumsalze, da bei diesen durch die Überführung in die Chloridspektren die roten Linien gerade umgekehrt deutlicher hervortreten (siehe weiter unten). Man zeichne das Chloridspektrum nach Bunsen.

Strontiumchloridspektrum. Dieses Spektrum erzeuge man ähnlich dem Bariumchloridspektrum, betrachte die Veränderung der Flammenfärbung und des Spektrums und zeichne es nach Bunsen (siehe Spektraltafel).

Charakteristisch für die Überführung des Strontiumoxydspektrums in das Chloridspektrum ist, daß die Linie der stärksten Helligkeit α ($\lambda = 602$) im Oxydspektrum lichtschwächer wird, und dafür die hellste Linie im Chloridspektrum (α) weiter links ($\lambda = 635$) auftritt (Unterschied vom Calcium); Strontiumchlorid β ($\lambda = 660$), Strontiumchlorid γ ($\lambda = 673$). Außerdem beachte man, daß die Linien im Chloridspektrum schmaler sind und schärfer begrenzt erscheinen, als im Oxydspektrum.

Calciumchloridspektrum. Man beobachte und zeichne das Spektrum wie bei den anderen Chloridspektren.

Charakteristisch für den Übergang vom Oxyd- in Chloridspektrum ist hier das Verhalten der α-Linie ($\lambda = 622$) des Oxydspektrums. Diese Linie bleibt in dem Chloridspektrum die hellste (α), sie wird aber bedeutend schmaler und schärfer begrenzt (Unterschied von Strontium); außerdem bleibt die grüne Linie des Oxydspektrums ($\lambda = 555$) an der gleichen Stelle in fast gleicher Helligkeit bestehen, während beim Bariumoxydspektrum die fast an die gleiche Stelle fallende Linie α ($\lambda = 554$) beim Übergang in das Chloridspektrum verschwindet.

Beim Strontium und Calcium erhält man nach der angegebenen Methode (durch Salmiak) schon keine so reinen Chloridspektren mehr wie beim Barium, bei dem das Chloridspektrum am leichtesten von den dreien entsteht; aber selbst die unreinen Chloridspektren leisten zur Unterscheidung der drei Erdalkalien vorzügliche Dienste.

Magnesium.

Das Magnesium ist ein silberweißes Metall vom spez. Gew. 1,75, das unterhalb 800° schmilzt, und mit glänzend bläulich-weißer Flamme zu einem Gemisch von Magnesiumoxyd, MgO, und Magnesiumnitrid, Mg_3N_2, verbrennt. Infolge seiner Verwandtschaft zu Sauerstoff ist es namentlich bei höheren Temperaturen ein kräftiges Reduktionsmittel und entwickelt mit kochendem Wasser langsam Wasserstoff. Es ist selbst in schwachen Säuren leicht löslich, und diese Lösungen sind farblos.

Trifft das $Mg^{\cdot\cdot}$-Ion in wässeriger Lösung mit den Anionen F', OH', C_2O_4'', HPO_4'', PO_4''', CO_3'' zusammen, so entstehen Niederschläge, deren Löslichkeitsprodukt (siehe S. 33) nur einen kleinen Wert hat. Bei gleichzeitiger Gegenwart des $NH_4^{\cdot}$-Ions und des PO_4'''-, (oder des AsO_4'''-)Ions fällt das wenig lösliche Magnesiumammoniumphosphat (oder -arsenat) aus.

Die Löslichkeit der entstehenden Niederschläge in Molen pro Liter bei 18° ist (Abegg, Handbuch der anorganischen Chemie, Bd. II 2, S. 40):

$MgHPO_4.14H_2O$	$2,6 \times 10^{-2}$	$MgC_2O_4.2H_2O$	$1,2 \times 10^{-3}$
$MgCO_3.3H_2O$	$9,3 \times 10^{-3}$	$Mg_3(PO_4)_2.7H_2O$	8×10^{-4}
MgF_2	$1,3 \times 10^{-3}$	$MgNH_4PO_4.6H_2O$ (bei 15°)	$5,5 \times 10^{-4}$
$Mg(OH)_2$	$2,0 \times 10^{-4}$		

Diese pro Mol ausgedrückten Löslichkeiten stehen im umgekehrten Verhältnis zur Vollständigkeit der Fällung des — in äquivalenten Mengen zu betrachtenden — gemeinsamen Bestandteils (hier des Magnesiums). Sie sind deshalb zur Beurteilung der Vollständigkeit der Fällung den nicht in Molen angegebenen Löslichkeiten vorzuziehen.

Magnesiumsulfat, Bittersalz. $MgSO_4$, $7H_2O$. Rhombisch. In warmer Luft gibt es leicht 1 Molekül Kristallwasser ab. Beim gelinden Erhitzen schmilzt es im Kristallwasser und verliert bei Wasserbadtemperatur 5 Moleküle Wasser unter Zurücklassung von $MgSO_4$, $2H_2O$ (entwässertes Magnesiumsulfat der Pharmakopoe). Bei 120° verliert es $6H_2O$, während das letzte Molekül Wasser erst bei 200—230° entweicht.

Die Löslichkeit des Salzes in Wasser ist $\frac{119}{100}$ bei 20°, $\frac{324}{100}$ bei 100° (Unterschied von den eigentlichen Erdalkalisulfaten).

Man glühe eine Probe des vorher entwässerten Salzes am Platindraht in der Reduktionsflamme. Die erhaltene Masse gibt keine Heparreaktion auf der Silbermünze (vgl. S. 167). Wird sie mit einem Tropfen Wasser auf Lackmuspapier gebracht, so tritt nach einiger Zeit Blaufärbung ein.

Die Heparreaktion ist hier nur bei Gegenwart von Soda ausführbar. Die Kohle reduziert zwar das $MgSO_4$ zunächst zu $MgSO_3$ unter Kohlensäure- oder auch Kohlenoxydentwicklung. Reaktionsgleichung? $MgSO_3$ ist indessen bei hoher Temperatur nicht beständig, sondern zerfällt größtenteils in MgO und SO_2. Reaktionsgleichung? Nur zum kleinen Teil wird es weiter reduziert:

$$2MgSO_3 + 3C = 3CO_2 + 2MgS.$$

Aber das MgS ist gegen Wasser unbeständig, entwickelt damit wie Aluminiumsulfid (S. 83) selbst bei niedrigen Temperaturen schon Schwefelwasserstoff und wird daher im Entstehungszustande durch den Wasserdampf der Flamme sofort wieder zerlegt:

$$MgS + H_2O = MgO + H_2S.$$

Das gebildete MgO, Magnesiumoxyd, nimmt beim Zusammenbringen mit Wasser auf rotem Lackmuspapier allmählich Wasser auf, bildet $Mg(OH)_2$, das nur sehr wenig löslich im Wasser, aber doch in dem Grade löslich ist, — und zugleich so stark basisch ist, — daß das Lackmuspapier allmählich gebläut wird.

Man wiederhole denselben Glühversuch, nachdem man zuvor das Magnesiumsulfat mit etwas wasserfreier Soda innig gemengt hat. Dann erhält man Heparreaktion.

Magnesiumhydroxyd ist noch eine verhältnismäßig starke Base zu nennen, deren Salze mit starken Säuren völlig neutral reagieren, immerhin ist sie aber schon schwächer als die Erdalkalihydroxyde.

Wenn trotz stark basischer Eigenschaften das Magnesiumhydroxyd durch Ammoniak im Gegensatz zu den Erdalkalihydroxyden aus seinen Lösungen gefällt wird, so ist das auf die große Unlöslichkeit des Magnesiumhydroxyds in Wasser zurückzuführen.

Die Salze des Magnesiums mit schwachen Säuren (schweflige Säure, Kohlensäure) sind freilich schon etwas unbeständiger als beim Calcium, selbst das Chlormagnesium zeigt eine gewisse Unbeständigkeit gegen Wasser bei höherer Temperatur, die bei den Chloriden der Erdalkalien nicht in dem Maße zu finden ist. Verdampft man nämlich eine konzentrierte wässerige Lösung von Magnesiumchlorid, so entweicht mit den Wasserdämpfen Salzsäure, indem ein Teil des Magnesiumchlorids nach der Gleichung:

$$MgCl_2 + 2H_2O = Mg(OH)_2 + 2HCl$$

zersetzt wird. Der Rückstand ist daher im Wasser zum Teil unlöslich geworden, und zwar um so unlöslicher, je stärker erhitzt und schließlich geglüht wurde.

Wasserfreies Chlormagnesium bereite man durch mäßiges Erhitzen von Magnesia usta mit geschmolzenem gepulvertem Salmiak im Tiegel. Es ist eine leicht schmelzbare Masse, die beim Erkalten blättrig-kristallinisch erstarrt.

Man glühe ein Stückchen Magnesit (Magnesiumcarbonat) im Reagensglase: Kohlendioxyd entweicht. Reaktionsgleichung? Magnesit verliert Kohlendioxyd bei niedrigerer Temperatur als Calciumcarbonat.

Schwefelwasserstoff in saurer oder auch neutraler Lösung und Schwefelammonium bei Gegenwart von Ammoniumsalzen fällen Magnesiumsalze nicht.

Kohlensaures Natrium fällt aus Magnesiumsalzlösungen basische Carbonate, die je nach der Temperatur oder Konzentration der Lösung wechselnde Zusammensetzung zeigen (Unterschied von den Erdalkalien S. 185) von:

$$x\,MgCO_3,\ y\,Mg(OH)_2,\ z\,H_2O.$$

Die Niederschläge sind um so reicher an Magnesiumcarbonat, je niedriger die Temperatur und je verdünnter die Lösung bei der Fällung ist. Die Grenzen entsprechen dabei ungefähr den Zusammensetzungen:

$$3\,MgCO_3, 1\,Mg(OH)_2, 4\,H_2O \text{ bis } 5\,MgCO_3, 2\,Mg(OH)_2, 7\,H_2O.$$

Das Magnesiumcarbonat der Pharmakopoe (Magnesia alba) entspricht nahezu der Zusammensetzung:

$$4\,MgCO_3, Mg(OH)_2, 6\,H_2O.$$

Die bei den Fällungen freiwerdende Kohlensäure gibt Anlaß zur Bildung geringer Mengen von löslichem, saurem kohlensauren Magnesium $Mg(HCO_3)_2$. Reaktionsgleichung? Deshalb ist die Fällung des Magnesiums in der Kälte unvollständig. Beim Kochen findet aber Zersetzung des sauren kohlensauren Magnesiums statt (Reaktionsgleichung?), und dann ist die Fällung vollständig.

Bei schwachem Glühen verlieren solche basische Carbonate Kohlensäure und Wasser und gehen in Magnesiumoxyd (MgO), Magnesia usta, über.

Trotzdem beim Glühen und in wässeriger Lösung Magnesiumcarbonat viel leichter unter Kohlensäureabgabe zersetzt wird, als Calciumcarbonat, wird der in der Natur vorkommende Magnesit (kohlensaures Magnesium) und Dolomit (kohlensaures Magnesium-Calcium) von verdünnter Salzsäure viel schwerer angegriffen als der Kalkspat (kohlensaures Calcium). Dies Verhalten benutzen die Geologen zur schnellen Unterscheidung des Kalksteins von dolomitischem Gestein.

Man übergieße ein Stückchen Marmor und ebenso Magnesit im Reagensglase mit verdünnter Salzsäure und beobachte die verschieden leichte Zersetzbarkeit an der Stärke der Kohlendioxydentwicklung.

Man fälle wenig Magnesiumsulfatlösung mit genügend Natriumcarbonat in der Kälte. Der entstandene Niederschlag löst sich in Chlorammonium und anderen Ammoniumsalzen auf. Hat man einen genügenden Überschuß von Chlorammonium genommen, so fällt auch durch neue größere Mengen Natriumcarbonat aus der Lösung in der Kälte kein Niederschlag, wohl aber beim Erwärmen unter Entweichen von Kohlensäure und Ammoniak, indem das Chlorammonium durch Soda allmählich zersetzt wird:

$$2\,NH_4Cl + Na_2CO_3 = 2\,NaCl + (NH_4)_2CO_3.$$

Solange durch das Kochen noch nicht zuviel Kohlensäure und Ammoniak aus der Flüssigkeit ausgetrieben wurde, findet beim Erkalten Wiederauflösung des basisch kohlensauren Magnesiums statt. Man kann das Kochen unter mehrfachem Abdampfen mit Wasser so lange fortsetzen, bis alles kohlensaure Ammonium aus der Flüssigkeit entwichen ist. Dann ist die Fällung des Magnesiums als basisches Carbonat vollständig.

Kohlensaures Ammonium fällt Magnesiumchlorid oder -sulfat wegen der Bildung von Ammoniumsalzen (Ammoniumchlorid oder -sulfat) selbst beim Kochen unvollständig und gar nicht, wenn man von vornherein eine gewisse Menge Chlorammonium hinzusetzt.

Man fälle etwas Magnesiumsulfatlösung mit Ammoniumcarbonat und löse die Fällung durch Zutropfen von Chlorammonium. Man achte darauf, wie wenig Chlorammonium zur Wiederauflösung erforderlich ist. Man vergleiche dieses Verhalten mit der Löslichkeit frisch gefällten kohlensauren Calciums in Chlorammonium. Es dient in der qualitativen Analyse zur Trennung des Bariums, Strontiums und Calciums vom Magnesium.

Natrium- oder **Kaliumhydroxyd** fällen aus Magnesiumsalzlösung weißes amorphes, flockiges Magnesiumhydroxyd. Reaktionsgleichung?

Bariumhydroxyd und ebenso Strontium- und Calciumhydroxyd fällen aus Chlormagnesiumlösungen (schwefelsäurehaltige Lösungen würden gleichzeitig schwefelsaures Barium geben) ebenfalls Magnesiumhydroxyd. Reaktionsgleichung?

Liegt schwefelsaures Magnesium vor, so schafft man aus diesem erst durch Chlorbarium in der Siedhitze die Schwefelsäure heraus (Reaktionsgleichung?), filtriert ab und fällt nun Magnesiumhydroxyd mittels Barythydrat.

In der qualitativen Analyse pflegt man Barythydrat zur Fällung des Magnesiums zu benutzen, wenn man im Filtrat noch auf Alkalien zu prüfen hat.

Gelbes Quecksilberoxyd, in Wasser aufgeschlämmt, fällt aus Magnesiumsalzlösungen ebenfalls Magnesiumhydroxyd. Reaktionsgleichung? Gelbes Quecksilberoxyd wird in der quantitativen Analyse zur Trennung der Magnesia von den Alkalien benutzt.

Ammoniak fällt Magnesiumsalzlösungen als Hydroxyd nach der Gleichung:

$$MgCl_2 + 2\,NH_4OH \rightleftarrows Mg(OH)_2 + 2\,NH_4Cl,$$

oder in Ionenform:

$$Mg^{\cdot\cdot} + 2\,NH_4^{\cdot}OH' \rightleftarrows [Mg(OH)_2] + 2\,NH_4^{\cdot},$$

aber stets unvollständig. (Umkehrbare Reaktion.)

Durch die bei der Reaktion entstehenden Ammoniumionen wird die weitere Dissoziation des Ammoniumhydroxyds so weit unterdrückt (siehe S. 123), daß das Löslichkeitsprodukt (siehe dieses auf S. 33) des Magnesiumhydroxyds nicht mehr erreicht wird.

Wenn von vornherein Ammoniumsalz zugesetzt wird, unterbleibt die Fällung vollständig.

Man versetze Magnesiumsalzlösung mit Ammoniak, und löse das gefällte Magnesiumhydroxyd durch Chlorammonium.

Fügt man zu der erhaltenen Lösung Kalium- oder Natriumhydroxyd, deren basische Wirkung durch Ammonium- oder auch

Alkalisalze kaum geschwächt wird, so tritt bei Zusatz von wenig Alkali keine Fällung ein. Setzt man viel Alkali hinzu, so wird Magnesiumhydroxyd gefällt, weil dann die Menge der Hydroxylionen wieder so groß wird, daß das Löslichkeitsprodukt des Magnesiumhydroxyds erreicht wird. Aber erst bei längerem Kochen wird unter Entweichen von Ammoniak die Fällung vollständig.

Phosphorsaures Natrium fällt Magnesiumsalzlösungen nur, wenn sie konzentriert sind (S. 200).

Versetzt man eine Magnesiumsalzlösung mit Ammoniak und soviel Salmiak, daß das gebildete Magnesiumhydroxyd sich wieder auflöst (Magnesiamixtur), so wird aus dieser Lösung durch phosphorsaures Natrium das Magnesium vollständig gefällt als phosphorsaures Ammonium-Magnesium (S. 101).

$$Mg^{\cdot\cdot} + NH_4^{\cdot} + HPO_4'' = MgNH_4PO_4 + H^{\cdot}.$$

Da der Niederschlag in Säuren löslich ist, wird die Fällung in ammoniakalischer Lösung vorgenommen. Der Zusatz von Ammoniumchlorid soll die Ausfällung von Magnesiumhydroxyd hindern, ferner trägt die Gegenwart von Ammoniumionen dazu bei, die Empfindlichkeit der Reaktion zu erhöhen, weil bei einem Überschuß von NH_4-Ionen das Löslichkeitsprodukt stärker überschritten wird.

In dieser Form wird Magnesium in der Analyse quantitativ abgeschieden. Beim Glühen verliert Ammonium-Magnesiumphospat Kristallwasser, Ammoniak und Konstitutionswasser und geht in pyrophosphorsaures Magnesium über (Reaktionsgleichung?), das man in der quantitativen Analyse zur Wägung bringt.

Trennung der Erdalkalimetalle und des Magnesiums untereinander und von den Alkalimetallen.

Diese Trennung geschieht am besten und raschesten nach der im folgenden ausführlich beschriebenen Methode.

Weitere Trennungsmöglichkeiten sind schematisch auf der Tafel IV im Anhang dargestellt.

Trennung der alkalischen Erden von Magnesium und den Alkalien.

Zur Einübung des Trennungsganges mische man je 0,5 g Bariumchlorid, Strontiumchlorid, Calciumchlorid, Magnesiumchlorid, Kaliumchlorid (als Vertreter der Alkaligruppe), Kupferchlorid (als Vertreter der Schwefelwasserstoffgruppe), und Zinkchlorid (als Vertreter der Schwefelammoniumgruppe).

Von der in der Reibschale innig gemischten Substanz nehme man ungefähr ein Viertel (also nicht ganz 1 g), löse in soviel Wasser, daß eine höchstens 2%ige Salzlösung entsteht, versetze sie mit soviel konzentrierter Salzsäure, daß sie ungefähr 2% freie Säure enthält und fälle die saure Lösung nach S. 86 zunächst mit Schwefelwasserstoff unter Druck im Erlenmeyerkolben und nach dem Abfiltrieren des entstandenen Niederschlages durch Schwefelammonium.

Das Filtrat der Schwefelammoniumgruppe, welches nun noch die Erdalkalien, das Magnesium und die Alkalien neben Chlorammonium und etwas im Überschuß zugesetztem Schwefelammonium enthält, wird in der Regel (und immer, wenn es durch viel überschüssiges mehrfach Schwefelammonium gelb gefärbt ist) mit wenig Salzsäure übersättigt und in einer Porzellanschale so lange im Sieden gehalten, bis der Geruch nach Schwefelwasserstoff verschwunden und der anfangs milchig abgeschiedene Schwefel zusammengeballt ist. Alsdann filtriert man vom Niederschlage ab.

Im Gange der Analyse kommt es vor, daß das Filtrat von der Schwefelammoniumgruppe braun gefärbt ist. Das läßt auf Vorhandensein von Nickel schließen, welches besonders beim Auswaschen Neigung zeigt, in den löslichen (kolloidalen) Zustand überzugehen und braun durch das Filter zu laufen. Die braune Lösung scheidet dann beim längeren Kochen mit verdünnter Essigsäure schwarzes Nickelsulfid ab, das man zusammen mit dem Schwefel abfiltriert, und für sich untersucht.

Nun versetzt man das Filtrat mit Ammoniak bis zur alkalischen Reaktion (Geruch nach Ammoniak) und fällt Barium, Strontium und Calcium unter gelindem Erwärmen (ohne zu kochen) durch kohlensaures Ammonium im Überschuß als Carbonate (Niederschlag N_1).

Bei einer Gesamtanalyse sind an dieser Stelle, infolge Neutralisierens der überschüssigen Säure im Filtrat von der Schwefelwasserstoffällung mit Ammoniak und Zerstörens des überschüssigen Schwefelammoniums im Filtrat der Schwefelammoniumgruppe mit Salzsäure, so viel Ammoniumsalze (Chlorammonium) zugegen, daß dadurch das Calcium durch Ammoniumcarbonat unvollständig ausgefällt wird. Deshalb verdampft man vor der Fällung mit Ammoniumcarbonat in einer Porzellanschale zur Trockne, schabt den Trockenrückstand zusammen, füllt ihn in einen Porzellantiegel von passender Größe und verjagt die Ammoniumsalze durch schwaches Glühen, am besten in einem Luftbade.

Noch besser läßt sich Chlorammonium schon aus wässerigen Lösungen durch Eindampfen mit einem großen Überschuß konzentrierter (am besten rauchender) Salpetersäure vertreiben; es bildet sich hierbei Chlor, das mit dem Chlorammonium im Sinne der Gleichung:

$$2\,NH_4Cl + 3\,Cl_2 = N_2 + 8\,HCl$$

reagiert; bei Anwendung von rauchender Salpetersäure wirkt auch die darin enthaltene salpetrige Säure Ammoniumsalz zerstörend mit, im Sinne der Gleichung:

$$NH_4Cl + HNO_2 = N_2 + 2\,H_2O + HCl.$$

Den von Ammoniumsalzen freien Rückstand löst man alsdann von neuem unter Zusatz von solch geringen Mengen Salzsäure und Ammoniak, die einer vollständigen Abscheidung des Calciums besser entsprechen; man darf aber auch nicht zu wenig Chlorammonium hinzufügen, weil sonst Magnesiumsalze teilweise mitgefällt werden.

Trennung und Nachweis von Barium, Strontium und Calcium.

Den erhaltenen Niederschlag (N_1), bestehend aus $BaCO_3$, $SrCO_3$ und $CaCO_3$, filtriert man ab und wäscht ihn sorgfältig aus (bis eine Probe des Waschwassers mit Chlorbarium kein Ammoniumcarbonat mehr erkennen läßt). Das Filtrat (F_1), das man zweckmäßig nicht mit dem Waschwasser verdünnt, wird in der unten S. 208 folgenden Weise untersucht.

Der gut ausgewaschene Niederschlag N_1 wird in ein flaches Porzellanschälchen abgeklascht.

Eine kleine Probe der Carbonate bringe man an einen haarfeinen Platindraht und beobachte Flammenfärbung und Spektrum (S. 195 u. folg.). Die Carbonate verlieren dabei Kohlensäure — auch das sehr schwer zersetzbare Bariumcarbonat, wenn die Substanzprobe klein und der Platindraht dünn genug ist — und zeigen dann Färbung und Spektrum des Oxyds.

Schließlich führe man Salmiak unter die Probe und beobachte die Chloridspektren (S. 198).

Ferner bringe man eine kleine Probe des Niederschlages auf einen Objektträger, löse sie auf ihm in einem Tröpfchen verdünnter Salzsäure, lasse sodann etwas verdünnte Schwefelsäure zufließen und beobachte die charakteristischen Nadeln des Gipses, die bei Gegenwart von Calcium erscheinen, unter dem Mikroskop (S. 185).

Ergibt sich bei diesen Proben die Anwesenheit nur eines der drei Elemente, so kann man die Untersuchung damit als beendigt ansehen. Läßt sich auf die Anwesenheit mehrerer Erdalkalimetalle schließen, so muß die Untersuchung wie folgt fortgesetzt werden:

Man löse den Carbonatniederschlag N_1 in möglichst wenig verdünnter Salzsäure, versetze die Lösung in der Kälte mit etwa dem 10fachen Volum konzentrierter (etwa 10fach normaler) Salzsäure, schüttle um, filtriere sofort[1] auf einem gehärteten,[2] mit konzentrierter Salzsäure angefeuchteten Filter[3] ab, wasche einige Male mit konzentrierter Salzsäure nach und lasse den Niederschlag (N_2) abtrocknen. Der Niederschlag N_2 besteht aus Bariumchlorid, das in konzentrierter Salzsäure so gut wie unlöslich ist.

Man versäume nicht, die Menge des Niederschlages (event. durch Wägung im getrockneten Zustande) zu beurteilen und eine Kontrolle durch Flammenfärbung am Platindraht, sowie Beobachtung von Oxyd- und auch Chloridspektrum auszuführen, um zu sehen, ob das Bariumsalz auch keine Verunreinigungen von Strontium (kleine Mengen Strontium werden manchmal mit niedergerissen), und allenfalls auch Calcium enthält.

Das Filtrat F_2 vom Bariumchlorid enthält Strontium- und Calciumchlorid neben dem zugesetzten großen Überschuß von konzentrierter Salzsäure. Zu ihrer Entfernung wird das Filtrat F_2 vollständig zur Trockne gedampft, und der verbleibende Rückstand sodann in möglichst wenig Wasser gelöst. Um aus dieser Lösung das Strontium als Sulfat möglichst vollständig zu fällen, ohne daß bei gleichzeitiger Anwesenheit von Calcium Calciumsulfat mit ausfällt, muß man die Lösung mit einer so stark verdünnten Schwefelsäure versetzen, daß in der Volumeinheit ebenso viele Mole H_2SO_4 vorhanden sind, als eine bei Zimmertemperatur gesättigte Gipslösung Mole $CaSO_4$ enthält.

Unter Berücksichtigung, daß eine bei 18° gesättigte Gipslösung 0,01495 Mole $CaSO_4$ im Liter Wasser enthält, ergibt eine einfache Überlegung, daß eine 0,015molare = etwa 0,15 %ige Schwefelsäure dieser Forderung genügt.

Nach Ausfällung des Strontiumsulfats mit Schwefelsäure von dieser Konzentration lasse man die Flüssigkeit zur vollständigen Ausbildung des Niederschlags (N_3) noch $^1/_2$—1 Stunde stehen, filtriere sodann ab und prüfe den Niederschlag, nach dem Auswaschen mit Wasser, spektroskopisch am haarfeinen Platindraht.

Im Filtrat F_3 vom Niederschlag N_3 befindet sich noch das ge-

---

[1] Beim längeren Stehenlassen könnte sich etwas Strontiumchlorid abscheiden.

[2] Ein gewöhnliches Filter würde von der konzentrierten Salzsäure zerstört werden.

[3] Auf einem mit Wasser angefeuchteten Filter würde sich während des Filtrierens ein Teil (des in Wasser leicht löslichen) Bariumchlorids auflösen.

samte Calcium und eine der Löslichkeit des Strontiumsulfats entsprechende sehr geringe Menge Strontium (bei 18° 0,114 g = 0,6 Millimole $SrSO_4$ im Liter Wasser).[1] Um zu verhindern, daß bei der nunmehr vorzunehmenden Fällung des Calciums als Oxalat aus dem Filtrat F_3 diese geringe Menge Strontium zum Teil als Strontiumoxalat mitfällt (dessen Löslichkeit bei 18° 0,046 g = 0,26 Millimole SrC_2O_4 im Liter Wasser[1] beträgt), muß man das Filtrat F_3 mit Wasser auf ungefähr das doppelte Volum verdünnen, sodann gerade ammoniakalisch machen, und nun durch Zusatz eines Überschusses von Ammonoxalatlösung das Calcium als Calciumoxalat ausfällen. Der Niederschlag wird abfiltriert und nach dem Auswaschen mit ammoniakhaltigem Wasser spektroskopisch und mikrochemisch (Gipskristalle) geprüft.

Trennung des Magnesiums von den Alkalien.

Das Filtrat F_1 vom Erdalkalicarbonatniederschlag enthält neben dem Überschuß des zugefügten Ammoncarbonats das Magnesium und die Alkalimetalle.

Die Bestimmung der Alkalimetalle geschieht am besten in einer gesonderten Probe der ursprünglichen Substanz, aus den früher (S. 128) erörterten Gründen, in der dort beschriebenen Weise mit Barythydrat in einem Nickelgefäß.

Zur Erkennung des Magnesiums bringt man einen Tropfen des Filtrats F_1 auf einen Objektträger, legt in die Mitte dieses Tropfens ein Körnchen Phosphorsalz und läßt ruhig stehen.

Nach kurzer Zeit beobachtet man bei Anwesenheit von Magnesium unter dem Mikroskop die charakteristischen Kristalle der phosphorsauren Ammoniakmagnesia (vgl. S. 101).

Durch das langsame Diffundieren der Phosphorsalzlösung in die Magnesiumlösung von dem Phosphorsalz aus, bilden sich alle möglichen Formen der Ammonium-Magnesiumphosphatkristalle: in der nächsten Umgebung des Phosphorsalzkorns sind kleine rasch ausgebildete Wachstumskristalle vorhanden, während am Rande des Tropfens sich allmählich wohlausgebildete Einzelkristalle und Zwillinge bilden.

Hat die mikrochemische Prüfung auf Magnesium ein positives Ergebnis, so fälle man, zur Beurteilung der Menge des vorhandenen Magnesiums, das ganze Filtrat F_1 durch eine konzentrierte Phosphorsalzlösung.

---

[1] Kohlrausch und Holborn, Zeitschrift für physikalische Chemie, Bd. 12, S. 234 (1893) und Bd. 50, S. 356 (1904).

Die Erdmetalle.

In der analytischen Chemie rechnet man zu dieser Gruppe das Aluminium, das Chrom und eine Reihe seltener Metalle (siehe S. 86) lediglich aus dem Grunde, weil sie aus ihren Lösungen durch Schwefelammonium gemeinsam als amorphe unlösliche Hydroxyde (Erden) ausgefällt werden. Ihre Schwefelverbindungen vermögen bei Gegenwart von Wasser nicht zu existieren (siehe S. 83).

Die Hydroxyde der Metalle dieser Gruppe haben noch schwächer basischen Charakter als das Magnesiumhydroxyd. Deshalb bilden sie mit schwachen Säuren, wie Essigsäure, Schwefelwasserstoffsäure und Kohlensäure, sehr unbeständige Salze, die durch Wasser teils in der Kälte schon, teils in der Wärme hydrolysiert werden. (Vgl. Hydrolyse S. 96.)

Auch die Salze mit flüchtigen starken Säuren, wie salzsaure und schwefelsaure Salze, zeigen diesen Charakter schon in schwachem Grade: beim Eindampfen wässeriger salzsaurer Lösungen der Basen findet ebenfalls zum Teil Hydrolyse statt; die Säure verflüchtigt sich, und basische Salze bleiben zurück. Beim Glühen verlieren die schwefelsauren Salze die Säure ebenfalls unter Zurücklassung des Oxyds.

Starken Basen gegenüber zeigen die Hydroxyde des Aluminiums und des Chroms schon schwach sauren Charakter: sie bilden mit Kali- und Natronlauge, aber nicht mit Ammoniak, in Wasser lösliche Salze.

Im übrigen zeigen die Elemente dieser Gruppe untereinander aber auch wesentliche Unterschiede in ihren chemischen Eigenschaften, wie das nach ihrer verschiedenartigen Stellung im periodischen System der Elemente auch zu erwarten ist. Aluminium ist stets nur dreiwertig (nach Dampfdichtbestimmung des Aluminiumchlorids $AlCl_3$), während das Chrom in den Oxydulverbindungen zweiwertig (nach Dampfdichte des Chromchlorürs $CrCl_2$), in der Oxydreihe, die den Aluminiumverbindungen ähnlich ist, dreiwertig (nach Dampfdichte des Chromchlorids $CrCl_3$) und in der Chromsäure, welche Analogien mit den entsprechenden Schwefelsäureverbindungen zeigt, wahrscheinlich sechswertig ist.

Bei den Erdmetallen Aluminium und Chrom zeigt sich auch ein Charakter, dem wir künftig bei den Schwermetallen noch öfter begegnen werden, nämlich in wässeriger Lösung mit gewissen nicht flüchtigen organischen Hydroxylverbindungen (Glycerin, Zucker, Weinsäure, Zitronensäure usw.) der Salzbildung fähige, beständigere Komplexe zu bilden, die als Anionen aufzutreten vermögen.

Aluminium.

Aluminium ist ein weißes Metall vom spezifischen Gewicht 2,6—2,7. Es ist in verdünnter Salpetersäure kaum, in verdünnter Schwefelsäure schwer löslich; verdünnte Salzsäure, Phosphorsäure und Alkalilaugen lösen es unter lebhafter Wasserstoffentwicklung.

Man übergieße kleine Mengen Aluminiumspäne im Reagensglase mit verdünnter Salpetersäure, Schwefelsäure, Salzsäure und Natronlauge. Reaktionsgleichungen?

Man erhitze Aluminium auf der Kohle mit der Lötrohrflamme. Es schmilzt bei 657,3° und überzieht sich mit einer grauen Oxydschicht, die es vor weiterer Oxydation schützt.

Solch dünne Oxydschicht bildet sich auf dem Aluminium auch beim Liegen an der Luft und macht es luftbeständig, während man aus der schweren Reduzierbarkeit des Aluminiumoxyds auf leichte Oxydierbarkeit des Metalls schließen sollte. Die leichte Oxydierbarkeit tritt auch sogleich hervor bei fein verteiltem Aluminium, das mit manchen trocknen Metalloxyden (Eisenoxyd, Chromoxyd u. a.) innig gemischt nach dem Entzünden unter Steigerung der Temperatur auf helle Weißglut weiter brennt, den Oxyden dabei den Sauerstoff entzieht und die Metalle ausschmilzt.[1]

Das Aluminiumamalgam ist ein noch viel kräftigeres Reduktionsmittel als das Aluminium selbst und ist gegen Wasser äußerst unbeständig.

Man reinige ein Stückchen Aluminiumblech durch Abreiben mit Sand und Natronlauge, zerreibe auf der blanken Metallfläche eine Spur Quecksilber oder Sublimatlösung und lasse ruhig an der Luft liegen. In kurzer Zeit wachsen aus dem Aluminium dichte Massen des Hydroxyds heraus, das sich aus dem Amalgam und der Luftfeuchtigkeit im Sinne der Gleichung

$$Al_xHg_y + 3x HOH = x Al(OH)_3 + 3x H + y Hg$$

bildet.

Da hierbei Quecksilber zurückgebildet wird, kann eine kleine Menge Quecksilber die Oxydation einer großen Menge von Aluminium vermitteln. (Vgl. Katalyse S. 51.)

Man reinige 2—5 g Al-Pulver durch Aufkochen mit etwas Alkohol, gieße danach den Alkohol ab und schüttle das gereinigte Aluminium einige Minuten mit einer $^1/_2\,^0/_0$igen Sublimatlösung. Sodann gieße man die Sublimatlösung ab, wasche das überschüssige Quecksilberchlorid rasch einige Male mit kaltem Wasser fort und lasse einige Zeit mit Wasser bedeckt ruhig stehen. Nach kurzer Zeit haben sich unter Wasserstoffentwicklung große Mengen Aluminiumhydroxyd gebildet.[2]

Aluminiumsulfat $Al_2(SO_4)_3$, $18\,H_2O$. Man schreibe die Konstitutionsformel des Aluminiumsulfats. Das Salz ist leicht löslich in Wasser bei 20° $\frac{107,35}{100}$; bei 100° $\frac{1132,0}{100}$.

Man kristallisiere eine kleine Probe des Salzes im Reagensrohre aus heißem Wasser.

Die wässerige Lösung reagiert sauer als Salz einer starken Säure mit schwacher Base (vgl. auch S. 96).

---

[1] Aluminothermie. H. Goldschmidt, Liebigs Annalen der Chemie und Pharmazie, Bd. 301, S. 19 (1898).

[2] Berichte der Deutschen Chemischen Gesellschaft, Bd. 28, S. 1323 (1895).

Man stelle aus 10 g schwefelsaurem Aluminium ($Al_2(SO_4)_3$, $18\,H_2O$) und der dazu erforderlichen Menge Kaliumsulfat Alaun:

$$Al_2(SO_4)_3,\ K_2SO_4,\ 24\,H_2O$$
$$[AlK(SO_4)_2,\ 12\,H_2O]$$

dar, dessen Löslichkeit

bei 20° $\frac{15,1}{100}$; bei 100° $\frac{357,5}{100}$ für kristallisiertes Salz,

bei 20° $\frac{7,7}{100}$; bei 100° $\frac{74,5}{100}$ für wasserfreies Salz ist.

Zu dem Zwecke bereite man eine heiß gesättigte Lösung der auf 10 g kristallisiertes Aluminiumsulfat berechneten Menge Kaliumsulfat, dessen Löslichkeit in Wasser bei 20° $\frac{10,9}{100}$; bei 100° $\frac{26,2}{100}$ beträgt.

In Ermangelung von Kaliumsulfat bereite man eine solche Lösung aus der äquivalenten Menge wasserfreier Pottasche und Schwefelsäure von aräometrisch bestimmtem Gehalt mit der nötigen, zu berechnenden Menge Wasser.

Die heiß gesättigte Kaliumsulfatlösung gebe man mit einer kalt gesättigten Lösung von Aluminiumsulfat zusammen. Nach einiger Zeit beginnt die Abscheidung des Alauns. Man beobachte seine Kristallform.

Man kristallisiere etwas Alaun aus heißem Wasser unter Berücksichtigung seiner Löslichkeitsverhältnisse.

Wegen seiner Schwerlöslichkeit und charakteristischen Kristallform benutzt man den Cäsiumalaun ($CsAl(SO_4)_2 + 12\,H_2O$) (Löslichkeit bei Zimmertemperatur $\frac{0,6}{100}$) zum empfindlichen mikroskopischen Nachweis des Aluminiums.

Man gebe auf einen Objektträger einen Tropfen einer etwa 10%igen Lösung von saurem Cäsiumsulfat und lasse dazu einen Tropfen einer verdünnten Aluminiumsulfatlösung fließen. Nach kurzer Zeit bilden sich viele Cäsiumalaunkristalle, unter dem Mikroskop erkenntlich an ihrem kombinationsreichen regulären Habitus. Auch wohlausgebildete Oktaeder bilden sich bisweilen. (Vgl. Fig. 40.)

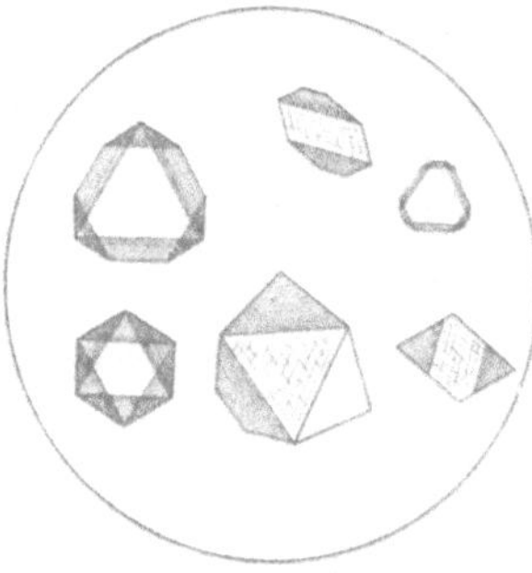

Fig. 40. Cäsiumalaun.

Man erhitze eine kleine Menge Aluminiumsulfat auf Kohle vor dem Lötrohr. Es gibt erst Wasser, dann Schwefeltrioxyd ab, das zum Teil bei der hohen Temperatur in Schwefeldioxyd und Sauerstoff zerfällt. Auf der Kohle bleibt reines Aluminiumoxyd (Tonerde) zurück. Reaktionsgleichung?

Man befeuchte den Rückstand mit sehr wenig einer ganz verdünnten Lösung von Kobaltnitrat und glühe wieder. Es bildet sich eine blaue Masse von der Zusammensetzung Al_2O_3, CoO, Kobaltultramarin oder THÉNARDS Blau. Die Verbindung ist als Kobaltaluminat aufzufassen (siehe unten).

Man versetze Aluminiumsulfatlösung mit wenigen Tropfen Kobaltnitrat, tränke mit dieser Mischung ein kleines quadratzentimetergroßes Stückchen Filtrierpapier (am besten quantitatives Filtrierpapier, weil es beim Verbrennen weiße Asche hinterläßt), falte das Papier zusammen, wickle einen Platindraht mehrmals darum, trockne und verkohle es ganz langsam (vgl. S. 144) und glühe den Rückstand an der Luft so lange, bis die Kohle verbrannt ist und die rein blaue Farbe des Kobaltaluminats hervortritt.

Diese Reaktion ist mit Aluminiumhydroxyd oder mit seinen Salzen flüchtiger Säuren stets — selbst mit kleinen Mengen — ausführbar und dient als einzige Farbreaktion bei den Aluminiumverbindungen zu ihrer Charakterisierung. Je weniger von der Aluminiumverbindung man zu der Probe verwendet, desto weniger Kobaltnitrat muß auch dazu genommen werden, da aus dem überschüssigen Kobaltnitrat beim Glühen sonst schwarzes Co_3O_4 erzeugt wird.

Die Reaktion hat gegenüber dem oben beschriebenen mikrochemischen Nachweis des Aluminiums als Cäsiumalaun den Nachteil, daß hydratische Kieselsäure, die ähnlich wie Aluminiumhydroxyd aussieht und sich im analytischen Trennungsverfahren beim Aluminium anreichert, mit Kobaltsalzen geglüht ebenfalls eine blaue Färbung (Smalte, Kobaltsilicat) gibt.

Fällungsreaktionen der Aluminiumsalze.

Natriumhydroxyd fällt aus Aluminiumsalzlösung zunächst das Hydroxyd $Al(OH)_3$ als weißen, flockigen, gequollenen Niederschlag. Reaktionsgleichung?

Im Überschuß von Natronlauge löst sich Aluminiumhydroxyd auf zu

$$Al{\begin{smallmatrix}\diagup ONa\\ -ONa\\ \diagdown ONa\end{smallmatrix}} \quad \text{oder bei hohen Temperaturen zu} \quad Al{<}{\begin{smallmatrix}O\\ ONa\end{smallmatrix}},$$

die beide als Natriumaluminate bezeichnet werden.

Aluminiumhydroxyd ist also ähnlich wie Zinkhydroxyd ein amphoterer Elektrolyt (vgl. beim Zinkhydroxyd S. 134).

Aluminate von der zweiten Form, die sich von dem wasserärmeren Hydroxyd:

$$Al{<}{\begin{smallmatrix}O\\ OH\end{smallmatrix}}$$

ableiten, finden sich in der Natur in der Gruppe der Spinelle von der allgemeinen Formel:

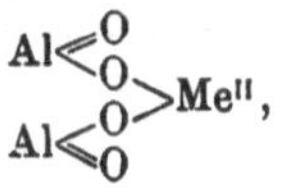

in der Me ein zweiwertiges Metall bedeutet.

Me = Mg Spinell, Me = Zn Zinkspinell oder Gahnit, Me = Be Chrysoberyll.

Auch künstlich werden auf trocknem Wege solche Verbindungen erhalten: Me = Co ist Thénards Blau.

Auf nassem Wege werden Aluminate nur mit den stärksten Basen, den Alkalien, erhalten; die anderen erleiden hydrolytische Spaltung. Sind sie dagegen bei Glühprozessen entstanden, wie die natürlich vorkommenden Spinelle, so sind sie äußerst beständig gegen Wasser und sogar gegen Säuren.

Schon durch Einleiten von Kohlendioxyd werden diese Aluminate (wenn sie nicht bei Glühtemperaturen gebildet wurden) wieder zerlegt in Hydroxyd und kohlensaure Alkalien. Reaktionsgleichung?

Beim Schmelzen von Tonerde mit Soda wird dagegen umgekehrt durch die Tonerde Kohlendioxyd ausgetrieben unter Bildung des oben an zweiter Stelle formulierten Aluminats. Reaktionsgleichung?

Ammoniumhydroxyd fällt aus Aluminiumsalzen ebenfalls in Säuren und starken Alkalien leicht lösliches Aluminiumhydroxyd (Reaktionsgleichung?), das in viel überschüssigem Ammoniak etwas löslich ist, vielleicht infolge geringer Bildung von Ammoniumaluminat. Ammoniumhydroxyd ist aber schon eine viel zu schwache Base, um mit der Tonerde noch Salzbildung in erheblicherem Maße einzugehen.

Filtriert man die mit überschüssigem Ammoniak versetzte Lösung von Tonerdehydrat ab und kocht das Filtrat so lange, bis alles freie Ammoniak aus der Lösung ausgetrieben ist, so fällt die geringe Menge des gelösten Aluminiumhydroxyds unter hydrolytischer Spaltung des Aluminats und allmählicher Verflüchtigung des Ammoniaks vollständig heraus.

Beim Fällen von Tonerde durch Ammoniak verfahre man zur vollständigen Fällung daher stets so, daß man den Überschuß des Ammoniaks fortkocht, bis der Geruch nach Ammoniak verschwunden ist.

Auch aus Natriumaluminat fällt die Tonerde wieder vollständig, wenn man mit überschüssigem Salmiak kocht, bis kein Geruch nach Ammoniak mehr auftritt

$$Al(ONa)_3 + 3\,NH_4Cl = 3\,NaCl + Al(OH)_3 + 3\,NH_3$$

oder besser noch, indem man nacheinander Salzsäure (bis zur sauren Reaktion, die schon eintritt, wenn noch Tonerde ungelöst ist) und Ammoniak dazu verwendet.

Tonerde zeigt auch, besonders in stark verdünnten Lösungen, Neigung, in den kolloidalen Zustand überzugehen; wahrscheinlich beruht auch darauf manchmal die Schwierigkeit, die Tonerde mit Ammoniak vollständig auszufällen. Längeres Kochen und Stehenlassen während einiger Zeit ist vollständiger Abscheidung dienlich.

Die oben durch Ammoniak gefällte Tonerde werde ausgewaschen. Beim Trocknen schrumpft der Niederschlag zusammen und verliert beim Erhitzen Wasser unter Bildung wasserärmerer Hydrate vielleicht:

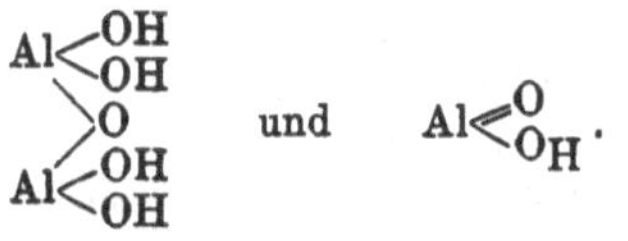

Solche Hydrate des Aluminiumoxyds finden sich im Mineralreich: $Al(OH)_3$ Hydrargillit, $Al_2O(OH)_4$ Bauxit (gewöhnlich stark eisenhaltig), AlO(OH) Diaspor.

Bei noch höherer Temperatur bildet sich das Anhydrid Al_2O_3, das (wenn nicht zu hoch erhitzt wurde) noch leicht löslich in Alkalien und Säuren ist. Wird es dagegen stark geglüht oder gar geschmolzen (im elektrischen Ofen), so entstehen Produkte von viel größerer Dichte und Härte, die nun in Alkalien und Säuren äußerst schwer löslich geworden sind.

Auch in dieser Form findet sich Tonerde in der Natur als Korund, Rubin, Saphir und Schmirgel.

Um diese in gewöhnlichen Lösungsmitteln unlöslichen Produkte in Lösung zu bringen (aufzuschließen), schmilzt man sie entweder mit sauren schwefelsauren Alkalien zusammen, die gewissermaßen Schwefelsäure bei höherer Temperatur liefern:

$$2KHSO_4 = K_2SO_4 + H_2SO_4,$$

oder man schmilzt mit wasserfreien Alkalien oder Alkalicarbonaten:

$$Al_2O_3 + 2KOH = 2AlO(OK) + H_2O$$
$$Al_2O_3 + K_2CO_3 = 2AlO(OK) + CO_2.$$

Kohlensaures Natrium oder Ammonium fällt aus Aluminiumsalzen vorwiegend Aluminiumhydroxyd unter Entwicklung von Kohlendioxyd. Nur bei niedrigen Temperaturen ist der Niederschlag schwach kohlensäurehaltig; aber schon bei gelindem Erwärmen entweicht die Kohlensäure vollständig, und der Niederschlag besteht aus reinem Hydroxyd. Reaktionsgleichung?

Kohlensaures Barium. Auch die in Wasser unlöslichen kohlensauren Erdalkalien setzen schon in der Kälte die in Wasser gelösten Aluminiumsalze um, und zwar nicht nur Alumiumsulfatlösungen, sondern auch Nitrat-, Chloridlösungen usw.

Man versetze Aluminiumsalzlösung in der Kälte mit reinem aufgeschlämmten Bariumcarbonat (frisch bereitet durch Fällen von Chlorbariumlösung mit Ammoniumcarbonat bei gelinder Wärme, Abfiltrieren und Auswaschen des Niederschlages). Es findet Umsetzung nach der Gleichung statt:

$$2\,AlCl_3 + 3\,BaCO_3 + 3\,H_2O = 2\,Al(OH)_3 + 3\,CO_2 + 3\,BaCl_2.$$

Man weise in dem Niederschlage die Tonerde neben dem überschüssigen Bariumcarbonat nach, dadurch, daß man ihn nach dem Auswaschen in verdünnter Salzsäure löst, das Barium mit verdünnter Schwefelsäure in der Wärme ausfällt, und daß man im Filtrat vom Bariumsulfat die Tonerde mit Ammoniak abscheidet.

Das gleiche Verhalten wie die Aluminiumsalze gegen Bariumcarbonat zeigen auch Chrom- und Eisensalze in der dreiwertigen Form, während bei Mangan- und Zinksalzen (und ebenso bei Eisensalzen der zweiwertigen Form) nur die Sulfate umgesetzt werden, dagegen Chloride und Nitrate nicht. Dies dient zur Trennung der dreiwertigen Elemente Al, Cr und Fe von den zweiwertigen Mn, Zn (Co und Ni). (Siehe Tafel V_{III} im Anhang).

Schwefelammonium fällt aus löslichen Aluminiumsalzen kein Schwefelaluminium (S. 83), sondern Aluminiumhydroxyd unter sofortiger Hydrolyse des vielleicht zunächst gebildeten Sulfids. Reaktionsgleichung?

Natriumacetat. Etwas anders als bei der Kohlensäure und Schwefelwasserstoffsäure liegen die Verhältnisse bei der Essigsäure. Acetate des Aluminiums sind in der Kälte gegen Wasser noch einigermaßen beständig; aber beim Erwärmen mit Wasser werden sie ebenfalls mehr oder weniger weit hydrolytisch gespalten. An Acetaten des Aluminiums kann man unterscheiden:

$$Al(C_2H_3O_2)_3;\quad Al(OH)(C_2H_3O_2)_2;\quad Al(OH)_2(C_2H_3O_2),$$

von denen die beiden ersten, das neutrale und einfach basische Salz in kaltem Wasser noch löslich sind; das letzte dagegen ist in Wasser unlöslich.

Versetzt man stark verdünnte Aluminiumsalzlösung mit viel Natriumacetat, so tritt in der Kälte keine Veränderung ein; in der Wärme aber fällt infolge stattfindender Hydrolyse Aluminiumhydroxyd heraus, das indessen stets etwas essigsäurehaltig ist, also auch von dem in Wasser unlöslichen zweifach basischen Acetat noch beigemengt enthält.

Besonders gut und vollständig gelingt die Fällung, wenn man dafür Sorge trägt, daß auch in der Kälte schon, solange noch Lösung vorliegt, Bildung des einfach basischen Salzes stattfindet. Das erreicht man auf folgende Weise:

Man versetze Aluminiumsalzlösung zweckmäßig zunächst in nicht zu verdünntem Zustande, tropfenweise mit Soda. Sind die Lösungen sauer, so wird dadurch zuerst die Säure neutralisiert. Dann scheidet Soda beim Zutropfen jedesmal etwas Aluminiumhydroxyd aus, das sich aber beim Umschütteln in dem übrigen Aluminiumsalz wieder löst unter Bildung basischer Salze:

$$2\,AlCl_3 + Al(OH)_3 = 3\,AlCl_2(OH)$$
$$Al_2(SO_4)_3 + Al(OH)_3 = 3\,SO_4Al(OH).$$

Die Lösung erfolgt um so leichter, je konzentrierter die Salzlösungen sind.

Aluminiumhydroxyd zeigt als schwache Base besondere Neigung zur Bildung solcher basischer Salze.

Man fährt nun fort mit dem tropfenweisen Zusatz von Soda, bis die Wolke von Aluminiumhydroxyd schwer, erst bei längerem Schütteln sich löst, oder aber bis schließlich eine kleine Menge Aluminiumhydroxyd ungelöst bleibt. Die kleine Menge des gefällten Hydroxyds bringe man dann durch Zusatz von 1—2 Tropfen Essigsäure oder Salzsäure in der Kälte wieder in Lösung. Die Auflösung braucht einige Zeit, findet aber in der Kälte durch die geringe Menge Säure sicher statt, wenn man die Soda zuletzt tropfenweise anwandte. Man lasse sich also nicht verleiten, erheblich mehr Säure hinzuzufügen.

Versetzt man eine so bereitete Lösung von basischem Aluminiumsalz mit sehr viel Natriumacetat, so findet beim Kochen und um so vollständiger, je stärker die Lösung verdünnt ist, Abscheidung von Aluminiumhydroxyd $Al(OH)_3$ und etwas zweifach basischem Acetat $Al(OH)_2(C_2H_3O_2)$ statt, die in der heißen verdünnten Essigsäure, wohlgemerkt nur bei Gegenwart von viel überschüssigem Natriumacetat (vgl. S. 124), unlöslich sind. Beim Erkalten geht wieder ein Teil der Tonerde in Lösung; man filtriere daher siedend heiß. Reaktionsgleichung?

Ganz analog wie die Acetate der Tonerde verhalten sich auch die vom Eisen und Chrom in der dreiwertigen Form (siehe später), während die des zweiwertigen Mangans und Zinks dieses Verhalten nicht zeigen. Dies dient zur Trennung des Aluminiums, Eisens und Chroms von den zweiwertigen Elementen Mangan und Zink (Kobalt und Nickel). Siehe später.

Während aber beim Aluminium die Fällung sehr leicht und vollständig erfolgt, selbst wenn man nicht sorgfältig erst in basische Salze verwandelte, ist sie beim Eisen nur vollständig, wenn man recht sorgfältig in basische Salze übergeführt hat und ist beim Chrom selbst dann noch unvollständig, wenn man die Umwandlung in basische Salze bis zur möglichen Grenze ausführte. Starke Verdünnung und Anwendung von viel Natriumacetat ist stets Bedingung für vollständige Abscheidung auf diesem Wege. Bei Gegenwart von Chrom ist die Trennung nur dann einigermaßen brauchbar, wenn gleichzeitig größere Mengen Eisenhydroxyd gefällt werden, das die Eigenschaft hat, das Chromhydroxyd mit niederzureißen.

Natriumphosphat. Das einfach saure Natriumphosphat des Handels, Na_2HPO_4, fällt aus Aluminiumsalzlösungen neutrales Aluminiumphosphat, $AlPO_4$. Reaktionsgleichung? Seine Eigenschaften vgl. S. 103.

Das Aluminiumphosphat ist in Alkalien löslich. Reaktionsgleichung?

Aus der alkalischen Lösung des Aluminiumsphosphats fällt durch Barythydrat oder auch durch Chlorbarium die Phosphorsäure als Bariumphosphat, das gegen Alkalien beständig ist. (Möglichkeit der Trennung der Phosphorsäure von Aluminium.)

Verhalten der Aluminiumsalze bei Gegenwart nicht flüchtiger organischer Hydroxylverbindungen wie Weinsäure, Zitronensäure, Oxalsäure, Glycerin, Zucker usw.

Versetzt man eine Aluminiumsalzlösung mit gewissen organischen Hydroxylverbindungen, z. B. Weinsäure, so bleiben auf Zusatz von Natronlauge, von Soda, Ammoniumcarbonat, Ammoniak, Schwefelammonium und Natriumphosphat die normalen, oben angeführten Fällungsreaktionen aus.

Das Aluminium bildet mit einem Bestandteil der organischen Verbindung einen fester zusammenhängenden Komplex, der als Komplexanion $[Al_2(C_4H_2O_6)_3]''''''$ in Lösung geht und durch die genannten Reagenzien nicht zersetzt wird.

Will man in solchen Lösungen normale Fällungen erzielen, so muß man die organische Substanz durch Eindampfen zur Trockne und Glühen des Rückstandes, am besten unter Luftzutritt, erst zerstören. Das so zurückbleibende Aluminiumoxyd muß nun wieder gelöst werden (wenn es stark geglüht wurde, in der weiter oben angegebenen Weise) und zeigt dann wieder die normalen Fällungsreaktionen.

Aus einem Gemenge von Aluminiumsalz, Weinsäure und Natriumphosphat, das keinen Niederschlag von Aluminiumphosphat absetzt, kann man die Phosphorsäure herausschaffen, wenn man zu der mit Ammoniak versetzten Lösung Chlorbarium oder Chlormagnesium hinzufügt. Es fällt tertiäres Bariumphosphat oder phosphorsaures Ammonium-Magnesium.

Die Fällung des Barium- und Magnesiumammonium-phosphats wird durch die Gegenwart der Weinsäure nicht beeinflußt. Dies kann man zur Scheidung der Phosphorsäure von den Erden durch Barium- oder Magnesiumsalze benutzen. In dem Filtrat muß dann die Weinsäure wie oben zerstört werden, um das Aluminium (nun getrennt von Phosphorsäure) in normaler Weise ausfällen zu können.

Chrom.

Das Chrom ist ein weißes Metall vom spezifischen Gewicht 6,8, das höher als Platin schmilzt. Die Verbindungen des Chroms sind sämtlich gefärbt und zeigen je nach der Oxydationsstufe und je nachdem sie wasserhaltig oder wasserfrei sind die verschiedensten Farben; deshalb ist das Element Chrom genannt von χρῶμα, Farbe.

Es tritt in vier verschiedenen Wertigkeits- oder Oxydationsstufen auf: in den Oxydul- oder Chromoverbindungen $\underset{\text{unbekannt}}{(Cr{=}O)}$, $Cr{<}^{OH}_{OH}$ zweiwertig, in den Oxyd- oder Chromiverbindungen: $\begin{matrix}Cr{=}O\\ >O\\ Cr{=}O\end{matrix}$, $Cr{\equiv}(OH)_3$ dreiwertig, in den Chromsäureverbindungen und Chromaten:

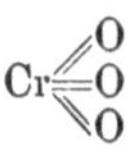

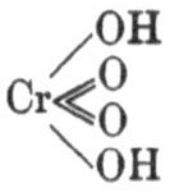

nur in Salzen bekannt

wahrscheinlich sechswertig,

und in den Überchromsäuren und den Perchromaten:

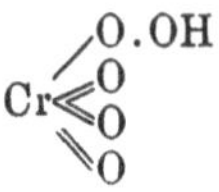

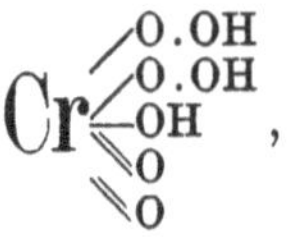

,

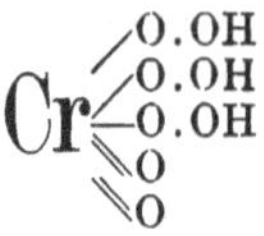

wahrscheinlich siebenwertig.

Diese verschiedenen Stufen bedingen zahlreiche Übergänge aus der einen Reihe in die andere durch Oxydations- (S. 62) oder Reduktionsprozesse (S. 89).

Chromohydroxyd und Chromihydroxyd sind Basen. Das Chromihydroxyd besitzt daneben indessen auch sauren Charakter, indem es sich mit starken Alkalien zu löslichen Salzen vereinigt (wie Aluminiumhydroxyd S. 212). In der Chromsäure und den Überchromsäuren liegen Verbindungen mit ausgesprochenem Säurecharakter vor.

Die Chromoverbindungen sind außerordentlich unbeständig. Sie oxydieren sich sehr leicht schon durch den Sauerstoff der Luft. So nimmt das Chromchlorür in salzsaurer Lösung begierig Sauerstoff aus der Luft auf und wird aus dem Grunde in der Gasanalyse zur Absorption des Sauerstoffs verwandt:

$$2\,CrCl_2 + 2\,HCl + O = 2\,CrCl_3 + H_2O.$$

Die leichte Oxydierbarkeit der Chromoverbindungen ist die Ursache, weshalb man ihnen in der Analyse kaum begegnet. Chromi- und Chromsäureverbindungen werden zur Trennung und zum Nachweis des Chroms in der Analyse verwertet.

Noch mannigfaltiger als durch die verschiedenen Wertigkeitsstufen werden die Reaktionen beim Chrom aber durch den Zusammentritt des Chroms in der dreiwertigen Form mit nichtflüchtigen organischen Hydroxylverbindungen (ähnlich dem Aluminium S. 217) zu komplexen Verbindungen mit veränderten Reaktionen.

Es sei noch erwähnt, daß auch komplexe Verbindungen der Chromo- und Chromireihe mit Cyan und der Chromireihe mit Ammoniak bekannt sind, um dadurch auf gegebenenfalls stattfindende abnorme Fällungsreaktionen bei Chromverbindungen in Gegenwart von Cyanverbindungen oder Ammoniak vorzubereiten. Diese komplexen Cyan- oder Ammoniakverbindungen bilden sich indessen beim Chrom nur unter ganz besonderen Bedingungen, so daß man ihnen im Gange der Analyse kaum begegnet.

Perlproben.

Alle Chromverbindungen färben, sowohl in der Oxydations- als auch in der Reduktionsflamme eine Phosphorsalz- oder Boraxperle am Platindraht (vgl. S. 107 und 109) charakteristisch gelbgrün bis smaragdgrün:

$$3\,NaPO_3 + Cr_2O_3 = Na_3PO_4 + 2\,CrPO_4$$

$$3\,Na_2B_4O_7 + Cr_2O_3 = 6\,NaBO_2 + 2\,Cr(BO_2)_3.$$

Reaktionen der Chromiverbindungen auf nassem Wege.

Die Chromoxydsalze sind entweder violett, blau oder grün gefärbt. Im kalten Wasser lösen sie sich mit blauvioletter Farbe, beim Kochen werden die Lösungen grün, nehmen bei längerem Stehen in verdünnter Lösung aber allmählich wieder blauviolette Farbe an.

Man löse Chromalaun in kaltem Wasser: das Salz löst sich mit blauvioletter Farbe.

Man koche eine kleine Probe dieser Lösung im Reagensrohr: die Lösung wird rein grün. Beim Eindampfen erhält man eine amorphe grüne Masse. Die Kristalle des Chromalauns bilden sich nur aus violetter Lösung; man kristallisiert den Chromalaun daher zweckmäßig aus höchstens 70° warmem, nicht aus kochendem Wasser um.

Die kalt bereitete Chromalaunlösung benutze man zu folgenden Reaktionen:

Natriumhydroxyd fällt aus Chromisalzlösungen graugrünes Chromihydroxyd. Reaktionsgleichung?

Das Chromihydroxyd ist im Überschuß der Natronlauge mit smaragdgrüner Farbe löslich zu Verbindungen, die den Aluminaten (S. 212) analog sind, in denen das Chromihydroxyd die Rolle einer Säure, dem Natriumhydroxyd gegenüber, spielt. Reaktionsgleichung?

Die Verbindung nennt man, abweichend vom Natriumaluminat, Natriumchromit, weil die Bezeichnung Chromat beim Chrom schon für die Chromsäurereihe vergeben ist.

Das Chromihydroxyd hat also ähnlich wie Zinkhydroxyd und Aluminiumhydroxyd amphoteren Charakter, d. h. es ist Base und Säure zugleich, indem es sowohl $(OH)'$- und $Cr^{\cdot\cdot\cdot}$- als auch $H^{\cdot}$- und $(CrO_3)'''$-Ionen in Lösung senden kann. Nur ist beim Chromihydroxyd der basische Charakter etwas stärker und der saure etwas schwächer ausgeprägt, als beim Aluminiumhydroxyd. Darauf beruhen sowohl die Analogien mit Aluminiumhydroxyd, als auch die Unterschiede von Aluminiumhydroxyd.

Während Natriumaluminat selbst in stark verdünnter Lösung gekocht werden kann, ohne Zersetzung zu erleiden, wird Natriumchromit in verdünnter Lösung durch Kochen hydrolytisch gespalten (umkehrbare Reaktion) unter Abscheidung von Chromihydroxyd (weil Chromihydroxyd schwächer sauren Charakter hat als Aluminiumhydroxyd).

Man erwärme die Chromitlösung, nachdem man sie stark mit Wasser verdünnt hat.

Die Abscheidung des Chromihydroxyds gelingt am besten, wenn man die Lösung stark verdünnt und wenig überschüssige Natronlauge anwendet; sie ist aber auch dann nicht vollständig zu erreichen. Die Scheidung von Aluminium und Chrom, die in qualitativen Analysengängen oft auf dieses Verhalten gegründet wird, ist daher äußerst mangelhaft.

In dem hauptsächlichsten Chrommineral, dem Chromeisenstein, liegt ein Chromit der wasserärmeren Form vor:

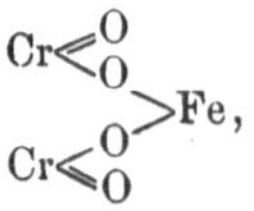 , Ferrochromit,

worin Cr^{III} teilweise durch Fe^{III} und Al^{III}, wie Fe^{II} durch Mg^{II} und Cr^{II} vertreten ist. Es kann auch künstlich bei Glühtemperatur gebildet werden, ähnlich wie die Spinelle beim Aluminium (S. 213).

Ammoniumhydroxyd fällt aus Chromisalzlösungen graugrünes, in Säuren und in kalten starken Alkalien lösliches Chromihydroxyd (Reaktionsgleichung?), das in viel überschüssigem Ammoniak sich zum kleinen Teil mit rötlicher Farbe löst.

Die Auflösung beruht aber kaum auf Bildung komplexer Chromiammoniakverbindungen (S. 218), sondern wahrscheinlich auf geringer Bildung von Ammoniumchromit.

Beim längeren Kochen (bis der Geruch nach Ammoniak verschwunden ist) wird das Ammoniumchromit zerlegt, und unter Entfärbung der Lösung wird das Chromihydroxyd wieder abgeschieden.

Kohlensaures Natrium und kohlensaures Ammonium fällen Chromisalze ähnlich den Tonerdesalzen im allgemeinen als Hydroxyd; nur halten die in der Kälte gefällten Niederschläge (infolge der etwas stärker basischen Natur) etwas mehr Kohlensäure zurück als beim Aluminiumhydroxyd (S. 214). Schon beim schwachen Erwärmen wird aber auch hier die Kohlensäure vollständig ausgetrieben, so daß in der Wärme reines Chromihydroxyd gefällt wird. Reaktionsgleichung?

Kohlensaures Barium. Aufgeschlämmtes gefälltes kohlensaures Barium setzt alle Chromisalzlösungen (nicht nur Sulfate) schon in der Kälte beim Schütteln um unter Kohlensäureentwicklung und Fällung von Chromihydroxyd (S. 215). Die Fällung ist bei reinen

Chromisalzen unvollständig; sie wird dagegen vollständig, wenn gleichzeitig viel Eisenhydroxyd mit gefällt wird.

Man versetze Chromchloridlösung (bereitet aus Kaliumpyrochromat durch Kochen mit Salzsäure und etwas Alkohol) mit Eisenchlorid und fälle mit Bariumcarbonat. Es tritt vollständige Fällung des Chroms zugleich mit dem Eisen ein (Tafel V_{III} im Anhang).

Schwefelammonium fällt Chromisalzlösung ebenfalls als Hydroxyd. Reaktionsgleichung? Chromisulfid ist wie Aluminiumsulfid (S. 83) gegen Wasser unbeständig und kann daher nicht auf nassem Wege gebildet werden.

Natriumacetat. Eine Lösung von Chromalaun wird auch bei Zusatz von viel Natriumacetat und in stark verdünnten Lösungen beim Kochen nicht gefällt. (Unterschied von Aluminium- und Eisenoxydsalzen.) Wird dagegen das im Chromalaun enthaltene Chromisulfat in der Kälte, am besten in nicht zu verdünnter Lösung, durch tropfenweisen Zusatz von Sodalösung unter jedesmaligem Umschütteln — bis das vorübergehend ausgefällte Chromhydroxyd wieder in Lösung gegangen ist — sehr sorgfältig (bis zur möglichen Grenze) in basisches Salz SO_4CrOH verwandelt, so wird durch Zusatz von Natriumacetat und viel Wasser zu einer solchen Lösung sogar in der Kälte schon eine geringe Menge Chromihydroxyd abgeschieden. Beim Kochen der Lösung wird die Fällung bedeutend stärker, trotzdem aber nie ganz vollständig. Nur wenn gleichzeitig viel Eisen niederfällt, gelingt die Fällung vollständig. (Vgl. beim Aluminium S. 215).

Verhalten der Chromisalze bei Gegenwart organischer Hydroxylverbindungen. Durch nichtflüchtige organische Hydroxylverbindungen, z. B. Weinsäure, werden die Fällungen der Chromiverbindungen durch Natronlauge, Ammoniak, kohlensaure Salze, Schwefelammonium und Natriumacetat vollständig verhindert wie beim Aluminium (S. 217). Die Überführung in normal fällbare Verbindungen geschieht hier ebenso wie beim Aluminium.

Wird Chromihydroxyd $Cr(OH)_3$ erhitzt, so liefert es zunächst $CrO(OH)$ und bei stärkerem Erhitzen das Chromoxyd Cr_2O_3. Durch starkes Glühen wird auch das Chromioxyd wie Aluminiumoxyd dichter und härter und in Säuren und wässerigen Alkalien unlöslich. Es muß dann aufgeschlossen werden in der bei der Tonerde (S. 214) angegebenen Weise.

Außerdem kann man geglühtes Chromioxyd wegen seiner Fähigkeit noch höher oxydiert zu werden, besonders gut durch Schmelzen mit Soda und Salpeter aufschließen, wobei es in chromsaures Natrium übergeführt wird:

$$Cr_2O_3 + 3\,NaNO_3 + 2\,Na_2CO_3 = 2\,Na_2CrO_4 + 3\,NaNO_2 + 2\,CO_2.$$

Man schmelze eine Probe Chromoxyd oder eine Chromoxydverbindung mit Soda und Salpeter auf dem Platinblech: es entsteht eine gelbe Schmelze, die Natriumchromat enthält.

Die gelbe Farbe des so entstandenen Chromates dient zur Erkennung des Chroms.

Oxydation der Chromiverbindungen zu Chromaten.

Außer der eben ausgeführten Oxydationsweise des Chromioxyds zu Chromat kann die Oxydation auch durch viele andere Oxydationsmittel in alkalischer Lösung bewirkt werden.

$$Cr_2O_3 + 3O = 2CrO_3$$

oder mit Natriumchromit, also in alkalischer Lösung geschrieben:

$$2Cr(ONa)_3 + 3O + H_2O = 2Na_2CrO_4 + 2NaOH.$$

Zu den nachfolgenden Oxydationsreaktionen benutze man Chromalaunlösung, die mit überschüssiger Natronlauge bis zur Auflösung des anfangs gefällten Chromihydroxyds versetzt wurde.

Natronlauge und Brom. Man versetze eine Probe der stark alkalischen Chromitlösung im Reagensrohr mit Bromwasser, bis die grüne Farbe in die gelbe des Chromats umgeschlagen ist. Brom und Natronlauge liefern in der Kälte unterbromigsaures Natrium:

$$Br_2 + 2NaOH = NaBr + NaOBr + H_2O,$$

das den Sauerstoff abgibt:

$$NaOBr = NaBr + O$$

und auf das Chromit überträgt.

Man leite in diesem Falle, sowie in den folgenden die Oxydationsgleichung ab und beachte dabei das S. 62 u. 63 Gesagte.

Fertige unterbromig- oder unterchlorigsaure Salze (z. B. unterchlorigsaures Natrium NaOCl oder Chlorkalk $Ca\langle{Cl \atop OCl}$) oxydieren in analoger Weise.

Natronlauge und Wasserstoffsuperoxyd. Man versetze eine Probe der grünen Chromitlösung mit Wasserstoffsuperoxyd H_2O_2, das ein Sauerstoffatom abgeben kann, und hier schon beim gelinden Erwärmen leicht und rasch Oxydation unter Farbenumschlag in gelb bewirkt. Reaktionsgleichung?

Kaliumpermanganat. Man versetze eine Probe der grünen Chromitlösung mit Kaliumpermanganatlösung $KMnO_4$. Unter Abscheidung von Mangansuperoxydhydrat MnO_2, H_2O findet Farbenumschlag in gelb statt, der infolge des Niederschlags erst nach dem Abfiltrieren erkannt wird. Zur Ableitung der Oxydationsgleichung sei hier bemerkt, daß die Übermangansäure der Oxydstufe Mn_2O_7 (Übermangansäureanhydrid) entspricht. Beim Übergang in MnO_2 liefert daher Mn_2O_7 (entsprechend $2KMnO_4$) $= 2MnO_2 + 3O$ oder

$$2KMnO_4 + H_2O = 2KOH + 2MnO_2 + 3O.$$

Die Oxydation des Chromits durch die 3 Atome Sauerstoff geschieht wie sonst.

Ammoniakalische und alkalische Persulfate, sowie ammoniakalisches Wasserstoffsuperoxyd oxydieren Chromoxydlösungen nur schwer und unvollständig zu Chromaten.

Die Oxydation der Chromite zu Chromaten in saurer Lösung erfolgt sehr viel schwerer als in alkalischer Lösung. Durch das äußerst energisch wirkende Oxydationsgemisch von chlorsaurem Kali und konzentrierter Salpetersäure kann die Oxydation bewirkt werden.

Reaktionen der Chromsäureverbindungen.

In alkalischer Lösung erhält man stets die gelben, neutralen Chromate z. B. Na_2CrO_4.

Wird die gelbe Lösung mit Schwefelsäure angesäuert, so geht sie zunächst in gelbrotes Kaliumpyrochromat über. Reaktionsgleichung? Bei weiterem Zusatz von Schwefelsäure wird braune Pyrochromsäure $H_2Cr_2O_7$ gebildet.

Im Gegensatz zu der analog zusammengesetzten Schwefelsäure geht bei der Chromsäure selbst in wässeriger Lösung schon intermolekulare Wasserabspaltung vor sich:

$$2\,CrO_4H_2 = H_2O + Cr_2O_7H_2 .$$

Daher existieren auch keine sauren Salze der Chromsäure (z. B. $CrO_2{<}^{OK}_{OH}$), sondern geben sofort Pyrochromate:

$$\begin{matrix} CrO_2{<}^{OK}_{OK} \\ CrO_2{<}^{OK}_{OK} \end{matrix} + 2\,HCl = 2\,KCl + \begin{matrix} CrO_2-OK \\ \quad >O \\ CrO_2-OK \end{matrix} + H_2O .$$

Auch die Pyrochromsäure verliert sehr leicht Wasser (Unterschied von der Schwefelsäure) und geht in das Anhydrid über:

$$Cr_2O_7H_2 = H_2O + 2\,CrO_3 ,$$

schon durch mäßig verdünnte Schwefelsäure.

Freie Chromsäure ist in verdünnten Lösungen praktisch vollständig in Form von starker zweibasischer Pyrochromsäure vorhanden, die ihre beiden $H^{\cdot}$-Ionen schon bei einer Verdünnung von 1 Mol in 500 Litern praktisch vollständig elektrolytisch abgespalten hat.

Sehr verdünnte Kaliumpyrochromatlösungen enthalten das neutrale Salz dieser Pyrochromsäure, sind also in $2K^{\cdot}$- und $(Cr_2O_7)''$-Ionen gespalten.

Versetzt man sehr verdünnte Chromatlösungen mit Chromsäure, so geht das $(CrO_4)''$-Ion in das $(Cr_2O_7)''$-Ion über unter Verbrauch einer äquivalenten Menge $H^{\cdot}$-Ionen:

$$2(CrO_4)'' + 2H^{\cdot} \rightleftarrows H_2O + (Cr_2O_7)'' .$$

In konzentrierten Kaliumpyrochromatlösungen ist zu sehr geringem Betrage eine durch Wasser bewirkte Spaltung im Sinne der Gleichung

$$H_2O + (Cr_2O_7)'' \rightleftarrows 2(CrO_4)'' + 2H^{\cdot}$$

bemerklich, wobei zu noch geringerem Betrage folgende Reaktionen nebenher statthaben:

$$CrO_4'' + H^{\cdot} \rightleftarrows (HCrO_4)'$$

und:

$$(HCrO_4)' + H^{\cdot} \rightleftarrows H_2CrO_4.$$

Chromsäureanhydrid. Zu einer kalt gesättigten Lösung von Kaliumpyrochromat lasse man in dünnem Strahle, unter fortwährendem Umrühren das $1^1/_2$fache Volum konzentrierter Schwefelsäure zufließen. Beim Erkalten scheiden sich rote Nadeln von Chromsäureanhydrid aus, die auf einem Trichter mit Platinkonus oder Glaswolle an der Saugpumpe abfiltriert und durch Abpressen auf einem Tonteller getrocknet werden.

Die Kristalle lösen sich leicht in Wasser zu Pyrochromsäure und färben die Haut braun. Die Lösung rötet Lackmuspapier und entfärbt es beim Verdunsten. Beim Glühen zerfällt das Anhydrid in Chromoxyd und Sauerstoff.

Auch die meisten organischen Stoffe reduzieren es zu Chromoxyd; so schon das Papier bei gewöhnlicher Temperatur.

Eine kleine Probe der Kristalle bringe man auf ein Uhrglas und gieße aus einem Reagensglase Alkohol darauf. Es findet heftige Reaktion meist unter Entflammung statt. Der Alkohol wird hierbei zu Aldehyd und weiter zu Essigsäure oxydiert.

Man versetze eine Lösung von Kaliumchromat oder -pyrochromat mit Ammoniak: es findet keine Fällung statt. Wichtig zur Trennung des Chroms von Aluminium und Eisen.

Man oxydiert Chromverbindungen, um sie dann von Aluminium und Eisen, die nicht zu Säuren oxydiert werden, mittels Ammoniak trennen zu können.

Man oxydiert in der Analyse Chromverbindungen aber auch zu Chromaten zum Zwecke der Erkennung des Chroms durch die charakteristischen

Fällungsreaktionen der Chromate.

Bariumchlorid fällt aus Chromatlösungen in Wasser unlösliches, hellgelbes Bariumchromat.

$$CrO_4'' + Ba^{\cdot\cdot} = BaCrO_4.$$

Bariumchromat ist mehr oder weniger leicht löslich in Säuren, proportional ihrer Stärke (Dissoziationsgrad).

Aus Pyrochromatlösungen wird durch Chlorbarium die Chromsäure nur unvollständig gefällt, da gemäß der Gleichung

$$Cr_2O_7'' + 2\,Ba^{\cdot\cdot} + H_2O = 2\,BaCrO_4 + 2\,H^{\cdot}$$

die Lösung sauer wird. Die Fällung wird aber vollständig auf Zusatz von Ammoniak oder von viel essigsaurem Natrium, da man durch Ammoniak die H˙-Ionen neutralisiert, und durch viel Natriumacetat die Konzentration der H˙-Ionen auf die geringe Dissoziation der Essigsäure zurückdrängt.

Man versetze Kaliumpyrochromatlösung mit Chlorbariumlösung im Überschuß: es entsteht ein gelber Niederschlag von Bariumchromat $BaCrO_4$. Man filtriere das gefällte Bariumchromat ab und verteile das Filtrat auf zwei Reagensgläser. Den einen Teil versetze man mit Ammoniak: es entsteht ein Niederschlag von Bariumchromat. Den anderen Teil versetze man mit viel Natriumacetat, wodurch ebenfalls Bariumchromat ausgefällt wird.

Enthält die Lösung außer Chromsäure noch Schwefelsäure, so fallen in ammoniakalischer Lösung beide Säuren mit Chlorbarium. Um das hellgelbe Bariumchromat neben dem weißen Bariumsulfat sicher nachzuweisen, fällt man aus salzsaurer Lösung mit Chlorbarium im Überschuß zunächst das Bariumsulfat, filtriert ab und erhält nun im Filtrat beim Übersättigen mit kohlensäurefreiem Ammoniak oder auch mit Natriumacetat einen Niederschlag von Bariumchromat.

Bleiacetat fällt aus Pyrochromatlösung Bleichromat $PbCrO_4$ (Chromgelb). Reaktionsgleichung?

Bleichromat ist in Essigsäure und auch in Salzsäure unlöslich, dagegen ziemlich löslich in verdünnter Salpetersäure.

Erwärmt man Bleichromat mit wenig Alkali, so bildet sich rotes, basisches Salz (Chromrot):

$$2\,PbCrO_4 + 2\,NaOH = Na_2CrO_4 + CrO_2{<}{}^{OPbOH}_{OPbOH}\,.$$

Durch viel Alkali findet Auflösung statt.

$$PbCrO_4 + 4\,NaOH = Na_2CrO_4 + Pb(ONa)_2 + 2\,H_2O.$$

Quecksilberoxydulnitrat fällt aus Pyrochromatlösung rotbraunes Quecksilberoxydulchromat:

$$K_2Cr_2O_7 + 2\,Hg_2(NO_3)_2 + H_2O = 2\,Hg_2CrO_4 + 2\,KNO_3 + 2\,HNO_3.$$

Der Niederschlag ist in Essigsäure und in verdünnter Salpetersäure unlöslich. Verdünnte Salzsäure verwandelt ihn, namentlich beim Erwärmen, in weißes Quecksilberchlorür und gelbrote Pyrochromsäurelösung.

Silbernitrat fällt aus Pyrochromatlösung rotbraunes Silberbichromat:

$$K_2Cr_2O_7 + 2\,AgNO_3 = Ag_2Cr_2O_7 + 2\,KNO_3.$$

Der Niederschlag ist in Salpetersäure und in Ammoniak löslich. Durch Salzsäure wird er in Chlorsilber und Pyrochromsäure umgesetzt.

Durch wenig Natronlauge geht er in schmutzig grünes Silberchromat Ag_2CrO_4 über. Reaktionsgleichung? Viel Natronlauge scheidet Silberoxyd Ag_2O ab. Reaktionsgleichung?

Überchromsäuren. Man säure etwa 5 ccm, ungefähr 3%iges Wasserstoffsuperoxyd mit etwas verdünnter Schwefelsäure an, überschichte mit einigen Kubikzentimetern Äther, schüttele kräftig durch und füge dann einige Tropfen sehr verdünnte Chromatlösung hinzu. Die Flüssigkeit färbt sich dunkelblau. Schon nach kurzer Zeit entfärbt sich die Lösung wieder, da die gebildeten Überchromsäuren in Wasser sehr unbeständig sind. Schüttelt man aber sofort mit dem Äther um, so lösen sich die Überchromsäuren im Äther mit tiefblauer Farbe und halten sich in ätherischer Lösung etwas länger unzersetzt. Die Reaktion benutzt man zum charakteristischen Nachweis des Chroms.

Gießt man, wie oben, Chromsäure in einen Überschuß von Wasserstoffsuperoxyd, so bildet sich die sauerstoffreichste Überchromsäure H_3CrO_8 nach der Gleichung

$$Cr_2O_7'' + 7H_2O_2 = 2CrO_8''' + 4H^{\cdot} + 5H_2O,$$

die in der sauren Lösung sehr leicht zerfällt nach der Gleichung

$$2CrO_8''' + 12H^{\cdot} = 2Cr^{\cdot\cdot\cdot} + 6H_2O + 5O_2.$$

Reduktion der Chromate zu Chromiverbindungen.

Die Chromsäure ist ihrem Charakter nach sowohl in saurer als auch in alkalischer Lösung ein starkes Oxydationsmittel; sie gibt an viele Körper Sauerstoff ab, während sie selbst dabei zu Chromiverbindungen reduziert wird:

$$2CrO_3 = Cr_2O_3 + 3O.$$

Die Überführung der Chromsäure in Chromiverbindungen wird erreicht durch Reduktionsmittel, wie Schwefelwasserstoff und schweflige Säure, oder auch schon durch leicht oxydierbare Körper, wie Salzsäure oder viele organische Verbindungen, wie z. B. Alkohol.

Schwefelwasserstoff. Man leite Schwefelwasserstoffgas in eine mit Salzsäure oder mit Schwefelsäure angesäuerte kalte Lösung von Kaliumpyrochromat; unter Abscheidung von Schwefel wird die gelbrote Lösung grün:

$$K_2Cr_2O_7 + 8HCl + 3H_2S = 2CrCl_3 + 3S + 2KCl + 7H_2O$$
$$K_2Cr_2O_7 + 4H_2SO_4 + 3H_2S = Cr_2(SO_4)_3 + 3S + K_2SO_4 + 7H_2O.$$

Da man im Gange der Analyse die angesäuerten Lösungen stets zunächst mit Schwefelwasserstoff behandelt (S. 86), so werden die Chromate stets zu Chromiverbindungen reduziert und als solche in der Hauptgruppe II, der Schwefelammoniumgruppe, gefällt.

Schwefelammonium reduziert Pyrochromate und Chromate starker Basen nur unvollständig. Man versetze Kaliumpyrochromatlösung mit etwas Schwefelammonium; es fällt etwas Schwefel aus, aber das Filtrat enthält noch viel Chrom.

Dieses Verhalten ist analytisch wichtig, weil daraus ersichtlich ist, daß Chrom, welches in der Analyse als Chromat vorliegt, vor der Fällung mit Schwefelammonium zu Chromisalz reduziert werden muß.

Schweflige Säure. Man versetze Kaliumpyrochromatlösung mit wässeriger schwefliger Säure oder leite Schwefeldioxyd ein; es entsteht ein grünes Chromisalz:

$$K_2Cr_2O_7 + 4SO_2 = Cr_2(SO_4)_3 + K_2SO_3.$$

Salzsäure verwandelt Kaliumpyrochromat beim Kochen in wässeriger Lösung unter Chlorentwicklung in Chromisalz. Reaktionsgleichung?

Alkohol reduziert in saurer Lösung ebenfalls, indem er zunächst zu Aldehyd oxydiert wird. Man versetze Kaliumpyrochromatlösung mit verdünnter Schwefelsäure und mit Alkohol und erwärme; es tritt hierbei der charakteristische Geruch nach Aldehyd auf, und die Lösung wird allmählich rein grün:

$$K_2Cr_2O_7 + 4H_2SO_4 + 3C_2H_6O = Cr_2(SO_4)_3 + K_2SO_4 + 3C_2H_4O + 7H_2O.$$

Metalle der Eisengruppe.

In der analytischen Chemie rechnet man zu dieser Gruppe alle die Elemente, deren Salze durch Schwefelwasserstoff bei Gegenwart geringer Mengen starker Säuren (oder auch entsprechend größerer Mengen schwacher Säuren bei gleichzeitiger Abwesenheit von Salzen dieser schwachen Säuren) nicht gefällt werden.

Hierher gehören das schon früher behandelte Zink (S. 131), ferner Mangan, Eisen, Kobalt und Nickel und einige seltenere Elemente (siehe S. 86).

Nach dem natürlichen System der Elemente (S. 2) faßt man nur Eisen, Nickel und Kobalt zu einer Gruppe zusammen.

Das **Zink**

(siehe dieses S. 131) ist in allen seinen Verbindungen stets nur zweiwertig.

Das **Mangan**

zeigt fünf verschiedene Wertigkeitsstufen. Es ist

Beständigkeit in Gegenwart v. Wasser.

in den Manganoxydul- oder Manganoverbindungen

zweiwertig

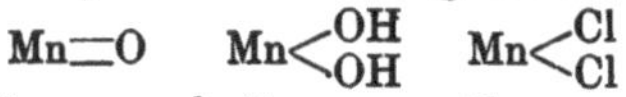

Manganooxyd — Mangano-hydroxyd — Mangano-chlorid

in den Manganoxyd- oder Manganiverbindungen

dreiwertig

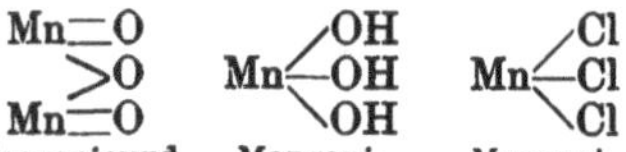

Manganioxyd — Mangani-hydroxyd — Mangani-chlorid

wegen Isomorphismus mit Verbindungen des 2- u. 3-wertigem Chroms und Eisens

Freie Base a. d. Luft unbeständig; Salze beständ. (zweiwertig)

Freie Base beständig; Salze unbeständig. (dreiwertig)

in dem Mangansuperoxyd

wahrscheinlich vierwertig

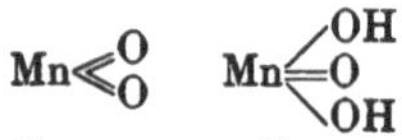

Mangan-superoxyd — Mangan-superoxydhydrat

beständig.

in den Mangansäureverbindungen oder Manganaten

wahrscheinlich sechswertig

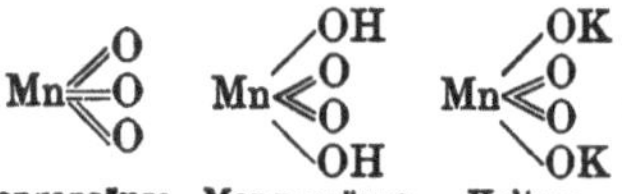

Mangansäure-anhydrid (nicht bekannt) — Mangansäure — Kalium-manganat

wegen Isomorphismus mit Sulfaten und Chromaten

FreieSäure sehr unbeständig; Salze wenig beständig.

in den Übermangansäureverbindungen oder Permanganaten

wahrscheinlich siebenwertig

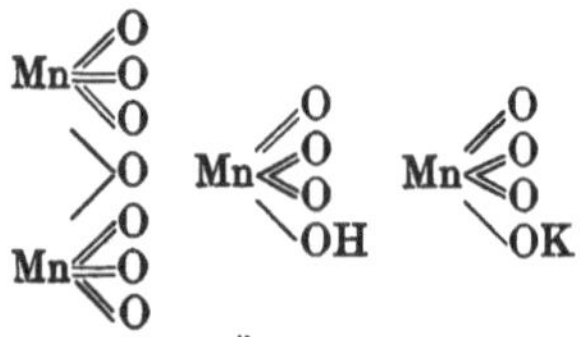

Übermangan-säureanhydrid (sehr unbeständig) — Übermangan-säure — Kalium-permanganat

wegen Isomorphismus mit den Perchloraten

Freie Säure wenig beständig. Salze beständig.

Das **Eisen**

zeigt drei Wertigkeitsstufen, von denen nur die beiden ersten analytische Bedeutung haben. Es ist

in den Eisenoxydul- oder Ferroverbindungen

zweiwertig	$Fe{=}O$ Ferrooxyd	$Fe{<}^{OH}_{OH}$ Ferrohydroxyd	$Fe{<}^{Cl}_{Cl}$ Ferrochlorid	nach Dampfdichte d. Ferrochlorids	Freie Base an d. Luft sehr unbeständig; Salze mäßig beständig.

in den Eisenoxyd- oder Ferriverbindungen

dreiwertig	$Fe{=}O$ $>O$ $Fe{=}O$ Ferrioxyd	$Fe{\equiv}(OH)_3$ (Fe–OH, Fe–OH, Fe–OH) Ferrihydroxyd	Fe–Cl, Fe–Cl, Fe–Cl Ferrichlorid	nach Analogie mit Aluminium und Chromiverbindungen	Freie Base beständig; Salze beständig.
wahrscheinlich sechswertig	in der Eisensäure oder Ferraten (analog den Chromaten)				Freie Säure unbekannt, Salze unbeständig.

Das **Kobalt**

zeigt zwei Wertigkeitsstufen. Es ist

in den Kobaltoxydul- oder Kobaltoverbindungen

zweiwertig	$Co{=}O$ Kobaltooxyd	$Co{<}^{OH}_{OH}$ Kobaltohydroxyd	$Co{<}^{Cl}_{Cl}$ Kobaltochlorid	wegen Isomorphismus mit den Ferroverbindungen	Freie Base unbeständig, Salze beständig.

in den Kobaltoxyd- oder den Kobaltiverbindungen

wahrscheinlich dreiwertig	$Co{=}O$ $>O$ $Co{=}O$ Kobaltioxyd	Co–OH, Co–OH, Co–OH Kobaltihydroxyd	Co–Cl, Co–Cl, Co–Cl Kobaltichlorid	Nur schwache Base, mehr Hyperoxyd; Salze im allgemeinen unbeständig, nur einige komplexe Salze sehr beständig.

Das **Nickel**

zeigt zwei Wertigkeitsstufen. Es ist

in den Nickeloxydul- oder Nickeloverbindungen

zweiwertig	$Ni{=}O$ Nickelooxyd	$Ni{<}^{OH}_{OH}$ Nickelohydroxyd	$Ni{<}^{Cl}_{Cl}$ Nickelochlorid	wegen Isomorphismus mit d. Ferroverbindungen	Freie Base beständig; Salze beständig.

in den Nickeloxyd- oder Nickeliverbindungen

wahrscheinlich dreiwertig	$Ni{=}O$ $>O$ $Ni{=}O$ Nickelioxyd	Ni–OH, Ni–OH, Ni–OH Nickelihydroxyd	Keine Base mehr, nur Hyperoxyd; Salze nicht existierend.

Mangan.

Das Mangan ist ein sprödes, graues Metall vom spezifischen Gewicht 7,1—7,2 und den Schmelzpunkte 1245°.

Die zwei niedrigsten Oxydationsstufen des Mangans sind salzfähige Basen und die beiden höchsten sind salzbildende Säuren (siehe voranstehende Tabelle).

Das in der Mitte stehende Mangansuperoxyd ist in bezug auf salzbildende Eigenschaften ziemlich indifferent, zeigt aber doch schwach ausgeprägten Doppelcharakter.

Bei sehr niedrigen Temperaturen löst es sich in Salzsäure, wahrscheinlich zu einem Superchlorid $MnCl_4$ (tiefbraune Lösung), das bei Zimmertemperatur aber schon zerfällt:

$$MnCl_4 = MnCl_2 + 2\,Cl.$$

Gleichzeitig hat das Mangansuperoxyd schwach saure Eigenschaften. Es rötet im feuchten Zustande Lackmuspapier und bildet mit Basen in geringem Grade salzartige Verbindungen. Fällt man daher Mangansuperoxyd in Lösung starker Basen (siehe später), so nimmt es von diesen Basen, immer geringe Mengen auf, indem es voraussichtlich mit ihnen manganigsaure Salze.

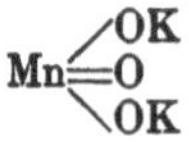
(Manganite) oder

wahrscheinlich pyromanganigsaure Salze:

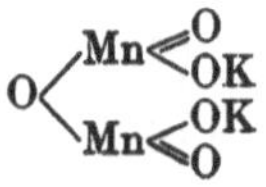
(Pyromanganite)

bildet. Sogar Salzen (Alkali-, Erdalkali-, Mangan-, Silbersalzen usw.) vermag das Mangansuperoxyd geringe Mengen der Basen zu entziehen und bei Fällungen mit niederzureißen.

Zu solchen Pyromanganiten gehört wahrscheinlich auch der bei der Braunsteinregeneration zur Chlorentwicklung wichtige Weldonschlamm Mn_2O_5Ca pyromanganigsaures Calcium und vielleicht auch der in der Natur vorkommende Barytpsilomellan Mn_2O_5Ba.

Von den Salzen, welche die Oxyde des Mangans mit Säuren bilden, sind die der niedrigsten Wertigkeitsstufe, die Manganosalze, am beständigsten, von denjenigen mit Basen dagegen sind die der höchsten Oxydationsstufe, die Permanganate, in wässerigen Lösungen am beständigsten. Bei Glühhitze zeigen die Manganate größere Beständigkeit als die Permanganate.

Von den freien Oxyden selbst ist am beständigsten ein gemischtes Oxyd das Manganoxyduloxyd:

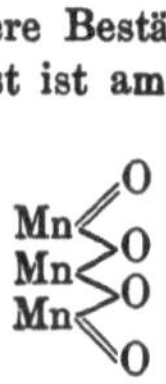

das vielleicht auch als ein basisches Manganomanganit:

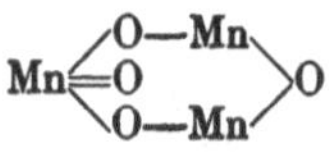

aufzufassen ist.

In dieses Oxyd werden alle anderen beim Glühen an der Luft übergeführt, entweder durch Sauerstoffaufnahme aus der Luft, oder durch Sauerstoffabgabe.

Reaktionen der Manganverbindungen auf trocknem Wege.

Perlreaktionen. In der Phosphorsalzperle geben Manganverbindungen in der Oxydationsflamme Färbungen, die im Farbton und bei Beobachtung heißer und kalter Perlen geringe Unterschiede gegenüber den Boraxperlen zeigen. Die Färbungen sind in den Phosphorsalzperlen besser von Eisen- und Nickelperlen zu unterscheiden als in der Boraxperle. Reduktionsperlen sind in Phosphorsalz- und Boraxperlen mit der Bunsenflamme ziemlich schwer zu erhalten, leichter erhält man sie mit dem Lötrohr und besonders leicht bei Anwendung der Rübölflamme (vgl. S. 141).

Boraxperle.

Oxyd: heiß und kalt, rot (bräunlichrot).
Red: heiß und kalt, farblos bis rosa.

Phosphorsalzperle.

Oxyd: violettrot (amethystrot), heiß dunkler als kalt.
Red: heiß und kalt, farblos bis rosa.

Reaktionen der Manganoreihe.

Die nachfolgenden Reaktionen führe man aus mit einer Lösung von Manganosalz.[1] Die Salze der Manganoreihe sind in der Regel farblos (wasserfrei) bis hellrosa (wasserhaltig). Sie werden an der Luft auch in Lösung nicht höher oxydiert (Unterschied von Eisen).

Mit sechs Cyangruppen bildet das zweiwertige Mangan einen beständigen vierwertigen Komplex, der ein komplexes Anion zu bilden vermag, $Mn(CN)_6''''$ das aber bei weitem nicht die Beständigkeit des beim Eisen zu besprechenden analogen komplexen Anions erreicht. Nur bei Gegenwart von viel überschüssigen löslichen Cyaniden (Cyankalium) ist es einigermaßen beständig. Durch viel Wasser, besonders in der Wärme, findet schon wieder Zerfall statt.

Natriumhydroxyd fällt aus Manganoxydulsalzen hellfleischfarbenes Manganohydroxyd (Reaktionsgleichung?), das im Überschuß von Natronlauge unlöslich ist und sich an der Luft langsam zu braunem Manganihydroxyd oxydiert. Reaktionsgleichung? (Analogie mit dem Eisen.)

Beim Erhitzen, am besten im Wasserstoffstrome, geht Manganohydroxyd in das Anhydrid über und unter Luftzutritt beim Glühen in Mn_3O_4.

Ammoniak fällt Manganosalze ebenso wie Natronlauge, aber unvollständig (vgl. bei Magnesiumhydroxyd S. 203 und unter Löslich-

[1] Darstellung des Manganochlorids aus Mangansuperoxyd (Braunstein) und Salzsäure siehe später beim Chlor.

keitsprodukt S. 33). Setzt man von vornherein genügend Ammoniumsalz hinzu, so wird durch Ammoniak bei Luftabschluß überhaupt kein Manganohydroxyd abgeschieden. (Analogie mit Zn^{II} und Mg^{II}, ebenso mit Co^{II}, Ni^{II} und Fe^{II} in der zweiwertigen Form.) Tritt hingegen Luft hinzu, so findet allmähliche Fällung von Manganihydroxyd statt. Reaktionsgleichung?

Da wässerige Lösungen in der Regel, wenn sie nicht kurz zuvor ausgekocht wurden, etwas Luft aufgelöst enthalten, so bildet sich fast stets eine geringe Menge Niederschlag, zumal man das zur Fällung dienende Ammoniakwasser nicht auskochen darf.

Das hierauf gegründete, vielfach in der qualitativen Analyse angewandte Trennungsverfahren der zweiwertigen Metalle Mn^{II} und Zn^{II} (Co^{II} und Ni^{II}) von den dreiwertigen Al^{III}, Cr^{III} und Fe^{III}, durch Ausfällen der letzteren als Hydroxyde mittels Ammoniak bei Gegenwart von Chlorammonium, leidet daher selbst bei Fällung in heißer Lösung und bei raschem Arbeiten an der Ungenauigkeit, daß oft geringe Mengen Mangan mit ausgefällt werden.

Setzt man jedoch der Manganosalzlösung vorher Hydroxylaminchlorid (siehe S. 75) zu, so verhindert dieses Reduktionsmittel die Oxydation der ammoniakalischen Manganoammonsalzlösung durch den Luftsauerstoff.

Man versetze etwas Manganosalzlösung mit Salmiak und Hydroxylaminchlorid und sodann mit Ammoniak; es bildet sich auch beim längeren Stehen an der Luft kein Niederschlag.

Bei Gegenwart von Hydroxylaminchlorid ist also die analytische Trennung der zweiwertigen Metalle Mn^{II}, Zn^{II}, Co^{II} und Ni^{II} von den dreiwertigen Metallen Al^{III}, Cr^{III} und Fe^{III} durch Ammoniak recht genau (wichtig zur Trennung des Mangans vom Eisen, S. 274).

Natriumcarbonat fällt aus Manganosalzen, weißes Manganocarbonat (Reaktionsgleichung?), das durch Luftsauerstoff nur sehr langsam, erst nach längerer Zeit, zu Manganihydroxyd oxydiert wird, indem dabei Kohlendioxyd entweicht. Reaktionsgleichung? Auch Manganocarbonat ist in Ammoniumsalzen löslich.

Bariumcarbonat fällt Manganosalze (mit Ausnahme des Sulfats) in der Kälte nicht (ähnlich bei Zn^{II}, Co^{II}, Ni^{II} und Fe^{II}), wohl aber sämtliche Manganosalze in der Wärme. Dient zur Trennung der dreiwertigen Elemente von den zweiwertigen. (Siehe Tafel V_{III}.)

Natriumacetat ruft in Manganosalzen selbst in der Siedhitze keine Fällung hervor.

Schwefelwasserstoff fällt Manganosalze starker Säuren weder aus schwach saurer noch aus neutraler Lösung.

Auch neutrales essigsaures Mangan (zu bereiten durch Kochen von gefälltem und ausgewaschenem Manganocarbonat mit unzureichender Menge Essigsäure) wird durch Schwefelwasserstoff nicht gefällt, wohl aber zum Teil bei Gegenwart von viel Natriumacetat.

Eine auch nur schwach mit Essigsäure angesäuerte Lösung

von essigsaurem Mangan (und ebenso auch eine Lösung der Manganosalze starker Säuren) wird selbst bei Gegenwart von viel Natriumacetat durch Schwefelwasserstoff nicht mehr gefällt. (Kann zur Trennung des Mangans von Eisen, Zink, Kobalt und Nickel dienen.)

Schwefelammonium fällt aus Manganosalzen fleischfarbenes Manganosulfid. Läßt man das fleischfarbene Sulfid längere Zeit in Berührung mit überschüssigem Schwefelammonium stehen, oder kocht man kurze Zeit damit, so verwandelt es sich in graugrünes Sulfid von der gleichen prozentigen Zusammensetzung. Worauf der Unterschied der beiden Sulfide beruht, ist nicht sicher aufgeklärt.

Manganosulfid ist in verdünnter (etwa $4^0/_0$iger) kalter Salzsäure sehr leicht löslich.

Cyankalium. Versetzt man Manganosalzlösung langsam, tropfenweise mit Cyankalium, so bildet sich ein graugrünes Cyanür $Mn(CN)_2$, KCN, das in überschüssigem Cyankalium sich nur langsam auflöst.

Versetzt man Manganolösung dagegen rasch mit viel Cyankalium, oder gibt man die Manganosalzlösung in überschüssiges Cyankalium, so erhält man eine klare gelb bis gelbbraune Lösung, die wahrscheinlich $Mn(CN)_6K_4$ enthält.

Verdünnt man die Lösung stark, so scheidet sich nach einiger Zeit das graugrüne, schwer lösliche $Mn(CN)_2KCN$ wieder ab.

Kocht man die verdünnte Lösung oder die graugrüne Verbindung mit viel Wasser, so findet Abscheidung von fleischfarbenem Manganohydroxyd statt:

$$\frac{Mn(CN)_6K_4}{Mn(CN)_3K} + 2H_2O = \frac{4KCN}{KCN} + 2HCN + Mn(OH)_2.$$

Schwefelammonium ruft in einer mit nicht zu viel überschüssigem Cyankalium versetzten, stark verdünnten Lösung und am sichersten in der Wärme einen Niederschlag von Manganosulfid hervor. Unterschied von Zink (S. 138), Nickel, Kobalt und Eisen (siehe später), die aus analogen Lösungen auch bei starker Verdünnung und in der Wärme nicht gefällt werden. Die Eigenschaft kann zur Trennung des Mangans vom Zink, Nickel, Kobalt und Eisen dienen.

Manganisalze.

Manganisalze haben kirschrote Farbe und lassen sich nur bei einigen glühbeständigen Säuren unter möglichstem Ausschluß von Wasser leicht bereiten.

Man versetze etwas Manganochlorid mit konzentrierter Phosphorsäure und wenigen Tropfen Salpetersäure als Oxydationsmittel und koche die Flüssigkeit sehr stark ein. Es bildet sich eine intensiv rote Lösung von Manganiphosphat.

Manganisalze der Orthophosphorsäure und der Metaborsäure bilden sich auch in der Oxydationsflamme bei den S. 231 besprochenen Phosphorsalz- und Borax-Perlreaktionen des Mangans. In der Reduktionsflamme werden die fast farblosen oder schwach rosa gefärbten Oxydulsalze gebildet. Bei den Perlreaktionen ist — weil bei Ausschluß von Wasser erhitzt wird — die Neigung zur Bildung von Oxydsalzen des Mangans sogar größer als zur Bildung von Oxydulsalzen.

Oxydationen der Manganoverbindungen zu Superoxyd.

Mangansuperoxyd, MnO_2, und sein Hydrat, $MnO(OH)_2$, werden erhalten durch viele Reduktionsprozesse der Manganate oder Permanganate in alkalischen Lösungen (siehe unten) und durch viele Oxydationen in alkalischer und seltener auch in sauren Lösungen, wie die folgenden Versuche zeigen.

Brom und Natronlauge. Man versetze die Lösung eines Manganosalzes mit wenigen Tropfen Brom oder mit viel Bromwasser und darauf mit Natronlauge und erwärme; es wird schwarzes MnO_2, H_2O gefällt. Reaktionsgleichung? Man filtriere vom Niederschlage ab. Das Filtrat erscheint violett gefärbt (durch Gehalt an $NaMnO_4$) falls genügend Oxydationsmittel zugegen war.

Geringe Mengen Mangan werden bei längerer Berührung mit einem Überschuß des Oxydationsmittels in Permanganat übergeführt: Man versetze Kalilauge tropfenweise mit Brom und gebe zu dem gebildeten unterbromigsaurem Kalium wenige Tropfen einer verdünnten Manganosalzlösung. Beim Erwärmen findet Oxydation des Mangans zu Kaliumpermanganat statt. Reaktionsgleichung?

Brom und Sodalösung fällen aus Manganosalzen unter Entweichen von Kohlendioxyd ebenfalls Mangansuperoxydhydrat, oxydieren aber einen Teil des Mangans noch leichter zu Permanganat als Brom und Alkali. Reaktionsgleichung?

Wasserstoffsuperoxyd und Natronlauge. Man versetze Manganosulfat mit 3%igem Wasserstoffsuperoxyd und dann mit Natronlauge. Es wird Mangansuperoxydhydrat gefällt. Reaktionsgleichung? Verdünnte Manganlösungen werden bei gewöhnlicher Temperatur nur braun gefärbt; bei längerem Stehenlassen, oder rascher unter gelindem Erwärmen findet aber vollständige Fällung des Mangans statt, ohne daß ein Teil zu Übermangansäure oxydiert würde.

Wasserstoffsuperoxyd und Ammoniak. Man versetze Mangansulfat mit etwa 3%igem Wasserstoffsuperoxyd und dann mit Ammoniak. Bei gelindem Erwärmen fällt alles Mangan als Superoxydhydrat, ohne daß daneben Bildung von Permanganat stattfände. Die Fällung ist selbst dann vollständig, wenn Ammoniumsalze starker Säuren zugegen sind; nur bei Gegenwart von sehr viel Ammoniumsalz werden geringe Mengen Mangan der Fällung entzogen.

Reduktionen des Mangansuperoxyds zu Manganosalzen.

Mangansuperoxyd ist in verdünnten Säuren unlöslich, falls diese nicht selbst leicht oxydierbar sind oder andere leicht oxydierbare Stoffe enthalten.

Man fälle durch Brom und essigsaures Natrium etwas Mangansuperoxydhydrat, verteile den frisch gefällten Niederschlag auf einige Reagensgläser und stelle folgende Versuche an:

Der Niederschlag ist unlöslich in verdünnter Salpetersäure, ebenso in verdünnter Schwefelsäure.

Verdünnte Salzsäure löst den Niederschlag in der Kälte nur langsam, wahrscheinlich zu Mangantetrachlorid. In der Wärme findet Auflösung unter Chlorentwicklung statt. Reaktionsgleichung?

Schweflige Säure löst den frisch gefällten Niederschlag unter Bildung von Manganosulfat. Reaktionsgleichung? Daneben bildet sich aber stets, und besonders in der Kälte etwas Manganodithionat:

$$MnO_2 + 2SO_2 = MnS_2O_6.$$

(Vgl. schweflige Säure S. 174.)

Verdünnte Schwefelsäure bei Gegenwart von Oxalsäure löst den Niederschlag zu Manganosulfat. Reaktionsgleichung? Die Oxalsäure wird dabei zu Kohlendioxyd oxydiert:

$$C_2O_4H_2 + O = 2CO_2 + H_2O.$$

Verdünnte Schwefelsäure bei Gegenwart von Wasserstoffsuperoxyd löst den Niederschlag ebenfalls. Wasserstoffsuperoxyd ist ein Oxydationsmittel, wird aber seinerseits durch Oxydationsmittel auch leicht unter Sauerstoffabgabe zersetzt:

$$\boxed{O + H_2}O_2 = O_2 + H_2O,$$

daher:

$$Mn\left\langle\begin{array}{l}\boxed{O \quad H_2}\,O_2\\ \quad + \\ \boxed{O \quad H_2}\,SO_4\end{array}\right. = 2H_2O + O_2 + MnSO_4.$$

Oxydation zu Manganat.

In Gegenwart von Alkalien oder Alkalicarbonaten werden, unter Ausschluß von Wasser bei hohen Temperaturen, Verbindungen der Mangano- oder Manganireihe und auch das Superoxyd leicht zu Manganaten oxydiert, die dunkelgrün gefärbt sind. Das geschieht schon, wenn Sauerstoff der Luft hinzutritt, oder besser noch unter Zusatz eines Oxydationsmittels, das bei hohen Temperaturen Sauerstoff abgibt, wie Salpeter, Kaliumchlorat usw.

Man bringe auf ein Platinblech wasserfreie Soda, etwas Salpeter und eine ganz geringe Menge eines Manganosalzes, fasse das Blech mit einer Tiegelzange und glühe die Masse: es bildet sich eine grüne

Schmelze des Manganats. Die Reaktion wird zur Erkennung des Mangans benutzt.

Die Schmelze löst sich in Wasser mit grüner Farbe. Setzt man dem Wasser Alkali zu, so bleibt die grüne Farbe einige Zeit bestehen.

Oxydation zu Permanganat.

Bei längerem Stehen, oder noch rascher beim Erwärmen findet Zersetzung wässeriger Manganatlösungen statt unter Abscheidung von Mangansuperoxydhydrat und Bildung einer roten Lösung von Permanganat. Wegen der Farbenveränderung von grün zu rot und schließlich farblos (siehe später) wird das Manganat mineralisches Chamäleon genannt:

$$3\,Na_2MnO_4 + 3\,H_2O = MnO_3H_2 + 2\,NaMnO_4 + 4\,NaOH.$$

Noch leichter und rascher geht diese Zersetzung vor sich, wenn man das entstehende Natriumhydroxyd durch eine Säure, am besten durch Einleiten von Kohlendioxyd neutralisiert.

Die Reaktion beruht darauf, daß das Manganat in wässerigen Lösungen unbeständig ist und Selbstoxydation erleidet. Ein Teil des Manganats verwandelt sich unter Sauerstoffabgabe in Mangansuperoxyd:

$$Na_2MnO_4 + 2\,H_2O = O + MnO_3H_2 + 2\,NaOH$$

oder:

$$MnO_4'' + 2\,H_2O = O + MnO_3H_2 + 2(OH').$$

Der freiwerdende Sauerstoff oxydiert einen anderen Teil des Manganats zu Permanganat:

$$2\,Na_2MnO_4 + O + H_2O = 2\,NaOH + 2\,NaMnO_4$$

oder:

$$2(MnO_4'') + O + H_2O = 2(OH') + 2(MnO_4').$$

Die freie Mangansäure zersetzt sich noch rascher in ähnlicher Weise, so daß sie nicht darstellbar ist.

Während die Manganate in wässerigen Lösungen unbeständig sind und in Permanganate übergehen, sind sie bei hohen Temperaturen unter Ausschluß von Wasser beständiger als die Permanganate: die Permanganate verwandeln sich bei hohen Temperaturen wieder in Manganate unter Sauerstoffentwicklung und Abscheidung von Mangansuperoxyd.

Man erhitze etwas Kaliumpermanganat auf einem Platinblech. Es findet Zersetzung statt nach der Gleichung

$$2\,KMnO_4 = K_2MnO_4 + MnO_2 + 2\,O.$$

Diese Rückbildung von Manganat findet bei Gegenwart von wenig Wasser zum Teil schon statt, wenn man konzentrierte Lösungen von Permanganat mit sehr konzentrierten Alkalien kocht.

Durch Bleisuperoxyd und Salpetersäure kann man Manganverbindungen in wässeriger Lösung direkt zu Übermangansäure oxydieren.

Man gebe in ein Reagensrohr eine Messerspitze Bleisuperoxyd, übergieße es mit ungefähr 33 % iger Salpetersäure, gebe einen Tropfen einer Manganosulfatlösung hinzu und erhitze einige Minuten zum Sieden. Beim Absetzen des überschüssigen Bleisuperoxyds, das sehr leicht erfolgt, zeigt die darüber stehende Flüssigkeit eine intensiv violette, von Übermangansäure herrührende Färbung:

$$2\,MnSO_4 + 5\,PbO_2 + 6\,HNO_3 = 2\,HMnO_4 + 2\,PbSO_4 + 3\,Pb(NO_3)_2 + 2\,H_2O.$$

Die Reaktion dient zum sicheren Nachweis kleiner Mengen Mangan.

An Stelle des Bleisuperoxyds kann man zu diesem Versuch auch Mennige Pb_3O_4 verwenden, die beim Übergießen mit Salpetersäure sich in braunes Bleisuperoxyd verwandelt:

$$Pb_3O_4 + 4\,HNO_3 = 2\,H_2O + 2\,Pb(NO_3)_2 + PbO_2$$

das dann wie oben mit der überschüssigen Salpetersäure als Oxydationsmittel wirkt.

Da Bleisuperoxyd und seltener auch die Mennige manchmal manganhaltig sind, so führe man vor jeder Probe auf Mangan erst einen blinden Versuch aus, indem man das Oxydationsgemisch (Mennige bzw. Bleisuperoxyd und Salpetersäure) zunächst für sich kurze Zeit kocht und durch Absitzenlassen beobachtet, ob die Flüssigkeit violettrot geworden ist, ehe man die auf Mangan zu prüfende Substanz hinzufügt.

Man stelle in folgender Weise die Empfindlichkeitsgrenze der Reaktion fest:

Man wäge auf einer Tarierwage 1 g Manganosulfat $MnSO_4, 5\,H_2O$ (kristallisiert zwischen + 7 und + 20°) ab, bringe das Salz in einen kleinen Maßzylinder, löse es in Wasser, und fülle schließlich die Mangansulfatlösung bis auf 10 ccm auf.

Von dieser Lösung gebe man 1 ccm (enthaltend wieviel g Mn?), in ein Reagensrohr und koche mit einer Messerspitze Mennige und etwa 10 ccm ungefähr 33 % iger Salpetersäure. Man erhält sehr deutliche Übermangansäurereaktion.

Man verdünne nun einen anderen Teil der Mangansulfatlösung auf das Zehnfache (1 ccm im Maßzylinder auf 10 ccm auffüllen), und wiederhole den Versuch mit 1 ccm dieser Lösung (enthaltend wieviel g Mn?) und annähernd der gleichen Menge Mennige und Salpetersäure. Die Reaktion auf Übermangansäure fällt hier noch, wie vorhin, sehr deutlich aus.

Man verdünne nun wieder auf das Zehnfache usf. bis bei dem Versuche die rotviolette Farbe der gebildeten Übermangansäure kaum noch zu sehen ist.

0,02 mg Mangan sind in dieser Weise noch mit Sicherheit zu erkennen.

Nach längerem Stehen verschwindet die Farbe allmählich wieder, indem die Übermangansäure unter Sauerstoffabgabe zerfällt. Kocht man die Lösung aber von neuem auf, so färbt sie sich wieder violettrot.

Erschwert wird die Reaktion durch die Gegenwart von Salzsäure, weil sie die Übermangansäure zersetzt unter Bildung von Manganchlorür und Chlor (siehe unten). Die Reaktion wird aber nicht gestört, wenn man so lange mit Bleisuperoxyd und Salpetersäure im Überschuß kocht, bis alle Salzsäure in Form von Chlor entwichen ist.

Ebenso ist die Reaktion um so schwerer durchzuführen, je mehr Manganosalz man anwendet, da bei Gegenwart von Manganosalz die Übermangansäure rascher, als an und für sich, wieder unter Sauerstoffabgabe zerfällt.

Oxydationsreaktionen der Übermangansäure.

Die Übermangansäure ist sowohl in saurer als auch in alkalischer Lösung ein starkes Oxydationsmittel.

In saurer Lösung wird sie dabei bis zu den Salzen der Manganoreihe reduziert. Schematisch läßt sich die Menge des zur Oxydation verfügbaren Sauerstoffs an den Oxyden (vgl. S. 66) erkennen:

$$Mn_2O_7 \text{ (entsprechend } 2\,HMnO_4) = 2\,MnO + 5\,O.$$

In alkalischer Lösung gibt sie weniger Sauerstoff ab. Sie wird dabei nur bis zum Mangansuperoxyd reduziert:

$$Mn_2O_7 = 2\,MnO_2 + 3\,O.$$

Unter Berücksichtigung dieser beiden schematischen Gleichungen sind sämtliche Oxydationsreaktionen durch Übermangansäure, sei es in alkalischer oder saurer Lösung, leicht in Gleichungen zu schreiben.

Schwefelwasserstoff zersetzt Permanganate in saurer Lösung in der Kälte unter Schwefelabscheidung und Bildung von Manganosalzen. Reaktionsgleichung?

Infolge dieser oxydierenden Wirkung auf Schwefelwasserstoff werden Manganverbindungen im systematischen Gange der Analyse stets in die Manganoreihe übergeführt.

Salzsäure reduziert Permanganate unter Chlorentwicklung zu Manganochlorid. Reaktionsgleichung?

Oxalsäure wird durch Permanganate in saurer Lösung zu Kohlensäure oxydiert. Reaktionsgleichung?

Schweflige Säure wird durch Permanganate im wesentlichen zu Schwefelsäure oxydiert. Reaktionsgleichung? Daneben entsteht aber immer etwas Dithionsäure (vgl. S. 175).

Ferrosalze werden durch Permanganate in saurer Lösung zu Ferrisalzen oxydiert. Reaktionsgleichung?

Manganosalze wirken auf Übermangansäure ebenfalls zersetzend unter Abscheidung von Mangansuperoxyd.

$$2(MnO_4') + 3\,Mn^{\cdot\cdot} + 2\,H_2O = 5\,MnO_2 + 4\,H^{\cdot}.$$

Wasserstoffsuperoxyd zersetzt Kaliumpermanganat bei Gegenwart von Schwefelsäure, indem das Wasserstoffsuperoxyd in ähnlicher Weise oxydiert wird wie durch Mangansuperoxyd (siehe S. 50).

Viele **organische Substanzen** werden nicht nur in saurer, sondern auch in alkalischer Lösung oxydiert, dann aber unter Abscheidung von Mangansuperoxyd.

Äthylalkohol (C_2H_6O) wird durch Kaliumpermanganat bei Gegenwart von Alkalien zu Aldehyd (C_2H_4O) und Essigsäure ($C_2H_4O_2$) oxydiert. Reaktionsgleichungen?

Eisen.

Chemisch reines Eisen ist ein silberweiß glänzendes Metall vom spezifischen Gewicht 7,84.

Außer den verschiedenen Verbindungsstufen des Eisens, die sich durch ihre Wertigkeit unterscheiden (siehe S. 229), tritt es noch mit ganz anderen Eigenschaften behaftet in gewissen komplexen Verbindungen auf. Besonders mit Cyan bildet das Eisen sowohl in der zweiwertigen als auch in der dreiwertigen Form Komplexe, die zu den beständigsten gehören, welche wir kennen, deren Verbindungen so lange nicht die gewöhnlichen Eisenreaktionen zeigen, als diese Komplexe unzersetzt bleiben. (Vgl. beim Mangan S. 232 u. 233).

Das zweiwertige Eisen bildet mit Cyan das vierwertige Anion $Fe^{II}(CN)_6''''$ und das dreiwertige Eisen bildet mit Cyan das dreiwertige Anion $Fe^{III}(CN)_6'''$; in beiden ist überdies das Cyan nicht als solches vorhanden, sondern je drei Cyangruppen sind enger miteinander zu dem dreiwertigen Tricyan

$(CN)_3$ = 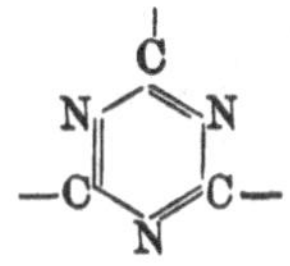 = Prussian (Pr≡)

vereinigt.

Ferroprussian Ferriprussian

Das gelbe Blutlaugensalz $Fe(CN)_6K_4$ ist demnach Ferroprussiankalium

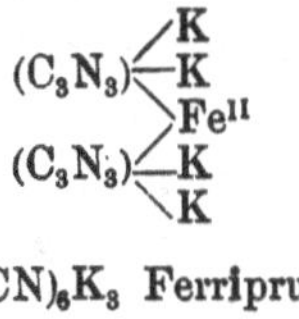

und das rote Blutlaugensalz $Fe(CN)_6K_3$ Ferriprussiankalium

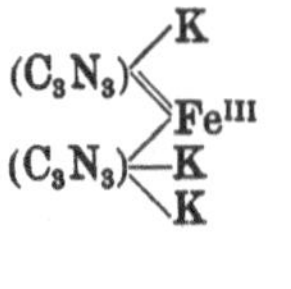

Als komplexe Salze enthalten ihre Lösungen nicht die gewöhnlichen Ferro-, bzw. Ferriionen, sondern die komplexen Anionen

$[(C_3N_3)_2Fe^{II}]''''$ (4wertiges Ferroprussian-Ion)

bzw.:

$[(C_3N_3)_2Fe^{III}]'''$ (3wertiges Ferriprussian-Ion).

Außer den komplexen Cyanverbindungen bildet das Eisen in der dreiwertigen Form (wie das Aluminium und das Chrom) noch bis zu einem gewissen Grade beständige Komplexe mit organischen Hydroxylverbindungen wie Weinsäure, Zitronensäure, Äpfelsäure, Glycerin, Zucker usw., deren Verbindungen ebenfalls besondere Reaktionen zeigen.

Eisenreaktionen auf trocknem Wege.

Man erhitze Eisenspäne auf der Kohle vor dem Lötrohr. Sie überziehen sich im Oxydationsfeuer mit einer schwarzen Kruste von Fe_3O_4 (Eisenhammerschlag), das glühbeständigste Oxyd des Eisens, in das auch alle anderen Oxyde bei starker Glühhitze an der Luft übergehen. Es findet sich in der Natur als Magneteisenstein.

Reines Eisen schmilzt bei 1555°, unreines Eisen, welches Kohlenstoff, Silicium, Mangan, Phosphor usw. enthält, schmilzt wesentlich niedriger, bis zu 1000° herunter.

Beim Liegen an feuchter, kohlensäurehaltiger Luft oxydiert sich das Eisen unter Bildung von Ferrihydroxyd. Reaktionsgleichung?

Bei Rotglut zersetzt es das Wasser unter Bildung von Eisenoxydoxydul (Fe_3O_4) und Entwicklung von Wasserstoff. Reaktionsgleichung?

Reduktion zu Metall. Das Eisen wird aus allen seinen Verbindungen durch Kohle bei Gegenwart von Soda reduziert, gibt aber keinen Beschlag, da die Oxyde des Eisens bei der Temperatur der Lötrohrflamme nicht flüchtig sind (Metall ohne Beschlag). Man führe den Versuch mit Eisenvitriol auf Kohle vor dem Lötrohr (S. 141) und ebenso am Kohle-Sodastäbchen (S. 165) aus. Die erhaltene Schmelze zerdrücke man unter Zusatz von wenig Wasser im Achatmörser. Das Eisen liefert graue Flitter, die in der Kohle kaum zu erkennen sind. Man kann sie aber, infolge der Eigenschaft des Eisens, magnetisch zu sein, mit einem Magneten oder einer magnetisch gemachten Messerklinge aus der Kohle herausziehen. Die am Magneten haftende, schwarze, nicht metallglänzende Bürste wird nach dem Abspritzen mit Wasser auf Filtrierpapier, das eisenfrei sein muß, abgestrichen, mit etwas verdünnter Salpetersäure auf dem Papier erwärmt und gibt alsdann mit gelbem Blutlaugensalz befeuchtet, eine tiefblaue Färbung von Berlinerblau. (Siehe weiter unten.)

Perlreaktionen. In der Phosphorsalzperle erzeugen Eisenverbindungen, je nachdem mehr oder weniger der Eisenverbindung darin aufgelöst wurde, und je nachdem die Perle heiß oder kalt beobachtet wird, wechselnde Färbungen, die im Oxydations- und Reduktionsfeuer annähernd miteinander übereinstimmen.

$$\left.\begin{matrix}\text{Oxyd:}\\\text{Red:}\end{matrix}\right\}\ \text{heiß} \leftarrow \underbrace{\text{rot — gelbrot — gelb}}_{\text{konzentriert}} \underbrace{\text{— gelbgrün — grün — farblos}}_{\text{verdünnt.}} \rightarrow \text{kalt}$$

In der Boraxperle zeigt die Reduktionsprobe andere Farben als die Oxydationsprobe:

$$\text{Oxyd:}\ \left.\begin{matrix}\text{heiß}\\\text{u. kalt}\end{matrix}\right\}\ \underbrace{\text{rot — gelbrot}}_{\text{konz.}}\underbrace{\text{— gelb}}_{\text{verd.}}$$

$$\text{Red:}\ \left.\begin{matrix}\text{heiß}\\\text{u. kalt}\end{matrix}\right\}\ \underbrace{\text{braun — schmutziggrünbraun}}_{\text{konzentriert}}\underbrace{\text{— schmutziggrün}}_{\text{verdünnt.}}$$

Eisen löst sich nicht in Alkalien. Von verdünnten Säuren wird es unter Wasserstoffentwicklung gelöst (siehe auch: Passivität des Eisens S. 64).

Ferrosalze.

Die Ferrosalze sind hellgrün oder farblos. Ihre Lösungen reagieren sauer. Sie werden erhalten, wenn sich Eisen in Säuren unter Wasserstoffentwicklung auflöst. Die Ferrosalze gehen leicht durch Oxydation in Ferrisalze über. Schon durch den Luftsauerstoff findet diese Oxydation unter Ausschluß von Wasser langsam, rascher bei Gegenwart von Wasser statt. Wässerige Lösungen der Oxydulsalze halten sich nur kurze Zeit unzersetzt.

Man löse ein wenig Eisenvitriol in Wasser, und lasse die Lösung an der Luft stehen. Nach kurzer Zeit wird sie getrübt unter Bildung eines basischen in Wasser unlöslichen Oxydsalzes:

$$2\,SO_4Fe + O = \begin{matrix}SO_4Fe\\SO_4Fe\end{matrix}\!\!>\!O.$$

Etwas beständiger als Eisenvitriol selbst ist sein Doppelsalz mit Ammoniumsulfat $(NH_4)_2SO_4$, $FeSO_4$, $6\,H_2O$ Ferroammoniumsulfat (Mohrsches Salz).

Zur **Darstellung des Mohrschen Salzes** erwärmt man 25 ccm der reinen verdünnten Schwefelsäure mit ungefähr 2 g rostfreiem Eisen (Eisenspäne, Draht oder kleine Nägel) in einem Erlenmeyerkolben so lange, bis keine Gasentwicklung mehr stattfindet. In einen zweiten Kolben mit 25 ccm derselben verdünnten Schwefelsäure trägt man so lange kleine Stücke von Ammoniumcarbonat ein, als noch Aufbrausen stattfindet und die Flüssigkeit sauer reagiert. Nach dem Neutralisieren der Schwefelsäure kocht man einige Zeit, um den Überschuß des Ammoniaks zu vertreiben und neutralisiert die letzten Reste durch Zusatz weniger Tropfen Schwefelsäure bis zur sauren

Reaktion. Alsdann filtriert man beide Lösungen, gibt sie zusammen und dampft zur Kristallisation ein. Die Löslichkeit des wasserfreien Ferroammoniumsulfats beträgt bei 20° $\frac{21,6}{100}$, bei 75° $\frac{56,7}{100}$.

Reaktionen der Ferrosalze.

Die Reaktionen der Ferrosalze, die denen des Magnesiums, Zinks und der Manganosalze am meisten gleichen, stelle man mit einer frisch bereiteten Lösung des Ferroammoniumsulfats an.

Natriumhydroxyd fällt grünlich-weißes, im Überschuß des Fällungsmittels unlösliches Ferrohydroxyd (Reaktionsgleichung?); es ist ein sehr voluminöser Niederschlag, der nur dann fast weiß erhalten wird, wenn oxydfreies Oxydulsalz zur Fällung benutzt wurde, und der auch nur im ersten Augenblicke fast weiß aussieht. Er oxydiert sich an der Luft außerordentlich leicht, wird sehr rasch schmutziggrün, dann fast schwarz (Ferroferrihydroxyd) und später rostbraun (Ferrihydroxyd). Setzt man dem Ferrochlorid ein Oxydationsmittel (Wasserstoffsuperoxyd oder Brom) hinzu und fällt dann mit Natronlauge, so wird sogleich rostbraunes Ferrihydroxyd abgeschieden.

Ammoniak erzeugt in Eisenoxydulammoniumsulfat nur einen sehr geringen Niederschlag, weil durch die Anwesenheit des Ammoniumsulfats (und allgemein von Ammoniumsalzen) die Stärke der basischen Wirkung des Ammoniaks soweit zurückgeht, daß Ferrohydroxyd kaum noch gefällt wird.

Man versetze eine frisch bereitete Eisenvitriollösung mit Ammoniak: es fällt grünlich-weißes Ferrohydroxyd. Reaktionsgleichung? Die Fällung ist aber unvollständig, da bei der Reaktion Ammoniumsalz gebildet wird, das bei einer gewissen Menge die Reaktion zum Stillstand bringt, da das nach der Reaktion:

$$Fe^{\cdot\cdot} + 2(NH^{\cdot}_4)(OH') = Fe(OH)_2 + 2(NH^{\cdot}_4)$$

entstehende Ammoniumion die Dissoziation des Ammoniumhydroxyds und damit dessen fällende Wirkung vermindert. (Vgl. analoges Verhalten beim Zink S. 134 und beim Magnesium S. 203).

Versetzt man Eisenvitriollösung zuerst mit Chlorammonium und dann mit Ammoniak, so entsteht kein Niederschlag, falls der Eisenvitriol frei von Oxydsalz ist. In der Regel enthält er aber etwas Oxydsalz, und dann entsteht wenig eines grünlich-schwarzen Niederschlages von Eisenoxyduloxydhydrat von wechselnder Zusammensetzung. Unter Zutritt von Luft bildet sich dieser Niederschlag auch allmählich aus Lösungen, die ursprünglich frei von Oxydsalz waren. Bei weiterem Luftzutritt verwandelt er sich allmählich in rostbraunes

Eisenhydroxyd. Unter reichlichem Luftzutritt wird daher aus Eisenoxydulsalzlösungen durch Ammoniak (einerlei ob Ammoniumsalze anwesend sind oder nicht) schließlich Eisenhydroxyd vollständig abgeschieden. Reaktionsgleichung?

Versetzt man Ferrosalze mit Wasserstoffsuperoxyd und Ammoniak, so fällt selbst bei Anwesenheit von viel Salmiak Ferrihydroxyd am besten unter gelindem Erwärmen. Reaktionsgleichung?

Natriumcarbonat fällt aus Ferrosalzlösungen weißes Ferrocarbonat. Reaktionsgleichung?

In der Natur findet sich das Ferrocarbonat als Spateisenstein. In kohlensäurehaltigem Wasser ist es löslich unter Bildung von Hydrocarbonat $FeH_2(CO_3)_2$, das in den meisten natürlichen Eisensäuerlingen vorhanden ist. Durch Oxydation an der Luft wird es bald grünlich-weiß, und schließlich verwandelt es sich in braunes Ferrihydroxyd unter Kohlendioxydentwicklung.

Bariumcarbonat und allgemein die in Wasser unlöslichen Erdalkalicarbonate fällen nur das Sulfat der Eisenoxydulreihe. Die Oxydulsalze anderer Säuren als der Schwefelsäure werden in der Kälte nicht gefällt. (Analogie mit Zink und Mangan; Unterschied von Ferrisalzen. Siehe Tafel V_{III}.)

Ammoniumcarbonat fällt Ferrosalze unvollständig als Ferrocarbonat und bei Gegenwart von genügend Ammoniumsalzen überhaupt nicht. Sind geringe Mengen Ferrisalze zugegen, so tritt schwache Fällung von Ferrihydroxyd (siehe später) ein; unter Luftzutritt werden auch reine Ferrosalze allmählich vollständig als Ferrihydroxyd gefällt. Reaktionsgleichung?

Schwefelwasserstoff fällt Ferrosalze aus sauren Lösungen nicht und in der Kälte auch nicht aus den neutralen Salzen mit starken Säuren; wohl aber tritt teilweise Fällung von schwarzem Ferrosulfid in verdünnten Lösungen in der Wärme ein. Man versetze eine Lösung des Mohrschen Salzes mit Schwefelwasserstoffwasser: es findet keine Fällung statt; beim Erwärmen wird ein Teil als Ferrosulfid gefällt.

Man löse im Reagensrohr Eisenpulver in Essigsäure. Die erhaltene Lösung gieße man nach kurzer Zeit klar ab. In neutraler Lösung und selbst bei Gegenwart von wenig überschüssiger freier Essigsäure wird durch Schwefelwasserstoff Ferrosulfid gefällt, das in viel Essigsäure sich langsam wieder auflöst. Wird die Lösung des Ferroacetats von vornherein mit viel freier Essigsäure versetzt, so tritt keine Fällung von Schwefelmetall ein. Fügt man zu einer solchen nicht fällbaren Lösung nun aber viel Natriumacetat (man nimmt am besten kristallisiertes Natriumacetat), so fällt Ferrosulfid aus, weil durch Natriumacetat die Stärke der sauren Wirkung der Essigsäure geschwächt wird (siehe S. 124):

$$2(H^{\cdot}).(C_2H_3O_2') + FeS \rightleftarrows H_2S + Fe^{\cdot\cdot} + 2(C_2H_3O_2').$$

Ammoniumsulfid fällt aus Ferrosalzen schwarzes Ferrosulfid. Reaktionsgleichung?

In sehr verdünnten Lösungen erhält man es manchmal im löslichen, kolloidalen Zustande als dunkelgrüne Lösung. Auch beim Auswaschen zeigt das Ferrosulfid Neigung in den kolloidalen Zustand überzugehen.

Ferrosulfid ist in verdünnter (etwa 1-normaler) kalter Salzsäure leicht löslich.

Das feuchte Ferrosulfid wird an der Luft sehr leicht oxydiert zu Ferrosulfat und basischem Ferrisulfat.

Kaliumcyanid ruft in Ferrosalzlösungen zunächst einen rotbraunen Niederschlag von Ferrocyanid hervor. Reaktionsgleichung? Bei weiterem Zusatz von Kaliumcyanid findet Wiederauflösung des Ferrocyanids statt, indem es mit vier Molekülen Kaliumcyanid zu komplexem gelben Blutlaugensalz, Ferrocyankalium $Fe(CN)_6K_4$, zusammentritt:

$$Fe(CN)_2 + 4KCN = K_4Fe(CN)_6$$

oder anders gesagt, indem es mit dem Überschuß von Cyanionen, komplexe Ferrocyanionen bildet:

$$Fe(CN)_2 + 4(CN)' = (Fe(CN)_6)''''.$$

Infolge des Vorhandenseins dieses komplexen Ions geben die Lösungen der Ferrocyanide nicht mehr die Reaktionen der Ferroionen (Ferrosalze). Sie werden weder durch Natron, noch durch Natriumcarbonat oder durch Schwefelwasserstoff und Schwefelammonium unter den verschiedensten Bedingungen gefällt (Analogie und Unterschied im Vergleich mit Zink S. 138 und Mangan S. 233). Nur im Lichte findet allmähliche Zersetzung der Ferrocyanionen unter Fällung von Schwefeleisen statt.

Man löse etwas kristallisiertes gelbes Blutlaugensalz (K_4FeCy_6, $3H_2O$) in Wasser auf und versetze mit konzentrierter Salzsäure. Es entsteht ein weißer, kristallinischer Niederschlag von Ferrocyanwasserstoffsäure H_4FeCy_6. Reaktionsgleichung?

Man glühe etwas gelbes Blutlaugensalz im Porzellantiegel. Es findet Zersetzung statt nach der Gleichung

$$K_4Fe(CN)_6 = 4KCN + FeC_2 + N_2.$$

Will man das Eisen in dem Blutlaugensalz nachweisen, so muß der Eisencyankomplex in ihm erst zerstört werden durch längeres Erhitzen mit konzentrierter Schwefelsäure:

$$K_4Fe(CN)_6 + 6H_2SO_4 + 6H_2O = FeSO_4 + 2K_2SO_4 + 3(NH_4)_2SO_4 + 6CO.$$

Man stelle den Versuch mit etwas Blutlaugensalz und konzentrierter Schwefelsäure im Reagensrohr unter einem gutziehenden Abzuge an (wegen der entweichenden giftigen Gase Kohlenoxyd und auch Blausäure; siehe unten). Das entweichende Kohlenoxyd brennt mit blauer Flamme. Nach dem Abrauchen der überschüssigen Schwefelsäure im Porzellantiegel löse man den Rückstand in Wasser, und fälle die Lösung mit Natronlauge und mit Schwefelammonium.

Mit verdünnter heißer Schwefelsäure entwickelt das gelbe Blutlaugensalz Blausäure (Vorsicht!).

Die Entwicklung geschieht aber nicht nach der Gleichung

$$K_4Fe(CN)_6 + 5H_2SO_4 = 6HCN + FeSO_4 + 4KHSO_4,$$

sondern es bleibt ein Rückstand, dem man die Konstitution:

$$K_2=(Fe^{II}Cy_6)<\genfrac{}{}{0pt}{}{Fe^{II}}{Fe^{II}}>(Fe^{II}Cy_6)=K_2$$

zuschreibt.

Aus diesem Grunde wird nur die Hälfte der Blausäure aus dem Blutlaugensalz entwickelt:

$$4K_4Fe^{II}(CN)_6 + 12H_2SO_4 = 12KHSO_4 + 12HCN + K_4Fe_2(FeCy_6)_2.$$

Dieser Rückstand der Blausäurebereitung ist nicht, wie man früher annahm[1] identisch mit den aus Ferrocyankalium und Ferrosalz entstehenden sehr oxydabeln Niederschlägen von Kaliumferroferrocyanid, $K_2Fe^{II}(Fe^{II}Cy_6)$:

$$K_4Fe^{II}Cy_6 + Fe^{II}SO_4 = K_2SO_4 + K_2Fe^{II}(Fe^{II}Cy_6).$$

Man erzeuge das ferrocyanwasserstoffsaure Ferrokalium durch Versetzen einer gelben Blutlaugensalzlösung mit einer Lösung von Mohrschem Salz. Der Niederschlag ist weiß, wird aber durch Oxydation sehr rasch bläulich. Man lasse den Niederschlag an der Luft stehen; er wird tiefblau, indem das Salz durch den Sauerstoff der Luft oxydiert wird:

$$2K_2Fe^{II}(Fe^{II}Cy_6) + H_2O + O = 2KFe^{III}(Fe^{II}Cy_6) + 2KOH.$$

Das Kaliumferr**o**salz des Ferr**o**cyanwasserstoffs geht dabei in das Kaliumferr**i**salz des Ferrocyanwasserstoffs über.

Dieses Kaliumferr**i**salz des Ferrocyanwasserstoffs, $KFe^{III}(Fe^{II}Cy_6)$ ist das lösliche Berlinerblau. Es entsteht, wenn man Ferrocyankaliumlösung mit weniger als 1 Mol. Ferr**i**salz versetzt, und ist identisch mit dem löslichen Turnbullsblau, das sich bildet, wenn man Ferr**i**cyankaliumlösung mit weniger als 1 Mol. Ferr**o**salz versetzt. Das lösliche Berliner- oder Turnbullsblau enthält 2 Mol. Wasser, die ohne Zersetzung nicht entfernt werden können, so daß die wahrscheinliche Formel dieses Körpers die folgende ist:

---

[1] Neuere Untersuchungen über die blauen Eisencyanverbindungen von K. A. Hofmann, O. Heine und F. Höchtler. Liebigs Annalen Bd. 337, S. 1—36 (1904).

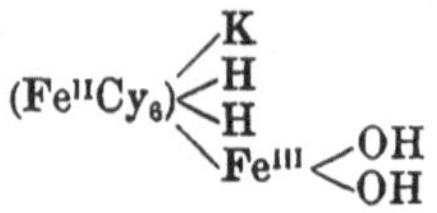

Unlösliches Berlinerblau ist das Ferrisalz der Ferrocyanwasserstoffsäure, $Fe_4^{III}(Fe^{II}Cy_6)_3 + 10H_2O$ und entsteht als Niederschlag beim Versetzen einer Ferrocyankaliumlösung mit einem Überschuß von Ferrisalz, und ist identisch mit dem unlöslichen Turnbullsblau, das beim Fällen einer Ferricyankaliumlösung mit einem Überschuß von Ferrosalz entsteht:

$$3K_4(Fe^{II}Cy_6) + 4Fe^{III}Cl_3 = 12KCl + Fe_4^{III}(Fe^{II}Cy_6)_3.$$

Auf dieser Bildung des Berlinerblaus beruht ein empfindlicher und charakteristischer Nachweis des Eisens in der Oxydform, der am besten in salzsaurer Lösung erfolgt.

Versetzt man das Berlinerblau mit Alkali, so wird Ferrihydroxyd gebildet:

$$Fe_4^{III}(Fe^{II}Cy_6)_3 + 12KOH = 4Fe(OH)_3 + 3K_4(Fe^{II}Cy_6).$$

Übersättigt man die alkalische Lösung mit Salzsäure, so entsteht wieder Berlinerblau. Reaktionsgleichung? (Gewissermaßen ein Indikator auf Säure und Alkali.)

Oxalsäure und Weinsäure hindern die Fällung des Berlinerblaus oder lösen den Niederschlag wieder auf.

Man prüfe die Empfindlichkeit der Berlinerblau-Reaktion mit sehr verdünnter Eisenchloridlösung.

Wie mit Eisen, so bildet die Ferrocyanwasserstoffsäure auch mit vielen anderen Metallen schwer lösliche Salze, so z. B. mit Zink.

Man versetze gelbe Blutlaugensalzlösung mit Zinksulfat:

$$K_4Fe(CN)_6 + 2ZnSO_4 = 2K_2SO_4 + Zn_2Fe(CN)_6.$$

Eine ähnliche Reaktion tritt mit Cuprisalzen ein und wird zum empfindlichen Nachweis des Kupfers benutzt (vgl. S. 161).

Behandelt man das gelbe Blutlaugensalz (Ferrocyankalium, $K_4Fe^{II}(CN)_6$) mit Oxydationsmitteln, so geht es wie alle Ferrosalze leicht in ein Ferrisalz über (siehe unten), nämlich in das rote Blutlaugensalz, Ferricyankalium, $K_3Fe^{III}(CN)_6$, das ohne Kristallwasser in roten Säulen kristallisiert.

Allgemeiner ist folgende Überlegung: Beim Übergang des vierwertigen Ferrocyananions $(Fe^{II}Cy_6)''''$ in das dreiwertige Ferricyananion $(Fe^{III}Cy)'''$ muß eine positive Ladung zugeführt oder, was dasselbe ist, eine negative Ladung abgegeben werden, im Sinne des Schemas:

$$(Fe^{II}Cy_6)'''' + (^\cdot) \rightleftarrows (Fe^{III}Cy_6)'''$$

oder:

$$(Fe^{II}Cy_6)'''' \rightleftarrows (Fe^{III}Cy_6)''' + ('). $$

Der von links nach rechts gelesene Vorgang stellt also nach unseren früheren Definitionen (S. 62) einen Oxydationsvorgang dar.

Zu den Stoffen, die im Sinne des zweiten Schemas durch Aufnahme negativer Ladungen Ferrocyanion zu Ferricyanion oxydieren können, gehören z. B. die Halogene, Chlor und Brom, die dadurch in Chlor- bzw. Bromionen übergehen.

Man versetze Ferrocyankaliumlösung mit Chlor- oder Bromwasser und erwärme. Nach dieser Behandlung gibt die Lösung mit Eisenoxydsalzen keine Fällung mehr, sondern nur eine Braunfärbung.

Andererseits kann das Ferricyanion unter Übergang in das Ferrocyanion oxydierend wirken. So wird bei Gegenwart von Alkali Ferrohydroxyd durch Ferricyankalium zu Ferrihydroxyd oxydiert, wobei gleichzeitig das Ferricyankalium in Ferrocyankalium übergeht.

Dies erklärt die oben gekennzeichnete Erscheinung, daß nämlich Ferricyanide mit einem Überschuß von Ferrosalzen dasselbe Berlinerblau (Ferrisalz der Ferrocyanwasserstoffsäure) geben, wie Ferrocyanide mit einem Überschuß von Ferrisalzen.

Übergang der Ferro- in Ferrisalze.

Die meisten Ferrosalze werden schon durch den Luftsauerstoff in Ferrisalze übergeführt und können ebenso durch die meisten Oxydationsmittel, selbst durch milde wirkende oxydiert werden.

Salpetersäure verwandelt Eisenvitriol in schwefelsaurer Lösung in Eisenoxydsulfat (S. 61). Reaktionsgleichung?

Ebenso wirken die sauren Lösungen von Permanganat (S. 238), chlorsaurem Kali (S. 287), Kaliumpyrochromat, Wasserstoffsuperoxyd usw. oxydierend. Reaktionsgleichungen?

Ferrisalze.

Die Ferrisalze sind gelb oder gelbbraun gefärbt. Ihre Lösungen, auch die der basischen Salze reagieren sauer, da das Ferrihydroxyd eine sehr schwache Base ist (Vgl. Hydrolyse S. 96; Analogie mit den Erden S. 209.) Es bildet in wässerigen Lösungen kein Carbonat mehr. Auch die Salze mit anderen schwachen Säuren, z. B. Essigsäure, sind nur in der Kälte gegen Wasser beständig, in der Wärme werden sie hydrolysiert. Selbst die Salze mit starken flüchtigen Säuren werden durch Kochen in sehr verdünnter Lösung zum Teil hydrolysiert unter Bildung basischer Salze:

$$FeCl_3 + H_2O = HCl + Fe{<}^{Cl_2}_{OH}\,.$$

Ferrihydroxyd ist viel schwächer basisch als Ferrohydroxyd, das z. B. noch ein Carbonat zu bilden vermag. Das gleiche Verhältnis beider Basen zueinander findet sich allgemeiner bei allen Metallen, die in mehreren Oxydationsstufen auftreten: In den niederen Oxydationsstufen liegen stets stärkere Basen als in den höheren vor, und die sauren Eigenschaften nehmen von den niederen zu den höheren Oxydationsstufen zu.

Reaktionen der Ferrisalze.

Die folgenden Reaktionen stelle man mit der vorrätigen Eisenchloridlösung an:

Natriumhydroxyd fällt aus Ferrisalzlösungen rotbraunes, im Überschuß des Fällungsmittels unlösliches Ferrihydroxyd. Reaktionsgleichung? Das Ferrihydroxyd reißt bei dieser Fällung aber stets je nach Konzentration und Temperatur wechselnde Mengen Alkali mit nieder. Die quantitative Abscheidung zur Wägung wird daher stets mit Ammoniak vorgenommen (siehe unten).

Ferrihydroxyd ist in überschüssigem Natriumhydroxyd unlöslich (Unterschied von Chrom und Aluminium). Es findet sich in der Natur als Brauneisenstein.

Ferrihydroxyd ist in Ferrichlorid löslich unter Bildung basischer Salze, z. B.:

$$2FeCl_3 + Fe(OH)_3 = 3FeCl_2OH.$$

Man versetze Ferrichlorid tropfenweise mit Natriumhydroxyd: die entstehende Wolke von Ferrihydroxyd löst sich beim Umschütteln wieder auf; die Farbe der Lösung wird dabei dunkler.

Erhitzt man trocknes Eisenhydroxyd, so entweicht Wasser unter Bildung von Eisenoxyd Fe_2O_3 (Reaktionsgleichung?), das sich in der Natur als Eisenglanz und Roteisenstein findet.

Eisenoxyd und Hydroxyd sind leicht löslich in Säuren. Wird aber das Eisenoxyd stark geglüht, so löst es sich selbst in konzentrierten Säuren (Salzsäure, Schwefelsäure) nur äußerst langsam. Auch geht es beim Glühen, je nach der Temperatur, mehr oder weniger in Fe_3O_4 über. Das geglühte Oxyd kann in fein verteiltem Zustande durch Schmelzen mit saurem schwefelsauren Kalium gelöst werden (ähnlich wie beim Aluminium S. 214 und Chrom S. 221.)

Ammoniak fällt aus Ferrisalzlösungen Ferrihydroxyd (Reaktionsgleichung?), das im Überschuß des Fällungsmittels unlöslich ist. Die Gegenwart von Salmiak hindert die Fällung nicht. Die Fällung ist in der Kälte infolge der Bildung von löslichen basischen Salzen, die von Ammoniak schwerer zersetzt werden, leicht unvollständig. Außerdem ist der Niederschlag, wenn er einige Zeit in der Siedhitze digeriert wird, infolge Aufhebung der Neigung zu kolloidaler Lösung, leichter filtrierbar und auswaschbar. Man fällt daher stets in der Siedhitze.

Natriumcarbonat fällt aus Ferrisalzlösungen Ferrihydroxyd unter Kohlendioxydentwicklung. Reaktionsgleichung?

Das durch tropfenweisen Zusatz von Soda gefällte Ferrihydroxyd löst sich beim Umschütteln in überschüssigem Ferrichlorid zu basischem Salz. Erst auf Zusatz von mehr Soda entsteht eine bleibende Fällung. Die Fällung ist aber in der Kälte nicht vollständig, da neben Eisenhydroxyd basische Carbonate entstehen, die teilweise in Wasser löslich sind und erst beim Kochen zersetzt werden.

Bariumcarbonat fällt aus allen löslichen Ferrisalzen (nicht nur aus den Sulfaten) schon in der Kälte Ferrihydroxyd unter Kohlendioxydentwicklung, wenn man die kalte Eisensalzlösung mit gefälltem Bariumcarbonat schüttelt. (Analogie mit Aluminium- und Chromisalzen Unterschied von Zink-, Mangano-, Kobalto- und Nickelosalzen.)

Dient zur Trennung der dreiwertigen Elemente, Aluminium, Chrom und Eisen von den zweiwertigen. Vgl. Tafel V_{III}.

Schwefelwasserstoff reduziert Eisenoxydsalz in schwach salzsaurer Lösung, wenn man das Gas in dieses einleitet, oder das Salz mit Schwefelwasserstoffwasser versetzt, zu Oxydulsalz unter Abscheidung von Schwefel:

$$S'' + 2Fe^{\cdot\cdot\cdot} = 2Fe^{\cdot\cdot} + [S].$$

Schwefelammonium reduziert Eisenoxydsalze in gleicher Weise wie Schwefelwasserstoff. Das entstehende Oxydulsalz wird aber durch das überschüssige Schwefelammonium sofort als FeS gefällt. Reaktionsgleichung?

Weinsäure, Zitronensäure, Glycerin, Zucker und andere organische Hydroxylverbindungen hindern die Fällung der Ferrisalze durch Natronlauge und durch Ammoniak. Dagegen wird in solchen Lösungen durch Schwefelammonium Ferrosulfid gefällt.

Natriumacetet. Versetzt man eine Eisenchloridlösung mit sehr viel Natriumacetat, verdünnt sehr stark und kocht, so fällt Eisenhydroxyd und basisches Ferriacetat aus. Reaktionsgleichung? Analogie mit Aluminium S. 215.

Die Fällung ist aber nicht ganz vollständig. Man filtriere heiß und prüfe das Filtrat mit gelbem Blutlaugensalz auf einen Eisengehalt.

Vollständig wird die Fällung, wenn man das Eisenchlorid erst durch Zutropfen von Soda in basisches Salz verwandelt (in der beim Aluminium (S. 215) angegebenen Weise). Man wiederhole den Versuch in dieser Weise und prüfe alsdann das Filtrat auf Eisen; bei Anwendung aller beim Aluminium angegebenen Vorsichtsmaßregeln erhält man ein völlig eisenfreies Filtrat.

Natriumphosphat. Das sekundäre Natriumphosphat des Handels fällt Eisenoxydsalze unvollständig als tertiäres Eisenphosphat $FePO_4$, analog dem Aluminium S. 216. Reaktionsgleichung? Sein Verhalten ist dem des Aluminiumphosphat bis auf die Löslichkeit in Alkalien analog, vgl. S. 103.

Die Unlöslichkeit des Ferriphosphats in Essigsäure kann man benutzen, um von phosphorsauren Erdalkalien, die in Essigsäure löslich sind, die Phosphorsäure durch Zusatz von Eisenchlorid bei Gegenwart von viel essigsaurem

Natrium zu scheiden. Durch die gewöhnlichen Fällungsmittel für Erdalkalien, z. B. durch Alkalicarbonate ist das nicht möglich. Gleichzeitig mit dem Ferriphosphat scheidet sich dann beim Erhitzen zum Sieden das im Überschuß hinzugefügte Eisenchlorid als Hydroxyd und basisches Acetat ab:

Man fälle etwa 1 ccm der Lösung von phosphorsaurem Natrium mit Chlorcalcium im Überschuß, löse den Niederschlag in möglichst wenig verdünnter Essigsäure, füge viel Natriumacetat hinzu und versetze tropfenweise mit Eisenchlorid. Anfangs fällt Ferriphosphat (Reaktionsgleichung?). In dem roten, überschüssigen Ferriacetat ist ein Teil des Ferriphosphats löslich; beim Kochen werden aus der Lösung Ferrihydroxyd und Ferriphosphat vollständig gefällt. Das Filtrat ist farblos, enthält keine Phosphorsäure mehr (man prüfe eine Probe nach Zusatz von Salpetersäure mit Ammoniummolybdatlösung) und enthält auch kein Eisen (man prüfe eine Probe mit gelbem Blutlaugensalz), aber es enthält das Calcium (man fälle eine Probe mit Ammoniak und Ammoniumcarbonat).

Im Ferriphosphatniederschlage weise man die Phosphorsäure nach. Man digeriere ihn nach dem Auswaschen mit heißem Wasser in einem Kölbchen einige Zeit mit Schwefelammonium:

$$2FePO_4 + 3(NH_4)_2S = 2FeS + S + 2(NH_4)_3PO_4$$

und weise im Filtrat die Phosphorsäure als phosphorsaures Ammonium-Magnesium nach (S. 101).

Kaliumrhodanid ruft in Ferrisalzlösungen am besten bei Gegenwart von Salzsäure eine intensiv blutrote Färbung hervor, die auf der Bildung des wasserlöslichen Eisenrhodanids beruht:

$$FeCl_3 + 3KSCN = 3KCl + Fe(SCN)_3.$$

Charakteristischer und empfindlichster Nachweis des Eisens in der Oxydform.

Man prüfe die Empfindlichkeit der Reaktion mit Spuren einer Ferrisalzlösung.

Die Reaktion wird gehindert durch Gegenwart von Salzen organischer Säuren, wie Essigsäure, Oxalsäure, Weinsäure usw., kann aber in einigen solchen Lösungen durch Zusatz von Salzsäure hervorgerufen werden.

Übergang der Ferri- in Ferrosalze.

Durch viele Reduktionsmittel können die Ferrisalze zu Ferrosalzen reduziert werden, so durch

Schwefelwasserstoff in saurer Lösung unter Schwefelabscheidung,

Schweflige Säure am besten in der Wärme unter Bildung von Schwefelsäure, solche **Metalle** bei Gegenwart von Säure, welche mit Säuren Wasserstoff entwickeln, wie Aluminium, Zink, Eisen, Zinn usw., **Zinnchlorür** und Salzsäure unter Bildung von Zinnchlorid, **Jodwasserstoff** unter Jodabscheidung.

Man schreibe die Reaktionsgleichungen (auch in Ionenform) führe die Reduktionsversuche aus und prüfe auf das gebildete Oxydulsalz mit rotem Blutlaugensalz.

Ein Gemisch von roter Blutlaugensalz- und Eisenchloridlösung ist in stark verdünnter hellbraungefärbter Lösung, ein empfindliches Reagens auf reduzierende Substanzen.

Kobalt.

Das Kobalt ist ein silberweißes, magnetisches Metall vom spezifischen Gewicht 8,9; es schmilzt bei 1505°.

Außer den Verbindungen des zwei- und dreiwertigen Kobalts (mit den normalen Kobaltreaktionen) existieren bei beiden Wertigkeitsstufen des Kobalts noch Komplexe mit Ammoniak und Cyan, von denen die mit dreiwertigem Kobalt zum Teil sehr beständig sind und viel beständiger als diejenigen, in denen es zweiwertig ist. Das dreiwertige Kobalt bildet außerdem noch einen sehr beständigen Komplex mit der Nitrogruppe. Die komplexen Verbindungen des Kobalts spielen bei der Abscheidung des Kobalts und seiner Trennung vom Nickel eine große Rolle.

Kobaltreaktionen auf trocknem Wege.

Reduktion zu Metall. Kobalt wird aus allen seinen Verbindungen durch Kohle bei Gegenwart von Soda als Metall abgeschieden, gibt aber keinen Oxydbeschlag (Metall ohne Beschlag). Die Reaktion führe man auf Kohle mit dem Lötrohr nach S. 140 und am Kohlesodastäbchen S. 165 aus.

Beim Verreiben der Reduktionsprobe mit Wasser im Achatmörser erhält man duktile, weiße, glänzende Metallflitterchen, die ihrer magnetischen Eigenschaften wegen, wie beim Eisen (S. 240), mittels eines Magneten auf Filtrierpapier gebracht werden können. Auf diesem löse man in wenigen Tropfen verdünnter Salpetersäure (rote Lösung) und trockne vorsichtig (blau; auf Zusatz von Wasser wieder rot werdend). Tropft man Natronlauge darauf, bringt das Papier dann in Bromdampf und befeuchtet nachher nochmals mit Natronlauge, so erhält man einen schwarzen Fleck von Kobaltihydroxyd. (Nickel gibt die gleiche Reaktion.)

Perlreaktionen. In der Phosphorsalzperle erzeugen Kobaltverbindungen blauviolette Färbungen, die im Oxydations- und Reduktionsfeuer gleich sind; dabei zeigen sich nur geringe Unterschiede, je nachdem man die Perlen heiß oder kalt betrachtet.

Oxyd.: Red.: } heiß ← hellerblau—dunklerblau—hellerblauviolett → kalt.

In der Boraxperle erhält man sowohl im Oxydations- als auch im Reduktionsfeuer rein blaue Perlen, die heiß heller erscheinen und beim Erkalten nachdunkeln.

Oxyd.: Red.: } heiß ← hellerblau—dunklerblau → kalt.

Charakteristische und empfindliche Reaktion für Kobalt.

Kobaltosalze

sind im wasserfreien Zustande im allgemeinen blau, in verdünnten wässerigen Lösungen rot. Versetzt man rote Kobaltchlorürlösung mit konzentrierter Salzsäure, so wird sie blau. Kobaltosulfat $CoSO_4$, $7\,H_2O$ ist rot, wasserfrei rosarot. Kobalt löst sich in verdünnten Säuren zu Oxydulsalzen; auch mit Salpetersäure entsteht das Oxydulsalz.

Reaktionen der Kobaltosalze.

Natriumhydroxyd fällt aus Kobaltolösungen zunächst blaues basisches Salz, aus Kobaltnitratlösung z. B. NO_3CoOH, aber je nach den Fällungsbedingungen von wechselnder Zusammensetzung ($xCo(NO_3)_2 + yCo(OH)_2$). Bei weiterem Zusatz von Natronlauge und besonders beim Erwärmen geht der Niederschlag in rotes Kobaltohydroxyd über, das in überschüssiger Natronlauge etwas löslich ist. Reaktionsgleichung?

Kobaltohydroxyd wird beim Stehen an der Luft rasch mißfarbig und schließlich braun unter Bildung von Kobaltoxyduloxydhydrat:

$$3\,Co(OH)_2 + O = (HO)_2{:}Co.O.Co.O.Co{:}(OH)_2 + H_2O.$$

Beim Glühen an der Luft verwandelt es sich in das glühbeständige Kobaltoxyduloxyd:

$$3\,Co(OH)_2 + O = 3\,H_2O + Co_3O_4.$$

Natriumhydroxyd bei Gegenwart von Oxydationsmitteln.

Brom und Natronlauge. Versetzt man Kobaltosalzlösung mit einigen Tropfen Brom oder mit viel Bromwasser und gibt Natronlauge hinzu, so fällt schwarzes Kobaltihydroxyd (Reaktionsgleichung?), das im Überschuß von Natronlauge völlig unlöslich ist.

Brom und Natronlauge bilden unterbromigsaures Natrium NaOBr, das in alkalischer Lösung die Oxydation des Kobaltohydroxyds zu Kobaltihydroxyd bewirkt. Ebenso wirkt unterchlorigsaures Natrium oder Chlor und Natronlauge.

Wasserstoffsuperoxyd und Natronlauge. Versetzt man Kobaltonitratlösung mit Wasserstoffsuperoxyd und dann mit Natronlauge, so fällt schwarzes Kobaltihydroxyd. Reaktionsgleichung?

Natriumcarbonat fällt aus Kobaltosalzen rotviolettes, basisches Carbonat von wechselnder Zusammensetzung. Fällt man in konzentrierten Lösungen in der Kälte, so ist die Zusammensetzung des Niederschlages annähernd $2\,CoCO_3,\ 3\,Co(OH)_2$. Beim Fällen in starker Verdünnung und in der Siedhitze enthält er mehr Hydroxyd und hat ungefähr die Zusammensetzung $2\,CoCO_3,\ 4\,Co(OH)_2$.

Bariumcarbonat fällt Kobaltosalze mit Ausnahme des Sulfats in der Kälte nicht.

Natriumacetat fällt Kobaltosalze selbst in der Siedhitze nicht.

Schwefelwasserstoff. Aus neutralen Salzlösungen wird das Kobalt teilweise als schwarzes Kobaltosulfid gefällt. Reaktionsgleichung? Umkehrbarer Prozeß. Aus essigsaurer Lösung wird es bei Gegenwart von viel essigsaurem Natron vollständig als Kobaltosulfid gefällt.

Bei Abwesenheit von Natriumacetat wird dagegen selbst essigsaures Kobalt (zu bereiten durch Lösen von basischem Kobaltocarbonat in Essigsäure) bei Gegenwart einer nicht zu geringen Menge Essigsäure nicht mehr gefällt. Setzt man aber nachträglich viel essigsaures Natron (event. in Kristallen) hinzu, so tritt Fällung ein. (Analogie mit Ferrosulfid S. 243 und Zinksulfid S. 137.)

Das Kobaltosulfid hat die Eigenschaft nach dem Ausfällen sehr bald in einen Zustand überzugehen, in dem es sich auch in etwa normalen starken Säuren in der Kälte nicht mehr auflöst, während sogar halbnormale starke Säuren die Ausfällung der Kobaltsalze durch Schwefelwasserstoff vollständig verhindern.

Man versetze Kobaltosalzlösung mit Salzsäure, so daß die Lösung etwa 2 % Säure enthält, und leite Schwefelwasserstoff ein: es entsteht keine Fällung.

Man fälle etwas neutrale Kobaltosalzlösung mit Schwefelwasserstoff (teilweise Fällung) und setze nach kurzer Zeit so viel konzentrierte Salzsäure hinzu, daß die Lösung etwa 2 % freie Säure enthält: es findet selbst bei längerem Stehenlassen in der Kälte kaum Auflösung statt.

Diese Eigenschaft benutzt man, um Kobaltosulfid und das sich ähnlich verhaltende Nickelosulfid (siehe später) von den übrigen Schwefelmetallen Zinksulfid, Manganosulfid und den Hydroxyden des Aluminiums und Chroms zu trennen. (Siehe Tafel V.) Die Trennung ist aber nicht sehr gut. (Vgl. darüber später beim Nickel.)

Schwefelammonium fällt Kobaltosalze vollständig als schwarzes Kobaltosulfid. Reaktionsgleichung?

Ammoniak fällt, wenn man es in geringen Mengen zu Kobaltosalzlösungen setzt, blaues basisches Salz (wie Natronlauge). Bei weiterem Zusatz von Ammoniak löst sich der Niederschlag aber mit roter Farbe zu einem komplexen Kobaltoammoniumsalz von geringer Beständigkeit.

Solche Lösungen oxydieren sich an der Luft außerordentlich leicht zu komplexen Kobaltiammoniumsalzen, Kobaltiaksalzen, von sehr verschiedener Zusammensetzung. Man unterscheidet nach WERNER:[1]

Triacidotriamminverbindungen	$[Co(NH_3)_3R_3]$
Diacidotetramminsalze . . .	$[Co(NH_3)_4R_2]R$
Acidopentamminsalze . . .	$[Co(NH_3)_5R]R_2$
Hexamminsalze	$[Co(NH_3)_6]R_3$,

worin R einwertige Säureradikale (Cl—, Br—, NO_2.O—, NO.O—, HO.SO_2.O—, usw.) bedeutet.

Das Kobalt ist in diesen Verbindungen stets mit 6 Radikalen — nämlich mit sämtlichen Ammoniakmolekülen („Ammin"), und wo die Zahl der Ammoniakmoleküle weniger als 6 beträgt, zum Teil auch in Ergänzung der Sechszahl mit den Säureradikalen — zu einem sehr beständigen, salzbildenden Komplex vereinigt.

Man kann die Formeln daher auflösen zu:

$$[CoR_x(NH_3)_{6-x}]R_{3-x},$$

in denen das in eckiger Klammer Befindliche mit dem Kobalt den beständigen Komplex ausmacht. In den Hexamminsalzen gehören also auch sämtliche drei Säureradikale zu dem beständigen Komplex; es ist in gewisser Weise gar kein Salz mehr.

Bei Gegenwart von Oxydationsmitteln, wie Wasserstoffsuperoxyd oder Ammoniumpersulfat werden durch Ammoniak solche komplexe Kobaltiaksalze gebildet.

Cyankalium fällt aus Kobaltosalzen zunächst schmutzig rosafarbenes Kobaltocyanid. Reaktionsgleichung? In mehr Cyankalium löst es sich mit grünbrauner Farbe zunächst zu dem komplexen Salz $CoCy_4K_2$. Reaktionsgleichung?

Versetzt man die Lösung des Komplexsalzes $CoCy_4K_2$ mit noch mehr Cyankalium, so entsteht ein anderes komplexes Salz $CoCy_6K_4$, welches der Zusammensetzung nach dem gelben Blutlaugensalz vergleichbar ist. Die beiden Salze $CoCy_4K_2$ und $CoCy_6K_4$ verraten ihre komplexe Natur dadurch, daß aus ihnen durch Natronlauge kein Kobaltohydroxyd, durch Schwefelwasserstoff (auch in essigsaurer Lösung unter Zusatz von Natriumacetat; Unterschied von Zink S. 138) und durch Schwefelammonium (selbst bei Gegenwart von viel Alkali und unter Erwärmen; Unterschied von Zink S. 138) kein Kobaltosulfid gefällt wird.

[1] A. WERNER: Neuere Anschauungen auf dem Gebiete der anorganischen Chemie, Braunschweig 1905 (Sammlung „Wissenschaft", Heft 8).

Durch starke Säuren wird dagegen sowohl das Salz $CoCy_4K_2$ zerlegt nach der Gleichung:

$$CoCy_4K_2 + 2HCl = 2KCl + CoCy_2 + 2HCy,$$

als auch das Salz $CoCy_6K_4$ nach der Gleichung:

$$CoCy_6K_4 + 4HCl = 4KCl + CoCy_2 + 4HCy.$$

Die zu den beiden Salzen gehörigen Säuren H_2CoCy_4 und H_4CoCy_6 sind ziemlich unbeständig. Man vergleiche damit das Verhalten des ähnlich zusammengesetzten gelben Blutlaugensalzes, dessen zugehörige Säure H_4FeCy_6 bei niedrigen Temperaturen im freien Zustande beständig ist (S. 244).

Das Kobaltocyanion, $(Co^{II}Cy_6)''''$, hat große Tendenz sich unter Abgabe einer negativen Ladung zu dem Kobalticyanion, $(Co^{III}Cy_6)'''$, zu oxydieren:

$$(Co^{II}Cy_6)'''' \longrightarrow (Co^{III}Cy_6)''' + (').$$

Diese leichte Oxydierbarkeit zu dem äußerst beständigen komplexen Salz mit dreiwertigem Kobalt $K_3(Co^{III}Cy_6)$ bzw. Kobalticyanion $(Co^{III}Cy_6)'''$ zeigt das Salz $K_2Co^{II}Cy_4$ bzw. das Ion $(Co^{II}Cy_4)''$ nicht.

Man versetze Kobaltosalzlösung mit Cyankalium, bis soeben Wiederauflösung des anfangs entstandenen Niederschlages stattfindet. Reaktionsgleichung? Einen kleinen Teil dieser Lösung von $CoCy_4K_2$ versetze man im Reagensrohr mit Brom und Natronlauge und erwärme: es wird Kobaltihydroxyd gefällt.

Einen zweiten Teil versetze man tropfenweise mit Salzsäure Vorsicht: Blausäure!), es wird Kobaltocyanid gefällt.

Einen dritten Teil koche man im Reagensrohr einige Zeit und versetze dann mit Brom und Natronlauge: es fällt ebenfalls Kobaltihydroxyd.

Zu dem Rest der Lösung des $CoCy_4K_2$ setze man einen Überschuß von Cyankalium, so daß das Salz $CoCy_6K_4$ entsteht, und stelle nun mit diesem Salze sofort die folgenden Reaktionen zum Vergleich mit den vorigen an.

Eine Probe gibt, wenn man sofort tropfenweise Salzsäure hinzufügt (Vorsicht: Blausäure!), Kobaltocyanid.

Eine zweite Probe werde zunächst einige Zeit im Reagensrohr gekocht. Die Lösung nimmt dabei eine gelbe Farbe an und wird nun durch Brom und Natronlauge auch beim Erwärmen nicht mehr gefällt.

Durch das Kochen der Lösung des $CoCy_6K_4$ unter Luftzutritt findet Oxydation statt nach der Gleichung

$$2K_4(Co^{II}Cy_6) + H_2O + O = 2KOH + 2K_3(Co^{III}Cy_6).$$

Im Sinne der oben angeführten Ionengleichung bilden sich durch Abgabe der negativen Ladungen Hydroxylionen:

$$2(Co^{II}Cy_6)'''' + O + H_2O = 2(Co^{III}Cy_6)''' + 2(OH)'.$$

Die Oxydation geht so leicht vor sich, daß sie bei sehr langem Kochen selbst ohne Luftzutritt unter Zersetzung des Wassers erfolgt:

$$2CoCy_6K_4 + 2H_2O = 2KOH + 2CoCy_6K_3 + H_2,$$

oder im Sinne der Ionentheorie werden durch die freiwerdenden negativen Ladungen die Wasserstoffionen entladen:

$$2(Co^{II}Cy_6)'''' + \underbrace{2(H^{\cdot})(OH')}_{\text{Wasser}} = 2(Co^{III}Cy_6)''' + 2(OH') + H_2.$$

Am leichtesten aber erfolgt diese Oxydation, wenn man in Gegenwart von etwas freier Blausäure erwärmt.

Man versetze eine vierte Probe mit wenigen Tropfen Salzsäure und erwärme möglichst unter Luftzutritt anfangs gelinde (damit die Blausäure nicht entweicht) und später bis zum Kochen. Die entstandene Lösung ist dann durch Natronlauge und Brom nicht mehr fällbar.

Kaliumnitrit gibt mit neutralen Kobaltosalzlösungen keine Reaktion. Erwärmt man aber Kobaltosalzlösung, die mit etwas freier Säure (am besten Essigsäure) versetzt wurde, mit Kaliumnitrit in großem Überschuß (vgl. Reaktionsgleichung weiter unten), so bildet sich ein sehr schwer lösliches Salz $[Co(NO_2)_6]K_3$ (vgl. S. 116) mit dreiwertigem Kobalt (das Kobaltikaliumnitrit), das den dreiwertigen beständigen Komplex $Co(NO_2)_6^{\equiv}$ enthält und das in überschüssiger konzentrierter Kaliumnitritlösung fast unlöslich ist. Es entsteht nach der Gleichung:

$$CoSO_4 + 7KNO_2 + 2C_2H_4O_2 = K_2SO_4 + H_2O + NO + 2C_2H_3O_2K + Co^{III}(NO_2)_6K_3$$

oder in Ionenform geschrieben:

$$Co^{\cdot\cdot} + 3K^{\cdot} + 7(NO_2') + 2H^{\cdot} = [Co^{III}(NO_2)_6]K_3 + NO + H_2O.$$

Das Salz wird zur Abscheidung des Kobalts und zu seiner Trennung vom Nickel (vgl. unten) benutzt. Das entsprechende Kobaltinatriumnitrit benutzten wir früher zur Fällung von Kaliumsalzen. Man kann danach Kobaltosalze auch mit Natriumnitrit unter Zusatz eines Kaliumsalzes (Chlorkalium) fällen (S. 115).

Dicyandiamid $(CN.NH_2)_2$ = **Cyanguanidin** 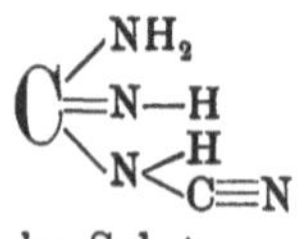

ist eine kristallinische, farblose, in Wasser leicht lösliche Substanz, die aus dem Stickstoff der Luft und Calciumcarbid billig hergestellt wird. Kocht man die wässerige Lösung des Dicyandiamids unter Zusatz einiger Tropfen Salz- oder Schwefelsäure, so geht das Dicyandiamid unter Aufnahme von Wasser in das Dicyandiamidin über, das sich als Salz in Lösung befindet:

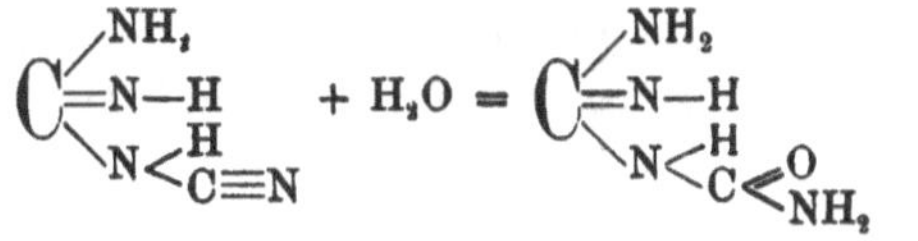

Dieses Dicyandiamidin ist befähigt, mit Nickelosalzen in ammoniakalischer Lösung bei Gegenwart von viel Kalilauge ein in Kalilauge unlösliches Nickelsalz, das Nickelodicyandiamidin von der Formel $(C_2H_5N_4O)_2Ni + 2\,H_2O$ zu bilden, während aus ammoniakalischen Kobaltisalzlösungen (Kobaltiaksalzlösungen) mit Dicyandiamidin nichts ausfällt. — Dieses Verhalten benutzt man zur analytischen Trennung des Nickels vom Kobalt.[1]

Man füge zu einer Kobaltlösung einige Kubikzentimeter Chlorammoniumlösung und Ammoniak bis zur vollständigen Lösung eines etwa ausfallenden Niederschlages. Darauf versetze man mit einer weiteren Menge Ammoniak im Überschuß, so daß die Lösung deutlich danach riecht. Alsdann füge man zur Überführung des Kobaltokomplexes in den Kobaltikomplex einige Kubikzentimeter reine Wasserstoffsuperoxydlösung (5—10 $^0/_0$) hinzu, oxydiere bei gelinder Wärme, versetze mit einem Überschuß von Dicyandiamidinlösung[2] (auf $^1/_{10}$ g Kobalt etwa 1—2 g Dicyandiamidinsalz) und sodann unter ständigem Umrühren mit einem Überschuß 10 $^0/_0$iger Kalilauge. Es fällt aus Kobaltsalzlösungen, wenn sie nickelfrei waren, auch beim längeren Stehen kein Niederschlag aus. (Unterschied von Nickel siehe S. 261.)

α-Dimethylglyoxim $\begin{array}{l} CH_3.C = NOH \\ \quad\;\; | \\ CH_3.C = NOH \end{array}$.

Tschugaeffs Reagens auf Nickel (siehe S. 262) gibt mit Kobaltsalzen keine Fällung.

Rhodanammonium. Man versetze Kobaltosalzlösung mit Rhodanammoniumlösung (oder einem Gemisch von Rhodankalium- und Chlorammoniumlösung). Infolge Bildung von Kobaltorhodanid färbt sich die Lösung tief rot. Man schüttle die Lösung mit einem Gemisch von Amylalkohol und Äther (1 : 1); das Kobaltrhodanid geht mit intensiv grünblauer Farbe in die amylalkoholisch-ätherische Lösung. (Empfindliche Reaktion auf Kobalt.) Die blaugrüne Lösung zeigt einen intensiven Absorptionsstreifen im orangeroten Teil des Spektrums (Unterschied von Nickel). Bei Gegenwart von Eisen versetzt man die Flüssigkeit mit etwas Sodalösung, wodurch das Ferrirhodanid durch Abscheidung von Ferrihydroxyd entfärbt wird, während

[1] H. Grossmann und B. Schück, Berichte der Deutschen Chemischen Gesellschaft Bd. 39, S. 3356 (1906).

[2] Zu bereiten durch kurzes Kochen einer konzentrierten wässerigen Lösung von Dicyandiamid unter Zusatz einiger Tropfen Salzsäure.

die ammoniakalische Kobaltorhodanidlösung von Soda nicht zersetzt wird. Gegenwart von Chrom, Mangan und Zink stören diese Kobaltreaktion nicht.

Nickel.

Nickel ist ein silberweißes, magnetisches Metall vom spezifischen Gewicht 8,8—8,9; es schmilzt bei 1484°.

Nickel bildet zwei Hydroxyde, aber nur eine beständige Reihe von Salzen, die sich vom zweiwertigen Metall ableiten. Sie entsprechen den Kobalto- und Ferrosalzen und werden als Nickelosalze bezeichnet.

Außerdem bildet Nickel komplexe Verbindungen, aber nur vom zweiwertigen Metall (wichtiger Unterschied vom Kobalt), mit Cyan und Ammoniak, die ebensowenig Beständigkeit zeigen, als die des zweiwertigen Kobalts.

Nickelreaktionen auf trocknem Wege.

Reduktion zu Metall. Nickel wird aus allen seinen Verbindungen durch Kohle bei Gegenwart von Soda abgeschieden, gibt aber keinen Beschlag (Metall ohne Beschlag).

Man führe die Reduktion vor dem Lötrohr nach S. 141 u. 165 und am Kohlesodastäbchen nach S. 165 aus.

Beim Verreiben der Reduktionsprobe mit Wasser im Achatmörser erhält man weiße, glänzende Metallflitter, die wie bei Kobalt und Eisen magnetisch sind. Man bringe sie auf Fließpapier und löse in Salpetersäure (grüne Lösung). Die Lösung gibt nach dem Betropfen mit Natronlauge und Einhängen in Bromdampf, event. unter Wiederholung der Einwirkung von Natronlauge und Bromdampf einen schwarzen Fleck von Nickelihydroxyd. (Analog dem Kobalt S. 251.)

Perlreaktionen.

In der Phosphorsalzperle geben Nickelverbindungen im Oxydations- und Reduktionsfeuer fast gleiche Färbungen, die je nach der Konzentration und der Beobachtungstemperatur der Perle verschieden sind.

$$\left.\begin{array}{l}\text{Oxyd.:}\\ \text{Red.:}\end{array}\right\}\text{heiß} \longleftarrow \underbrace{\text{dunkelrot-ame}\overbrace{\text{thystrot}}}_{\text{konzentriert}}\text{-}\text{gelbbraun-grünlichgelb} \longrightarrow \text{kalt.}$$

(konzentriert: dunkelrot-amethystrot; verdünnt: amethystrot-gelbbraun-grünlichgelb)

In der Boraxperle sind Reduktionswirkungen in der unteren Reduktionsflamme schwer, in der oberen Reduktionsflamme leichter zu erzielen. Dabei scheidet sich graues, metallisches Nickel aus, das sich oft zu silberweißem Schwamm zusammenballt, während die Perle farblos wird.

Oxyd.: heiß ←— dunkelrotbraun—hellrotbraun—gelb —→ kalt.
Red.: schlechter reduziert ←— graubraun—grau —→ besser reduziert.

Nickelosalze.

Nickel löst sich in verdünnten Säuren unter Wasserstoffentwicklung zu Nickelosalzen, die in wässerigen Lösungen grün, in wasserfreiem Zustande farblos oder hellgelb sind.

Reaktionen der Nickelosalze.

Natriumhydroxyd fällt aus Nickelosalzen apfelgrünes Nickelohydroxyd (Reaktionsgleichung? Unterschied von Kobalt S. 252), das im Überschuß von Natronlauge unlöslich ist. Nickelohydroxyd verändert sich nicht an der Luft (Unterschied von Kobalt S. 252 und Eisen S. 242). Beim Glühen an der Luft geht es unter Wasserverlust in Nickelooxyd über. Reaktionsgleichung? (Unterschied von Kobalt S. 252 und Eisen S. 240.)

Natriumhydroxyd bei Gegenwart von Oxydationsmitteln.

Brom und Natronlauge fällen aus Nickelosalzen wie beim Kobalt schwarzes Nickelihydroxyd (Reaktionsgleichung?), das im Überschuß der Natronlauge unlöslich ist (Analogie mit Kobalt).

Wasserstoffsuperoxyd und Natronlauge fällen aus Nickelosalzen apfelgrünes Nickelohydroxyd (Unterschied von Kobalt).

Natriumcarbonat fällt aus Nickelosalzen grünliches, basisches Carbonat, das ähnlich wie bei Kobalt wechselnde Zusammensetzung hat.

Bariumcarbonat und auch **Natriumacetat** fällen Nickelosalze nicht.

Schwefelwasserstoff. Neutrale Nickelosalzlösungen werden durch Schwefelwasserstoff teilweise als Nickelosulfid gefällt. Reaktionsgleichung? (Umkehrbare Reaktion.)

Nickeloacetat (zu bereiten aus basischem Nickelocarbonat und unzureichender Menge Essigsäure) wird durch Schwefelwasserstoff ebenfalls noch unvollständig gefällt. (Umkehrbare Reaktion.) Bei Gegenwart von viel Essigsäure tritt keine Fällung ein; fügt man dieser stark essigsauren Lösung nun aber viel essigsaures Natrium (am besten das feste Salz) hinzu, so wird dadurch die Essigsäure in ihrer sauren Wirkung stark herabgesetzt, und es findet Fällung statt (vgl. das Verhalten von Eisen- und Zinksulfid S. 243 und 137).

Die Fällung wird vollständig in schwach mit Essigsäure versetzter Lösung bei Gegenwart von viel Natriumacetat. (Wie beim Kobalt S. 253.)

Schwefelnickel teilt die Eigenschaft des Schwefelkobalts, nach dem Ausfällen sehr bald in verdünnter (etwa normaler) Salzsäure unlöslich zu werden (vgl. S. 253).

Man fälle Schwefelnickel aus neutraler Lösung oder unter Zusatz von etwas Ammoniak durch Schwefelwasserstoff: es löst sich in 4%iger kalter Salzsäure kaum oder höchstens in Spuren auf. Gegenüber dem Schwefelkobalt ist das Schwefelnickel in verdünnten Säuren etwas leichter löslich.

Die Reihenfolge der Löslichkeit der Schwefelmetalle dieser Gruppe beginnend mit dem leichtest löslichen ist folgende: MnS, FeS, ZnS und dann kommen die viel schwerer löslichen NiS, CoS. Eine sehr scharfe Trennung des Kobalts und besonders des Nickels von den übrigen ist durch ihr Verhalten gegen normale Salzsäure indessen nicht zu erzielen. (Vgl. Tafel $V_{II\ und\ III}$.)

Man versetze Nickellösung von vornherein mit so viel Salzsäure, daß die Lösung etwa einfach normal wird; beim Versetzen mit Schwefelwasserstoffwasser und selbst beim andauernden Einleiten des Gases fällt kein Schwefelnickel heraus.

Schwefelammonium fällt Nickelosalz vollständig als Nickelosulfid. Reaktionsgleichung? Man vermeide dabei einen größeren Überschuß von Schwefelammonium, in welchem das Schwefelnickel besonders bei Gegenwart von Ammoniak sich teilweise mit brauner Farbe löst. Man erzeuge absichtlich eine solche braune Lösung und filtriere ab. Aus dieser kann man das gelöste Nickel oft durch Ammoniumsalze (Salmiak) schon wieder abscheiden. Besser gelingt die vollständige Abscheidung, wenn man Essigsäure bis zur schwach sauren Reaktion hinzugibt und zum Sieden erhitzt.

Das oben abfiltrierte Schwefelnickel wasche man mit Wasser aus. Bei längerem Auswaschen geht Schwefelnickel mit brauner Farbe in Lösung. Es hat die Eigenschaft, mit reinem Wasser sehr leicht kolloidale Lösungen zu geben. Aus der braunen Lösung wird durch wenig Essigsäure beim Erwärmen das Schwefelnickel wieder abgeschieden. Fällt man Schwefelnickel bei Gegenwart von Chlorammonium und wäscht mit Chlorammoniumlösung anstatt mit reinem Wasser aus, so wird der Übergang in kolloidales Schwefelnickel verhindert.

Ammoniumhydroxyd fällt, wenn man es in geringer Menge zu Nickelosalzen hinzugibt, apfelgrünes Nickelohydroxyd. Reaktionsgleichung?

In größeren Mengen Ammoniak löst sich das anfangs gefällte Nickelohydroxyd wieder auf zu einem komplexen Salz (z. B. Nickeloammoniumnitrat $Ni(NH_3)_4(NO_3)_2$, Nickeloammoniumsulfat $Ni(NH_3)_4(SO_4)$).

Analogie mit Zink S. 135 und mit Kupfer S. 157. Außerdem existieren auch Salze mit mehr Ammoniak wie $Ni(NH_3)_6(SO_4)$ usw. Aber in allen diesen Salzen ist der Nickeloammoniumkomplex nicht sehr beständig: Durch genügende Mengen von Natronlauge werden die Salze in der Kälte schon zerlegt unter Abscheidung von Nickelohydroxyd.

In solchen Nickeloammoniumsalzen kann das Nickel auch nicht in die dreiwertige Form übergeführt werden, wie beim Kobalt, bei dem dann besonders beständige Kobaltiammoniumverbindungen entstehen (S. 254).

Versetzt man eine Nickelsalzlösung mit viel Ammoniumsalz, (Chlorammonium) und dann mit Ammoniak, so entsteht überhaupt keine Fällung von Nickelohydroxyd, ähnlich wie beim Magnesium (S. 203). Auch bei Gegenwart von Wasserstoffsuperoxyd werden Nickelsalze unter diesen Umständen nicht gefällt, weil keine Oxydation stattfindet.

Dicyandiamidinsalz (vgl. beim Kobalt S. 256) fällt aus Nickeloammoniumsalzen bei Gegenwart von Kalilauge alles Nickel als Dicyandiamidinnickel $(C_2H_5N_4O)_2Ni + 2H_2O$ in feinen gelben Nadeln, die in reinem Wasser schwer, in ammoniakhaltigem praktisch unlöslich sind. Besonders charakteristisch für die Reaktion ist der plötzliche Farbenumschlag von blau in gelb beim Zusatz des Alkalis.

Man gebe zu einer Nickelsalzlösung etwa die vierfache Menge Dicyandiamidinsalzlösung[1] (auf $^1/_{10}$ g Nickel etwa 1—2 g des Reagens), füge einige Kubikzentimeter einer Chlorammoniumlösung hinzu und übersättige stark mit Ammoniak. Die erhaltene blaue Lösung versetze man unter ständigem Umrühren mit einem Überschuß 10%iger Kalilauge, worauf aus der anfangs klar gelben, mit Nickeldicyandiamidin übersättigten Lösung der kristallinische Niederschlag auszufallen beginnt. Bemerkenswert ist hierbei, daß größere Mengen von Ammoniumsalzen lösend auf das Dicyandiamidinnickel einwirken und deshalb zu vermeiden sind; fehlt es an überschüssigem Alkali so löst sich der Niederschlag beim Erhitzen in den konzentrierten Ammoniumsalzlösungen mit blaugrüner Farbe auf.

Man lasse die Fällung zur vollständigen Abscheidung des Nickels einige Stunden (am besten über Nacht) in der Kälte stehen, filtriere dann ab und wasche den Niederschlag einige Male mit ammoniakhaltigem Wasser aus. Das Filtrat gibt, wenn das Nickelsalz kobaltfrei war, mit Schwefelammonium keine Fällung.

---

[1] Zu bereiten durch Kochen einer konzentrierten wässerigen Lösung von Dicyandiamid unter Zusatz einiger Tropfen Salzsäure.

α-Dimethylglyoxim, $\begin{matrix} CH_3.C = NOH \\ | \\ CH_3.C = NOH \end{matrix}$,

TSCHUGAEFFS Reagens auf Nickel[1] (vgl. beim Kobalt S. 257) gibt mit Nickelosalzen in ammoniakalischer Lösung, selbst in starker Verdünnung (1 Teil Nickel auf 400000 Teile Wasser) einen scharlachroten Niederschlag:

$$\begin{matrix} CH_3.C = NO\text{—}Ni\text{—}ON = C.CH_3 \\ | \qquad\qquad\qquad\qquad | \\ CH_3.C = NOH \quad HON = C.CH_3 \end{matrix}.$$

Bei Gegenwart von Kobaltosalzen führt man diese Salze in der ammoniakalischen Lösung durch Luftzutritt in Kobaltiamminsalze über (vgl. S. 254), versetzt sodann mit überschüssigem, gepulvertem α-Dimethylglyoxim und erhitzt kurze Zeit zum Sieden. So kann 0,1 mg Nickel in Gegenwart von 500 mg Kobalt nachgewiesen werden.

Cyankalium fällt aus Nickelosalzen zunächst apfelgrünes Nickelocyanid. Reaktionsgleichung? In Überschuß von Cyankalium löst es sich zu dem komplexen Salz $NiCy_4K_2$. Reaktionsgleichung? Durch einen Überschuß von Cyankalium wird aber kein dem Kobaltocyankalium $CoCy_6K_4$ analoges Salz gebildet, und durch Oxydationsmittel kann auch kein komplexes Salz mit dreiwertigem Nickel wie beim Kobalt erzeugt werden. Stets bleibt das Salz $NiCy_4K_2$ bestehen, welches komplexer Natur ist: es wird durch Natronlauge, durch Schwefelwasserstoff (auch in essigsaurer Lösung unter Zusatz von Natriumacetat; Unterschied von Zink S. 138) und Schwefelammonium (selbst bei Gegenwart von viel Alkali unter Erwärmen; Unterschied von Zink S. 138) kein Niederschlag mehr hervorgerufen, im Gegensatz zu gewöhnlichen Nickelosalzen. Es kann aber durch starke Mineralsäuren schon in der Kälte zerlegt werden:

$$NiCy_4K_2 + 2HCl = NiCy_2 + 2KCl + 2HCy,$$

oder:

$$(NiCy_4)'' + 4H^{\cdot} = 4HCy + Ni^{\cdot\cdot},$$

und ebenso wird durch Brom oder Chlor und Kalilauge Nickelihydroxyd erzeugt:

$$K_2NiCy_4 + 3KOH + Br = KBr + 4KCy + Ni(OH)_3,$$

oder:

$$(NiCy_4)'' + 3(OH') + Br = Br' + 4(Cy') + Ni(OH)_3.$$

Unterschied von Kobalt (S. 255). Dient zur Trennung des Nickels vom Kobalt.

Kaliumnitrit fällt Nickelosalze in essigsaurer Lösung nicht. Unterschied vom Kobalt. Dient zur Scheidung des Kobalts vom Nickel.

---

[1] TSCHUGAEFF, Berichte der Deutschen Chemischen Gesellschaft Bd. 38, S. 2520 (1905); siehe daselbst auch die Bereitung der Reaktion.

Trennungsgang der II. Hauptgruppe (Schwefelammoniumgruppe).

In diese Gruppe (S. 86), welche die durch Schwefelammonium in ammoniakalischer Lösung fällbaren (durch Schwefelwasserstoff in saurer Lösung nicht fällbaren) Metalle enthält, gehören von den behandelten Elementen:

als Schwefelmetalle:	als Hydroxyde:
Nickel, Kobalt, Eisen } schwarz	Aluminium, weiß
Mangan, fleischfarben	Chrom, grün
Zink, weiß	

Wie die Scheidung dieser Hauptgruppe II von den beiden übrigen I und III nach dem allgemeinen Trennungsgange geschieht, ist S. 86 genau beschrieben.[1]

Bei Anstellung der Reaktionen der einzelnen Elemente haben wir gewisse Eigenschaften mancher Verbindungen kennen gelernt, die den allgemeinen Trennungsgang der Hauptgruppen nicht ohne weiteres anzuwenden erlauben.

Diese Eigenschaften, die entweder einen besonderen Analysengang oder eine unten zu besprechende Vorbehandlung nötig machen, sollen im folgenden kurz zusammengefaßt werden:

1. Die in die Hauptgruppe III gehörigen Elemente Magnesium, Calcium, Strontium, Barium haben die Eigenschaft, bei Gegenwart von Phosphorsäure durch Ammoniak (Gegenwart von Salmiak hindert nicht) gefällt zu werden als

$MgNH_4PO_4$	S. 101 u. 204
$Ca_3(PO_4)_2$	S. 102 u. 186
$Sr_3(PO_4)_2$	S. 186
$Ba_3(PO_4)_2$	S. 186.

Da nun vor dem Fällen mit Schwefelammonium mit Ammoniak übersättigt wird, so gelangen die obigen Elemente bei Gegenwart von Phosphorsäure in die Hauptgruppe II, in die sie nicht hineingehören. Auch das Aluminium fällt bei Gegenwart von Phosphorsäure nicht als Hydroxyd, wie es normalerweise ausfallen sollte, sondern als $AlPO_4$ (S. 103 u. 216).

2. Bei Gegenwart von Oxalsäure werden Calcium, Strontium, Barium durch Ammoniak als

CaC_2O_4 (S. 179 u. 188)
SrC_2O_4 (S. 179)
BaC_2O_4 (S. 179)

gefällt.

3. Bei Gegenwart größerer Mengen von Salzen schwacher wasserlöslicher organischer Säuren, wie Essigsäure, Buttersäure, Zitronensäure usw., können nach Zugabe von 2—3% Salzsäure Schwefelnickel, Schwefelkobalt, Schwefel-

[1] Bei Gegenwart von Aluminium oder Chrom gelangt in Hauptgruppe II auch sehr leicht Magnesium, wenn in diesem Falle bei der Fällung mit Schwefelammonium nicht reichlich Ammoniumsalze zugegen sind.

eisen, Schwefelzink bereits durch Schwefelwasserstoff gefällt werden und gelangen dadurch in die Hauptgruppe I.

4. Die Gegenwart vieler Hydroxylverbindungen: Glycerin, Zucker, Weinsäure, Zitronensäure und zahlreicher anderer hindert infolge Bildung komplexer Salze die normale Fällung von Aluminium und Chrom[1] durch Ammoniak und Ammoniumsulfid. (S. 217 u. 221.)

5. Liegen beständige komplexe Cyanverbindungen z. B. des Eisens (S. 244), Kobalts (S. 254), Nickels (S. 262), allenfalls auch des Zinks (S. 138), oder auch die sehr beständigen Kobaltiakverbindungen (S. 254) vor, so wird die Fällung dieser Elemente durch Schwefelammonium gehindert.

6. Liegt das Chrom in Form von Chromsäureverbindungen vor, so ist vor der Fällung mit Schwefelammonium in ammoniakalischer Lösung die Reduktion dieser zu Chromisalz notwendig, weil einerseits Chromate in ammoniakalischer Lösung durch Schwefelammonium nicht vollständig reduziert und gefällt werden, und anderseits bei gleichzeitiger Gegenwart von Erdalkalimetallen Erdalkalichromate, insbesondere Bariumchromat, mit niederfallen würden.

Man muß sich daher vor der Fällung der Hauptgruppe II mit Schwefelammonium in ammoniakalischer Lösung von der Abwesenheit von Phosphorsäure, Oxalsäure, organischer Säuren, organischer Hydroxylverbindungen, Chromaten und Cyanverbindungen durch die nachstehenden Proben überzeugen, und muß, im Falle diese Stoffe sich vorfinden, sie in der nachstehend angegebenen Weise herausschaffen.[2]

1. **Prüfung auf Phosphorsäure.**[3] Eine Probe des Filtrates von der durch Schwefelwasserstoff gefällten Gruppe wird durch Kochen sorgfältig von Schwefelwasserstoff befreit, die Lösung sodann mit einem Überschuß von konzentrierter Salpetersäure eingedampft, der erhaltene Rückstand mit verdünnter heißer Salpetersäure aufgenommen, und event. filtriert. Die klare Lösung wird tropfenweise in eine nach S. 104 bereitete Lösung von Molybdänsäure in überschüssiger Salpetersäure eingegossen, und bei gelinder Wärme das Entstehen des charakteristischen gelben Niederschlages von Ammoniumphosphomolybdat (S. 104) beobachtet.

Hat man Anhaltspunkte, daß Metalle der Schwefelwasserstoffgruppe in der zu analysierenden Substanz überhaupt nicht vorhanden sind, so prüfe man auf Phosphorsäure in der angegebenen Weise in der ursprünglichen Substanz, indem man eine Probe davon

---

[1] Wegen des Verhaltens von Eisen vgl. S. 249.

[2] Nach manchen analytischen Methoden läßt man Phosphorsäure und Oxalsäure darin. Sie gehen dann je nach den Umständen mehr oder weniger vollständig in den Niederschlag der Schwefelammoniumgruppe (II) über. Ihre Anwesenheit in dieser Gruppe muß alsdann bei dem Trennungsgange innerhalb der Gruppe besonders berücksichtigt werden. Der Einfachheit des Ganges der Analyse wegen sollen sie hier stets vorher entfernt werden.

[3] Da alle phosphorsauren Salze bis auf die der Alkalien in Wasser unlöslich sind, braucht nur geprüft zu werden, falls die Substanz in Wasser unlöslich war oder eine saure Lösung zur Untersuchung vorlag.

mit Salpetersäure abraucht und in der beschriebenen Weise weiter behandelt.[1]

Auf Phosphorsäure im Sodaauszug (S. 373) zu prüfen, ist nicht ratsam, da die Mehrzahl der Phosphate sich mit Natriumcarbonatlösungen nicht vollständig, sondern nur bis zu einem Gleichgewichtszustand im Sinne der Gleichung

$$Ca_3(PO_4)_2 + 3\,Na_2CO_3 \rightleftarrows 3\,CaCO_3 + 2\,Na_3PO_4$$

umsetzen, der in der Richtung des oberen Pfeiles derart ungünstig liegt, daß nur der kleinste Teil der Phosphorsäure im Sodaauszuge ist.

Auch mit Magnesiumpulver kann man die Phosphorsäure (und allgemein Phosphorverbindungen) in der ursprünglichen Analysensubstanz nachweisen. Man mische zu dem Zwecke die staubtrockne Substanz mit etwa der dreifachen Menge Magnesium und erhitze so viel wie eine Erbse groß im kleinen Glühröhrchen einige Zeit auf Rotglut. (Es treten leicht Detonationen auf, wenn Feuchtigkeit zugegen ist.) Nach dem Erkalten zerschlage man das Röhrchen in einer Reibschale. Beim Anhauchen der Probe bemerkt man Geruch nach Phosphorwasserstoff, indem das gebildete Phosphormagnesium P_2Mg_3 durch Wasser unter Bildung des übelriechenden Phosphorwasserstoffs zersetzt wird. (Nebenher bildet sich aus der Kieselsäure des Glases stets etwas Siliciummagnesium $SiMg_2$, das mit Wasser zur Entwicklung von Siliciumwasserstoff Anlaß gibt, wobei ein schwacher Geruch auftritt, den man nicht mit dem Phosphorwasserstoff verwechsle.) Man verwendet deshalb an Stelle des Glasröhrchens besser ein solches aus Kupfer (längere Zündkapsel).

2. **Prüfung auf Oxalsäure.**[2] Eine nicht zu kleine Probe der ursprünglichen Substanz koche man mit überschüssiger konzentrierter Sodalösung, filtriere einen etwa bleibenden Rückstand auf einem Faltenfilter ab, säure das Filtrat mit Essigsäure an und versetze mit Chlorcalciumlösung. Bei Abwesenheit von Schwefelsäure, Flußsäure und Kieselfluorwasserstoffsäure, besteht ein sich bildender, weißer Niederschlag aus Calciumoxalat. Der Niederschlag ist löslich in verdünnter Salzsäure und fällt auf Zusatz von genügend Natriumacetat aus der salzsauren Lösung wieder aus.

Sind die vorhin erwähnten Säuren zugegen, so filtriere man den in essigsaurer Lösung entstandenen Niederschlag ab, behandle

---

[1] Ein negativer Ausfall der Phosphorsäureprobe an dieser Stelle des Analysenganges beweist noch nicht die völlige Abwesenheit der Phosphorsäure, denn sie kann sich in Form von Stanniphosphat $Sn_3(PO_4)_4$ im unlöslichen Rückstande befinden (siehe S. 372, Behandlung des unlöslichen Rückstandes).

[2] Auch diese Probe braucht nur ausgeführt zu werden, falls die Substanz in Wasser unlöslich war oder eine saure Lösung vorlag.

ihn nach dem Auswaschen mit heißer verdünnter Schwefelsäure, wodurch die Oxalsäure in Lösung geht, und versetze die nötigenfalls durch Filtrieren geklärte Lösung tropfenweise mit Kaliumpermanganatlösung. Bei Gegenwart von Oxalsäure tritt in der Wärme Entfärbung der Permanganatlösung ein.

3. u. 4. **Erkennung organischer Stoffe,** wie Weinsäure, Zitronensäure, Zucker u. dergl. Organische Verbindungen, mit Ausnahme von Verbindungen des Cyans, der Essigsäure, Oxalsäure und weniger anderer, zeigen beim Glühen unter Luftabschluß Schwarzfärbung, indem sie Kohle abscheiden. Man glühe eine Probe des eingedampften Filtrates von der Schwefelwasserstoffgruppe oder besser eine Probe der ursprünglichen Substanz.

Da aber auch viele anorganische Verbindungen sich beim Glühen schwarz färben, behandle man die geglühte Probe nach dem Erkalten mit Salzsäure in der Wärme, wobei die anorganischen Verbindungen in der Regel entfärbt (gelöst) werden, während die Kohle als schwarzer Rückstand hinterbleibt.

Auf diese Weise kann man einen Gehalt an Zucker, Weinsäure, Zitronensäure usw. meist erkennen.

Da viele anorganische Salze (insbesondere Nitrate) beim Glühen schwarze Oxyde geben, die sich nach stärkerem Glühen schwer in Salzsäure lösen (z. B. Nickel- und Kobaltoxyd), ist die Probe nicht immer zuverlässig. Am charakteristischsten für Weinsäure, Zitronensäure, die Salze dieser Säuren und Zuckerarten ist der empryeumatische Geruch, den diese Stoffe beim trocknen Erhitzen zeigen, und der sich auch meist in der ursprünglichen Analysensubstanz bei Anwesenheit dieser Stoffe erkennen läßt.

Erkennung von Essigsäure. Die trockne, am besten zuvor durch Erhitzen völlig entwässerte Substanzprobe verreibe man in einer Reibschale mit ungefähr der gleichen Menge äthylschwefelsaurem Kalium $\left(\text{Kaliumäthylsulfat } SO_2{<}^{OK}_{OC_2H_5}\right)$ und erhitze das Gemenge im trocknen Reagensglase. Bei Gegenwart von essigsauren Salzen zeigt sich der charakteristische Geruch des Essigsäureäthylesters:

$$SO_2{<}^{OK}_{OC_2H_5} + CH_3 . COOK = \underset{\text{Essigester}}{CH_3COOC_2H_5} + K_2SO_4 .$$

5. **Erkennung komplexer Cyanverbindungen.** Da die häufigsten komplexen Cyanverbindungen die Kaliumsalze der Ferro- und Ferricyanwasserstoffsäure sind, prüfe man zunächst im Sodaauszug

(S. 373) auf die komplexen Eisencyanverbindungen, indem man den Sodaauszug mit verdünnter Salzsäure ansäuert und sodann die Lösung eines Ferro- bzw. Ferrisalzes hinzufügt, wobei sich durch Bildung von Berlinerblau die Anwesenheit der Eisencyanwasserstoffsäuren zu erkennen gibt. (Vgl. S. 246.)

Erst wenn diese rasch ausführbare Probe negativ ausgefallen ist, prüft man auf das eventuelle Vorhandensein der komplexen Cyanide anderer Metalle, die sich im Sodaauszug nicht ohne weiteres nachweisen lassen, und benutzt hierzu die Tatsache, daß alle Cyanverbindungen beim Destillieren mit etwa 30$^0/_0$iger Schwefelsäure Blausäure abspalten. Man übergieße eine nicht zu kleine Probe der ursprünglichen Substanz ($^1/_2$ g) im Fraktionierkölbchen mit etwa 25—50 ccm 30$^0/_0$iger Schwefelsäure, destilliere unter Zusatz einiger Siedesteinchen etwa 10 ccm Flüssigkeit ab[1] und benutze als Vorlageflüssigkeit verdünnte Natronlauge, in welcher die überdestillierende Blausäure sogleich zu Cyannatrium gebunden wird. Nun gebe man zum alkalischen Destillat einen Tropfen Eisenvitriollösung und koche, wodurch sich Ferrocyannatrium bildet. Sodann lasse man unter der Wasserleitung gut abkühlen, übersättige mit verdünnter Salzsäure und füge zur sauren Lösung einige Tropfen Ferrichloridlösung, wodurch bei Gegenwart von Cyan Berlinerblau entsteht.[2]

6. **Prüfung auf Chromate.** Bei Anwesenheit von Chromaten muß der Sodaauszug (S. 373) infolge Bildung von Alkalichromat gelb gefärbt sein. Ein gelb gefärbter Sodaauszug gestattet aber keinen sicheren Schluß auf die Anwesenheit von Chromaten. Zur sicheren Feststellung von Chromaten säuert man den Sodaauszug mit Schwefelsäure an, überschichtet die kalte saure Lösung mit Äther und fügt nun einige Tropfen Wasserstoffsuperoxyd zu.

Bei Anwesenheit von Chromsäure färbt sich der Äther nach dem Umschütteln blau infolge Bildung von Überchromsäure (S. 226).

Man übe die soeben beschriebenen Reaktionen mit kleinen Mengen der im Laboratorium vorrätigen Präparate ein, bevor man die Proben auf unbekannte Analysengemische anwendet.

---

[1] Bei Gegenwart starker Oxydationsmittel wie Permanganaten und Chromaten könnte die bei der Destillation entstehende Blausäure zu Cyansäure (CONH) oxydiert werden. Um dies zu verhindern, setzt man bei Gegenwart stark oxydierender Substanzen der zu destillierenden Flüssigkeit etwas Aluminiumgries zu.

[2] Geringe Mengen Berlinerblau fallen meistens nicht sofort aus, sondern bleiben bei Überschuß von starker Salzsäure oder von Ferrichlorid mit grüner Farbe gelöst. Man lasse ruhig stehen. Nach einigen Stunden findet man dann den blauen Niederschlag am Boden des Gefäßes.

Entfernung organischer Substanzen.

Hat man organische Substanzen nachgewiesen, so müssen sie zur Erreichung normaler Fällungsreaktionen entfernt werden, am besten gleich zu Beginn der Analyse auf nassem Wege, jedenfalls aber vor der Fällung der Schwefelammoniumgruppe.

Essigsäure und andere flüchtige organische Stoffe kann man durch Versetzen mit Salzsäure und Eindampfen, event. unter Wiederholung der Operation, entfernen.[1]

Cyanverbindungen und besonders komplexe Cyanverbindungen kann man durch Abrauchen mit konzentrierter Schwefelsäure zerstören. (Vorsicht! Unter dem Abzuge!)

Nach dem Abrauchen versetzt man mit ganz wenig konzentrierter Salzsäure und verdünnt darauf mit Wasser. Die durch Schwefelsäure gebildeten unlöslichen Sulfate werden abfiltriert und für sich untersucht.

Beim Abrauchen eines Gemisches von Ferro- oder Ferricyankalium und Chromisalzen oder Chromaten mit konzentrierter Schwefelsäure entsteht ein weißer in Wasser, in verdünnten und konzentrierten, kalten und heißen Säuren vollständig unlöslicher Stoff, Ferrochromit, $FeCr_2O_4$; dieselbe Substanz entsteht auch beim Abrauchen von Ferrosalzen und Chromisalzen oder Chromaten mit konzentrierter Schwefelsäure. Diese Substanz läßt sich ebenso wie der natürliche Chromeisenstein durch alkalisch oxydierende Schmelzen aufschließen, aber ungleich leichter, als der natürliche Chromeisenstein. Schon durch gelindes Erwärmen der Substanz mit einem Gemenge gleicher Teile 20%iger Natronlauge und 3%igem Wasserstoffsuperoxyd tritt Zersetzung ein; es entsteht Natriumchromat und Ferrihydroxyd.

Wegen dieser Bildung unlöslicher Produkte beim Abrauchen mit konzentrierter Schwefelsäure, ist es unter allen Umständen ratsamer, die Cyanverbindungen auf die später (S. 372) beschriebene Weise durch Kochen mit konzentriertem Königswasser zu zerstören, indem man einfach den Auflösungsprozeß in Königswasser zu einem intensiveren gestaltet. Am besten lassen sich komplexe Cyanverbindungen zerstören durch Erhitzen mit verdünnter Salpetersäure unter Zusatz von etwas Persulfat.[2]

Oxalsäure zerstört man durch Glühen, wobei oxalsaure Salze in kohlensaure Salze übergehen.

---

[1] Man beachte, daß hierbei beträchtliche Mengen Arsen, Antimon und Quecksilber durch Verflüchtigung ihrer Chloride verloren gehen können.

[2] Berichte der Deutschen Chemischen Gesellschaft Bd. 36, S. 1929.

Die übrigen organischen Substanzen zerstört man durch Oxydation auf nassem Wege, durch anhaltendes Erhitzen mit Königswasser oder mit konzentrierter Salzsäure unter allmählichem Eintragen von chlorsaurem Kalium (auf Kalium kann alsdann im Gange der Analyse auf nassem Wege nicht geprüft werden), oder aber durch Glühen unter Luftzutritt.[1]

Entfernung der Phosphorsäure. Nachdem vorher gegebenenfalls Essigsäure, Cyan, Oxalsäure und übrige organische Substanzen entfernt sind, schafft man in salpetersaurer Lösung die Phosphorsäure durch Zinn heraus.

Dazu ist erforderlich, die Substanz erst vollständig von Salzsäure zu befreien.

Man dampft das Filtrat von der Schwefelwasserstoffgruppe zur Trockne und raucht zur Entfernung der Salzsäure in einer Porzellanschale mehrere Male mit konzentrierter Salpetersäure ab. Übergießt nun mit viel verdünnter Salpetersäure und gibt einige wenige Stückchen granuliertes Zinn hinzu und erwärmt so lange gelinde auf dem Wasserbade oder über kleiner Flamme, bis sich in einer abgegossenen Probe der Flüssigkeit mit molybdänsaurem Ammonium nach S. 104 keine Phosphorsäure mehr nachweisen läßt.

Das Zinn wird in Metazinnsäure SnO_3H_2 (Reaktionsgleichung?) verwandelt, und die Phosphorsäure in Stanniphosphat $Sn_3(PO_4)_4$ (Reaktionsgleichung?); beide sind in Salpetersäure unlöslich. Die Lösung darf während des Behandelns mit Zinn nicht zur Trockne eindampfen und muß stets überschüssige freie Salpetersäure enthalten; wenn nötig füge man von Zeit zu Zeit kleine Mengen Salpetersäure von neuem hinzu.

Ist die Flüssigkeit phosphorsäurefrei geworden, so kocht man auf und dekantiert sie von dem Niederschlage ab, verdünnt auf ungefähr 4%ige Säurelösung und leitet Schwefelwasserstoff ein zur Fällung des manchmal in Lösung befindlichen, aus bleihaltigem Zinn (Stanniol) stammenden Bleis. Das abgeschiedene Bleisulfid wird abfiltriert, das Filtrat mit Ammoniak übersättigt und wie sonst S. 88 mit Schwefelammonium gefällt, nachdem man sich zuvor in einer Probe von der Anwesenheit von Metallen der Schwefelammoniumgruppe überzeugt hat.

---

[1] Man beachte, daß durch Oxydation auf nassem Wege aus andren organischen Stoffen Oxalsäure gebildet werden kann. Durch Glühen können leicht flüchtige Stoffe verloren gehen. Auch können in Säuren schwer lösliche Produkte entstehen, die unter Umständen nach besonderen Methoden wieder in Lösung gebracht (aufgeschlossen) werden müssen.

I. Etwa 4%ige Salzsäure, kalt		CoS,	NiS,[1]				FeS,	MnS,	ZnS,	$Al(OH)_3$,	$Cr(OH)_3$,
	Seite	253	260				244	233	137	213	219
II. Natronlauge, kalt		$FeCl_3$,	$MnCl_2$,	$CoCl_2$,	$NiCl_2$,		$AlCl_3$,	$CrCl_3$,[2]	$ZnCl_2$,[3]		
	Seite	248	231	252	259		212	219	132		
III. Natronlauge, heiß		$FeCl_3$,	$MnCl_2$,	$CoCl_2$,	$NiCl_2$,	$CrCl_3$,[4]	$AlCl_3$,	$ZnCl_2$,[5]			
	Seite	248	231	252	259	220	212	133			
IV. Ammoniak bei Gegenwart von Salmiak		$FeCl_3$,	$AlCl_3$,	$CrCl_3$,			$MnCl_2$,[6]	$ZnCl_2$,	$CoCl_2$,	$NiCl_2$,	
	Seite	248	213	220			232	134	254	261	
V. Bariumcarbonat, kalt		$FeCl_3$,	$AlCl_3$,	$CrCl_3$,[7]			$MnCl_2$,	$ZnCl_2$,	$CoCl_2$,	$NiCl_2$,	
	Seite	249	214	220			232	137	253	259	
VI. Natriumacetat, heiß		$FeCl_3$,	$AlCl_3$,	$CrCl_3$,[8]			$MnCl_2$,	$ZnCl_2$,	$CoCl_2$,	$NiCl_2$,	
	Seite	249	215	221			232	137	253	259	
VII. Schwefelwasserstoff bei Gegenwart von Natriumacetat in essigsaurer Lösung (oder schwachen Säuren bei Gegenwart ihrer Salze)		$FeCl_2$,[9]	$ZnCl_2$,	$CoCl_2$,	$NiCl_2$,		$MnCl_2$,	$AlCl_3$,[10]	$CrCl_3$,[10]		
	Seite	243	137	253	259		232	209	209		
VIII. Natronlauge und 1) H_2O_2, heiß		$FeCl_3$,	$MnCl_2$,	$CoCl_2$,	$NiCl_2$,		$AlCl_3$,	$ZnCl_2$,[11]	$CrCl_3$,		
	Seite	248	234	253	259		212	133	222		
2) Br		$FeCl_3$,	$MnCl_2$,[12]	$CoCl_2$,	$NiCl_2$,		$AlCl_3$,	$ZnCl_2$,[13]	$CrCl_3$,		
	Seite	248	234	252	259		212	132	222		
IX. Ammoniak bei Gegenwart von Chlorammonium und Wasserstoffsuperoxyd		$FeCl_3$,	$MnCl_2$,	$AlCl_3$,			$CoCl_2$,	$NiCl_2$,	$ZnCl_2$,	$CrCl_3$,[14]	
	Seite	248	234	213			254	261	134	223	

[1] Trennung unvollständig wegen teilweiser Löslichkeit des Nickelosulfids in verdünnter kalter Salzsäure, vgl. S. 260. [2] Trennung ungenau, da aus einer Natriumchromitlösung bei gleichzeitiger Fällung von Ferrihydroxyd das Chromihydroxyd selbst in der Kälte und aus stark alkalischer Lösung teilweise mit niedergerissen wird. [3] Trennung ungenau bei gleichzeitiger Anwesenheit von Chrom und Zink, die alsdann in verdünnten kalten und in konzentrierten heißen Alkalien unlösliches Zinkchromit $(CrO_2)_2Zn$ bilden. Auch Eisenhydroxyd gibt Anlaß zur Mitfällung des Zinkhydroxyds. [4] Siehe S. 220. [5] Siehe 3) und S. 133. Die Trennung muß in stark alkalischer nicht zu verdünnter Lösung ausgeführt werden. [6] Trennung nur einigermaßen genau bei möglichstem Luftabschluß in der Siedehitze, vgl. S. 232. [7] Fällt nur bei Gegenwart von viel Eisen vollständig, vgl. S. 221. [8] Wie unter 7), vgl. S. 232. [9] Die Trennung des Mangans vom Eisen ist nach dieser Methode weniger gut durchführbar als die des Mangans von den übrigen (Zink, Nickel, Kobalt). Vgl. die Reihenfolge der Löslichkeit der Sulfide in Säuren, S. 260. [10] Wollte man Aluminium und Chrom nach dieser Methode von den übrigen trennen, was in der Regel wegen anderer besserer Trennungsverfahren nicht geschieht, so müßte man Schwefelwasserstoff in der Kälte einleiten, da in der Siedehitze nach VI Aluminium und Chrom gefällt werden. [11] Die Trennung muß in nicht zu verdünnter, stark alkalischer Lösung ausgeführt werden, da sonst Zink in den Niederschlag gerät, vgl. S. 133. Besonders bei Gegenwart von größeren Mengen Eisen fällt das Zink gern mit dem Eisenhydroxyd, wenn die Lösung nicht stark alkalisch ist. [12] Kleine Mengen Mangan können unter Umständen als Permanganat gelöst bleiben, vgl. S. 234. [13] Für vollständige Trennung des Zinks gilt das unter 11) Gesagte. [14] Einigermaßen vollständige Trennung des Chroms gelingt nur in stark ammoniakalischer Lösung und wenigstens 6%igem Wasserstoffsuperoxyd; dagegen kaum mit 3%igem.

Zur Scheidung innerhalb der Schwefelammoniumgruppe benutzt man in der qualitativen Analyse verschiedene Eigenschaften, die in einer kurzen Tabelle auf S. 270 zunächst zusammengefaßt sein mögen unter Hinweis auf die früher zur Kenntnis dieser Eigenschaften angestellten Versuche.

Die üblichen Methoden, die zur Trennung innerhalb der Schwefelammoniumgruppe Anwendung finden, sind in der Tafel V im Anhang unter I—III schematisch dargestellt. Die genauste und gleichzeitig am raschesten zum Ziele führende Methode ist unter der Bezeichnung Wasserstoffsuperoxydmethode zum ersten Male in der ersten Auflage dieses Buches, und in verbesserter Form von E. Ebler veröffentlicht.[1] Sie soll im folgenden genau beschrieben werden.

Trennung der Metalle der Schwefelammoniumgruppe.

Wasserstoffsuperoxydmethode.

Man übe diese Methode ein mit höchstens 1 g einer selbst bereiteten Mischung der Salze des Eisens, Aluminiums, Chroms, Kobalts, Nickels, Zinks, Mangans, die man zunächst in Wasser löse, mit Ammoniak und Schwefelammonium nach S. 88 als Schwefelmetalle bzw. Hydroxyde fälle und auswasche.[2]

Vorproben: Mit kleinen Mengen des erhaltenen Niederschlages führe man zunächst die folgenden Vorproben aus.

1. Man erhitze eine ganz kleine Probe mit Bleisuperoxyd oder Mennige und Salpetersäure. Vorprobe auf **Mangan**, die kaum versagt, wenn man lange genug kocht (S. 236).

2. Man versetze eine kleine Probe (nach dem Lösen in Salzsäure und nach Oxydation mit einigen Tropfen Salpetersäure) mit Rhodankalium (S. 250). Beim Ausschütteln mit Äther löst sich das Eisenrhodanid mit violettroter bis blutroter Farbe im Äther. Selbst kleine Mengen **Eisen** lassen sich hier schon mit Sicherheit neben anderen Elementen dieser Gruppe erkennen.

---

[1] Zeitschrift für analytische Chemie, Bd. 47, S. 665 (1908).

[2] Im Gange der Analyse muß das Filtrat der Schwefelwasserstoffgruppe nötigenfalls von Phosphorsäure, Flußsäure, Borsäure, komplexen Cyaniden und organischen Substanzen befreit werden, ehe es in warmer, schwach ammoniakalischer Lösung durch einen gerade genügenden Überschuß von Schwefelammonium gefällt wird. Für sehr genaue Analysen ist es zweckmäßig, die Schwefelammoniumfällung unter Zusatz von 1—2 g Hydrazin- oder Hydroxylamin-chlorhydrat vorzunehmen.

Der Zusatz dieser Chloride hat den Zweck, die durch Luftkohlensäure mögliche Fällung von Erdalkalicarbonaten aus der ammoniakalischen Lösung zu verhindern. Schwach ammoniakalische Lösungen von Hydroxylamin- oder Hydrazinchlorid vermögen unaufgeklärterweise beträchtliche Mengen frisch gefällter Erdalkalicarbonate aufzulösen. Vor der Fällung der Erdalkalicarbonate muß dann selbstverständlich das zugesetzte Hydroxylamin- oder Hydrazinsalz durch Abrauchen mit rauchender Salpetersäure oder durch Glühen wieder zerstört werden, was auch an und für sich wegen der großen Mengen eingebrachter Ammonsalze zu empfehlen ist (S. 206).

3. Man versuche mit einer kleinen Probe am Asbeststäbchen nach dem vorsichtigen Abrösten auf der Beschlagschale einen Oxydbeschlag (S. 147) herzustellen. Ein weißer Beschlag, der hier nicht immer mit Sicherheit erhalten wird (infolge Bildung schwer zerlegbarer Zinkate), werde mit Kobaltnitrat auf **Zink** geprüft nach S. 144.

4. Auf nassem Wege kann man mit Sicherheit **Zink** erkennen, wenn man eine Probe des Schwefelammoniumniederschlages in sehr wenig konzentrierter Salzsäure wenn nötig unter Zusatz einiger Tropfen Salpetersäure in der Wärme löst, die Lösung mit Soda fast neutralisiert, nun Cyankalium im Überschuß hinzufügt und dann erst mit verdünntem Alkali versetzt. Beim Sieden der stark verdünnten Lösung fällt alsdann das Mangan, das Chrom und event. wenig Eisen heraus. Eine Alkalizinkatlösung wird bei Gegenwart von Cyankalium beim Kochen nicht, und selbst dann nicht gefällt, wenn die Lösung vor dem Kochen sehr stark verdünnt wird (vgl. S. 138). Desgleichen wird aus cyankaliumalkalischer Lösung das Zink beim Kochen in stark verdünnter Lösung mit dem Chromhydroxyd nicht niedergerissen (vgl. S. 270, Anm. 3). Von dem Mangan, Chrom und wenig Eisen enthaltenden Niederschlage wird abfiltriert. Das klare Filtrat läßt auf Zusatz einiger Tropfen Schwefelammonium beim längeren Kochen das Zink als weißes Schwefelzink fallen (vgl. S. 138), das am besten auf einem eisenfreien (quantitativen) Filter abfiltriert, ausgewaschen und mit Kobaltnitrat am Platindraht auf Rinmanns Grün S. 144 geprüft wird.

5. Man löse eine Probe des Niederschlages in Salzsäure, event. unter Zusatz von Salpetersäure, neutralisiere die erhaltene Lösung mit Soda, versetze mit einem Überschuß von Rhodanammoniumlösung und schüttle sodann mit einem aus gleichen Teilen Äther und Amylalkohol bestehenden Gemenge. Bei Gegenwart selbst geringer Mengen **Kobalt** beobachtet man die auf S. 257 beschriebene grünblaue Färbung der alkoholisch-ätherischen Schicht.

6. Die anderen Elemente der Gruppe lassen sich vor der Trennung nicht in allen Fällen mit der gleichen Sicherheit nachweisen. Durch Perlreaktionen kann man nur manchmal, wenn nicht zu komplizierte Gemenge vorliegen, Kobalt, Chrom, Mangan und Eisen erkennen. Diese Perlreaktionen schaltet man daher besser nach vorgenommener Trennung an weiter unten angegebenen Stellen ein, oder führt sie mit der ursprünglichen zur Analyse vorliegenden Substanz aus, falls diese ein Auslesen einheitlich gefärbter Teilchen erlaubt, die alsdann mit Hilfe der Perlreaktionen sicher erkannt werden können.

Der gut ausgewaschene Niederschlag der Schwefelammoniumgruppe, der die Sulfide von Eisen, Mangan, Nickel, Kobalt, Zink und die Hydroxyde des Aluminiums und Chroms enthält, wird mit konzentrierter Salzsäure so lange gekocht, bis aller Schwefelwasserstoff entwichen ist. Sollte dadurch noch keine vollständige Lösung eintreten, so kocht man weiter unter tropfenweisem Zusatz von konzentrierter Salpetersäure, bis alles klar gelöst ist. Man gebe die Salpetersäure aber nur zu, wenn mit Salzsäure allein keine Lösung eintritt, und auch dann erst, wenn aller Schwefelwasserstoff entwichen ist, sonst findet starke Schwefelabscheidung statt. Die Lösung wird durch Eindampfen nahezu vollständig von der überschüssigen Säure befreit, und der Eindampfrückstand sodann in möglichst wenig Wasser gelöst. Diese Lösung gießt man nach dem

Versetzen mit etwa 10 ccm 3%igem Wasserstoffsuperoxyd langsam und tropfenweise, unter stetem Umrühren, in ein frisch bereitetes Gemisch von 25 ccm 20%iger reiner (Aluminium- und Kieselsäurefreier) Natronlauge und ebensoviel 3%igem Wasserstoffsuperoxyd und erwärmt nach dem Eintropfen die gesamte, mit einem Uhrglase bedeckte Mischung noch etwa eine Viertelstunde auf dem lebhaft siedenden Wasserbade, um die Oxydation des Chromits zu Chromat zu vervollständigen. Sodann wird mit etwa demselben Volum Wasser verdünnt (starke Natronlauge greift das Filter an), der Niederschlag abfiltriert und mit heißem Wasser bis zum Verschwinden der alkalischen Reaktion ausgewaschen.

Der **Niederschlag N_1** enthält Ferrihydroxyd, Mangansuperoxydhydrat, Nickelohydroxyd und Kobaltihydroxyd.

Das **Filtrat F_1** enthält das Aluminium als Natriumaluminat, das Zink als Natriumzinkat und das Chrom als Natriumchromat.

An Stelle des beim längeren Aufbewahren sich leicht zersetzenden und dadurch unbrauchbar werdenden Wasserstoffsuperoxyds kann man zweckmäßig die jetzt im Handel in genügend reinem Zustande erhältlichen Percarbonate anwenden, die vor dem Wasserstoffsuperoxyd auch den Vorzug größerer Billigkeit haben. Kaliumpercarbonat setzt sich mit verdünnter Kalilauge schon bei − 2° nach folgender Gleichung in Kaliumcarbonat und Wasserstoffsuperoxyd um:

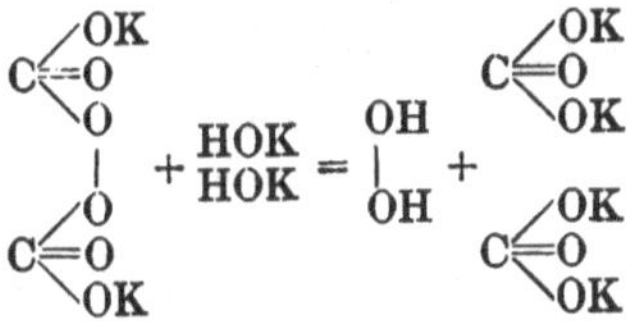

Danach würde 1 g Wasserstoffsuperoxyd ungefähr 6 g Kaliumpercarbonat entsprechen. Mit Rücksicht darauf, daß sich ein Teil des in alkalischer Lösung entstehenden Wasserstoffsuperoxyds zersetzt, und das Kaliumpercarbonat wohl nie ganz frei von Kaliumcarbonat nnd Kaliumbicarbonat ist, wendet man zweckmäßig etwa 7 bis 10 g Kaliumpercarbonat an (berechnet für 1 g Analysensubstanz unter der Annahme, daß diese aus elementarem Chrom bestünde). Die Hälfte des Kaliumpercarbonats löst man zweckmäßig in 40 ccm 20%iger gekühlter Natronlauge auf, nimmt die Fällung in der oben beschriebenen Weise vor und gibt den Rest des Percarbonats in ca. 10 ccm kaltem Wasser gelöst zu. Schließlich erwärmt man etwa eine Viertelstunde auf dem Wasserbade.

Behandlung des Niederschlags N_1.

Trennung von Eisen, Mangan, Nickel und Kobalt.

Der Niederschlag N_1 wird unter Erwärmen in konzentrierter Salzsäure gelöst, die Lösung mit etwa 10 ccm 3%igem Wasserstoffsuperoxyd versetzt und sodann, ohne den Überschuß von Salzsäure zu vertreiben, unter stetem Umrühren in ein Gemenge von etwa 20 ccm konzentriertem Ammoniak und 20 ccm 3 %igem Wasserstoffsuperoxyd langsam eingetropft; nach beendigter Fällung muß die Flüssigkeit noch stark nach Ammoniak riechen.

Der Niederschlag N_2 enthält Ferrihydroxyd und Mangansuperoxydhydrat.

Das Filtrat F_2 enthält Nickel und Kobalt in Form komplexer Ammoniakverbindungen, und zwar das Kobalt wegen der leichten Oxydierbarkeit seiner ammoniakalischen Lösungen durch Wasserstoffsuperoxyd, in der dreiwertigen Form (vgl. S. 254).

Den Eisen und Mangan enthaltenden Niederschlag N_2 löst man in Salzsäure, versetzt die Lösung in der Kälte mit etwa 1 g Salmiak und 1 g Hydroxylaminchlorid, übersättigt sodann mit Ammoniak und erwärmt die entstandene Fällung eine Zeitlang bedeckt auf dem Wasserbade.

Der Niederschlag N_3, der das Eisen enthält, wird auf einem doppelten oder sehr dichten Filter abfiltriert, mit heißem Wasser ausgewaschen und nach den bekannten Methoden (S. 250) als Eisen erkannt.

Aus dem Filtrat F_3 wird durch etwas Schwefelammonium in der Wärme Mangan als Manganosulfid ausgefällt, abfiltriert, ausgewaschen und als solches identifiziert.

Der Zusatz des Hydroxylaminchlorids hat den Zweck, die Oxydation der ammoniakalischen Mangano-Ammonsalzlösung durch den Luftsauerstoff zu verhindern: ohne Zusatz dieses Reduktionsmittels würden sich aus der ammoniakalischen Manganlösung schon während des Filtrierens nicht unbeträchtliche Mengen von Manganihydroxyd abscheiden (vgl. S. 232).

Im Gegensatz dazu hat eine ammoniakalische Hydroxylaminchloridlösung die Eigenschaft, aus Ferrosalzlösungen unter Oxydationswirkung Ferrihydroxyd vollständig zu fällen, eine Fällung, die bei Abwesenheit von Hydroxylaminchlorid in Gegenwart von Salmiak erst allmählich durch den Luftsauerstoff herbeigeführt wird.

Auffallend ist es, daß in saurer, besonders heißer Lösung Ferrisalze durch Hydroxylaminsalze zu Ferrosalzen reduziert werden (vgl. S. 75).

Trennung von Kobalt und Nickel.

Das Filtrat F_2, welches nur noch Kobalt und Nickel in Form ihrer komplexen Ammoniakverbindungen enthält, kann in verschiedener Weise weiter behandelt werden. Es empfiehlt sich, durch Abdampfen mit rauchender Salpetersäure die Ammoniumsalze zu zerstören.

Das Zerstören der Ammonsalze durch Glühen ist weniger empfehlenswert, weil dabei Rückstände von Kobalt- und Nickeloxyden entstehen, die in Säure und selbst in Königswasser schwer löslich sind.

Der in Wasser leicht lösliche Rückstand von Kobalt- und Nickelnitrat kann nach verschiedenen Methoden untersucht werden.

Methode 1: Man löst ihn in ganz wenig Wasser und teilt die nur schwach saure Lösung (wenn nötig neutralisiere man nahezu mit Soda) in zwei Teile.

Den einen Teil versetze man mit Cyankalium (Vorsicht! Blausäure), bis der anfangs entstandene Niederschlag sich im Überschuß gelöst hat, erwärme die schwach blausaure Lösung anfangs gelinde, später bis zum Sieden, versetze mit Kalilauge im Überschuß, gebe in der Kälte reichlich Bromwasser oder tropfenweise Brom (Vorsicht!) hinzu und erwärme. Nickel fällt als Nickelihydroxyd S. 262, während Kobalt in Lösung bleibt S. 255. Den Niederschlag identifiziere man durch die Perlreaktion S. 258 als Nickel.

Den anderen Teil versetze man mit viel konzentrierter Kaliumnitritlösung oder mit einer konzentrierten Lösung von Natriumnitrit und Chlorkalium, säure wenn nötig noch mit etwas Essigsäure oder Salzsäure an, erwärme gelinde und lasse stehen. Es scheidet sich nach einiger Zeit gelbes Kaliumkobaltinitrit $K_3Co(NO_2)_6$ aus, das besonders in viel überschüssigem Alkalinitrit unlöslich ist (S. 256).

Kontrollprobe auf Kobalt durch die Perlreaktion, S. 251.

Methode 2: Mit besonderem Vorteil läßt sich hier die von H. Grossmann und B. Schück (vgl. S. 261) angegebene Nickel-Kobalttrennung durch Dicyandiamidin benutzen, weil das Filtrat F_2 ohne weitere Vorbereitungen zur Ausfällung des Nickels verwendbar ist.[1] Man fügt zu dem Filtrat F_2 etwa 2—3 g des Dicyandiamidinsalzes entweder in fester Form oder bequemer in Lösung, versetzt sodann mit einem Überschuß 10%iger Kalilauge bis zur bleibenden Gelbfärbung, worauf das Nickelsalz des Dicyandimidins in deutlich kristallinischem Zustande auszufällen beginnt. Die Fällung ist schon nach etwa 6 Stunden vollständig. Man läßt am besten über Nacht stehen, filtriert den Niederschlag ab, und weist in ihm nach dem Auswaschen mit ammoniakhaltigem Wasser das Nickel durch bekannte Methoden nach.

Aus dem Filtrat von Nickel fällt durch einige Tropfen Schwefelammonium in der Wärme (oder auch durch Einleiten von Schwefelwasserstoff) das Kobalt als schwarzes Kobaltosulfid aus; der Niederschlag wird abfiltriert, mit Wasser gut ausgewaschen und nach bekannten Methoden als Kobalt identifiziert.

---

[1] Auch für Tschugaeffs empfindlichere Reaktion (vgl. S. 262) ist das Filtrat F_2 direkt verwendbar.

Behandlung des Filtrats F_1.

Trennung von Aluminium, Chrom und Zink.

Das Filtrat F_1, welches das Aluminium als Natriumaluminat, das Chrom als Natriumchromat und das Zink als Natriumzinkat neben einem Überschuß von freiem Alkali enthält, wird mit Chlorammonium so lange gekocht, bis ein Geruch nach Ammoniak auch nach wiederholtem Zusatz von Chlorammonium nicht mehr auftritt; es fällt Aluminiumhydroxyd aus, während Chrom und Zink in Lösung bleiben.

In dem Niederschlag N_5 wird das Aluminium am besten und sichersten mikrochemisch durch Überführung in Cäsiumalaun erkannt. Zu dem Zweck gibt man auf einen Objektträger einen Tropfen einer freie Schwefelsäure enthaltenden Lösung von saurem Cäsiumsulfat und fügt eine kleine Menge des zu untersuchenden Niederschlages hinzu. Bei Anwesenheit selbst geringer Mengen von Aluminium bilden sich in kurzer Zeit die charakteristischen, dem regulären System angehörigen, kombinationsreichen Kristalle von Cäsiumalaun (Fig. 40, S. 211). Da die Kristalle sehr groß werden, genügt zur Beobachtung ein schwach vergrößerndes Mikroskop.

Dieser mikrochemische Nachweis des Aluminiums schließt eine Verwechslung mit Kieselsäure aus, die bei Thénards Blau leicht möglich ist (vgl. S. 212). Diese Gefahr der Verwechslung besteht um so mehr, als Kieselsäure (aus den Reagenzien, aus Glas- und Porzellangefäßen stammend) an dieser Stelle mit dem Aluminiumhydroxyd ausfällt.

Die Gefahr einer Vortäuschung von Aluminium infolge Bildung von Cäsiumchromalaun durch nicht genügend ausgewaschenes Chrom ist vollkommen ausgeschlossen, da das Chrom als Chromation, das keinen Alaun bildet, in der Lösung enthalten ist.

Handelt es sich um den Nachweis sehr kleiner Mengen Aluminium neben größeren Massen von Kieselsäure, so empfiehlt es sich, den Niederschlag N_5 mit Flußsäure unter Zusatz von etwas Schwefelsäure im Platingefäß abzudampfen, und mit dem verbleibenden Rückstand die mikrochemische Reaktion auszuführen.

Das Filtrat F_5 von Aluminiumhydroxydniederschlag, das noch Chrom und Zink enthält, wird zunächst mit Salzsäure übersättigt und sodann zur Reduktion des Chroms unter Zusatz von schwefliger Säure (oder Alkohol) so lange gekocht, bis die rotgelbe Farbe des Pyrochromations der smaragdgrünen des Chromiions Platz gemacht hat. Nun wird in der Siedhitze das Chrom durch Ammoniak als Chromihydroxyd ausgefällt, wobei ein allzu großer Überschuß des Fällungsmittels zu vermeiden und gegebenenfalls durch Kochen zu vertreiben ist. Durch Perlreaktion (S. 219) oder Schmelze mit Soda und Salpeter (S. 222) läßt sich Chrom in dem Niederschlage N_6 leicht erkennen.

Zur Reduktion der Chromsäure kann man mit Vorteil anstatt der schwefligen Säure oder des Alkohols auch eine Lösung von Hydroxylaminchlorid verwenden. Bei Gegenwart von Hydroxylaminchlorid wird aus Chromisalzlösungen mit Ammoniak ein violetter Chromniederschlag erhalten, der besser filtrierbar und im Überschuß von Ammoniak viel weniger löslich ist, als das grüne Chromihydroxyd.

Aus dem Filtrat F_6 vom Chrom wird durch einige Tropfen Schwefelammonium in der Siedhitze das Zink als Schwefelzink gefällt und nach dem Abfiltrieren und Auswaschen durch Oxydbeschlag und Rinmanns Grün identifiziert.

Die Wasserstoffsuperoxydmethode läßt natürlich mancherlei Abänderungen zu. So ist es bisweilen ratsam, vor der eigentlichen Schwefelammoniumfällung zunächst nur mit Ammoniak bei Gegenwart von Hydroxylaminchlorid (vgl. S. 232) und Salmiak das Aluminium, Chrom und Eisen auszufällen, diese, wie beschrieben, zu trennen, sodann im ammoniakalischen Filtrat mit Schwefelammonium in der Wärme die Sulfide der übrigen Metalle abzuscheiden. Die beschriebenen Trennungen sind dann unter Weglassen der für das Eisen, Aluminium und Chrom notwendigen Operationen auszuführen. Über die Einreihung des Uran und Thor in diesen Analysengang vgl. E. Ebler a. a. O.

Als **Wasserstoffsuperoxyd** kann für die im vorstehenden beschriebene Trennungsmethode für gewöhnliche Zwecke, das in jeder Apotheke und Drogerie erhältliche 3 %ige Präparat direkt verwandt werden.

Für genauere Analysen benutzt man besser das von E. Merck in Darmstadt unter dem Namen „Perhydrol" in den Handel gebrachte chemisch reine 30 %ige Präparat. Man stellt sich daraus unmittelbar vor dem Gebrauch die nötige Menge 3—4 %iger Lösung her, da sich die 30 %ige Lösung in den Merckschen paraffinierten Flaschen ungleich besser hält, als eine verdünnte Lösung. Immerhin ist es zweckmäßig, von Zeit zu Zeit eine Gehaltsbestimmung seiner Wasserstoffsuperoxydlösungen vorzunehmen.

Man bediene sich hierzu des schon früher benutzten und auf S. 39 (Fig. 9) beschriebenen Apparates.

In das äußere Gefäß (*A*) gibt man die genau abgemessene[1] Lösung des zu prüfenden Wasserstoffsuperoxyds und versetzt mit etwa 20 ccm verdünnter Schwefelsäure. In das innere Becherchen (*B*) gibt man 10 ccm einer gesättigten Kaliumpermanganatlösung. Nun wird in genau derselben Weise wie auf S. 39 beschrieben, das Anfangsvolum abgelesen, dann durch Neigen des Gefäßes die Permanganatlösung mit der schwefelsauren Wasserstoffsuperoxydlösung vermischt und der sich im Sinne der Gleichung

$$2KMnO_4 + 5H_2O_2 + 3H_2SO_4 = K_2SO_4 + 2MnSO_4 + 8H_2O + 5O_2$$

entwickelnde Sauerstoff durch die eingetretene Volumzunahme gemessen. Aus der Menge des entwickelten Sauerstoffs errechne man den Gehalt der untersuchten Wasserstoffsuperoxydlösung in Grammen H_2O_2 auf 100 ccm Lösung.

---

[1] Man ermittle durch eine Überschlagsrechnung, wieviel Wasserstoffsuperoxydlösung man ungefähr nehmen muß, damit der Raum der Gasmeßröhre ausreicht. Konzentrierte Lösungen verdünnt man zweckmäßig.

Chlor.

Chlor bildet mit Sauerstoff und Wasserstoff folgende Säuren:

$HClO$ **unterchlorige Säure**, in der das Chlor einwertig angenommen wird. Die Salze heißen Hypochlorite. Das Anhydrid ist Cl_2O.

$HClO_2$ **chlorige Säure**, in der das Chlor dreiwertig angenommen wird. Die Salze heißen Chlorite. Das Anhydrid würde sein Cl_2O_3.

$HClO_3$ **Chlorsäure**, in der das Chlor fünfwertig angenommen wird. Die Salze heißen Chlorate. Das Anhydrid ist Cl_2O_5.

$HClO_4$ **Überchlorsäure**, in der das Chlor siebenwertig angenommen wird. Die Salze heißen Perchlorate. Das Anhydrid würde sein Cl_2O_7.

Von den Anhydriden ist das Unterchlorigsäure-Anhydrid Cl_2O und das Chlorheptoxyd Cl_2O_7 bekannt. Außerdem ist ein Chlortetroxyd Cl_2O_4 (bei höheren Temperaturen Chlordioxyd ClO_2) bekannt, das als gemischtes Anhydrid der chlorigen Säure und Chlorsäure aufgefaßt wird. (Vgl. Stickstoffdioxyd und -tetroxyd S. 72.)

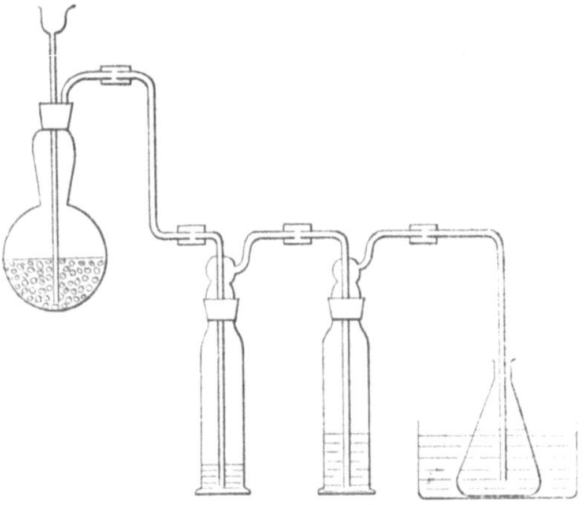

Fig. 41. Darstellung von Chlor.

Man schreibe mit der angegebenen Wertigkeit die Strukturformeln der Sauerstoffsäuren des Chlors.

Darstellung von Chlor. Einen Rundkolben (Fig. 41) von ungefähr 300 ccm Inhalt, der auf Stativ und Drahtnetz steht, fülle man zu einem Viertel mit Braunstein in haselnußgroßen Stücken, gebe durch das Trichterrohr rohe konzentrierte Salzsäure, bis der Kolben fast zur Hälfte damit angefüllt ist, und erwärme mit ganz kleiner Flamme. Das sich entwickelnde Chlor leite man zunächst durch eine Waschflasche mit wenig Wasser, um die mitgerissene Salzsäure und Manganchlorürlauge zurückzuhalten, dann durch eine zweite Waschflasche mit etwa 50 ccm Wasser zur Bereitung von Chlorwasser und schließlich in kalt gehaltene Lösung von 16 g calcinierter reiner Soda in 150 ccm Wasser zur Bereitung von **unterchlorigsaurem Natrium, Natriumhypochlorit** $NaOCl$.

Den Inhalt der zweiten Waschflasche halte man durch Einstellen in zerstoßenes Eis eine Zeitlang auf 0° und beobachte, daß sich bei dieser Temperatur aus Chlorgas und Wasser eine feste kristallinische Verbindung, Chlorhydrat, $Cl_2 + 10H_2O$, bildet, die einige Grade oberhalb 0° in Chlorgas und Wasser zerfällt. Man setze das Kühlen mit Eis nicht allzu lange fort, weil sich sonst durch Bildung größerer Mengen Chlorhydrat die Glasröhre verstopft.

Chlor wirkt auf Alkali- oder Sodalösung, wenn sie verdünnt und kalt angewendet werden, nach der Gleichung:

$$2NaOH + Cl_2 = NaCl + NaOCl + H_2O$$
$$Na_2CO_3 + Cl_2 = NaCl + NaOCl + CO_2$$

und wenn das Einleiten in konzentrierte heiße Lösung vorgenommen wird, nach der Gleichung:

$$6NaOH + 3Cl_2 = NaClO_3 + 5NaCl + 3H_2O,$$

indem in der Wärme und in konzentrierter Lösung eine Selbstoxydation des unterchlorigsauren Natriums stattfindet:

$$3NaOCl = NaClO_3 + 2NaCl.$$

Diese letzte Reaktion findet beim Brom noch leichter und beim Jod in dem Maße statt, daß eine unterjodige Säure ganz vorübergehend beständig ist.

Chlorkalk (unterchlorigsaures Calcium im Gemenge mit Chlorcalcium) entsteht, wenn man Chlor mit Kalkhydrat zusammenbringt:

$$2Ca(OH)_2 + 4Cl = CaCl_2 + Ca(OCl)_2 + 2H_2O.$$

In eine Lösung von ungefähr 3 g Kaliumhydroxyd in 7 g Wasser leite man Chlorgas bis zur Sättigung ein und kühle sodann unter der Wasserleitung; es scheiden sich glänzende Schüppchen von Kaliumchlorat, $KClO_3$, ab. Die Kristalle werden abgesaugt, mit etwas kaltem Wasser gewaschen und getrocknet.

Mit dem Chlorwasser, dem unterchlorigsaurem Natrium und dem chlorsaurem Kalium stelle man die weiter unten folgenden Reaktionen an.

Manganchlorür. Zur Gewinnung des Manganchlorürs gieße man, wenn die Chlorentwicklung vorüber ist, den Kolbeninhalt mit etwas aufgeschlämmten Braunstein in einen anderen Kolben ab und koche, bis hell gelbbraune Färbung eingetreten ist. Alsdann filtriere man die möglichst säurefreie Lösung (Probe mit Sodakristall) und fälle etwa ein Zehntel derselben mit Sodalösung in der Wärme als Mangancarbonat. Den Niederschlag wasche man heiß aus, gebe ihn zu der übrigen Manganchlorürlösung und koche. Verunreinigungen, wie Eisen und Tonerde, werden dadurch gefällt. Nach längerem Kochen filtriere man die Lösung ab, prüfe eine Probe, ob sie in schwach essigsaurer Lösung bei Gegenwart von viel Natriumacetat durch Schwefelwasserstoff gefällt wird, und wenn das nicht der Fall ist, dampfe man zur Kristallisation ein. Aus der konzentrierten Lösung kristallisiert beim Erkalten $MnCl_2$, $4H_2O$.

Reaktionen des Chlors.

Chlor löst sich in Wasser mit gelbgrüner Farbe; 100 Teile Wasser nehmen bei Zimmertemperatur etwa 0,69 Gewichtsteile oder 2,16 Raumteile Chlor auf.

Die Lösung zeigt den stechenden, kratzenden Geruch des Chlors, das die Schleimhäute außerordentlich stark angreift (Vorsicht!).

Chlor wirkt bei Gegenwart von Wasser stark oxydierend, indem es aus dem Wasser Sauerstoff frei macht:

$$Cl_2 + H_2O = 2HCl + O.$$

Diese Zersetzung findet im Chlowasser von selbst schon statt: sehr langsam im Dunklen, rascher im Lichte und bei Gegenwart oxydierbarer Substanzen, wahrscheinlich unter vorübergehender Bildung von unterchloriger Säure:

$$Cl_2 + H_2O = HCl + HOCl,$$

die dann Sauerstoff unter Oxydationswirkung abgibt:

$$HOCl = HCl + O.$$

Die Reaktion zwischen Chlor und Wasser ist umkehrbar:

$$Cl_2 + H_2O \rightleftarrows HCl + HOCl.$$

Sie verläuft für gewöhnlich in sehr geringem Grade im Sinne des oberen Pfeiles, kann aber quantitativ in diesem Sinne verlaufen, wenn die Produkte der rechten Seite aufgebraucht werden, entweder durch Neutralisation der Säure durch Alkalien (siehe Bildung von unterchlorigsaurem Natrium) oder infolge Zersetzung der unterchlorigen Säure (siehe diese) durch Licht und oxydierbare Substanzen.

Man lasse Chlor auf Indigolösung oder einen indigogefärbten Stoff einwirken: es tritt Entfärbung ein.

Man tauche einen Streifen blaues Lackmuspapier in Chlorwasser: der Streifen wird vorübergehend gerötet, dann gebleicht.

Man versetze eine Lösung von schwefliger Säure mit Chlorwasser: es findet Oxydation zu Schwefelsäure unter Bildung von Salzsäure statt. Reaktionsgleichung?

Chlor löst viele Metalle, auch die Edelmetalle Gold und Platin.

Man schüttele Chlorwasser mit überschüssigem Quecksilber, bis der Geruch nach Chlor verschwunden ist; es bildet sich in Wasser und Salzsäure unlösliches Quecksilberchlorür. War das Chlorwasser frei von Salzsäure, so erhält man eine chlorfreie neutrale Lösung; im anderen Falle zeigt sich saure Reaktion und die Lösung gibt mit Silbernitrat einen Niederschlag von Chlorsilber. Diese Eigenschaft wird zur Erkennung von Salzsäure neben freiem Chlor benutzt.

Silbernitrat gibt mit Chlorwasser eine weiße, unvollständige Fällung von Chlorsilber; ein Sechstel des Chlors wird in lösliches Silberchlorat verwandelt:

$$6Cl + 3H_2O + 6AgNO_3 = 5AgCl + AgClO_3 + 6HNO_3.$$

Erst wenn das Chlor durch Aufnahme einer negativen Ladung (Reduktion) in Chlorion übergeführt wurde, ist es durch Silbernitrat vollständig fällbar.

Reaktionen der unterchlorigen Säure.

Ist in die oben bereitete Lösung von unterchlorigsaurem Natrium (Natriumhypochlorit) zuviel Chlor eingeleitet, so nehme man den Überschuß des Chlors durch Hinzufügen von etwas Soda fort.

Die unterchlorige Säure ist ein starkes Oxydationsmittel; sie oxydiert Salzsäure unter Entwicklung von Chlor.

Im freien Zustande zerfällt sie am Lichte allmählich der Hauptsache nach in Salzsäure und Sauerstoff: $HOCl = HCl + O$, daneben wird etwas Chlorsäure und Überchlorsäure gebildet. Auch die Salze der unterchlorigen Säure wirken in wässeriger Lösung stark oxydierend und unterscheiden sich hierdurch von salpetersauren und chlorsauren Salzen.

Indigolösung wird durch freie unterchlorige Säure und ebenso durch unterchlorigsaure Salze in alkalischer Lösung rasch entfärbt. Ein Lackmuspapier wird bei Gegenwart von Alkali allmählich und auf Zusatz von Säure sofort gebleicht. (Unterschied von salpetersauren und chlorsauren Salzen.)

Unterchlorigsaures Natrium fällt aus Manganosalzlösungen Mangansuperoxydhydrat. Reaktionsgleichung? (Unterschied von salpetersauren und chlorsauren Salzen.) Kleine Mengen Mangan werden dabei allmählich zu Natriumpermanganat oxydiert.

Wenn man bei der oben beschriebenen Bereitung von Natriumhypochlorit das Chlor direkt (ohne Einschaltung einer Waschflasche) aus dem Entwicklungskolben in die Sodalösung einleitet, so pflegt sich die Flüssigkeit allmählich violettrot zu färben, weil etwas Manganosalz überspritzt und durch das Natriumhypochlorit zu Permanganat oxydiert wird.

Bleisalze werden durch Natriumhypochlorit in alkalischer Lösung nicht gefällt, in neutraler oder essigsaurer Lösung wird bei Gegenwart von viel Natriumacetat in der Wärme Bleisuperoxyd gefällt. Reaktionsgleichung?

Silbernitrat fällt aus unterchlorigsauren Salzen zwei Drittel des Chlors als Chlorsilber unter gleichzeitiger Bildung von chlorsaurem Silber, indem vorübergehend unterchlorigsaures Silber entsteht:

$$NaOCl + AgNO_3 = NaNO_3 + AgOCl,$$

das sich aber sofort selbst oxydiert:

$$3\,AgOCl = 2\,AgCl + AgClO_3.$$

Durch die Fällbarkeit mit salpetersaurem Silber unterscheiden sich unterchlorigsaure Salze von chlorsauren Salzen.

Bariumchlorid gibt mit unterchlorigsauren Salzen keine Fällung.

Herstellung einer Normallösung von Natriumhypochlorit.[1]

Da reine Alkalihypochlorite in festem Zustande nicht bekannt sind, kann man Alkalihypochloritlösungen bestimmter Konzentration nicht durch Einwägen derselben herstellen.

Um einen Liter einer Normallösung von Natriumhypochlorit herzustellen, (also einer Lösung, die im Liter 1 Grammäquivalent, d. i. 74,5 g NaOCl enthält), leitet man 2 Grammäquivalente Chlor (= 70,9 g Chlor) unter guter Kühlung in eine Lösung von 2 Grammäquivalenten (= 80 g) Natriumhydroxyd in nicht ganz einem Liter Wasser ein, und verdünnt sodann, bis das Volum der Lösung genau 1 Liter beträgt; denn gemäß der Gleichung

$$Cl_2 + 2\,NaOH = NaCl + NaOCl + H_2O$$

entsteht aus 2 Äquivalenten Chlor und 2 Äquivalenten Natriumhydroxyd ein Äquivalent Natriumhypochlorit. Man könnte nun in der Weise verfahren, daß man die Natriumhydroxydlösung auf der Wage austariert, dann die andere Wagschale mit 70,9 g belastet, und nun so lange Chlor einleitet, bis wieder Gleichgewicht eingetreten ist. Um die Wage nicht so lange zu belegen und sie den Chlordämpfen auszusetzen, verfahren wir anders: Wir oxydieren einen Überschuß konzentrierter Salzsäure durch eine ganz bestimmte Menge Kaliumpermanganat zu einer ganz bestimmten Menge Chlor, im Sinne der Gleichung

$$2\,KMnO_4 + 16\,HCl = 2\,KCl + 2\,MnCl_2 + 8\,H_2O + 5\,Cl_2,$$

oder allgemein in Ionenform geschrieben:

$$(MnO_4') + 8\,H^{\cdot} + 5\,Cl' \rightleftarrows Mn^{\cdot\cdot} + 4\,H_2O + {}^5/_2\,Cl_2.$$

Aus beiden Gleichungen ist sofort ersichtlich, daß man mit $^2/_5$ Molekülen Kaliumpermanganat 1 Molekül Chlor, also einen Liter Normalhypochlorit machen kann.

Man stelle $^1/_4$ l Normalhypochloritlösung dar. Dazu leite man alles Chlor, das man durch Oxydation eines nachgerechneten Überschusses konzentrierter Salzsäure mit $^1/_{10}$ Molekül Kaliumpermanganat erhält, unter steter und guter Eiskühlung langsam in eine Lösung von $^1/_2$ Molekül Natriumhydroxyd in nicht ganz $^1/_4$ l Wasser. Nach beendeter Entwicklung fülle man die Hypochloritlösung genau bis auf 250 ccm auf.

Da sich Hypochloritlösungen, die kein freies Alkali enthalten, besonders leicht, namentlich im Sommer, in Chlorid und Chlorat umlagern, im Sinne der Gleichungen

$$3\,NaOCl = 2\,NaCl + NaClO_3,$$

oder allgemeiner:

$$3(OCl') = 2\,Cl' + (O_3Cl'),$$

so gebrauche man die Lösung möglichst frisch. Will man die Lösung einige Zeit aufbewahren, so muß dies an einem kühlen Orte geschehen; zur besseren Haltbarkeit setzt man dann den Lösungen zweckmäßig pro Liter etwa 10 g freies Natriumhydroxyd zu.

---

[1] Vgl. Graebe, Berichte der Deutschen Chemischen Gesellschaft Bd. 35, S. 2753 (1902).

Darstellung von Hydrazinsulfat.[1]

Hypochlorite reagieren mit Ammoniak unter Bildung von Monochloramin, $H_2N.Cl$:

$$NH_3 + NaOCl = H_2N.Cl + NaOH.$$

Monochloramin riecht stechend wie Chlorstickstoff und zersetzt sich in verdünnten Lösungen langsam, in konzentrierten schneller, in Stickstoff, Ammoniak und Salzsäure:

$$3\,NH_2Cl = N_2 + NH_3 + 3\,HCl.$$

Man vermische im Reagensglase in der Kälte gleiche Volumina Normalhypochlorit mit Normalammoniak. Das Gemisch riecht nicht mehr nach Ammoniak und nicht mehr nach Hypochlorit, sondern ungemein stechend. Die Lösung entläßt fortwährend Stickstoff und ist nach einem Tage so gut wie vollständig im Sinne der obigen Gleichung zersetzt.

Die Geschwindigkeit dieser Zersetzung läßt sich durch gewisse Stoffe, wie z. B. Kupfersalze, katalytisch beschleunigen (vgl. S. 51).

Man füge zu der soeben dargestellten Monochloraminlösung einen Tropfen Kupfervitriollösung. Die Gasentwicklung wird dadurch sofort stärker.

Bei Gegenwart eines großen Überschusses von Ammoniak reagiert ein Teil des Monochloramins mit dem Ammoniak unter Bildung von Hydrazinchlorid:

$$H_2N-\boxed{Cl + H}NH_2 = H_2N-NH_2.HCl.$$

Die Hydrazinbildung tritt jedoch gegen die Stickstoffbildung zumeist in den Hintergrund, namentlich bei Gegenwart der die Stickstoffbildung katalytisch beschleunigenden Stoffe.

Durch Zusatz gewisser Stoffe, wie z. B. Leim, kann man aber die Geschwindigkeit der Stickstoffbildung katalytisch verlangsamen und die Geschwindigkeit der Hydrazinbildung katalytisch beschleunigen, so daß die letztere vorwiegend statthat, und sich die Reaktion dann zur Herstellung von Hydrazin eignet.

In einen geräumigen Kolben gibt man 500 ccm 20%iges Ammoniak, fügt 12—15 ccm 1%iger Leimlösung hinzu, dann 250 ccm Normalhypochloritlösung, setzt das Gemisch nach dem Umschütteln sofort auf eine Flamme, erwärmt bis zum Kochen und kocht so lange lebhaft weiter, bis der größte Teil des Ammoniaks verschwunden ist (etwa $^1/_2$ Stunde) und die Flüssigkeit sich etwa auf das halbe Volum konzentriert hat. Nun filtriert man etwaige Verunreinigungen in der Hitze durch ein geräumiges Faltenfilter ab, kühlt das Filtrat unter der Wasserleitung vollständig, und versetzt es sodann zur

---

[1] F. Raschig, Berichte der Deutschen Chemischen Gesellschaft Bd. 40, S. 4586 (1907).

Ausfällung des schwer löslichen Hydrazinsulfats vorsichtig unter Umrühren mit etwa 80 bis 100 ccm konzentrierter Schwefelsäure.

Nach völligem Erkalten saugt man das entstandene Hydrazinsulfat ab, wäscht es einige Male mit kaltem Wasser aus, trocknet auf Ton oder zwischen Filtrierpapier, wägt das zuletzt erhaltene trockne Präparat und ermittelt die Ausbeute in Prozenten der aus $^1/_4$ l Normalhypochlorit theoretisch zu erwartenden Menge Hydrazinsulfat.

Die den Hydrazinsalzen zugrunde liegende Basis, das Hydrazinhydrat, $N_2H_5.OH$, ist in freiem Zustande bekannt und stellt eine farblose, etwas schwer bewegliche, in Wasser leicht lösliche Flüssigkeit dar, die unter 739,5 mm bei 118,5° unzersetzt siedet.[1] Die wässerige Lösung reagiert stark alkalisch, ist jedoch eine viel schwächere Basis als das Ammoniak; nur zum Teil ist es in (OH') (Hydroxylion) und $(N_2H_5^{\cdot})$ (Diammoniumion) gespalten. Auch die Hydrazinsalze enthalten in wässeriger Lösung dieses Diammoniumkation. Das Hydrazin ist also vorwiegend als einsäurige Basis zu betrachten, denn die auch bekannten Hydrazinsalze von der allgemeinen Formel $N_2H_4.2HAc$ existieren nur im festen Zustande und werden von Wasser vollständig in $N_2H_4.HAc$, $nHAc$ bzw. in die Ionen $(N_2H_5^{\cdot})$, $H^{\cdot}$ und $2(Ac')$ gespalten.

Das oben dargestellte Hydrazinsulfat ist als das saure Diammoniumsalz der Schwefelsäure aufzufassen, $SO_2\begin{matrix}\diagup O-N_2H_5 \\ \diagdown OH\end{matrix}$, und zerfällt in Wasser in die beiden Ionen $(SO_3H)'$ und $(H_2N-NH_3^{\cdot})$.
Diammoniumion

Es ist schwer löslich in Wasser (100 Teile Wasser lösen bei 32° 3,055 Teile Salz). Das neutrale Hydrazinsulfat, $(N_2H_5)_2SO_4$, erhältlich durch Neutralisieren von Hydrazinhydrat mit der genau berechneten Menge H_2SO_4 und Verdunsten der Lösung (zuletzt im Vakuum), ist dagegen sehr leicht löslich und zerfließlich.

Die namentlich in analytischer Hinsicht hervorragende Eigenschaft der Hydrazinverbindungen ist ihr starkes Reduktionsvermögen, das in den weitaus meisten Fällen seine Ursache in einem glatten Zerfall des Hydrazinmoleküls in Stickstoff und Wasserstoff (der für die Reduktion verbraucht wird) hat:

$$N_2H_4 = N_2 + 2H_2$$

oder:

$$N_2H_5.OH + O_2 = N_2 + 3H_2O.$$

Schwefelsäure wird zu Schwefel und dieser selbst zu Schwefelwasserstoff reduziert.

Man erhitze eine Probe des oben dargestellten Hydrazinsulfats auf dem Spatel über einer kleinen Flamme. Das Salz schmilzt unter Zersetzung, und unter den Zersetzungsprodukten beobachtet man leicht den Schwefel und den Schwefelwasserstoff.

Man versetze Fehlingsche Lösung (siehe diese auf S. 156) mit

[1] Auch das wasserfreie Hydrazin, N_2H_4, (Diamid) ist bekannt.

etwas Hydrazinsulfatlösung. Es findet Reduktion zu Kupferoxydul und, namentlich in der Wärme, bis zu Kupfer statt.

Man versetze eine alkalische Emulsion von gelbem Quecksilberoxyd (zu bereiten durch Fällen einer Sublimatlösung mit Natronlauge) mit etwas Hydrazinsulfatlösung: schon in der Kälte findet Reduktion unter Stickstoffentwicklung bis zu metallischem Quecksilber statt:

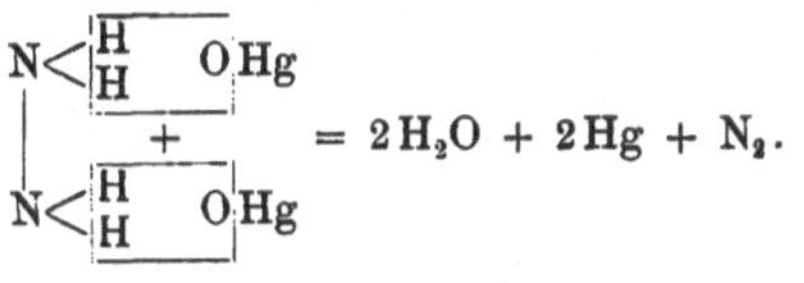

Jod wird unter Stickstoffentwicklung zu Jodwasserstoffsäure reduziert:

$$N_2H_4 + 4J = 4HJ + N_2$$

oder:

$$(N_2H_5^{\cdot}) + 4J = 4J' + 5H^{\cdot} + N_2.$$

Zur Bindung der freiwerdenden Jodwasserstoffsäure und der aus dem Hydrazinsulfat entstehenden Schwefelsäure fügt man Kaliumbicarbonat hinzu. Man versetze im Reagensglase etwas Hydrazinsulfatlösung mit einem Kristall Kaliumbicarbonat und füge dann eine Lösung von Jod in Jodkalium hinzu. Das freie Jod verschwindet, und gleichzeitig entwickelt sich Stickstoff (und auch Kohlendioxyd aus dem Bicarbonat).

Diese Reaktion benutzen wir zur Gehaltsbestimmung des oben dargestellten Hydrazinsulfats.[1] Man wäge mit der Handwage $^1/_{10}$ g des Präparates möglichst genau auf einem tarierten Uhrgläschen ab, spüle diese Menge unter möglichster Vermeidung von Verlusten mit der Spritzflasche in einen Erlenmeyerkolben, löse sie in etwas Wasser auf, füge einige Gramme Kaliumbicarbonat und zur Erkennung des freien Jods einige Kubikzentimeter verdünnter Stärkelösung hinzu und lasse nun unter fortwährendem Umschütteln aus einer Bürette tropfenweise so lange eine $^1/_{10}$-normale Jodlösung[2] hinzufließen, bis die Flüssigkeit dauernd blauviolett gefärbt bleibt. Man ermittle nun die verbrauchte Anzahl Kubikzentimeter der $^1/_{10}$-normalen Jodlösung durch Ablesung an der Bürette.

Da nach der obigen Gleichung ein Molekül Hydrazin (bzw. Hydrazinsulfat) vier Atome Jod oxydieren kann, entsprechen:

---

[1] R. Stollé, Journal für praktische Chemie [2] Bd. 66, S. 332 (1902).

[2] Zur Bereitung löst man 20—25 g Jodkalium in einem Literkolben in möglichst wenig Wasser auf, fügt 12,7 g reines Jod hinzu, schüttelt um, bis sich das Jod gelöst hat, und füllt dann mit Wasser bis zur Litermarke auf.

4 Atome Jod	1 Mol. Hydrazinsulfat
1 Atom „	$^1/_4$ „ „
$^1/_{10}$ „ „	$^1/_{40}$ „ „
also 1000 ccm $^1/_{10}$-normaler Jodlösung	$^1/_{40}$ „ „
und 1 ccm „ „	$^1/_{40000}$ Mol. $N_2H_4.H_2SO_4$
	$= {}^{130}/_{40000}$ g $N_2H_4.H_2SO_4$.

Unter Berücksichtigung dieser Zahlen ermittle man nun aus der verbrauchten Anzahl Kubikzentimeter $^1/_{10}$-normaler Jodlösung die vorhandene Menge Hydrazinsulfat und rechne aus, wie groß der Prozentgehalt des dargestellten Präparates an Hydrazinsulfat ist.

Chlorsäure.

Man erhitze eine haselnußgroße Menge chlorsaures Kalium im Reagensrohr. Das Salz schmilzt dünnflüssig und entwickelt gegen 350° unter Schäumen Sauerstoff. Man entzünde in dem Gase einen glimmenden Holzspan. Nach einiger Zeit hört das geschmolzene Salz auf zu schäumen und wird zähflüssig. Erhitzt man alsdann stärker, so wird wiederum Sauerstoff entwickelt.

Die Sauerstoffentwicklung aus chlorsaurem Kalium findet in zwei ziemlich deutlich voneinander abgegrenzten Phasen statt.

In der ersten findet neben der Sauerstoffentwicklung aus chlorsaurem Kalium $KClO_3 = KCl + 3O$ Bildung von überchlorsaurem Kali statt, indem ein Teil des chlorsauren Kaliums einen anderen Teil zu überchlorsaurem Salz oxydiert:

$$4KClO_3 = KCl + 3KClO_4.$$

Der Rückstand enthält, wenn man lange genug erhitzt hat, nur Chlorkalium, sonst auch etwas überchlorsaures Kalium, das in Wasser schwer löslich ist (vgl. S. 115).

Chlorsaure Salze sind bei hohen Temperaturen starke Oxydationsmittel. Die meisten oxydierbaren Körper werden dadurch in ihre höchsten Oxydationsstufen übergeführt.

Man erhitze eine erbsengroße Menge chlorsaures Kalium auf der Kohle vor dem Lötrohr. Die Kohle wird lebhaft verpufft unter Oxydation zu Kohlensäure.

Man gebe in eine Reibschale eine winzige Menge chlorsaures Kalium und etwas Schwefelblumen. Beim Zusammenreiben findet Verbrennung des Schwefels unter Explosion statt (Vorsicht!).

In wässeriger Lösung wirken chlorsaure Salze viel schwerer oxydierend.

Man erwärme eine wässerige Lösung von chlorsaurem Kalium mit einer durch Soda neutralisierten Indigolösung; es findet keine Entfärbung statt. (Unterschied von unterchlorigsauren Salzen.)

Nur durch starke Reduktionsmittel findet in neutraler oder alkalischer Lösung Überführung der Chlorate in Chloride statt.

Man erwärme eine Lösung von chlorsaurem Kalium mit Alkali und Zinkstaub, oder besser mit Alkali und Aluminiumfeile und prüfe die Lösung nach dem Ansäuern mit Salpetersäure mittels Silbernitrat auf Chlorid:

$$KClO_3 + 6KOH + 3Zn = 3Zn(OK)_2 + 3H_2O + KCl.$$

Sehr viel stärker oxydierend als die chlorsauren Salze wirkt die freie Chlorsäure, selbst in wässeriger Lösung.

Man versetze Indigolösung mit chlorsaurem Kalium und mit Schwefelsäure: beim Kochen findet Entfärbung der Lösung statt. (Analogie mit Salpetersäure.)

Säuert man eine mit chlorsaurem Kalium versetzte Indigolösung mit Salzsäure an, so findet nach einiger Zeit schon in der Kälte Entfärbung statt.

Man versetze chlorsaures Kalium mit Schwefelsäure und dann mit schwefliger Säure:

$$HClO_3 + 3SO_2 + 3H_2O = 3H_2SO_4 + HCl.$$

Man weise die gebildete Salzsäure nach.

Man übergieße chlorsaures Kalium mit konzentrierter Salzsäure; bei gelindem Erwärmen findet Chlorentwicklung statt:

$$KClO_3 + 6HCl = KCl + 6Cl + 3H_2O.$$

Dem sich entwickelnden Chlor ist aber stets etwas Chlordioxyd beigemengt:

$$KClO_3 + 2HCl = KCl + ClO_2 + H_2O + Cl.$$

Man erwärme eine mit Schwefelsäure angesäuerte Lösung von chlorsaurem Kalium mit Eisenvitriol; es findet Reduktion des Chlorats zu Chlorid statt:

$$KClO_3 + 3H_2SO_4 + 6FeSO_4 = KCl + 3H_2O + 3Fe_2(SO_4)_3.$$

(Unterschied von Überchlorsäure.)

Man erwärme eine mit Schwefelsäure angesäuerte Lösung von chlorsaurem Kalium mit etwas Aluminiumfeile. Es findet Reduktion statt. (Unterschied von Überchlorsäure.) Die entstandene Salzsäure weise man mit Silbernitrat in salpetersaurer Lösung nach.

Ein Reagensrohr, das eine Messerspitze chlorsaures Kalium enthält, spanne man in ein Stativ schräg ein und stelle senkrecht unter die Mündung des Reagensrohres einen Bunsenbrenner, dessen Flamme etwa 10—20 cm von der Mündung des Rohres entfernt bleibt.

Übergießt man nun das chlorsaure Kalium mit konzentrierter Schwefelsäure, so entwickelt sich gelbgrünes Chlordioxydgas:

$$3KClO_3 + H_2SO_4 = K_2SO_4 + H_2O + KClO_4 + 2ClO_2,$$

welches das Reagensrohr allmählich anfüllt und beim Herunterfallen der schweren Dämpfe auf die Flamme unter heftigem Knall in Chlor und Sauerstoff zerfällt. (Vorsicht!)

Bei niedrigen Temperaturen hat das Chlordioxyd rotbraune Farbe und verdichtet sich zu einer rotbraunen Flüssigkeit von der Zusammensetzung Cl_2O_4 (vgl. beim Stickstoffdioxyd S. 72).

Sämtliche chlorsauren Salze sind in Wasser löslich.

Silbernitrat gibt mit Chloraten keinen Niederschlag (Unterschied von unterchloriger Säure S. 281). Führt man durch Glühen die Chlorate aber in Chloride über, so entsteht Silberchlorid.

Bariumchlorid gibt mit Chloraten keinen Niederschlag.

Darstellung von Kaliumperchlorat $KClO_4$.

Beim langsamen, nicht allzu starken Erwärmen zersetzt sich geschmolzenes Kaliumchlorat im wesentlichen im Sinne der Gleichung

$$5KClO_3 = 3KClO_4 + 2KCl + 3O.$$

Man rechne sich zunächst mit Hilfe der Molekulargewichte und des Molekularvolums der Gase (siehe S. 40) aus, wieviel Kaliumchlorat man anwenden muß, um gerade 600 ccm Sauerstoff zu entwickeln.

Die ausgerechnete Menge chlorsaures Kali wäge man ab und gebe sie in vollkommen trocknem Zustande in das vollkommen getrocknete (etwa 25 cm lange und 2,5 cm weite) Glasrohr *a* aus schwer schmelzbarem Glase des in Fig. 42 dargestellten Apparates. Vermittelst eines durchbohrten Korkstopfens ist auf dieses Glasrohr die gebogene Gasableitungsröhre *b* befestigt, deren Mündung *c* aufwärts gebogen ist und unter dem mit Wasser gefüllten graduierten Zylinder *d* endigt, der sich in der pneumatischen Wanne *e* befindet. Zunächst treibe man durch gelindes allseitiges Erwärmen der Röhre *a* die sich ausdehnende Luft aus und lasse die bei *c* entweichenden Luftblasen neben dem Zylinder in die Atmosphäre entweichen.

Nun erhitze man das Kaliumchlorat stärker, bis eine regelmäßige Entwicklung von Sauerstoff stattfindet, fange den Sauerstoff im graduierten Zylinder auf und setze das Erwärmen so lange fort, bis sich 600 ccm Sauerstoff angesammelt haben. Beim Aufhören des Erwärmens ist das Gasentbindungsrohr aus dem Wasser zu entfernen, weil sonst infolge des Abkühlens das Sperrwasser zurücksteigen würde. Die noch geschmolzene Salzmasse gieße man in eine Nickelschale und entferne nach dem völligen Erkalten der Glasröhre die darin haften gebliebenen erstarrten Salzreste.[1]

[1] Da Spritzer von geschmolzenem Kaliumchlorat oder -perchlorat mit brennbaren Substanzen heftig reagieren und schmerzende Wunden verursachen, führe

Die rückständige Salzmasse wird gepulvert und dann gewogen.

Nun rechne man unter Zugrundelegung der obigen Gleichung aus, wieviel Kaliumperchlorat und Kaliumchlorid in der gepulverten Salzmasse enthalten ist, indem man das ermittelte Gewicht im Verhältnis der Molekulargewichte $2 KCl : 3 KClO_4$ teilt.

Chlorkalium und überchlorsaures Kalium trennt man durch ihre verschiedene Löslichkeit in Wasser. — Die Löslichkeiten der beiden Salze sind aus der Tabelle auf S. 5 ersichtlich.

Man zerreibe die erhaltene Salzmasse mit einer solchen Menge Wasser von Zimmertemperatur, daß sie gerade genügt, um das Chlorkalium aus dem Gemisch herauszulösen, filtriere sodann die Masse ab und wasche höchstens einmal mit kaltem Wasser nach.

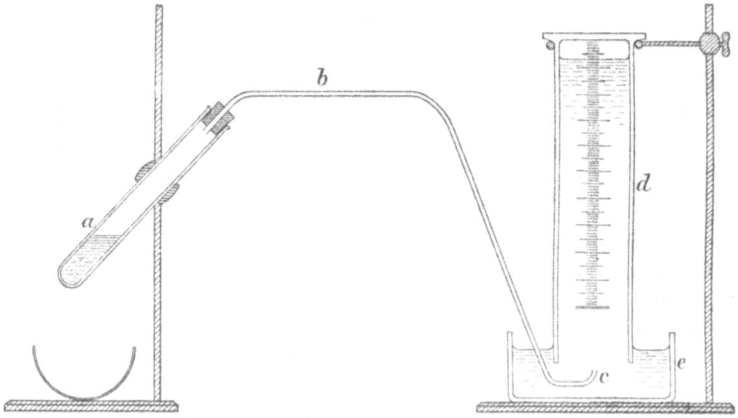

Fig. 42. Darstellung von Kaliumperchlorat.

Der Rückstand auf dem Filter besteht dann im wesentlichen aus Kaliumperchlorat. Man stoße mit einem dünnen Glasstab ein Loch in die Filterspitze und spüle das Salz mit einer solchen Menge Wasser, die bei 100° zur Lösung des Kaliumperchlorats gerade genügen würde, in einen Erlenmeyerkolben, erhitze zum Sieden, filtriere die Lösung siedend heiß auf einem Faltenfilter von geringen Verunreinigungen ab und lasse erkalten, wobei sich aus dem Filtrat Kristalle von Kaliumperchlorat abscheiden. Nach dem völligen Erkalten saugt man die Kristalle ab, wäscht einmal mit kaltem Wasser nach, trocknet sie auf Ton oder zwischen Filtrierpapier, wägt die

man den Versuch unter dem Abzug auf einer Steinplatte oder einer Asbestunterlage aus, stelle während des Versuches eine Metallschale (Nickelschale) unter das Glasrohr, und schütze die Hände mit einem Handtuch.

Menge Kaliumperchlorat und rechnet aus, wieviel Prozent der nach obiger Gleichung verlangten Menge Kaliumperchlorat man erhalten hat.

Eine Probe des Salzes ist auf etwaige Verunreinigung durch Chlorid und Chlorat zu untersuchen.

Brom.

In dem bei der Darstellung der Salpetersäure benutzten Apparat (S. 59 Fig. 13) werden 20 g Bromkalium mit 20 g gepulvertem Braunstein und 100 ccm ungefähr 50 %iger Schwefelsäure unter gelindem Erwärmen destilliert. Es entweichen braunrote, schwere Dämpfe des bei 63° siedenden Broms. Reaktionsgleichung? Das Brom erzeugt auf der Haut unangenehme, eiternde Wunden, und seine Dämpfe greifen die Schleimhäute der Nase und des Rachens außerordentlich stark an. Alle Versuche mit Brom müssen unter einem gut ziehenden Abzuge angestellt werden.

Man trenne das Brom im Scheidetrichter mechanisch von dem mit übergegangenen Wasser und reinige es von dem leichter flüchtigen, oft als Verunreinigung darin vorhandenen Chlorbrom dadurch, daß man es über Natriumbromid noch einmal aus demselben, von neuem gereinigten Apparat destilliert.

Will man es von dem gelösten Wasser befreien, so schüttelt man es mit ungefähr dem gleichen Volum konzentrierter Schwefelsäure durch und destilliert das Brom nochmals unter gelindem Erwärmen über.

Man schüttle einige Tropfen Brom im verkorkten Erlenmeyerschen Kölbchen mit Wasser.

Das Brom löst sich mit gelber bis gelbbrauner Farbe zu Bromwasser. 100 Teile Wasser lösen bei Zimmertemperatur ungefähr 3,2 Gewichtsteile Brom. Bromwasser wirkt ähnlich oxydierend wie Chlorwasser.

Eine schwach gefärbte Indigolösung wird durch Bromwasser gebleicht.

Man oxydiere schweflige Säure damit zu Schwefelsäure.

Schüttelt man Bromwasser mit Quecksilber, so bildet sich in Wasser und Säuren unlösliches Mercurobromid (Hg_2Br_2). Diese Eigenschaft kann benutzt werden, um Bromwasserstoff neben Brom zu erkennen, ähnlich wie Chlor neben Chlorwasserstoff (S. 280).

Brom ist in Schwefelkohlenstoff, Chloroform und Äther löslich.

Man schüttle Bromwasser im Reagensrohr mit Chloroform: das Brom geht mit brauner Farbe in das Chloroform über. (Unterschied von Jod. Siehe später.)

Gibt man wenige Tropfen Alkali hinzu und schüttelt wieder, so tritt Entfärbung ein, indem das Brom von dem Alkali gelöst wird:

$$Br_2 + 2KOH = KBr + KOBr + H_2O.$$

Übersättigt man die farblose alkalische Lösung mit verdünnter Schwefelsäure, so wird Brom wieder abgeschieden:

$$KBr + KOBr + H_2SO_4 = K_2SO_4 + H_2O + Br_2,$$

das sich beim Schütteln wieder in dem Chloroform auflöst.

Bromwasserstoff.

Man übergieße ein wenig Bromkalium im Reagensrohr mit konzentrierter Schwefelsäure. Es entwickelt sich Bromwasserstoffgas, das aber durch die konzentrierte Schwefelsäure zum Teil zu Brom oxydiert wird:

$$2HBr + H_2SO_4 = 2H_2O + SO_2 + Br_2.$$

Die im reinen Zustande farblose Bromwasserstoffsäure ist daher durch freies Brom gelb gefärbt. Sie ist um so mehr gefärbt, je konzentrierter die Schwefelsäure war und je mehr davon zu dem Versuche genommen wurde.

Bromwasserstoffsäure ist sehr viel leichter oxydierbar als Chlorwasserstoffsäure, die durch konzentrierte Schwefelsäure nicht zu Chlor oxydiert wird.

Man verdünne einige Gramm Schwefelsäure mit einem Drittel ihres Gewichtes an Wasser und übergieße mit dem erkalteten Gemisch etwas Bromkalium im Reagensrohre; es entwickelt sich Bromwasserstoff, der fast frei von Brom ist.

So pflegt man zu verfahren, wenn man Bromwasserstoffsäure aus Bromkalium darstellen will. Will man das Gas völlig von Brom befreien, so muß man es über Phosphor leiten.

Bromwasserstoffsäure ist im Aussehen und Geruch der Chlorwasserstoffsäure sehr ähnlich, gibt mit Ammoniak Nebel von Bromammonium und löst sich sehr leicht in Wasser. In der Kälte kann man das Wasser bis zu 82 % und bis zu einem spezifischen Gewicht von 1,78 mit Bromwasserstoff sättigen. Beim Erwärmen entweicht daraus Bromwasserstoff, und man erhält eine bei 126° und 760 mm Druck konstant siedende wässerige Säure von 48,2 % Bromwasserstoff (vgl. bei Salzsäure S. 27).

Reaktionen der Bromide.

Bromkalium verknistert beim Erhitzen im Röhrchen wie Kochsalz, löst sich leicht in Wasser, bei 20° $\frac{1}{1,55}$, bei 100° $\frac{1}{0,98}$. Die wässerige Lösung reagiert neutral und schmeckt einer Kochsalzlösung ähnlich.

Silbernitrat fällt aus Bromkaliumlösung schwach gelbes Bromsilber, ähnlich dem Chlorsilber unlöslich in Wasser und in Salpetersäure, löslich in unterschwefligsaurem Natrium, in Cyankalium und schwer löslich in Ammoniak.

Man versetze die gesättigte Lösung des komplexen Silberammoniumbromids $AgNH_3Br$ in überschüssigem Ammoniak oder ammoniakalischem Ammoniumcarbonat mit einigen Tropfen Bromkaliumlösung. Es findet eine ganz geringe Trübung der Flüssigkeit statt, die daher rührt, daß eine Spur des Salzes aus der gesättigten Lösung ausfällt, weil es durch den Zusatz von Bromionen etwas weniger löslich wird. Alle Elektrolyte sind in reinem Wasser löslicher, als in Lösungen, die eines ihrer Ionen enthalten (vgl. S. 34).

Als Gegenversuch stelle man sich eine Lösung des komplexen Silberammoniumchlorids in Ammoniak oder ammoniakalischem Ammoniumcarbonat her, und versetze diese Lösung ebenfalls mit Bromkaliumlösung. Es entsteht hier ein dicker Niederschlag von Chlorsilber (dient zur Erkennung der Chloride neben Bromiden).

Mercuronitrat bildet gelbliches in Wasser unlösliches Mercurobromid Hg_2Br_2, das von Bromwasser leicht zu Mercuribromid gelöst wird.

Bleiacetat gibt mit Bromkaliumlösung weißes Bleibromid, das in Salpetersäure leicht löslich ist.

Chlorwasser macht aus löslichen Bromiden und aus Bromwasserstoffsäure Brom frei, welches das Wasser rotbraun färbt. Geringe Mengen Brom rufen schwache Gelbfärbung hervor und werden am besten durch Schütteln mit wenig Schwefelkohlenstoff oder Chloroform erkannt, worin sie sich mit rotbrauner Färbung lösen. (Unterschied von Jod.)

Schüttelt man mit einem Überschuß von Chlorwasser, so verschwindet die rotbraune Färbung des Broms wieder, indem sich weingelbes Chlorbrom bildet.

Salpetrige Säure scheidet aus verdünnten Lösungen von Bromwasserstoffsäure kein Brom ab. (Unterschied von Jod.)

Chromsäure oder Kaliumpyrochromat und Schwefelsäure scheiden aus verdünnter Bromidlösung kein Brom ab. (Unterschied von Jod.)

Jod.

Jod wird aus Jodkalium durch Braunstein und Schwefelsäure ebenso entwickelt wie Brom aus Bromkalium (vgl. S. 290).

Jod besitzt Metallglanz, schmilzt bei 114°, siedet gegen 190°, gibt aber schon bei gewöhnlicher Temperatur violett gefärbten Dampf.

Darstellung von Jod.

Man schneide vom Halse einer Retorte ein so großes Stück ab, daß der Retortenhals nunmehr noch eine Länge von 6 bis 7 cm hat. Das Ende dieses Halses passe man unter Verwendung von Asbestpapier in den Hals eines weithalsigen kleinen Kolbens ein, beschicke sodann die Retorte mit einem Gemisch von ca. 30 g Jodkalium und

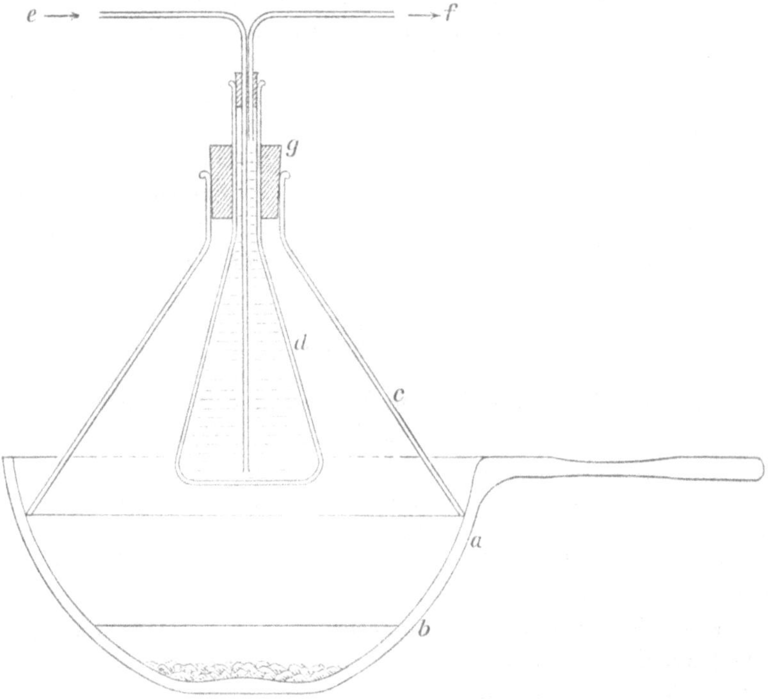

Fig. 43. Sublimation von Jod.

20 g gepulvertem Braunstein. Darauf füge man ca. 100 ccm 50 %ige Schwefelsäure hinzu und destilliere das im Sinne der Gleichung

$$2\,KJ + MnO_2 + 3\,H_2SO_4 = 2\,KHSO_4 + MnSO_4 + 2\,H_2O + J_2$$

entstehende Jod auf dem Sandbade ab, bis in der Retorte keine violetten Dämpfe mehr sichtbar werden.

Das Vorlagekölbchen kühle man durch Auffließenlassen von kaltem Wasser. Die Retortenwölbung bedecke man zur Zusammenhaltung der Wärme mit einem hutförmig gefalteten Asbestpapier.

Nach beendeter Destillation trockne man das im Vorlagekölbchen befindliche feste Jod auf dem Tonteller und gebe es sodann in dünner Schicht auf den Boden einer geräumigen Porzellanschale *a* (Fig. 43).

Über das Jod schichte man eine dünne Lage gepulvertes Jodkalium und bedecke das Ganze mit einem runden im Innern der Porzellanschale lose aufsitzendem Filtrierpapier *b*.

Dann setze man auf die Schale in der in der Zeichnung angedeuteten Weise einen geräumigen Glastrichter *c*, in dessen Innerm, durch den Stopfen *g* gehalten, ein Kolben *d* befestigt ist, den man durch kaltes Wasser kühlt, das durch die Röhre *e* zu- und die Röhre *f* ab-geleitet wird. Durch mäßiges Erhitzen in einem Sandbade verflüchtige man das Jod, welches sich sodann an dem gekühlten Kolben *d* in schönen Kristallen absetzt. Etwa abfallende Jodkristalle sammeln sich auf dem Filtrierpapier *b*. Nach beendeter Sublimation sammle man die Kristalle auf einem Bogen Glanzpapier und verwahre sie in einem trocknen Gefäße mit Glasstopfen. Die Schicht Jodkalium über dem Jod hat den Zweck, etwaige Beimengungen von Chlor und Brom, die in dem rohen Jod enthalten sein könnten, zurückzuhalten:

$$Cl + KJ = KCl + J$$
$$Br + KJ = KBr + J.$$

Man schüttle etwas Jod im Reagensrohr mit Wasser; es ist viel weniger löslich als Chlor und Brom. In 100 Teilen Wasser lösen sich 0,03 Gewichtsteile Jod.

Schüttelt man die wässerige Jodlösung mit Chloroform oder Schwefelkohlenstoff, so löst sich das Jod mit intensiv violettroter Farbe (Unterschied von Brom). Schüttelt man mit Äther, so löst es sich mit brauner Farbe.

Viel reichlicher als in Wasser löst sich das Jod in Jodkaliumlösung auf, indem es damit die Verbindung KJ_3 oder, aus Jodionen und freiem Jod, Trijodionen:

$$J' + [J_2] \rightleftarrows (J_3)'''.$$

bildet.

Man bereite etwas Stärkelösung dadurch, daß man Wasser im Erlenmeyerkölbchen zum Sieden erhitzt und ganz wenig mit Wasser angerührte Stärkemilch einfließen läßt. Nach kurzem Kochen filtriere man durch ein Faltenfilter und lasse erkalten.

Die erkaltete Stärkelösung versetze man im Reagensrohr mit wenigen Tropfen Jodwasser; die Stärkelösung färbt sich tief blau, besonders bei Gegenwart von etwas Jodwasserstoff oder Jodkalium. Brom ruft Gelbfärbung hervor. Erhitzt man die blaue Lösung, so entfärbt sie sich; kühlt man sie wieder ab, so tritt die blaue Farbe von neuem auf.

Jodwasser ist ein schwaches Oxydationsmittel.

Wässerige schweflige Säure wird zu Schwefelsäure oxydiert. Reaktionsgleichung?

Schwefelwasserstoffwasser wird durch Jodwasser zersetzt in Jodwasserstoff und Schwefel:

$$S'' + [J_2] = 2J' + [S].$$

Bei Abwesenheit von Wasser wird Schwefelwasserstoff durch Jod nicht zersetzt.

Jodlösung wird durch Natriumthiosulfat entfärbt unter Bildung von Natriumtetrathionat:

$$J_2 + 2Na_2S_2O_3 = 2NaJ + Na_2S_4O_6.$$

Chlor- und Bromwasser dagegen bilden Natriumsulfat unter Abscheidung von Schwefel:

$$Na_2S_2O_3 + Cl_2 + H_2O = 2HCl + Na_2SO_4 + S,$$

der durch einen Überschuß von Chlor zu Schwefelsäure oxydiert wird:

$$S + 3Cl_2 + 4H_2O = H_2SO_4 + 6HCl.$$

Jodwasserstoff.

Man übergieße Jodkalium im Reagensrohr mit sehr wenig konzentrierter Schwefelsäure. Das sich entwickelnde Jodwasserstoffgas wird durch die Schwefelsäure nahezu vollständig zu Jod oxydiert (vgl. bei Chlorwasserstoff S. 23 und Bromwasserstoff S. 291):

$$H_2SO_4 + 2HJ = 2H_2O + SO_2 + J_2.$$

Man beobachte die violetten Dämpfe und den Geruch nach schwefliger Säure. Erhitzt man, so wird die schweflige Säure noch weiter zu Schwefel und zu Schwefelwasserstoff reduziert:

$$SO_2 + 4HJ = 2H_2O + 2J_2 + S$$
$$S + 2HJ = H_2S + J_2.$$

Der Schwefel sublimiert und den Schwefelwasserstoff erkennt man durch den Geruch und seine Wirkung auf Bleipapier.

Übergießt man das Jodkalium mit einer größeren Menge konzentrierter Schwefelsäure, so beobachtet man fast nur die Entwicklung von schwefliger Säure.

Läßt man eine mit Schwefelsäure angesäuerte Jodkaliumlösung im Lichte stehen, so scheidet sich Jod aus, das man durch Stärkelösung nachweise. Beim Chlor bildet umgekehrt Chlorwasser im Lichte Chlorwasserstoff.

Reaktionen der Jodide.

Silbernitrat fällt aus Jodkaliumlösung gelbes, flockiges Jodsilber (Reaktionsgleichung?), das wie das Chlorsilber und Bromsilber in

Salpetersäure unlöslich, in Natriumthiosulfat und Cyankaliumlösung löslich ist. In Ammoniak ist es unlöslich (Unterschied von Chlorsilber; Bromsilber steht mit seiner Löslichkeit in der Mitte zwischen beiden).

Mercurinitrat fällt rotes Quecksilberjodid HgJ_2. Reaktionsgleichung? In überschüssigem Jodkalium löst es sich zu dem komplexen Salz des Mercurikaliumjodids HgJ_4K_2.

Mercuronitrat fällt grüngelbes Mercurojodid (Reaktionsgleichung?), das sich in überschüssigem Jodkalium unter Quecksilberabscheidung zu Mercurikaliumjodid auflöst. Reaktionsgleichung?

Cuprisulfat scheidet mit Jodkalium weißes Cuprojodid und Jod aus. Reaktionsgleichung? Die Fällung ist unvollständig. Die braune Farbe des Jod verdeckt die weiße des Cuprojodids. Gibt man schweflige Säure hinzu, so wird das Jod zu farblosem Jodwasserstoff reduziert und die Fällung wird vollständig.

Bleiacetat fällt gelbes Jodblei. Reaktionsgleichung?

Chlorwasser. Versetzt man die stark verdünnte Lösung eines Jodids oder der Jodwasserstoffsäure tropfenweise mit Chlorwasser, so scheidet sich Jod aus, das sich je nach der Menge mit gelber bis gelbbrauner Farbe löst, bei größeren Mengen zugleich unter Abscheidung eines dunklen Pulvers von Jod.

Schüttelt man einen Teil der jodhaltigen Flüssigkeit mit Schwefelkohlenstoff oder Chloroform, so geht das Jod mit violetter Farbe in Lösung.

Versetzt man einen zweiten Teil der jodhaltigen Flüssigkeit mit Stärkelösung, so entsteht blaue Jodstärke.

Einen dritten Teil der Flüssigkeit versetze man nach und nach mit mehr Chlorwasser. Anfangs nimmt die Abscheidung des Jods noch zu; später tritt allmähliche Entfärbung der Jodlösung ein, indem das Jod zu Jodsäure oxydiert wird.

Jod wird durch Chlor zunächst in Chlorjodverbindungen verwandelt:

$$J + Cl = JCl$$

und:

$$JCl + Cl_2 \rightleftarrows JCl_3,$$

die in verdünnter wässeriger Lösung durch überschüssiges Chlor im Sinne des oberen Pfeiles zu Jodsäure oxydiert werden:

$$JCl_3 + Cl_2 + 3\,H_2O \rightleftarrows HJO_3 + 5\,HCl.$$

In konzentrierten Lösungen findet zwischen Salzsäure und Jodsäure Reaktion im umgekehrten Sinne statt.

Versetzt man die jodsäurehaltige Lösung vorsichtig mit schwefliger Säure, so wird wieder Jod abgeschieden:

$$2JO_3H + 5SO_2 + 4H_2O = J_2 + 5H_2SO_4.$$

Ein Überschuß von schwefliger Säure entfärbt die Jodlösung unter Bildung von Jodwasserstoff:

$$J_2 + SO_2 + 2H_2O = H_2SO_4 + 2HJ,$$

aus der Chlor wieder Jod abscheidet usf.

Salpetrige Säure und Stickstoffdioxyd. Gibt man zu einer verdünnten Kaliumjodidlösung etwas Natriumnitrit und verdünnte Essigsäure, so scheidet sich Jod aus:

$$2(NO_2') + 2J' + 4H^{\cdot} = 2H_2O + J_2 + 2NO.$$

(Unterschied von Bromiden und Chloriden.)

Das ausgeschiedene Jod kann man in geringen Mengen durch Stärkelösung oder Schwefelkohlenstoff oder Chloroform erkennen.

Kleine Mengen Jod erkennt man in Jodmetallen am sichersten, wenn man das Jod in dieser Weise durch salpetrige Säure oder auch durch rote rauchende Salpetersäure frei macht, da ein Überschuß der salpetrigen Säure, im Gegensatz zum Chlor, das ausgeschiedene Jod nicht weiter verändert.

Kaliumpyrochromat und verdünnte Schwefelsäure machen in der Kälte aus verdünnter Jodkaliumlösung Jod frei:

$$K_2Cr_2O_7 + 6KJ + 7H_2SO_4 = Cr_2(SO_4)_3 + 4K_2SO_4 + 6J + 7H_2O,$$
$$(Cr_2O_7)'' + 6J' + 14H^{\cdot} = 2Cr^{\cdot\cdot\cdot} + 3[J_2] + 7H_2O.$$

(Unterschied von Bromiden und Chloriden.)

Auch diese Reaktion hängt von der Konzentration der Wasserstoffionen ab, denn in verdünnt essigsaurer Lösung scheidet Kaliumpyrochromat aus Jodiden kein Jod ab.

Dieselbe Zersetzung findet beim Bromkalium erst in sehr konzentrierter Lösung oder in der Wärme statt.

Eisenchlorid scheidet aus angesäuerter Jodkaliumlösung Jod aus.

$$2Fe^{\cdot\cdot\cdot} + 2J' = J_2 + 2Fe^{\cdot\cdot}.$$

Nachweis der Halogene nebeneinander.

Nachweis von Brom neben Jod. Man säure eine verdünnte Lösung von Brom- und Jodkalium mit Schwefelsäure an, füge etwa 1 ccm Chloroform (oder Schwefelkohlenstoff) hinzu und versetze allmählich tropfenweise unter Umschütteln mit Chlorwasser. Das Chlorwasser macht zunächst das Jod frei, welches beim Umschütteln das Chloroform violett färbt. Darauf oxydiert ein Überschuß von Chlorwasser alles Jod zu Jodsäure, wobei das Chloroform wieder entfärbt wird.

Dann erst macht ein weiterer Zusatz von Chlorwasser Brom frei; das Chloroform färbt sich braun. Ein Überschuß von Chlorwasser bildet Chlorbrom; das Chloroform färbt sich weingelb.

Nachweis von Chlor neben Jod. Man fälle die Lösung der Halogenide mit Silbernitrat solange noch ein Niederschlag entsteht. Alsdann füge man Ammoniakwasser hinzu, schüttle und filtriere. Aus der Lösung fällt auf Zusatz von Salpetersäure Chlorsilber.

Nachweis von Chlor neben Brom und Jod. Die Lösung der Halogenide dampfe man zur Staubtrockne und mische oder besser schmelze den trocknen Rückstand mit etwa der gleichen Menge Kaliumpyrochromat zusammen und destilliere die grob zerkleinerte Schmelze mit konzentrierter Schwefelsäure in dem auf S. 93 für den Nachweis von Kohlensäure beschriebenen Apparate Fig. 16. Das Brom destilliert alsdann in freiem Zustande über, während das Chlor als Chromylchlorid übergeht:

$$K_2Cr_2O_7 + 6\,KBr + 7\,H_2SO_4 = 4\,K_2SO_4 + Cr_2(SO_4)_3 + 7\,H_2O + 6\,Br$$
$$K_2Cr_2O_7 + 4\,KCl + 3\,H_2SO_4 = 3\,K_2SO_4 + 3\,H_2O + 2\,CrO_2Cl_2.$$

Die überdestillierenden Produkte leite man in Natronlauge:

$$Br_2 + 2\,NaOH = NaOBr + NaBr + H_2O \text{ (farblos)}$$
$$CrO_2Cl_2 + 4\,NaOH = 2\,NaCl + CrO_4Na_2 + 2\,H_2O \text{ (gelb)}$$

und prüfe, ob mit Chlorbarium in essigsaurer Lösung Bariumchromat fällt.

Nur wenn Chlor zugegen ist, erhält man ein chromhaltiges Destillat.

Diese Chlorprobe ist zwar charakteristisch, aber unempfindlich. Sie führt nur dann sicher zum Ziele, wenn erhebliche Mengen von Chloriden neben geringen Mengen anderer Substanzen zugegen sind.

Auf folgende Weise kann man kleinere Mengen Chloride neben größeren Mengen Bromiden, Jodiden und anderen Stoffen erkennen.

Man fälle die Lösung der drei Halogenide mit Silbernitrat in verdünnt salpetersaurer Lösung, solange noch ein Niederschlag entsteht. Diesen filtriere man ab und wasche ihn so lange mit destilliertem Wasser aus, bis die ablaufenden Waschwässer mit verdünnter Salzsäure keinen Niederschlag mehr geben. Sodann schüttle man den Niederschlag im Erlenmeyerkölbchen kräftig mit einer konzentrierten Ammoniumcarbonatlösung, filtriere ab und versetze das Filtrat mit etwas Bromkaliumlösung. Bei Anwesenheit von Chlor entsteht ein kräftiger Niederschlag, während sonst nur eine geringfügige Trübung durch Zurückdrängung der Dissoziation des Silberammoniumbromids entsteht (vgl. S. 34).

Das Brom weist man neben Chlor durch Chlorwasser und Chloroform nach.

Nachweis von Chlor, Brom und Jod. Chlor kann man nach dem Vorhergehenden entweder durch Destillation der völlig trocknen Halogensalze mit Kaliumpyrochromat und Schwefelsäure, oder besser auf die zuletzt beschriebene Weise durch Extraktion der Silberhalogenide mit Ammoniumcarbonat nachweisen. Brom und Jod kann man mit Chlorwasser wie oben erkennen.

Das Jod kann auch aus einer wässerigen Lösung durch Kochen mit ausreichenden Mengen Eisenammoniumalaunlösung (Wirkung entsprechend der des Eisenchlorids; siehe oben) überdestilliert werden, während Chlor und Brom nicht mit übergehen.

Chlor und Brom kann man dann wie oben erkennen.

In einigen Sonderfällen erleidet der Nachweis der Halogene in der Analyse Abänderungen.

1. Sind in einer Substanz neben den Halogenen gleichzeitig Silberverbindungen zugegen, so lassen sich die Halogene meistens nicht auf die angeführten Weisen erkennen, weil die Silberhaloide schwer löslich sind. In diesem Falle rührt man die ursprüngliche Substanz mit Zinkstaub und Wasser, dem man einige Tropfen verdünnter Schwefelsäure zusetzt, in der Kälte zu einem dünnen Brei an, schüttelt einige Zeit tüchtig und filtriert ab. Im Filtrat sind dann die Halogenwasserstoffsäuren und lassen sich auf die gewöhnliche Weise erkennen. Durch das Zink werden bei Gegenwart von Schwefelsäure die Silberhaloidverbindungen unter Abscheidung von metallischem Silber zu Halogenwasserstoffsäuren reduziert:

$$2\,AgCl + 2\,Zn + H_2SO_4 = 2\,Ag + ZnSO_4 + ZnCl_2 + H_2$$

oder:

$$2[AgCl] + 2[Zn] + 2\,H^{\cdot} = 2[Ag] + 2\,Zn^{\cdot\cdot} + 2\,Cl' + [H_2].$$

2. Die Gegenwart vieler komplexer Cyanverbindungen (komplexer Metall-Cyananionen) stört den Nachweis der Halogenwasserstoffsäuren, weil viele dieser komplexen Cyanmetallanionen mit Silberionen ebenfalls in Salpetersäure schwer lösliche Silberniederschläge bilden.

In solchen Fällen übergieße man eine Probe der ursprünglichen Substanz mit 80%iger Schwefelsäure, event. unter Zusatz von Aluminiumfeile.[1] Nach längerem Stehenlassen destilliere man in einige Kubikzentimeter Wasser. Es destilliert Halogenwasserstoff und event. etwas Blausäure über. Auch die Blausäure stört den Nachweis des Chlors, weil Cyanionen mit Silberionen in Salpetersäure schwer lösliches Cyansilber bilden:

$$(CN)' + Ag^{\cdot} = Ag(CN).$$

Deshalb dampfe man die wässerigen Destillate bis auf ein kleines Volum ein. Dadurch entfernt man die Blausäure aus der Flüssigkeit, während sich die Halogenwasserstoffsäuren bis auf mindestens 20% darin anreichern.[2] Man

---

[1] Bei Gegenwart oxydierender Substanzen (siehe S. 267).

[2] Man darf natürlich nicht gänzlich zur Trockne dampfen, weil man hierdurch auch die Salzsäure verflüchtigen würde.

überzeuge sich von der Vollständigkeit der Entfernung der Blausäure und fälle sodann in salpetersaurer Lösung mit einem Überschuß von Silbernitrat die Silberhaloide. Man weise in dem erhaltenen Niederschlag auf die oben beschriebene Weise die Halogene nach.

Thioschwefelsäure $SO_2\begin{matrix}\diagup OH\\ \diagdown SH\end{matrix}$.

Man versetze eine Lösung von Natriumthiosulfat in Wasser mit Salzsäure oder Schwefelsäure. Die Lösung trübt sich durch abgeschiedenen Schwefel milchig und entwickelt Schwefligsäureanhydrid:

$$Na_2S_2O_3 + H_2SO_4 = Na_2SO_4 + H_2S_2O_3$$
$$H_2S_2O_3 = H_2O + SO_2 + S.$$

Nur in verdünnten Lösungen ist die nach der ersten Gleichung entstehende freie unterschweflige Säure für kurze Zeit beständig; je konzentrierter die Lösung ist, desto rascher erfolgt die Zersetzung nach der zweiten Gleichung.

Natriumthiosulfat kristallisiert mit fünf Molekülen Wasser. $Na_2S_2O_3$, $5H_2O$.

Das Salz schmilzt bei schwachem Erhitzen im Kristallwasser; bei stärkerem Erhitzen verflüchtigt sich Wasser, das Salz wird wieder fest und schmilzt nun bei höherer Temperatur zu einer dunklen Flüssigkeit, die beim Erkalten gelbbraun ist. Dabei destilliert manchmal etwas Schwefel heraus. Im wesentlichen erfolgt die Zersetzung nach der Gleichung

$$4Na_2S_2O_3 = 3Na_2SO_4 + Na_2S_5 \quad (Na_2S + 4S).$$

(Vgl. mit Natriumsulfit S. 174.)

Jodlösung. Eine Lösung von Jod in Jodkalium wird durch Natriumthiosulfatlösung entfärbt unter Bildung von tetrathionsaurem Natrium. (Anwendung in der Maßanalyse; Jodometrie.)

$$2Na_2S_2O_3 + J_2 = 2NaJ + Na_2S_4O_6$$

oder:

$$2(S_2O_3)'' + J_2 = (S_4O_6)'' + 2J'.$$

Man koche die entstandene Tetrathionatlösung in verdünnter salzsaurer Lösung mit Aluminiumfeile; es entsteht Schwefelwasserstoff, erkenntlich am Geruch oder durch Bleisalz oder Nitroprussidnatriumlösung. (Reaktionsgleichung?) (Unterschied von Sulfaten.)

Eisenchlorid gibt mit Natriumthiosulfat anfangs violette Färbung. Nach kurzer Zeit aber entsteht eine farblose Lösung, die Ferrochlorid und Natriumtetrathionat enthält. Eisenchlorid und auch andere sehr schwache Oxydationsmittel wirken also ähnlich dem Jod auf Natriumthiosulfat ein.

Silbernitrat gibt mit geringen Mengen Natriumthiosulfat einen weißen Niederschlag von Silberthiosulfat:

$$Na_2S_2O_3 + 2\,AgNO_3 = 2\,NaNO_3 + Ag_2S_2O_3,$$

das besonders beim Erwärmen mit Wasser sehr rasch gelbbraun und schließlich unter Abscheidung von Schwefelsilber schwarz wird:

$$Ag_2S_2O_3 + H_2O = Ag_2S + H_2SO_4.$$

Mit mehr Natriumthiosulfat tritt das Silberthiosulfat zu komplexen Salzen zusammen. Solange dabei das Silberthiosulfat im Überschuß ist, bildet sich das schwer lösliche $NaAgS_2O_3$, mit einem Überschuß von Natriumthiosulfat entsteht dagegen das leicht lösliche $[Ag_2(S_2O_3)_3]Na_4$.

Beim Kochen oder beim Stehenlassen am Lichte scheidet sich auch aus dieser Lösung Schwefelsilber ab:

$$[Ag_2(S_2O_3)_3]Na_4 = Na_2SO_4 + Na_2S_2O_3 + SO_2 + S + Ag_2S.$$

Aus der großen Verwandtschaft des Silbers zum Schwefel darf man vielleicht schließen, daß in den komplexen Salzen, z. B. in $NaAgS_2O_3$, das Silber an Schwefel gebunden ist:

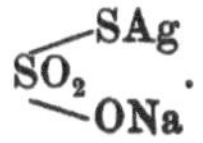

Chlor-, Brom- und Jodsilber lösen sich in überschüssigem Natriumthiosulfat zu denselben komplexen Salzen. (Anwendung in der Photographie.)

Natriumthiosulfat gibt wie mit Silbersalzlösungen auch mit den Lösungen mancher anderen Schwermetalle in der Wärme Fällungen von Schwefelmetallen.

Zinksalze geben mit Natriumthiosulfat keinen Niederschlag. (Unterschied von Sulfiden.)

Bariumsalze geben mit Natriumthiosulfat einen weißen Niederschlag von Bariumthiosulfat (Reaktionsgleichung?), dessen Löslichkeit in Wasser bei 18° $\frac{1}{480}$ beträgt. In heißem Wasser ist es leicht löslich. $\left(\text{Unterschied von Bariumsulfit: Löslichkeit } \frac{1}{46000}.\right)$

Strontiumchlorid fällt kein Strontiumthiosulfat, dessen Löslichkeit bei 18° $\frac{1}{3,7}$ ist. $\left(\text{Unterschied von Strontiumsulfit: Löslichkeit } \frac{1}{30000}.\right)$

Calciumthiosulfat löst sich bei 18° $\frac{1}{2}$ und Calciumsulfit $\frac{1}{800}$.

Nachweis von Sulfid, Sulfit, Thiosulfat und Sulfat nebeneinander.

Eine Lösung, die diese 4 Säuren an irgendwelche Basen gebunden enthält, werde mit Sodalösung gekocht und von dem etwa entstehenden Niederschlag von Metallcarbonaten und Hydroxyden abfiltriert.

Die Lösung versetze man mit konzentrierter Chlorzinklösung im Überschuß; es wird Schwefelzink und Zinkcarbonat gefällt. Den Niederschlag filtriere man ab (Filtrat F_1), wasche ihn aus, stoße sodann mit einem dünnen Glasstabe ein Loch in das Filter und spüle durch dieses den Niederschlag in einen Kolben. Zu der wässerigen Aufschlemmung gebe man nun etwas Bleiacetatlösung und dann verdünnte normale Salzsäure; ist Schwefelwasserstoff vorhanden, so bildet sich ein Niederschlag von schwarzem Schwefelblei.

Das Filtrat F_1 teile man zum getrennten Nachweis von Sulfit, Thiosulfat und Sulfat in drei Teile.

Den ersten Teil versetze man mit einem Überschuß von Sodalösung und füge zu der entstandenen Fällung etwas Nitroprussidnatrium. Das Auftreten einer erdbeerroten Färbung bestätigt die Anwesenheit von Sulfit (vgl. S. 177).

Den zweiten Teil des Filtrates F_1 versetze man so lange tropfenweise unter Umschütteln mit Jodlösung, bis die Jodfarbe bestehen bleibt; dann ist alles Sulfit in Sulfat und alles Thiosulfat in Tetrathionat übergegangen (vgl. S. 175 u. 300).

Nun destilliere man mit Aluminiumfeile und normaler Salzsäure, wodurch nur das Tetrathionat zu Schwefelwasserstoff reduziert wird (siehe S. 300). Im Destillat nachweisbarer Schwefelwasserstoff ist also bezeichnend für die Anwesenheit von Thiosulfat.

Den dritten Teil des Filtrates F_1 koche man mit verdünnter Salzsäure (event. unter Luftabschluß), bis alles Schwefeldioxyd fortgetrieben ist, filtriere von ausgeschiedenem Schwefel ab und versetze das klare Filtrat mit Chlorbarium. Bei Gegenwart von Schwefelsäure entsteht ein Niederschlag von Bariumsulfat.

Zum Nachweis der Schwefelwasserstoffsäure in der Analyse ist zu bemerken, daß nicht alle Sulfide sich mit Sodalösung umsetzen, daß der Schwefelwasserstoff also nicht in allen Fällen im Sodaauszug direkt zu finden ist. — Man prüft dann durch Destillation der Substanz mit verdünnter Salzsäure, wobei aus den meisten Sulfiden Schwefelwasserstoff frei wird.

Einige Sulfide, wie z. B. Zinnsulfid, Quecksilbersulfid, Arsensulfid u. a. m. werden aber auch von verdünnter Salzsäure nicht angegriffen. — In solchen Substanzen destilliert mit konzentrierter Salzsäure und Zinn der Schwefelwasserstoff. Dabei ist zu beachten, daß aus Sulfiten, Thiosulfaten und auch freiem Schwefel durch Zinn und konzentrierte Salzsäure ebenfalls Schwefelwasserstoff entsteht. Diese Stoffe sind also gegebenenfalls vorher zu entfernen.

Fluorwasserstoff und Kieselfluorwasserstoff.

Man übergieße fein gepulverten Flußspat CaF_2 im Platintiegel mit konzentrierter Schwefelsäure. Beim gelinden Erwärmen entwickelt sich farbloses Fluorwasserstoffgas (Reaktionsgleichung?) von stark sauren, ätzenden Eigenschaften, das aber in einem Tropfen salpetersaurem Silber, der an einem Glasstabe hängt, keine Trübung hervorruft.

Fluorsilber ist in Wasser löslich zum Unterschiede von Chlor-, Brom- und Jodsilber. Dagegen ist das Fluorcalcium in Wasser unlöslich, während Chlor-, Brom- und Jodcalcium im Wasser löslich sind.

Von Wasser wird Fluorwasserstoff begierig unter starker Erhitzung aufgenommen. Die Dampfdichte ist höher als der einfachen Formel HF entspricht. Auch existieren saure Salze, z. B. KF_2H, die für ein doppeltes Molekül:

$$\begin{matrix} F\text{—}H \\ | \\ F\text{—}H \end{matrix}$$

sprechen.

Das Gas greift Glas stark an (aber nicht, wenn es völlig wasserfrei ist). Man überziehe ein Uhrglas vollständig mit Wachs, ritze einige Zeichen ein und setze die bloßgelegten, eingeritzten Stellen der Einwirkung der Fluorwasserstoffsäure aus. Nach etwa einer Stunde sind nach Entfernen des Wachses durch Erwärmen und Abwischen mit Fließpapier die in das Glas geätzten Zeichen sichtbar:

$$\underbrace{SiO_3Na_2,\ SiO_3Ca}_{\text{Glas}} + 12\,HF = 2\,SiF_4 + 2\,NaF + CaF_2 + 6\,H_2O.$$

Man übergieße fein gepulverten Flußspat im Reagensrohr mit konzentrierter Schwefelsäure. Im Glasgefäße bildet sich gasförmiges Fluorsilicium SiF_4, indem das Glas dabei geätzt wird. Läßt man das Gas gegen einen Glasstab strömen, an dem sich ein Tropfen Wasser befindet, so wird das Wasser durch abgeschiedene Kieselsäure getrübt unter gleichzeitiger Bildung von wasserlöslicher Kieselfluorwasserstoffsäure H_2SiF_6:

$$\begin{cases} SiF_4 + 3\,H_2O = SiO_3H_2 + 4\,HF \\ 2\,SiF_4 + 4\,HF = 2\,SiF_6H_2. \end{cases}$$

Beide Reaktionen verlaufen nebeneinander:

$$3\,SiF_4 + 3\,H_2O = SiO_3H_2 + 2\,SiF_6H_2.$$

Die Reaktion dient zum Nachweis des Fluors. Führt man die Reaktion in einem Platingefäße aus, so kann sie auch zur Erkennung von Kieselsäure benutzt werden.

Diese Reaktion wird oft gestört durch die gleichzeitige Gegenwart von Stoffen, die mit konzentrierter Schwefelsäure gefärbte Dämpfe oder Sublimate geben, wie z. B. Nitrite, Jodide, Bromide und Chloride. In solchen Fällen kocht man die ursprüngliche Substanz mit wässeriger Chlorcalciumlösung, filtriert ab, wäscht den Niederschlag aus, der das Fluor in Form von Fluorcalcium enthält, trocknet ihn, und prüft nun den Rückstand in der oben angegebenen Weise.

Fluorsilicium und Kieselfluorwasserstoffsäure (Fig. 44). In einen 500 ccm Rundkolben bringe man ein inniges Gemenge von je 25 g fein gepulvertem Flußspat und fein gepulvertem Glas, gebe so viel konzentrierte Schwefelsäure hinzu, daß das Ganze einen dünnen Brei bildet und erhitze auf dem Sandbade. Das sich entwickelnde Fluorsilicium leite man mit Hilfe eines Trichters in der aus beistehender Figur ersichtlichen Weise in etwa 200 ccm Wasser ein und sorge dafür, daß der Trichter nur eben in das Wasser eintaucht, um der Gefahr des Rücksteigens vorzubeugen. Wenn beim Erhitzen die Temperatur bis zum Sieden der Schwefelsäure gesteigert ist, unterbricht man den Versuch, indem man zunächst den Trichter aus dem Wasser entfernt und dann erst die Flamme auslöscht.

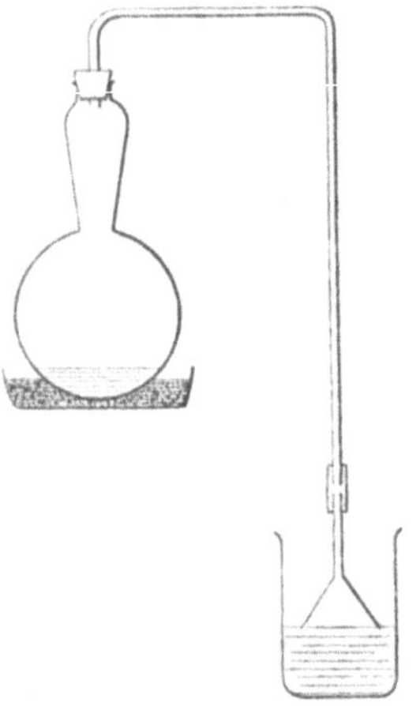

Fig. 44. Darstellung von Kieselfluorwasserstoffsäure.

Die wässerige Lösung der Kieselfluorwasserstoffsäure filtriere man von der abgeschiedenen, gallertartigen Kieselsäure ab. Nach dem Auswaschen hebe man die Kieselsäure im feuchten Zustande für die unter Kieselsäure folgenden Versuche auf. Das Filtrat dampfe man in einer Porzellanschale auf dem Wasserbade auf etwa 20 ccm ein und benutze die eingeengte Lösung zur Ausführung folgender

Reaktionen der Kieselfluorwasserstoffsäure.

Man prüfe die Reaktion der wässerigen Lösung mit Lackmuspapier. Man dampfe eine kleine Menge der wässerigen Kieselfluorwasserstoffsäure auf einem Uhrglase ein; es findet dabei Zerfall statt: $H_2SiF_6 = 2HF + SiF_4$, und die gebildete Flußsäure ätzt die Glasunterlage.

Kaliumsalze fällen aus Kieselfluorwasserstoffsäure in neutraler oder saurer Lösung schwer lösliches Kieselfluorkalium K_2SiF_6.

Reaktionsgleichung? Der Niederschlag hat ungefähr dasselbe Brechungsvermögen wie die Flüssigkeit, in der er sich bildet und ist daher schwer zu sehen. Beim Glühen zerfällt das Kieselfluorkalium in Fluorkalium und in flüchtiges Fluorsilicium, das in Wasser Trübung hervorruft.

Natriumsalze erzeugen einen ähnlichen, etwas besser als beim Chlorkalium zu beobachtenden Niederschlag.

Silbersalze geben keine Fällung.

Bariumsalze bilden schwer lösliches kristallinisches Kieselfluorbarium, dessen Löslichkeit bei 17° $\frac{1}{3731}$ beträgt (vgl. S. 33).

Verdünnte Schwefelsäure wirkt auf die Kieselfluorwasserstoffsalze kaum ein.

Konzentrierte Schwefelsäure zersetzt Kieselfluornatrium unter Entwicklung von Flußsäure und Fluorsilicium:

$$Na_2SiF_6 + H_2SO_4 = Na_2SO_4 + SiF_4 + 2\,HF.$$

Natronlauge und **Soda** zersetzen Kieselfluorwasserstoffsäure unter Bildung von Natriumfluorid und Natriumsilikat, wenn man die Lösung bis zur alkalischen Reaktion damit versetzt. Reaktionsgleichung?

Ammoniak im Überschuß zersetzt in gleicher Weise wie Natronlauge, nur wird dabei der größte Teil der Kieselsäure gallertartig ausgeschieden. Reaktionsgleichung? Filtriert man die Lösung von der Kieselsäure ab und dampft auf dem Wasserbade zur Trockne, so bleibt fast reines Fluorammonium zurück.

Kieselsäure.

Silicium ist ein vorwiegend vierwertiges Element, das nur ein beständiges Oxyd, das Siliciumdioxyd oder Kieselsäureanhydrid SiO_2 bildet.

Die davon theoretisch ableitbaren zwei Hydrate sind beide bekannt:

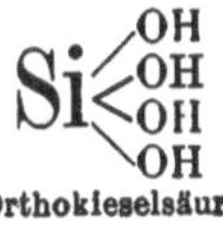

Orthokieselsäure

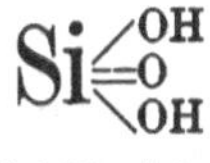

Metakieselsäure

Beide Säuren haben aber die Eigenschaft, leicht intermolekular Wasser abzuspalten und eine ganze Reihe von höher molekularen Kieselsäuren zu bilden. So entstehen, je nachdem die Wasserabspaltung zwischen zwei, drei und mehr Kieselsäuremolekülen stattfindet, Di-, Tri- oder Polykieselsäuren, z. B. die Dikieselsäuren:

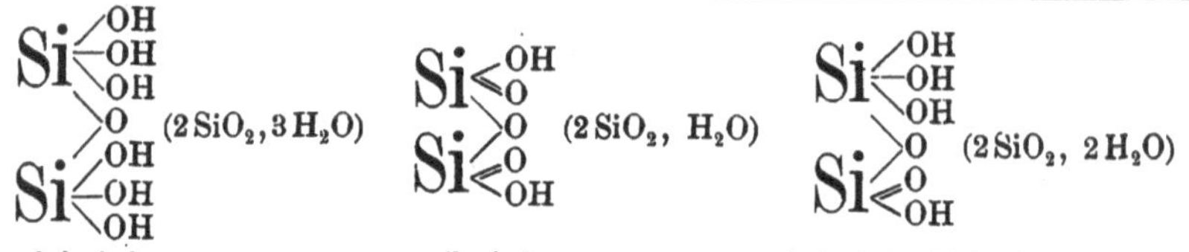

sechsbasische — zweibasische — vierbasische Dikieselsäure

Die in der Natur vorkommenden Kieselsäuren: Wasseropal, Opal, Hyalith, Achat, Chalcedon, Feuerstein, entsprechen solchen Polykieselsäuren (Kieselsäureanhydrid mit wechselndem Wassergehalt von 35—3 %).

Das Kieselsäureanhydrid findet sich in der Natur als Quarz (Bergkristall) hexagonal-trapezoëdrisch-tetartoëdrisch und als Tridymit hexagonal.

Die verschiedenen Arten der hydratischen Kieselsäure und das Kieselsäureanhydrid haben sehr verschiedene Löslichkeit. Die Orthokieselsäure ist ziemlich löslich in Wasser und geht durch Erhitzen auf 100° in Metakieselsäure und durch Glühen in Anhydrid über, die sich beide nicht mehr in Wasser lösen.

Auch ihre Auflösung in Alkalien und Alkalicarbonaten erfolgt mit abnehmendem Wassergehalt schwerer und ist beim Anhydrid um so schwieriger, je stärker es geglüht wurde.

Man löse ein wenig der früher durch Zersetzen von Siliciumfluorid gewonnenen hydratischen Kieselsäure in Kalilauge und ebenso in Soda. Auch in sehr verdünnten Sodalösungen ist sie bei Wasserbadtemperatur löslich.

Man übergieße etwas der hydratischen Kieselsäure mit Salzsäure und filtriere nach einiger Zeit ab. Aus der Lösung scheidet sich beim Eindampfen Kieselsäure ab.

Man erhitze etwas der hydratischen Kieselsäure im Porzellantiegel über kleiner Flamme auf mindestens 100°, aber ohne zu glühen: die Kieselsäure geht in wasserärmere Säure über. (Bei ungefähr 100° $2SiO_2, H_2O$; bei 200° $5SiO_2, H_2O$; bei 300° $9SiO_2, H_2O$.)

Man digeriere einen Teil dieser erhitzten Kieselsäure mit Salzsäure, filtriere nach einiger Zeit und dampfe das Filtrat ein. Es hinterbleibt kein Rückstand; die Kieselsäure ist in Wasser und Säure unlöslich geworden.

Man erwärme einen Teil der erhitzten Kieselsäure mit Natronlauge und ebenso einen anderen mit Sodalösung auf dem Wasserbade; es findet Auflösung, wenngleich viel langsamer als bei der wasserreicheren Säure statt.

Man glühe einen Teil der hydratischen Kieselsäure im Porzellantiegel stark; das geglühte Kieselsäureanhydrid ist in Sodalösung sehr viel schwerer und nur bei längerem Kochen löslich. Der Quarz ist in Sodalösung fast völlig unlöslich; durch Natronlauge wird ganz fein gepulverter Quarz nur sehr schwer bei längerem Kochen gelöst.

Man bringe in einen Platintiegel etwas von der hydratischen Kieselsäure oder dem geglühten Anhydrid, übergieße mit 1—2 ccm Flußsäure, gebe einige Tropfen konzentrierte Schwefelsäure hinzu, dampfe auf dem Wasserbade oder über sehr kleiner Flamme, so daß kein Sieden stattfindet, zur Trockne und erhitze schließlich bis zur eben beginnenden Rotglut. Wenn die Kieselsäure rein war, muß sie sich dabei ohne Rückstand als Siliciumfluorid verflüchtigen. Reaktionsgleichung?

Die Salze der Kieselsäure (Silikate)

sind, bis auf die der Alkalien, in Wasser unlöslich.

Die in der Natur vorkommenden Silikate leiten sich von sehr verschiedenen Kieselsäuren (Ortho- und Metakieselsäure und deren Polymeren) ab und zeigen sehr verschieden leichte Zersetzbarkeit durch Säuren und durch Alkali- oder Alkalicarbonatschmelze.

Einige, besonders viele, die sich von der wasserreichsten Kieselsäure (der Orthokieselsäure) ableiten, sind durch Salzsäure zersetzbar. Die Metasilikate sind dagegen nicht durch Salzsäure, wohl aber durch Fluorwasserstoff unter Zusatz von Schwefelsäure, oder aber durch Alkali- oder Alkalicarbonatschmelze, und ferner durch Schmelzen mit glühbeständigen Säuren (z. B. Borsäure) zersetzbar.

Man schmelze geglühte Kieselsäure (SiO_2) mit Soda zu gleichen Molekülen im Platin- oder auch im Porzellantiegel zusammen: es entsteht Natriummetasilikat Na_2SiO_3. Reaktionsgleichung? Die Schmelze (Natronwasserglas) ist in Wasser klar löslich.

Natriummetasilikat hat die Eigenschaft, ein, zwei und mehr Moleküle Kieselsäureanhydrid zu wasserlöslichen Polymetasilikaten aufzulösen, z. B.:

$$Na_2SiO_3 + SiO_2 = Na_2Si_2O_5 .$$

Die **Natronwasserglaslösung** des deutschen Arzneibuches enthält wechselnde Mengen von Natriumtrimetasilikat $Na_2Si_3O_7$ und Natriumtetrametasilikat $Na_2Si_4O_9$. Man schreibe die Konstitutionsformeln dieser Salze. Die im Handel befindliche Lösung des offizinellen Wasserglases ist etwa 33 $^0/_0$ig.

Versetzt man sie mit Calcium-, Eisen- und Kupfersalzlösungen, so entstehen in Wasser unlösliche Niederschläge der entsprechenden Silikate, die von verdünnter Salzsäure gelöst werden.

Wird die Lösung des Natronwasserglases mit Chlorammonium- oder einer anderen Ammoniumsalzlösung versetzt, so scheidet sich Kieselsäure aus. Reaktionsgleichung? Die Kieselsäure ist eine so schwache Säure, daß sie mit Ammoniak keine Salze bildet.

Versetzt man Natronwasserglaslösung mit konzentrierter Salzsäure, so entsteht ein gequollener, weißer Niederschlag von Kieselsäurehydrat. Diese Fällung durch Säuren ist aber unvollständig.

Wird eine verdünnte Lösung von Wasserglas in verdünntere Salzsäure eingegossen, so entsteht überhaupt kein Niederschlag von Kieselsäure; bei einem gewissen Maß der Verdünnung gesteht die Lösung nach kurzer Zeit zu einer gallertartigen, durchsichtigen Masse.

Will man die Kieselsäure aus dem wasserlöslichen Alkalisilikat vollständig abscheiden, so muß man sie mit überschüssiger Salzsäure bei mindestens 100° zur Staubtrockne bringen. Nimmt man den staubtrocknen Rückstand mit Salzsäure auf, so gehen nur die Alkalien in Lösung, die Kieselsäure bleibt ungelöst zurück.

Aufschließung der Silikate.

Die Aufschließung der Silikate nimmt man in der qualitativen Analyse durch Salzsäure, durch Soda- und Pottascheschmelze, durch Flußsäure oder durch Fluorammonium vor. Zur Erzielung einer vollständigen Aufschließung ist es nötig, die Silikate im Stahlmörser zu zerkleinern und in einer Achatschale bis zu einem unfühlbaren, mehlfeinen Pulver zu zerreiben.

Aufschließung durch Salzsäure. Von den natürlich vorkommenden Silikaten sind einige, die sich von der hydratischen Kieselsäure (Orthokieselsäure) ableiten, z. B. die Silikate der Zeolithgruppe, durch Salzsäure zersetzlich.

Einen mehlfein gepulverten Zeolith übergieße man in einer Porzellanschale mit konzentrierter Salzsäure und erhitze auf dem Wasserbade oder über ganz kleiner Flamme, so daß kaum Sieden stattfindet. Man dampfe ein, wiederhole das Eindampfen mit Salzsäure noch einmal und erhitze bis zur Staubtrockne. Nimmt man nun wieder mit Salzsäure in der Wärme auf, so gehen die Basen in Lösung, während die Kieselsäure zurückbleibt. Die Lösung untersuche man regelrecht auf Basen; die rückständige Kieselsäure prüfe man durch Vergasen mit Flußsäure nach S. 307, ob sie frei von Basen ist.

Aufschließung durch Soda und Pottasche. Ein feinst gepulvertes Silikat werde im Porzellan- oder besser im Platintiegel mit ungefähr der sechsfachen Menge eines molekularen Gemisches von wasserfreiem Natriumcarbonat (5 Teile) und Kaliumcarbonat (7 Teile) gut gemischt, mit der Gebläseflamme so lange erhitzt, bis keine Gasentwicklung mehr stattfindet. Nach dem Erkalten lege man den Platintiegel in eine Porzellanschale und übergieße ihn mit Wasser und Salzsäure. Nach dem Lösen der Schmelze dampfe man mit überschüssiger Salzsäure, wie bei der Aufschließung der Silikate mit Salzsäure, zweimal zur Trockne, zuletzt zur Staubtrockne.

Den Trockenrückstand nehme man mit Salzsäure auf, filtriere von der ungelösten Kieselsäure ab (Probe auf Reinheit wie oben) und prüfe im Filtrat auf Basen mit Ausnahme der Alkalien, die bei diesem Verfahren in besonderen, anders aufgeschlossenen Proben nachgewiesen werden müssen.

Aufschließung mit Flußsäure. Ein mehlfein gepulvertes Silikat werde in einem kleinen Platintiegel mit einigen Kubikzentimetern reiner Flußsäure und wenigen Tropfen konzentrierter Schwefelsäure ganz langsam, anfangs am besten auf dem Wasserbade, dann über ganz kleiner Flamme bis zum Erscheinen von Schwefelsäurenebeln eingeengt. Nach nochmaligem Abdampfen mit Flußsäure rauche man, ohne zu glühen, die überschüssige Schwefelsäure fort und nehme mit Salzsäure auf. In der Regel findet klare Auflösung statt. Ein Rückstand werde nochmals mit Flußsäure abgeraucht, um Reste von Kieselsäure zu verflüchtigen und wenn dann noch keine Auflösung in Salzsäure stattfindet, prüfe man auf Sulfate der Erdalkalien.

Die Lösung werde auf Basen geprüft.

Aufschließung mit Fluorammonium. Ein mehlfein gepulvertes Silikat werde in einem Platintiegel mit ungefähr dem siebenfachen Gewicht Fluorammonium zusammengegeben, mit ganz wenig Wasser zu einem Brei angerührt und auf dem Wasserbade unter öfterem Umrühren mit einem Platindraht zur Trockne gebracht. Alsdann erhitze man über kleiner Gasflamme, schließlich bis kaum zur Rotglut. Den Rückstand rauche man mit wenig verdünnter Schwefelsäure bis zur Verflüchtigung der überschüssigen Schwefelsäure ab, nehme mit Salzsäure auf (Rückstand noch einmal mit Fluorammonium behandeln; event. auf Erdalkalisulfate untersuchen) und prüfe die kieselsäurefreie Lösung auf Basen.

Reaktionen der Kieselsäure.

Zum Nachweis der Kieselsäure benutzt man die Eigenschaft der Phosphorsalzperle, aus den Silikaten, die Basen oft herauszulösen und die Kieselsäure als gallertartige, besonders im Schmelzfluß gut zu beobachtende Masse „Kieselskelett" ungelöst zu lassen. (Vgl. darüber S. 107.)

Um zu prüfen, ob ein Silikat durch Salzsäure aufgeschlossen werden kann, rauche man eine Probe mehrere Male nach S. 308 mit überschüssiger Salzsäure ab und prüfe nach dem Aufnehmen mit Salzsäure den abfiltrierten und ausgewaschenen Rückstand auf seine Löslichkeit in siedender Sodalösung. Findet Auflösung statt, so liegt ein durch Salzsäure aufschließbares Silikat vor; im anderen Falle muß man eine der anderen Aufschließungsmethoden wählen.

Man mische eine kleine Menge der oben dargestellten geglühten Kieselsäure mit der im Sinne der Gleichung

$$SiO_2 + 4\,Mg = 2\,MgO + SiMg_2$$

berechneten Menge Magnesiumpulver, fülle die Mischung in ein kleines Röhrchen aus Kupfer (Patronenhülse) und erhitze das Röhrchen an einer Stelle in der Flamme. Bei genügend hoher Erhitzung findet unter lebhaftem Aufglühen die oben formulierte Reaktion statt, und die Masse enthält jetzt Silicium-Magnesium. Übergießt man sie nach dem Erkalten in einer Porzellanschale mit etwas konzentrierter Salzsäure, so entsteht selbstentzündlicher Siliciumwasserstoff SiH_4:

$$SiMg_2 + 4\,HCl = 2\,MgCl_2 + SiH_4.$$

(Charakteristische Reaktion für Kieselsäure: vgl. Phosphorsäurenachweis mit Magnesium auf S. 265.)

Diese Reaktionen auf Kieselsäure sind nur exakt und gut ausführbar, wenn die geglühte Kieselsäure in reinem Zustande vorliegt. Man soll deshalb diese Reaktionen nicht auf Gemische anwenden, sondern vor Anstellung der Reaktionen die in den Gemischen enthaltene Kieselsäure in reinem Zustande abscheiden, ihre Menge beurteilen und dann erst die beschriebenen Proben als Kontrollreaktionen anwenden.

Die Metalle der Kupfergruppe.

Die Kupfergruppe umfaßt die Elemente Cadmium, Kupfer, Silber, Quecksilber, Blei, Wismut, die aus den Lösungen ihrer Salze, selbst bei Gegenwart freier, nicht zu großer Mengen starker Säuren, durch Schwefelwasserstoff als Schwefelmetalle gefällt werden.

Nur wegen ihrer Fällbarkeit durch Schwefelwasserstoff aus saurer Lösung stellt man sie in der Analyse zu einer Gruppe zusammen.

Die Schwefelmetalle dieser Gruppe sind zwar sämtlich in verdünnten kalten Säuren unlöslich, zeigen aber doch einige Abstufungen in ihrer Löslichkeit in Säuren. Am leichtesten löslich in Säuren ist das Schwefelcadmium. Schon 15%ige Schwefelsäure oder 8—10%ige Salzsäure lösen es in der Wärme. Dann folgen nach ihrer Löslichkeit in Säuren geordnet: Schwefelwismut, Schwefelblei, Schwefelkupfer, Schwefelsilber, die in verdünnter heißer Salpetersäure löslich sind, und schließlich folgt als am schwersten löslich das Schwefelquecksilber, das von verdünnter heißer Salpetersäure nicht, sondern nur von Königswasser gelöst wird.

Die Neigung der hierher gehörigen Elemente, sich mit Sauerstoff zu verbinden, ist schwächer als in der Eisengruppe. Sie können daher verhältnismäßig leicht aus ihren Verbindungen durch Reduktion abgeschieden werden, am schwersten das Cadmium, dann Wismut, Kupfer, Blei; am leichtesten zu reduzieren sind Quecksilber- und Silberverbindungen.

Cadmiumverbindungen können zwar am Kohlesodastäbchen zu Metall reduziert werden, aber die Reduktionstemperatur liegt höher, als der Siedepunkt des Metalls. Es verflüchtigt sich daher und oxydiert sich in dem äußeren Teile der Flamme wieder (siehe S. 147).

Von Wismut, Kupfer und Blei werden am Kohlesodastäbchen Metallflitterchen erhalten (siehe unten); Quecksilber und Silber gehören zu den Edelmetallen: sie werden schon durch Soda allein ohne Gegenwart von Kohle aus ihren Verbindungen als Metalle abgeschieden. (Charakter der Edelmetalle.) Z. B.:

$$HgCl_2 + Na_2CO_3 = 2\,NaCl + HgCO_3$$
$$HgCO_3 = HgO + CO_2$$
$$HgO = Hg + O$$

Wertigkeit. Die Wertigkeit ist innerhalb dieser analytischen Gruppe sehr verschieden. Silber ist wahrscheinlich einwertig wegen Isomorphismus mit einigen Natriumsalzen. Es bildet — abgesehen von den ungenau bekannten Silbersuboxyd und Silbersuperoxyd — nur eine Reihe von Verbindungen.

Quecksilber und Kupfer sind zweiwertig in den Mercuri- und Cupriverbindungen; sie bilden aber auch Mercuro- und Cuproverbindungen, in denen nach der Dampfdichte, beim Kupferchlorür wenigstens und dementsprechend wohl auch beim Quecksilber, die Elemente zweiwertig angenommen werden müssen. Die Mercuro- und Cuproverbindungen leiten sich danach von zweiwertigen Doppelatomen ab:

$$\begin{matrix} Cu- \\ | \\ Cu- \end{matrix} \qquad \begin{matrix} Hg- \\ | \\ Hg- \end{matrix}$$

in denen die Elemente ebenfalls zweiwertig anzunehmen wären.

Cadmium ist ganz vorwiegend zweiwertig, wenn man von einem ungenau bekannten Suboxyd und Superoxyd absieht.

Blei ist zweiwertig und im Bleisuperoxyd wahrscheinlich (in einigen organischen Bleiverbindungen sicher) vierwertig.

Wismut ist hauptsächlich dreiwertig, daneben, wenngleich seltener, auch wohl fünfwertig (in einigen organischen Wismutverbindungen).

Innerhalb der nur aus analytischen Rücksichten zusammengestellten Kupfergruppe sind auch sonst, wie in der Wertigkeit, in ihrer Oxydierbarkeit und in dem Verhalten der Schwefelmetalle gegen Säuren, große Unterschiede in den Eigenschaften vorhanden.

Abgesehen von analytischen Gesichtspunkten faßt man die Elemente der Kupfergruppe besser nach dem periodischen System der Elemente (S. 2) zu engeren Gruppen mit anderen Elementen zusammen:

Cu Ag Au	Pb Sn Ge
Zn Cd Hg	As Sb Bi,

von denen das Zink analytisch zur Eisengruppe S. 228 gerechnet wird und Germanium, Zinn, Arsen, Antimon und Gold zur Arsengruppe (siehe daselbst) zusammengefaßt werden.

Silber.

Das Silber bildet nur eine mit Sicherheit bekannte Reihe von Verbindungen, in denen es einwertig angenommen wird. Es hat aber große Neigung, recht beständige komplexe Verbindungen zu bilden. So bildet es mit Ammoniak das Komplexion $Ag(NH_3)'_n$, das zu den beständigsten solcher Ammoniakkomplexe zählt. Noch beständiger als diese Argentammoniakionen sind beim Silber diejenigen, die es mit dem Rest der Thioschwefelsäure eingeht unter Bildung der ein- und vierwertigen Ionen AgS_2O_3' und $Ag_2(S_2O_3)_3''''$; die beständigsten Ionen bildet es mit dem Cyan $Ag(CN)_2'$.

Abscheidung von reinem Silber aus einer Silbermünze. Eine Silbermünze, die mit feinem Sand und Ammoniakwasser sorgfältig gereinigt ist, wird in etwa 20%iger Salpetersäure unter gelindem Erwärmen gelöst, die Lösung mit Wasser verdünnt und in der Hitze so lange Salzsäure hinzugegeben, als noch ein weißer Niederschlag von Chlorsilber entsteht. Reaktionsgleichung? Den Niederschlag filtriere man auf einem glatten Filter ab und wasche ihn so lange mit kochendem Wasser, als das ablaufende Wasser noch saure Reaktion zeigt. Den Niederschlag trockne man alsdann in einer Porzellanschale über kleiner Flamme. Das trockne Chlorsilber mische man mit dem gleichen Gewicht eines Gemenges ungefähr gleicher Teile entwässerter Soda und Pottasche. Das Gemenge erhitze man in der Grube einer Holzkohle event. portionweise vor dem Gebläse.

Man beobachte, daß das erstarrende Silber unter Zischen Gase, die es bei hoher Temperatur aufgenommen hat, im Momente des Erstarrens wieder abgibt. (Spratzen des Silbers.)

Das gebildete Metallkorn wird mit Wasser und verdünnter Schwefelsäure (in verdünnter Salzsäure oder Schwefelsäure ist Silber unlöslich) abgewaschen.

Man bestimme das spezifische Gewicht des hergestellten Silbers im Pyknometer oder auf hydrostatischem Wege durch Wägung des an einen dünnen Faden gebundenen Silberstückes. Reines Silber hat das spezifische Gewicht 10,5 uud schmilzt bei 962°.

Silbernitrat. Das reine metallische Silber werde in reiner ungefähr 20%iger Salpetersäure unter gelindem Erwärmen (Stickoxydentwicklung) aufgelöst. Reaktionsgleichung? Die erhaltene, nötigenfalls filtrierte Lösung werde in einer Porzellanschale zur Trockne gedampft, und diese Operation nach Hinzufügen von wenig Wasser so oft wiederholt, bis die Lösung neutrale Reaktion angenommen hat. Die klare Lösung dampfe man bis zur Bildung einer Salzhaut ein (die heiß gesättigte Lösung siedet über 125°) und lasse kristallisieren. Die Kristalle lasse man wie früher auf einem Trichter abtropfen und trockne sie vor Licht und Staub geschützt.

Das Silbernitrat kristallisiert in Tafeln des rhombischen Systems. Seine Löslichkeit beträgt bei 20° $\frac{227}{100}$, bei 110° $\frac{1111}{100}$. In Weingeist löst es sich $^1/_4$. Die wässerige Lösung reagiert neutral. In den Handel kommt es in Kristallen und in Stangen gegossen (Höllenstein).

Reaktionen des Silbers.

Kupfer. Man gebe etwas Silbernitrat auf ein Uhrglas und lege ein Stück Kupfer hinein, das man zuvor mit Sand und Ammoniakwasser gereinigt hat; auf dem Kupfer schlägt sich Silber nieder, indem dafür die äquivalente Menge Kupfer gelöst wird. Reaktionsgleichung? Ähnlich wie Kupfer verhalten sich alle Metalle, die in der elektrochemischen Spannungsreihe S. 154 vor dem Silber stehen.

Natriumhydroxyd fällt aus Silbernitrat braunes Silberoxyd Ag_2O. Reaktionsgleichung? Das Hydroxyd des Silbers ist nicht beständig, sondern geht unter Wasserabspaltung sogleich in das Anhydrid über. Auch das Anhydrid wird beim Erhitzen auf der Kohle vor dem Lötrohr unter Silberabscheidung zersetzt. Reaktionsgleichung? Charakter der Edelmetalle.

Der Niederschlag fällt mit heller Farbe aus, falls das Natriumhydroxyd carbonathaltig ist. (Siehe unten.)

In sehr konzentriertem Ammoniakwasser ist das gefällte Silberoxyd, besonders wenn es vorher ausgewaschen wurde, nicht löslich, sondern bildet das sehr explosive unlösliche Bertholletsche Knallsilber.

Ammoniumhydroxyd fällt braunes Silberoxyd, aber unvollständig wegen der Bildung von Ammoniumsalzen. Bei Gegenwart von viel Ammoniumsalzen findet überhaupt keine Fällung statt.

Im geringsten Überschuß von Ammoniak ist das gefällte Silberoxyd wieder auflöslich zu einer klaren wasserhellen Flüssigkeit. Es entstehen komplexe Ammoniakverbindungen, z. B. $AgNH_3NO_3$.

Alkalicarbonate fällen gelblichweißes Silbercarbonat. Reaktionsgleichung?

Salzsäure und lösliche Chloride fällen weißes, besonders beim Schütteln flockig zusammenballendes Chlorsilber. Reaktionsgleichung? Beim Glühen schmilzt das Salz ohne Zersetzung und erstarrt beim Erkalten zu einer hornartigen Masse. (Hornsilber.)

Chlorsilber ist unlöslich in Salpetersäure.

Es ist löslich in Ammoniak zu komplexen Argentaminsalzen, z. B. zu $Ag(NH_3)_nCl$. Reaktionsgleichung? Der Ammoniakgehalt wechselt in diesen Salzen je nach den äußeren Bedingungen.

Durch Salpetersäure wird aus der ammoniakalischen Lösung das Chlorsilber wieder gefällt.

Chlorsilber ist löslich in Thiosulfatlösungen zu den komplexen Salzen $[AgS_2O_3]Na$ oder $[Ag_2(S_2O_3)_3]Na_4$, von denen das erste schwer löslich ist und mit überschüssigem Thiosulfat das zweite leicht lösliche Salz bildet. Reaktionsgleichung?

Chlorsilber ist löslich in Cyankalium zu dem komplexen Salz $[Ag(CN)_2]K$.

$$AgCl + 2(CN)' = Ag(CN)_2' + Cl'.$$

Bromwasserstoffsäure oder Bromsalze fällen schwach gelbliches Bromsilber, unlöslich in Salpetersäure; schwer löslich in Ammoniak, leicht löslich in Alkalithiosulfaten und in den Cyaniden der Alkalien. (Vgl. Chlorsilber.)

Jodwasserstoffsäure oder Jodsalze fällen gelbes Jodsilber, in Salpetersäure und Ammoniak unlöslich, dagegen leicht löslich in Alkalithiosulfaten und in den Cyaniden der Alkalien. (Vgl. Chlorsilber.)

Um das Silber in Silberhaloiden nachzuweisen, behandelt man sie mit Zink und verdünnter Schwefelsäure in der Kälte (vgl. S. 299). Nach einiger Zeit filtriert man ab und wäscht aus; der Rückstand enthält das überschüssige Zink und metallisches Silber. Man löst ihn in warmer verdünnter Salpetersäure auf und weist das in Lösung gegangene Silber durch Fällen mit Salzsäure nach.

Cyansalze erzeugen in Silbersalzlösungen einen weißen Niederschlag von Cyansilber. Reaktionsgleichung?

Cyansilber ist unlöslich in verdünnter Salpetersäure, dagegen löslich in Ammoniak. Im Überschuß von Cyankalium löst es sich zu dem oben erwähnten komplexen Salze:

$$Ag^{\cdot} + (CN)' = Ag(CN),$$
$$Ag(CN) + (CN)' = Ag(CN)_2'.$$

Rhodansalze fällen weißes Rhodansilber. Reaktionsgleichung? Unlöslich in verdünnter Salpetersäure, löslich in Ammoniak.

Setzt man etwas Eisenalaunlösung zu Silbernitrat und dann tropfenweise Rhodankalium, so fällt erst alles Silber als Silberrhodanid heraus, ehe das Rhodankalium mit dem Ferrisalz blutrotes Ferrirhodanid erzeugt (Anwendung in der Titrieranalyse).

Schwefelsäure und schwefelsaure Salze fällen Silbersulfat nur aus sehr konzentrierten Lösungen. Das Silbersulfat kristallisiert aus heißem Wasser.

Thioschwefelsaure Salze fällen Silberthiosulfat und lösen den Niederschlag im Überschuß S. 301.

Phosphorsaure Salze fällen nach S. 104 gelbes Silberphosphat:

$$3\,Ag^{\cdot} + 3(PO_4') = Ag_3PO_4.$$

Der Niederschlag ist in Essigsäure und in verdünnter Salpetersäure löslich.

Die Löslichkeit des Silberphosphats scheint den auf S. 33 entwickelten Grundsätzen zu widersprechen, denn nach der Tabelle III im Anhang ist Phosphorsäure etwa zehnmal so stark dissoziiert als Essigsäure. Dieses abnorme Verhalten findet seine Erklärung darin, daß die Phosphorsäure, wie viele mehrbasische Säuren, nicht direkt alle Wasserstoffatome abdissoziiert im Sinne der Gleichung

$$H_3PO_4 \rightleftarrows 3\,H^{\cdot} + (PO_4)''',$$

sondern daß eine stufenweise Dissoziation im Sinne der Gleichungen

$$H_3PO_4 \rightleftarrows H^{\cdot} + (H_2PO_4)'$$
$$(H_2PO_4)' \rightleftarrows H^{\cdot} + (HPO_4)''$$
$$(HPO_4)'' \rightleftarrows H^{\cdot} + (PO_4)'''$$

statthat.

Wenn also in einer wässerigen Phosphorsäurelösung neben der totalen Dissoziation auch die partiellen Dissoziationen unter Bildung der Anionen $(H_2PO_4)'$ und $(HPO_4)''$ stattgefunden haben, so enthält eine solche Lösung weniger $(PO_4)'''$-Ionen, als der vorhandenen Menge $H^{\cdot}$-Ionen entspricht, und als man aus der durch das elektrische Leitvermögen ermittelten Gesamtdissoziation schließen müßte.

Silberphosphat zerfällt nun nicht stufenweise, sondern im Sinne des einfachen Schemas

$$Ag_3PO_4 \rightleftarrows 3\,Ag^{\cdot} + (PO_4)'''.$$

Gibt man nun Wasserstoffionen, z. B. verdünnte Essigsäure, zu, so werden die Phosphationen $(PO_4)'''$ von den Wassersoffionen zur Bildung der Hydrophosphationen $(HPO_4)''$ und $(H_2PO_4)'$ verbraucht:

$$(PO_4)''' + H^{\cdot} \rightleftarrows (HPO_4)''$$
$$(PO_4)''' + 2H^{\cdot} \rightleftarrows (H_2PO_4)'.$$

Dadurch wird das Löslichkeitsprodukt des Silberphosphats unterschritten, und es tritt weitere Auflösung ein.

Kaliumpyrochromat fällt nach S. 225.

Schwefelwasserstoff fällt aus Lösungen der Silbersalze schwarzes Schwefelsilber. Reaktionsgleichung? Silber hat eine sehr große Verwandtschaft zum Schwefel. Das Metall zersetzt daher auch Schwefelwasserstoff unter Wasserstoffentwicklung. (Anlaufen von Silbergeräten an der Luft.) In seiner Verwandtschaft zum Schwefel kommt es gleich nach dem Quecksilber. Es ist nach dem Quecksilbersulfid auch das am wenigsten lösliche Sulfid dieser Gruppe. Es löst sich nicht in verdünnten Säuren und in Ammoniak; nur von heißer verdünnter 20%iger Salpetersäure wird es gelöst. Ebenso löst es sich etwas in Cyankalium. In verdünnten Schwefelalkalien ist es unlöslich.

Reduktion am Kohlesodastäbchen. (Vgl. S. 165.) Silberverbindungen lassen sich am Kohlesodastäbchen sehr leicht zu Metall reduzieren.

Man fälle etwas Schwefelsilber, filtriere den Niederschlag ab, wasche ihn aus und führe mit einer Probe des Schwefelsilbers die Reduktion am Kohlesodastäbchen aus. Das Metallkorn präpariere man im Achatmörser heraus, löse es auf einem Uhrglase in verdünnter Salpetersäure unter Erwärmen, verdunste den Überschuß der Salpetersäure, löse den Rückstand in Wasser auf, fälle mit Salzsäure oder Kochsalz und löse das gefällte Chlorsilber in überschüssigem Ammoniak. (Identitätsreaktion auf Silber.)

Quecksilber.

Das Quecksilber bildet zwei Oxyde:

Hg
| >O Quecksilberoxydul (schwarz),
Hg

Hg=O Quecksilberoxyd (rot oder gelb),

deren Hydrate nicht beständig sind.

Beide Oxyde sind salzfähige Basen, denen zwei Reihen von Salzen entsprechen, die beide ziemlich beständig sind.

Die Quecksilberoxydulsalze, Hydrargyro-, gewöhnlich Mercurosalze genannt, z. B.:

Hg—Cl
|
Hg—Cl ,

und die Quecksilberoxydsalze, Hydrargyri-, gewöhnlich Mercurisalze genannt, z. B. $Hg<^{Cl}_{Cl}$, haben die Eigenschaft, durch Wasser sehr leicht in basische Salze überzugehen (Hydrolyse S. 96). Durch Säuren werden sie wieder in neutrale Salze verwandelt, z. B.:

$$Hg<^{NO_3}_{NO_3} + H_2O \rightleftarrows HNO_3 + Hg<^{NO_3}_{OH}.$$

Die Quecksilbersalze haben manche Ähnlichkeit mit den entsprechenden Kupfersalzen, z. B. Unlöslichkeit der Chlorüre, die sie auch mit dem Silber gemein haben; nur ist, unterschiedlich vom Kupfer, $HgCl_2$ beständiger als Hg_2Cl_2, das beim Glühen zerfällt nach der Gleichung

$$Hg_2Cl_2 = Hg + HgCl_2.$$

Die Dampfdichte gibt daher keinen Aufschluß über die Molekulargröße des Hg_2Cl_2.

Ebenso ist, im Gegensatz zu den Sulfiden des Kupfers (S. 158), HgS beständig, während Hg_2S nicht existiert, sondern überall da, wo es sich bilden sollte, sofort zerfällt nach der Gleichung

$$Hg_2S = Hg + HgS.$$

Allgemein zeigt sich in der Quecksilberoxydulreihe die Neigung, unter Quecksilberabscheidung Verbindungen der Oxydreihe zu bilden.

Sehr bemerkenswert ist die Komplexbildung, die das Quecksilber mit den Halogenen zeigt, die um so größer ist, je höher das Atomgewicht des Halogens ist. Diese Eigenschaft ist in etwas geringerem Grade auch beim Cadmium und ganz schwach auch beim Zink vorhanden. Beim Quecksilber tritt sie dermaßen hervor, daß die Halogenverbindungen zum Teil nicht mehr die normalen Reaktionen geben. Diese Erscheinung beruht darauf, daß die Halogenverbindungen des Quecksilbers nur zu einem sehr geringen Betrage in Ionen zerfallen sind. Beim Quecksilbercyanid ist dieser Betrag noch geringer.

Die Quecksilbersalze der Sauerstoffsäuren verhalten sich dagegen normal. Bringt man sie aber mit löslichen Halogenverbindungen zusammen, so nehmen sie (unter Wärmeentwicklung, auch wenn keine Fällung eintritt) die Reaktionen der Mercurihalogenverbindungen an.

Noch größer ist die Komplexbildung des Quecksilbers mit Schwefel, die zugleich mit hoher Unlöslichkeit des Quecksilbersulfids verbunden ist. Auf diesen Eigenschaften beruhen manche abnorme Reaktionen der Quecksilbersalze.

So wirkt das Quecksilberoxyd, obwohl es eine schwache Base ist, auf Jodkalium ein und setzt es zu 90% in Ätzkali unter Bildung von Quecksilberjodid um, das sich mit dem überschüssigen Jodkalium zu dem komplexen Quecksilberkaliumjodid HgJ_4K_2 vereinigt.

Ebenso wirkt Quecksilber auf Natriumsulfid und auch auf Natriumthiosulfat: unter Erzeugung von Quecksilbersulfid entstehen stark alkalische Flüssigkeiten.

Umgekehrt werden Halogenverbindungen des Quecksilbers durch Alkalien sehr viel schwerer zersetzt als die Sauerstoffsalze. Quecksilberchlorid gibt nur mit einem großen Überschuß von Alkalien das Oxyd, und das Quecksilberjodid wird durch Alkalien überhaupt nicht zersetzt; nur durch Schwefelwasserstoff kann es umgesetzt werden.

Zweiwertige Komplexe, die in besonderen Ionen aufzutreten vermögen, bildet das Quecksilber in der Oxydreihe außer mit den Halogenen $HgCl_4''$, $HgBr_4''$, HgJ_4'' insbesondere mit dem Cyan $Hg(CN)''_4$.

Mercuronitrat. Man übergieße etwas Quecksilber im kleinen Kölbchen mit einer zur Lösung unzureichenden Menge 20—25 %iger Salpetersäure und lasse damit an einem kühlen Orte stehen. Quecksilber wird von unzureichender Menge verdünnter Säure in der Kälte unter Entwicklung von Stickoxyd zu Mercuronitrat $Hg_2(NO_3)_2$ gelöst. Reaktionsgleichung?

Mercurinitrat. Man erwärme etwas Quecksilber mit überschüssiger, heißer 25—30 %iger Salpetersäure. Das Quecksilber wird von überschüssiger, heißer Salpetersäure unter Entwicklung von Stickoxyd zu Mercurinitrat $Hg(NO_3)_2$ gelöst. Reaktionsgleichung?

Heiße konzentrierte Schwefelsäure löst Quecksilber zu Mercurisulfat unter Entwicklung von Schwefligsäureanhydrid. Reaktionsgleichung?

Königswasser bildet mit Quecksilber Mercurichlorid unter Entwicklung von Stickoxyd. Reaktionsgleichung?

Verdünnte Salzsäure und verdünnte Schwefelsäure lösen Quecksilber nicht.

Man erhitze etwas Quecksilberoxyd im Reagensglase; es entwickelt sich Sauerstoff, der mit einem glimmenden Span nachgewiesen werde, und es setzt sich metallisches Quecksilber in Tröpfchen, die, wenn sie klein sind, grau erscheinen, an den kälteren Teilen des Reagensglases ab.

Quecksilber siedet bei 357° und erstarrt bei −39°; es hat bei 0° das spezifische Gewicht 13,5956. Bei längerem Erhitzen bis nahe zum Sieden oxydiert es sich an der Luft; bei höherer Temperatur zerfällt das Oxyd wieder in Quecksilber und Sauerstoff.

Die Salze reagieren als Salze schwacher Basen sauer. Sie sind meist farblos, wenn die Säure nicht gefärbt ist; nur basische Salze sind gelb gefärbt.

Reaktionen der Mercurosalze.

Natriumhydroxyd fällt aus Mercuronitratlösung schwarzes Quecksilberoxydul. Reaktionsgleichung? Es zerfällt am Licht in Quecksilber und Quecksilberoxyd. Beim Glühen zerfällt es in Quecksilber und Sauerstoff (Edelmetall).

Ammoniumhydroxyd fällt schwarzes Gemenge von Quecksilber und Mercuriamidonitrat:

$$Hg_2(NO_3)_2 + 2NH_3 = NH_4NO_3 + Hg + Hg{<}{}^{NH_2}_{NO_3}.$$

(Unterschied von Oxydsalzen. Zum Nachweis von Ammoniak gebraucht siehe dort S. 124.)

Salzsäure und lösliche Chloride fällen unlösliches, weißes Mercurochlorid. Calomel. (Wichtiger Unterschied von Oxydsalzen.) Reaktionsgleichung?

Übergießt man das unlösliche Quecksilberchlorür mit Ammoniak, so wird es schwarz, indem es in unlösliches Gemenge von Quecksilber und Mercuriamidochlorid übergeht:

$$Hg_2Cl_2 + 2\,NH_3 = NH_4Cl + Hg + Hg{<}^{NH_2}_{Cl}.$$

Übergießt man Quecksilberchlorür mit Natronlauge, so wird es ebenfalls schwarz unter Bildung von Quecksilberoxydul. Reaktionsgleichung?

Kaliumjodid fällt grünlichgelbes Quecksilberjodür. Reaktionsgleichung?

Das Quecksilberjodür zerfällt leicht in Jodid und Quecksilber. Reaktionsgleichung? Schon im Lichte geht diese Umwandlung vor sich. Noch rascher erfolgt sie durch Jodkaliumlösung, die das Quecksilber abscheidet und das Quecksilberjodid zu einem komplexen Quecksilberkaliumjodid löst:

$$Hg_2J_2 + 2\,KJ = Hg + HgJ_4K_2.$$

Kaliumpyrochromat fällt dunkelziegelrotes basisches Mercurochromat, wahrscheinlich $3\,Hg_2CrO_4$, Hg_2O.

Übergießt man es mit verdünnter Salpetersäure, so wird das Quecksilberoxydul gelöst, und es bleibt prachtvoll rotes Hg_2CrO_4 zurück.

Man filtriere den Niederschlag ab, trockne und glühe ihn. Es hinterbleibt Chromoxyd in feiner Verteilung.

$$2\,Hg_2CrO_4 = 4\,Hg + 5\,O + Cr_2O_3.$$

Schwefelwasserstoff oder Schwefelammonium fällt einen schwarzen Niederschlag, bestehend aus einem Gemenge von Hg und HgS. Reaktionsgleichung? Durch Königswasser findet Auflösung zu Quecksilberchlorid statt. Reaktionsgleichung?

Reaktionen der Mercurisalze.

Durch Oxydationsmittel werden die Mercurosalze sehr leicht in Mercurisalze übergeführt.

Man erwärme etwas Mercuronitrat mit Salpetersäure bis durch überschüssige Natronlauge ein gelber Niederschlag gefällt wird (siehe unten).

Natriumhydroxyd in geringer Menge fällt aus Mercurinitratlösung braunes basisches Nitrat; im Überschuß hinzugefügt gelbes Mercurioxyd. Reaktionsgleichung?

Das durch Fällung dargestellte Quecksilberoxyd ist gelb. Bereitet man es auf trocknem Wege, durch Glühen des Quecksilbers an der Luft, oder durch Erhitzen des Mercuro- oder Mercurinitrats für sich oder unter Zusatz von Quecksilber, so ist es rot. Das rote, kristallinische Quecksilberoxyd ist dichter als das amorphe gelbe und daher auch weniger reaktionsfähig.

Mercurichlorid wird nur durch einen großen Überschuß von Natronlauge vollständig als Oxyd gefällt.

Ammoniumhydroxyd fällt einen weißen Niederschlag von Amidomercurinitrat, dem meist basisches Salz beigemengt ist. In Mercurichloridlösungen wird in der Kälte durch überschüssiges Ammoniak ein Niederschlag von Amidomercurichlorid $Hg<{NH_2 \atop Cl}$ (weißer unschmelzbarer Präzipitat) erzeugt. Reaktionsgleichung? Bei Gegenwart von Ammoniumsalzen entsteht keine Fällung.

Haben sich durch längeres Stehen verdünnter Quecksilberchloridlösungen, besonders im Lichte, basische Salze gebildet, so tritt Fällung ein. Die basischen Salze können aber durch überschüssige Salzsäure leicht wieder in neutrale Salze übergeführt werden.

Natriumcarbonat erzeugt in Mercurinitratlösung einen rotbraunen Niederschlag von basischem Mercuricarbonat $HgCO_3$, $3\,HgO$, der beim Kochen unter Kohlendioxydentwicklung gelbes Mercurioxyd liefert.

In Mercurichloridlösung wird (infolge der besonders starken Verwandtschaft des Quecksilbers zum Chlor) rotbraunes, basisches Chlorid von wechselnder Zusammensetzung gefällt $HgCl_2$, $2—6\,HgO$, das freilich in der Regel auch carbonathaltig ist.

Natriumbicarbonat, das frei von Natriumcarbonat ist, gibt mit Mercurichlorid keinen Niederschlag.

Mit Mercurinitrat wird wie oben rotbraunes, basisches Carbonat gefällt, das etwas kohlensäurereicher ist, ungefähr $HgCO_3$, $2\,HgO$.

Kaliumpyrochromat fällt aus Mercurinitrat rotgelbes Mercurichromat $HgCrO_4$. Reaktionsgleichung?

Mercurichloridlösungen werden nicht gefällt, da infolge der geringen Mercuriionenkonzentration das Löslichkeitsprodukt des Mercurichromats nicht erreicht wird.

Kaliumchromat fällt aus Mercurinitrat und auch aus Chloridlösung $HgCrO_4$. Reaktionsgleichung?

Salzsäure oder **Chloridlösungen** fällen Quecksilberoxydsalze nicht. (Unterschied von den Oxydulsalzen.)

Kaliumjodid fällt aus Mercurichlorid- oder -nitratlösung rotes Quecksilberjodid (Reaktionsgleichung?), das im Überschuß des Jodkaliums sich zu dem komplexen Salz HgJ_4K_2 auflöst. Reaktionsgleichung?

Die mit viel Alkali versetzte Lösung des Kaliummercurijodids ist NESSLERs Reagens, das zum empfindlichen Nachweis von Ammoniak dient (siehe S. 125).

Wird rotes Quecksilberjodid erhitzt, so verwandelt es sich in eine gelbe Modifikation, die nach dem Erkalten durch Kratzen wieder in die rote übergeht.

Schwefelwasserstoff oder **Schwefelammonium** fällen, in geringen Mengen zu Mercurinitrat oder -chloridlösung hinzugefügt, nach dem Umschütteln weiße Niederschläge von der Zusammensetzung $Hg(NO_3)_2$, 2HgS oder $HgCl_2$, 2HgS. Reaktionsgleichung? Auf weiteren Zusatz von Schwefelwasserstoff oder Schwefelammonium wird der Niederschlag, durch die Mischfarben gelb und braun, schließlich in schwarzes Quecksilbersulfid HgS verwandelt. Reaktionsgleichung?

Quecksilbersulfid oxydiert sich nicht an der Luft. Es zeigt aber eine große Ähnlichkeit mit den Sulfiden der Arsengruppe dadurch, daß es von nicht zu verdünnten Schwefelalkalien bei Gegenwart von Ätzalkalien gelöst wird zu Quecksilberkaliumsulfid

$$Hg{<}^{SK}_{SK},$$

oder in Ionenform:

$$HgS + S'' \rightleftarrows (HgS_2)''.$$

Durch Verdünnen der Lösung mit Wasser wird es aber größtenteils wieder gefällt. In Schwefelammonium ist Schwefelquecksilber unlöslich, daher wird es aus der Lösung des Quecksilberkaliumsulfids auch durch Chlorammonium wieder abgeschieden. Reaktionsgleichung?

Verdünnte heiße und konzentrierte kalte Salpetersäure verwandeln Quecksilbersulfid in unlösliches, weißes $Hg(NO_3)_2$, 2HgS.

Es ist das einzige Sulfid, das in 20%iger heißer Salpetersäure unlöslich ist. Königswasser löst es unter Stickoxydentwicklung zu Mercurichlorid. Reaktionsgleichung?

Das in der Natur sich findende Schwefelquecksilber ist rot (Zinnober). Man kann rotes Quecksilbersulfid künstlich bereiten durch Zusammenschmelzen von Quecksilber mit Schwefel, oder durch Sublimieren des schwarzen Schwefelquecksilbers unter Luftabschluß. Auf nassem Wege entsteht es, wenn man amorphes schwarzes Schwefelquecksilber längere Zeit mit Schwefelalkalien in Berührung läßt.

Quecksilbercyanid.

Das Quecksilbercyanid ist die einzige in Wasser ziemlich lösliche Cyanverbindung der Schwermetalle. Auch in Alkohol ist es löslich. Es besitzt vollständig abnorme Eigenschaften infolge der großen Verwandtschaft des Quecksilbers zum Cyan.

Die wässerige Lösung zeigt ein äußerst geringes elektrisches Leitvermögen, verhält sich also nicht wie ein Salz. Infolge der enorm geringen Dissoziation des Mercuricyanids geben seine Lösungen weder mit OH-Ionen noch mit J-Ionen Fällungen; auch mit Ag-Ion entsteht kein Cyansilber. Nur durch S-Ionen oder SH-Ionen wird es infolge der großen Unlöslichkeit des Mercurisulfids zersetzt.

Natriumhydroxyd erzeugt in Quecksilbercyanidlösungen keinen Niederschlag von Quecksilberoxyd.

Silbernitrat gibt keinen Niederschlag von Cyansilber.

Das Mercuriion tritt mit dem Cyanjon umgekehrt stets zu undissoziiertem Mercuricyanid zusammen, wie H' mit OH' zu H_2O. Quecksilberoxyd löst sich daher in Cyankalium; es bildet sich dabei das komplexe Quecksilberkaliumcyanid $HgCy_4K_2$ und freies Alkali. Reaktionsgleichung?

Durch Natonlauge oder Silbernitrat wird das komplexe Quecksilberkaliumcyanid ebensowenig verändert, wie das Quecksilbercyanid selbst.

Schwefelwasserstoff zerlegt dagegen beide unter Abscheidung von Schwefelquecksilber.

Auch beim Erhitzen mit Alkalibicarbonatlösungen gibt Quecksilbercyanid keine Blausäure. Will man im Mercuricyanid das Cyan nachweisen, so muß man bei Gegenwart von Sulfidionen mit Alkalibicarbonat destillieren.

Beim Erhitzen im trocknen Zustande zerfällt das Quecksilbercyanid in Quecksilber und stark giftiges Cyangas (Vorsicht!):

$$Hg(CN)_2 = Hg + (CN)_2.$$

Verhalten der Mercurisalze gegen Reduktionsmittel.

Infolge der Komplexbildung der Halogene und des Cyans mit dem Quecksilber werden Quecksilberhalogenid und -cyanid auch sehr viel schwerer reduziert als Nitrate und Sulfate.

Ferrosulfat scheidet aus Mercurinitrat- oder -sulfatlösung beim Kochen Metall ab:

$$HgSO_4 + 2FeSO_4 = Fe_2(SO_4)_3 + Hg.$$

Dagegen werden Mercurichlorid und -cyanid durch Ferrosulfat nicht reduziert.

Schweflige Säure reduziert Mercurinitrat zu metallischem Quecksilber:

$$Hg(NO_3)_2 + SO_2 + 2H_2O = H_2SO_4 + 2HNO_3 + Hg.$$

Mercurichlorid wird durch schweflige Säure zunächst zu unlöslichem weißen Mercurochlorid reduziert (Reaktionsgleichung?), und nur wenn die schweflige Säure in großem Überschuß in der Wärme angewandt wird, wirkt sie weiter reduzierend auf das Quecksilberchlorür und bildet metallisches Quecksilber. Reaktionsgleichung?

Zinnchlorür, das nicht zu viel freie Salzsäure enthält, scheidet aus Mercurinitrat oder -chloridlösung leicht Chlorür und im Überschuß auch metallisches Quecksilber ab, indem das Zinnchlorür $SnCl_2$ dabei zu Zinnchlorid $SnCl_4$ oxydiert wird. Reaktionsgleichung?

Hydrazinsulfat fällt aus ammoniakalischer chlorammoniumhaltiger Quecksilberchloridlösung in der Wärme alles Quecksilber als Metall.

Hydroxylaminchlorid fällt Quecksilberchlorid in ammoniakalischer Lösung als metallisches Quecksilber.

Nachweis des Quecksilbers auf trocknem Wege.

Alle Quecksilberverbindungen, mit einziger Ausnahme des Quecksilberjodids (wegen großer Verwandtschaft des Jods zum Quecksilber

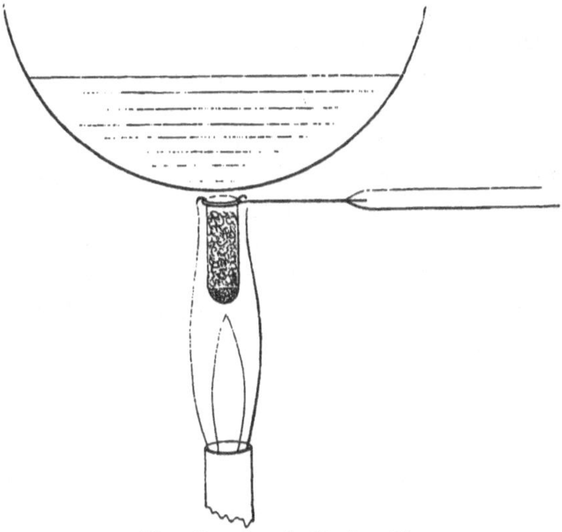

Fig. 45. Quecksilberbeschlag.

und Flüchtigkeit ohne Zersetzung), scheiden beim Glühen mit entwässerter Soda Quecksilber ab, z. B.:

$$HgS + Na_2CO_3 = Na_2S + Hg + CO_2 + O.$$

Diese Reaktion führt man zum Nachweis des Quecksilbers in verschiedener Weise aus:

1. **Im Glühröhrchen.** Man bringe in ein Glühröhrchen eine winzige Menge einer Quecksilberverbindung, die man mit etwa der fünffachen Menge ganz trockner, vorher im Tiegel ausgeglühter Soda menge und im Glühröhrchen 2—3 cm hoch mit der wasserfreien Soda überschichte. Man glühe zunächst die Soda, und wenn diese glühend ist, den mit der Quecksilberverbindung gemengten Teil der Soda: in den kälteren Teilen der Glasröhre erhält man einen grauen Anflug von metallischem Quecksilber, der mit Lupe oder Mikroskop Metallkügelchen erkennen läßt.

2. **Auf der Beschlagschale mit dem Glühröhrchen.** Ein etwa 2 cm langes, 0,5 cm weites, unten zugeschmolzenes, oben mit einem kleinen Rande versehenes Glühröhrchen werde wie beim vorigen Versuch angefüllt mit einer Probe einer Quecksilberverbindung, die mit entwässerter Soda gemischt ist. Über diese Probe wird Soda bis zur Mündung des Rohres geschichtet und, wie aus umstehender Fig. 45 ersichtlich, in der Flamme erhitzt, indem man dabei die Mündung des Röhrchens mit einer Beschlagschale bedeckt. Das Quecksilber schlägt sich auf der Beschlagschale nieder. Schiebt man den grauen Anflug mit etwas Fließpapier zusammen, so lassen sich, besonders mit der Lupe, meist deutlich Quecksilberkugeln erkennen. Charakteristische und empfindliche Reaktion auf Quecksilber.

Beräuchert man den Quecksilberanflug auf der durch Wasser kalt gehaltenen Schale mit den Gasen der brennenden Jodtinktur, so erhält man einen karminroten und zitronengelben, nicht verhauchbaren Beschlag der beiden Modifikationen des Quecksilberjodids.

Setzt man die Schale mit dem Jodidbeschlag auf ein Becherglas mit Schwefelammonium und erwärmt das Schwefelammonium ganz gelinde, so wird der Beschlag schwarz (Schwefelquecksilber).

3. **Auf der Beschlagschale mit dem Asbeststäbchen.** Bringt man eine geringe Menge Quecksilberverbindung, z. B. Quecksilbersulfid, an ein Asbeststäbchen und erhitzt in der Flamme nach der Vorschrift für Reduktions- (S. 150) oder auch Oxydationsbeschläge (S. 147), so erhält man in beiden Fällen auf der Beschlagschale einen grauen, unzusammenhängenden Beschlag von metallischem Quecksilber, mit dem man Jod- und Sulfidbeschlag herstellen kann.

4. Auch vor dem **Lötrohr** kann man mit Oxydations- oder Reduktionsflamme auf dem Objektgläschen einen Beschlag von metallischem Quecksilber erzeugen und unter dem Mikroskop, besonders bei blauem Lichte, deutlich Metallkügelchen erkennen.

Nachweis kleiner Mengen Quecksilber in Lösung. In Lösung kann man nach Jannasch oft kleine Mengen Quecksilber dadurch nachweisen, daß man ein mit Äther und mit Ammoniakwasser sorgfältig gereinigtes etwa $^1/_2$ qcm großes Kupferblech längere Zeit in die Flüssigkeit hineinhängt. Das Quecksilber konzentriert sich alsdann auf dem Kupferblech und kann in Quecksilberjodid übergeführt und dieses mikroskopisch erkannt werden.

Man bringt zu dem Zwecke das verquickte Kupferblech auf ein Objektgläschen, legt ein Körnchen Jod daneben und überdeckt beide mit einem kleinen Uhrgläschen. Nach längerem Stehenlassen bilden sich gelbes und rotes Quecksilberjodid, die unter dem Mikroskop beobachtet werden können.

Blei.

Das Blei ist ein weiches, blaugraues Metall vom spezifischen Gewicht 11,25, das bei 334° schmilzt.

Das wichtigste Oxyd des Bleis ist das **Bleioxyd** PbO, dessen zugehöriges Hydroxyd $Pb<^{OH}_{OH}$ basischen Charakter besitzt. Es ist aber eine **schwache** Base und bildet daher mit starken Säuren Salze, die leicht hydrolytisch gespalten werden und deshalb sauer reagieren; mit schwachen Säuren entstehen meist basische Salze. Starken Basen gegenüber vermag das Bleihydroxyd auch die Rolle einer schwachen Säure zu spielen und bildet mit ihnen Salze, die Plumbite genannt werden. So bildet es mit Natriumhydroxyd das Salz $Pb<^{ONa}_{ONa}$ Natriumplumbit. Das Bleihydroxyd hat also amphoteren Charakter: es bildet die Ionen $Pb^{\cdot\cdot}$ und $(PbO_2)''$.

Die Reaktionen des Bleis sind verhältnismäßig einfach, da es wenig Neigung zur Bildung komplexer Verbindungen zeigt. Von den wenigen komplexen Verbindungen, die überhaupt bekannt sind, haben nur diejenigen analytische Bedeutung, die es mit organischen Hydroxylverbindungen (z. B. Weinsäure) durch Ersatz von Hydroxylwasserstoffatomen durch Blei eingeht.

Außer dem Bleioxyd sind noch andere Oxyde bekannt:

Das schwarze **Bleioxydul** Pb_2O, das sich beim Erhitzen des Bleis an der Luft zunächst bildet, aber wenig untersucht und der Salzbildung nicht fähig ist.

Das **Bleisuperoxyd** mit wahrscheinlich vierwertigem Blei:

$$Pb \lll^{O}_{O},$$

dessen Hydrat $Pb\lessgtr^{OH}_{OH}{=}O$ schwach sauren Charakter hat und mit Basen die sogenannten bleisauren Salze mit dem Ion $(PbO)_3''$ bildet.

Die **Mennige** Pb_3O_4, die ihren Eigenschaften nach als basisch bleisaures Bleioxyd:

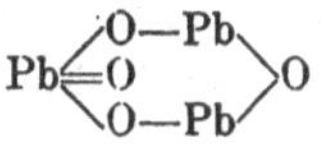

aufgefaßt werden kann.

Blei löst sich in verdünnter Salpetersäure (von verdünnter Salzsäure und Schwefelsäure wird es kaum angegriffen) in der Wärme unter Stickoxydentwicklung. Reaktionsgleichung? Die Lösung dampfe man auf dem Wasserbade oder über kleiner Flamme zur Trockne und kristallisiere den Rückstand aus Wasser um.

Bleinitrat kristallisiert regulär in Oktaedern und Würfeln (Wachstumskristalle vgl. Fig. 4 S. 15), löst sich in Wasser bei 10° $\frac{1}{2,07}$, bei 100° $\frac{1}{0,72}$; in salpetersäurehaltigem Wasser ist es weit weniger löslich.

Von den essigsauren Bleisalzen sind zwei im Handel: der Bleizucker

$Pb(C_2H_3O_2)_2 3 H_2O$ und der Bleiessig, der durch Auflösen von Bleioxyd in Bleizucker gewonnen wird:

$$Pb{<}^{OH}_{C_2H_3O_2}.$$

Reaktionen der Bleisalze.

Die im folgenden beschriebenen Reaktionen führe man mit einer Lösung von Bleinitrat oder Bleiacetat aus.

Zink. Stellt man einen Streifen Zinkblech in eine Bleiacetatlösung, so scheidet sich metallisches Blei in Blättchen aus. (Siehe elektrochemische Spannungsreihe S. 154.)

Natriumhydroxyd in geringer Menge zu Bleiacetatlösung gesetzt fällt Bleihydroxyd. Reaktionsgleichung? Im Überschuß hinzugefügt löst es das Bleihydroxyd zu Natriumplumbit auf. Reaktionsgleichung?

Ammoniumhydroxyd fällt Bleihydroxyd (Reaktionsgleichung?), das im Überschuß des Fällungsmittels unlöslich ist.

Man filtriere den Niederschlag ab, wasche ihn aus und trockne ihn. Erhitzt man das Bleihydroxyd im Porzellantiegel, so gibt es Wasser ab und geht in Bleioxyd über.

Das ungeschmolzene Bleioxyd, das früher unter dem Namen Massicot als gelbe Farbe benutzt wurde, ist jetzt durch Chromgelb verdrängt.

Erhitzt man das Bleioxyd höher, so schmilzt es und erstarrt zu einer rotgelben Masse, Bleiglätte genannt.

Natriumcarbonat fällt basisches Bleicarbonat von wechselnder Zusammensetzung $Pb(OH)_2 + 2$ bis $3 PbCO_3$ (Bleiweiß), löslich in Salpetersäure und in Alkalien.

Schwefelsäure und **lösliche schwefelsaure Salze** geben einen Niederschlag von weißem Bleisulfat (Reaktionsgleichung?), dessen Löslichkeit in Wasser ungefähr $\frac{1}{32000}$ ist; noch unlöslicher ist es in ganz schwacher Schwefelsäure oder in Sulfatlösung oder in Alkohol. Dagegen ist es sehr viel leichter löslich in Salpetersäure, nämlich bis zu $\frac{1}{170}$.

Bleisulfat ist auch im Gegensatz zu Bariumsulfat besonders beim Erwärmen leicht löslich in Alkalien, wobei sich Alkaliplumbit bildet. Reaktionsgleichung?

Ebenso löst sich Bleisulfat in weinsauren Salzen, besonders in weinsaurem Ammonium bei Gegenwart von überschüssigem Ammoniak, indem sich ein komplexes bleiweinsaures Ammonium bildet, worin das Blei Hydroxylwasserstoffatome der Weinsäure ersetzt hat:

$$\begin{array}{l} H_4NOOC-CH-O \\ | \qquad\quad >Pb. \\ H_4NOOC-CH-O \end{array}$$

Salzsäure oder **lösliche Chloride** fällen weißes Bleichlorid. Reaktionsgleichung? Seine Löslichkeit in Wasser und Salzsäure sowie seine Kristallform vergleiche S. 30. In Ammoniak ist Chlorblei zum Unterschiede von Chlorsilber unlöslich.

Jodkalium fällt gelbes Jodblei, aus heißem Wasser in prachtvollen, goldgelb glänzenden Blättchen kristallisierend, die unter dem Mikroskop deutliche Kristallgestalt zeigen (Fig. 46). Es kristallisiert am besten aus verdünnten Lösungen und bei Vermeidung eines Überschusses von Jodkalium. Im Überschuß von Jodkalium löst sich Bleijodid auf zu Kaliumbleijodid, K_2PbJ_4.[1]

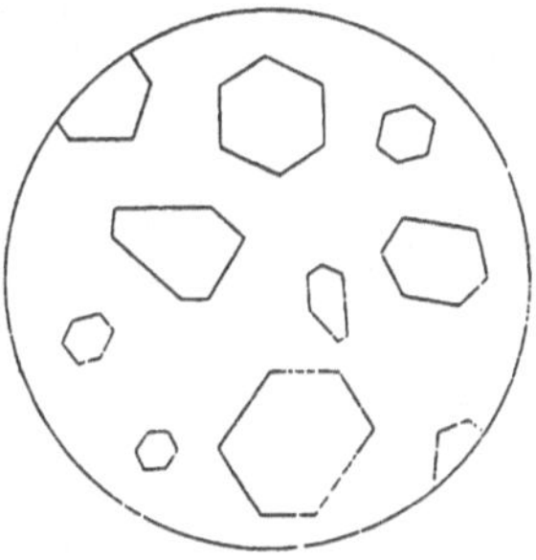

Fig. 46. Bleijodidkristalle.

Kaliumpyrochromat fällt gelbes Bleichromat $PbCrO_4$. Vgl. S. 225.

Schwefelwasserstoff fällt schwarzes Bleisulfid, sowohl aus neutralen als auch aus schwach sauren Lösungen. Es ist unlöslich in Schwefelalkalien, fällt also auch aus alkalischen Lösungen. Von heißer verdünnter Salpetersäure wird es gelöst, wesentlich nach der Gleichung:

$$3\,PbS + 8\,HNO_3 = 4\,H_2O + 2\,NO + 3\,S + 3\,Pb(NO_3)_2.$$

Konzentrierte heiße Salpetersäure oxydiert einen Teil des Schwefels zu Schwefelsäure und bildet mehr oder weniger schwefelsaures Blei nach der Gleichung:

$$3\,PbS + 8\,HNO_3 = 4\,H_2O + 8\,NO + 3\,PbSO_4.$$

Diese beiden Gleichungen drücken aber noch keineswegs alle zwischen Salpetersäure und Schwefelblei unter den verschiedenen Bedingungen stattfindenden Prozesse aus. Vgl. unter Salpetersäure S. 63.

Mennige Pb_3O_4.

Übergießt man die rote Mennige mit verdünnter Salpetersäure, so nimmt sie unter Bildung von Bleinitrat und unter Zurücklassung von Bleisuperoxyd braune Farbe an. Sie verhält sich, als bestände sie aus $2\,PbO + PbO_2$. PbO wird von der Salpetersäure zu Bleinitrat gelöst und PbO_2 bleibt ungelöst zurück. (Vgl. S. 237.) Reaktionsgleichung?

---

[1] Über die Bildungs- und Existenzbedingungen des Kaliumbleijodids siehe: SCHREINEMAAKERS, Zeitschrift für anorganische Chemie Bd. 10, S. 467 (1892).

Bleisuperoxyd.

Versetzt man Bleisalzlösung mit viel Natriumacetat und viel Bromwasser oder einigen Tropfen Brom und erwärmt, so scheidet sich Bleisuperoxyd aus, das in Essigsäure unlöslich ist:

$$Pb(NO_3)_2 + Br_2 + 2\,H_2O + 4\,NaC_2H_3O_2 = 2\,NaBr + 4\,C_3H_4O_2 + 2\,NaNO_3 + PbO_2$$

oder:

$$Pb'' + Br_2 + 2\,H_2O = 4\,H^{\cdot} + 2\,Br' + PbO_2.$$

In alkalischen Lösungen wird durch Brom bleisaures Alkalisalz gebildet:

$$Pb{<}\begin{array}{l}ONa\\ONa\end{array} + Br_2 + 2\,NaOH = 2\,NaBr + H_2O + Pb\begin{array}{l}\diagup ONa\\ = O\\ \diagdown ONa\end{array}$$

$$PbO_2'' + 2\,OH' + Br_2 = 2\,Br' + H_2O + PbO_3''.$$

Auf Zusatz von Säuren z. B. Essigsäure fällt Bleisuperoxyd:

$$Pb\begin{array}{l}\diagup ONa\\ = O\\ \diagdown ONa\end{array} + 2\,C_2H_4O_2 = 2\,C_2H_3O_2Na + H_2O + PbO_2$$

$$(PbO_3)'' + 2\,H^{\cdot} = H_2O + PbO_2.$$

Bleisuperoxyd ist in Salpetersäure unlöslich; sind aber oxydierbare Substanzen zugegen, so findet unter Sauerstoffabgabe Lösung statt. (Vgl. Nachweis von Mangan durch Bleisuperoxyd und Salpetersäure S. 238.) Beim Glühen gibt Bleisuperoxyd Sauerstoff ab unter Zurücklassung von Bleioxyd.

Reaktionen des Bleis auf trocknem Wege.

Man führe die Versuche, wie es im Gange der Analyse oft geschieht, mit etwas gefälltem Schwefelblei aus.

Auf Kohle vor dem Lötrohr. Man erhitze etwas Schwefelblei mit Soda auf der Kohle im Reduktionsfeuer der Lötrohrflamme. Es entsteht ein Metallkorn, und auf die umliegenden Teile der Kohle setzt sich ein Beschlag von Bleioxyd ab, der in der Hitze dunkel- und in der Kälte hell-gelb aussieht.

Das Metallkorn hebe man aus der Grube heraus. Es läßt sich im Achatmörser infolge seiner großen Weichheit und Dehnbarkeit zu einem breiten Flitterchen auswalzen, das man durch Abschlämmen von Unreinigkeiten befreie.

Man löse die kleine Menge auf einem Uhrglase in wenigen Tropfen verdünnter Salpetersäure unter Erwärmen über kleinster Flamme. Den Überschuß der Salpetersäure dampfe man ab, indem man erhitzt und aus einiger Entfernung darauf bläst. Den Rückstand löse man in wenig Wasser. Mit der Lösung lassen sich die unten beschriebenen Reaktionen ausführen.

Am Kohlesodastäbchen. Die Reduktion des Bleis zu Metall läßt sich viel eleganter und auch äußerst leicht am Kohlesodastäbchen in der früher beschriebenen Weise (S. 165) durchführen. Das Metallkorn löse man wie oben in Salpetersäure.

Einen Teil der Lösung fälle man mit Schwefelsäure und löse das schwefelsaure Blei in weinsaurem Ammonium und überschüssigem Ammoniak. (In Verbindung mit der Abscheidung des Metalls am Kohlesodastäbchen charakteristischer Nachweis für Blei, der auch mit sehr geringen Mengen noch ausführbar ist.)

Einen anderen Teil der Lösung verdampfe man auf dem Objektträger über einem winzigen Flämmchen rasch zur Trockne. Es kristallisiert Bleinitrat in den charakteristischen in Fig. 4 auf S. 15 abgebildeten Wachstumsformen des regulären Kristallsystems. (Unterschied der Bleikörner von Silber, Wismut, Zinn- und anderen durch Reduktion am Kohlesodastäbchen herstellbaren Metallkörnern.)

Man löse das Bleinitrat auf dem Objektgläschen in Wasser und füge mit einem Glasstabe einen Tropfen Jodkalium hinzu, so wenig, daß das Jodkalium nicht im Überschuß ist; es scheidet sich gelbes Jodblei aus, das man durch Erwärmen auflöse. Beim langsamen Erkalten kristallisieren unter dem Mikroskop deutlich erscheinende sechsseitige Blättchen von Jodblei. (Fig. 46 S. 327.)

Oxydbeschlag auf der Porzellanschale. Man röste etwas Schwefelblei am Asbestfaden bei möglichst niederer Temperatur (etwas oberhalb der sichtbaren, auf halbe Höhe eingestellten Flamme). Mit der gerösteten Probe stelle man einen Oxydbeschlag nach S. 147 her.

Den hellgelben Oxydbeschlag führe man in den Jodidbeschlag über nach S. 149; es entsteht ein eigelber bis zitronengelber Beschlag von Bleijodid, der durch Anhauchen und darauf folgendes Beräuchern mit Ammoniak verschwindet, aber beim Verdunsten des Ammoniaks wieder zum Vorschein kommt.

Schließlich setze man den Jodidbeschlag (am besten, nachdem man ihn angehaucht hatte) den Dämpfen von Schwefelammonium nach S. 148 aus; es entsteht schwarzes Bleisulfid, das sich nicht auflöst, wenn man mit einem Glasstabe Schwefelammoniumlösung im Überschuß darüber streicht.

Metallbeschlag auf der Porzellanschale. Man erzeuge mit etwas geröstetem Schwefelblei am Asbeststäbchen einen Metallbeschlag nach S. 150 auf der Porzellanschale. Man erhält einen schwarzen

Metallbeschlag mit braunem Anflug, der sich in verdünnter Salpetersäure sehr leicht auflöst.

Die Beschlagschalreaktionen und der Metallbeschlag haben weniger Bedeutung bei der Erkennung des Bleis als die Reduktion am Kohlesodastäbchen.

Wismut.

Wismut ist ein sprödes, weißes Metall mit gelbem Stich vom spezifischen Gewicht 9,8, das bei 286,3° schmilzt.

Wismut ist in seinen Verbindungen vorwiegend und mit Sicherheit dreiwertig und sehr wahrscheinlich, aber seltener, fünfwertig.

Die Wertigkeiten entsprechen den zwei Oxyden: Bi_2O_3 Wismutoxyd (Wismuttrioxyd), und Bi_2O_5 Wismutsäureanhydrid (Wismutpentoxyd).

Das Wismutsäureanhydrid hat Superoxyd- neben Säureanhydridcharakter und ist in analytischer Hinsicht von geringer Bedeutung.

Das Wismutoxyd bildet das zugehörige Hydrat:

$$Bi\begin{cases}OH\\OH\\OH\end{cases}$$

und ist eine der Salzbildung fähige, schwache Base. Infolge der schwach basischen Natur des Hydroxyds reagieren die Wismutsalze sauer. Außerdem zeigt sich starke Neigung zur Bildung basischer Salze, die sich überdies größtenteils von einem halb-anhydrischen Hydroxyd:

$$Bi{<}^{O}_{OH}$$

ableiten, z. B. $Bi{<}^{O}_{Cl}$, basisches Wismutchlorid. Sie bilden sich dadurch, daß die neutralen Salze durch Wasser zum Teil Hydrolyse erleiden; sie werden durch Säuren aber wieder in neutrale Salze zurückverwandelt, z. B.:

$$BiCl_3 + H_2O \rightleftharpoons 2HCl + BiOCl.$$

Infolge der Häufigkeit dieser anhydrisch-basischen Salze hat man den einwertigen Rest $-Bi{\equiv}O$ mit dem besonderen Namen Bismutyl belegt (S. 137).

Während in den neutralen Wismutnitraten das Verhältnis von $Bi_2O_3 : N_2O_5$ stets 1 : 3 ist, ist dies Verhältnis in den basischen Wismutnitraten 1 : > 3.

$Bi_2O_3 . 1\,N_2O_5 . 2\,H_2O$
$Bi_2O_3 . 1\,N_2O_5 . 1\,H_2O$
$6\,Bi_2O_3 . 5\,N_2O_5 . 8\,H_2O$ (vielleicht nach $9\,H_2O$)
$6\,Bi_2O_3 . 1\,N_2O_5 . 1\,H_2O$.

Die Feststellung der Existenz dieser einzelnen Salzindividuen konnte nur mit Hilfe der Lehre von der Phasenregel ermöglicht werden.[1] (Vgl. Phasenregel S. 15.)

[1] Über die Bildungs- und Existenzbedingungen der basischen Wismutnitrate siehe: Rutten, Zeitschrift für anorganische Chemie Bd. 30, S. 342 (1902).

Neigung zur Bildung komplexer Verbindungen hat das Wismut kaum; nur in Verbindung mit organischen hydroxylhaltigen Stoffen, wie z. B. Weinsäure, vermag es wie das Blei komplexe Salze zu bilden.

Im übrigen gehören die Wismutverbindungen ihrem Typus nach, wegen ihrer Drei- und Fünfwertigkeit, zum Stickstoff, Phosphor, Arsen und Antimon. (Vgl. das periodische System der Elemente S. 2.) Die sauren Eigenschaften, die daneben vom Wismuthydroxyd zu erwarten wären, haben (wie allgemein mit steigendem Atomgewicht vom N (14): P (31): As (74,5): Sb (119): Bi (206,5)) schon sehr abgenommen; in ganz schwachem Grade sind sie aber auch beim Wismut noch vorhanden, wie aus der Löslichkeit des Wismuthydroxyds in sehr konzentrierten Alkalien hervorgeht. Beim Schwefelwismut dagegen sind sie ganz verschwunden. (Vgl. später Stannooxyd mit Stannosulfid.)

Wismutnitrat. Das normale Wismutnitrat $Bi(NO_3)_3 . 5\,H_2O$ entsteht durch Lösen von gepulvertem Wismutmetall in Salpetersäure und Eindampfen der Lösung bis zur Kristallisation, wobei das Nitrat in säulenförmigen triklinen Kristallen obiger Zusammensetzung kristallisiert. Mit Hilfe der Phasenregel wurden außerdem noch zwei weitere Hydrate des neutralen Wismutnitrats, nämlich: $Bi(NO_3)_3 . 2\,H_2O$ und $2\,Bi(NO_3)_3 . 3\,H_2O$, nachgewiesen.

Die neutralen Wismutnitrate lösen sich in wenig Wasser klar auf. Durch mehr Wasser werden basische Salze von wechselnder Zusammensetzung — Gemische der oben erwähnten basischen Salze — gefällt.

Man kann durch Wasser das Wismut um so vollständiger als basisches Nitrat abscheiden, je neutraler die Lösung ist. Am vollständigsten geschieht die Abscheidung durch Kochsalzlösung. Es bildet sich dadurch ein basisches Chlorid BiOCl, Wismutoxychlorid oder Bismutylchlorid, das fast ganz unlöslich ist, besonders wenn die bei der Fällung frei werdende Säure noch möglichst neutralisiert wird.

Die basischen Wismutsalze sind in weinsauren Salzen bei Gegenwart von überschüssigem Ammoniak unter Bildung komplexer Verbindungen löslich wie bei Blei; sie lösen sich dagegen nicht in Weinsäure und sauren weinsauren Salzen, wie bei Antimon (siehe später).

Wird Wismutnitrat erhitzt, so entweicht erst Wasser, dann Stickstoffdioxyd und Sauerstoff unter Zurücklassung von Wismutoxyd. Reaktionsgleichung?

Natrium- oder Ammoniumhydroxyd fällen in der Kälte weißes Wismuthydroxyd $Bi(OH)_3$. Reaktionsgleichung? Es ist im Überschuß des Fällungsmittels unlöslich; nur bei Anwendung sehr konzentrierter Natronlauge findet Auflösung im Überschuß statt.

Wird die Fällung in der Siedhitze vorgenommen, so spaltet das Hydroxyd zum Teil Wasser ab:

$$Bi(OH)_3 = BiO . OH + H_2O.$$

Zinnchlorür und Natriumhydroxyd fällen schwarzes metallisches Wismut gemengt mit Wismuthydroxyd.

Zinnchlorür und Natriumhydroxyd geben eine Lösung von Natriumstannit:

$$SnCl_2 + 4\,NaOH = Sn(ONa)_2 + 2\,NaCl + 2\,H_2O.$$

(Siehe später bei Zinn.) Die Natronlauge darf nicht zu konzentriert sein, sonst findet dabei teilweise Abscheidung von grauem metallischen Zinn statt. Gibt man zu dieser, mit überschüssiger verdünnter Natronlauge versetzten Natriumstannitlösung eine Lösung eines Wismutsalzes, so fällt schwarzes Wismut aus:

$$2\,Bi(NO_3)_3 + 3\,Sn(ONa)_2 + 6\,NaOH = 6\,NaNO_3 + 3\,SnO(ONa)_2 + 3\,H_2O + 2\,Bi.$$

Charakteristischer und empfindlicher Nachweis für Wismut.

Natriumcarbonat fällt aus Wismutlösungen weißes, basisches Carbonat von wechselnder Zusammensetzung, z. B.:

$$2\,Bi(NO_3)_3 + 3\,Na_2CO_3 = 6\,NaNO_3 + 2\,CO_2 + CO_3(BiO)_2.$$

Schwefelwasserstoff fällt aus neutralen, schwach sauren oder alkalischen Lösungen schwarzbraunes Wismutsulfid, Bi_2S_3. Reaktionsgleichung?

Es ist unlöslich in Schwefelalkalien, löslich in heißer verdünnter Salpetersäure.

Cyankalium fällt aus Wismutlösung kein Cyanid, sondern Wismuthydroxyd:

$$Bi(NO_3)_3 + 3\,KCN = 3\,KNO_3 + [Bi(CN)_3]$$
$$Bi(CN)_3 + 3\,H_2O = Bi(OH)_3 + 3\,HCN.$$

Kaliumjodid fällt braunschwarzes Wismutjodid: $Bi(NO_3)_3 + 3\,KJ = 3\,KNO_3 + BiJ_3$, das im Überschuß von Jodkalium zu einer farblosen Flüssigkeit sich auflöst: $BiJ_3 + KJ = BiJ_4K$.

Es ist das Salz einer Wismutjodwasserstoffsäure BiJ_4H, die in wasserfreiem Zustande fleischrot ist und sich wie ihr Kaliumsalz in Wasser zu einer farblosen Flüssigkeit auflöst.

BiJ_3 wird durch viel Wasser sehr leicht in das orangegelbe BiOJ verwandelt, das in Jodkalium unlöslich ist.

Reaktionen auf trocknem Wege.

Auf der Kohle vor dem Lötrohr. Erhitzt man eine Wismutverbindung mit Soda gemengt auf der Kohle vor dem Lötrohr, so erhält man einen gelben Oxydbeschlag unter gleichzeitiger Abscheidung eines Metallkorns.

Das Metallkorn hebe man heraus und zerdrücke es im Achatmörser: es ist spröde und zerfällt zu feinen Metallflitterchen. Man schlämme sie ab, bringe sie auf ein Uhrgläschen und löse in nicht zu verdünnter Salpetersäure unter Erwärmen.

Man bereite ferner eine Natriumstannitlösung und gebe zu dieser etwas von der Wismutnitratlösung; es entsteht eine schwarze Fällung von Wismut.

Am Kohlesodastäbchen. Die Reduktion zum Metallkorn kann man auch am Kohlesodastäbchen ausführen und damit die soeben beschriebene Reaktion auf Wismut anstellen.

Oxydbeschlag. Zur Erkennung des Wismut benutzt man aber im Gegensatz zum Blei zweckmäßiger die Oxydbeschlagreaktionen. Um mit dem Oxydbeschlag Reaktionen anstellen zu können, erzeuge man ihn nicht auf Kohle, sondern auf dem Objektgläschen nach S. 143 oder auf der Beschlagschale nach S. 146.

Mit dem gelben Beschlag läßt sich sowohl auf dem Objektgläschen als auch auf der Beschlagschale durch Bestreichen mit Natriumstannitlösung schwarzes Wismut abscheiden. (Charakteristische und sehr empfindliche Reaktion zum Nachweis von Wismut.)

Auf der Beschlagschale lassen sich auch die übrigen Beschlagschalreaktionen ausführen, die beim Wismut recht charakteristisch, aber zum Nachweis infolge der schon besprochenen Reaktion nicht gerade erforderlich sind.

Jodidbeschlag. Man stelle auf der Beschlagschale einen Oxydbeschlag her und führe ihn in den Jodidbeschlag über. Der gelbe Oxydbeschlag verwandelt sich in den Jodidbeschlag, der große Mannigfaltigkeit der Farben zeigt. Er ist braun bis schwarzbraun mit einem Stich ins Blaue. Ferner tritt gleichzeitig ein sehr charakteristischer, fleischroter Anflug (von Wismutjodwasserstoffsäure $Bi^{v}J_4H$ herrührend) auf, der im Wasser farblos löslich ist und daher beim Anhauchen verschwindet (vgl. S. 149). Bläst man aus einiger Entfernung darauf, so verdunstet das Wasser, und er erscheint wieder.

Setzt man ihn mittels Ammoniakbläser oder auf dem Becherglase (Fig. 30 und 31, S. 148) Ammoniakdämpfen aus, so geht der Beschlag in orange, der Anflug in eigelb über.

Sulfidbeschlag. Setzt man ihn nun Schwefelammoniumdämpfen aus, so bildet sich braunes Wismutsulfid, das beim Darauftropfen von Schwefelammonium nicht gelöst wird.

Metallbeschlag. Ein Metallbeschlag läßt sich ebenfalls auf der Beschlagschale leicht herstellen nach S. 150. Er ist in verdünnter Salpetersäure ziemlich schwer löslich, hat aber zur Erkennung des Wismuts keine weitere Bedeutung.

Metalle der Arsengruppe.

Zu dieser Gruppe rechnet man Zinn, Arsen, Antimon und einige seltene Elemente (S. 86). Man faßt sie aus analytischen Rücksichten deshalb zu einer Gruppe zusammen, weil sie sämtlich aus ihren löslichen Verbindungen durch Schwefelwasserstoff in saurer Lösung als Schwefelmetalle gefällt werden, und weil ihre Schwefelmetalle in Schwefelammonium oder mehrfach Schwefelammonium löslich sind.

Im übrigen weichen besonders die Eigenschaften des Zinns von denen des Antimons und Arsens wesentlich ab, wie nach ihrer Stellung im natürlichen System der Elemente S. 2 auch zu erwarten ist.

Zinn.

Das Zinn ist ein silberweißes Metall vom spezifischen Gewicht 7,3, das bei 231° schmilzt. Es ist in drei Modifikationen bekannt, die als tetragonales (gewöhnliches) Zinn, graues Zinn (Zinnpest) und rhombisches Zinn bezeichnet werden. Das folgende Schema gibt eine Übersicht über das Verhalten des Zinns:

$$\text{Graues Sn} \overset{20^{0}}{\rightleftarrows} \text{tetragonales Sn} \overset{195^{0}}{\rightleftarrows} \text{rhombisches Sn} \overset{231^{0}}{\rightleftarrows} \text{geschmolzenes Sn.}$$

Unser gewöhnliches Zinn befindet sich also bei gewöhnlicher Temperatur im instabilen Zustande.

Das Zinn ist in seinen Verbindungen zwei- und vierwertig. Es bildet zwei Oxyde mit den zugehörigen Hydroxyden:

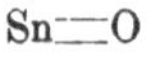

Zinnoxydul
Stannooxyd

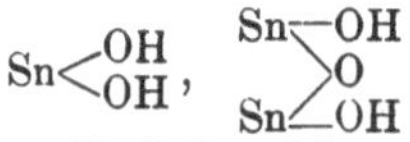

Zinnhydroxydule
Stannohydroxyde

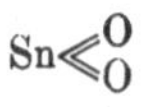

Zinndioxyd
Stannioxyd

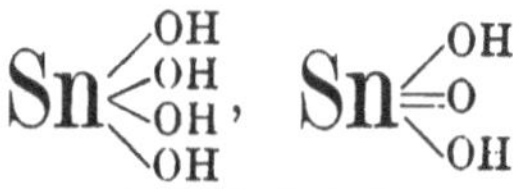

Zinnhydroxyde
Stannihydroxyde

Zinnhydroxydul ist eine schwache Base; mit starken Säuren bildet es Salze (z. B. $SnCl_2$ Zinnchlorür, Stannochlorid) aber mit schwachen Säuren oft nicht mehr. Daneben ist es zugleich eine sehr schwache Säure und bildet mit starken Alkalien Salze, Stannite genannt, z. B. $Sn<^{ONa}_{ONa}$ Natriumstannit; mit Ammoniak gibt es keine Salze mehr (ähnlich Aluminium- und Chromhydroxyd). Es hat also amphoteren Charakter und bildet die Ionen $Sn^{··}$ und $(SnO_2)''$.

Zinnhydroxyd, $Sn(OH)_4$ ist sehr wenig beständig, spaltet leicht Wasser ab und liefert $Sn(OH)_2{=}O$. Es ist nur noch eine sehr schwache Base, die nur mit den stärksten Mineralsäuren Salze bildet, z. B. $SnCl_4$, Zinntetrachlorid oder Stannichlorid, das sich noch mit Salzsäure zu vereinigen vermag zu $SnCl_6H_2$, einer komplexen Säure, der Stannichlorwasserstoffsäure, deren

Ammoniumsalz $SnCl_6(NH_4)_2$ als Pinksalz in der Färberei Verwendung findet. Daneben besitzt es sauren Charakter und wird daher vorwiegend als Zinnsäure bezeichnet:

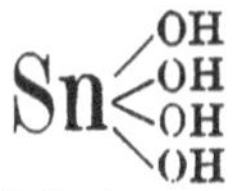

Orthozinnsäure

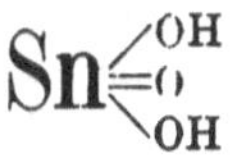

Metazinnsäure

ähnlich den Kieselsäuren S. 305.

Mit Alkalien, aber nicht mehr mit Ammoniumhydroxyd bilden sie wasserlösliche Salze, Stannate genannt, die sich von dem wasserärmeren Hydroxyd, der m-Zinnsäure, ableiten, z. B.: 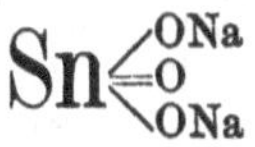 m-zinnsaures Natrium oder Natrium-m-stannat. Also auch beim Zinnhydroxyd ist, wie in der Oxydulreihe amphoterer Charakter vorhanden: es vermag die Ionen $Sn^{\cdot\cdot\cdot\cdot}$ und $(SnO_3)''$ zu bilden.

Außerdem zeigen die Stannihydroxyde noch Ähnlichkeit mit der Kieselsäure durch ihre Kondensationsfähigkeit, wodurch die Polymetazinnsäuren $(SnO_3H_2)_n$ entstehen, die recht beständig sind und besondere Reaktionen geben. Die vielfach schlechtweg als m-Zinnsäure (b-Zinnsäure) bezeichnete Polymetazinnsäure hat die Zusammensetzung $(SnO_2)_5 5 H_2O$ oder $(SnO_3H_2)_5$.

Sie ist abweichend von den nicht polymeren Säuren in verdünnten Alkalien unlöslich. Durch konzentrierte Alkalien oder Kalischmelze geht sie unter Sprengung des Moleküls in gewöhnliches Metazinnsäuresalz über.

Mit Salzsäure liefert sie verschiedene Chloride, Polymetazinnchloride, in denen die Hydroxylgruppen mehr oder weniger vollständig durch Chlor ersetzt sind. Diese Polymetazinnchloride haben sehr verschiedene Löslichkeit. Das Zinnchlorid $(SnO)_5(OH)_6Cl_4$ ist in starker Salzsäure unlöslich, wird aber durch Wasser hydrolytisch gespalten unter Bildung eines wasserlöslichen Chlorids von der Zusammensetzung $(SnO)_5(OH)_8Cl_2$.

Beim längeren Stehenlassen oder rascher beim Kochen stark verdünnter wässeriger Lösungen des gewöhnlichen Zinnchlorids wird durch Hydrolyse und Kondensation Polymetazinnsäure gebildet. Da die Polymetazinnsäureverbindungen für die Analyse sehr unangenehme Eigenschaften haben, so muß man auf diese Eigenschaften bei der Untersuchung auf Zinn besonders achten.

Zinnchlorür, Stannochlorid, Zinnsalz $SnCl_2$, $2 H_2O$. In einer Porzellanschale übergieße man einige Gramm granuliertes Zinn mit reiner konzentrierter Salzsäure und erwärme gelinde über kleiner Flamme; unter Wasserstoffentwicklung löst es sich zu Zinnchlorür. Dampft man die Lösung ein, so kristallisiert beim Erkalten das Salz mit zwei Molekülen Kristallwasser.

Zur Ausführung der Reaktionen der Stannoreihe dampfe man ein bis die Hauptmenge der überschüssigen Salzsäure entfernt ist und verdünne wieder mit Wasser.

Das feste Salz und auch die Lösungen oxydieren sich außerordentlich leicht an der Luft unter Bildung von wasserlöslichem Zinnchlorid und wasserunlöslichem Zinnoxychlorür:

$$3\,SnCl_2 + O = SnCl_4 + \begin{matrix} Sn{-}Cl \\ \quad >O \\ Sn{-}Cl \end{matrix}.$$

Ist freie Salzsäure zugegen, so bildet sich nur Zinnchlorid. Basisches Oxychlorür bildet sich auch durch Hydrolyse des Zinnchlorürs durch viel Wasser:

$$SnCl_2 + H_2O \rightleftarrows HCl + Sn<^{Cl}_{OH}.$$

Nur frisches Zinnchlorür (frei von basischem Salz) ist in wenig Wasser klar löslich, durch viel Wasser findet Trübung statt. Auch oxydiertes Zinnchlorür löst sich in Wasser nicht klar auf.

Oxydierte Präparate können nur klar gelöst werden, wenn man etwas Salzsäure hinzufügt; gleichzeitig gibt man zur Reduktion des Zinnchlorids einige Zinngranalien hinzu. Das im Laboratorium vorrätig gehaltene Reagens ist stets mit etwas Salzsäure und granuliertem Zinn versetzt.

Reaktionen der Stannoverbindungen.

Alkalien, Ammoniumhydroxyd und Alkalicarbonate fällen aus Zinnchlorürlösungen weißes Stannohydroxyd. Reaktionsgleichung? Im Überschuß von Ammoniak und Alkalicarbonat ist es unlöslich, dagegen löslich in überschüssigen Alkalien zu Stannitlösung. Reaktionsgleichung? Ist die Alkalilauge sehr konzentriert, so findet Selbstoxydation des Stannits statt unter Abscheidung von grauem metallisched Zinn:

$$2\,Sn(ONa)_2 + H_2O = SnO(ONa)_2 + Sn + 2\,NaOH$$
$$2\,SnO_2'' + 2\,H_2O = SnO_3'' + Sn + 2\,OH'.$$

Sowohl alkalische als auch saure Zinnchlorürlösungen wirken stark reduzierend.

Zur Reduktion in alkalischer Lösung vgl. beim Wismut S. 332; zur Reduktion in saurer Lösung vgl. beim Quecksilber S. 322, bei schwefliger Säure S. 176.

Kleine Mengen von Zinnchlorür kann man in alkalischer Lösung durch ihre Wirkung auf Wismutsalze erkennen; in saurer Lösung erkennt man sie dadurch, daß aus einer Mischung von Eisenchlorid und Ferricyankalium ein blauer Niederschlag abgeschieden wird.

Schwefelwasserstoff fällt aus nicht zu saurer Stannochloridlösung braunes Stannosulfid SnS. Reaktionsgleichung? Stannosulfid ist in starker Salzsäure löslich.

Stannosulfid und Cadmiumsulfid sind die in Säuren am leichtesten löslichen Sulfide der Schwefelwasserstoffgruppe.

Stannosulfid ist in einfachen Schwefelalkalien unlöslich, dagegen löslich in mehrfach Schwefelalkalien.

Man übergieße Stannosulfid mit mehrfach Schwefelammonium: es findet Auflösung statt zu Ammoniumsulfostannat (genaueres siehe unten):

$$SnS + (NH_4)_2S_2 = SnS(SNH_4)_2.$$

Man versetze etwas Stannochloridlösung mit Bromwasser, bis die Farbe des Bromwassers bestehen bleibt. Man erhält ein Gemenge von Stannichlorid und -bromid, das Quecksilbersalze nicht mehr zu reduzieren vermag.

Polymetazinnsäure.

Man übergieße mehrere Gramm Zinngranalien in einer Porzellanschale mit reiner konzentrierter Salpetersäure unter einem gut ziehenden Abzuge. Unter Entwicklung roter Dämpfe bildet sich ein weißer Brei von Polymetazinnsäure, vielleicht $(SnO_3H_2)_5$.

Wenn das Zinn vollständig oxydiert ist, rühre man die weiße Masse mit Wasser auf und lasse absetzen. Nach einiger Zeit gieße man die darüber stehende, verdünnte Säure ab und wiederhole dieses Dekantierverfahren mehrere Male.

Von der erhaltenen breiigen Polymetazinnsäure trage man etwa die Hälfte in möglichst wenig einer ungefähr $50\,^0/_0$igen Kalilauge ein und erhitze eventuell unter Eindampfen, bis klare Auflösung stattgefunden hat; es entsteht gewöhnliches metazinnsaures Kalium, das als Präpariersalz SnO_3Na_2, $3\,H_2O$ in der Kattundruckerei Anwendung findet.

Reaktionen der gewöhnlichen Stanniverbindungen.

Salzsäure fällt, wenn sie in geringen Mengen zu der Lösung des gewöhnlichen metazinnsauren Kaliums hinzugesetzt wird, Metazinnsäure (Reaktionsgleichung?), die in Salzsäure leicht zu einer klaren Flüssigkeit von Zinnchlorid löslich ist. Reaktionsgleichung? Auch in Salpetersäure oder Schwefelsäure löst sie sich in der Kälte leicht auf. Beim längeren Kochen, besonders der schwefelsauren Lösung, entsteht unlösliche Polymetazinnsäure.

Alkalihydroxyde, Ammoniumhydroxyd und Alkalicarbonate erzeugen in der Stannichloridlösung einen Niederschlag von Stannihydroxyd $Sn(OH)_4$, der sehr leicht, schon beim Trocknen über Schwefelsäure, in gewöhnliche Metazinnsäure SnO_3H_2 übergeht.

Im Überschuß von Alkali und Alkalicarbonat ist das Stannihydroxyd äußerst leicht zu Metastannat löslich, und selbst in Ammoniak löst es sich, wenn keine Ammoniumsalze zugegen sind.

Alkalisulfate geben in der gewöhnlichen Zinnchloridlösung in der Kälte keinen Niederschlag. (Unterschied von Polymetazinnchlorid.)

Schwefelwasserstoff fällt aus nicht zu sauren Lösungen des gewöhnlichen Zinnchlorids gelbes Stannisulfid SnS_2. In konzentrierter Salzsäure ist es löslich. Ebenso löst es sich in einfach Schwefelalkalien.

Man übergieße es mit Schwefelammonium; es findet leicht Auflösung statt zu Ammoniumsulfostannat:

$$SnS_2 + (NH_4)_2S = SnS(SNH_4)_2.$$

Stannosulfid sieht braun aus und löst sich nicht in einfach Schwefelammonium, wohl aber in mehrfach Schwefelammonium zu Ammoniumsulfostannat.

In **Ammoniumcarbonat** sind Stanni- und Stannosulfid nicht löslich. (Unterschied von Arsensulfid.)

Den beiden Sulfiden des Zinns (SnS, Stannosulfid und SnS_2, Stannisulfid) entsprechen die Sulfhydrate:

$$Sn{<}^{SH}_{SH} \quad \text{und} \quad Sn \overset{\diagup SH}{\underset{\diagdown SH}{=S}},$$

von denen nur das letztere den Charakter einer Sulfosäure zeigt; das erstere hat dagegen keine sauren Eigenschaften, wird aber durch Schwefelung mit Hilfe von mehrfach Schwefelalkalien leicht in die Stannisulfosäure übergeführt.

Macht man Stannisulfhydrat aus seinen Salzen durch Ansäuern mit Salzsäure oder Schwefelsäure frei, so spaltet es sofort Schwefelwasserstoff ab und geht in Stannisulfid über. Reaktionsgleichung?

Reaktionen der Polystanniverbindungen.

Übergießt man den anderen Teil der durch Oxydation von Zinn mit Salpetersäure erhaltenen breiigen Polymetazinnsäure mit konzentrierter Salzsäure und digeriert damit bei gelinder Wärme, so nimmt der Körper Salzsäure auf, ohne in Lösung zu gehen. Es entsteht wahrscheinlich unlösliches $(SnO)_5Cl_4(OH)_6$.

Läßt man nach einigem Digerieren absetzen, gießt die darüber stehende Salzsäure ab und versetzt den Rückstand mit viel Wasser, so erhält man eine klare Lösung von Polymetazinnchlorid, wahrscheinlich von der Zusammensetzung $(SnO)_5Cl_2(OH)_8$.

Konzentrierte Salzsäure fällt aus dieser Lösung wieder unlösliche chlorreichere Verbindungen.

Verdünnte Schwefelsäure oder Alkalisulfate fällen die Lösung ebenfalls.

Natriumhydroxyd fällt aus Polymetazinnchlorid einen weißen Niederschlag von Polymetazinnsäure, die in überschüssiger, verdünnter Natronlauge sich nicht löst. Selbst bei längerem Kochen findet nur schwer Auflösung statt; erst konzentrierte oder schmelzende Alkalien lösen die Polymetazinnsäure auf unter Bildung gewöhnlicher metazinnsaurer Salze.

Schwefelwasserstoff fällt aus Polymetazinnchloridlösung erst beim Erwärmen gelbes Sulfid (gewöhnliche Zinnchloridlösung wird schon in der Kälte gefällt). Der Niederschlag löst sich in Schwefelammonium selbst beim Erwärmen nur schwer, während gewöhnliches Stannisulfid schon in kaltem Schwefelammonium leichtlöslich ist.

Zink scheidet sowohl aus Stanno- als aus Stannilösungen metallisches Zinn in schwammigem Zustande am Zink ab. Berührt man mit dem Zink in der Zinnsalzlösung ein Platinblech, so scheidet sich das Zinn in der Regel am Zink, nur in sehr stark sauren Lösungen am Platin aus.

Reaktionen der Zinnverbindungen auf trocknem Wege.

Zinnverbindungen lassen sich auf der Kohle vor dem Lötrohr bei Gegenwart von Soda reduzieren.

Am **Kohlesodastäbchen** führe man die Reduktion aus. Das erhaltene Metallkorn präpariere man im Achatmörser heraus. Man erhält dabei kleine, weiße, glänzende Flitterchen. Man bringe sie auf ein Uhrglas, tupfe das Wasser, mit dem man sie herüberspülte, mit Fließpapier auf und übergieße die Metallflitterchen mit wenigen Tropfen konzentrierter reiner Salzsäure. Es findet Auflösung zu Zinnchlorür statt. Nach dem Verjagen der überschüssigen Salzsäure nehme man in Wasser auf, übersättige mit verdünnter Natronlauge und weise das Natriumstannit mit äußerst wenig Wismutnitrat nach (S. 332). Nimmt man viel Wismutnitrat, so wird die Reaktion durch Mitfällung von weißem Wismuthydroxyd verdeckt.

Arsen.

Arsen besitzt stahlgraue Farbe, hat ein spezifisches Gewicht von 5,7 und sublimiert beim Erhitzen, ohne zu schmelzen; unter erhöhtem Druck schmilzt es bei 500°.

Arsen bildet zwei Reihen von Verbindungen. In der einen tritt es dreiwertig, in der anderen fünfwertig auf. Beide Oxyde haben ausgesprochenen Säurecharakter und werden dementsprechend bezeichnet:

As_2O_3 (nach der Dampfdichte As_4O_6) — Arsenigsäureanhydrid; As_2O_5 — Arsensäureanhydrid

Die zum Arsenigsäureanhydrid gehörigen Hydrate:

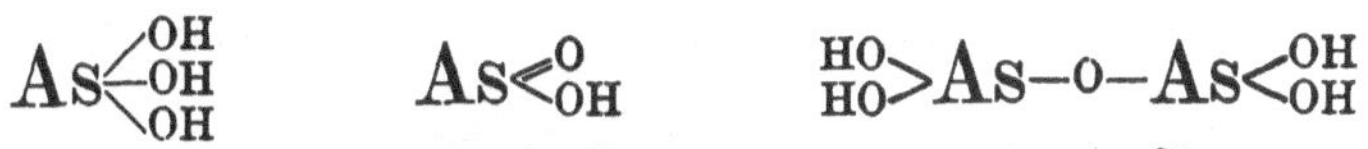

orthoarsenige Säure — metaarsenige Säure — pyroarsenige Säure

sind in freiem Zustande unbekannt.

Von den Salzen der arsenigen Säure, den Arseniten, leiten sich die Alkalisalze von der metaarsenigen Säure ab. Diese Arsenite neigen zu Polymerisationen; viele dieser Salze leiten sich von der metadiarsenigen Säure ab.

Von der orthoarsenigen Säure leiten sich die Salze der Schwermetalle ab. Sie sind aber meist unbeständig und wenig bekannt. Gut bekannt sind das Silbersalz AsO_3Ag_3 und das Bleisalz $(AsO_3)_2Pb_3$. In Wasser löslich sind nur die Arsenite der Alkalien, die übrigen Salze sind in Wasser unlöslich, werden aber von Säuren gelöst.

Arsentrihydroxyd hat neben dem sauren Charakter auch den Charakter einer schwachen Base. Mit stärkeren Säuren bildet es Salze, z. B. mit Salzsäure das Arsentrichlorid:

$$As(OH)_3 + 3\,HCl \rightleftarrows AsCl_3 + 3\,H_2O.$$

Die Reaktion ist aber, wie bei schwachen Basen im allgemeinen, sehr leicht umkehrbar. $As(OH)_3$ hat danach amphoteren Charakter; bildet die Ionen $(AsO_2)'$, $(AsO_3)'''$, $(AsO_3H)''$, $(AsO_3H_2)'$ und $As^{\cdots}$.

Der orthoarsenigen Säure entspricht auch eine sulfarsenige Säure $As\begin{cases}SH\\SH\\SH\end{cases}$, die in freiem Zustande sich sofort in Schwefelwasserstoff und Arsentrisulfid As_2S_3 spaltet, die aber mit Alkalien und Ammoniak wasserlösliche Salze, Sulfarsenite, z. B. $As\begin{cases}SNH_4\\SNH_4\\SNH_4\end{cases}$ Ammoniumsulfarsenit mit dem Ion $(AsS_3)'''$ bildet, worauf die Löslichkeit des Arsentrisulfids in Schwefelammonium beruht.

$$As_2S_3 + 3(NH_4)_2S = 2\,As(SNH_4)_3.$$

Arsensäureanhydrid bildet Hydrate wie bei der Phosphorsäure, mit der sie auch im übrigen viele Ähnlichkeit besitzen:

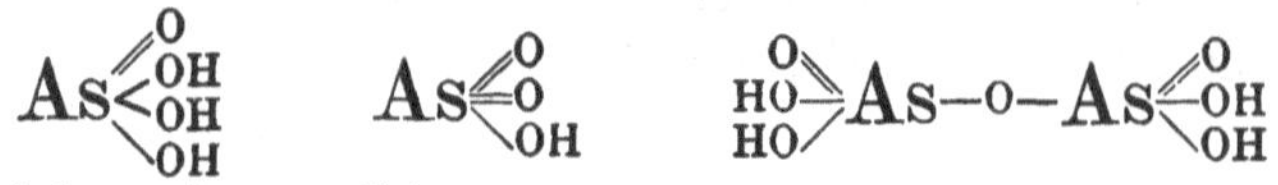

Orthoarsensäure Metaarsensäure Pyroarsensäure

Sie sind alle drei im freien Zustande bekannt. Die beiden letzten und ebenso die zugehörigen Alkalisalze werden aber durch Wasser sofort in die Orthoverbindung übergeführt. Wir haben es daher ausschließlich mit den Orthosalzen der Arsensäure, den Orthoarsenaten mit den Ionen $(AsO_4)'''$, $(AsO_4H)''$ und $(AsO_4H_2)'$ zu tun. Die Alkalisalze sind in Wasser löslich; die anderen Salze sind in Wasser unlöslich, werden aber von Säuren gelöst.

Das Arsen in der fünfwertigen Form hat die basischen Eigenschaften gänzlich eingebüßt. Mit Salzsäure entsteht also kein Arsenpentachlorid nach der Gleichung

$$As\begin{cases}O\\(OH)_3\end{cases} + 5\,HCl = 4\,H_2O + AsCl_5,$$

da es sofort in Chlor und Arsentrichlorid zerfällt:

$$AsCl_5 = AsCl_3 + Cl_2.$$

Der Arsensäure entspricht (analog der arsenigen Säure) eine Sulfoarsensäure $As\begin{cases}S\\SH\\SH\\SH\end{cases}$, die im freien Zustande unbeständig ist und unter

Schwefelwasserstoffverlust in Arsenpentasulfid As_2S_5 übergeht, aber beständige wasserlösliche Alkalisalze, Sulfarsenate, mit dem Ion $(AsS_4)'''$ liefert. Ammoniumsulfarsenat entsteht beim Lösen von Arsentrisulfid in mehrfach Schwefelammonium:

$$As_2S_3 + \underbrace{3(NH_4)_2S + 2S} = 2AsS(SNH_4)_3$$

oder von Arsenpentasulfid in einfach Schwefelammonium:

$$As_2S_5 + 3(NH_4)_2S = 2AsS(SNH_4)_3.$$

Man erhitze etwas Arsen in einem Glühröhrchen. Es sublimiert sehr leicht ohne zu schmelzen und gibt an den kälteren Teilen des Glases einen schwarzen Beschlag.

Man erhitze etwas Arsen in einem beiderseits offenen, schräg gehaltenen Glasrohre. Man erhält ein weißes Sublimat von arseniger Säure und bemerkt einen charakteristischen Knoblauchgeruch.

Das Arsen ist unlöslich in Salzsäure. Von Salpetersäure wird es je nach der Konzentration zu arseniger Säure oder Arsensäure oxydiert (siehe weiter unten und S. 67). Königswasser oder Salzsäure unter Zusatz von chlorsaurem Kalium oxydieren es zu Arsensäure.

Reaktionen der arsenigen Säure.

Man bereite eine wässerige Lösung von arseniger Säure, indem man etwa 1 g Arsenigsäureanhydrid mit 50 ccm Wasser bis fast zur vollständigen Lösung kocht und nach dem Erkalten abfiltriert.

Die Löslichkeit für arsenige Säure wird sehr verschieden angegeben, je nachdem sie sich auf kristallisiertes oder amorphes Arsenigsäureanhydrid bezieht, und je nachdem die Lösung kalt oder heiß hergestellt wurde. Die Löslichkeit schwankt zwischen ungefähr $\frac{1}{300}$ und $\frac{1}{30}$ bei Zimmertemperatur.

Man bringe blaues Lackmuspapier in die Lösung; sie reagiert schwach sauer.

Barytwasser erzeugt einen weißen Niederschlag:

$$2As(OH)_3 + 3Ba(OH)_2 = (AsO_3)_2Ba_3 + 6H_2O,$$

der in verdünnter Salzsäure und auch in arseniger Säure löslich ist.

Silbernitrat gibt mit Arsenigsäurelösung zunächst keine Reaktion, setzt man aber tropfenweise Ammoniak hinzu, so fällt gelbes arsenigsaures Silber (Unterschied von Arsensäure):

$$As(OH)_3 + 3NH_3 + 3AgNO_3 = As(OAg)_3 + 3NH_4NO_3.$$

Gibt man zuviel Ammoniak hinzu, so löst sich das arsenigsaure Silber wieder auf zu einem komplexen Silberammoniumnitrat und arsenigsaurem Ammonium:

$$As(OAg)_3 + 3NH_4NO_3 + NH_3 = H_2O + AsO_2NH_4 + 3Ag(NH_3)NO_3.$$

In Salpetersäure ist das arsenigsaure Silber ebenfalls löslich.

Kupfersulfat. Man füge ganz wenig Kupfersulfat zu der Arsenigsäurelösung. Zunächst entsteht keine Fällung; erst auf Zusatz weniger Tropfen Natronlauge entsteht ein gelblichgrüner Niederschlag von SCHEELES Grün:

$$As(OH)_3 + CuSO_4 + 2\,NaOH = Na_2SO_4 + AsO_3HCu + 2\,H_2O.$$

In einem Überschuß von Natronlauge löst sich der Niederschlag mit blauer Farbe zu Cuprinatriumarsenit:

$$AsO_3HCu + NaOH = H_2O + AsO_3NaCu$$

Beim Kochen der Lösung scheidet sich unter Oxydation eines Teiles der arsenigen Säure rotes Kupferoxydul aus (Unterschied von Arsensäure):

$$2\,AsO_3NaCu + 2\,NaOH = AsO_4Na_3 + Cu_2O + AsO_2Na + H_2O$$

Schwefelwasserstoff ruft in reiner Arsenigsäurelösung in Wasser keinen Niederschlag, sondern nur gelbe Färbung hervor. Es bildet sich kolloidales Arsentrisulfid.

Fügt man Salzsäure zu einem Teil der Lösung, so fällt gelbes Arsentrisulfid aus.

Ebenso wird durch Kochsalz- oder Chlorammoniumlösung Arsentrisulfid gefällt.

Durch Weinsäure oder Essigsäure findet dagegen keine Fällung des kolloidalen Arsentrisulfids statt, wohl aber wieder durch Zusatz von Kochsalz usw. zu der wein- oder essigsauren Lösung.

Inwieweit diese Reaktion auf einen kolloidalen Zustand des Arsentrisulfids zurückzuführen ist und inwieweit etwa durch starke Säuren oder durch Salze AsO'_2-Ionen in $As^{\cdots}$-Ionen übergehen, ist nicht entschieden.

Etwas von dem unter Zusatz von Kochsalz gefällten Arsentrisulfid versetze man mit wenig Schwefelammonium. Es findet Auflösung zu Ammoniumsulfarsenit, oder wenn gelbes Schwefelammonium genommen wurde, zu Ammoniumsulfarsenat statt. Reaktionsgleichungen?

Man versetze die Lösung mit verdünnter Salzsäure. Es wird Arsentrisulfid oder Arsenpentasulfid wieder ausgefällt, die beide in überschüssiger Salzsäure unlöslich sind. Reaktionsgleichungen?

Man erwärme etwas Arsentrisulfid mit Ammoniumcarbonatlösung. Es findet Auflösung statt (Unterschied von Antimon und Zinn):

$$As_2S_3 + 2(NH_4)_2CO_3 = As(SNH_4)_3 + As\lessgtr^{O}_{ONH_4} + 2\,CO_2.$$

Desgleichen löst sich Arsenpentasulfid in Ammoniumcarbonat:

$$4\,As_2S_5 + 12(NH_4)_2CO_3 = 5\,AsS(SNH_4)_3 + 3\,AsO(ONH_4)_3 + 12\,CO_2.$$

Aus diesen Lösungen fällt Salzsäure das Arsen nur dann vollständig, wenn man außerdem noch Schwefelwasserstoff einleitet, da beim Ansäuren das Entweichen geringer Mengen Schwefelwasserstoff kaum zu vermeiden ist.

Kolloidale Lösungen.

Manche für gewöhnlich unlösliche Stoffe haben die Eigenschaft, auch in einer Form der unbestimmten Löslichkeit in Wasser aufzutreten. Die Lösungen, welche man dann von ihnen erhält, unterscheiden sich wesentlich von gewöhnlichen Lösungen. In ihnen sind die Moleküle in der Regel zu größeren Molekülkomplexen vereinigt, wie aus Molekulargewichtsbestimmungen folgt, ebenso wie aus der Eigenschaft der Kolloide, nicht durch poröse Scheidewände, sogenannte halbdurchlässige Membranen zu diffundieren, wie die Kristalloide es tun. Sie sind in der Lösung gewissermaßen in einem gallertartigen Zustande, in Form einer äußerst feinen mechanischen Aufschlämmung vorhanden. Solche Eigenschaften finden wir z. B. bei Eisenoxyd, Tonerde, bei der Kieselsäure, bei vielen Sulfiden wie Nickelsulfid, Kupfersulfid, Arsentrisulfid, sogar bei manchen Metallen wie Platin, Gold, Silber, Quecksilber.

Diese Stoffe verlieren ihre kolloidalen Eigenschaften unter verschiedenen Bedingungen, wie Erhitzen, Zusatz von Salzen oder Säuren. Nimmt man die Salze oder Säuren aber durch Auswaschen fort, so haben manche von ihnen Neigung, wieder in den kolloidalen Zustand überzugehen; teils verstopfen sie dann das Filter und teils gehen sie hindurch, wie z. B. Nickelsulfid. In solchen Fällen wäscht man anstatt mit reinem Wasser mit einer Salzlösung aus, die man später leicht wieder entfernen kann.

Andere kolloidale Niederschläge lassen sich dauernd in unlösliche, dichtere Form verwandeln, indem man sie in der Lösung erwärmt oder im trocknen Zustande erhitzt, wie z. B. Kieselsäure bei längerem Erhitzen in trocknem Zustande auf dem Wasserbade, oder Tonerde und Eisenhydroxyd beim Erwärmen unter Wasser.

Zu beachten ist, daß solche amorphen und kolloidalen Niederschläge sehr viel sorgfältiger ausgewaschen werden müssen, um sie von Verunreinigungen, die sie auf der Oberfläche absorbieren, zu befreien.

Arsenige Säure vermag aus löslichen Carbonaten Kohlensäure auszutreiben. Man füge zu der Arsenigsäurelösung Natriumbicarbonatlösung und dann eine Lösung von Jod in Jodkalium; es findet Entfärbung der Jodlösung statt (Unterschied von Arsensäure):

$$AsO_2Na + 2J + 4NaHCO_3 = AsO_4Na_3 + 2NaJ + 4CO_2 + 2H_2O.$$

Man kann das Natriumbicarbonat nicht durch Natriumcarbonat oder Natronlauge ersetzen, weil diese selbst entfärbend auf Jod einwirken.

Freie arsenige Säure in saurer Lösung reduziert auch Permanganatlösungen zu Manganosalzen, Pyrochromatlösungen zu Chromisalzen usw.

Reaktionen der Arsensäure.

Man benutze dazu die früher S. 71 als Nebenprodukt gewonnene Arsensäure.

Die Arsensäure ist in Wasser leicht löslich.

Silbernitrat fällt aus einer wässerigen Lösung von Arsensäure keinen Niederschlag. Auf Zusatz von wenig Ammoniak entsteht schokoladebraunes Silberarsenat (Unterschied von arseniger Säure und Phosphorsäure):

$$AsO(ONH_4)_3 + 3\,AgNO_3 = 3\,NH_4NO_3 + AsO(OAg)_3,$$

das in Ammoniak und in Salpetersäure löslich ist. Beim Kochen der ammoniakalischen Lösung wird kein Silber abgeschieden (Unterschied von arseniger Säure S. 341).

Kupfersulfat fällt aus Arsensäure bei Gegenwart von etwas Natronlauge grünlichblaue bis hellblaue Niederschläge, je nach den Reaktionsbedingungen: $Cu_3(AsO_4)_2$ neutrales, $CuHAsO_4$ saures oder $(CuOH)CuAsO_4$ basisches Salz. Unter keinen Umständen aber findet beim Erwärmen Bildung von rotem Kupferoxydul statt (Unterschied von arseniger Säure S. 342).

Magnesiumchlorid fällt bei Gegenwart von Ammoniak und Salmiak Magnesiumammoniumarsenat:

$$AsO_4(NH_4)_3 + MgCl_2 + (NH_4Cl) = AsO_4MgNH_4 + 2\,NH_4Cl.$$

Ein weißer kristallinischer Niederschlag, der unter dem Mikroskop die Kristallerscheinung der phosphorsauren Ammoniakmagnesia (Fig. 17 u. 18 S. 101) zeigt.

Durch Glühen geht er in Magnesiumpyroarsenat über:

$$2\,AsO_4MgNH_4 = 2\,NH_3 + H_2O + As_2O_7Mg_2.$$

Ammoniummolybdat. Man versetze Ammoniummolybdat mit so viel Salpetersäure, daß der zuerst entstehende Niederschlag von Molybdänsäureanhydrid wieder in Lösung geht.

Zu dieser Lösung gebe man ganz wenig Arsensäure und erwärme: es entsteht ein gelber Niederschlag von Ammoniumarsenmolybdat $(NH_4)_3AsO_4$, $12\,MoO_3$.

Nimmt man zu der Reaktion viel Arsensäure im Verhältnis zu der Molybdänflüssigkeit, so bilden sich arsensäurereichere Säuren, deren Ammoniumsalze in Salpetersäure löslich sind, so daß kein Niederschlag entsteht.

Schwefelwasserstoff scheidet aus einer schwach salzsauren Lösung der Arsensäure in Wasser in der Kälte langsam, in der Hitze rasch zunächst Schwefel:

$$AsO(OH)_3 + H_2S = H_2O + S + As(OH)_3$$

und dann Arsentrisulfid ab:

$$2\,As(OH)_3 + 3\,H_2S = 6\,H_2O + As_2S_3.$$

Bei Gegenwart von viel konzentrierter Salzsäure scheidet Schwefelwasserstoff in der Kälte Arsenpentasulfid ab:

$$2\,AsO(OH)_3 + 5\,H_2S = 8\,H_2O + As_2S_5$$

In der Wärme fällt ein Gemisch von Arsen-trisulfid mit -pentasulfid.

Verhalten von Salzsäure zu arseniger Säure und Arsensäure.

Arsenige Säure löst sich in Salzsäure reichlich auf zu Arsentrichlorid $AsCl_3$, das mit Wasserdampf verflüchtigt werden kann.

Arsensäure gibt mit Salzsäure bei sehr tiefen Temperaturen vielleicht Arsenpentachlorid $AsCl_5$, das in reinem Zustande freilich nicht bekannt ist und sich in der Wärme spaltet nach der Gleichung:

$$AsCl_5 = AsCl_3 + Cl_2.$$

Man versetze eine Lösung von Arsensäure in Salzsäure mit Jodkaliumlösung und erwärme; es findet Abscheidung von Jod statt, das sich in Schwefelkohlenstoff mit violetter Farbe auflöst:

$$AsCl_5 + 2\,KJ = AsCl_3 + 2\,KCl + J_2.$$

Diese Reaktion benutzt man, wie die Bildung der arsensauren Ammoniakmagnesia, um Arsensäure neben arseniger Säure nachzuweisen.

Kocht man Arsensäure mit Salzsäure, so entweicht mit den Wasserdämpfen, wie bei der arsenigen Säure, Arsentrichlorid. Den Versuch müßte man in dem früher beschriebenen Apparat Fig. 22 S. 126 ausführen.

Arsenverbindungen sind in salzsauren Lösungen mit Wasserdämpfen stets flüchtig, was beachtet werden muß, wenn man in der Analyse Verluste vermeiden will.

Verhalten von Arsenverbindungen gegen Zinnchlorür in stark salzsaurer Lösung. (BETTENDORFFS Probe.)

Man gebe etwas Arsenigsäurelösung und ebenso etwas Arsensäurelösung zu einer möglichst konzentrierten Lösung von Zinnchlorür in konzentrierte Salzsäure. Man löse zu dem Zwecke festes Zinnchlorür in etwa 1 ccm konzentrierter Salzsäure und füge die Arsenlösung hinzu. Die Flüssigkeit färbt sich bei Gegenwart von wenig Arsen langsam, sonst rascher braun und scheidet, bei Gegenwart größerer Mengen Arsen, nach einiger Zeit schwarzes metallisches Arsen aus:

$$2\,AsCl_3 + 3\,SnCl_2 = 3\,SnCl_4 + 2\,As.$$

Arsenprobe nach Gutzeit.

In Säuren lösliche Arsenverbindungen werden durch naszierenden Wasserstoff zu gasförmigem, äußerst giftigem Arsenwasserstoff AsH_3 reduziert, der in sehr konzentrierter Silbernitratlösung einen gelben Niederschlag von $AsAg_3$, $3\,AgNO_3$ erzeugt (Unterschied von Antimon).

$$6\,AgNO_3(\text{konz.}) + AsH_3 = AsAg_3, 3\,AgNO_3 + 3\,HNO_3.$$

Ist die Silberlösung verdünnt, so wird ein schwarzer Fleck von metallischem Silber erzeugt (ähnliche Reaktion auch beim Antimon):

$$6\,AgNO_3 + AsH_3 + 3\,H_2O = As(OH)_3 + 6\,HNO_3 + 6\,Ag,$$

indem der gelbe Niederschlag durch Wasser zerlegt wird:

$$AsAg_3, 3\,AgNO_3 + 3\,H_2O = As(OH)_3 + 3\,HNO_3 + 6\,Ag.$$

Zum Nachweis des Arsens mit Zink und Salzsäure führe man die Reaktion in der Weise aus, daß in einem Reagensrohre einige Körnchen arsenfreies Zink mit verdünnter Salzsäure übergossen werden. Dazu gebe man (unter einem gut ziehenden Abzuge) die auf Arsen zu prüfende Flüssigkeit (etwas arsenige Säure in Wasser), schiebe einen kleinen Wattebausch in das Reagensrohr, um die hinaufspritzenden Flüssigkeitsteilchen zurückzuhalten und lege über das Reagensglas ein Stückchen Filtrierpapier, auf dem sich ein Körnchen festes Silbernitrat, das man durch Anhauchen vorher anfeuchtete, befindet. Das Silbernitrat färbt sich gelb. Bringt man einen Tropfen Wasser hinzu, so färben sich die mit verdünntem Silbernitrat getränkten Stellen schwarz.

Auch mit Zink und Natronlauge werden nach FLEITMANN Arsenigsäurelösungen (nicht Arsensäure) in Arsenwasserstoff übergeführt. Mit Antimonigsäurelösungen bildet sich dagegen kein Antimonwasserstoff (scharfer und empfindlicher Nachweis von Arsen neben Antimon).

Zum Nachweis des Arsens mit Zink und Natronlauge übergieße man einige Körnchen arsenfreies Zink in einem Reagensrohre mit Natronlauge, bringe die auf arsenige Säure zu prüfende Substanz hinzu (Wattebausch wie oben) und weise mit verdünnter Silbernitratlösung AsH_3 nach (SbH_3 wird auf analoge Weise nicht gebildet).

Nachweis des Arsens nach Marsh.

Der Arsenwasserstoff hat die Eigenschaft, bei hoher Temperatur unter Luftabschluß in Wasserstoff und Arsen zu dissoziieren und beim Verbrennen arsenige Säure und Wasser zu liefern. Durch die Überführung in Arsenwasserstoff und seine Dissoziation im Marshschen Apparat (Fig. 47) kann das Arsen mit großer Empfindlichkeit nachgewiesen werden.

Der dazu dienende, unter einem gutziehenden Abzuge aufzubauende Apparat besteht aus einem größeren Wasserstoffentwickler, zweckmäßig aus einem für diesen Zweck ein für allemal bereitgehaltenen Kippschen Apparat, einem kleineren Kolben, der jedesmal vor dem Versuch sorgfältig gereinigt werden muß, und an den sich zum Zwecke des Filtrierens und Trocknens des Arsenwasserstoffs ein zur Hälfte mit Baumwolle *a* und zur Hälfte mit gekörntem Chlorcalcium *b* gefülltes Rohr und weiter ein mehrfach vor dem Gebläse ausgezogenes Glasrohr aus schwer schmelzbarem Glase anschließt.

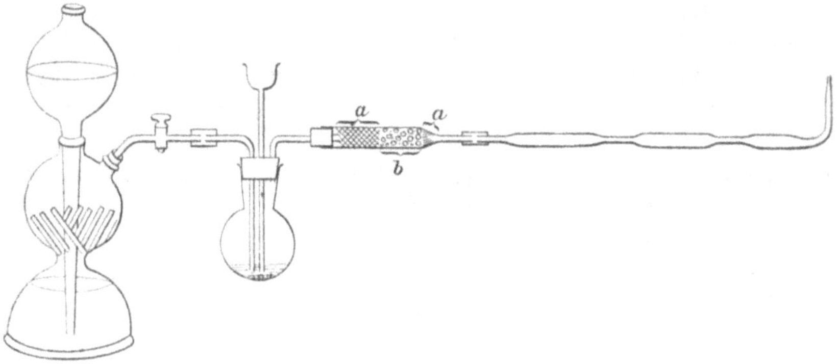

Fig. 47. Marshscher Apparat.

Der Kippsche Apparat wird mit reinem, arsenfreiem Stangenzink und reiner etwa 20 %iger Salzsäure unter Zusatz von etwas Platinchlorid beschickt. In den kleineren Apparat kommen ungefähr 3 g chemisch reines Zink und so viel Wasser, daß das Zink davon bedeckt wird. Alsdann verdrängt man (mit Hilfe des Wasserstoffs aus dem Kippschen Entwickler) die Luft aus dem Apparat und prüft, ob das der Fall ist mit einem übergestülpten Reagensglase.

Wenn der Wasserstoff ohne Explosion brennt, entzündet man ihn am Ende des Apparates und reguliert die Flamme auf etwa 2 cm Höhe.

Nun gibt man in den kleinen Entwickler durch das Trichterrohr so viel konzentrierte Salzsäure, daß ganz schwache Wasserstoffentwicklung stattfindet (durch Zusatz von Platinchlorid darf die Wasserstoffentwicklung hier nicht beschleunigt werden) und erhitzt das schwer schmelzbare Rohr zwischen zwei ausgezogenen Stellen mit einem Bunsenbrenner.

In ungefähr fünf Minuten darf sich dabei, wenn die Reagenzien frei von Arsen sind, kein schwarzer Spiegel im Rohr hinter der erhitzten Stelle absetzen.

Erst wenn die Reagenzien so auf Reinheit geprüft sind, bringe man etwas von der auf Arsen zu untersuchenden Substanz (zur Einübung nehme man etwas von der Arsenigsäurelösung in Wasser) durch das Trichterrohr in den kleinen Entwicklungskolben. Die Wasserstoffentwicklung wird alsdann etwas lebhafter, dem sich entwickelnden Wasserstoff mischt sich Arsenwasserstoff bei, der in dem Rohr an der erhitzten Stelle dissoziiert und hinter der erhitzten Stelle im Rohr einen schwarzen Arsenspiegel abscheidet. Solche Arsenspiegel erzeuge man durch Erhitzen zwischen den verschiedenen ausgezogenen Teilen des Rohres in der Weise, daß sich die Spiegel nahe dem verengten Teile des Rohres abscheiden. Erhitzt man das schwer schmelzbare Rohr an keiner Stelle, so nimmt die am Ende des Rohres brennende Wasserstoffflamme eine fahlblaue Farbe von verbrennendem Arsen an; bei größeren Mengen Arsen ist diese Färbung auch während des Erhitzen zu beobachten. In der Wasserstoffflamme dissoziiert der Arsenwasserstoff ebenfalls, und in den äußeren Teilen der Flamme verbrennt das Arsen zu arseniger Säure.

Mit Hilfe dieser Flamme kann man schwarze Arsenspiegel abscheiden, wenn man kalte Gegenstände (die Innenseiten kleiner flacher Porzellanschalen oder auch Porzellantiegeldeckel) tief in die Flamme hineinhält.

Hält man die kalten Gegenstände an die Spitze der Flamme, in der schon durch die Luft von außen Oxydation des Arsens zu arseniger Säure stattgefunden hat, so erhält man weiße Oxydbeschläge von arseniger Säure.

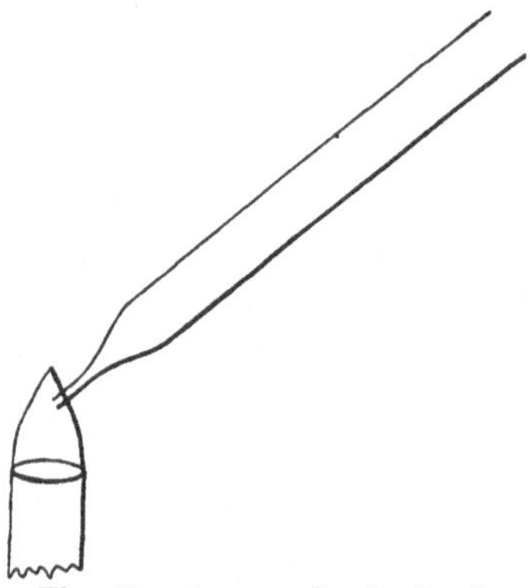

Fig. 48. Arsennachweis durch Knoblauchgeruch.

Man erzeuge in dieser Weise mehrere Metall- und Oxydbeschläge. Mit den erhaltenen Beschlägen werden zur Charakterisierung des Arsens folgende Proben angestellt.

Metallbeschlag im Glasröhrchen. Arsenspiegel haben starken metallischen Glanz, erscheinen in dünner Schicht braun und sind leicht zu verflüchtigen. Man schneide ein Glasröhrchen mit dem Arsenspiegel, im engeren Teile so ab, daß der Arsenspiegel sich am Ende des Rohres befindet. Man halte das Rohr, wie aus nebenstehender

Fig. 48 ersichtlich ist, in eine ganz kleine Flamme; das Arsen verflüchtigt sich und oxydiert sich zum Teil. Man kann am oberen Ende des Rohres deutlich den charakteristischen Knoblauchgeruch wahrnehmen. Die Probe ist äußerst empfindlich und charakteristisch (Unterschied von Antimon).

Nach dem Erkalten des Rohres kann man die gebildeten Oktaeder von weißer arseniger Säure mit Hilfe von Lupe oder Mikroskop erkennen.

Metallbeschläge in Porzellanschälchen. 1. Der Beschlag löst sich in wenigen Tropfen einer Lösung von unterchlorigsaurem Natrium, indem dabei Oxydation des Arsens zu arseniger Säure und Arsensäure stattfindet (Unterschied von Antimon). Die Lösung des unterchlorigsauren Natriums darf dabei kein freies Chlor, sondern muß etwas überschüssige Soda oder Natronlauge enthalten, sonst lösen sich auch Antimonspiegel. (Siehe später.)

2. Der Beschlag löst sich ebenso wie unter 1 in einem Gemenge von verdünnter Natronlauge und Wasserstoffsuperoxyd.

3. Man oxydiere einen Beschlag mit verdünnter Salpetersäure unter gelindem Erwärmen. Nach dem Verdunsten der überschüssigen Salpetersäure bleibt weiße arsenige Säure zurück. Man gebe mit dem Glasstabe einen Tropfen salpetersaures Silber hinzu und blase mit dem Ammoniakbläser (Fig. 30 S. 148) Ammoniakgas darauf. Es entsteht ein eigelber Niederschlag von arsenigsaurem Silber (Unterschied von Antimon).

4. Man führe den Versuch unter 3 mit ganz konzentrierter Salpetersäure aus und verfahre im übrigen wie dort. Man erhält schokoladebraunes arsensaures Silber. (Nachweis von Arsen neben Antimon.)

Oxydbeschläge in Porzellanschälchen. 1. Man bringe einen Oxydbeschlag mit einem Tropfen salpetersaurem Silber zusammen und beblase ihn mit Ammoniakgas; es entsteht gelbes arsenigsaures Silber.

2. Man löse einen Oxydbeschlag in einem Tropfen konzentrierter Salzsäure, verdünne ein wenig mit Wasser und bringe ein Körnchen chemisch reines Zink hinein; es findet keine Abscheidung schwarzer Flocken statt (Unterschied von Antimon).

3. Man beblase einen angehauchten Oxydbeschlag mit Schwefelammoniumdämpfen; es entsteht gelbes Schwefelarsen. Gibt man einige Tropfen Schwefelammonium darauf, so findet Auflösung statt. Verdunstet man das Schwefelammonium über kleiner Flamme, so erscheint der gelbe Niederschlag wieder.

Auch Arsenspiegel kann man durch Erwärmen mit Schwefelammonium und Verdunsten des Überschusses direkt in gelbes Schwefelarsen überführen.

Reaktionen des Arsens auf trocknem Wege.

Lötrohrreaktionen. Man erhitze etwas einer Arsenverbindung (man nehme Schwefelarsen) mit Soda vor dem Lötrohr reduzierend; es verflüchtigt sich Arsen, das sich in den äußeren Teilen der Flamme zu arseniger Säure oxydiert und einen weißen Beschlag auf der Kohle bildet. Dabei macht sich der charakteristische Knoblauchgeruch bemerkbar, der vielleicht auf eine niedere Oxydationsstufe des Arsens zurückzuführen ist.

Man führe den Versuch auch auf dem Kohlehalter (S. 143) aus und fange den weißen Oxydbeschlag auf einem Objektgläschen auf. Wärmt man das Objektgläschen vorher ein wenig an, so erhält man einen Beschlag, der unter dem Mikroskop vorwiegend prächtig ausgebildete Oktaeder (Fig. 49), aber keine Nadeln (Unterschied von Antimon) zeigt.

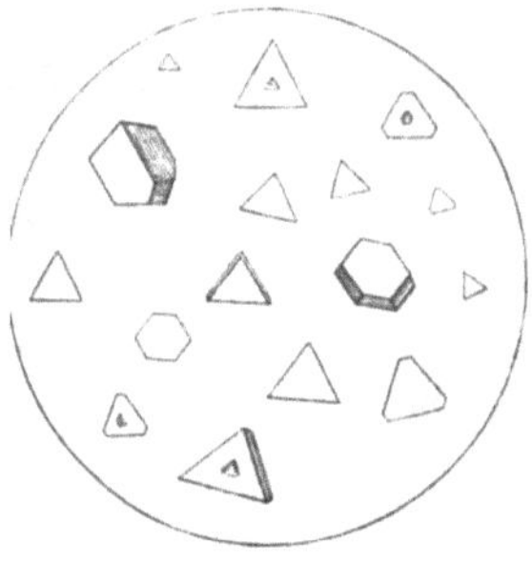

Fig. 49. Arsenikkristalle.

Man stelle einige solcher Oxydbeschläge auf Glas her und führe mit ihnen die oben in Porzellanschälchen ausgeführten Reaktionen aus.

Beschlagschalreaktionen. Man führe die Beschlagschalproben mit etwas gefälltem ausgewaschenen Schwefelarsen aus.[1]

Eine Probe Schwefelarsen wird am Asbeststäbchen bei möglichst niedriger Temperatur geröstet und einige Oxyd- und Metallbeschläge auf Beschlagschalen hergestellt.

Nicht zu starke Arsenspiegel lösen sich leicht in unterchlorigsaurem Natrium oder in einem Gemenge verdünnter Natronlauge und Wasserstoffsuperoxyd.

Einen Oxydbeschlag bestreiche man mit salpetersaurem Silber und setze ihn kurze Zeit Ammoniakdämpfen (auf dem Becherglase mit Ammoniak Fig. 31 S. 148) aus. Es entsteht zitronengelbes arsenigsaures Silber.

Jodidbeschlag. Man führe den auf einer mit Wasser gekühlten Beschlagschale befindlichen Oxydbeschlag in den Jodidbeschlag über;

---

[1] Solche Proben mit den Schwefelverbindungen werden zweckmäßig in den Gang der Analyse eingeschaltet und mögen deshalb mit den Schwefelmetallen eingeübt werden.

es bildet sich ein eigelber Jodidbeschlag, der durch Anhauchen verschwindet, aber wieder erscheint, wenn man aus einiger Entfernung darauf bläst. Setzt man ihn Ammoniakdämpfen aus, so verschwindet er bleibend, erscheint aber wieder, wenn man ihn Salzsäuredämpfen aussetzt.

Sulfidbeschlag. Setzt man den mit Ammoniakdämpfen entfärbten Jodidbeschlag Schwefelammoniumdämpfen aus, so entsteht ein zitronengelber Beschlag von Schwefelarsen, der sich im Überschuß von Schwefelammonium (dadurch, daß man ihn längere Zeit den Schwefelammoniumdämpfen aussetzt, oder besser durch Darüberstreichen von Schwefelammonium mittels Glasstabes) auflöst. Erwärmt man die mit der Öffnung nach unten gekehrte Schale von innen über kleiner Flamme und bläst aus einiger Entfernung darauf, so erscheint der gelbe Beschlag wieder.

Antimon.

Das Antimon ist metallglänzend; silberweiß, blättrig-kristallinisch und sehr spröde. Spezifisches Gewicht 6,5; Schmelzpunkt 630,6°; Siedepunkt 1300°.

Antimon tritt in seinen Verbindungen, wie alle Elemente der Stickstoffgruppe: Stickstoff, Phosphor, Arsen, Antimon, Wismut (siehe periodisches System der Elemente), drei- und fünfwertig auf. Es bildet demnach die zwei Oxyde Sb_2O_3 Antimontrioxyd und Sb_2O_5 Antimonpentoxyd.

Der Charakter der beiden Oxydationsstufen läßt sich ziemlich leicht übersehen, wenn man im Auge behält, daß in der Stickstoffgruppe des periodischen Systems der Säurecharakter mit steigendem Atomgewichte abnimmt, dafür der basische Charakter in derselben Richtung zunimmt, daß es daher seinen Eigenschaften nach zwischen Arsen und Wismut steht.

Die zugehörigen Hydroxyde sind beim dreiwertigen Antimon:

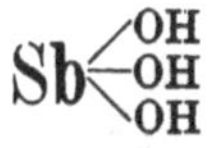

orthoantimonige Säure, Antimonhydroxyd

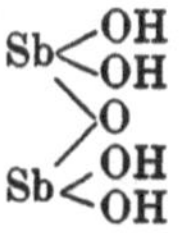

pyroantimonige Säure

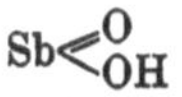

metantimonige Säure, Antimonylhydroxyd (—Sb=O Antimonyl),

von denen nur die beiden ersten im freien Zustande bekannt sind. Die Hydroxyde sind schwache Säuren und schwache Basen zugleich.

Die Salze, in denen das Oxyd die Rolle einer Säure spielt, leiten sich von der metantimonigen Säure ab und heißen Metantimonite. Sie werden aber durch Wasser leicht hydrolysiert.

Die Salze, in denen das Oxyd die Rolle der Base spielt, sind im allgemeinen gegen Wasser sehr unbeständig. Das salzsaure Salz des dreiwertigen Antimons, das Antimontrichlorid $SbCl_3$, wird durch Wasser hydrolysiert:

$$\mathrm{Sb}\begin{cases}\mathrm{Cl}\\\mathrm{Cl}\\\mathrm{Cl}\end{cases} + 2\,H_2O \rightleftarrows 2\,HCl + \mathrm{Sb}\begin{cases}\mathrm{OH}\\\mathrm{OH}\\\mathrm{Cl}\end{cases}.$$

Das Antimonoxychlorid spaltet aber noch Wasser ab und geht in Antimonylchlorid über (vgl. basische Salze S. 136):

$$\mathrm{Sb}\begin{cases}\mathrm{OH}\\\mathrm{OH}\\\mathrm{Cl}\end{cases} = H_2O + \mathrm{Sb}\!\begin{cases}\mathrm{O}\\\mathrm{Cl}\end{cases}.$$

Die meisten Salze des Antimons sind solche Antimonylsalze, wie z. B. Antimonylsulfat $SO_4(SbO)_2$. Sie sind im allgemeinen gegen Wasser wenig beständig und werden als Salze schwacher Basen leicht weiter hydrolysiert:

$$SO_4(SbO)_2 + H_2O \rightleftarrows Sb_2O_3 + H_2SO_4\,,$$

indem dabei das Antimonoxyd von einem anderen Teil zu basischeren Salzen aufgenommen wird.

Auch das Antimonoxychlorid SbOCl unterliegt, wenngleich etwas schwerer, der weiteren Hydrolyse zu Verbindungen, die gewissermaßen SbOCl mit wechselnden Mengen Sb_2O_3 enthalten.

Sehr viel beständiger sind aber die komplexen Verbindungen, die das einwertige Antimonyl SbO durch Eintritt in organische Hydroxylverbindungen eingeht.

Mit Weinstein bildet es z. B. den Brechweinstein, weinsaures Antimonylkalium:

$$\begin{array}{lcl}\mathrm{HO.HC} & \text{——} & \mathrm{CH.OH}\\ \mathrm{KOOC} & & \mathrm{COOSbO}.\end{array}$$

Der antimonigen Säure entspricht eine sulfantimonige Säure:

$$\mathrm{Sb}\begin{cases}\mathrm{SH}\\\mathrm{SH}\\\mathrm{SH}\end{cases},$$

die im freien Zustande nicht beständig ist, sondern unter Schwefelwasserstoffabspaltung Sb_2S_3 liefert, die aber beständige wasserlösliche Alkalisalze bildet, Sulfantimonite, z. B. Ammoniumsulfantimonit:

$$\mathrm{Sb}\begin{cases}\mathrm{SNH_4}\\\mathrm{SNH_4}\\\mathrm{SNH_4}\end{cases},$$

auf dessen Bildung die Löslichkeit des Antimontrisulfids in Schwefelammonium beruht.

Die von dem Antimonpentoxyd oder dem fünfwertigen Antimon sich ableitenden Hydroxyde sind:

$$\mathrm{O{=}Sb}\begin{cases}\mathrm{OH}\\\mathrm{OH}\\\mathrm{OH}\end{cases} \qquad \begin{array}{l}\mathrm{O{=}Sb}\begin{cases}\mathrm{OH}\\\mathrm{OH}\end{cases}\\ \quad\;\;\;\;\;\;\;\;\;\;\,\rangle\mathrm{O}\\ \mathrm{O{=}Sb}\begin{cases}\mathrm{OH}\\\mathrm{OH}\end{cases}\end{array} \qquad \mathrm{O{=}Sb}\begin{cases}\mathrm{O}\\\mathrm{OH}\end{cases}.$$

Orthoantimonsäure — **Pyroantimonsäure** — **Metantimonsäure**

Sie sind sämtlich bekannt. Von den Salzen, in denen das Antimonoxyd die Rolle einer Säure spielt, sind nur genauer bekannt die pyro- und metantimonsauren Salze, die Pyro- oder Metantimonate genannt werden.

Die Salze, welche die Antimonsäure als schwache Base mit Säuren bildet, sind noch unbeständiger gegen Wasser als die des dreiwertigen Antimons. Sie werden leicht hydrolysiert:

$$SbCl_5 + 4\,H_2O \rightleftarrows 5\,HCl + SbO_4H_3\,.$$

Auch bei Abwesenheit von Wasser sind sie unbeständig; sie zeigen Neigung in Salze mit dreiwertigem Antimon überzugehen:

$$SbCl_5 = SbCl_3 + Cl_2\,.$$

In saurer Lösung besteht daher beim Antimon Neigung, in Verbindungen der dreiwertigen Reihe überzugehen; die saure Lösung der Antimonsäure wirkt daher als Oxydationsmittel. In alkalischen Lösungen dagegen findet leicht Übergang von der Dreiwertigkeit zur Fünfwertigkeit, von der antimonigen Säure zur Antimonsäure statt; die alkalische Lösung wirkt daher als Reduktionsmittel.

Der Antimonsäure entspricht eine im freien Zustande unbeständige Sulfantimonsäure:

$$\mathrm{S{=}Sb}\left\langle\begin{matrix}\mathrm{SH}\\ \mathrm{SH}\\ \mathrm{SH}\end{matrix}\right.,$$

die wasserlösliche beständige Salze, Sulfantimonate bildet. Dem Bestehen dieser Salze verdankt das Antimonpentasulfid Sb_2S_5 seine Löslichkeit in Schwefelammonium. Auch Antimontrisulfid löst sich in mehrfach Schwefelammonium zum Ammoniumsalz der Sulfantimonsäure.

Antimontrichlorid. 20 g fein gepulvertes Grauspießglanzerz werden mit 100 g roher konz. Salzsäure im Schwefelwasserstoffraume unter einem gut ziehenden Abzuge anfangs gelinde, später stärker erwärmt, bis kein Schwefelwasserstoff mehr entweicht. Arsen bleibt größtenteils als Schwefelarsen im Rückstande. Die erkaltete Flüssigkeit lasse man absitzen, gieße sie möglichst sorgfältig ab, filtriere sie, wenn nötig, durch Asbestwolle und unterwerfe sie, nachdem man etwa auf die Hälfte eingedampft hat, der gebrochenen Destillation in einem Kölbchen mit angeschmolzenem Ableitungsrohr unter Verwendung eines Thermometers. Anfangs gehen Wasser (um 100°), Salzsäure (um 110°), Arsentrichlorid (zwischen 130° und 140°) über und später (von etwa 210° an) destilliert Antimontrichlorid. Man destilliere mit freier Flamme ohne Anwendung eines Kühlers und fange die einzelnen Fraktionen in trocknen Reagensgläsern auf. Die zuletzt übergehenden Destillate sind reines Antimontrichlorid, und erstarren beim Abkühlen zu schönen farblosen Kristallen. Die nicht flüchtigen Verunreinigungen, Chlorblei, die Hauptmenge des Eisens usw. bleiben zurück. Antimontrichlorid ist im reinen Zustande eine weiße, durchscheinende Kristallmasse, die bei 73° schmilzt und bei 223° siedet.

Antimonoxychlorid, Antimonylchlorid, Algarotpulver. Die sämtlichen bei der soeben ausgeführten Destillation erhaltenen Vorläufe sind antimonhaltig und geben beim Versetzen mit Wasser Antimonoxychlorid SbOCl.

Man verdünne alle Vorläufe mit etwa der zehnfachen Menge Wasser und filtriere das ausgeschiedene Oxychlorid ab. (Die weitere Verarbeitung siehe unter Antimonoxyd.) Mehr Wasser fällt basischere Salze.

Der Niederschlag hat je nach der Menge Wasser wechselnde Zusammensetzung:

$$x\,Sb_2O_3 + y\,SbCl_3;\quad (3\,SbOCl = Sb_2O_3 + SbCl_3).$$

Eine kleine Menge Antimontrichlorid gieße man in ein Reagensrohr mit Weinsäurelösung oder weinsauren Salzen; es findet keine Fällung statt, auch nicht, wenn man stark mit Wasser verdünnt.

Man bringe eine kleine Menge des breiigen Niederschlages von Antimonoxychlorid in ein Reagensrohr und gieße Weinsäurelösung hinzu; es findet Wiederauflösung statt. Die Fällbarkeit der Wismutsalze durch Wasser wird abweichend davon durch die Gegenwart von Weinsäure nicht verhindert.

Man zerreibe trocknes Antimonoxychlorid mit der doppelten Menge Cyankalium und schmelze das Gemisch vor der Gebläseflamme. Nach dem Erkalten behandle man die Masse mit kaltem Wasser, wobei ein blanker Antimonregulus, der in den meisten Fällen kristallinische Struktur zeigt, zurückbleibt.

Geschmolzenes Kaliumcyanid ist ein hervorragendes Reduktionsmittel; es bildet unter Sauerstoffaufnahme cyansaures Kalium.

Antimonoxyd. Das oben gefällte Antimonylchlorid wird von der überstehenden Flüssigkeit dekantiert, abfiltriert, einige Male ausgewaschen und dann in einer Porzellanschale mit so viel Soda erwärmt, daß die darüberstehende Flüssigkeit auch bei längerer Einwirkung alkalische Reaktion behält:

$$2\,SbOCl + Na_2CO_3 = 2\,NaCl + CO_2 + Sb_2O_3.$$

Nach dem Abfiltrieren, Auswaschen und Trocknen in einer Schale auf dem Wasserbade hinterbleibt Sb_2O_3.

In überschüssigen Alkalicarbonaten und in Ammoniak löst sich das Antimonoxyd nicht auf; dazu ist es eine zu schwache Säure. Dagegen ist es löslich in Alkalien zu metantimonigsauren Salzen. Reaktionsgleichung?

Eine Lösung von metantimonigsaurem Natrium scheidet beim Erwärmen mit ammoniakalischer Silberlösung (Silbernitrat mit überschüssigem Ammoniak versetzt) metallisches Silber ab (Unterschied von Antimonsäure):

$$SbO_2Na + 2\,AgNH_3 . NO_3 + H_2O = SbO_3Na + 2\,NH_4NO_3 + 2\,Ag.$$

In Weinsäure und weinsauren Salzen, z. B. Weinsteinlösung, ist Antimonoxyd löslich (Unterschied von Wismut):

$$2\,C_4H_4O_4{<}^{OK}_{OH} + Sb_2O_3 = H_2O + 2\,C_4H_4O_4{<}^{OK}_{O-SbO}.$$

Brechweinstein

Man versetze wenig einer Brechweinsteinlösung tropfenweise mit Salzsäure; es entsteht zunächst eine weiße Fällung von Antimonylchlorid:

$$C_4H_4O_4{<}^{OK}_{O-SbO} + 2\,HCl \rightleftarrows KCl + SbOCl + C_4H_4O_4{<}^{OH}_{OH}.$$

Setzt man aber mehr Salzsäure hinzu, so findet Wiederauflösung statt:

$$SbOCl + 2\,HCl \rightleftarrows H_2O + SbCl_3.$$

Schwefelwasserstoff fällt aus sauren Antimonoxydlösungen, wenn sie nicht zu viel freie Säure enthalten, orangerotes Antimontrisulfid:

$$2\,SbCl_3 + 3\,H_2S \rightleftarrows 6\,HCl + Sb_2S_3.$$

Sind die Lösungen stark sauer, so muß man sie vor der Fällung mit Schwefelwasserstoff zunächst mit Wasser verdünnen. In der Regel entsteht dabei schon ein Niederschlag von basischen Salzen. Man behandle in solchen Fällen die Flüssigkeit samt Niederschlag mit Schwefelwasserstoff. Die Umwandlung in Schwefelmetall findet auch mit dem Niederschlage statt.

Orangerotes Antimontrisulfid geht beim starken Erhitzen in die schwarze Modifikation über, die in dem in der Natur vorkommenden Antimontrisulfid, dem Grauspießglanzerz, vorliegt.

Auch aus Brechweinsteinlösungen wird durch Schwefelwasserstoff Antimontrisulfid gefällt.

Man übergieße eine kleine Menge des Antimontrisulfids im Reagensrohr mit konz. Salzsäure und erwärme; es findet Auflösung statt. Reaktionsgleichung? (Unterschied von Arsen.)

Man digeriere etwas Antimontrisulfid mit Ammoniumcarbonatlösung unter gelindem Erwärmen; es findet keine Auflösung statt. (Unterschied von Arsen.)

Man löse etwas Antimontrisulfid in Schwefelammonium. Die Auflösung erfolgt sowohl durch einfach- als auch durch mehrfach-Schwefelammonium. Reaktionsgleichungen?

Aus der Lösung des Sulfids in Schwefelammonium wird auf Zusatz von verdünnter Salzsäure Antimontrisulfid, und wenn mehrfach-Schwefelammonium zur Lösung verwandt wurde, Antimonpentasulfid gefällt. Reaktionsgleichungen?

Metantimonsäure. In einer Porzellanschale übergieße man gepulvertes Antimon mit einem Überschuß von konz. Salpetersäure erwärme bis das Metall vollständig in weißes, in Wasser und Salpetersäure unslösliches Pulver von Metantimonsäure übergeführt ist. Den Überschuß an Salpetersäure verdampfe man, ohne dabei stark zu glühen.

Eine Probe des Oxyds löst sich in Alkalien klar zu metantimonsaurem Alkali.

$$Sb_2O_5 + 2KOH = 2SbO_3K + H_2O.$$

Die alkalische Lösung darf mit ammoniakalischer Silberlösung keine Abscheidung von metallischem Silber geben, sonst war die Salpetersäure bei der Bereitung der Metantimonsäure nicht konzentriert genug, oder es wurde beim Abrauchen des Überschusses der Salpetersäure geglüht (s. u.).

Einen Teil der Metantimonsäure löse man in wenig konz. kalter Salzsäure zu Antimonpentachlorid. Reaktionsgleichung? Die Metantimonsäure löst sich klar auf, falls sie bei der Bereitung nicht geglüht wurde (s. u.).

Wasser fällt aus dieser Lösung nach einiger Zeit Pyroantimonsäure:

$$2SbCl_5 + 7H_2O \rightleftarrows 10HCl + H_4Sb_2O_7,$$

die von Salzsäure wieder gelöst wird.

Erwärmt man wenige Tropfen Antimonpentachloridlösung mit überschüssiger Jodkaliumlösung, so findet Braunfärbung statt durch abgeschiedenes Jod, das von Schwefelkohlenstoff mit violetter Farbe gelöst wird. (Unterschied von antimoniger Säure oder Antimontrichlorid.)

Schwefelwasserstoff fällt aus einer kalten Lösung von Metantimonsäure in Salzsäure nach dem Verdünnen mit Wasser orangerotes Antimonpentasulfid. In der Wärme fällt ein Gemenge von Antimontrisulfid und Schwefel. Reaktionsgleichungen?

Antimonpentasulfid ist unlöslich in verdünnten Säuren. Dagegen löst es sich, wie das Antimontrisulfid, in konz. Salzsäure. (Unterschied von Arsen.)

Es ist löslich in Schwefelammonium. Reaktionsgleichung? In Schwefelnatrium löst es sich zu dem gut kristallisierenden Schlippeschen Salz SbS_4Na_3, $9H_2O$.

Aus den Lösungen in Schwefelalkalien fällt durch verdünnte Säure Antimonpentasulfid, Goldschwefel. Reaktionsgleichung?

In Ammoniumcarbonat ist Antimonpentasulfid wie das Trisulfid unlöslich. (Unterschied von Arsen.)

Kaliumpyroantimonat. Man erhitze Metaantimonsäure mit einem großen Überschuß von Kaliumhydroxyd und ganz wenig Wasser in einem Silbertiegel: es entsteht Kaliumpyroantimonat $Sb_2O_7K_4$.

Die Schmelze behandle man mit kaltem Wasser, wobei das saure Kaliumpyroantimonat $Sb_2O_7K_2H_2$ mit 6 Molekülen Kristallwasser als ein in kaltem Wasser schwer lösliches Pulver zurückbleibt. Reaktionsgleichung?

Da das saure Natriumsalz der Pyroantimonsäure $Sb_2O_7Na_2H_2$, $6H_2O$ in Wasser sehr viel schwerer löslich ist, kann man das entsprechende Kaliumpyroantimonat als Reagens auf Natriumsalze verwenden. (Vgl. S. 118.)

Zu dem Zwecke löst man das saure Kaliumpyroantimonat stets frisch auf, indem man eine Probe desselben mit einigen Kubikzentimetern Wasser rasch zum Sieden erhitzt, abkühlt, filtriert und das erhaltene Filtrat sofort als Reagens auf Natriumsalze benutzt. Man prüfe die Fällbarkeit einer verdünnten Kochsalzlösung mit dem Reagens.

Zink. Bringt man in eine saure Antimonsalzlösung eine Zinkstange, so scheidet sich Antimon, unter gleichzeitiger Entwicklung von gasförmigem Antimonwasserstoff SbH_3, in schwarzen Flocken ab.

Führt man den Versuch so aus, daß die Antimonsalzlösung sich auf einem Platinblech, das durch Andrücken an ein Uhrglas mit einer Wölbung versehen wurde, befindet, und berührt mit dem Zink in der Antimonlösung das Platin, so scheidet sich das Antimon als fest anhaftender Überzug auf dem Platinblech ab. Arsen wird weder durch Zink allein noch bei Gegenwart von Platin abgeschieden. Das Verhalten von Zinnlösung vgl. S. 339.

Antimonverbindungen und Bettendorffs Arsenprobe.

Antimonverbindungen geben die Bettendorffsche Probe des Arsens S. 345 nicht.

Antimonverbindungen nach Gutzeits Arsenprobe.

In Säuren lösliche Antimonverbindungen werden durch naszierenden Wasserstoff in saurer Lösung (aber nicht in natronalkalischer; Unterschied von Arsen S. 346) zu Antimonwasserstoff SbH_3 reduziert, der sowohl in konzentrierter als auch in verdünnter Silbernitratlösung einen schwarzen Fleck von Antimonsilber $SbAg_3$ erzeugt.

$$SbH_3 + 3\,AgNO_3 = SbAg_3 + 3\,HNO_3\,.$$

Man führe den Versuch mit etwas Antimontrichloridlösung in der für Arsen beschriebenen Weise aus (S. 346).

Antimonverbindungen im Marshschen Apparat.

Antimonwasserstoff hat wie Arsenwasserstoff die Eigenschaft, bei hoher Temperatur unter Luftabschluß in Wasserstoff und Antimon zu dissoziieren. Beim Verbrennen liefert er Antimonoxyd und Wasser.

Man kann daher in dem Marshschen Apparat Antimonverbindungen ähnlich den Arsenverbindungen sehr empfindlich nachweisen.

Man setze den Marshschen Apparat (S. 347) zusammen, entwickle darin durch Hinzufügen von etwas Antimontrichloridlösung Antimonwasserstoff, stelle im schwer schmelzbaren Glasrohre, wie beim Arsen, einige Antimonspiegel her und erzeuge, wie beim Arsen, auch mit Hilfe der fahlbrennenden Antimonflamme in Porzellanschälchen einige Metall- und Oxydbeschläge des Antimons.

Metallbeschlag im Glasröhrchen. Man halte den Metallbeschlag im Röhrchen wie beim Arsen (Fig. 48 S. 348) in eine kleine Flamme und prüfe auf den Geruch des sich verflüchtigenden und oxydierenden Antimons. Es ist keinerlei Geruch zu beobachten. (Wichtiger Unterschied von Arsen.) Das dabei sich bildende Antimonoxyd scheidet sich viel schwerer in Form von Oktaedern ab als das Arsen.

Metallbeschlag in Porzellanschälchen. 1. Der Beschlag löst sich nicht in unterchlorigsaurem Natron, wenn es überschüssige Sodalösung oder Natronlauge enthält. (Unterschied von Arsen S. 349.)

2. Der Beschlag löst sich nicht in einem Gemenge von verdünnter Natronlauge und Wasserstoffsuperoxyd. Vgl. S. 349.

3. Oxydiert man einen Metallbeschlag mit verdünnter Salpetersäure, so verwandelt er sich in Antimonoxyd. Bestreicht man nach dem Verdampfen der Salpetersäure den weißen Oxydbeschlag mit Silbernitratlösung und bebläst ihn mit Ammoniak, so entsteht ein schwarzer Fleck von metallischem Silber, der im überschüssigen Ammoniak sich nicht löst. (Unterschied von Arsen S. 349.)

4. Führt man den Versuch mit ganz konz. Salpetersäure aus und verfährt im übrigen wie oben, so findet keine Schwarzfärbung statt. Arsen dagegen gibt auf diese Weise schokoladebraunes arsensaures Silber. Vgl. S. 349. (Nachweis von Arsen neben Antimon).

Oxydbeschläge in Porzellanschälchen. 1. Man gebe einen Tropfen salpetersaures Silber auf den Oxydbeschlag und beblase ihn mit Ammoniak; es wird schwarzes, metallisches Silber abgeschieden.

2. Man löse einen Oxydbeschlag in einem Tropfen konz. Salzsäure, verdünne ein wenig mit Wasser und bringe ein Körnchen chemisch reines Zink hinein; es findet Abscheidung schwarzer Flocken von Antimon statt. (Unterschied von Arsen.)

3. Man beblase einen angehauchten Oxydbeschlag mit Schwefelammoniumdämpfen; es entsteht orangerotes Schwefelantimon, das

im Überschuß von Schwefelammonium löslich ist. Verdunstet man das Schwefelammonium über kleiner Flamme, so erscheint der orangerote Beschlag wieder.

Auch Antimonmetallbeschläge kann man durch Erwärmen mit Schwefelammonium und Verdunsten des Überschusses in orangerotes Schwefelantimon überführen.

Reaktionen des Antimons auf trocknem Wege.

Lötrohrreaktionen. Man erhitze etwas einer Antimonverbindung (man nehme Antimonsulfid) mit Soda vor dem Lötrohr reduzierend; man erhält einen weißen Beschlag von Antimonoxyd auf der Kohle, ohne dabei einen Geruch (beim Arsen Knoblauchgeruch) wahrzunehmen. Daneben entsteht ein Metallkorn.

Man führe den Versuch auch auf dem Kohlehalter aus und fange den weißen Oxydbeschlag auf einem Objektgläschen auf. Unter dem Mikroskop zeigt der Beschlag in der Regel keine Kristallerscheinung; nur wenn man das Objektgläschen stark erhitzt, ehe man den Beschlag darauf erzeugt, erhält man Kristalle von Oktaedern und Nadeln gleichzeitig (Fig. 50).

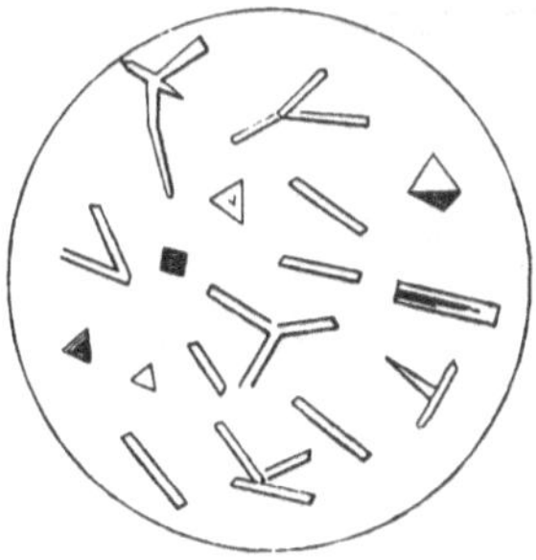
Fig. 50.
Antimontrioxydkristalle.

Man stelle einige Oxydbeschläge auf Glas her und führe mit ihnen die in Porzellanschälchen ausgeführten Reaktionen aus.

Reduktion am Kohlesodastäbchen. Antimonverbindungen geben am Kohlesodastäbchen ein Metallkorn, das sehr spröde ist und daher beim Verreiben im Achatmörser ganz kleine Metallflitter gibt. Reaktionen mit dem Metall haben wenig Bedeutung, da das Antimon auf anderen, zahlreichen Wegen einfacher nachweisbar ist.

Beschlagschalreaktionen. Man führe die Beschlagschalproben mit etwas gefälltem, ausgewaschenem Schwefelantimon aus.

Eine Probe Schwefelantimon wird am Asbeststäbchen bei möglichst niedriger Temperatur geröstet, und einige Oxyd- und Metallbeschläge werden hergestellt.

Die Metallbeschläge, auch wenn sie recht dünn hergestellt waren, lösen sich nicht in unterchlorigsaurem Natrium oder einem Gemenge von verdünnter Natronlauge und Wasserstoffsuperoxyd. (Unterschied von Arsen.)

Einen Oxydbeschlag bestreiche man mittels Glasstabes mit salpetersaurem Silber und setze ihn kurze Zeit Ammoniakdämpfen aus; es entsteht schwarzes, metallisches Silber. (Unterschied von Arsen.)

Jodidbeschlag. Man setze den Oxydbeschlag, der sich auf einer mit Wasser gekühlten Porzellanschale befindet, den Dämpfen brennender Jodtinktur aus; es bildet sich ein gelber bis orangeroter Jodidbeschlag, der vorübergehend verhauchbar ist. Beim Trockenblasen oder gelinden Erwärmen erscheint er wieder. Mit Ammoniak angeblasen verschwindet er bleibend, über Salzsäuredämpfen erscheint er wieder. Er gibt mit salpetersaurem Silber und Ammoniak die Reaktion des Oxydbeschlages.

Sulfidbeschlag. Setzt man einen Jodidbeschlag, der mit Ammoniak zum Verschwinden gebracht wurde, den Dämpfen von Schwefelammonium aus, so erscheint ein orangeroter Sulfidbeschlag, der von überschüssigem Schwefelammonium gelöst wird, beim Verdunsten des Schwefelammoniums über kleiner Flamme aber wieder erscheint.

Trennungsgang der I. Hauptgruppe (Schwefelwasserstoffgruppe, Tafel VI).

Um den Trennungsgang einzuüben, mische man die Nitrate von Quecksilberoxydul und -oxyd, von Blei, Silber, Wismut, Cadmium und Kupfer, gebe arsenige Säure, Zinnchlorür und Antimonoxyd hinzu; etwa 1 g der Mischung digeriere man mit konz. Salzsäure in der Wärme und versetze dann mit so viel Wasser, daß man eine etwa 10 % freie Salzsäure enthaltende Lösung erhält,[1] digeriere einige Zeit damit in der Wärme, lasse erkalten und filtriere von dem ungelösten Rückstande ab, der das Silber, den größten Teil des Bleis und das Quecksilber der Oxydulform (soweit es nicht durch die Vorbehandlung in Oxyd überging) als Chloride enthält und als Salzsäuregruppe von der Schwefelwasserstoffgruppe abgetrennt wird.[2] Das Filtrat wird ohne die Waschwässer, wie weiter unten folgt behandelt.

Untersuchung der Salzsäuregruppe.
(Trennung der Chloride des Silbers, Bleis und Quecksilberoxyduls.)

Der Niederschlag wird nach dem Auswaschen zunächst mit wenig heißem Wasser ausgekocht; dadurch löst sich das Chlorblei und kristallisiert aus der erkaltenden Lösung in feinen Nadeln. Zur Kontrolle auf Chlorblei betrachte man die Nadeln unter dem Mikroskop (S. 30 Fig. 7) und reduziere eine kleine Probe am Kohlesodastäbchen, löse das Metallkorn in Salpetersäure und fälle mit Schwefelsäure schwefelsaures Blei (S. 329).

Kristallisiert kein Chlorblei, so prüfe man die heiß bereitete Lösung, ob mit Kaliumpyrochromat gelbes Bleichromat fällt.

---

[1] Verdünnt man stärker als auf etwa 10 % freie Salzsäure, so werden leicht basische Wismut- und Antimonverbindungen mitgefällt.

[2] Im Gange der Analyse werden mit der Analysensubstanz zuerst die Vorproben nach S. 368 u. Tafel I—III angestellt und die Auflösung der Substanz nach S. 369 u. ff. vorgenommen. Chlorsilber ist in Quecksilberoxydnitrat stark löslich; es wird bei dessen Anwesenheit daher oft nicht in der Salzsäuregruppe gefunden.

Ist Königswasser bei der Auflösung zugegen, so bleibt die Salzsäuregruppe mit Ausnahme des Quecksilbers, das als Oxydsalz in Lösung geht, unlöslich zurück und wird nach den „Vorproben der in Königswasser unlöslichen Substanzen" S. 370 geprüft und wie unter den Aufschließungsverfahren S. 371 angegeben weiter behandelt.

Hat man die Auflösung der Analysensubstanz in Salpetersäure bewirkt, so wird die klare Lösung mit konz. Salzsäure mehrfach eingedampft und die Salzsäuregruppe wie oben abgeschieden.

Der vom Chlorblei durch öfteres Auskochen mit Wasser möglichst befreite Rückstand enthält Chlorsilber und Quecksilberchlorür und wird auf dem Filter mit Ammoniakwasser übergossen. Chlorsilber geht als $Ag(NH_3)Cl$ in Lösung, und das Quecksilberchlorür verwandelt sich in schwarzes, unlösliches Gemenge von Quecksilber und Mercuriamidochlorid.

Aus der Lösung in Ammoniak fällt durch Salpetersäure das **Chlorsilber** wieder heraus und wird event. noch durch Reduktion am Kohlesodastäbchen zu Metall, Lösen des Metallkorns in Salpetersäure und Fällen mit Salzsäure identifiziert. (S. 316.)

Mit dem auf dem Filter verbleibenden schwarzen Rückstande führe man zur Kontrolle auf **Quecksilber** die Reaktionen auf der Beschlagschale oder mit Soda im Glühröhrchen aus. (S. 323 oder 324.)

Das Filtrat von der Salzsäuregruppe, das den Rest des Bleis, das Quecksilber in der Oxydform und die Elemente Wismut, Cadmium, Kupfer, Zinn, Arsen und Antimon enthält, verdünne man ungefähr auf 2—3 $^0/_0$ige Säurelösung und leite nach S. 86 Schwefelwasserstoffgas bis zur Sättigung ein.

Bei Gegenwart von Arsen ist es zweckmäßig, die Lösung mit Schwefelwasserstoff gesättigt im verkorkten Kolben einige Zeit — wenn man das Arsen sicher nachweisen will, mindestens 24 Stunden — stehen zu lassen.

Sind Zinn und Cadmium zugegen, deren Sulfide in stärkerer Salzsäure etwas löslich sind, so muß man besonders darauf achten, daß die Lösung beim Einleiten von Schwefelwasserstoff nicht viel mehr als 2 $^0/_0$ freie Säure enthält, und daß die Analysensubstanz sich in nicht zu konzentrierter Lösung befindet, da die Lösung dann infolge der Umsetzung mit Schwefelwasserstoff zu stark sauer wird. (Vgl. S. 87).

Der Niederschlag enthält die Schwefelmetalle **HgS** schwarz, **PbS** schwarz, **Bi_2S_3** schwarz, **CdS** gelb, **CuS** schwarz, **SnS_2** gelb, **SnS** braun, **As_2S_3** gelb, (**As_2S_5** gelb), **Sb_2S_3** orangerot, **Sb_2S_5** orangerot.

Eine Probe des Filtrats wird mit Schwefelwasserstoffwasser (Verdünnung ist für die Probe wesentlich; vgl. S. 87 und 88) auf Vollständigkeit der Fällung geprüft. Findet man dabei das Filtrat frei von Metallen der Schwefelwasserstoffgruppe, so wird es auf Metalle der Schwefelammoniumgruppe nach S. 263 untersucht.

Die Schwefelmetalle werden mit Wasser ausgewaschen, bis das ablaufende Waschwasser keine Säurereaktion mehr zeigt, und dann in ein Porzellanschälchen abgeklatscht.

Eine Probe behandelt man im Reagensrohr mit Schwefelammonium unter gelindem Erwärmen und achtet darauf, ob die Farbe des Niederschlags sich dabei verdunkelt. Ist das der Fall, so sind in Schwefelammonium lösliche Zinn-, Arsen- und Antimonsulfide zugegen. Einen weiteren Anhalt für die Anwesenheit dieser Sulfide gewinnt man, wenn man die Probe abfiltriert und eine kleine Probe mit Salzsäure übersättigt, wodurch Schwefel und Schwefelmetalle abgeschieden werden. Schüttelt man alsdann mit (nötigenfalls erwärmtem) Benzol einige Zeit, so geht der Schwefel in Lösung; ein Rückstand zeigt die Anwesenheit von in Schwefelammonium löslichen Sulfiden an.

Ergibt sich die Anwesenheit in Schwefelammonium löslicher Sulfide, so digeriert man den gesamten Niederschlag der Schwefelmetalle mit Schwefelammonium unter Umschütteln und gelindem Erwärmen so lange, als die Farbe des Niederschlags noch dunkler wird.

Man trennt Lösung und Rückstand durch Filtrieren. Der gut ausgewaschene Rückstand enthält die Schwefelmetalle der Kupfergruppe **HgS**, **PbS**, **Bi_2S_3**, **CdS** und **CuS**. Das Filtrat enthält die Schwefelmetalle der Arsengruppe **As_2S_5**, **Sb_2S_5**, **SnS_2** als Ammoniumsalze der Sulfosäuren $AsS(SNH_4)_3$, $SbS(SNH_4)_3$ und $SnS(SNH_4)_2$ und wird wie unten folgt weiter untersucht.

Untersuchung der Kupfergruppe.

Den gut ausgewaschenen Schwefelmetallrückstand der Kupfergruppe prüft man zunächst zur Orientierung zweckmäßig nach folgenden Vorproben:

1. Man führe mit entwässerter Soda im Glühröhrchen die S. 323 beschriebene Vorprobe auf Quecksilber aus.

2. Man stelle Oxydbeschläge auf der Beschlagschale dar und untersuche sie nach Bunsens Methoden auf (Quecksilber) Blei, Wismut, Cadmium nach Taf. III.

3. Man prüfe durch Reduktion einer Probe am Kohlesodastäbchen auf Blei, Wismut und Kupfer nach Tafel I.

Während dieser Vorproben übergieße man die Hauptmenge der frisch gefällten, in Schwefelammonium unlöslichen Sulfide mit 20 %iger salzsäurefreier Salpetersäure und erhitze zunächst gelinde (damit nicht zuviel Schwefel abgeschieden wird), später bis zum Sieden und filtriere heiß. Das **Filtat F_1** enthält die Nitrate des **Bleis**, **Wismuts**, **Kupfers** und **Cadmiums** (auch **Chlorsilbers**, wenn Quecksilberoxydsalze im Anfang zugegen waren). Der **Rückstand R_1** kann **Quecksilber** in Form von Sulfid, **Schwefel** und mehr oder weniger **schwefelsaures Blei** (weil durch die Salpetersäure stets Schwefel zu Schwefelsäure oxydiert wird) enthalten.

Untersuchung des Rückstandes R_1.

Den ausgewaschenen Rückstand behandelt man mit einer ammoniakalischen Lösung von weinsaurem Ammonium, wodurch das schwefelsaure Blei gelöst wird. Nach dem Abfiltrieren und Ansäuern mit Essigsäure prüfe man, ob aus der Lösung durch Zusatz von Kaliumpyrochromat gelbes **Bleichromat** ausfällt. Oder man versetze das ammoniakalische Filtrat mit einigen Tropfen Schwefelammonium, wodurch schwarzes **Bleisulfit** gefällt wird.

Im Rückstande weise man nach erneutem Auswaschen, wenn die Probe auf Quecksilber weiter oben versagte, das Quecksilber durch den Metallbeschlag nach, den man in den Jodid- und Sulfidbeschlag überführt (s. S. 323).

Die Hauptmenge des Rückstandes löse man in Königswasser oder in konzentrierter Salzsäure unter Zusatz einiger Körnchen Kaliumchlorat, dampfe nach erfolgter Auflösung fast zur Trockne, nehme den Rückstand mit Wasser auf, filtriere wenn nötig von etwas ungelöst gebliebenem Schwefel ab und versetze eine Probe der Lösung mit Zinnchlorür. Bei Gegenwart von Quecksilber entsteht ein weißer Niederschlag von **Quecksilberchlorür**, der durch einen geringen Überschuß der Reaktion in graues metallisches Quecksilber verwandelt wird.

Untersuchung des Filtrats F_1 (Trennung von (Silber) Blei, Wismut, Cadmium, Kupfer).

Das Filtrat F_1, das die genannten Elemente als Nitrate enthält, wird zunächst zur Abscheidung von Chlorsilber mit Salzsäure versetzt. Ein entstehender Niederschlag wird abfiltriert und nach S. 362 auf Chlorsilber untersucht. Sodann wird mit so viel konz. Schwefelsäure versetzt, daß beim nun folgenden Abrauchen im kleinen Porzellanschälchen über freier Flamme sämtliche Nitrate in Sulfate verwandelt werden. Die Menge Schwefelsäure war dazu hinreichend, wenn am Schluß des Abrauchens sich dicke Nebel von verdampfender Schwefelsäure zeigen. Alsdann gibt man so viel Schwefelsäure und Wasser zu dem Rückstande, daß ungefähr 20 ccm einer etwa 10 % freie Schwefelsäure[1] enthaltenden Lösung entstehen. Das in einer verdünnten Schwefelsäure, bei Abwesenheit von Salpetersäure (s. S. 326) völlig unlösliche Bleisulfat wird abfiltriert.

Das **Blei** wird in dem ausgewaschenen Niederschlage durch Reduktion einer Probe am Kohlesodastäbchen zu Metall und Untersuchung des Metalls identifiziert nach S. 329.

Das Filtrat vom Bleisulfat wird mit Ammoniak übersättigt, bis das Kupfer durch überschüssiges Ammoniak zu tief blau gefärbtem

[1] Ist sehr viel weniger freie Säure vorhanden, so kann basisches Wismutsalz gefällt werden. Auf einen Gehalt von basischem Wismutsalze prüfe man den Niederschlag von Bleisulfat durch Ausziehen mit Salzsäure und Hinzufügen einer Probe dieser Lösung zu einer mit Alkali übersättigten verdünnten Zinnchlorürlösung.

Cupriammoniumsulfat (S. 157) gelöst ist. Den dabei entstehenden Niederschlag von Wismuthydroxyd (S. 331) filtriere man ab und prüfe ihn nach dem Auswaschen auf **Wismut.**

Zu dem Zwecke stelle man mit ihm einen Oxydbeschlag auf der Beschlagschale her und prüfe sein Verhalten mit alkalischer Zinnchlorürlösung nach S. 333. Oder man löse einen Teil des Niederschlages in verdünnter Salzsäure und gebe einen Tropfen der Lösung in eine klare, stark alkalische Natriumstannitlösung nach S. 332.

Das Filtrat vom Wismuthydroxyd reduziert man, wenn es durch Gegenwart von Kupfer blau gefärbt ist, durch Erwärmen mit Hydroxylamin- oder Hydrazin-salzen, bis farbloses Cuproammoniumsalz gebildet ist. Die entfärbte Lösung säure man mit verdünnter Salzsäure an und fälle mit Rhodansalz **Cuprorhodanid.** (S. 157).

Aus dem Filtrat vom Cuprorhodanid fällt man nach Übersättigen mit Ammoniak durch Schwefelammonium das Cadmium als **Cadmiumsulfid.**

Mit einer Probe des abfiltrierten und ausgewaschenen Schwefelcadmiums stelle man den braunen Oxydbeschlag mit weißem Anflug auf der Porzellanschale her und prüfe, ob der weiße Anflug durch Silbernitrat blauschwarz und durch überschüssiges Ammoniak nicht gelöst wird.

Man kann auch das Filtrat vom Wismuthydroxyd durch überschüssige Cyankaliumlösung entfärben (s. S. 159) und Schwefelwasserstoff bis zur Sättigung einleiten, wodurch **Cadmium** als gelbes Cadmiumsulfid (S. 140) ausfällt. (Kontrollprobe durch Oxydbeschlag.)

Wenn Kupfer durch die oben eintretende Blaufärbung erkannt ist, koche man das Filtrat vom Schwefelcadmium unter dem Abzuge in einer Porzellanschale, und dampfe es nach Zusatz von Salpetersäure unter dem Abzuge zur Zerstörnng der komplexen Kupferverbindung ein. Den Trockenrückstand nehme man mit Wasser auf und versetze ihn, nötigenfalls nach dem Filtrieren und nach Zugabe von Natriumacetat und wenig Essigsäure, mit Ferrocyankaliumlösung. Es bildet sich ein rotbrauner Niederschlag, oder wenn nur Spuren **Kupfer** vorhanden sind, braunrote Färbung.

Untersuchung der Arsengruppe.

Den in Schwefelammonium gelösten Teil der Schwefelwasserstoffgruppe versetze man unter dem Abzuge in der Kälte mit verd. Salzsäure oder Schwefelsäure bis zur deutlich sauren Reaktion; es entsteht ein Niederschlag, der die Sulfide $\mathbf{SnS_2}$ gelb, $\mathbf{As_2S_5}$ gelb, $\mathbf{Sb_2S_5}$ orangerot und **S** gelb enthalten kann. (Dunkle Farbe deutet auf eine Verunreinigung durch Schwefelkupfer, s. S. 158.)

Der Niederschlag werde abfiltriert, ausgewaschen und in eine Porzellanschale abgeklatscht.

Über die vorhandenen Schwefelmetalle kann man sich durch Untersuchung von Metall- und Oxydbeschlägen auf der Beschlagschale nach S. 145 sowie durch Reduktion einer Probe am Kohlesodastäbchen nach S. 165 vorläufig orientieren.

Eine Trennung der drei als Schwefelverbindungen vorliegenden Elemente kann man durch Salzsäure oder durch Ammoniumcarbonat erreichen. Der Trennungsgang mit Salzsäure ist bei Gegenwart von wenig Arsen, der mit Ammoniumcarbonat bei Gegenwart von viel Arsen vorzuziehen.

Trennung durch Salzsäure.

Den Niederschlag der drei Schwefelmetalle behandle man mit konz. heißer Salzsäure. Schwefelantimon und Schwefelzinn gehen als Chloride in Lösung, Arsen bleibt als Schwefelmetall mit Schwefel gemengt zurück. Nach dem Verdünnen mit wenig Wasser filtriere man ab und weise das **Arsen** im Rückstande nach:

1. Durch Oxyd- und Metallbeschlag auf der Beschlagschale nach S. 349.

2. Die Hauptmenge des ungelösten Schwefelarsens führe man durch Erhitzen mit konz. Salpetersäure in Arsensäure über, dampfe fast bis zur Trockne ein, nehme den Rückstand mit Wasser auf, filtriere die Lösung wenn nötig und gebe einige Tropfen in Magnesiamixtur S. 102. Bei Anwesenheit von Arsen fällt arsensaure Ammoniakmagnesia S. 344.

3. Zum Nachweis sehr geringer Mengen Arsen prüfe man im Marshschen Apparat nach S. 347.

Das Filtrat vom Schwefelarsen, das die Chloride des Zinns und Antimons enthält, wird in einer Porzellanschale auf ein kleines Volum eingeengt.

Einige Tropfen der Lösung gebe man zur Vorprobe auf ein an ein Uhrglas angedrücktes Platinblech und halte ein Stückchen Zink in die Lösung, so daß das Platin vom Zink berührt wird. Bei Anwesenheit von Antimon erhält man einen auf dem Platin fest haftenden Fleck von metallischem Antimon.

Aus der Hauptmenge der Lösung fälle man durch längeres Einstellen einer blanken Stange von reinem Zink das Zinn und Antimon. Dann nehme man die Zinkstange aus der Lösung heraus, spüle die an ihr haftenden schwammigen Metallteile ab, filtriere das ausgeschiedene Zinn und Antimon, wasche die Metalle aus und digeriere sie zur Auflösung von etwas Zink zunächst mit ganz verdünnter kalter Salzsäure. Nach dem Filtrieren behandelt man sie unter schwachem Erwärmen mit konzentrierter Salzsäure: Das **Antimon** bleibt ungelöst, wenn man den Zutritt der Luft möglichst verhindert; das **Zinn** dagegen geht als Zinnchlorür in Lösung und wird nach dem Verdünnen mit wenig Wasser und Abfiltrieren im Filtrat nachgewiesen.

Mit einer Probe der Zinnchlorürlösung reduziere man Quecksilberchlorid zu -chlorür und metallischem Quecksilber (s. S. 322).

Eine zweite Probe der Lösung übersättige man mit verdünnter Natronlauge bis zur Bildung von Natriumstannit und füge zu dieser Lösung eine geringe Menge Wismutnitratlösung (s. S. 339).

Den Rückstand von metallischem **Antimon** wasche man auf dem Filter aus, löse ihn im Porzellanschälchen in etwas Königswasser auf, verdunste fast bis zur Trockne, nehme mit verdünnter Salzsäure auf und fälle die Lösung mit Schwefelwasserstoff. Das orangegelbe Schwefelantimon filtriere man ab und untersuche Oxyd- und Metallbeschlag auf der Beschlagschale nach S. 358.

Trennung durch Ammoniumcarbonat.

Das Gemenge der Schwefelmetalle des Zinns, Arsens und Antimons werde mit Ammoniumcarbonatlösung erwärmt. Vom ungelösten Schwefelzinn und Schwefelantimon filtriere man ab und wasche sie aus. Das Filtrat, welches Arsen als sulfarsensaures und arsensaures Ammonium enthält, säure man mit Salzsäure an und vervollständige die Fällung des Schwefelarsens durch Einleiten von Schwefelwasserstoff.

Die weitere Verarbeitung des Schwefelarsens und des Gemenges von Schwefelantimon und Schwefelzinn erfolgt wie oben bei der Trennungsmethode mit Salzsäure.

Analysengang.

Vorproben.

Vor der eigentlichen Analyse auf nassem Wege suche man sich stets durch die im folgenden angegebenen Vorproben über die Analysensubstanz soweit als möglich zu unterrichten.

Zweck dieser Vorproben ist es, sich durch die vorher erworbene vorbehaltliche Erkennung gewisser Bestandteile der Analysensubstanz den Gang der nachfolgenden Analyse auf nassem Wege zu erleichtern, dadurch daß man den gemachten Beobachtungen die Wahl des Lösungsmittels und des speziellen Ganges der Trennung auf nassem Wege nach Möglichkeit anpaßt.

Kann man aus dem Analysenmaterial einzelne homogene Teilchen mechanisch auslesen, so lasse man sich diesen Vorteil nicht entgehen und erleichtere sich die Erkennung dieser Teilchen, indem man mit ihnen zweckmäßige Vorproben (Perl-, Beschlagschal-, Kohlesodastäbchen-Proben usw.) anstellt.

Wichtig ist es, sich durch die Vorproben vor allen Dingen Kenntnis zu verschaffen von der An- oder Abwesenheit von organischen Substanzen (vgl. S. 265, 2—4), Cyanverbindungen (vgl. S. 266, 5), die vorher zerstört werden müssen, und von Silber- oder Bleiverbindungen, weil davon die Wahl des Lösungsmittels abhängt. Wichtig ist es auch, sich Kenntnis derjenigen Stoffe der Analysensubstanz zu verschaffen, die in Säuren nicht löslich sind und daher aufgeschlossen werden müssen, und zwar nach Methoden, die sich in jedem einzelnen Falle nach dem betreffenden unlöslichen Stoffe richten müssen (s. weiter unten).

Findet man dabei organische Substanzen, so empfiehlt es sich meist, sie schon bei Beginn der Analyse zu zerstören. Dies geschieht nach dem Vorprobenergebnis in verschiedener Weise: Durch Glühen der Substanz an der Luft darf man sie nur dann herausschaffen, wenn keine flüchtigen Basen, wie die des Arsens, Antimons, Quecksilbers usw. vorhanden sind. Sonst muß die Oxydation auf nassem Wege durch konzentrierte Salzsäure unter allmählichem Eintragen von Kaliumchlorat in der Wärme erfolgen. In einfacheren Fällen, wenn flüchtige organische Säuren z. B. essigsaure Salze vorliegen, dampft man bis zur Verflüchtigung dieser Säuren wiederholt mit Salzsäure ein.

Die Vorproben führe man aus nach Tafel I—III.

Zu den Vorproben ist zu bemerken, daß nur ihr positiver Ausfall maßgebend für die Anwesenheit bestimmter Stoffe ist. Aus dem negativen Ausfall von Vorproben soll man bei Gemischen nicht auf die Abwesenheit gewisser Substanzen schließen.[1]

Auflösung der Analysensubstanz.

Nach Anstellung der Vorproben sucht man mit kleinen Proben der Substanz das Lösungsmittel. Im allgemeinen versucht man zunächst, die Substanz in Wasser zu lösen.

Von teilweiser Löslichkeit überzeugt man sich dabei durch Abfiltrieren einer Probe und Verdampfen eines Tropfens des Filtrats auf dem Platinblech, ohne daß Sieden und Spritzen dabei stattfindet.

Wenn in Wasser keine Auflösung stattfindet, prüft man der Reihe nach zunächst mit Salzsäure[2] in gleicher Weise wie mit Wasser, wenn auch das nicht zur Lösung führt, mit Salpetersäure und schließlich mit Königswasser. Es ist nötig, daß man dabei die Substanz zunächst stets mit konzentrierten Säuren übergießt (weil diese bessere Überführung in den wasser- und säurelöslichen Zustand bewirken). Ebenso nötig ist es aber auch, nach dem Digerieren mit der konzentrierten Säure wieder mit Wasser zu verdünnen, um zu sehen, ob Lösung stattfindet (weil in konzentrierten Säuren viele Salze unlöslich sind, die von Wasser gelöst werden, S. 33). Bei den Versuchen zur Auflösung in Säure prüft man auch auf teilweise Löslichkeit wie beim Wasser.

Löst sich die Substanz in einem Lösungsmittel nur teilweise, so kann man so verfahren, daß man die zur Analyse erforderliche Menge mit diesem Lösungsmittel behandelt, das Gelöste abfiltriert und nun den Rückstand mit den anderen Lösungsmitteln der Reihe nach prüft. Es kann dann vorkommen, daß die Analysensubstanz zerlegt wird in Wasserlösliches, Salzsäurelösliches, Salpetersäurelösliches, Königswasserlösliches und in einen in all diesen Lösungsmitteln unlöslichen Rückstand. Man hätte dann fünf nebeneinander herlaufende Analysen auszuführen. Dieser Unbequemlichkeit geht man dadurch aus dem Wege, daß man für die Untersuchung auf Basen (im Gegensatz zu der auf Säuren, vgl. weiter unten) in der Regel alles Wasserlösliche und Säurelösliche (nachdem getrennt Lösung erfolgt ist) wieder vereinigt und nur eine Analyse ausführt. Man kann das um

[1] Über die Verwendbarkeit der Phosphorsalz- und Boraxperlen vergleiche die ausführliche Studie von O. Lutz: „Über die analytische Verwendung gefärbter Gläser." Zeitschrift f. analyt. Chemie 47, 1 (1908).

[2] Hier, und wenn man später zum Zwecke der Analyse größere Mengen der Substanz mit Säure auflöst, achte man nochmals auf die mit verdünnter Säure bei den Vorproben entwickelten Gase.

so eher tun, als bei der Behandlung mit Lösungsmitteln die ursprünglich zusammengemischten Substanzen meist schon Umsetzungen miteinander eingehen, so daß man durch die getrennte Analyse doch nicht entscheiden kann, aus welchen Bestandteilen die Analysensubstanz zusammengemischt wurde. Am Schluß der Analyse kann es sich freilich als wünschenswert herausstellen, zur Feststellung der Oxydationsstufe solcher Basen, die verschiedenwertig auftreten, Versuche mit in Wasser oder in Salzsäure gelöster Substanz auszuführen. Diese hole man alsdann mit etwas neuer Substanz nach. Hat man durch die Vorprobe Silber oder Blei nachgewiesen, so umgeht man die Salzsäure als Lösungsmittel ganz und versucht, nach dem Wasser, gleich in Salpetersäure zu lösen. Das selbst in Königswasser Unlösliche muß indessen, nach dem Verdünnen mit Wasser auf etwa 10 % freie Säure und Erwärmen, abfiltriert und für sich nach den folgenden besonderen Methoden behandelt werden.

Metalle oder Legierungen von Metallen versucht man zunächst in Salzsäure zu lösen; nur wenn sie hierin nicht löslich sind, übergießt man sie im zerkleinerten Zustande mit reiner konz. Salpetersäure und digeriert bei Wasserbadtemperatur, bis Lösung oder Oxydation der Metalle stattgefunden hat. Alsdann übergießt man mit konzentrierter Salzsäure, raucht einige Male damit ab und löst in so wenig Wasser, daß keine basischen Salze gebildet werden und Metazinnsäure in lösliches Metazinnchlorid (S. 337) übergeführt wird. Einen bleibenden Rückstand untersuche man nach der Salzsäuregruppe.

Vorproben der in Königswasser unlöslichen Substanzen. Die Art der Aufschließungsmethode richtet sich nach dem Ergebnis von Vorproben, die man an dieser Stelle mit einer kleinen Menge des in Säuren unlöslichen Teiles der Analysensubstanz wiederholt, falls man nicht schon durch die früher angestellten Vorproben genau über die Natur dieses unlöslichen Rückstandes unterrichtet ist.

Man muß für die richtige Wahl der Aufschließungsmethode über folgende für die einfacheren Fälle ausreichenden Vorproben unterrichtet sein:

1. Wird die Substanz beim Erhitzen auf dem Platinblech an der Luft schwarz und verbrennt: Kohle, oder verbrennt sie dabei mit blauer Flamme unter Schwefligsäuregeruch: Schwefel, oder mit fahlgrüner Flamme: Phosphor.
2. Gibt die Substanz am Kohlesodastäbchen
   a) Heparreaktion, so prüfe man,
      α) ob ein Metallkorn entstand: Bleisulfat,

β) ob am Platindraht Flammenfärbung stattfindet: Barium-, Strontium-, Calciumsulfat.

b) Gibt die Substanz am Kohlesodastäbchen keine Heparreaktion, aber Metall, so prüfe man,

α) ob das Metall in verdünnter Salpetersäure löslich ist: Chlor-, Brom-, Jodsilber (Chlorblei),

β) ob das Metall in verdünnter Salpetersäure unlöslich ist. Metall löst sich in Salzsäure und gibt dann mit wenig Wismutnitrat und Natronlauge einen schwarzen Niederschlag: Polymetazinnsäure.

3. Die Substanz entwickelt mit konz. Schwefelsäure im Platingefäß Dämpfe, die Glas ätzen, oder im Glasgefäß Dämpfe, die mit einem Tropfen Wasser am Glasstabe Trübung geben: Fluoride.

4. Die Substanz gibt in der Phosphorsalzperle
   a) eine gallertartige Abscheidung: Kieselsäure,
   b) eine Färbung: geglühte Oxyde (geglühtes Eisenoxyd, Chromoxyd, Chromeisenstein).

5. Die Substanz gibt beim Glühen mit Soda im Röhrchen, Lösen der Schmelze, Kochen mit Eisenoxydul- und Oxydsalz und Übersättigen mit verd. Salzsäure Berlinerblau: komplexe Cyanverbindungen.

Auch bei diesen Vorproben hüte man sich, aus deren negativem Ausfall ohne weiteres auf die Abwesenheit bestimmter Substanzen zu schließen.

Aufschließungsverfahren.

Schwefelsaure Salze der Erdalkalien und des Bleis werden durch Schmelzen mit dem vierfachen, gleichmolekularen Gemenge von Soda und Pottasche im Platintiegel (allenfalls auch Porzellantiegel) bei den Erdalkalien, im Porzellantiegel[1] beim Blei aufgeschlossen.

Chlormetalle (Chlor-, Brom-, Jodsilber). Man zersetzt durch Zink und verdünnte Schwefelsäure (S. 299) oder scheidet durch Glühen mit einem molekularen Gemenge von Soda und Pottasche das Metall ab.

Fluormetalle schließt man dadurch auf, daß man die fein gepulverte Substanz im Platintiegel mit konz. Schwefelsäure bis zur Verflüchtigung der Fluorwasserstoffsäure abraucht. Den Rückstand löst man in Wasser. Dabei unlöslich zurückbleibende Sulfate werden wie oben aufgeschlossen.

---

[1] Bei allen Verbindungen, die Arsen oder leicht zu reduzierende Metalle (Ag, Sb, Pb, Bi, Sn usw.) enthalten, darf kein Platintiegel angewandt werden, da er von diesen Stoffen leicht durchgeschmolzen wird.

Liegen Erdalkalifluoride frei von Alkalien vor, so schließt man direkt durch Glühen mit Soda-Pottasche auf. Die Aufschließung ist aber nur vollständig, wenn man der Schmelze Kieselsäure hinzufügt, wodurch zunächst Kieselfluorcalcium und Calciumsilikat gebildet werden, die durch Soda-Pottasche vollständiger als die Fluoride allein aufgeschlossen werden.

Polymetazinnsäure führt man durch Schmelzen mit der sechsfachen Menge Soda-Pottasche im Porzellantiegel in das Alkalisalz der gewöhnlichen Zinnsäure über, die sich in Säuren leicht löst. Besser erfolgt die Aufschließung, wenn man der Sodaschmelze Schwefel hinzugibt, oder wenn man ohne Soda mit der sechsfachen Menge Schwefelalkali im Porzellantiegel schmilzt. In Wasser löst sich das gebildete Sulfostannat, während andere Sulfide ungelöst bleiben.

Ist Stanniphosphat zugegen, so geht hierbei die Phosphorsäure in die Sulfosalzlösung, in der sie nach dem Abscheiden des Zinnsulfids nachgewiesen werden kann. (Vgl. S. 265 Anm. 1.)

Silikate werden als mehlfeine Pulver nach S. 308 mit Soda-Pottasche, mit Fluorwasserstoff, oder mit Fluorammonium aufgeschlossen.

Geglühte Oxyde werden in mehlfeinem Zustande durch Schmelzen mit der sechsfachen Menge saurem schwefelsauren Kali im Porzellantiegel aufgeschlossen. Die erkaltete Schmelze der Sulfate wird in Wasser unter Zusatz von Salzsäure gelöst.

Chromoxyd und **Chromeisenstein** kann man besser durch Schmelzen mit Salpeter (oder chlorsaurem Kalium) und Soda aufschließen. Dabei geht das Chrom in Alkalichromat über.

Komplexe Cyanide werden durch etwa $^1/_2$ stündiges Kochen mit konz. Königswasser (konz. HCl und rauchende HNO_3 (1 : 1)) unter Rückfluß im Schliffkolben zerstört (siehe S. 268). Ein bleibender Rückstand kann noch Cyan enthalten und wird durch Schmelzen mit $KHSO_4$ aufgeschlossen.

Kohle, Schwefel oder **Phosphor** werden durch Glühen unter Luftzutritt oder mit Salzsäure und chlorsaurem Kalium fortgeschafft.

Die Lösung der Analysensubstanz wird auf die eine oder andere der angegebenen Weisen mit 1—2 g — nur bei der Analyse sehr vielseitig zusammengesetzter Substanzen nimmt man allenfalls mehr als 2 g Substanz — hergestellt. Die Trennung der Basen in einzelne Gruppen wird so durchgeführt, wie auf S. 86 und den Tafeln IV—VI angegeben.

Untersuchung der Säuren.

Einen systematischen Gang, wie wir ihn zur Untersuchung auf Basen besitzen, haben wir für die Säuren nicht. Bei ihrer Untersuchung ist man daher viel mehr als bei den Basen auf eigene Übersicht, richtige Deutung und zweckmäßige Gegenüberstellung der Versuchsergebnisse angewiesen. Die Untersuchung ist daher oft viel schwieriger als bei den Basen. Man mache es sich deshalb zur Regel, zunächst auf die Basen zu prüfen, ehe man auf Säuren untersucht, da man aus den dabei anzustellenden Vorproben, aus der Beobachtung der Löslichkeitsverhältnisse der Substanz und aus dem Vorhandensein bestimmter Basen oft schon mit Sicherheit auf die An- oder Abwesenheit gewisser Säuren zu schließen vermag.

Eine orientierende Prüfung auf Säuren geschieht nach der im Anhang wiedergegebenen, von R. Bunsen als Manuskript gedruckten Tafel VII zunächst mit Silbernitrat und Bariumnitrat in Lösungen, die frei von silberreduzierenden Oxyden (Eisenoxydul) sein müssen.

In Wasser lösliche Substanzen können so oft direkt geprüft werden. In Lösung befindliche Schwermetalle verursachen dabei aber manchmal Störung. Deshalb ist es zweckmäßig, die Schwermetalle vorher durch kochende Sodalösung zu fällen und mit Silber- und Bariumnitrat im Filtrat zu prüfen, nachdem man es mit Salpeter- oder Essigsäure sorgfältig neutralisiert hat.

Kupfer ist in Bicarbonaten löslich und kann aus der Lösung durch Zink oder Eisen wieder abgeschieden werden.

Bei Gegenwart von Kupfer zieht man zweckmäßig mit Natronlauge aus, dann geht kein Kupfer in Lösung, dafür aber Zink, Aluminium u. a., die durch Sättigen mit Kohlendioxyd wieder abgeschieden werden.

Unlösliche Substanzen werden entweder mit konz. Sodalösung gekocht oder besser mit Pottasche und Soda geschmolzen. Die Säuren werden dadurch an Alkali gebunden, mit Wasser ausgezogen, wie oben neutralisiert und mit Silber- und Bariumnitrat geprüft, ehe spezielle Reaktionen auf die einzelnen Säuren angestellt werden.

Durch Silber- und Bariumnitrat lassen sich die Säuren nach Bunsen in die unten folgenden Gruppen ordnen, die aber nicht Gruppen im Sinne des systematischen Analysengangs auf Basen sind. Die Reaktionen gegen Silber- und Bariumnitrat dienen gewissermaßen nur als Vorproben; im günstigen Falle erlauben sie die eine oder andere Gruppe bei den speziellen Proben auszuschalten.

Auf sämtliche Säuren, deren Anwesenheit nach den Vorproben und den sonstigen Analysenergebnissen nicht bereits ausgeschlossen wurde, ist durch besondere Reaktionen, die in der nachfolgenden Bunsenschen Tabelle aufgeführt sind, zum Teil mit der ursprünglichen Substanz, teilweise mit dem sodaalkalischen Auszuge zu prüfen. Die richtige Auswahl und Kombination der Reaktionen muß in den einzelnen Fällen jedesmal selbständig so getroffen werden, daß keine gegenseitige Störung der Reaktionen stattfindet.

Einige Beispiele von schwer und nach besonderen Methoden nebeneinander nachzuweisenden Säuren sind an den folgenden Stellen gegeben:

Nachweis von

Salpetersäure neben salpetriger Säure S. 71.

Salpetersäure und salpetriger Säure neben Brom und Jod, siehe Säuregruppe V 21h, S. 381.

Salpetersäure neben komplexen Cyanverbindungen. Siehe Säuregruppe V 21b.

Schwefelsäure und schwefliger Säure nebeneinander S. 177.

Schwefelsäure, Thioschwefelsäure, schwefliger Säure und Schwefelwasserstoff nebeneinander S. 302.

Salzsäure neben Chlor S. 280 (Bromwasserstoff neben Brom S. 290).

Salzsäure, Chlorsäure und Überchlorsäure nebeneinander S. 287 und 288.

Salzsäure neben Cyanverbindungen S. 299.

Fluorwasserstoff neben Brom- und Jodwasserstoff S. 304.

Halogenen nebeneinander S. 297.

Blausäure neben komplexen Cyanverbindungen. Siehe Säuregruppe I 2d.

Oxalsäure neben Schwefelsäure und Fluorwasserstoff S. 265.

Nachfolgend sind die charakteristischen Reaktionen und Unterscheidungsmerkmale mit einem Ausrufungszeichen versehen. Auf die unterstrichenen Säuren braucht nur Rücksicht genommen zu werden, wenn sich das darin vorhandene Metall oder Metalloid bei der Untersuchung auf Basen als vorhanden ergeben hat.

I. Gruppe.

1. **Unterchlorige Säure.** HClO

a) Silbernitrat gibt in saurer Lösung die Reaktion der Salzsäure.

b) Silbernitrat gibt mit Salzsäure in der Kälte Entwicklung von Chlor, das durch Geruch oder Jodkaliumstärkepapier erkannt wird.

c)! Indigolösung wird nicht nur in saurer Lösung, sondern auch in alkalischer Lösung bei Zimmertemperatur sofort entfärbt.

d)! Manganchlorür, in die alkalische Lösung getropft, gibt braunes Mangansuperoxydhydrat.

2. **Cyanwasserstoffsäure.** HCN

Gewöhnliche Salze:

a) Silbernitrat gibt Cyansilber, das sich dem Chlorsilber (3a) ähnlich verhält.

b)! Verdünnte Schwefelsäure gibt, event. beim Erwärmen, den Geruch der giftigen Cyanwasserstoffsäure (Vorsicht!).

c)! Silbernitrat, mit Eisenoxydul- und Oxydsalz versetzt, mit Natronlauge übersättigt, erwärmt und nach dem Erkalten mit verdünnter Salzsäure angesäuert gibt Berlinerblau.

d)! Dampft man einige Tropfen einer Cyanidlösung mit wenig Ammoniak und Schwefelammonium auf einem Uhrglase zur Trockne, so entsteht Rhodanammonium, das mit Eisenchlorid und etwas Salzsäure eine blutrote Lösung gibt.

e)! Gewöhnliche Cyanide geben schon bei der Destillation mit Alkalibikarbonatlösungen Blausäure ab. (Unterschied von komplexen Cyaniden.) (Cyannachweis im Quecksilbercyanid siehe S. 322.)

Komplexe Salze:
Nachweis durch Destillation mit $30\,^0/_0$iger Schwefelsäure (siehe S. 266).

3. **Chlorwasserstoffsäure.** HCl

a)! Silbernitrat fällt weißes, flockiges Chlorsilber, das am Lichte dunkel wird, in Ammoniak löslich, in Salpetersäure unlöslich ist.

b) Das feste Salz mit Kaliumpyrochromat innig gemischt gibt bei der Destillation mit konz. Schwefelsäure ein chromhaltiges Destillat.

4. **Bromwasserstoffsäure.** HBr

a)! Silbernitrat fällt gelblichweißes Bromsilber, das am Lichte dunkel wird. In Ammoniak ist es löslich, wenngleich viel schwerer als Chlorsilber; in Salpetersäure ist es unlöslich.

b)! Ein Chloroform- oder Schwefelkohlenstoff-tropfen wird bei allmählichem Zusatz von Chlorwasser und Schütteln erst braun, dann weingelb.

5. **Jodwasserstoffsäure.** HJ

a)! Silbernitrat fällt gelbes Jodsilber, das am Lichte dunkel wird; in Ammoniak ist es unlöslich, ebenso in Salpetersäure.

b)! Ein Chloroform- oder Schwefelkohlenstoff-tropfen wird bei allmählichem Zusatz von Chlorwasser und Schütteln violett und dann farblos.

c)! Ein Chloroform- oder Schwefelkohlenstoff-tropfen wird bei Zusatz von etwas Natriumnitrit und Essigsäure violett; durch einen Überschuß von Nitrit findet keine Entfärbung statt.

II. Gruppe.

6. **Schwefelwasserstoffsäure.** H_2S

a) Silbernitrat gibt schwarzes Schwefelsilber.

b)! Verdünnte Schwefelsäure entwickelt Geruch nach Schwefelwasserstoff; Bleipapier wird schwarz gefärbt.

c)! Mit Nitroprussidnatrium geben wasserlösliche Sulfide in ammoniakalischer Lösung violettrote Färbung. (Nachweis in schwer zersetzlichen Sulfiden s. S. 302).

III. Gruppe.

7. **Schweflige Säure.** H_2SO_3

a) Silbernitrat gibt weißes, in Ammoniak oder in viel verdünnter Salpetersäure lösliches, schwefligsaures Silber.

b)! Bariumchlorid gibt weißes schwefligsaures Barium, das sich in kalter verdünnter Salzsäure löst und beim Kochen in salpetersaurer Lösung unlösliches Bariumsulfat abscheidet.

c)! Verdünnte Schwefelsäure entwickelt Schwefeldioxyd, kenntlich am Geruch, ohne Schwefel abzuscheiden.

d) Färbt mit Schwefelsäure versetzte Kaliumpyrochromatlösung durch Bildung von Chromisulfat grün.

e) Nachweis (neben Sulfaten und Thiosulfaten) mit Nitroprussidnatrium S. 178 (auch neben Sulfiden S. 302).

8. **Kohlensäure.** H_2CO_3

a) Silbernitrat fällt weißes Silbercarbonat, das in verdünnter Salpetersäure unter Aufbrausen löslich ist.

b) Bariumnitrat fällt weißes kohlensaures Barium, das in verdünnter Salpetersäure unter Aufbrausen löslich ist.

c)! Durch verdünnte Schwefelsäure wird Kohlendioxyd entwickelt, das Barytwasser trübt.

9. **Oxalsäure.** $H_2C_2O_4$

a) Silbernitrat fällt weißes Silberoxalat, das in verdünnter Salpetersäure ohne Aufbrausen löslich ist.

b) Bariumnitrat fällt weißes Bariumoxalat, das in verdünnter Salpetersäure ohne Aufbrausen löslich ist.

c)! Durch heiße konz. Schwefelsäure werden gleiche Volumina Kohlenoxyd und Kohlendioxyd entwickelt.

d) Beim Glühen der Oxalate bleiben kohlensaure Salze, Metalloxyde oder Metalle zurück.

e)! Calciumchlorid fällt weißes Calciumoxalat, das in verdünnter Salpetersäure löslich ist und aus der Lösung durch Zusatz von Natriumacetat wieder gefällt wird. Die des Calciumoxalats in verdünnter Schwefelsäure entfärbt in der Hitze Permanganatlösung (Unterschied von Calcium-florid und -sulfat).

10. **Jodsäure.** HJO_3

a)! Silbernitrat fällt weißes, in verdünnter Salpetersäure schwer lösliches jodsaures Silber, aus dessen ammoniakalischer Lösung durch schweflige Säure Jodsilber gefällt wird.

b) Bariumnitrat fällt weißes, in verdünnter Salpetersäure lösliches jodsaures Barium.

c)! Salzsäure färbt gelb von gebildetem Chlorjodid, das Lackmus entfärbt und Schwefelkohlenstoff nicht violett färbt.

d)! Weder verdünnte noch konz. Schwefelsäure wirken zersetzend auf Jodsäure; bei Gegenwart von reduzierenden Substanzen, wie Jodwasserstoff, Schwefelwasserstoff usw. wird Jod abgeschieden.

e)! Jodsaure Salze geben beim Glühen Sauerstoff ab und dann die Reaktionen der Jodide.

11. **Bromsäure.**
$HBrO_3$

a) Silbernitrat fällt weißes bromsaures Silber, das in Wasser und verdünnter Salpetersäure löslich ist.

b) Bariumnitrat fällt nur aus konz. Lösungen bromsaures Barium, das in viel Wasser und verdünnter Salpetersäure löslich ist.

c)! Gibt mit Salzsäure Chlorbrom, das Lackmuspapier entfärbt.

d)! Die Salze geben beim Glühen Sauerstoff ab und dann die Reaktionen der Bromide.

12. **Borsäure.**
H_3BO_3
HBO_2
$H_2B_4O_7$

a) Silbernitrat fällt weißes borsaures Silber, das in viel Wasser und in Salpetersäure löslich ist.

b) Bariumnitrat fällt weißes Bariumborat, das in viel Wasser und in Salpetersäure löslich ist.

c)! Eine Perle am Platindraht gibt beim Befeuchten mit Schwefelsäure im untersten Flammensaum Grünfärbung; besser bei Gegenwart von Fluormetallen (S. 110).

d) Überführung in Borsäuremethylester, bei dessen Gegenwart der Alkohol mit grüner Flamme brennt (S. 110).

13. **Antimonige Säure.**
H_3SbO_3
$H_4Sb_2O_5$

a)! Gibt auf Porzellan einen weißen Oxydbeschlag, der mit Silbernitrat befeuchtet und mit Ammoniak beräuchert eine schwarze, in überschüssigem Ammoniak unlösliche Färbung gibt.

b)! Fällt man die Säure durch Salzsäure, löst sie im Überschuß von Salzsäure wieder auf und versetzt mit Jodkalium, so entsteht eine Gelbfärbung, in der durch Schwefelkohlenstoff kein Jod nachweisbar ist. (Unterschied von Antimonsäure.)

c)! Eine Lösung der antimonigen Säure in Natronlauge reduziert eine ammoniakalische Silberlösung zu grauem metallischem Silber. (Unterschied von Antimonsäure.)

d) Die Säure ist beim Glühen auf dem Platinblech schmelzbar und flüchtig.

e)! Aus saurer Lösung wird die antimonige Säure durch Schwefelwasserstoff orange gefällt; der Niederschlag ist in Schwefelammonium löslich.

f)! Antimonige Säure gibt mit Zink und Natronlauge keinen Antimonwasserstoff. (Unterschied von Arsen.)

14. **Antimonsäure.**
H_3SbO_4
$H_4Sb_2O_7$
$HSbO_3$

a)! Die Pyroantimonsäure wird durch Kochsalzlösung weiß gefällt.

b)! Gibt die Reaktion a) der antimonigen Säure.

c) Die Säure ist nicht schmelzbar und nur in strengster Weißglut etwas flüchtig.

d)! Fällt man die Säure durch Salzsäure, löst sie im Überschuß von Salzsäure wieder auf und versetzt mit Jodkalium, so entsteht eine Braunfärbung von Jod, das Chloroform oder Schwefelkohlenstoff violett färbt. (Unterschied von antimoniger Säure.)

e)! Mit Schwefelwasserstoff gibt sie die Reaktion der antimonigen Säure.

15.	**Metaphosphorsäure.** HPO_3 **Pyrophosphorsäure.** $H_4P_2O_7$	a) Silbernitrat gibt eine weiße, in verdünnter Salpetersäure und in Ammoniak lösliche Fällung. b) Bariumnitrat gibt eine weiße, in verdünnter Salpetersäure lösliche Fällung. c) Wird geglühtes Salz mit Natrium oder mit Magnesiumpulver geglüht, und die Schmelze angehaucht, so bemerkt man den Geruch nach Phosphorwasserstoff (S. 265). d)! Beide Säuren werden durch Schmelzen mit Soda in Orthophosphorsäure verwandelt und zeigen deren Reaktionen. e)! Metaphosphate koagulieren in frischer, essigsaurer Lösung Eiweiß, Pyrophosphate nicht.

IV. Gruppe.

16.	**Orthophosphorsäure.** H_3PO_4	a) Silbernitrat fällt eigelbes, in verdünnter Salpetersäure und in Ammoniak lösliches Silberphosphat. b) Bariumnitrat gibt weißes, in verdünnter Salpetersäure lösliches Bariumphosphat. c)! Eine Lösung von molybdänsaurem Ammonium, die mit Salpetersäure bis zur Wiederauflösung der anfangs gefällten Molybdänsäure versetzt wurde, gibt mit Orthophosphorsäure beim Erwärmen eine gelbe, kristallinische Fällung. d)! Eine mit Chlorammonium und Ammoniak versetzte Magnesiumsalzlösung gibt mit Orthophosphorsäure einen weißen, deutlich kristallinischen Niederschlag von phosphorsaurem Ammonium-Magnesium, der unter dem Mikroskop charakteristische Kristallgestalt zeigt. e)! Wird geglühtes Salz mit Natrium oder mit Magnesiumpulver geglüht, und die Schmelze angehaucht, so bemerkt man den Geruch nach Phosphorwasserstoff (S. 265). Man prüft auf Phosphorsäure in der Ursubstanz, oder, falls Arsen zugegen ist, im Filtrat der Schwefelwasserstoffgruppe (S. 264). Phosphorsäure als Stanniphosphat im unlöslichen Rückstand siehe S. 372.
17.	**Thioschwefelsäure.** $H_2S_2O_3$	a)! Silbernitrat gibt einen weißen Niederschlag von thioschwefelsaurem Silber, der nach einiger Zeit durch gelb und rotbraun in schwarz übergeht(Schwefelsilber). b) Bariumnitrat fällt weißes thioschwefelsaures Barium, das in verdünnter Salpetersäure löslich ist. c)! Verdünnte Schwefelsäure gibt, je konz. um so rascher, Schwefeldioxyd unter Schwefelabscheidung. d) Thiosulfate geben mit Jod Tetrathionate, die sich durch Aluminium und Salzsäure zu Schwefelwasserstoff reduzieren lassen (S. 300).

18. **Arsenige Säure.**
H_3AsO_3
$HAsO_2$

a)! Silbernitrat gibt einen eigelben Niederschlag von arsenigsaurem Silber, der in verdünnter Salpetersäure und in Ammoniak löslich ist.

b) Bariumnitrat gibt einen weißen Niederschlag von arsenigsaurem Barium, der in verdünnter Salpetersäure löslich ist.

c)! Eine Arsenigsäurelösung gibt mit Kupfervitriol und überschüssiger Natronlauge beim Erwärmen einen Niederschlag von rotem Kupferoxydul. (Unterschied von Arsensäure.)

d)! Eine Lösung von arseniger Säure in Natriumbicarbonat entfärbt eine Lösung von Jod in Jodkalium. (Unterschied von Arsensäure.)

e)! Schwefelwasserstoff fällt aus verdünnter salzsaurer Lösung gelbes Arsentrisulfid, das in Ammoniak löslich ist.

f)! Eine arsenige Säure enthaltende Lösung gibt mit einer stark sauren Lösung von Zinnchlorür nach einiger Zeit Abscheidung von braunem bis schwarzem metallischem Arsen.

g)! Arsenige Säure gibt mit Zink und Natronlauge Arsenwasserstoff. Nachzuweisen mit Silbernitrat S. 346. (Unterschied von Antimon.)

19. **Arsensäure.**
H_3AsO_5
$H_3As_2O_7$
$HAsO_3$

a)! Silbernitrat fällt braunes, in Salpetersäure und Ammoniak lösliches arsensaures Silber.

b)! Bariumnitrat fällt weißes, in Salpetersäure lösliches arsensaures Barium.

c)! Eine salzsaure Lösung der Arsensäure gibt beim Erwärmen mit einigen Tropfen Jodkaliumlösung freies Jod, das Chloroform oder Schwefelkohlenstoff violett färbt. (Unterschied von arseniger Säure.)

d)! Eine mit Chlorammonium und Ammoniak versetzte Chlormagnesiumlösung gibt mit Arsensäure einen deutlich kristallinischen Niederschlag. (Unterschied von arseniger Säure.)

e)! Eine Ammoniummolybdatlösung, die mit Salpetersäure bis zur Wiederauflösung der anfangs gefällten Molybdänsäure versetzt werde, gibt beim Erwärmen einen gelben kristallinischen Niederschlag. (Unterschied von arseniger Säure.)

f)! Gibt die Reaktion f) der arsenigen Säure.

g)! Schwefelwasserstoff fällt eine mit Salzsäure versetzte Arsensäurelösung erst nach einiger Zeit als gelbes Arsentri- oder -pentasulfid. Nach längerem Kochen mit schwefliger Säure findet durch Schwefelwasserstoff sofort Fällung von gelbem Arsentrisulfid statt.

20. **Chromsäure.**
H_2CrO_4
$H_2Cr_2O_7$

a)! Silbernitrat fällt braunrotes chromsaures Silber, das in verdünnter Salpetersäure und in Ammoniak löslich ist.

b)! Bariumnitrat fällt hellgelbes chromsaures Barium, das in verdünnter Salpetersäure und Salzsäure löslich ist, aus der sauren Lösung aber durch viel Natriumacetat wieder gefällt wird.

c)! Bleiacetat fällt zitronengelbes Bleichromat, das in verdünnter Salpetersäure schwer löslich ist.

d)! Konz. Salzsäure reduziert Chromsäurelösungen beim Erwärmen unter Chlorentwicklung zu grünen Chromisalzlösungen.

e)! Schweflige Säure reduziert Chromsäurelösungen zu grünen Chromisalzen.

f)! Schüttelt man eine sehr verdünnte, mit wenig Schwefelsäure angesäuerte Chromsäurelösung mit Äther und dann mit Wasserstoffsuperoxyd, so wird der Äther durch Überchromsäure blau gefärbt.

V. Gruppe.

21. **Salpetersäure.** HNO_3

a)! Eine mit Eisenvitriol gesättigte verdünnte Lösung eines salpetersauren Salzes gibt, wenn man konz. Schwefelsäure vorsichtig darunter fließen läßt, an der Berührungsstelle Amethyst- bis Braunfärbung, die beim Schütteln, besonders in der Wärme, wieder verschwindet. (Unsicher bei Gegenwart von Brom und Jod und komplexen Cyanverbindungen.)

b) Komplexe Eisencyanverbindungen stören die unter a) beschriebene Reaktion auf Salpetersäure. Man fällt daher die komplexen Cyanverbindungen (und auch den größten Teil des Broms und des Jods) durch Versetzen des kalten Sodaauszugs mit basischem Bleiacetat. Nach einigem Schütteln filtriert man ab, fällt aus dem Filtrat den Überschuß des Bleis mit Schwefelsäure, sättigt die bleifreie Lösung mit fein gepulvertem Eisenvitriol in der Kälte und unterschichtet sodann diese Lösung zur Erzeugung des braunen Ringes vorsichtig mit konz. Schwefelsäure.

c)! Die Reaktion unter a) bzw. unter b) tritt auch ein, wenn man die verdünnte Lösung des salpetersauren Salzes zuvor längere Zeit mit Salmiaklösung am Steigrohr kocht. Will man nach b) prüfen, so muß aus dem zugefügten Salmiak durch längeres Kochen mit Natronlauge das Ammoniak zuvor völlig ausgetrieben werden. (Unterschied von salpetriger Säure.)

d) Indigolösung wird von salpetersauren Salzen in neutraler oder alkalischer Lösung nicht entfärbt, wohl aber nach dem Übersättigen mit Schwefelsäure. (Unterschied von unterchloriger Säure.)

e) Salpetersaure Salze geben beim Erwärmen starker Schwefelsäure und Kupfer braune Dämpfe.

f) Salpetersaure Salze verpuffen beim Glühen auf Kohle.

g) Salpetersaure Salze geben in verdünnter essigsaurer Lösung mit Nitron eine kristallinische Fällung von Nitronnitrat.

h) Nitrate (und Nitrite) werden beim Destillieren mit Aluminium und Alkalien zu Ammoniak reduziert, das überdestilliert (S. 77). Ammonsalze können durch Destillation mit Alkalien zuvor entfernt werden. Cyanverbindungen stören diese Reaktion.

22. **Salpetrige Säure.** HNO_2

a) Gibt die Reaktion a) (unsicher bei Gegenwart von Brom und Jod und komplexen Cyanverbindungen) aber nicht die Reaktion c) der Salpetersäure.

b)! Salpetrigsaure Salze geben mit verdünnter Schwefelsäure in konz. Lösung rote Dämpfe. In verdünnten Lösungen erkennt man sie dadurch, daß aus Jodkaliumlösung in Gegenwart von Essigsäure Jod frei gemacht wird; nachzuweisen durch Chloroform oder Schwefelkohlenstoff oder Stärkelösung. (Unterschied von Salpetersäure.)
Sind im Sodaauszuge jodausscheidende Stoffe (Cuprisalze, Antimonsäure, Arsensäure) zugegen, so destilliere die salpetrige Säure mit verdünnter Essigsäure ab (im Apparat S. 126 Fig. 22) und prüfe im Destillat auf Stickstoffsauerstoffverbindungen.

c)! Entfärbt übermangansaures Kalium bei Zusatz von verdünnter Schwefelsäure.

23. **Chlorsäure** $HClO_3$

a)! Beim Erwärmen mit Salzsäure entwickelt sich Chlor; gibt man Indigolösung hinzu, so tritt Entfärbung ein. In alkalischer Lösung wirken Chlorate auf Indigolösung nicht ein. (Unterschied von unterchloriger Säure.)

b)! Silbernitrat gibt keine Fällung. Nach Zusatz von schwefliger Säure entsteht ein Niederschlag von Chlorsilber.

c)! Die festen Salze geben mit konz. Schwefelsäure ein gelbgrünes Gas von Chlordioxyd, das sehr leicht explodiert. (Vorsicht!)

d)! Die Salze geben beim Glühen Sauerstoff und im Rückstande Chloride.

24. **Mangansäure.** H_2MnO_4

a)! Die Salze bilden tiefgrüne Lösungen, die durch Salpetersäure rot werden und Mangansuperoxydhydrat abscheiden.

b)! Schweflige Säure, Oxalsäure und andere Reduktionsmittel entfärben die grüne Lösung.

25. **Übermangansäure.** $HMnO_4$

a)! Die Salze geben tief violettrote Lösungen.

b)! Schweflige Säure, Oxalsäure und andere Reduktionsmittel entfärben die violettrote Lösung.

VI. Gruppe.

26. **Schwefelsäure.** H_2SO_4

a) Silbernitrat fällt verdünnte Lösungen nicht.

b)! Bariumnitrat gibt eine weiße Fällung, die in verdünnter Salpetersäure oder Salzsäure selbst beim

Erhitzen ganz unlöslich ist. (Mit dem ausgewaschenen Niederschlag Heparprobe ausführen.)

27. **Fluorwasserstoffsäure.** HF

a) Silbernitrat gibt keine Fällung.

b) Bariumnitrat gibt beim Erwärmen eine weiße Fällung, die in verdünnter Salpetersäure löslich ist.

c)! Die fein geriebene, mit konz. Schwefelsäure im Platintiegel zu einem Brei gemischte und bis zur beginnenden Gasentwicklung erwärmte und wieder erkaltete Probe eines Fluorides ätzt ein mit Wachs überzogenes darüber gedecktes Uhrglas an den vom Wachs entblößten Stellen.

d)! Fein geriebene Fluoride liefern in Glasgefäßen (im Platintiegel mit Kieselgur gemengt) beim Übergießen mit konz. Schwefelsäure Siliciumfluorid, das einen Tropfen Wasser am Glasstabe durch ausgeschiedene Kieselsäure trübt.

Bei Gegenwart von Jodiden, Bromiden, Nitriten usw. erst mit Chlorcalciumlösung kochen (siehe S. 304).

28. **Kieselfluorwasserstoffsäure.** H_2SiF_6

a) Silbernitrat keine Fällung.

b) Bariumnitrat gibt eine weiße Fällung, die in verdünnten starken Säuren unlöslich ist. Der Niederschlag gibt keine Heparreaktion und zeigt unter dem Mikroskop deutliche Kristalle. Unterschiede von Schwefelsäure.

VII. Gruppe.

29. **Kieselsäure.** H_4SiO_4 H_2SiO_3

a)! Sogleich oder nach dem Schmelzen mit einem molekularen Gemenge von Soda und Pottasche beim Eindampfen mit Salzsäure teilweise gelatinös, nach völligem Eintrocknen beim Behandeln mit Salzsäure unlöslich abgeschieden. Mit Fluorwasserstoffsäure und etwas konzentrierter Schwefelsäure verflüchtigt sie sich vollständig als Siliciumfluorid.

b) In konz. Schwefelsäure beim Kochen unlöslich. (Ähnlich der Wolframsäure; verschieden von Titan-, Niob- und Tantalsäure.)

c)! Die abgeschiedene Säure löst sich nicht in Ammoniak (verschieden von Wolframsäure), aber leicht in Natronlauge oder Sodalösung.

d)! Mit Phosphorsalz am Platindraht zusammengeschmolzen geben die Silikate häufig eine gallertartige Abscheidung von Kieselsäure, die besonders in der heißen Perle gut zu beobachten ist.

e) Mit Magnesium im Kupferröhrchen geglüht gibt reines SiO_2 Magnesiumsilicium, das mit Salzsäure selbstentzündlichen Siliciumwasserstoff liefert (siehe S. 310).

Konzentration der gebräuchlichen Reagenzien.

Die Konzentration der Reagenzien bringt man aus Zweckmäßigkeitsgründen mit den Molekulargewichten in Beziehung.

Man bezeichnet eine Lösung, die ein Grammatom Wasserstoff oder eine äquivalente Menge eines anderen Elementes oder Radikals als wirksamen Bestandteil in einem Liter Wasser gelöst enthält, als Normallösung. (Vgl. auch S. 12 und 14.)

Die gebräuchlichsten Reagenzien des Laboratoriums stellt man entweder auf Doppelnormal-, Normal-, Halbnormal- oder Zehntelnormallösungen ein.

Auf diese Weise kann man die miteinander in Reaktion zu versetzenden Mengen gelöster Stoffe stets nach einfachen Volumverhältnissen abmessen oder abschätzen.

Der wesentliche Vorteil solcher Normallösungen als Reagenzien liegt darin, daß man, wenn nötig, die abgemessenen erforderlichen Mengen zu verwenden vermag, daß man aus der Menge des verbrauchten Reagens auf die Menge des vorhandenen zu untersuchenden Stoffes schließen kann, und daß man ferner die Empfindlichkeit der Reaktionen leichter beurteilen lernt.

Im folgenden sind die Konzentrationen der wichtigsten Reagenzien zusammengestellt.

Säuren und Basen.

	Mol.	Spez. Gew.	Gehalt in Prozenten.	Normalität
Schwefelsäure, konz. . .	98	1,840	96	—
Schwefelsäure, verd. . .	98	1,067	9,8	2
Salzsäure, konz. . . .	36,2	1,190	37	etwa 10
Salzsäure, verd. . . .	36,2	1,035	7,3	2
Salpetersäure, konz. . .	63	1,400	65	etwa 10
Salpetersäure, verd. . .	63	1,073	12,6	2
Essigsäure, verd. . . .	60	—	12	2
Weinsäure[1]	150	—	15	2
Ammoniak, konz. . . .	17	0,960	10	etwa 6
Ammoniak, verd. . . .	17	0,9855	3,4	2
Natronlauge	40	1,092	8	2

Salze.

1-normal:

im Liter

Bariumchlorid . . . . $\frac{BaCl_2, 2H_2O}{2} = \frac{243,9}{2} = 122$ g

[1] Vorräten von Weinsäurelösung gibt man zweckmäßig die vierfache Konzentration, da in den verdünnten Lösungen Pilzbildungen stattfinden.

				im Liter
Bariumnitrat	$\frac{Ba(NO_3)_2}{2}$	$= \frac{260,5}{2}$	=	130 g
Calciumchlorid	$\frac{CaCl_2, 6\,H_2O}{2}$	$= \frac{218,4}{2}$	=	109 g
Ferrichlorid	$\frac{FeCl_3}{3}$	$= \frac{161,1}{3}$	=	54 g
Ferrocyankalium	$\frac{K_4FeCy_6, 3\,H_2O}{4}$	$= \frac{421,5}{4}$	=	105 g
Kaliumchlorid	KCl	= 74,2	=	74 g
Kobaltnitrat	$\frac{Co(NO_3)_2, 6\,H_2O}{2}$	$= \frac{290,5}{2}$	=	145 g
Magnesiumchlorid	$\frac{MgCl_2, 6\,H_2O}{2}$	$= \frac{202,4}{2}$	=	101 g
Manganchlorür	$\frac{MnCl_2, 4\,H_2O}{2}$	$= \frac{196,9}{2}$	=	98 g
Natriumacetat	$NaC_2H_3O_2, 3\,H_2O$	= 136	=	136 g
Natriumchlorid	$NaCl$	= 58,2	=	58 g
Natriumnitrit	$NaNO_2$	= 69	=	69 g
Natriumphosphat	$\frac{Na_2HPO_4, 12\,H_2O}{3}$	$= \frac{358}{3}$	=	119 g
Nickelsulfat	$\frac{NiSO_4, 7\,H_2O}{2}$	$= \frac{280}{2}$	=	140 g
Strontiumchlorid	$\frac{SrCl_2, 6\,H_2O}{2}$	$= \frac{265,4}{2}$	=	133 g
Zinksulfat	$\frac{ZnSO_4, 7\,H_2O}{2}$	$= \frac{287}{2}$	=	143 g

2-normal:

Ammoniumchlorid	$2 \times NH_4Cl$	$= 2 \times 52,2$	=	104 g
Kaliumcyanid	$2 \times KCN$	$= 2 \times 67$	=	134 g
Natriumcarbonat	Na_2CO_3	= 106	=	106 g

$^1/_2$-normal:

Alaun	$\frac{AlK(SO_4)_2, 12\,H_2O}{6}$	$= \frac{474}{6}$	=	79 g
Ammoniumoxalat	$\frac{(NH_4)_2C_2O_4}{4}$	$= \frac{124}{4}$	=	31 g
Bleiacetat	$\frac{Pb(C_2H_3O_2)_2, 3\,H_2O}{4}$	$= \frac{377}{4}$	=	94 g
Kaliumpyrochromat	$\frac{K_2Cr_2O_7}{4}$	$= \frac{294}{4}$	=	73 g
Kaliumbromid	$\frac{KBr}{2}$	$= \frac{118}{2}$	=	59 g
Kaliumjodid	$\frac{KJ}{2}$	$= \frac{164,5}{2}$	=	82 g
Kaliumrhodanid	$\frac{KSCN}{2}$	$= \frac{97}{2}$	=	49 g
Kupfersulfat	$\frac{CuSO_4, 5\,H_2O}{4}$	$= \frac{249}{4}$	=	62 g

				im Liter
Mercurichlorid .	$\frac{HgCl_2}{4}$	=	$\frac{268,9}{4}$	= 67 g
Silbernitrat	$\frac{AgNO_3}{2}$	=	$\frac{169}{2}$	= 85 g
Wismutnitrat .	$\frac{Bi(NO_3)_3, 5H_2O}{6}$	=	$\frac{484}{6}$	= 81 g[1]

1-normal in Oxydationswirkung:

Kaliumpyrochromat	$\frac{K_2Cr_2O_7}{6}$	=	$\frac{294}{6}$	= 49 g
Kaliumpermanganat .	$\frac{KMnO_4}{5}$	=	$\frac{157,5}{5}$	= 31 g[2]
Natriumnitrit .	$NaNO_2$	=	69	= 69 g

Kalt gesättigte Lösungen.

Barytwasser	etwa 4 %	ungefähr	$\frac{1}{2}$	- normal
Bromwasser . . .	„ 3,2 %	„	$\frac{2}{5}$	- „
Chlorwasser	„ 0,7 %	„	$\frac{1}{50}$	- „
Gipswasser	„ 0,2 %	„	$\frac{1}{33}$	- „
Kalkwasser . .	„ 0,8 %	„	$\frac{1}{5}$	- „
Strontiumsulfatlösung	„ 0,01 %	„	$\frac{1}{1000}$	- „

Besonders zu bereitende Reagenzien.

1. Ammoniumcarbonat: 78 g Ammoniumcarbonat $(NH_4)HCO_3$, $NH_4(NH_2)CO_2$ werden mit 500 ccm doppeltnormal Ammoniak oder mit einer 17 g NH_3 enthaltenden Menge konzentriertem Ammoniak zusammengebracht und auf 1 l verdünnt. Ungefähr 2-normal.

2. Ammoniummolybdat: Kalt gesättigte Lösung des Salzes.

3. Ammoniumsulfid: siehe S. 82. Ungefähr 2-normal.

4. Bleipapier: Man tränke etwa 3 ccm breite Streifen von Filtrierpapier mit einer ungefähr 1 %igen Lösung von essigsaurem Blei und lasse die Streifen in schwefelwasserstofffreier Luft trocknen. Nach dem Trocknen zerschneide man die langen Streifen und hebe sie in einem verschlossenen Gefäße auf.

---

[1] Unter Zusatz von Salpetersäure. Siehe S. 331.

[2] In saurer Lösung $^1/_1$-normal; in alkalischer Lösung $^3/_5$-normal.

5. Indigolösung: 1 g indigosulfosaures Natrium (Indigcarmin) wird in 1 l Wasser gelöst.

6. Jodkaliumstärkepapier: Ein erbsengroßes Stück Stärke verreibe man mit wenig Wasser zu einem dünnen Brei und lasse diesen in ungefähr 100 ccm siedendes Wasser einfließen. Nach dem Erkalten gebe man zu der Stärkelösung ein etwa linsengroßes Stückchen Kaliumjodid gelöst in wenig Wasser und tränke mit dieser Lösung Streifen von Fließpapier, trockne sie und hebe sie in einem verschlossenen Gefäße auf.

7. Mercuronitrat: Man löse 65 g Mercuronitrat $Hg_2(NO_3)_2$ unter Zusatz von ganz wenig Salpetersäure in Wasser, fülle auf 500 cm auf und gebe in die Reaktion etwas reines metallisches Quecksilber. Ungefähr $^1/_2$-normal.

8. Natriumhypochlorit: 16 g entwässerte reine Soda werden in Wasser gelöst, die Lösung auf 150 ccm aufgefüllt und unter Kühlung mit Chlor gesättigt. Schließlich füge man, der Löslichkeit des Chlors in Wasser entsprechend, noch etwas mehr als die äquivalente Menge Soda hinzu. Etwa 1-normal als Salz und ungefähr 2-normal in Oxydationswirkung. (Genauere Vorschrift vgl. S. 282.)

9. Nesslers Reagens: In etwa 600 ccm Wasser löse man 13 g Mercurichlorid und gebe 35 g Kaliumjodid gelöst in ungefähr 200 ccm Wasser hinzu. Zu der erhaltenen klaren Lösung gibt man so viel verdünnte Mercurichloridlösung, bis eine geringe Menge einer bleibenden Fällung entsteht. Dann werden 100 g festes Kaliumhydroxyd eingetragen und zum Liter aufgefüllt. Nach dem Absetzenlassen wird die Lösung filtriert.

10. Schwefelwasserstoffwasser: siehe S. 79, enthaltend 0,4 bis 0,5 % H_2S. Ungefähr $^1/_4$-normal.

11. Zinnchlorür: 50 g Zinnchlorür $SnCl_2, 2H_2O$ werden mit ungefähr 100 ccm Wasser unter Zusatz von metallischem Zinn und wenig konzentrierter Salzsäure erwärmt, bis Lösung eingetreten ist. Die klare Lösung gieße man ab, fülle sie auf 500 ccm auf und gebe in die Reaktion etwas metallisches Zinn. Ungefähr $^1/_2$-normal.

TABELLEN

Tabelle I

Gehaltstabelle für einige Säuren und Laugen.

Spezifische Gewichte bei 15° C.

Prozente	H_2SO_4	HNO_3	HCl	KOH	NaOH	NH_3
2	1,013	1,011	1,009	1,016	1,023	0,992
4	1,027	1,022	1,019	1,033	1,046	0,983
6	1,040	1,033	1,029	1,048	1,069	0,975
8	1,055	1,044	1,039	1,065	1,092	0,967
10	1,069	1,056	1,049	1,082	1,115	0,960
12	1,083	1,068	1,059	1,100	1,137	0,953
14	1,098	1,080	1,069	1,118	1,159	0,946
16	1,112	1,093	1,079	1,137	1,181	0,939
18	1,127	1,106	1,089	1,156	1,203	0,932
20	1,143	1,119	1,100	1,176	1,225	0,926
22	1,158	1,132	1,110	1,196	1,247	0,919
24	1,174	1,145	1,121	1,217	1,268	0,913
26	1,190	1,158	1,132	1,240	1,289	0,908
28	1,205	1,171	1,142	1,263	1,310	0,903
30	1,224	1,184	1,152	1,286	1,332	0,898
32	1,238	1,198	1,163	1,310	1,352	0,893
34	1,255	1,211	1,173	1,334	1,374	0,889
36	1,273	1,225	1,183	1,358	1,395	0,884
38	1,290	1,238	1,194	1,384	1,416	
40	1,307	1,251		1,411	1,437	
42	1,324	1,264		1,437	1,458	
44	1,342	1,277		1,460	1,478	
46	1,361	1,290		1,485	1,499	
48	1,380	1,303		1,511	1,519	
50	1,399	1,316		1,538	1,540	
52	1,419	1,328		1,564	1,560	
54	1,439	1,340		1,590	1,580	
56	1,460	1,351		1,616	1,601	
58	1,482	1,362			1,622	
60	1,503	1,373			1,643	
62	1,525	1,384				
64	1,547	1,394				
66	1,571	1,403				
68	1,594	1,412				
70	1,617	1,421				
72	1,640	1,429				
74	1,664	1,437				
76	1,687	1,445				
78	1,710	1,453				
80	1,732	1,460				
82	1,755	1,467				
84	1,776	1,474				
86	1,793	1,480				
88	1,808	1,486				
90	1,819	1,491				
92	1,830	1,496				
94	1,837	1,500				
96	1,840	1,504				
98	1,841	1,510				
100	1,838	1,522				

Tabelle II

Vergleichung der Baumé-Grade mit den Volumgewichten bei 15° C.

$$n = \frac{144,3}{144,3 - Bé}$$

Grade Baumé (Bé)	Volum-Gewichte (*n*)	Grade Baumé (Bé)	Volum-Gewichte (*n*)	Grade Baumé (Bé)	Volum-Gewichte (*n*)	Grade Baumé (Bé)	Velum-Gewichte (*n*)
0	1,000	17	1,134	34	1,308	51	1,546
1	1,007	18	1,142	35	1,320	52	1,563
2	1,014	19	1,152	36	1,332	53	1,580
3	1,022	20	1,162	37	1,345	54	1,597
4	1,029	21	1,171	38	1,357	55	1,615
5	1,037	22	1,180	39	1,370	56	1,635
6	1,045	23	1,190	40	1,383	57	1,653
7	1,052	24	1,200	41	1,397	58	1,672
8	1,060	25	1,210	42	1,410	59	1,692
9	1,067	26	1,220	43	1,424	60	1,711
10	1,075	27	1,231	44	1,438	61	1,732
11	1,083	28	1,241	45	1,453	62	1,753
12	1,091	29	1,252	46	1,468	63	1,775
13	1,100	30	1,263	47	1,483	64	1,795
14	1,108	31	1,274	48	1,498	65	1,820
15	1,116	32	1,285	49	1,515	66	1,843
16	1,125	33	1,297	50	1,530		

Tabelle III

Dissoziationsgrad einiger Säuren, Basen und Salze bei 18°. (Vgl. S. 55.)

Säuren	Proz.	Säuren	Proz.
HNO_3, $^1/_1$-normal	82,0	$H.HCO_3$ ($^1/_{10}$-normal)	0,17
HNO_3 (konz. 10fach-normal) .	9,6	$H.HS$ ($^1/_{10}$-normal).	0,07
HCl, $^1/_1$-normal	78,4	$H.H_2BO_3$ ($^1/_{10}$-normal) . . .	0,01
HCl, konz. 10fach-normal . .	13,6	$H.CN$ ($^1/_{10}$-normal)	0,01
H_2SO_4, $^1/_1$-normal	51,0	H_2Fe_2 ($^1/_1$-normal)	7,0
H_2SO_4 (konz. 95 %)	0,7	HBr ($^1/_2$-normal bei 25°) .	89,9
$H.H_2PO_4$ ($^1/_2$-normal bei 25°) .	17,0	HJ ($^1/_2$-normal bei 25°) . . .	90,1
$HC_2H_3O_2$ ($^1/_1$-normal)	0,4	$HMnO_4$ ($^1/_2$-normal bei 25°. .	93,3
$HC_2H_3O_2$ ($^1/_{10}$-normal	1,3	$H-OH$	$0{,}78 \times 10^{-7}$
Basen		**Basen**	
$LiOH$ ($^1/_1$-normal)	63	$Sr(OH)_2$ ($^1/_{64}$-normal bei 25°) .	93
$NaOH$ ($^1/_1$-normal)	73	$Ba(OH)_2$ ($^1/_{64}$-normal bei 25°) .	92
KOH ($^1/_1$-normal)	77	$AgOH$ ($^1/_{1783}$-normal bei 25°) .	38,8
$Ca(OH)_2$ ($^1/_{64}$-normal bei 25°) .	90	NH_4-OH ($^1/_1$-normal)	0,4
Salze ($^1/_1$-normale Lsgn.)		**Salze ($^1/_1$-normale Lsgn.)**	
KCl	75,0	$NaHCO_3$	52,0
NH_4Cl	74,0	$Na_2C_4H_4O_6$ ($^1/_{32}$-normal bei 25°)	78,0
$NaCl$	67,6	$ZnSO_4$	24,0
$HgCl_2$	$<$1,0	$CdSO_4$	24,2
KNO_3	64,0	$Hg(CN)_2$	$<$1,0
K_2SO_4	53,0	$CaSO_4$ ($^1/_{100}$-normal)	63,0
K_2CO_3	49,0	$NaC_2H_3O_2$	52,8
$KClO_3$ ($^1/_2$-normal)	79,0	Na_2SO_4	44,6

Tabelle IV

Dampfdruck des Wassers von -10° bis $+100^{\circ}$ in mm Quecksilber.[1]

t	*p*	*t*	*p*	*t*	*p*	*t*	*p*	*t*	*p*
−10	2,13	13	11,24	36	44,42	59	142,53	82	385,1
9	2,30	14	11,99	37	46,92	60	149,32	83	400,8
8	2,49	15	12,79	38	49,54	61	156,38	84	417,0
7	2,69	16	13,63	39	52,29	62	163,72	85	433,7
6	2,90	17	14,52	40	55,16	63	171,35	86	451,0
5	3,13	18	15,47	41	58,17	64	179,28	87	468,8
4	3,38	19	16,47	42	61,32	65	187,53	88	487,2
3	3,65	20	17,52	43	64,62	66	196,10	89	506,2
2	3,94	21	18,63	44	68,07	67	205,0	90	525,8
− 1	4,25	22	19,80	45	71,68	68	214,3	91	546,1
0	4,58	23	21,03	46	75,46	69	223,9	92	567,0
+ 1	4,93	24	22,33	47	79,41	70	233,8	93	588,6
2	5,30	25	23,71	48	83,54	71	244,1	94	610,9
3	5,69	26	25,16	49	87,85	72	254,8	95	633,9
4	6,11	27	26,68	50	92,35	73	265,9	96	657,6
5	6,56	28	28,28	51	97,04	74	277,4	97	682,0
6	7,03	29	29,96	52	101,93	75	289,3	98	707,2
7	7,53	30	31,73	53	107,03	76	301,6	99	733,2
8	8,06	31	33,59	54	112,35	77	314,4	100	760,0
9	8,62	32	35,55	55	117,90	78	327,6		
10	9,22	33	37,61	56	123,69	79	341,3		
11	9,86	34	39,77	57	129,72	80	355,4		
12	10,53	35	42,04	58	136,00	81	370,0		

[1] Die Zahlen dieser Tabelle sind derart berechnet, daß die Abweichungen der Ergebnisse von Wiebe (76° bis 100°) und Thiesen und Scheel (−10 bis +25°) von den Regnault-Broch schen Zahlen graphisch interpoliert wurden und letztere Zahlen entsprechend korrigiert sind. (Siehe Ostwald-Luther, Physiko-chemische Messungen, II. Aufl., S. 156.)

FSC
www.fsc.org
MIX
Papier | Fördert
gute Waldnutzung
FSC® C083411

Kolibri 360 GmbH
Ferdinand-Jühlke-Straße 7
99095 Erfurt, Deutschland
produktsicherheit@kolibri360.de